sistemas de comunicação sem fio
conceitos e aplicações

CB070842

Reitor da UFRGS: Prof. **Rui Vicente Oppermann**
Vice-Reitora da UFRGS: Prof². **Jane Fraga Tutikian**
Diretora do Instituto de Informática: Prof². **Carla Maria Dal Sasso Freitas**
Vice Diretor: Prof. **Luciano Paschoal Gaspary**

Comissão Editorial da Série Livros Didáticos
Prof. Tiaraju Asmuz Diverio
Prof. Alexandre da Silva Carissimi
Prof. Flávio Rech Wagner
Prof². Renata de Matos Galante
Prof. Renato Perez Ribas

R681s	Rochol, Juergen.
	Sistemas de comunicação sem fio : conceitos e aplicações / Juergen Rochol. – Porto Alegre : Bookman, 2018.
	xxi, 485 p. : il. ; 25 cm.
	ISBN 978-85-8260-455-7
	1. Sistemas de comunicação. 2. Comunicação sem fio. I. Título.
	CDU 621.39

Catalogação na publicação: Poliana Sanchez de Araujo – CRB 10/2094

Juergen Rochol

sistemas de comunicação sem fio

conceitos e aplicações

2018

© 2018, Bookman Editora

Gerente editorial: *Arysinha Jacques Affonso*

Colaboraram nesta edição:

Capa: *Tatiana Sperhacke*

Imagem da capa: *Abstract Blue Background with Triangle Particles* © Shutterstock.com/QtraxDzn

Preparação de originais: *Mônica Stefani*

Editoração: *Techbooks*

Reservados todos os direitos de publicação à
BOOKMAN EDITORA LTDA., uma empresa do GRUPO A EDUCAÇÃO S.A.
Av. Jerônimo de Ornelas, 670 – Santana
90040-340 Porto Alegre RS
Fone: (51) 3027-7000   Fax: (51) 3027-7070

Unidade São Paulo
Rua Doutor Cesário Mota Jr., 63 – Vila Buarque
01221-020 São Paulo SP
Fone: (11) 3221-9033

SAC 0800 703-3444 – www.grupoa.com.br

É proibida a duplicação ou reprodução deste volume, no todo ou em parte, sob quaisquer formas ou por quaisquer meios (eletrônico, mecânico, gravação, fotocópia, distribuição na Web e outros), sem permissão expressa da Editora.

IMPRESSO NO BRASIL
PRINTED IN BRAZIL

apresentação

A série *Livros Didáticos* do Instituto de Informática da Universidade Federal do Rio Grande do Sul tem como objetivo a publicação de material didático para disciplinas ministradas em cursos de graduação em Computação, ou seja, para os cursos de Bacharelado em Ciência da Computação, de Bacharelado em Sistemas de Informação, de Engenharia de Computação e de Licenciatura em Computação. A série é desenvolvida com base nas Diretrizes Curriculares Nacionais do MEC e é resultante da experiência dos professores do Instituto de Informática e de colaboradores externos no ensino e na pesquisa.

A experiência inicial com dois livros, em 1997, motivou novas iniciativas no desenvolvimento de livros-textos para as disciplinas dos cursos de Computação da UFRGS. Passados 20 anos, a série *Livros Didáticos* já publicou 24 títulos e vendeu quase 100 mil exemplares. São muitos os cursos da área no Brasil que a adotam e/ou recomendam, disponibilizando os livros nas suas bibliotecas.

Em vários de seus títulos, a série contou com a colaboração de professores externos que, em parceria com professores do Instituto, desenvolveram livros de alta qualidade e valor didático. O sucesso da experiência, aliado à responsabilidade que cabe ao Instituto na formação de professores e pesquisadores em Computação bem como à competência do Grupo A, por meio do selo Bookman, levaram a série *Livros Didáticos* a outro patamar. Hoje seus livros estão disponíveis em papel e em meio eletrônico. A relação completa dos títulos pode ser encontrada nas orelhas desta obra ou na página do Instituto de Informática da UFRGS (*http://www.inf.ufrgs.br/site/publicacoes/livros-didaticos/*).

Comissão Editorial da série Livros Didáticos
Instituto de Informática da UFRGS

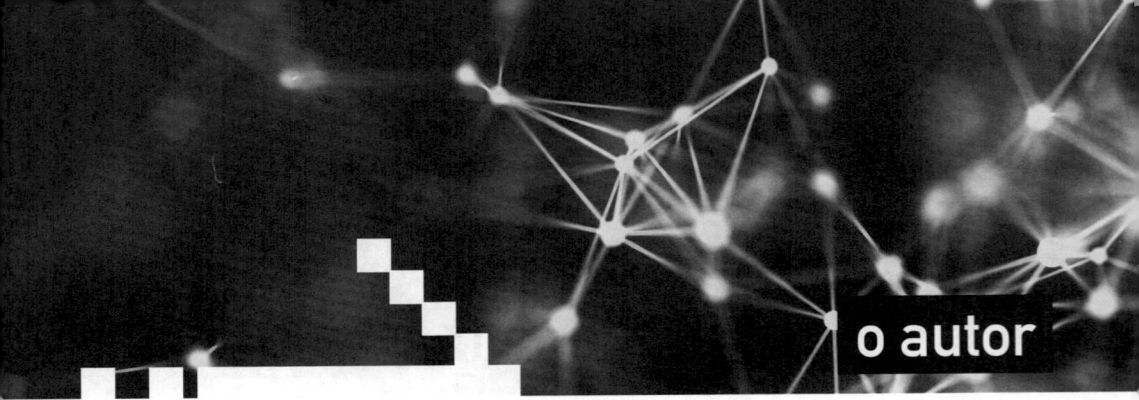

o autor

Juergen Rochol Bacharel em Física (1966) e mestre em Física Aplicada (1972) pelo Instituto de Física da UFRGS e doutor em Ciência da Computação (2001) pelo Instituto de Informática da UFRGS. Estagiou em Marburg (1963) e Karlsruhe, Alemanha (1982). Atuou no desenvolvimento de diversos equipamentos de comunicação de dados para empresas como Digitel, Parks e STI. Pesquisador do curso de pós-graduação em Ciência da Computação da UFRGS desde 1976, é também professor convidado do Grupo de Redes de Computadores do Instituto de Informática da UFRGS, trabalhando com redes de banda larga, comunicações ópticas e sistemas sem fio.

Dedico à Vera, Peter e Cristine

prefácio

O telégrafo sem fio não é difícil de entender. O telégrafo comum é como um gato muito comprido. Você puxa o rabo dele em Nova York e ele mia em Los Angeles. O telégrafo sem fio é a mesma coisa, só sem o gato[1].

Albert Einstein (1879-1955)

⇢ organização e objetivos do livro

O surgimento dos sistemas sem fio móveis, cada vez mais econômicos, confiáveis e eficientes, foi certamente responsável pela grande revolução nos meios de comunicação sociais na última década. Hoje acessamos quase que instantaneamente qualquer informação, a qualquer hora, de qualquer lugar e por qualquer mídia (voz, dados, imagens e vídeo).

Este livro foi elaborado para servir como subsídio para uma disciplina de um semestre sobre sistemas sem fio, a ser desenvolvida em cursos de graduação ou especialização em engenharia de computação, engenharia de telecomunicações e ciência da computação. O foco do livro é apresentar os principais conceitos e fundamentos teóricos da comunicação sem fio, em seguida analisando sua aplicação nos principais sistemas sem fio padronizados.

O livro é composto de 10 capítulos agrupados em três partes. Na primeira parte, Capítulos 1 e 2, vemos a fundamentação teórica de sistemas sem fio. Na segunda parte, compreendendo os Capítulos 3 a 6, são abordados os principais sistemas de comunicação sem fio de curta distância, também chamados de WPANs (*Wireless Personal Área Networks*). Na terceira parte do livro, Capítulos 7 a 10, são abordados os principais sistemas sem fio de médias e longas distâncias, ou WLANs (*Wireless Local Área Networks*) e WWAN (*Wireless Wide Área Networks*). Ao longo dos capítulos vemos alguns exemplos práticos e, ao final, temos uma série de exercícios visando à melhor compreensão dos conteúdos abordados.

---

[1] Confira citação em: http://www.oocities.org/~esabio/einstein.htm; acessado em janeiro de 2013

O livro é complementado com material didático destinado ao professor, que pode ser encontrado no *site* da editora em loja.grupoa.com.br. Depois de localizar a página do livro, clique em Material do Professor. Não esqueça de se cadastrar junto à editora. O *site* disponibiliza as figuras e tabelas de cada capítulo, que poderão ser utilizadas nas apresentações das aulas.

A primeira parte do livro tem como objetivo fornecer um embasamento teórico sobre os sistemas sem fio.

No Capítulo 1, fazemos uma rápida revisão dos conceitos básicos de teoria eletromagnética aplicados a sistemas sem fio, seguido de uma taxonomia dos diferentes sistemas sem fio atualmente em uso. No final do capítulo temos o modelo de arquitetura de protocolos adotado para sistemas sem fio, baseado no modelo de referência OSI (*Open System Interconnection*), sugerido pela ISO (*International Standard Organization*). O capítulo conclui com um de modelo de arquitetura de protocolos baseado no RM-OSI (*Reference Model OSI*), adaptado para sistemas sem fio, que servirá de referência para a análise dos diferentes sistemas sem fio ao longo do livro. O modelo se restringe, basicamente, ao estudo das principais funções e serviços oferecidos pelo nível 1 (N1), nível físico, além do nível 2 (N2), nível de enlace do MR-OSI.

No Capítulo 2 é abordado o canal de radiofrequência (RF), a partir de seus diferentes componentes, como: antena, propagação de sinais elétricos em diferentes ambientes geográficos, além das perturbações externas do canal causadas, principalmente, por ruído e interferências e como seus efeitos podem ser minimizados.

Na segunda parte do livro, que compreende os Capítulos 5 a 8, são abordados os diferentes sistemas de redes sem fio de área pessoal, ou WPANs (*Wireless Personal Area Networks*).

No Capítulo 3 são analisadas as redes de interconexão de dispositivos pessoais, ou simplesmente, WPANs de interconexão de dispositivos, onde se destaca o Bluetooth e suas variantes. Neste capítulo apresentamos também algumas tecnologias alternativas para o nível físico destas WPANs, tais como: o IRDA (*InfraRed Data Association*), Li-Fi (*Light Fidelity*) e o RFID (*Radio Frequency Identification*).

No Capítulo 4 é analisada a arquitetura de uma WPAN em malha (*mesh architecture*), que deu origem ao conceito de *mesh networking*. Esta arquitetura atende aplicações importantes em ambientes específicos em que há necessidade de altos requisitos de desempenho e confiabilidade. Uma destas redes é conhecida como RSSF (Redes de Sensores sem Fio), ou WSN (*Wireless Sensor Networks*), cuja importância cresce a cada dia.

No Capítulo 5 são apresentadas as WPANs especializadas para aplicações em automação industrial e controle de processos. É feita uma análise das principais exigências deste tipo de rede e como podem ser modeladas. Vemos também a rede de automação e controle padronizada Zig Bee, baseada na norma IEEE 802.15.4 e muito popular em aplicações pouco exigentes. A seguir são abordadas as principais características dos padrões de redes de automação e controle industrial de segunda geração. Nestas redes se destacam dois padrões: a proposta européia conhecida como WHART (Wireless HART) e um padrão equivalente americano, muito difundido, conhecido como ISA100.11a.

No Capítulo 6 é apresentada uma nova tecnologia de transmissão do nível físico para WPANs, conhecida como UWB (*Ultra Wide Band*), que promete revolucionar a propagação de sinais e o custo de sua implementação. No entanto, é na área das aplicações que as WPANs com tecnologia UWB que está ocorrendo uma verdadeira revolução, tendo em vista o seu baixo custo, alta imunidade à interferência e propriedades únicas de propagação.

Finalmente, a terceira parte desse livro tem como objetivo oferecer uma análise mais detalhada dos principais sistemas sem fio de médio e longo alcance.

No Capítulo 7 são detalhadas as tecnologias de redes locais WLANs, padronizadas segundo a norma IEEE Std. 802.11 (2013). Este padrão engloba também as diferentes emendas que foram adicionadas ao padrão básico, até 2013. Ao tratar da implementação de WLANs, é destacada a importância do sistema WiFi, desenvolvido por um fórum de empresas e que é baseado no padrão IEEE 802.11. O capítulo inclui também uma revisão das últimas emendas adicionadas ao padrão IEEE 802.11 de 2013 e dessa forma asseguram às atuais WLANs, alto desempenho, flexibilidade, qualidade de serviço e confiabilidade.

No Capítulo 8 são abordados os fundamentos básicos dos sistemas celulares. Veremos as principais características dos sistemas analógicos de primeira geração (AMPS), seguido de uma rápida análise dos sistemas digitais como: DAMPS, GSM e o IS 95a da TIA.

No Capítulo 9 são abordados os sistemas celulares de terceira geração (3G) como o GPRS da GSM, o WCDMA da UMTS, o cdma2000 americano, além da regulamentação internacional IMT2000 da ISO para sistemas 3G. É mostrado também a importância da criação do grupo 3GPP, que enfatiza a colaboração entre pesquisadores e desenvolvedores americanos e europeus a partir de 2000, para favorecer o desenvolvimento dos sistemas 3G que operem mais efetivamente entre si.

No Capítulo 10 abordamos os sistemas de quarta geração, representados pelos sistemas LTE e LTE-A do 3GPP, além do sistema IEEE 802.2.16 do WiMax Fórum. Ao final do capítulo vemos também, de forma resumida, os últimos avanços tecnológicos das redes celulares e as tendências de desenvolvimento de novas tecnologias que integrarão os futuros sistemas celulares de quinta geração.

sumário

1 ⇢ introdução 3

1.1 breve histórico do desenvolvimento das comunicações sem fio 4

1.2 fundamentação teórica da transmissão sem fio 6
- 1.2.1 as leis do eletromagnetismo de Ampère, Gauss e Faraday 8
- 1.2.2 as equações de Maxwell 11
- 1.2.3 interpretação física das equações de Maxwell 13
- 1.2.4 equações de Maxwell para uma onda eletromagnética 14
- 1.2.5 representação simplificada de uma onda
  eletromagnética monocromática 15

1.3 modelagem OSI de um sistema de comunicação de
dados sem fio 16
- 1.3.1 subnível de convergência de serviço do nível de enlace 18
- 1.3.2 subnível de controle de acesso (MAC) do nível de enlace 18
- 1.3.3 subnível de convergência de transmissão do nível físico 18
- 1.3.4 subnível dependente do meio ou PMD
  (*physical medium dependent*) 19
- 1.3.5 funções estendidas do nível físico 20

1.4 uma taxonomia dos sistemas de transmissão sem fio 21
- 1.4.1 redes sem fio pessoais – WPAN
  (*wireless personal area networks*) 23
- 1.4.2 redes de sensores sem fio (RSSF) 24
- 1.4.3 redes sem fio locais ou WLANs
  (*wireless local area network*) 25

Sumário

	1.4.4	redes celulares de telefonia e dados 26
	1.4.5	redes sem fio metropolitanas ou WMAN (*wireless metropolitan area networks*) 27
	1.4.6	redes sem fio regionais ou WRAN (*wireless regional area network*) 27
	1.4.7	rádio enlaces ponto a ponto 28
	1.4.8	sistemas de satélite 29
1.5	arquitetura OSI de um sistema sem fio 30	
	1.5.1	o sistema de comunicação de informação de Shannon 30
	1.5.2	arquiteturas de enlace de um SCDSF 32
	1.5.3	redes sem fio baseadas em células 37
1.6	exercícios 39	

2 → o canal de radiofrequência 43

2.1	introdução 44	
	2.2.1	o radiador isotrópico[3] 46
2.2	antenas 46	
	2.2.2	antenas anisotrópicas[4] 48
	2.2.3	ganho de uma antena 50
	2.2.4	polarização em antenas 52
	2.2.5	sistemas de múltiplas antenas – MIMO 53
2.3	propagação de sinais 57	
	2.3.1	modos básicos de propagação 59
	2.3.2	modelo de perdas no espaço livre – equação de Friis 61
	2.3.3	modelo de propagação com reflexão na superfície terrestre 62
	2.3.4	modelos de propagação com difração 65
	2.3.5	geometrias de difração – zonas de Fresnel 66
	2.3.6	modelo de difração por canto agudo 70

Sumário xiii

2.4 modelos de propagação estatísticos 72
    2.4.1   modelo Okumura-Hata 74
    2.4.2   modelo COST-231 Hata.. 75
    2.4.3   modelo COST-231 Walfisch-Ikegami 76
    2.4.4   modelo de Erceg para ambiente suburbano 78
    2.4.5   modelo de Erceg modificado 79
    2.4.6   o fenômeno dos caminhos múltiplos (*multipath*) 80
    2.4.7   modelos de canais *Stanford University Interim* (SUI).............. 87

2.5 ruído e interferência em um canal de RF....................................... 90
    2.5.1   ruídos e interferências em um canal de RF............................ 92
    2.5.2   capacidade máxima de um canal de RF................................. 94
    2.5.3   erro e probabilidade de erro em um canal de RF................... 95
    2.5.4   avaliação de desempenho de um canal de RF 96

2.6 técnicas de modulação 98
    2.6.1   modulação QAM... 101
    2.6.2   técnicas de espalhamento espectral.................................... 101
    2.6.3   transmissão CDMA 104

2.7 transmissão OFDM... 105

2.8 codificador de canal... 107

2.9 exercícios... 110

3 → redes sem fio para interconexão de dispositivos   115

3.1 introdução 116
    3.1.1   conceito de WPAN 117
    3.1.2   classificação das redes WPAN.. 118
    3.1.3   topologias básicas utilizadas em WPANs.............................. 119
    3.1.4   alternativas tecnológicas para WPANs de interconexão
             de dispositivos 122
    3.1.5   utilização das faixas ISM do espectro de RF por WPANs....... 123
    3.1.6   a padronização do IEEE para WPANs 125

3.2 bluetooth e IEEE 802.15.1 128
- 3.2.1 descrição geral da arquitetura bluetooth 129
- 3.2.2 o canal de radiofrequência do Bluetooth 132
- 3.2.3 o nível de enlace físico 136
- 3.2.4 o nível de enlace lógico 138
- 3.2.5 o nível L2CAP (*L2CAP channel*) 142
- 3.2.6 perfis de aplicação do Bluetooth 144
- 3.2.7 estado atual da tecnologia WPAN Bluetooth 144

3.3 bluetooth V4.0 ou Bluetooth Low Energy (BLE) 146
- 3.3.1 arquitetura de protocolos do *Bluetooth Low Energy* (BLE)... 147
- 3.3.2 o nível físico do BLE 149
- 3.3.3 o algoritmo FHA (*Frequency Hoping Adapted*) 150
- 3.3.4 o nível de enlace lógico (LLC) 152
- 3.3.5 perfil de aplicação do BLE 154

3.4 WPANs com tecnologias de transmissão diferenciadas 155
- 3.4.1 WPAN Infravermelho da IrDA (*Infrared Data Association*) ... 156
- 3.4.2 sistemas sem fio que utilizam luz visível (Li-Fi) 159
- 3.4.3 RFID – *Radio Frequency Identification* 160

3.5 exercícios 162

4 redes de sensores sem fio (RSSF) 165

4.1 introdução 166
- 4.1.1 Arquitetura e modelo de referência de protocolos de uma RSSF 168
- 4.1.2 Classificação de RSSF 169
- 4.1.3 nó sensor inteligente em RSSF 177

4.2 aplicações de RSSF 178
- 4.2.1 aplicações militares de RSSF 179
- 4.2.2 aplicações no meio ambiente 179
- 4.2.3 aplicações na área da saúde 180
- 4.2.4 aplicações em edificações e residências 180

	4.2.5	aplicações em automação industrial e controle de processos 182
	4.2.6	aplicações automotivas.. 184

4.3 algoritmos de roteamento em RSSF 185
    4.3.1   classificação dos protocolos de roteamento 186
    4.3.2   métricas de protocolos de roteamento 187
    4.3.3   alguns protocolos de roteamento populares 188

4.4 o padrão IEEE 802.15.4 para WPANs de baixa taxa 189
    4.4.1   modelo de referência de protocolos do IEEE 802.15.4......... 191
    4.4.2   descrição funcional geral de uma LR-WPAN IEEE 802.15.4... 193
    4.4.3   o nível MAC do IEEE 802.15.4... 195
    4.4.4   mecanismos de controle de acesso do IEEE 802.15.4 196
    4.4.5   aspectos de segurança do IEEE 802.15.4 197
    4.4.6   o nível físico do IEEE 802.15.4 197
    4.4.7   técnicas de modulação no nível físico do IEEE 802.15.4 198

4.5 exercícios.. 209

5 redes sem fio em automação e controle industrial   211

5.1 introdução 212
    5.1.1   o modelo ISA-95 214
    5.1.2   redes de automação industrial cabeadas 215

5.2 arquiteturas de redes de sensores sem fio industriais 218
    5.2.1   a topologia mesh... 220
    5.2.2   a padronização IEEE 802.15.5 – *mesh networking* em WPANs 221

5.3 padronização em redes de sensores sem fio industriais (IWSN) . 222

5.4 a plataforma ZigBee... 223
    5.4.1   arquitetura de protocolos da plataforma ZigBee 224
    5.4.2   funcionalidades do nível físico (PHY) e de acesso (MAC) 224
    5.4.3   funcionalidades do nível de rede 226

Sumário

5.4.4	funcionalidades do nível de aplicação	228
5.4.5	perfil de aplicação e perfil de dispositivo no ZigBee	229

5.5 o wireless HART (WHART) 229
- 5.5.1 arquitetura do WHART 231
- 5.5.2 nível físico do WHART 233
- 5.5.3 nível de enlace de dados do WHART 234
- 5.5.4 nível de rede e de transporte do WHART 236
- 5.5.5 nível de aplicação do WHART 237

5.6 o padrão de automação americano ISA100.11a 237
- 5.6.1 arquitetura de protocolos do ISA100.11a 239
- 5.6.2 o nível físico do ISA100.11a 240
- 5.6.3 o nível de enlace do ISA100.11a 240
- 5.6.4 o nível de rede e de transporte do ISA100.11a 241
- 5.6.5 o nível de aplicação do ISA100.11a 242
- 5.6.6 comparativo entre os padrões ZigBee, WHART e ISA100.11a 242

5.7 exercícios 244

6 — a tecnologia UWB em WPANs — 247

6.1 introdução 248
- 6.1.1 fundamentação teórica da transmissão UWB 250

6.2 o espectro UWB segundo o FCC 252

6.3 propriedades marcantes da transmissão UWB 255

6.4 técnicas de transmissão UWB 258
- 6.4.1 rádio de impulso 259
- 6.4.2 a técnica *Multiband OFDM (MB-OFDM)* 263

6.5 estágio atual da padronização UWB 266

6.6 aplicações atuais e futuras da tecnologia UWB 268
- 6.6.1 UWB em sistemas de comunicação de altas taxas ... 270

6.6.2	UWB em redes de sensores sem fio (RSSF)	270
6.6.3	IR-UWB em sistemas de medição, localização e rastreamento de objetos	270
6.6.4	IR-UWB em sistemas de imagens por radar de curta distância	271

6.7 a tecnologia UWB na área biomédica 271

6.8 a tecnologia UWB na área automotiva 273

6.9 exercícios 274

7 redes locais sem fio – WLANs ... 277

7.1 introdução 278
- 7.2.1 faixas do espectro de radiofrequência utilizadas pelas WLANs 279

7.2 a padronização de WLANs 279
- 7.2.2 o padrão de WLAN IEEE 802.11 280

7.3 a arquitetura do IEEE 802.11 281
- 7.3.1 serviços oferecidos por uma WLAN IEEE 802.11 283
- 7.3.2 modelo de referência de protocolos do IEEE 802.11 285
- 7.3.3 arquiteturas de uma WLAN IEEE 802.11 287

7.4 nível físico do padrão IEEE 802.11 289
- 7.4.1 Transmissão FHSS (*Frequency Hopping Spread Spectrum*) ... 290
- 7.4.2 transmissão DSSS (*Direct Sequence Spread Spectrum*) 293
- 7.4.3 transmissão por raios infravermelhos difusos 295
- 7.4.4 o padrão DSSS – IEEE 802.11b 296
- 7.4.5 transmissão OFDM em 5 GHz – IEEE 802.11a 297
- 7.4.6 transmissão OFDM em 2,4 GHz - IEEE 802.11g 302
- 7.4.7 transmissão MIMO em WLANs – IEEE 802.11n (2009) 303

7.5 o nível MAC do IEEE 802.11 304
- 7.5.1 protocolos de acesso MAC do 802.11 306
- 7.5.2 tempos de escuta de uma estação e prioridade 310

	7.5.3	o acesso por DCF (*Distributed Coordination Function*) com contenção 311
	7.5.4	algoritmo de *backoff* exponencial CSMA/CA 313
	7.5.5	o acesso por PCF (*Point Coordination Function*) com *polling* 315
	7.5.6	qualidade de serviço em WLANs – IEEE 802.11e (2005) 317
	7.5.7	privacidade e autenticação em WLANs IEEE 802.11 320
7.6	emendas recentes ao padrão IEEE 802.11 (após 2012) 323	
	7.6.1	WLANs de alta vazão com MIMO estendido – IEEE 802.11ac (2013) 323
	7.6.2	operação de WLANs na faixa de 60 GHz – IEEE 802.11ad (2013) 324
	7.6.3	operação de WLANs em canais de TV livres – IEEE 802.11af (2014) 326
7.7	exercícios 328	

redes celulares 333

8.1	introdução 334	
8.2	fundamentos de redes de telefonia celular 335	
	8.2.1	técnicas de acesso de múltiplos usuários em redes celulares 336
	8.2.2	bandas de frequência para sistemas celulares 340
	8.2.3	o enlace de rádio em sistemas celulares 342
8.3	reúso espacial de frequências em redes celulares 343	
	8.3.1	capacidade máxima de usuários por célula 346
8.4	plano de sinalização e controle em redes celulares 349	
	8.4.1	sinalização e controle em sistemas celulares 350
	8.4.2	gerência de mobilidade em redes celulares 351
8.5	técnicas de transmissão em redes celulares 354	
	8.5.1	técnica de transmissão TDMA (*Time Division Multiple Access*) 354

8.5.2 técnica de transmissão CDMA (*Code Division Multiplex*) 355
8.5.3 técnica de transmissão OFDM
(*Orthogonal Frequency Division Multiplex*) 357

8.6 sistemas celulares de segunda geração 358
8.6.1 o sistema DAMPS – (TDMA/IS-136) 359
8.6.2 o sistema GSM europeu (ETSI) 362
8.6.3 GPRS – *General Packet Radio Service* 365
8.6.4 o sistema CDMA IS-95a do TIA/EIA 367

8.7 evolução dos sistemas celulares 2G para 3G 368

8.8 exercícios 370

9 redes celulares de terceira geração — 373

9.1 introdução 374
9.1.1 os sistemas celulares do início do milênio 376
9.1.2 os serviços 3G e suas exigências 377
9.1.3 pré-requisitos para os sistemas celulares de
terceira geração (3G) 379
9.1.4 necessidades de banda para os sistemas 3G 381
9.1.5 o IP móvel do IETF 384

9.2 a tecnologia CDMA em sistemas 3G 386
9.2.1 diagrama em blocos simplificado de um transmissor
DSSS/CDMA 386
9.2.2 a matriz de Walsh-Hadamard 387
9.2.3 o processo de demodulação DSSS-CDMA 388
9.2.4 capacidade de um sistema CDMA e probabilidade
de erro 390

9.3 fatores de desempenho em sistemas 3G 391
9.3.1 eficiência de modulação de um sistema 392
9.3.2 eficiência máxima de modulação de um sistema 392
9.3.3 eficiência espectral de um enlace de dados 393
9.3.4 eficiência celular de um sistema PCS 394

9.3.5 fatores de desempenho de alguns sistemas celulares 394
9.3.6 fatores de desempenho de um sistema CDMA 395

9.4 padronização em sistemas 3G 397
9.4.1 as recomendações IMT-2000 do ITU 398
9.4.2 UMTS – *Universal Mobile Telecommunications Systems* 400
9.4.3 o sistema WCDMA (UMTS) europeu 402
9.4.4 o sistema CDMA 2000 americano 403
9.4.5 evolução dos sistemas celulares 3G para 4G 404

9.5 exercícios 405

10 ···→ redes celulares de quarta geração — 409

10.1 introdução 410
10.1.1 comparativo CDMA x OFDM 412
10.1.2 critérios do *IMT-Advanced* para sistemas 4G 414
10.1.3 inovações tecnológicas que viabilizam os sistemas 4G 415
10.1.4 algumas fraquezas do OFDM 416

10.2 a arquitetura da plataforma LTE-A/3GPP 417
10.2.1 arquitetura da rede de acesso de rádio (RAN) do LTE-A 418
10.2.2 SAE – *System Architecture Evolution* do LTE-Advanced 419
10.3.1 a tecnologia de transmissão DL OFDM do LTE 3GPP 421

10.3 o nível físico do LTE/3GPP 421
10.3.2 a tecnologia de transmissão UL SC-FDM do LTE/3GPP 424
10.3.3 Estrutura do quadro de rádio DL do LTE/3GPP 426
10.3.4 sinais e canais de transporte de dados do nível físico do
LTE/3GPP 430
10.3.5 O espalhamento de atraso e o prefixo cíclico
no LTE/3GPP 434

10.4 MIMO e arranjos de antenas inteligentes no LTE/3GPP 436
10.4.1 Sistemas MIMO no LTE/3GPP 437
10.4.2 funcionamento de um sistema MIMO 439

| 10.4.3 | a técnica MIMO/MRC no LTE-DL | 443 |
| 10.4.4 | arranjos de antenas inteligentes no LTE/3GPP | 444 |

10.5 a plataforma WiMax2 baseada no padrão
IEEE 802.16m (2011) 446

| 10.5.1 | vantagens e desvantagens do WiMax em relação ao LTE | 447 |
| 10.5.2 | comparativo entre LTE-A (Release 11) e WiMax2 (Release 2.0) | 448 |

10.6 redes 4G no Brasil 450

| 10.6.1 | faixas de frequência alocadas para os serviços 4G no Brasil | 450 |
| 10.6.2 | alguns parâmetros de desempenho da rede 4G brasileira em 2016 | 453 |

10.7 redes sem fio avançadas 454

| 10.7.1 | rede cognitiva de abrangência regional - IEEE 802.22 | 455 |
| 10.7.2 | tendências para uma rede sem fio de quinta geração (5G) | 460 |

10.8 exercícios 465

⟶ referências 469

⟶ índice 479

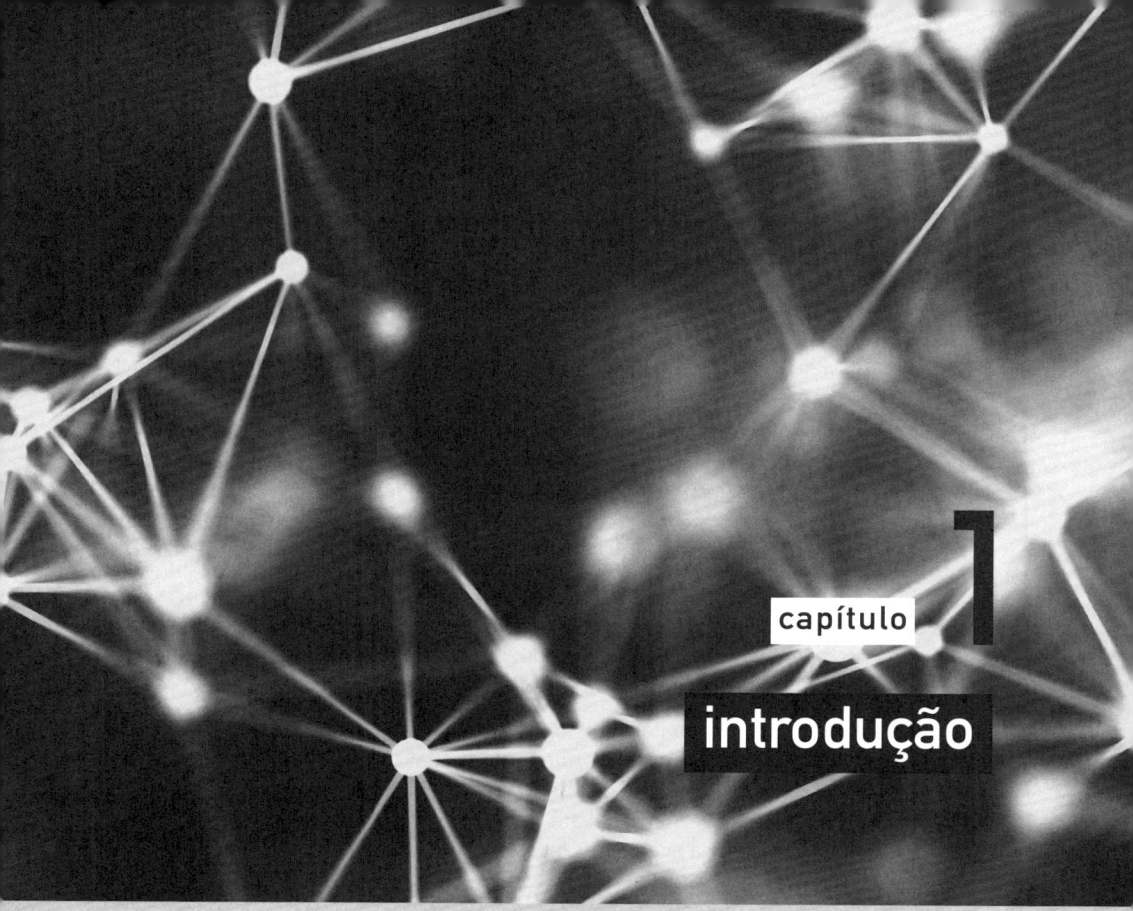

capítulo 1
introdução

Vamos ver aqui um breve histórico das comunicações sem fio, além da sua fundamentação teórica. Conheceremos também as oitos grandes classes de sistemas sem fio, com uma descrição resumida de suas principais características técnicas e aplicações típicas associadas a cada uma, tema que será detalhado ao longo do livro.

1.1 breve histórico do desenvolvimento das comunicações sem fio

A transmissão sem fio nasceu no início do século XIX, graças aos trabalhos pioneiros do matemático e físico britânico James Clark Maxwell (1831-1879). Em 1873, Maxwell publicou a obra *A Treatise of Electricity and Magnetism* (ou o Tratado sobre Eletricidade e Magnetismo), em que representa uma unificação de tudo o que havia sido desenvolvido até então em termos de eletricidade e indução eletromagnética, principalmente os trabalhos de Faraday[1], Oersted[2], Ampère[3] e Gauss[4]. As ideias de Maxwell, publicadas neste tratado, representam até hoje a fundamentação da teoria eletromagnética.

Em 1886, o engenheiro e físico alemão Heinrich Rudolf Hertz (1857-1894), durante uma aula prática no laboratório da Universidade de Kiel, demonstrou a existência das ondas eletromagnéticas previstas por Maxwell em 1873. Hertz construiu um aparelho conhecido como centelhador, capaz de produzir e detectar ondas de rádio nas faixas de VHF (*Very High Frequency*) e UHF (*Ultra High Frequency*).

Em 1899, o engenheiro e físico italiano Guglielmo Marconi (1874-1937) inventou um aparelho, que denominou telégrafo sem fio, com o qual transmitiu pela primeira vez sinais de código Morse através do Canal da Mancha. Dois anos mais tarde, em 1901, ele transmitiu pela primeira vez um sinal até o continente americano e, em 1931, transmitiu de Roma o sinal que iria acender as luzes do Cristo Redentor, no Rio de Janeiro.

Considerado por muitos como o inventor do rádio, Marconi de fato é o inventor do telégrafo sem fio para grandes distâncias. Na realidade, o inventor do rádio foi um brasileiro: o padre, nascido no Rio Grande do Sul, Roberto Landell de Moura (NASCIMENTO; REIS, 1982).

Roberto Landell de Moura (1861-1928) estudou humanidades no colégio dos jesuítas em São Leopoldo (RS) e, a partir de 1879, estudou física, eletricidade e química na Escola Central do Rio de Janeiro (atual Instituto Militar de Engenharia – IME). Em 1880, foi para Roma e estudou física e química no colégio Pio Americano e, posteriormente, teologia na Universidade Gregoriana de Roma. Em 1886, foi ordenado padre católico e voltou ao Brasil, onde exerceu simultaneamente seu ministério sacerdotal e sua vocação de cientista nato. Muitas vezes incompreendido pelo seu vanguardismo, não teve apoio financeiro, nem reconhecimento por seus inventos por parte do governo brasileiro da época (FORNARI, 1984).

Landell de Moura é considerado o pioneiro na transmissão da voz humana sem fio por meio de radioemissão e telefonia sem fio. Os dispositivos inventados por ele, como o

---

[1] Michael Faraday (1791-1867), físico e químico inglês.
[2] Hans Christian Oersted (1777-1851), físico e químico dinamarquês.
[3] André-Marie Ampère (1775-1836) físico, filósofo e matemático francês.
[4] Johann Carl Friedrich Gauss (1777-1855), matemático, físico e astrônomo alemão.

emissor de ondas, o telefone sem fio e o telégrafo sem fio, foram patenteados tanto no Brasil como nos Estados Unidos (ALENCAR; LOPES; ALENCAR, 2011).

Com base na documentação dessas patentes, réplicas foram construídas, evidenciando o funcionamento desses dispositivos (NASCIMENTO; REIS 1982). Na Figura 1.1 vemos uma réplica do emissor de ondas com telefone sem fio construído por Marco Aurélio Cardoso Moura em maio de 2004 e atualmente em exposição no museu da Fundação de Ciência e Tecnologia do Rio Grande do Sul (Cientec).

Com o desenvolvimento da válvula termiônica pelo físico e inventor norte-americano Lee de Forest, no início do século XX, o serviço de radiodifusão rapidamente se disseminou em todo o mundo. O período de 1930 a 1950 é considerado a era de ouro do rádio.

A primeira transmissão oficial de televisão ocorreu na Alemanha em março de 1935. Em novembro do mesmo ano, foi a vez da França. O início da transmissão regular de televisão na Grã-Bretanha ocorreu em 1936, com a BBC, logo seguida pela Rússia (1938) e pelos Estados Unidos (1939). Somente na década de 1950 a televisão foi introduzida no Brasil.

A partir da década de 1960, surgiu a TV colorida e, a partir de 1970, houve a disseminação dos computadores e da Internet. Nesta mesma década, vimos, também, o desenvolvimento e a utilização intensiva dos satélites nas telecomunicações, formando uma rede núcleo mundial de telecomunicações (*backbone*) para o tráfego de dados e de telefonia.

Na década de 1980, testemunhamos a globalização da informação pela Internet, o fim do monopólio estatal e a privatização das redes de telecomunicações. A década de 1980 foi marcada pela disseminação avassaladora dos sistemas celulares que rapidamente revolucionaram a telefonia e o acesso à Internet.

Finalmente, na década de 1990, observamos um novo paradigma de acesso à Internet, baseado em redes sem fio de curtas e longas distâncias, oferecendo portabilidade e mobilidade aos usuários. O início do século XXI foi marcado por serviços de acesso de banda larga móveis de quarta geração (4G) com taxas de 1 Gbit/s com portabilidade e 100 Mbit/s com mobilidade a 350 km/h.

figura 1.1 Réplica funcional do transmissor de ondas com o telefone sem fio do Pe. Landell de Moura, construído por Marco Aurélio Cardoso Moura, em maio de 2004.

6 ⸺▶ Redes de comunicação sem fio

A Tabela 1.1 lista alguns referenciais marcantes no desenvolvimento da transmissão sem fio na busca do paradigma ideal de um sistema de informação: disponibilidade total baseada em mobilidade e ubiquidade completa (qualquer tipo de informação, a qualquer hora e em qualquer lugar) (HAYKIN; MOHER, 2008).

Atualmente, duas tecnologias de transmissão de dados impactam a Internet, causando uma revolução no seu uso e em suas aplicações, com consequências até hoje ainda não muito previsíveis. A primeira é a tecnologia de transmissão sem fio, e a segunda, a transmissão óptica. A tecnologia de transmissão sem fio atua principalmente no nível de acesso, enquanto a transmissão óptica está associada principalmente com o núcleo da rede, no qual vamos encontrar taxas da ordem de dezenas de terabits/s nos troncos ópticos que formam o seu *backbone*.

1.2 ⸺▶ fundamentação teórica da transmissão sem fio

Antes de você ver a fundamentação teórica por trás da transmissão sem fio, vamos fazer uma rápida revisão histórica do desenvolvimento tecnológico, desde os primórdios até 1893, ano da primeira transmissão sem fio da voz humana, realizada pelo Pe. Landell de Moura, em Porto Alegre, Rio Grande do Sul. É interessante ressaltar que desde a descoberta do campo magnético associado a uma corrente elétrica, em 1819, por Oersted, até o rádio rudimentar do Pe. Landell de Moura, em 1893, passaram não mais que 74 anos (ALMEIDA, 1983). A seguir, vamos ver as principais etapas deste desenvolvimento, até chegar aos trabalhos de Maxwell e suas famosas equações, que consolidaram a teoria eletromagnética.

Em 1819, C. Oersted descobriu que uma corrente elétrica gera um campo magnético, pois provoca desvios em uma agulha magnetizada colocada a uma determinada distância de um condutor elétrico.

Em 1826, M. J. Ampère publicou *Mémoire sur la théorie mathématique des phénomènes électrodynamiques*, estabelecendo a Lei de Ampère, que relaciona o campo magnético gerado com a corrente elétrica que passa pelo laço de fio entre os polos de uma pilha.

C. F. Gauss e W. Weber deram início, em 1831, a um estudo teórico e experimental sobre o eletromagnetismo. No mesmo ano, Faraday, que era um verdadeiro experimentalista, descobriu o inverso de Oersted, isto é, o fato de que um campo magnético pode criar uma corrente elétrica. Esse fenômeno ficou conhecido como indução eletromagnética, e é o que está por trás do gerador elétrico e do transformador elétrico. As ideias de Faraday sobre os campos elétricos e magnéticos, e a natureza em geral desses campos, inspiraram trabalhos posteriores nessa área, como as equações de Maxwell, consideradas a síntese da moderna teoria eletromagnética.

A ciência, ao lidar pela primeira vez com os chamados *campos* elétricos e magnéticos, vislumbrou nestes fenômenos o que na época era considerado uma *ação a distância*. Criou-se então a ideia de campo de força magnética e elétrica que variava em função

tabela 1.1 Principais etapas na evolução da transmissão sem fio

Ano	Cientista ou projeto	Evento marcante
1873	James Clark Maxwell	Publicação de *A Treatise of Electricity and Magnetism*. Equações de Maxwell da teoria eletromagnética
1886	Heinrich Rudolf Hertz	Demonstração da existência das ondas eletromagnéticas. Velocidade de propagação
1893	Pe. Roberto Landell de Moura	Primeira radiotransmissão da voz humana, em Porto Alegre, entre o bairro Medianeira e o morro Santa Teresa
1899	Guglielmo Marconi	Primeira transmissão de código Morse entre Canal da Mancha, Inglaterra e França
1907	Lee de Forest	Primeira transmissão de radiodifusão comercial utilizando válvula eletrônica tipo triodo (New York)
1922	Edgard Roquette-Pinto	Primeira estação de radiodifusão brasileira, Rádio Sociedade do Rio de Janeiro
1927	Philo Taylor Fornsworth	Primeiro sistema de televisão totalmente eletrônica baseado em imagens digitalizadas e feixe de elétrons
1958	Projeto SCORE – NASA	SCORE (*Signal Communications by Orbital Relay Equipment*), primeiro satélite de comunicação
1962	TELSTAR – NASA	Satélite de retransmissão envia sinal de TV da Olimpíada de Tóquio (1962)
1965	COMSAT – *Early Bird*	Satélite comercial de comunicação, COMSAT (*Communications Satellite Corporation*)
1976	MARISAT	Primeiro satélite de comunicação para telefonia móvel marítima, MARISAT (Maritime Telecommunication Satellites)
1978	AMPS (*American Mobile Phone System*)	Sistema experimental de telefonia celular de primeira geração (1G)
1991	GSM (*Global System Mobile*)	Sistema de telefonia europeu baseado em TDM que se tornou padrão mundial
1997	Padrão IEEE 802.11	Primeira rede local sem fio (WLAN) de 2 Mbit/s, também conhecida como consórcio Wi-Fi
1999	GSM 3G com WCDMA (UMTS)	Padrão de telefonia celular mundial que utiliza GPRS (*General Packet Radio Service*) e transmissão CDMA
2000	IMT 2000 International Mobile Telecom – 2000	IMT-2000, padrão global para a terceira geração (3G) de comunicação sem fio, definido pelo ITU-T
2005	Padrão IEEE 802.16	Rede metropolitana sem fio móvel (WMAN), também chamada WiMax pelos fabricantes
2008	LTE (Long Term Evolution) 3GPP	Padrão de rede celular de banda larga, móvel, de 4G com taxa >100Mbit/s e mobilidade de 350 km/h
2008	WiMax 4G – Comunicação móvel de quarta geração	Padrão de banda larga de 4G baseado no padrão IEEE 802.16

Fonte: Haykin e Moher (2008).

da distância e, a cada ponto do espaço, estava associado um vetor de força ao qual estavam associadas uma intensidade e uma direção.

Você consegue imaginar como o fenômeno eletromagnético mexia com o imaginário dos cientistas da época, no sentido de que vislumbravam a utilização desses fenômenos para comunicação a distância, sem a utilização de fios.

Conta-se que Albert Einstein, ao tentar explicar o conceito de *ação a distância* para seus alunos, usou a seguinte metáfora: ação a distância, ou comunicação sem fio, é como ter um gato cujo rabo está em Chicago e a cabeça, em Detroit. Apertamos o rabo em Chicago e o miado sai em Detroit. Comunicação sem fio é isto, disse ele, só que sem o gato.

Para entender melhor o que está por trás de uma transmissão sem fio vamos revisar alguns conceitos fundamentais relacionados com eletricidade e fenômenos eletromagnéticos. Em seguida, apresentaremos de forma resumida as equações de Maxwell, salientando a interpretação física dessas equações. A partir das equações de Maxwell e dos trabalhos de Hertz, podemos demonstrar que um campo eletromagnético se propaga com uma velocidade finita, próxima da velocidade da luz. Veremos também que uma onda eletromagnética, como utilizada em sistemas de transmissão sem fio, é um caso particular das equações de Maxwell.

1.2.1 as leis do eletromagnetismo de Ampère, Gauss e Faraday

Para um entendimento físico das equações de Maxwell, é necessário compreender bem as equações básicas da eletricidade e do eletromagnetismo, escritas geralmente sob a forma de integrais lineares ou de superfície. Você vai entender facilmente essas leis a partir de arranjos experimentais simples, como apresentados a seguir para cada uma delas. Você vai ver que as equações de Maxwell nada mais são do que uma nova formalização matemática dessas leis utilizando a sintaxe do cálculo vetorial, além de um novo operador, conhecido como nabla ou operador diferencial.

■ lei de Gauss da eletrostática

Esta lei é escrita matematicamente na forma integral como

$$\oint_{SF} \vec{E}.d\vec{A} = \frac{Q}{\varepsilon_0} \qquad (1.1)$$

A Figura 1.2 sugere uma situação física de aplicação da Lei de Gauss da eletrostática na sua forma integral. Vamos considerar, por exemplo, as placas de um condensador carregado com uma determinada quantidade de carga.

■ lei de Gauss da magnetostática

A lei de Gauss da magnetostática estabelece que o fluxo magnético que passa por uma superfície fechada S será sempre nulo. Em outras palavras, não existem cargas

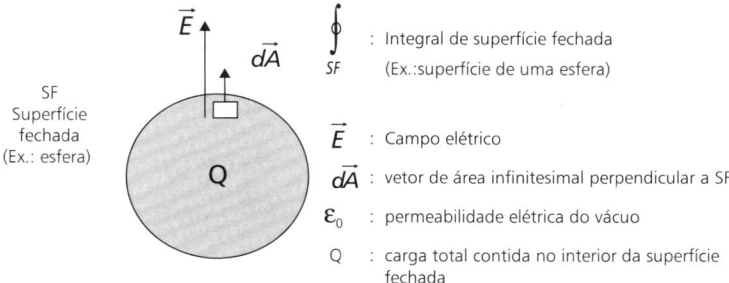

figura 1.2 Lei de Gauss da eletrostática aplicada a uma superfície fechada (esfera) contendo cargas.

magnéticas (como cargas elétricas na eletrostática). Ou seja, não existem monopolos magnéticos (Figura 1.3). Matematicamente, isso pode ser expresso por

$$\oint_{SF} \vec{B}.d\vec{s} = 0 \tag{1.2}$$

Em outras palavras, pode-se dizer que o número de *linhas de força* que entram por uma superfície fechada e que saem pela superfície é igual, o que equivale a um fluxo magnético total Φ_m igual a zero.

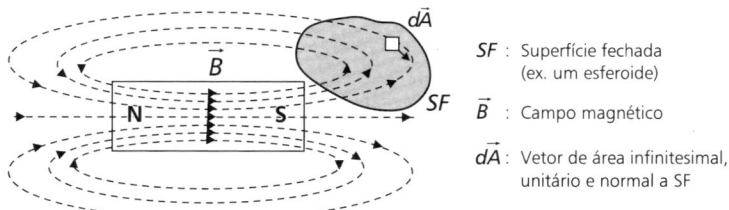

figura 1.3 Campo magnético estático de um ímã e a aplicação da lei de Gauss da magnetostática em relação a uma superfície fechada SF qualquer.

■ lei de Faraday

Também conhecida como a lei da indução eletromagnética, a lei de Faraday pode ser considerada o dual da lei de Ampère. . Matematicamente, ela é expressa como

$$\oint_L \vec{E}.d\vec{l} = -\frac{d\varphi_B}{dt} \tag{1.3}$$

Nesta expressão, temos uma integral ao longo de um laço fechado (condutor) L, enquanto E é o campo elétrico induzido no laço e dl é um elemento infinitesimal do laço. A segunda parte da equação corresponde à variação do fluxo magnético (ϕ_B) pelo laço fechado. A lei de Faraday estabelece que um laço fechado, exposto a um campo magnético variável, induz neste circuito uma força eletromotriz que se opõe à variação deste campo. A Figura 1.4 ilustra um arranjo experimental de indução eletromagnética. O ímã, ao se afastar da bobina, induz uma corrente nesta, que produz um campo magnético que se opõe ao afastamento do ímã.

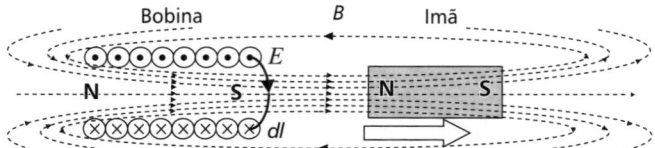

figura 1.4 Arranjo experimental para demonstração da lei de Faraday, considerando uma bobina fixa e um ímã que se move na direção indicada.

■ lei de Ampère/Maxwell

Esta lei relaciona simplesmente o campo magnético $\vec{B}$, que surge em razão de uma corrente i constante que passa por um laço fechado L, (Figura 1.5). Matematicamente, a lei de Ampère é expressa na forma de integral como

$$\oint_L \vec{B}.d\vec{l} = \mu_0 i$$

A lei de Ampère também pode ser expressa para um fluxo de cargas variável (campo elétrico variável no tempo) como

$$\mu_0 \varepsilon_0 \frac{d\varphi_E}{dt} = \mu_0 \varepsilon_0 \frac{d}{dt}\left(\oint_{SF} \vec{E}.d\vec{A}\right)$$

Maxwell introduziu esta nova parcela na lei de Ampère, tornando-a mais completa, daí sua atual denominação como Lei de Ampère/Maxwell.

$$\oint_L \vec{B}.d\vec{l} = \mu_0 \varepsilon_0 . \frac{d\varphi_E}{dt} + \mu_0 i \qquad (1.4)$$

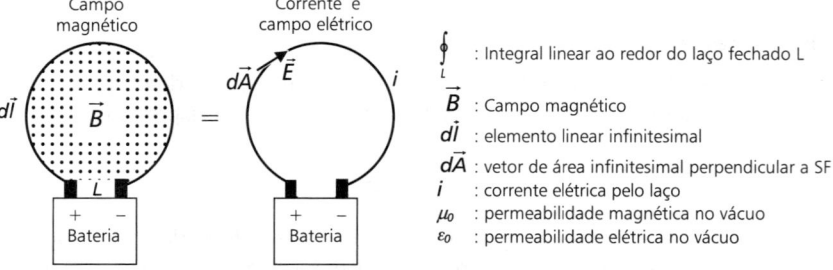

$\oint_L$: Integral linear ao redor do laço fechado L
$\vec{B}$: Campo magnético
$d\vec{l}$: elemento linear infinitesimal
$d\vec{A}$: vetor de área infinitesimal perpendicular a SF
i : corrente elétrica pelo laço
μ_0 : permeabilidade magnética no vácuo
ε_0 : permeabilidade elétrica no vácuo

figura 1.5 Equivalência no arranjo experimental relacionado com a Lei de Ampère/Maxwell

1.2.2 as equações de Maxwell

A teoria eletromagnética pode ser resumida nas famosas quatro equações de Maxwell, que estão relacionadas diretamente às quatro leis fundamentais do eletromagnetismo, que acabamos de analisar. A principal diferença entre as quatro leis do eletromagnetismo e as quatro equações de Maxwell está na formulação matemática. Enquanto as leis do eletromagnetismo se apresentam sob a forma de integrais, as equações de Maxwell estão sob a forma de equações diferenciais com derivadas parciais (MONDIM, 2006).

Na Figura 1.6 (a) mostramos as oito equações de Maxwell na notação vetorial clássica, utilizando derivadas parciais nas três dimensões espaciais x, y e z. Essas oito equações com derivadas parciais podem ser reescritas utilizando um novo operador para, assim, obter uma notação vetorial compacta, como mostrado na Figura 1.6 (b).

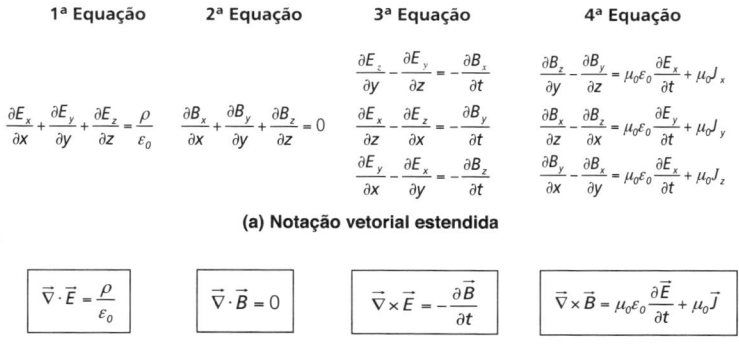

figura 1.6 As quatro equações de Maxwell em suas duas formas de apresentação: (a) notação vetorial cartesiana e (b) notação compacta utilizada em cálculo vetorial.

As quatro equações de Maxwell são geralmente apresentadas na notação compacta clássica, baseada em um novo formalismo matemático, muito utilizado em cálculo vetorial, chamado operador *nabla*[5], ou também *operador diferencial*. O operador *nabla* no espaço vetorial é representado por $\vec{\nabla}$ e pode ser definido matematicamente como

$$\text{Operador diferencial (nabla)} \rightarrow \vec{\nabla} \equiv \frac{\partial}{\partial_x}\vec{i} + \frac{\partial}{\partial y}\vec{j} + \frac{\partial}{\partial z}\vec{k} \qquad (1.5)$$

Na Figura 1.7 vemos um sistema referencial tridimensional ortonormal utilizado na definição de campos vetoriais no espaço. Um campo vetorial $\vec{V}$, num ponto qualquer do

---

[5] *Nabla* é um símbolo, representado por ∇. O nome está associado a uma palavra grega que designa um tipo de harpa com uma forma semelhante ao símbolo.

espaço será representado por um escalar V(x,y,z) associado a uma determinada direção e sentido, como é mostrado na figura.

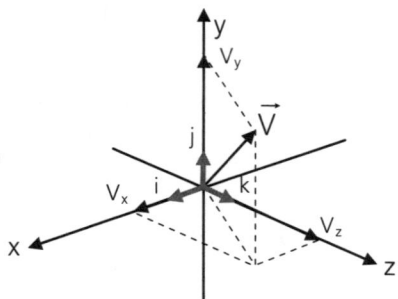

figura 1.7 Sistema referencial ortonormal utilizado para campos vetoriais tridimensionais.

O operador *nabla* definido em (1.5) pode ser aplicado sobre os componentes do espaço vetorial, ou seja, vetores e escalares. No caso da aplicação do operador sobre um escalar $f(x,y,z)$ qualquer, obtemos $\vec{\nabla} f = \dfrac{\partial f}{\partial x}\vec{i} + \dfrac{\partial f}{\partial y}\vec{j} + \dfrac{\partial f}{\partial z}\vec{k}$, que é chamado **gradiente do escalar $f(x,y,z)$**.

No caso da aplicação do operador nabla sobre um campo vetorial $\vec{V}$, podemos considerar duas operações:

primeira operação: $\vec{\nabla} \cdot \vec{V}$ ou divergente de $\vec{V}$
Nesta operação, quando o operador diferencial é aplicado sobre um campo vetorial $\vec{V}$, obtemos como resultado um campo escalar denominado divergente de $\vec{V}$.

segunda operação: $\vec{\nabla} \times \vec{V}$ ou rotacional de $\vec{V}$
Esta operação pode ser considerada um produto vetorial, que consiste na multiplicação do operador diferencial por um campo vetorial $\vec{V}$. A resultante desse produto vetorial é denominada o rotacional de $\vec{V}$.

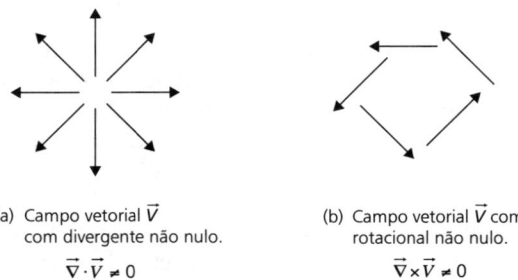

(a) Campo vetorial $\vec{V}$ com divergente não nulo.
$\vec{\nabla} \cdot \vec{V} \neq 0$

(b) Campo vetorial $\vec{V}$ com rotacional não nulo.
$\vec{\nabla} \times \vec{V} \neq 0$

figura 1.8 Representação bidimensional de um campo vetorial $\vec{V}$ em duas situações: (a) campo vetorial com divergente não nulo e (b) com rotacional não nulo.

A Figura 1.8 mostra (em duas dimensões) duas situações distintas de um campo vetorial $\vec{V}$: (a) um campo vetorial $\vec{V}$ com divergente diferente de zero e (b) um campo vetorial $\vec{V}$ com rotacional não nulo.

Com base no que acabamos de ver, mostraremos, a seguir, a interpretação física por trás de cada uma das quatro equações de Maxwell.

1.2.3 interpretação física das equações de Maxwell

Podemos fazer uma interpretação física das quatro equações de Maxwell a partir da nova formulação matemática da lei de Faraday (eletrodinâmica), da lei de Ampère (magnetodinâmica) e das duas leis de Gauss, magnetostática e eletrostática. Vamos representar o campo vetorial elétrico por $\vec{E}$, o campo vetorial magnético por $\vec{B}$ e o campo vetorial da corrente elétrica por $\vec{J}$. Nestas condições, vamos interpretar agora o sentido físico por trás das quatro equações de Maxwell (HANSEN, 2004).

1ª. equação: $\vec{\nabla} \cdot \vec{E} = \rho / \varepsilon_0$ (Lei de Gauss da eletrostática na forma diferencial)

Esta equação de Maxwell nos diz que se o divergente de um campo elétrico é não nulo, então devem existir campos elétricos na região resultantes de carga total não nula. Novamente podemos mostrar que a formulação da lei de Gauss da eletrostática na forma de integral é equivalente à primeira equação de Maxwell na forma diferencial.

$$\oint_{SF} \vec{E} \cdot d\vec{A} = \frac{Q}{\varepsilon_0} \longrightarrow \vec{\nabla} \cdot \vec{E} = \rho / \varepsilon_0$$

2ª. equação: $\vec{\nabla} \cdot \vec{B} = 0$ (Lei de Gauss da magnetostática na forma diferencial)

Neste caso, a equação de Maxwell nos diz que o divergente de um campo magnético é nulo. Isso significa, em última instância, que os campos magnéticos são não convergentes e que não existem monopolos magnéticos ou "cargas magnéticas".

A lei de Gauss, na sua forma integral, é equivalente à forma diferencial da segunda equação de Maxwell, pois:

$$\oint_{SF} \vec{B} \cdot d\vec{A} = 0 \rightarrow \vec{\nabla} \cdot \vec{B} = 0$$

3ª. Equação: $\vec{\nabla} \times \vec{E} = -\dfrac{\partial \vec{B}}{\partial t}$ (Lei de Faraday na forma diferencial)

Desta equação de Maxwell, podemos concluir que campos magnéticos variáveis no tempo geram campos elétricos do tipo rotacional. Ao contrário de cargas eletrostáticas, nas quais os campos magnéticos são sempre divergentes (ou não convergentes). Mostramos também que a forma integral da lei de Faraday é equivalente à forma diferencial dada pela terceira equação de Maxwell.

$$\oint_L \vec{E} \cdot d\vec{l} = -\frac{d\varphi_B}{dt} \rightarrow \vec{\nabla} \times \vec{E} = -\frac{\partial \vec{B}}{\partial t}$$

Nesta expressão, $\oint_L$ corresponde à integral ao longo de um laço fechado L.

4ª. Equação: $\vec{\nabla} \times \vec{B} = \mu_0 \varepsilon_0 \dfrac{\partial \vec{E}}{\partial t} + \mu_0 \vec{J}$ (Lei de Ampère/Maxwell diferencial)

Neste caso, a equação de Maxwell expressa que campos elétricos variáveis no tempo, assim como correntes elétricas, produzem campos magnéticos. A lei de Ampère/Maxwell na forma integral é equivalente à forma diferencial da quarta equação de Maxwell, pois:

$$\oint_L \vec{B}.d\vec{l} = \mu_0 \varepsilon_0 \frac{d\varphi_E}{dt} + \mu_0.i \rightarrow \vec{\nabla} \times \vec{B} = \mu_0 \varepsilon_0 \frac{\partial \vec{E}}{\partial t} + \mu_0 \vec{J}$$

Novamente, $\oint_L$ é a integral ao longo de um laço fechado.

Estas quatro equações são a base da moderna teoria eletromagnética. Vamos ver agora uma lista com algumas conclusões em relação a estas quatro equações estabelecidas por Maxwell:

1. Os campos elétricos criados por cargas elétricas são divergentes ou convergentes.
2. Os campos magnéticos são rotacionais, ou seja, não existem monopolos magnéticos ou algo como cargas magnéticas (equivalentes a cargas elétricas).
3. Os campos magnéticos variáveis no tempo geram campos elétricos rotacionais.
4. Campos elétricos variáveis no tempo geram campos magnéticos rotacionais.
5. Correntes elétricas (ou cargas em movimento) geram campos magnéticos.

1.2.4 equações de Maxwell para uma onda eletromagnética

Vamos mostrar a seguir que campos elétricos e magnéticos variáveis no tempo geram ondas eletromagnéticas, que são a base dos sistemas sem fio.

Por uma questão de simplicidade, vamos supor duas hipóteses: (1) vamos nos ater a uma onda eletromagnética gerada no vácuo e (2) vamos partir das equações de Maxwell na sua formulação diferencial compacta (HANSEN, 2004).

Como não há cargas elétricas no vácuo e, portanto, não há correntes, as equações de Maxwell são apresentadas assim:

1ª. Equação $\vec{\nabla} \cdot \vec{E} = \rho / \varepsilon_0$ No vácuo tomará a forma: $\vec{\nabla} \cdot \vec{E} = 0$

2ª. Equação: $\vec{\nabla} \cdot \vec{B} = 0$ No vácuo permanecerá igual: $\vec{\nabla} \cdot \vec{B} = 0$

3ª. Equação: $\vec{\nabla} \times \vec{E} = -\dfrac{\partial \vec{B}}{\partial t}$ No vácuo permanecerá igual: $\vec{\nabla} \times \vec{E} = -\dfrac{\partial \vec{B}}{\partial t}$

4ª. Equação: $\vec{\nabla} \times \vec{B} = \mu_0 \varepsilon_0 \dfrac{\partial \vec{E}}{\partial t} + \mu_0 \vec{J}$ No vácuo tomará a forma: $\vec{\nabla} \times \vec{B} = \mu_0 \varepsilon_0 \dfrac{\partial \vec{E}}{\partial t}$

Observe que as equações não nulas (3ª e 4ª) correspondem, respectivamente, à lei de Faraday e à lei de Ampère. Vamos aplicar a seguir o operador rotacional ($\vec{\nabla} \times$) sobre as duas parcelas de ambas as equações para assim obtermos a variação do campo eletromagnético.

O resultado para a equação de Faraday e de Ampère será

$$\vec{\nabla}^2 \cdot \vec{E} = \mu_0 \varepsilon_0 \frac{\partial^2 \vec{E}}{\partial t^2} \qquad \vec{\nabla}^2 \cdot \vec{B} = \mu_0 \varepsilon_0 \frac{\partial^2 \vec{B}}{\partial t^2} \qquad (1.6)$$

Essas equações são conhecidas como as equações de propagação de uma onda eletromagnética no vácuo. Nestas expressões, μ_0 e ε_0 são a constante magnética e a constante elétrica do vácuo, respectivamente. Em geral, é muito complexa a solução deste sistema de equações a derivadas parciais de segundo grau no espaço e tempo.

1.2.5 representação simplificada de uma onda eletromagnética monocromática

Vamos supor um campo elétrico e um campo magnético, dados por

$$\vec{E} = (0, E_y, 0) \quad \text{e} \quad \vec{B} = (B_x, 0, 0)$$

Substituindo esses campos nas equações da onda eletromagnética definidas em (1.6) obtemos

$$\frac{\partial^2 E_y}{\partial z^2} = \mu_0 \varepsilon_0 \frac{\partial^2 E_y}{\partial t^2} \qquad \frac{\partial^2 B_x}{\partial z^2} = \mu_0 \varepsilon_0 \frac{\partial^2 B_x}{\partial t^2} \qquad (1.7)$$

A solução deste conjunto de equações (1.7) será

$$E_y = E_0 sen(kz - \omega t) \quad \text{e} \quad B_x = B_0 sen(kz - \omega t) \qquad (1.8)$$

em que $k = 2\pi / \lambda$ é o número de onda angular, ou circular, e λ é o comprimento da onda. Observe que k tem dimensões de [rad/m] enquanto $\omega = 2\pi f$, a velocidade angular, é medida em unidades de [rad/s].

Agora podemos obter a velocidade de propagação desta onda eletromagnética, um dos resultados mais importantes da formulação de Maxwell. Para isso, substituímos os resultados de (1.8) nas equações da onda em (1.6) e, após rearranjos convenientes, temos, respectivamente, a partir da 3ª equação de Maxwell (Lei de Faraday) e a partir da 4ª equação de Maxwell (Lei de Ampère):

$$\frac{E_0}{B_0} = \frac{k}{\mu_0 \varepsilon_0 \omega} \quad \text{e} \quad \frac{E_0}{B_0} = \frac{\omega}{k} \qquad (1.9)$$

Relacionando as duas equações, temos que

$$\frac{\omega}{k} = \frac{k}{\mu_0 \varepsilon_0 \omega} \quad \text{ou que} \quad \frac{\omega}{k} = \frac{1}{\sqrt{\mu_0 \varepsilon_0}} \qquad (1.10)$$

Lembre que o número de onda k tem dimensões de [rad/m], e ω, dimensões de [rad/s]. Portanto, a razão ω/k tem dimensões de velocidade de propagação da onda eletromagnética em [m/s] no vácuo. A partir de (1.10), temos que

$$\frac{\omega[rad/s]}{k[rad/m]} = v[m/s] \quad \text{e, portanto,} \quad v = \frac{1}{\sqrt{\mu_0 \varepsilon_0}} = c \quad (1.11)$$

Nessa expressão, c é uma constante igual à velocidade de propagação da luz no vácuo (299729,5 km/s) e é independente de qualquer referencial.

Na Figura 1.9 apresentamos uma solução particular de uma onda eletromagnética plana do tipo monocromática com polarização transversal. Lembre-se de que, em geral, as ondas eletromagnéticas não são planas (vários modos de propagação), e não polarizadas, além de policromáticas.

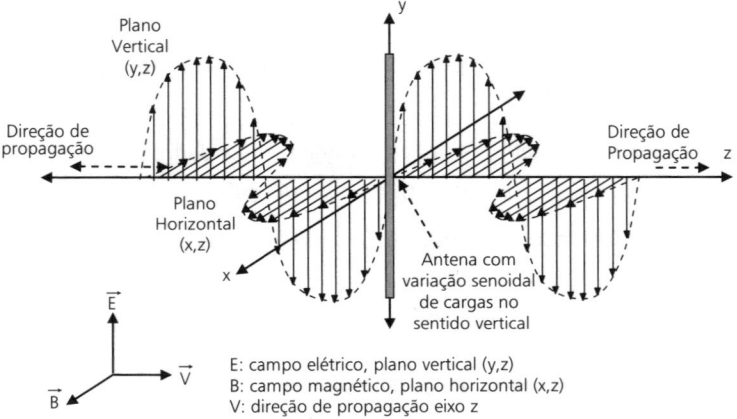

figura 1.9 Onda eletromagnética plana, monocromática, linearmente polarizada. Os campos E e B são ortogonais, ou seja, campo E no sentido vertical e campo B no sentido horizontal. A onda se propaga nos dois sentidos do eixo z a partir da antena.
Fonte: Elaborada com base em Mundim (2006).

Os planos de propagação são dependentes do formato físico da antena. É fácil de entender que o alcance útil de uma onda eletromagnética será dependente da energia eletromagnética irradiada pela antena. No Capítulo 2 vamos retomar esse assunto com mais detalhes.

1.3 ⇢ modelagem OSI de um sistema de comunicação de dados sem fio

Um sistema de comunicação de dados sem fio (SCDSF) pode ser modelado segundo o RM-OSI[6]. A modelagem OSI de um SCDSF se restringe à interconexão e interoperação

---

[6] Para uma revisão sobre RM-OSI (*Reference Model for Open System Interconnection*) sugerimos a leitura do Capítulo 2 de (ROCHOL, 2012).

dos dois primeiros níveis do RM-OSI, que dão suporte aos níveis superiores dos dois sistemas de terminação de dados.

Os diferentes SCDSF que abordaremos nos capítulos subsequentes têm a modelagem funcional caracterizada em relação a esses dois níveis inferiores do MR-OSI; o nível físico e o nível de enlace. Na Figura 1.10 apresentamos, de forma mais detalhada, a modelagem dos dois primeiros níveis de um SCDSF genérico, segundo o RM-OSI. Cada nível, como se observa, está dividido em subníveis, que veremos a seguir.

No nível de enlace, ou nível dois, o fluxo de dados chega ao SCDSF através de um ponto de acesso (AP), que pode ser, ao mesmo tempo, ponto final de conexão de enlace (CEP). O nível de enlace é normalmente dividido em dois subníveis: um subnível de convergência de serviço e um subnível de controle de acesso ao canal, como mostrado na Figura 1.10.

No nível físico, ou nível um do SCDSF, vamos encontrar dois subníveis: o subnível de convergência de transmissão, ou codificador de canal; e um subnível de transmissão e recepção de dados, ou PMD (*Physical Medium Dependent*). Neste subnível são elaboradas as funções de modulação/demodulação, que são utilizadas na transmissão/recepção dos dados pelo canal de RF (*Radiofrequência*).

Muitos sistemas sem fio podem apresentar, entre o nível de enlace e o nível físico, uma interface padronizada que possibilita a utilização de diferentes realizações de transceptores no nível físico. Por exemplo, em WLANS encontramos a interface AUI (*Attachment Unit Interface*) que permite facilmente a troca do transceptor em caso de necessidade. A seguir, você vai ver as principais funções e os serviços elaborados no nível físico e no nível de enlace de um SCDSF genérico, como mostrado na Figura 1.10.

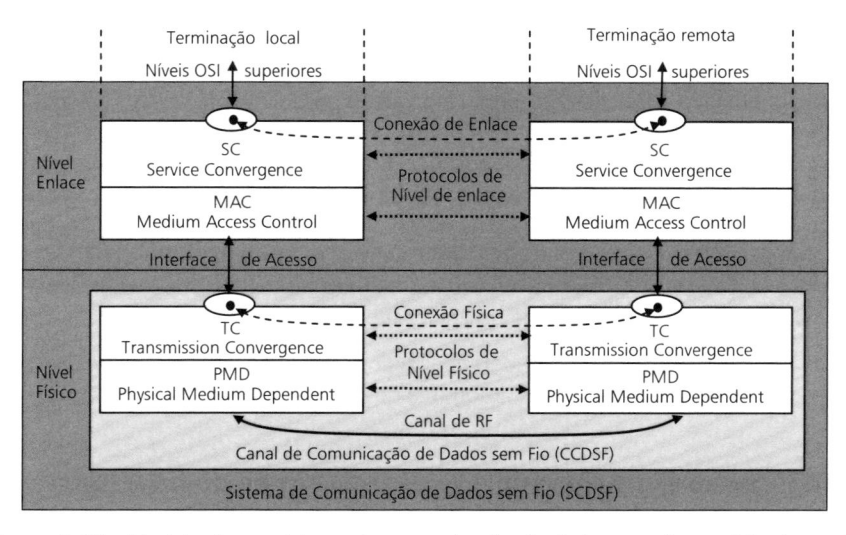

figura 1.10 Modelo de um sistema de comunicação de dados sem fio genérico baseado na modelagem RM-OSI.

1.3.1 subnível de convergência de serviço do nível de enlace

O subnível de convergência de serviço ou SC (*Service Convergence*) procura atender os requisitos de qualidade exigidos por um determinado serviço ou classe de serviço. Os requisitos de qualidade de um serviço ou aplicação são especificados por um descritor de tráfego a partir de um conjunto de parâmetros, conhecidos como parâmetros de QoS (*Quality of Service*). O tratamento dos dados para garantir esses parâmetros de QoS é especialmente importante para serviços com altas exigências de qualidade. Os parâmetros de qualidade associados a um descritor de tráfego de um determinado serviço dependem dos seguintes fatores:

- Banda ou taxa de bits/s exigida pelo serviço
- Atraso máximo dos pacotes
- Variação no atraso dos pacotes ou *jitter*
- Taxa de perda de pacotes
- Disponibilidade do serviço

Para atender as exigências de qualidade de um determinado serviço ou classe de serviço, são utilizadas as seguintes técnicas:

- Classificação dos pacotes por serviço
- Sistemas de filas por serviço ou classe de serviços
- Escalonamento das filas segundo critérios de prioridade por serviço
- Oferecimento opcional de um serviço de conexão por aplicação ou classe de serviço, para facilitar o atendimento dos parâmetros de qualidade exigidos pelo serviço

1.3.2 subnível de controle de acesso (MAC) do nível de enlace

Uma das principais funções do nível de enlace é o controle de acesso ao meio ou simplesmente MAC (*Medium Access Control*). Esse controle se torna crucial quando o canal de radiofrequência é partilhado por múltiplos usuários e o acesso se dá por meio de um serviço de conexão. Nesse caso, é imprescindível que o sistema exerça um controle rígido sobre os recursos alocados por serviço, o que será feito utilizando um algoritmo de CAC (*Connection Admission Control*). O algoritmo evita a aceitação de novas conexões quando não houver recursos de rede suficientes disponíveis, evitando, que haja degradação da qualidade de serviço em relação às conexões já estabelecidas.

Em alguns SCDSFs encontramos, logo abaixo do subnível MAC, um subnível de segurança que fornece serviços como criptografia de dados e autenticação de usuário.

1.3.3 subnível de convergência de transmissão do nível físico

A Interface de acesso ao nível físico pode ser desde um ponto de acesso de serviço (SAP) definido logicamente no nível físico até uma interface física padronizada, como a *AUI* (*Access Unit Interface*) de redes locais, ou uma interface serial, como a *USB* (*Universal Serial Bus*).

O subnível de convergência de transmissão (TC) é conhecido como codificador de canal. No início são elaboradas funções que basicamente são adaptações das estruturas de dados das aplicações, para que possam ser transmitidas de forma confiável e segura pelo nível físico. O principal objetivo do codificador de canal é obter uma maior robustez e confiabilidade na transmissão dos dados em função das características de interferência e ruído apresentadas pelo canal de RF. Para alcançar esses objetivos, aplicamos diferentes códigos sobre o fluxo de bits, alterando-os quantitativa e temporalmente, visando à obtenção de um fluxo de bits mais robusto em relação às imperfeições do canal.

Entre as funções do codificador de canal destacamos:

- Embaralhamento (*Scrambling*) do fluxo de bits
  Seu objetivo principal é garantir a equiprobabilidade dos símbolos binários *um* e *zero*, antes de serem enviados ao bloco de transmissão. Essa condição é necessária para obter um canal binário simétrico (CBS) otimizado.

- Controle de erros
  Os modernos sistemas de comunicação de dados utilizam como estratégia no controle de erros a técnica de *Forward Error Correction* (FEC). Nesta técnica, é adicionada uma redundância à informação, que permite detectar e corrigir erros na recepção dos dados.

- Entrelaçamento de bits ou *interleaving*.
  Essa técnica evita a concentração de erros em intervalos de tempo curtos (rajadas de erro) que, de outra forma, prejudicariam o desempenho da técnica FEC. Isso é feito por meio de algoritmos de distribuição temporal dos bits de informação segundo um esquema previamente acertado entre fonte e destino. Desta forma, regiões de concentração de erros ou rajadas de erro serão espalhadas ao longo do fluxo, tornando o FEC mais efetivo.

1.3.4 subnível dependente do meio ou PMD (*physical medium dependent*)

O subnível de PMD do nível físico corresponde às funcionalidades do transmissor e receptor de dados que dependem especificamente de cada meio físico. Os transceptores (transmissor/receptor) podem ser dispositivos simples, como modems, regeneradores e codificadores, ou subsistemas mais complexos e inteligentes, constituídos de vários subníveis e oferecendo serviços que variam desde a codificação de canal até a transmissão e multiplexação de dados do usuário, como em redes sem fio metropolitanas ou WMAN (*Wireless Metropolitan Area Network*).

Os protocolos do nível físico podem ser um protocolo único, quando, por exemplo, o transceptor é um dispositivo simples, ou um conjunto de protocolos, quando o transceptor forma um subsistema inteligente com diversos subníveis e, portanto, diversos protocolos.

As técnicas de transmissão/recepção variam em função do meio físico e dos parâmetros que o caracterizam. Há técnicas muito simples, bem como extremamente complexas, tudo dependendo do grau de eficiência que queremos obter na utilização do canal. Vamos agrupá-las em três grandes classes em ordem crescente de complexidade:

1. Técnicas de codificação por pulsos, também conhecidas como codificação banda base.
2. Processos de modulação de um ou mais parâmetros de uma portadora eletromagnética única.
3. Processo de modulação e transmissão por múltiplas portadoras. Essas portadoras podem ser caracterizadas no domínio frequência e, neste caso, falamos de transmissão segundo múltiplas portadoras do tipo OFDM (*Orthogonal Frequency Division Multiplex*). Um processo equivalente também pode ocorrer no domínio tempo, conhecido como CDMA (*Code Division Multiple Access*). Nesta técnica diferentes códigos ortogonais são aplicados simultaneamente sobre uma portadora digital, gerando espectros distintos em torno de uma portadora analógica única. O processo também é conhecido como espalhamento espectral.

No caso dos SCDSF, o meio físico utilizado é o canal de radiofrequência (*RF*), caracterizado por uma determinada largura de banda B, que pode ser localizada no espectro de radiofrequência por meio de um limite inferior f_1 e um limite superior f_2, de tal forma que $B=f_2-f_1$.

1.3.5 funções estendidas do nível físico

Um subsistema inteligente pode ser constituído a partir das funcionalidades de dois ou três níveis OSI, como vemos em comutadores (nível um e dois) e roteadores (nível um, dois e três). O mesmo conceito também se aplica a um único nível. Assim, encontramos subsistemas inteligentes formados por três ou mais subníveis dentro do nível físico. Com essa técnica conseguimos elaborar, além das funções tradicionais do nível físico, funções como comutação e multiplexação, que podem dar um status de rede inteligente ao próprio nível físico.

Dessa forma, o nível físico tem condições de funcionar como uma plataforma inteligente de transporte de dados com capacidade de comutar rotas por demanda entre pontos de acesso distintos. Neste caso, os nós da rede formam um subsistema inteligente, inteiramente definido no nível físico, muitas vezes denominado rede núcleo, rede de transporte de dados ou *backbone*.

Exemplos de subsistemas inteligentes inteiramente definidos no nível físico do RM-OSI são os sistemas de multiplexação e transmissão digital padronizados pelo ITU, como o PDH (*Plesiochronous Digital Hierarchy*), o SDH (*Synchronous Digital Hierarchy*), o SONET (*Synchronous Optical Network*) e o OTN (*Optical Transport Network*).

1.4 ⟶ uma taxonomia dos sistemas de transmissão sem fio

No início deste milênio, as telecomunicações se desenvolveram de modo frenético, impulsionadas principalmente pela vertiginosa expansão da Internet. Apresentada atualmente, em nível mundial, como a rede global de informação, a Internet tem importância incontestável na vida das pessoas, assumindo, cada vez mais, um papel fundamental nas diferentes relações das atividades humanas, seja encurtando distâncias, seja eliminando barreiras e fronteiras ou disseminando informações.

As principais características da Internet Global são a sua heterogeneidade quanto à infraestrutura física utilizada e a sua ampla gama de aplicações, que hoje envolve praticamente todas as atividades humanas. De uma simples rede mundial de computadores na década de 1990, a Internet se transformou, no início deste milênio, em uma rede global de informação capaz de integrar qualquer tipo de serviço, sejam eles dados, voz ou imagens (multimídia).

Três fatos novos e marcantes no início deste novo milênio no desenvolvimento das tecnologias de comunicação estão redefinindo o paradigma da Internet como uma gigantesca rede global de informações:

1. as tecnologias ópticas de transmissão e multiplexação, como o DWDM (*Dense Wavelength Division Multiplex*) e a comutação óptica de rajadas de pacotes ou OBS (*Optical Burst Switching*);
2. as tecnologias de comutação rápida de pacotes ou rajadas, como o MPLS (*Multiprotocol Label Switching*) ou GMPLS (*Generic Multiprotocol Label Switching*);
3. as tecnologias de comunicação sem fio que oferecem facilidade de acesso, mobilidade e altas taxas em nível local, metropolitano e regional.

Os impactos destas novas tecnologias sobre a Internet ainda não foram bem avaliados. Conforme alguns pesquisadores, são previstas novas e revolucionárias mudanças tanto em nível de comportamento social como nas atividades econômicas da humanidade.

As tecnologias ópticas ou fotônicas deverão disponibilizar larguras de banda aos *backbones* locais, regionais e internacionais nunca antes imaginadas, o que deverá resolver em grande parte o congestionamento crônico da Internet atual, além de melhorar muito a qualidade associada aos diferentes serviços.

As tecnologias de comutação rápida MPLS e GMPLS, além das modernas técnicas de engenharia de tráfego, deverão assegurar qualidade de serviço ou QoS (*Quality of Service*), tanto a serviços individuais como a classes de serviço.

Nos próximos anos as tecnologias de comunicação sem fio que permitem acesso a redes sem fio de alto desempenho por meio de dispositivos portáteis sofisticados de quarta geração deverão concretizar o paradigma da ubiquidade da informação, ou seja, permitirão que o usuário disponha de qualquer informação, a qualquer hora e em qualquer lugar.

O objetivo principal desse livro é o estudo e a análise das principais tecnologias de comunicação sem fio que surgiram e se disseminaram na última década. Hoje há um avanço rápido e surpreendente do desempenho destas novas tecnologias sem fio, além de um crescimento explosivo de novas aplicações para estes sistemas.

Os dispositivos sem fio tornaram-se tão populares nos últimos anos que hoje estão presentes em quase todas as atividades humanas. Já não conseguimos mais imaginar o nosso dia a dia sem a presença de dispositivos, como telefones celulares, PDAs (*Personal Digital Assistant*), *smartphones*, *tablets*, *notebooks*, cartões com chip, RFID (*Radio Frequency IDentifier*) e, em especial, o acesso, praticamente de qualquer lugar, às redes sem fio (RAPPAPORT, 1996).

Esses sofisticados dispositivos de acesso móveis deverão ser suportados por redes sem fio padronizadas, como a rede celular LTE (*Long Term Evolution*); as redes pessoais ou WPANs (*Wireless Personal Area Network*); as redes locais ou WLAN (*Wireless Local Area Network*); as redes metropolitanas WMAN (*Wireless Metropolitan Area Network*); e as redes regionais ou WRAN (*Wireless Regional Area Network*), todas oferecendo taxas de acesso de algumas dezenas de Mbit/s. Nos próximos anos estes sistemas certamente deverão ultrapassar taxas de 100 Mbit/s e muitos terão velocidades de mobilidade de avião (800 km/s). Na Figura 1.11 você vê as taxas atuais típicas e os alcances de alguns destes sistemas sem fio padronizados.

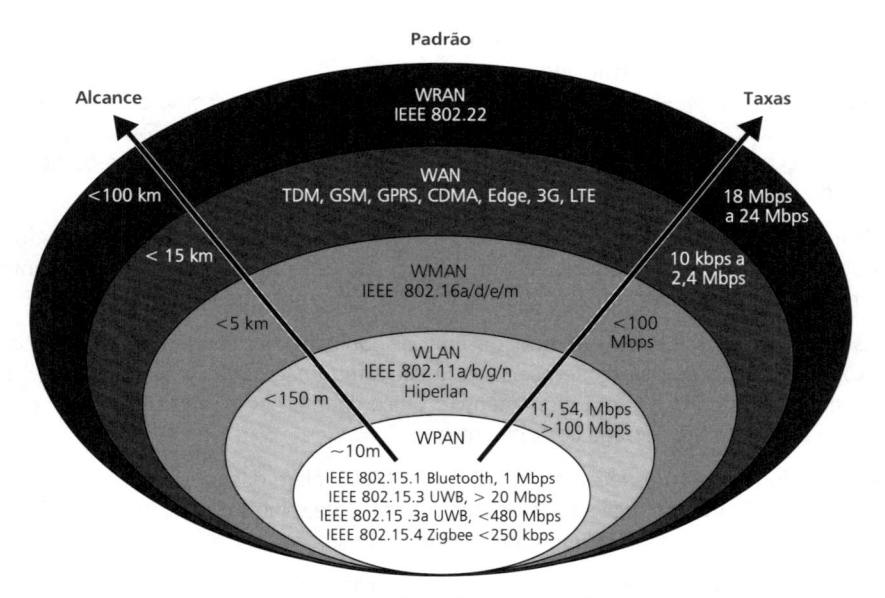

figura 1.11 Algumas tecnologias populares de redes sem fio com destaque para o alcance, as taxas típicas e o órgão de padronização.
Fonte: Elaborada com base em Cordeiro et al. (2006).

Muitas das aplicações que deverão surgir nos próximos anos, de forma direta ou indireta, estarão relacionadas com algum tipo de tecnologia que genericamente chamamos sem fio. Atualmente, o grande desafio em sistemas sem fio é como dotá-los com características de mobilidade que atendam velocidades de deslocamento do usuário cada vez maiores.

Devido à facilidade no uso de bandas de frequência livres, também conhecidas como ISM (*Industrial Scientific and Medical*), cada vez mais se disseminam diversos tipos de rádio enlaces, de curto e médio alcance, com taxas que alcançam dezenas a centenas de Mbit/s.

A seguir, apresentamos uma tentativa de classificar as tecnologias sem fio utilizando como critérios a extensão geográfica, a mobilidade, as aplicações e as taxas de transferência de dados, resultando, assim, em oito grandes classes de sistemas sem fio (STALLINGS, 2005):

1. Redes sem fio pessoais ou WPAN (*Wireless Personal Area Networks*)
2. Redes de sensores sem Fio (RSSF)
3. Redes sem fio locais ou WLANs (*Wireless Local Area Network*)
4. Redes de telefonia celulares
5. Redes sem fio metropolitanas ou WMAN (*Wireless Metropolitan Area Networks*)
6. Redes sem fio de área regional ou WRAN (*Wireless Regional Area Network*)
7. Rádio enlace ponto a ponto
8. Sistemas de satélite

Você vai ver agora uma descrição resumida das principais características técnicas, bem como das aplicações típicas associadas a cada uma destas oito classes de sistemas sem fio. Ao longo deste livro elas serão abordadas de forma mais detalhada.

1.4.1 redes sem fio pessoais – WPAN (*wireless personal area networks*)

Estas redes são de alcance limitado (de alguns metros) e foram concebidas para facilitar a conexão sem fio de periféricos a computadores pessoais ou de diferentes equipamentos entre si, como mostra a Figura 1.12(a).

Este tipo de rede sem fio foi padronizado pelo padrão IEEE 802.15, que especifica uma arquitetura formada por pequenas redes ou *piconets* que interligam dispositivos como periféricos de computação ou eletrodomésticos. Os sistemas também são conhecidos como WPANs (*Wireless Personal Area Networks*). Um exemplo comercial de tecnologia de *piconets* muito conhecido é o *Bluetooth,* que é baseado no padrão IEEE 802.15.1.

Outro exemplo de WPAN são os telefones sem fio (Figura 1.12(b)). Esses sistemas têm como principal característica o fato de serem de pouca cobertura (10 a 100 m), e operam em ambientes internos (dentro de casa – *indoor*). Você vai saber mais sobre as redes sem fio pessoais WPAN e os sistemas *Cordless* no Capítulo 3 deste livro.

24 ⋯→ Redes de comunicação sem fio

(a) Rede WPAN (*Bluetooth*) para interconexão de periféricos de um desktop

(b) Telefone sem fio (Cordless)

figura 1.12 Exemplos de WPAN: (a) uma *piconet* segundo o padrão IEEE 802.15.1, (*Bluetooth*), para conexão de periféricos sem fio a um computador pessoal; (b) telefone sem fio.

1.4.2 redes de sensores sem fio (RSSF)

As redes de sensores sem fio (RSSF) são sistemas formados por sensores inteligentes capazes de processamento e comunicação que se auto-organizam em uma rede do tipo ad hoc. Os nodos sensores destas redes são dispositivos dotados de capacidade de sensoriamento, armazenamento, processamento, comunicação, e possuem fonte de energia própria. Geralmente, a rede é formada pelo lançamento aleatório dos sensores, formando uma topologia dinâmica com capacidade de auto-organização, como mostrado na Figura 1.13. Além dos sensores, a rede apresenta um nó ou ponto de acesso e controle que possui uma maior capacidade de processamento, armazenamento e energia e que se comunica com um sistema de supervisão e controle de todo sistema.

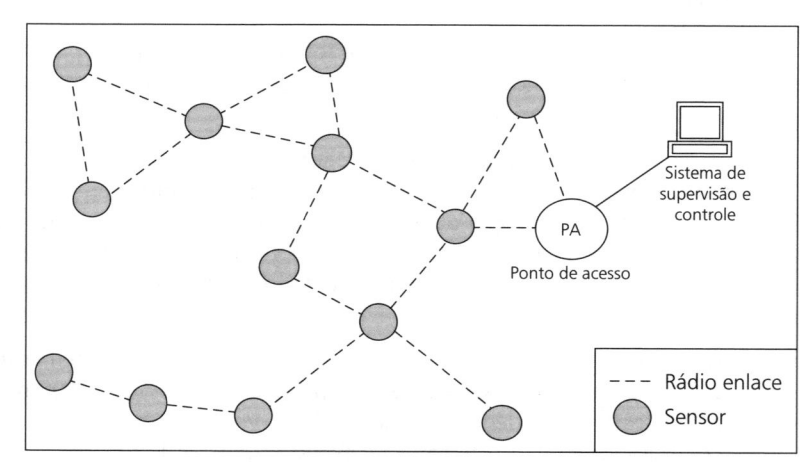

figura 1.13 Exemplo de arquitetura de uma rede de sensores sem fio.

As redes de sensores são utilizadas hoje nas mais diversas áreas, incluindo os setores industrial, médico, ambiental, militar, e de segurança pública.

As redes de sensores, portanto, podem ser consideradas um tipo de arquitetura específica de redes *ad hoc* ou MANET (*Mobile Ad hoc Network*), mas também uma arquitetura especial de redes sem fio locais ou WLANs (*Wireless Local Area Network*). Devido à crescente importância das redes de sensores, preferimos considerá-las uma classe específica no nosso estudo, por isso, elas ganharam o Capítulo 4 só para elas neste livro. Já as redes de sensores inteligentes, que encontramos principalmente em sistemas de supervisão e controle industrial, sistemas de monitoramento e sensoriamento remoto, serão objeto do Capítulo 5.

1.4.3 redes sem fio locais ou WLANs (*wireless local area network*)

As redes locais sem fio são sistemas para interconexão de computadores com cobertura em uma área com raio pouco maior que uma centena de metros. A rede pode ser organizada a partir de uma base central de controle ou de forma espontânea, sem controle central, sendo, neste caso, denominada rede *ad hoc* ou simplesmente MANET (*Mobile Ad hoc Network*). Um exemplo de um padrão de WLAN muito utilizado é o padrão IEEE 802.11, cuja topologia mostrada na Figura 1.14(a)

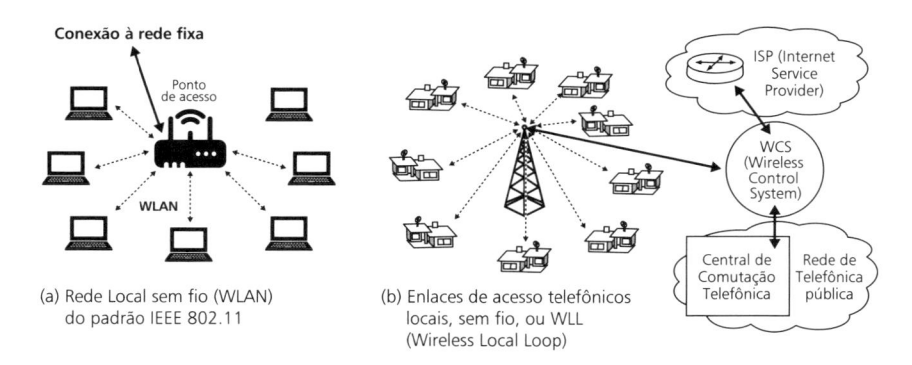

figura 1.14 Redes locais sem fio (WLAN): (a) WLAN segundo o padrão IEEE 802.11; (b) Wireless Local Loop (WLL).

Na classe das WLANs incluímos as diversas tecnologias de acesso sem fio, utilizadas tanto no acesso à Internet como à rede de telefonia pública, conhecidas como WLL (*Wireless Local Loop*). Essa tecnologia faz parte das tecnologias de acesso à Internet de última milha (*last mile technology*). Os sistemas WLL (*Wireless Local Loop*) operam, segundo o paradigma "*muitos para um*", ou seja, vários terminais telefônicos sem fio de uma quadra urbana acessam uma estação central, que, por sua vez, se conecta à rede de telefonia fixa e/ou à Internet, evitando, assim, a utilização do dispendioso par telefônico. Nestes enlaces, basicamente é utilizado um canal de RF que é partilhado por multiplexação em tempo (TDMA) para diversos usuários, em distâncias da ordem de algumas centenas de metros, como você pode observar na Figura 1.14(b).

As redes sem fio locais, WLANs, e os enlaces sem fio, WLL, são tecnologias que viabilizam o acesso à Internet na "*última milha*" ou "*last mile*", e serão abordadas especificamente no Capítulo 7.

1.4.4 redes celulares de telefonia e dados

As redes celulares de telefonia e dados compreendem os diversos sistemas de telefonia móvel que se disseminaram rapidamente em nível mundial nas últimas décadas. Esses sistemas oferecem ao usuário, além do serviço de telefonia, inúmeras outras aplicações. A partir de sua terceira geração tecnológica (3G), oferecem também acesso de alta velocidade à Internet de forma móvel. São exemplos de telefonia celular os sistemas TDMA, CDMA, GSM e EDGE.

Os sistemas celulares de quarta geração, conhecidos como LTE (*Long Term Evolution*), certamente oferecerão taxas de acesso com mobilidade de avião, da ordem de 100 Mbit/s, e taxas de acesso fixas que deverão alcançar até 1 Gbit/s. Vamos abordar os sistemas celulares com mais detalhes no Capítulo 8 deste livro.

O conceito básico das redes celulares está associado a pequenas regiões de cobertura chamadas células. Um usuário móvel ou estação móvel (EM), que se encontra nesta célula, está ligado à estação rádio base (ERB) que, por sua vez, está conectada à rede de telefonia fixa, como mostrado na Figura 1.15.

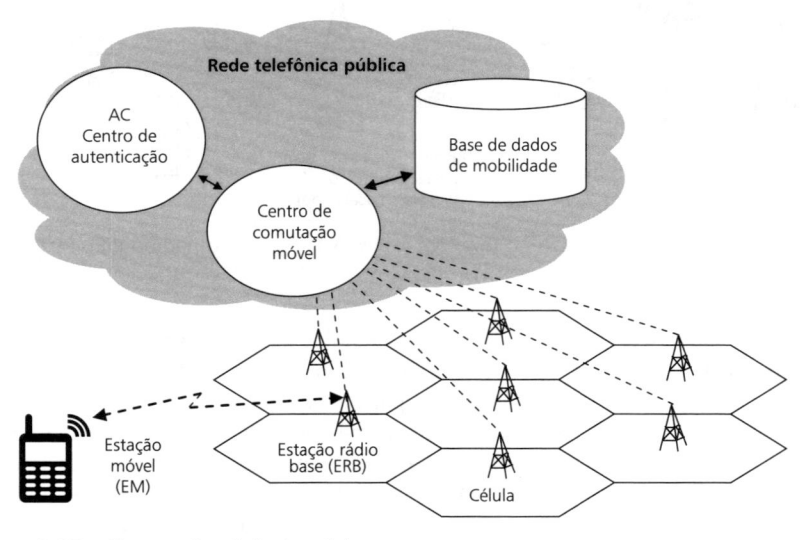

figura 1.15 Sistema de telefonia celular.

1.4.5 redes sem fio metropolitanas ou WMAN (*wireless metropolitan area networks*)

Estas redes são representadas pelo padrão de redes metropolitanas conhecido como IEEE 802.16 ou pela sigla do consórcio dos fabricantes denominado WiMax. A tecnologia atende principalmente acessos do tipo WBA (*Wireless Broadband Access*) e distribuição de sinais de TV.

A topologia desta rede é do tipo "*um para muitos*" (Figura 1.16) e oferece ao usuário mobilidade e qualidade de serviço garantida por meio de um serviço de conexão sofisticado.

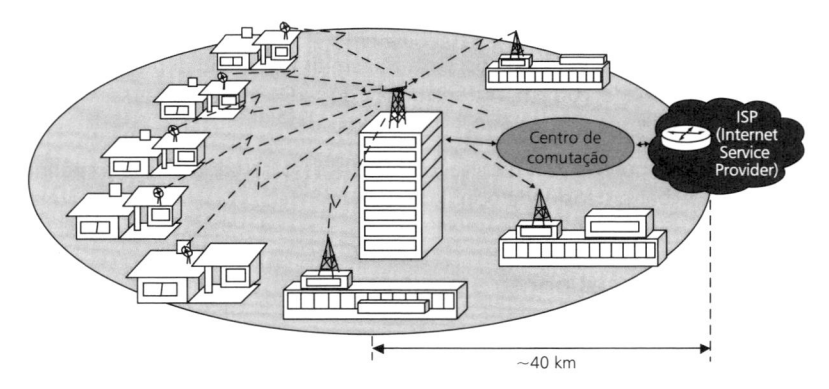

figura 1.16 Exemplo de uma rede sem fio metropolitana ou WMAN (*Wireless Metropolitan Area Network*) segundo o padrão IEEE 802.16 (WiMax).

1.4.6 redes sem fio regionais ou WRAN (*wireless regional area network*)

Nos últimos anos, agravou-se a escassez de bandas de frequências livres abaixo de 3 GHerz que, como sabemos, apresentam as melhores condições de propagação. Nesta faixa do espectro eletromagnético, vamos encontrar principalmente a banda VHF (30 a 300 MHz) e a banda UHF (300 MHz a 3 GHz), que são as bandas tradicionalmente alocadas ao serviço de distribuição de sinais de TV.

Em 2009, o IEEE publicou um novo padrão, o IEEE 802.22, que define uma rede sem fio fixa de quarta geração e abrangência regional, conhecida também como WRAN (*Wireless Regional Area Network*). Essa rede utiliza uma topologia do tipo multiponto, conforme mostrado na Figura 1.17, e integra os últimos avanços tecnológicos da transmissão e recepção sem fio. Este padrão também adota um novo conceito de ocupação dos canais de TV das bandas VHF e UHF quando estes não estão sendo utilizados pelas concessionárias licenciadas, denominado rádio cognitivo (confira a Seção 10.7.1).

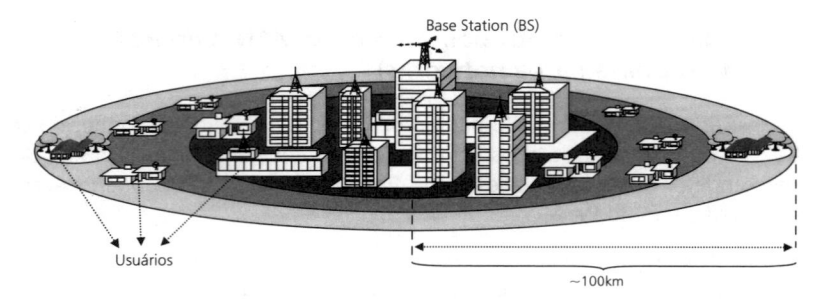

figura 1.17 Rede sem fio regional ou WRAN (*Wireless Regional Area Network*).

Em princípio, o rádio cognitivo monitora constantemente por sensoriamento espectral os canais que não estão sendo usados, para transmitir neles, sob demanda, em distâncias que podem chegar a 100 km. A transmissão do rádio cognitivo nesses canais se dá sem que haja prejuízo para os usuários licenciados.

Com uma rede do tipo WRAN é possível oferecer acesso de banda larga fixa à Internet em ambientes de baixa densidade populacional.

1.4.7 rádio enlaces ponto a ponto

Os rádio enlaces são sistemas sem fio do tipo *ponto a ponto* que utilizam antenas direcionais para concentrar a potência dos feixes de radiofrequência no sentido dos dois pontos visados, como mostrado na Figura 1.18. A distância pode chegar a algumas dezenas de quilômetros, e as taxas podem alcançar alguns gigabits por segundo. Os rádio enlaces são utilizados principalmente em *backbones*, bem como no *backhaul*[7] de redes de dados de longas distâncias.

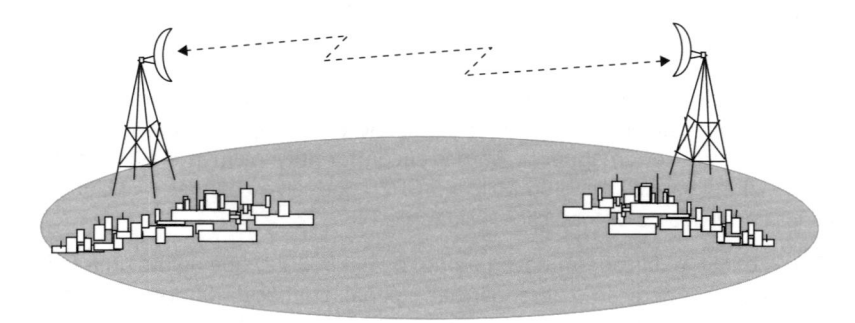

figura 1.18 Rádio enlace ponto a ponto para longas distâncias.

---

[7] *Backhaul*: enlace de acesso a um *backbone*.

Também faz parte dessa categoria de sistemas o chamado WLL (*Wireless Local Loop*), utilizado em telefonia. Como o próprio nome sugere, o par telefônico que se estende desde o usuário até a central telefônica mais próxima é substituído por um enlace sem fio. Com isso, conseguimos reduzir drasticamente o custo na instalação de telefones, principalmente em zonas rurais. Este tipo de enlace também é conhecido como o acesso de última (ou primeira) milha à Internet. Os rádio enlaces do tipo ponto a ponto também são utilizadas em muitas redes de dados corporativas. Na primeira parte deste livro você vai estudar os diferentes tipos de rádio enlace utilizados hoje em dia em redes sem fio.

1.4.8 sistemas de satélite

Nestes sistemas, os satélites são utilizados como estações de retransmissão de sinais de dados, telefonia e TV, para obter uma maior cobertura geográfica ou um maior alcance em comunicações internacionais e intercontinentais, como mostrado na Figura 1.19. Os sistemas de satélites são imprescindíveis em diversos tipos de monitoramento da terra, bem como na localização geográfica (GPS), na previsão do tempo e nas observações astronômicas.

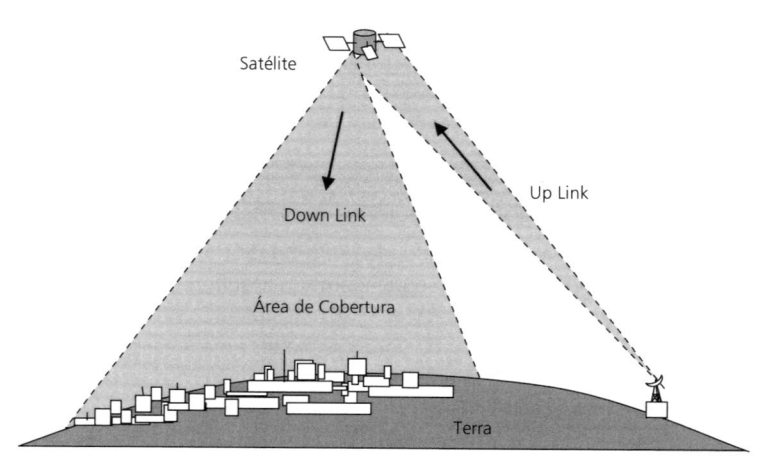

figura 1.19 Sistema de difusão (*broadcasting*) de um sinal de TV por satélite em comunicações internacionais de longas distâncias.

Os sistemas de satélites também são empregados na telefonia móvel com cobertura mundial ou MSS (*Mobile Satellite Systems*). O serviço de telefonia por satélite é impressionante pois cobre regiões do mundo onde a telefonia fixa ou o celular não estão disponíveis, como em navios em alto mar, nos desertos, nas regiões polares e em zonas desabitadas. Uma das principais aplicações dos sistemas celulares, hoje, é a distribuição de sinais de TV a nível intercontinental e internacional.

Redes de comunicação sem fio

tabela 1.2 Resumo das principais características técnicas dos sistemas sem fio

Classes de sistemas sem fio	Extensão geográfica	Mobilidade do usuário	Aplicação típica
Redes sem fio pessoais (WPAN)	Alguns metros	Portabilidade	Conexão de periféricos
Redes de sensores sem fio (RSSF)	Centenas de metros	Fixo	Aplicações específicas
Redes sem fio locais (WLAN)	Dezenas de metros (~100m)	Portabilidade	Redes de computadores
Sistemas celulares	Alguns quilômetros	Mobilidade V >100 km/h	Telefonia e acesso à Internet
Redes sem fio metropolitanas (WMAN)	Metropolitano (dezenas de km)	Mobilidade V >100 km/h	Acesso à Internet
Redes sem fio regionais (WRAN)	Até 100 km	Fixo	Acesso à Internet
Rádio enlaces (WLL)	~ 50 km	Fixo	Backbones e backhaul
Sistemas de satélite	Intercontinental	Fixo	Broadcast e ponto a ponto

Veja na Tabela 1.2 um resumo das principais características de cada classe de sistema sem fio, considerando sua extensão geográfica, suas taxas típicas, sua mobilidade e suas principais aplicações.

1.5 arquitetura OSI de um sistema sem fio

Os atuais sistemas de comunicação de dados sem fio (SCDSF) apresentados na Seção 1.4 segundo uma taxonomia própria, seguem em sua arquitetura as diretrizes estabelecidas pelo modelo de referência OSI (RM-OSI) (CARISSIMI; ROCHOL; GRANVILLE, 2009). Portanto, no estudo de sistemas sem fio você precisa ter uma ideia clara de como essas arquiteturas aderem ao modelo de referência OSI. A padronização destas arquiteturas por parte de organismos como IEEE, ETESI, ITU e IETF (*Internet Engineering Task Force*) é fundamental para garantir a interoperabilidade entre os equipamentos de rádio dos diversos fabricantes. Você vai ver agora como obter a partir de um modelo de arquitetura genérico sugerido por Shannon, um modelo de um SCDSF, que adere totalmente às diretrizes recomendadas pelo OSI.

1.5.1 o sistema de comunicação de informação de Shannon

Para obter um modelo OSI atualizado de um sistema de comunicação de informação sem fio (SCDSF), vamos partir do modelo de comunicação de informação genérico sugerido por Shannon (ROCHOL, 2012) e representado na Figura 1.20. Neste modelo genérico,

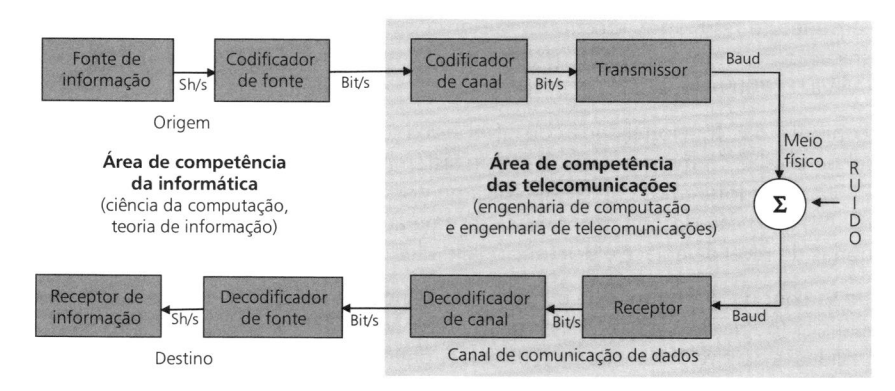

figura 1.20 O sistema de comunicação de informação sugerido por Shannon.

vamos introduzir alguns blocos funcionais adicionais, para obtermos um modelo de arquitetura de um sistema de comunicação de dados sem fio (SCDSF) que atende aos requisitos OSI.

Lembramos que o macrobloco à direita da Figura 1.20, formado pelo codificador de canal, pelo transmissor/receptor e pelo meio físico, corresponde ao nível físico do RM-OSI. O bloco é também identificado muitas vezes na literatura como o canal de comunicação de dados sem fio (SCDSF) do SCDSF.

Vamos introduzir no modelo da Figura 1.20 dois blocos adicionais: um bloco funcional correspondente às funções da camada de enlace, e um bloco funcional genérico que corresponde às demais funcionalidades dos níveis superiores do RM-OSI. O modelo

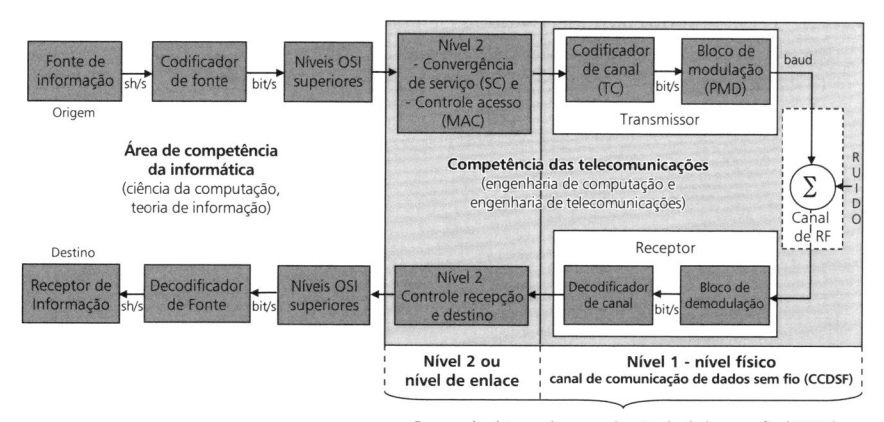

figura 1.21 O sistema de comunicação de dados sem fio (SCDSF) integrado no sistema de comunicação de informação do MR-OSI.

de arquitetura resultante, mostrado na Figura 1.21, corresponde a um sistema de comunicação de dados sem fio genérico, adaptado para o RM-OSI (CARISSIMI; ROCHOL; GRANVILLE, 2009).

O conjunto das funcionalidades do nível físico (SCDSF), mais as funcionalidades do nível de enlace, formam a arquitetura do sistema de comunicação de dados sem fio (SCDSF) que adotaremos como referência no nosso estudo dos diferentes SCDSFs este livro. Assim, o estudo de um SCDSF se resume ao detalhamento das funcionalidades próprias do nível de enlace e das funcionalidades do nível físico.

Pode-se concluir, portanto, que o escopo do estudo de um SCDSF se estende, desde o nível físico (ou nível 1), até o nível de enlace (ou nível 2) do RM-OSI. O conjunto das funcionalidades do nível físico e do nível de enlace define as características peculiares de cada SCDSF (ROCHOL, 2006).

1.5.2 arquiteturas de enlace de um SCDSF

Um SCDSF é classificado quanto ao tipo de enlace em dois tipos:

1. Enlace do tipo ponto a ponto (um para um);
2. Enlace do tipo multiponto (muitos para um), por exemplo, em sistemas celulares e redes sem fio.

■ **enlace do tipo ponto a ponto**

O enlace do tipo ponto a ponto é relativamente simples, frequentemente sendo chamado rádio enlace ponto a ponto. A Figura 1.22 mostra a estrutura de um rádio enlace ponto a ponto, destacando os seguintes componentes:

- ETD – equipamento terminal de dados. É constituído pelos equipamentos localizados nos dois pontos nos quais os dados são gerados ou consumidos, por exemplo: um computador, um roteador, um *switch* ou um multiplexador.

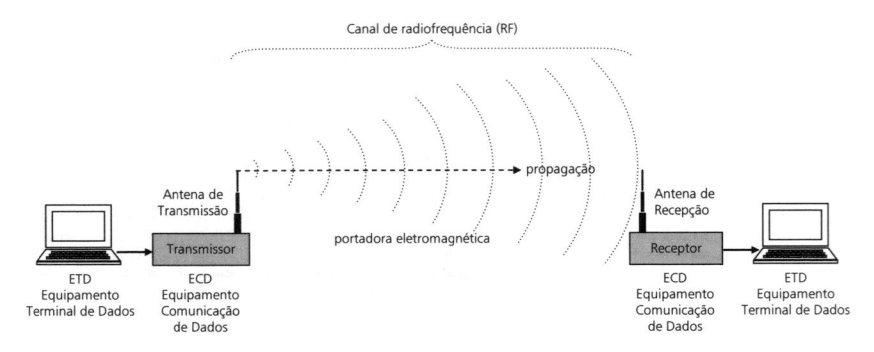

figura 1.22 Arquitetura básica de um SCDSF do tipo ponto a ponto.

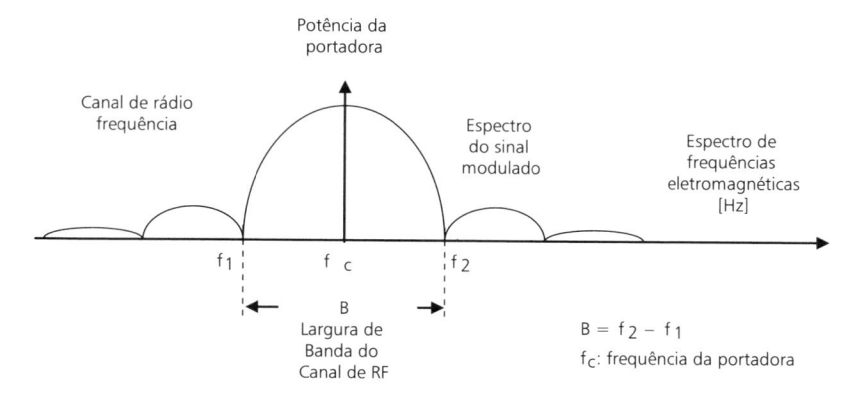

figura 1.23 Localização de um canal de radiofrequência dentro do espectro de frequências eletromagnéticas.

- ECD – equipamento de comunicação de dados. É o equipamento responsável pelas diferentes funções da comunicação entre os dois pontos, como transmissão e/ou recepção do sinal de radiofrequência. Normalmente, o ECD engloba tanto as funções de transmissão como de recepção, por isso também é chamado transceptor (transmissor e receptor) ou modem rádio (modulador e demodulador de radiofrequência).
- Antena de transmissão (transmissor) e antena de recepção (receptor).
- Portadora eletromagnética à qual, por um processo de modulação, são associados os dados gerados pelo ETD local. No receptor, a portadora é submetida a um processo inverso, chamado demodulação, que separa os dados da portadora recebida, repassando-os ao ETD.
- Canal de radiofrequência. É uma porção do espectro de frequências eletromagnéticas no centro da qual é definida uma portadora eletromagnética modulada pelo fluxo de dados (bits) a serem transportados (confira a Figura 1.23). O canal de radiofrequência é caracterizado por uma determinada largura de banda B que a portadora ocupa quando modulada pelos dados. A largura de banda B do canal é proporcional à taxa de bits dos dados a serem transportados.

■ enlace ponto-multiponto ou célula

O enlace ponto-multiponto é encontrado principalmente em redes sem fio celulares. Veja na Figura 1.24 os componentes estruturais básicos de uma célula de uma rede celular. Múltiplos usuários se conectam a um único ponto central ou estação base, localizada na área de cobertura da célula. A extensão geográfica de uma rede celular se dá pela repetição destas células que, assim, formarão a área de cobertura total desta rede. Os principais componentes em uma célula são (ROCHOL, 2006):

34 ⋯→ Redes de comunicação sem fio

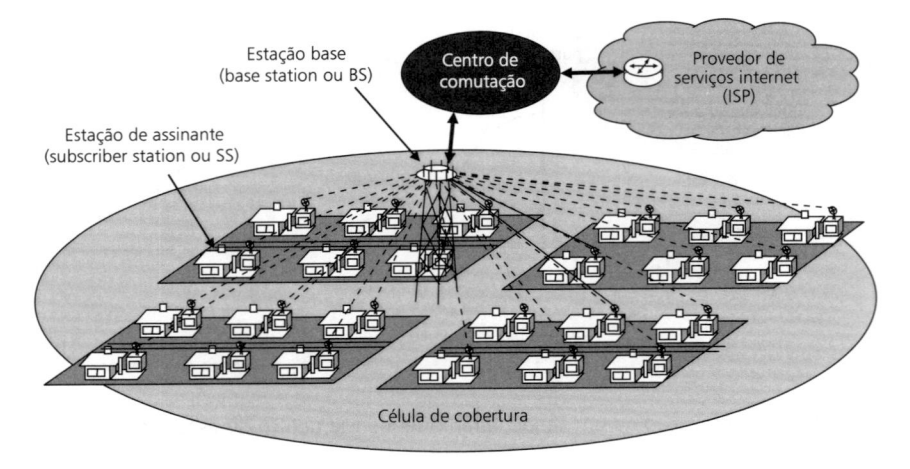

figura 1.24 Sistema de comunicação de dados sem fio do tipo ponto-multiponto.

1. A estação base (BS), que se conecta a um centro de comutação que, por sua vez, está conectado à rede do provedor de serviços de acesso à Internet (ISP – *Internet Service Provider*).
2. A estação de assinante (SS), que demanda serviços do provedor, como distribuição de sinais de TV e acesso de banda larga à Internet.
3. A célula, que corresponde à área de cobertura do sistema de comunicação de dados sem fio do tipo ponto-multiponto

O funcionamento básico do sistema ponto-multiponto ou célula está esquematizado na Figura 1.25, descrita a seguir.

A comunicação da estação base (BS) com as diferentes estações dos assinantes ou SSs (*Subscriber Stations*) se dá segundo um quadro básico que se repete de modo cíclico. O quadro básico é composto por dois subquadros: o subquadro do tipo DL (*Downlink*) e o subquadro do tipo UL (*Uplink*). O subquadro DL é transmitido pela BS para todas as SSs, enquanto no subquadro DL (*Downlink*) são transmitidas rajadas de dados das SS que obtiveram vez para transmitir neste quadro.

Observe na Figura 1.25 que este esquema na realidade nada mais é do que uma multiplexação por divisão no tempo e, por isso, é chamada TDMA (*Time Division Multiple Access*). As SSs ativas recebem fatias de tempo de transmissão no subquadro UL ou fatias de tempo de recepção no quadro DL, como controle de alocação e de escalonamento destas fatias sendo feito pela BS (ROCHOL, 2006).

As fatias de tempo DL podem ser do tipo *broadcast* (um para todos) de sinais de rádio ou TV, ou dados da Internet específicos por usuário. O subquadro UL é montado a partir de fatias de tempo que contêm dados individuais das SSs que foram escalonadas *a priori* pela BS para transmitirem neste quadro. Entre cada fatia de transmissão é reservado um

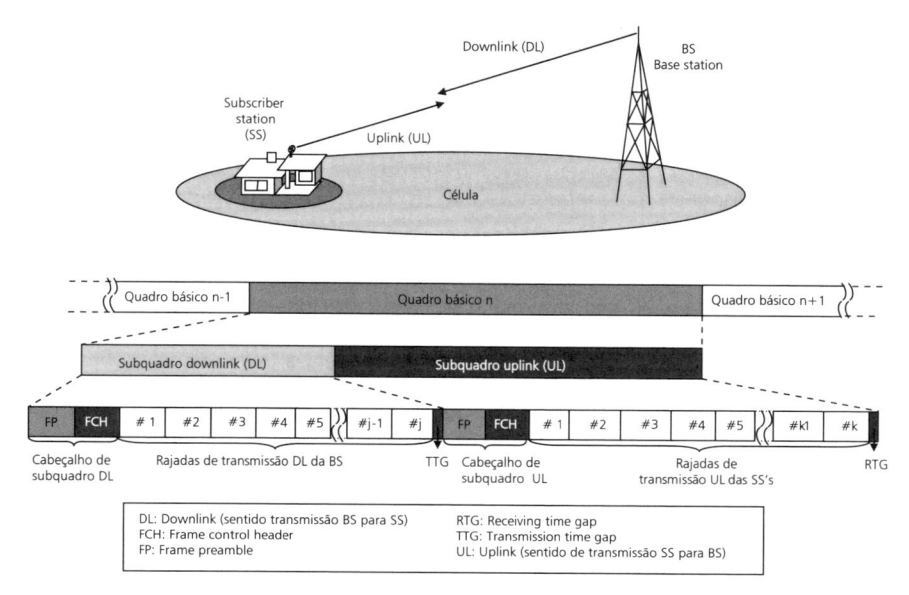

figura 1.25 Estrutura típica dos quadros utilizados em um SCDSF do tipo ponto-multiponto em uma célula.

pequeno intervalo de tempo chamado tempo de resguardo ou TTG (*Transmit Time Gap*), para compensar os tempos de atraso de propagação das SSs até a BS. Da mesma forma, no final de cada subquadro DL e UL, são inseridos intervalos de tempo de resguardo de transmissão (TTG) e de recepção (RTG), respectivamente, pelo mesmo motivo.

O SCDSF da Figura 1.25 pode ser caracterizado pelos seguintes parâmetros:
T: tempo total de duração de um quadro básico, $T = T_U + T_D$
T_U e T_D: tempo de duração de um subquadro UL e DL, respectivamente
t_U e t_D: tempo de duração de uma rajada UL e DL, respectivamente
N_U e N_D: número total de rajadas do subquadro UL e DL, respectivamente
N_{cabU} e N_{cabD}: número de rajadas por cabeçalho UL e DL, respectivamente
n_U e n_D: número de bits por rajada UL e DL
TTG e RTG: *Transmit* e *Receive Time Gap*, respectivamente

Valem também as seguintes relações:
R_{eff}: Taxa de bits efetiva do SCDSF (canal de RF) $\Rightarrow R = (N_U n_U + N_D n_D)/T$
R_{effUL}: Taxa de bits efetiva UL por usuário, ou seja, $R_{UL} = (N_U n_U)/T$
R_{effDL}: Taxa de bits efetiva DL por usuário, ou seja, $R_{DL} = (N_D n_D)/T$

O modelo do SCDSF da Figura 1.25, aparentemente simples, pode se tornar bastante complexo se levarmos em conta que, em sistemas reais, a duração das rajadas pode ser variável. Além disso, são necessários critérios de prioridade por serviço ou classe

quadro 1.3 Vantagens e desvantagens dos enlaces sem fio

Vantagens	Desvantagens
■ Mobilidade ao usuário ■ Acesso à Internet em lugares onde não está disponível uma infraestrutura de telecomunicações do tipo fixa ■ Viabilidade do conceito de ubiquidade de informação, ou seja, disponibilidade de qualquer informação, a qualquer hora e em qualquer lugar ■ Acesso móvel à Internet	■ Taxas de transmissão ainda relativamente baixas ■ Problemas de fornecimento de energia (baterias e consumo) dos dispositivos móveis ■ Susceptibilidade à interferência e ao ruído (taxa de erro elevada) ■ Custos elevados dos equipamentos ■ Efeitos das radiações eletromagnéticas de alta frequência (micro-ondas) sobre o organismo humano, ainda não conhecido ■ Interoperabilidade com sistemas fixos tradicionais ■ Alocação de bandas de frequência

de serviço para o preenchimento e escalonamento dos pacotes de dados dentro das rajadas e dos subquadros.

Para facilitar o atendimento de requisitos de qualidade de serviço (QoS) das aplicações, como atraso, *jitter*[8], perda de pacote ou banda mínima por aplicação, muitas redes sem fio utilizam o conceito de conexão por aplicação. Para funcionar corretamente, este esquema deve prever um algoritmo de controle de acesso ou CAC (*Connection Admission Control*) no nível dois, que levará em conta a disponibilidade de recursos para implementar novas conexões, sem que haja prejuízo para as conexões ativas existentes.

Algumas vantagens e desvantagens dos enlaces sem fio em comparação aos tradicionais enlaces fixos (*wired*) estão no Quadro 1.3.

exemplo de aplicação

Vamos considerar um SCDSF do tipo ponto-multiponto, conforme a Figura 1.25, que possui os seguintes parâmetros:

$t_U = t_D = 32$ µs (fixo)
$N_U = 128$ rajadas e $N_D = 1024$ rajadas
$N_{cabU} = N_{cabD} = 6$ rajadas
$n_U = n_D = 4830$ bits/rajada (fixo)
$TTG = RTG = 2$ µs

---

[8] *Jitter*, ou variação do atraso de um pacote.

Vamos às perguntas:

a Qual é o tempo de duração total do quadro básico deste sistema?
b Quais são os principais atributos do SCDSF deste sistema?
c Qual é a taxa bruta do SCDSF deste sistema?
d Qual é a taxa efetiva total de um usuário, supondo que ele transmite UL em média uma rajada a cada dois quadros básicos e recebe DL em média 4 rajadas por quadro básico?

Agora vamos calcular os parâmetros pedidos.

a O quadro básico terá uma duração dada por $T = T_U + T_D$
$T_U = TTG + N_U \cdot t_U = 2 + (128.32) = 4098$ μs $= 4{,}098$ ms
$T_D = TTG + N_D \cdot t_D = 2 + (512.32) = 16386$ μs $= 16{,}386$ ms
$T = T_U + T_D = 4{,}098 + 16{,}386 = 20{,}484$ ms
$T = 20{,}484$ ms

b O SCDSF deste sistema tem os seguintes atributos: é do tipo partilhado, determinístico e com duplexagem do tipo TDD.

c A taxa bruta do SCDSF será dada por: $R = \dfrac{N_{total\ bits}}{T}$.

Temos que $N_{total\ bits} = (N_{total\ de\ rajadas}) \cdot n_U$
$N_{total\ rajadas} = N_U + N_D$
$N_{total\ de\ bits} = (N_U + N_D) \cdot n_U = (128 + 512) \cdot 4830 = 3091200$ bits.
Portanto, obtemos: $R = \dfrac{N_{total\ bits}}{T} = 3091200/20{,}484 = \underline{150{,}908\ Mbit/s}$

d Vamos chamar a taxa de usuário de R_{user} e, como sabemos, ela obedece a relação $R_{user} = R_{userU} + R_{userD}$ e, portanto:
$R_{userU} = (n_U/2)/T = (4830/2)/20{,}484 = 117{,}896$ kbit/s
$R_{userD} = 4n_D/T = (4 \cdot 4830)/20{,}484 = 943{,}175$ kbit/s
$R_{user} = 117{,}896 + 943{,}175 = \underline{1{,}061\ Mbit/s}$

1.5.3 redes sem fio baseadas em células

Os sistemas celulares foram sem dúvida um dos grandes marcos no desenvolvimento das telecomunicações e, principalmente, dos sistemas sem fio, a partir da década de 1980, pois eles são a chave para permitir a mobilidade do usuário. O usuário ou estação móvel (EM), ao se deslocarem, percorrem pequenas regiões chamadas células. Cada célula é atendida por uma estação rádio base (ERB), que, por sua vez, está conectada a um centro de comutação móvel (CCM) que tem capacidade para comutar para outro usuário móvel de outra célula, como mostrado na Figura 1.26.

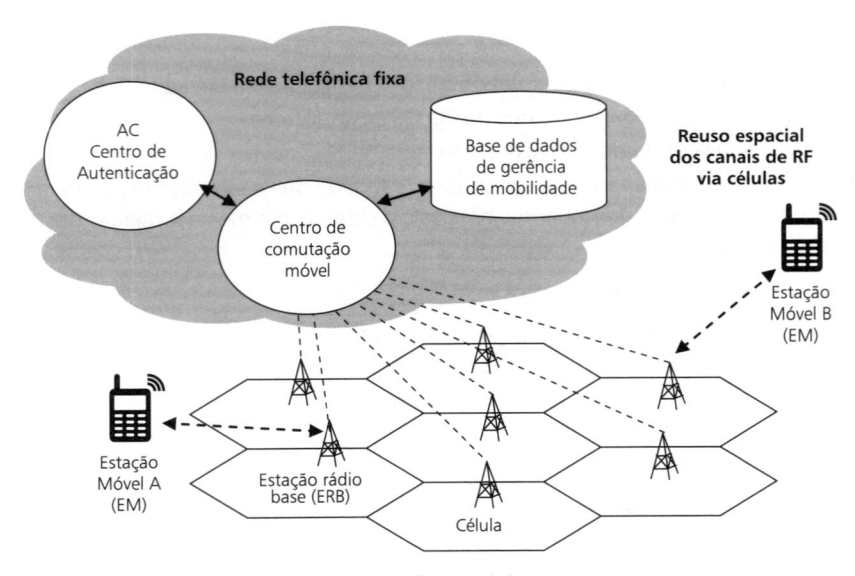

figura 1.26 Exemplo de uma rede de telefonia celular.

A tecnologia celular é a base para obter uma comunicação sem fio de forma eficiente e com mobilidade. Vamos encontrá-la praticamente em todos os sistemas móveis, como telefonia celular, sistemas de comunicação pessoais ou PCS (*Personal Communication Systems*), Internet móvel, redes de acesso móveis, locais ou metropolitanas, além de muitas outras (ROCHOL, 2006).

A ideia central por trás dos sistemas celulares é oferecer a um determinado número de usuários móveis, em uma determinada extensão geográfica ou célula, o acesso a uma estação rádio base (ERB). A ERB dispõe de um número limitado de canais de RF e utiliza um sinal com potência relativamente baixa para se comunicar com as estações móveis (EM) localizadas nesta célula. Na Figura 1.26 observamos uma comunicação móvel entre duas estações móveis, A e B, localizadas em células distintas. Se a densidade de usuários em uma determinada área geográfica aumentar, podemos facilmente segmentar uma célula em células menores e assim dobrar ou triplicar o número de usuários nesta região.

Esses sistemas também são chamados sistemas móveis de grande cobertura geográfica e sua área de cobertura pode facilmente estender-se por centenas a milhares de quilômetros quadrados. Como exemplo de sistemas com essas características destacamos os diferentes sistemas de telefonia celular, como AMPS, TDMA, CDMA e GSM. Todos eles oferecem mobilidade ao usuário e suas áreas de cobertura se estendem em nível regional, nacional e internacional. A partir da terceira geração tecnológica (3G), esses sistemas, além da facilidade de voz, permitem, atualmente, acesso de alta velocidade à Internet de forma móvel.

1.6 exercícios

exercício 1.1 Derive a 1ª Equação de Maxwell a partir da Lei de Gauss da eletrostática. Sugestão: utilize o teorema de Gauss que estabelece que para qualquer campo vetorial $\vec{X}$, podemos correlacionar uma integral de superfície com uma integral de volume, ou seja, $\oint_{SF} \vec{X}.d\vec{A} = \int_V (\vec{\nabla}.\vec{X}).dV$.

exercício 1.2 Derive a 2ª Equação de Maxwell a partir da Lei de Gauss da magnetostática. Sugestão: utilize o teorema de Gauss que estabelece que para qualquer campo vetorial $\vec{X}$ podemos correlacionar uma integral de superfície com uma integral de volume, ou seja, $\oint_{SF} \vec{X}.d\vec{A} = \int_V (\vec{\nabla}.\vec{X}).dV$.

exercício 1.3 Derive a 3ª Equação de Maxwell a partir da Lei de Faraday. Sugestão: utilize o teorema de Stokes que relaciona uma integral de laço fechado com uma integral de superfície, delimitado por este laço e válido para qualquer campo vetorial $\vec{X}$, ou seja, $\oint_L \vec{X}.d\vec{l} = \oint_{SF} (\vec{\nabla} \times \vec{X}).d\vec{A}$

exercício 1.4 Derive a 4ª Equação de Maxwell a partir da Lei de Ampère/Maxwell. Sugestão: utilize o teorema de Stokes que relaciona uma integral de laço fechado com uma integral de superfície, delimitada por este laço e válida para qualquer campo vetorial $\vec{X}$ ou $\oint_L \vec{X}.d\vec{l} = \oint_{SF} (\vec{\nabla} \times \vec{X}).d\vec{A}$

exercício 1.5 Obtenha as equações de uma onda eletromagnética no vácuo, dada pela equação (1.6), a partir da 3ª e 4ª equação de Maxwell para o vácuo.

exercício 1.6 Um SCDSF do tipo ponto-multiponto, como mostrado na Figura 1.25, utiliza TDD e é especificado pelos seguintes parâmetros:

Tempo de duração de uma rajada UL e DL, respectivamente: $t_U = t_D = 25 \ \mu s$
Número total de rajadas nos subquadros UL e DL: $N_U = 210$ e $N_D = 320$ rajadas
Número de rajadas por cabeçalho UL e DL: $N_{cabU} = 2$ e $N_{cabD} = 3$ rajadas
Número de bits por rajada UL e DL são iguais: $n_U = n_D = 128$ bits
Transmit e *Receive Time Gap*: $TTG = RTG = 25 \ \mu s$
Número médio de rajadas por usuário:
$\bar{n}_{raj/userU} = 0{,}89$ e $\bar{n}_{raj/userD} = 2{,}8$ rajadas/usuário

Calcule o valor dos parâmetros que completam a especificação do sistema:

a T_U e T_D: Tempo de duração de um subquadro UL e DL, respectivamente
b T: tempo total de duração de um quadro básico, $T = T_U + T_D$
c R_{eff}: Taxa de bits efetiva do SCDSF (canal de RF): $R = (N_U n_U + N_D n_D)/T$
d R_{UL}: A taxa de bits UL será dada por $R_{UL} = (N_U n_U)/T_U$
e R_{DL}: Taxa de bits DL será dada por $R_{DL} = (N_D n_D)/T_U$
f $\bar{n}_{userU}$ e $\bar{n}_{userD}$: Número médio de usuários nos subquadros UL e DL

exercício 1.7 Um sistema celular tem as seguintes características:

Banda total do sistema: $B = 36$ MHz
Largura de banda do canal de RF: $B_c = 100$ kHz
Número total de canais de tráfego por canal de RF igual a 12

Queremos saber:

a Qual é o número de ERBs necessárias para cobrir uma área de 255 km²? As células a serem adotadas são hexagonais e possuem um raio R= 1,4 km.
b Supondo um fator de reutilização de frequências $N=9$, qual é o número máximo de canais de RF que podem estar ativos simultaneamente no sistema? Quantos canais de RF haverá por célula?
c Supondo que sejam reservados 2 canais de tráfego por canal de RF para funções de controle e OAM (*Operation Administration Management*), perguntamos: qual é o número máximo de canais de usuários ativos na área de cobertura do sistema? O sistema todo dispõe de quantos canais de controle? Qual é o número total de canais do sistema?
d Esquematize um plano de alocação de células para o fator de reutilização $N=9$ e mostre graficamente que a distância mínima D entre células com o mesmo conjunto de frequências corresponde a $D = 3R\sqrt{3}$ ou $D=7,27$ km.

exercício 1.8 Esquematize um plano de alocação de frequências por célula supondo um fator de reutilização $N=9$. Quanto vale a distância mínima entre células com o mesmo conjunto de frequências, supondo que $R=1,4$ km?

exercício 1.9 Obtenha a distância mínima entre células com o mesmo conjunto de frequências em relação ao plano de extensão geográfica de frequências da Figura 1.32, com $N=19$ e $d=4,2$ km.

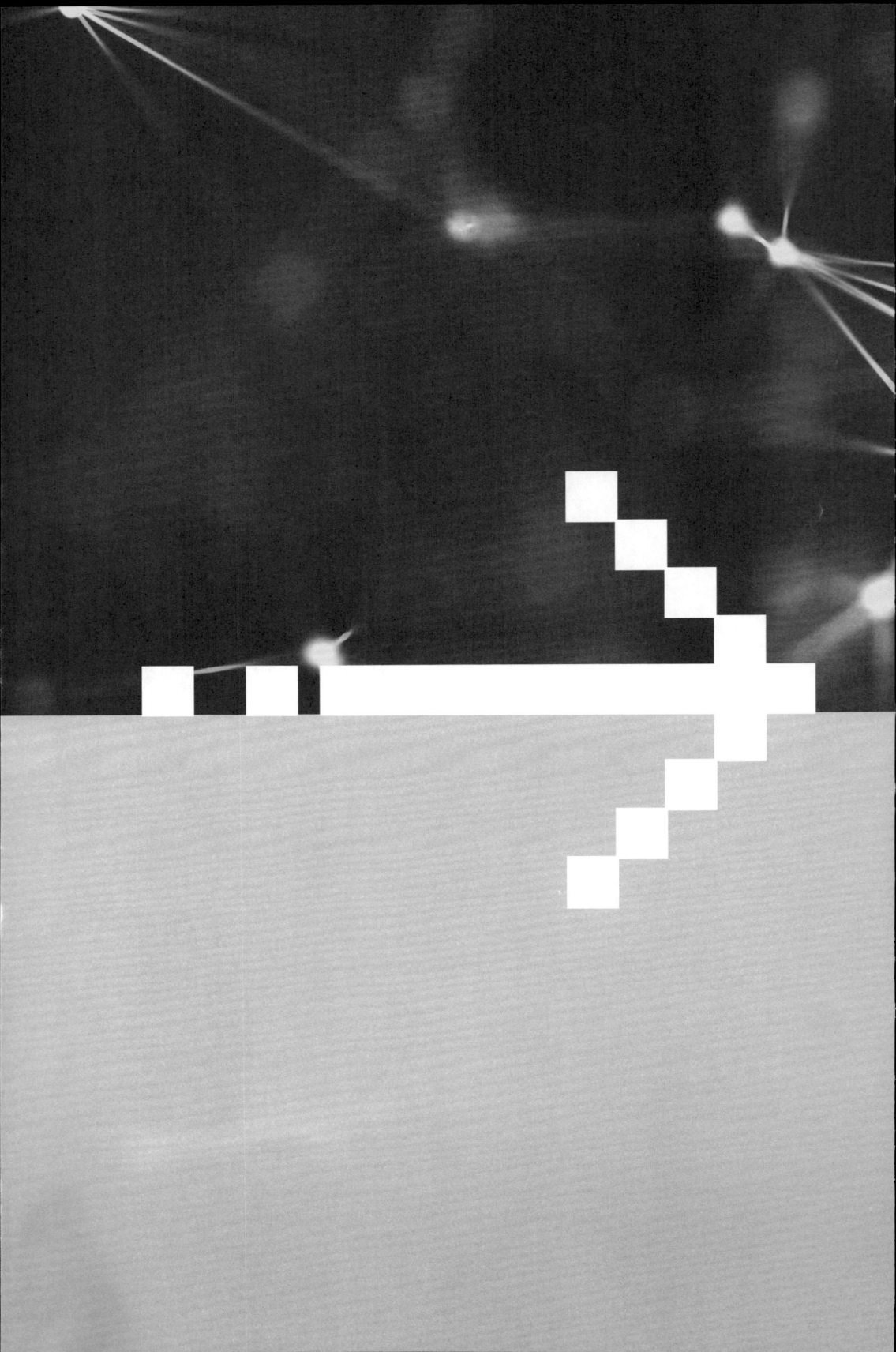

capítulo 2

o canal de radiofrequência

Neste capítulo vamos ver como um sinal modulado é transformado em onda eletromagnética pela antena e como estes dispositivos influem na sua propagação até o receptor. São considerados também alguns modelos de propagação e tipos de ruídos e interferências que causam perturbações ao canal de RF.

2.1 introdução

O canal físico de radiofrequência é definido como uma porção limitada do espectro de frequências que, em sistemas sem fio, se situa em uma faixa do espectro eletromagnético que vai desde alguns Hz até 300 GHz, denominada faixa de radio frequências (Figura 2.1).

Para transmitir dados pelo canal de radiofrequência, pode-se definir uma portadora f_c, geralmente no centro do canal, que é modulada pelo fluxo de bits de informação a serem transmitidos. O sinal resultante é aplicado a uma antena que irradia o sinal segundo uma onda eletromagnética que se propaga até a antena do receptor. O conjunto antena de transmissão, antena de recepção e largura de banda do canal forma o que definimos como canal de radiofrequência (RF) e que será o foco deste capítulo.

A faixa do espectro utilizada hoje para a transmissão de sistemas sem fio abrange um amplo intervalo do espectro de frequência, normalmente denominado radio frequência, e se estende desde 1 kHz até próximo a 100 GHz. Pela física sabemos que a frequência (*f*), a velocidade de propagação no espaço da onda eletromagnética (*c*) e o comprimento de onda (λ) estão inter-relacionados pela equação:

$$f = \frac{c}{\lambda} \quad \text{ou} \quad \lambda = \frac{c}{f} \qquad (2.1)$$

Portanto, pela expressão (2.1), em vez de frequências, podemos utilizar comprimentos de onda. Assim, verificamos na Figura 2.1 que as radiofrequências correspondem a uma faixa de comprimentos de onda que vai desde alguns milímetros (altas frequências) até centenas de quilômetros (baixas frequências). Por último, a faixa de radiofrequência, conforme o ITU, pode ser subdividida em faixas menores, desde a faixa ULF (*Ultra Low Frequency*) até EHF (*Extremely High Frequency*), como vemos na Figura 2.1.

O modelo básico para o canal de RF é o canal com ruído branco gaussiano aditivo ou AWGN (*Additive White Gaussian Noise*). O ruído branco gaussiano possui uma densidade espectral de potência uniforme expressa por $N_0/2$ (watts/Hz)[1] na faixa de frequência que vai de $-\infty < f < \infty$. Um segundo fator, não menos importante, é a interferência que o canal sofre devido às transmissões em faixas de frequência próximas às frequências do canal e que também podem causar interferência no sinal e assim provocar erros.

Outros fatores levados em conta no modelo de propagação são as características físicas do canal que afetam a trajetória da onda eletromagnética. Assim, quanto mais altas forem as frequências da onda eletromagnética, mais se acentuarão os efeitos, como reflexão, difração, refração desta onda. Esses efeitos são mais bem explicados pelo modelo ondulatório do sinal eletromagnético. Fenômenos como a absorção e o espalhamento da potência de uma onda de rádio ao incidir sobre obstáculos na trajetória de propagação são mais bem explicados pelo modelo corpuscular (fóton) desta onda.

---

[1] A função densidade espectral de potência deste ruído é $N_0/2$, tendo em vista que N_0 se espalha sobre a banda bilateral do canal que vai de $-f$ a $+f$.

Capítulo 2 ⟶ O Canal de Radiofrequência

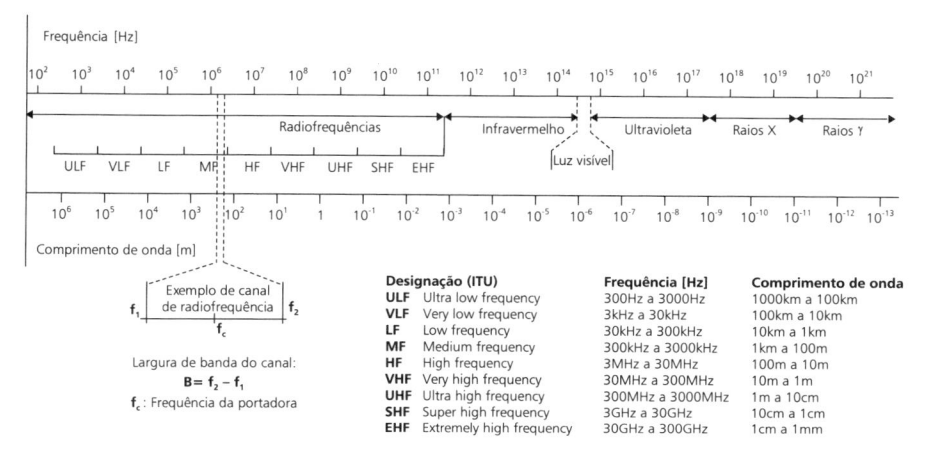

figura 2.1 Localização de um canal de radiofrequência dentro do espectro eletromagnético.

Segundo Haykin e Moher (2008), os modelos de propagação que levam em conta estes fenômenos físicos são chamados modelos determinísticos, pois utilizam os resultados mais precisos obtidos a partir do determinismo físico destes fenômenos. Por outro lado, esses modelos exigem cálculos demorados e complexos para a previsão da propagação. Uma segunda classe de modelos de propagação, chamada modelos estatísticos, se baseia nas estatísticas empíricas de um determinado ambiente de propagação, por exemplo, na cidade, no campo, na floresta, na água, no interior de um prédio, etc. Esses modelos são relativamente fáceis, mas não apresentam resultados tão precisos quanto os dos modelos determinísticos.

Atualmente, os sistemas sem fio com mobilidade adquiriram uma importância fundamental. A modelagem de canais móveis em ambientes que variam rapidamente no tempo continua sendo um dos grandes desafios para explicar os diferentes comportamentos de propagação destes sistemas.

Neste capítulo vamos ver como um sinal modulado é transformado em uma onda eletromagnética pela antena e como estes dispositivos influem na propagação desta onda até o receptor. Os efeitos de propagação de uma onda se traduzem principalmente em perdas de potência que podem ser associadas a uma característica própria do canal. A eficiência de uma antena pode ser analisada a partir de um modelo de radiação conhecido como radiador isotrópico. O estudo dos diversos tipos de antena pode ser mais bem avaliado a partir deste modelo.

A propagação do sinal de rádio a partir da antena também será abordada neste capítulo. Serão apresentados os modelos de propagação mais importantes utilizados para prever o comportamento do canal. Também serão analisados os diversos tipos de ruídos e interferências que limitam o desempenho de um canal de RF. Por último, veremos resumidamente algumas das técnicas mais importantes de modulação e espalhamento espectral, além das técnicas de codificação do canal visando uma maior robustez frente a essas imperfeições.

2.2 antenas

No transmissor de um sistema sem fio é gerado o sinal da portadora que é modulada pelo sinal que representa o fluxo de informação a ser transmitido. A portadora modulada é aplicada ao sistema irradiante ou antena, que o converte em uma onda eletromagnética que se propaga pelo espaço até o receptor. A antena, portanto, é o dispositivo que, por suas formas e dimensões físicas, é capaz de irradiar uma onda eletromagnética para o espaço segundo uma determinada direção e com uma determinada potência, com o objetivo de propagar o sinal nas melhores condições possíveis, e seguindo uma trajetória com a menor perda de potência, até a antena do receptor. Inicialmente, vamos apresentar um ente virtual[2] chamado radiador isotrópico, ou antena isotrópica, e que servirá de referencial no estudo do desempenho das diferentes antenas reais ou antenas anisotrópicas.

2.2.1 o radiador isotrópico[3]

Para avaliar e comparar o desempenho de antenas, é utilizado como referencial um sistema de irradiação virtual que consiste em um ponto no espaço capaz de irradiar em todas as direções com a mesma intensidade de potência, por isso chamado radiador isotrópico (mesma potência em todas as direções), conforme a Figura 2.4. Para a nossa análise, vamos considerar o irradiador isotrópico situado na origem do sistema de coordenadas tridimensional.

Pela definição anterior e pelo princípio da conservação da energia, podemos estabelecer que se P_t é a potência total irradiada pelo radiador, então a densidade de potência Φ por unidade de área de uma esfera de raio d, centrada na origem do sistema de coordenadas, será dada por

$$\Phi = \frac{P_t}{4\pi d^2} \qquad (2.2)$$

Nesta expressão $4\pi d^2$ representa a superfície da esfera de raio d. Vamos considerar agora o receptor e verificar quanto da potência irradiada chega à antena do receptor. A potência P_r recebida pela antena de recepção é calculada a partir do conceito de área efetiva de absorção A_e dessa antena como

$$P_r = \Phi_r . A_e = \frac{P_t}{4\pi d^2} A_e \qquad (2.3)$$

---

[2] Ente virtual: que não possui existência física real.
[3] Que possui propriedades físicas que são independentes da direção.

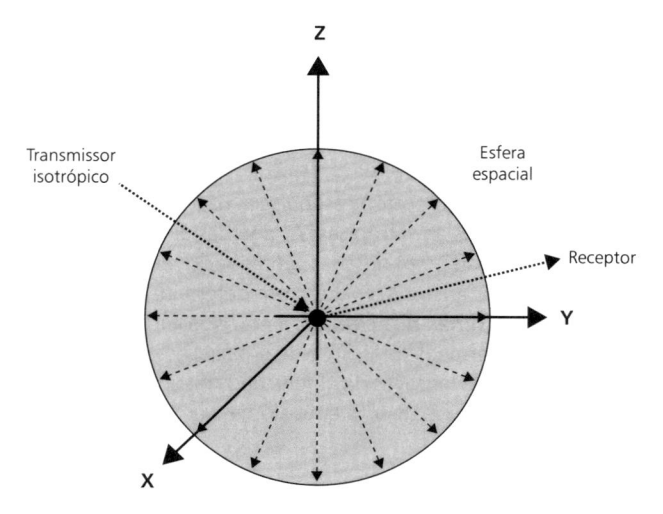

figura 2.2 O conceito de radiação isotrópico.

A área efetiva de uma antena está relacionada ao tamanho físico e ao formato desta antena. Segundo Haykin e Moher (2008), a área física da antena (A) e a área efetiva (A_e) estão relacionadas pela eficiência η da antena, dada por

$$\eta = \frac{A_e}{A} \quad (2.4)$$

A eficiência η indica o quanto a antena receptora converte da radiação eletromagnética incidente em sinal elétrico correspondente. Para isso, precisamos conhecer a área efetiva de um radiador isotrópico. Da teoria eletromagnética, conforme Stutzman (1998), podemos observar que a área efetiva de um radiador isotrópico (que irradia igual em todas as direções) é dada por

$$A_{iso} = A_e = \frac{\lambda^2}{4\pi} \quad (2.5)$$

Nessa expressão, λ é o comprimento de onda da radiação. A equação (2.5) pode ser substituída em (2.3), gerando uma relação entre a potência recebida (P_r) e a potência transmitida (P_t) de um par de antenas isotrópicas.

$$P_r = \frac{P_t}{4\pi d^2} A_e = \frac{P_t}{4\pi d^2} \frac{\lambda^2}{4\pi} = P_t \left(\frac{\lambda}{4\pi d}\right)^2 = \frac{P_t}{PL} \quad (2.6)$$

Nessa expressão, definimos PL (*Path Loss*) como a perda de percurso no espaço livre:

$$PL = \frac{P_t}{P_r} = \left(\frac{4\pi d}{\lambda}\right)^2 \quad (2.7)$$

Como podemos observar, esta perda de percurso depende do comprimento de onda λ irradiado, tendo em vista que a área efetiva do radiador depende do comprimento de onda.

2.2.2 antenas anisotrópicas[4]

As antenas reais ou físicas não são isotrópicas, ou seja, não irradiam igualmente em todas as direções, logo, são chamadas anisotrópicas. As antenas anisotrópicas são classificadas, em relação à sua direcionalidade, em antenas omnidirecionais e antenas direcionais. As **antenas omnidirecionais** irradiam o sinal em um determinado plano, de forma igual, em todas as direções. Nas **antenas direcionais**, a potência é irradiada com maior intensidade segundo um feixe em forma de um elipsoide espacial em uma determinada direção. A seguir, apresentamos as características de alguns tipos de antenas mais comuns, utilizadas tanto em sistemas sem fio fixos quanto em sistemas sem fio móveis.

■ **antenas omnidirecionais**

Entre as antenas omnidirecionais mais simples, destacamos o dipolo de meia onda e a antena de um quarto de comprimento de onda, mostradas na Figura 2.3. Supondo estas antenas alinhadas com o eixo Z de um sistema de coordenadas em três dimensões (Figura 2.3(c)) mostra o plano XY de radiação omnidirecional destas duas antenas.

(a) Dipolo de ½ onda   (b) Antena de ¼ de onda   (c) Plano XY de radiação omnidirecional

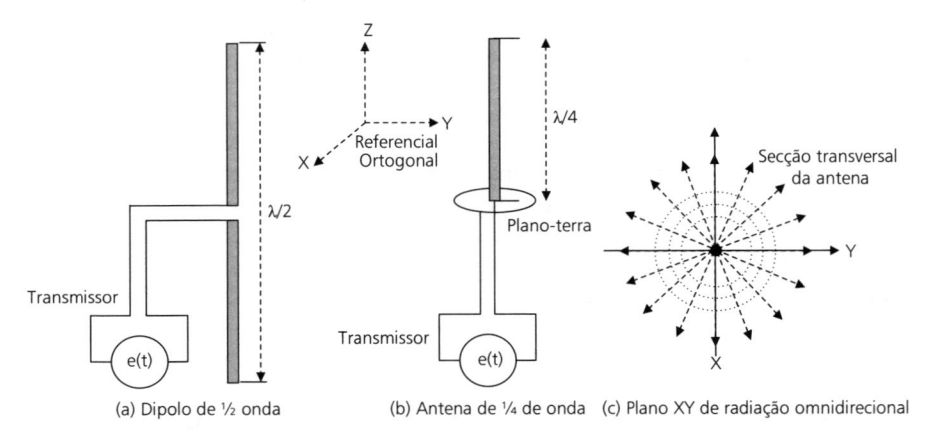

figura 2.3 Antenas omnidirecionais: (a) dipolo de meia onda, (b) antena de um quarto de onda, (c) plano de radiação omnidirecional das antenas.

---

[4] Anisotrópico = antônimo de isotrópico

Capítulo 2 ⇢ O Canal de Radiofrequência **49**

■ antenas direcionais

As antenas direcionais são utilizadas em sistemas de satélites e enlaces de rádio fixos que apresentam radiovisibilidade ou LOS (*Line of Sight*), ou seja, há visada direta entre as antenas do enlace. Esta situação é muito particular, pois os sistemas sem fio mais importantes na atualidade são os sistemas móveis nos quais encontramos uma propagação do tipo sem rádio visibilidade ou NLOS (*No Line of Sight*).

Nas antenas direcionais se destaca a antena parabólica. A antena é formada por um prato côncavo de forma parabólica, cujo foco concentra a potência recebida ou transmitida pela antena, como mostrado na Figura 2.4. A antena apresenta uma figura de irradiação de potência do tipo elipsoide, também chamado lóbulo de irradiação principal.

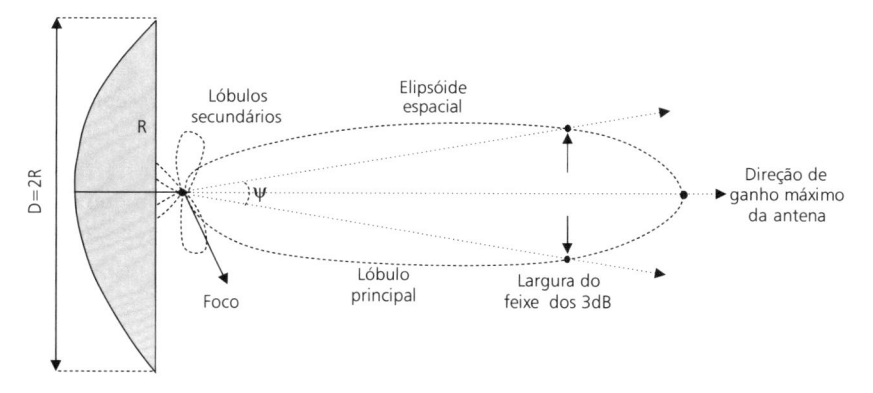

figura 2.4 Corte transversal de uma antena parabólica para mostrar o padrão de irradiação.

A *largura de feixe da antena* é o ângulo ψ formado pelas duas linhas que saem do foco e cortam a elipsoide onde a potência caiu 3 dB em relação à máxima potência que corresponde ao eixo do lóbulo principal.

Em rádio enlaces, as antenas físicas nem sempre apresentam um alinhamento perfeito na direção do ganho máximo situado sobre o eixo da antena. Na Figura 2.5, é apresentado um sistema de transmissão com antenas parabólicas, em que o receptor está situado a uma distância d do transmissor. A antena apresenta um ângulo azimutal θ, medido no plano horizontal da antena, relativamente à direção horizontal de referência, e um ângulo de elevação ϕ, medido na direção vertical, acima do plano horizontal, referente a um sistema de coordenadas com origem situada no foco da antena parabólica.

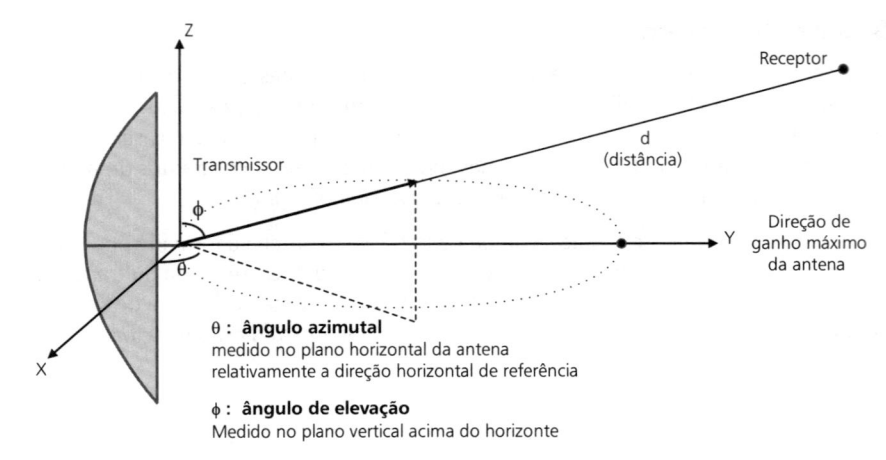

figura 2.5 Alinhamento de uma antena de transmissão em relação a um receptor situado a uma distância d do transmissor.

Para conseguir a potência máxima na antena de recepção, é necessário que os eixos das duas antenas estejam sobre a mesma reta, ou seja, sobre a linha de visada direta.

2.2.3 ganho de uma antena

O ganho de uma antena é uma medida da sua direcionalidade, sendo então definido como uma relação entre a potência de saída da antena em uma determinada direção e a potência irradiada por um radiador isotrópico equivalente. Como o ganho de uma antena é, na realidade, uma relação de potências, ele pode ser expresso em *dB* ou, como alguns preferem, em *dBi*, para realçar que o ganho é em relação a um radiador isotrópico.

Com base nessas considerações, é possível definir um ganho de potência da antena de transmissão $G_t(\phi, \theta)$ e um ganho de potência da antena de recepção $G_r(\phi, \theta)$ da seguinte maneira:

$$G_t(\phi, \theta) = \frac{\text{Densidade de potência na direção } (\phi, \theta)}{\text{Densidade de potência de uma antena isotrópica}} \quad (2.8)$$

$$G_r(\phi, \theta) = \frac{\text{Área efetiva na direção } (\phi, \theta)}{\text{Área efetiva de uma antena isotrópica}} \quad (2.9)$$

Note que o aumento de potência irradiada em uma direção se dá sempre às expensas de uma diminuição em outras direções. Por exemplo, uma antena com um ganho de 8 dB_i indica que essa antena em uma determinada direção irradia uma potência 6,3 vezes maior do que um radiador isotrópico, considerando a mesma potência aplicada.

Na maioria das aplicações consideramos as antenas de transmissão e recepção idênticas e perfeitamente alinhadas segundo os seus eixos de radiação e recepção máxima. Portanto, as definições (2.8) e (2.9) se reduzem a uma expressão genérica G que será função da área efetiva A_e desta antena relacionada com a área efetiva do radiador isotrópico A_{iso}. Pela definição de ganho dada em (2.9) e considerando a área efetiva do radiador isotrópico A_{iso} como dada em (2.5), podemos obter o ganho de uma antena da seguinte maneira:

$$G = \frac{A_e}{A_{iso}} = \frac{4\pi A_e}{\lambda^2} = \frac{4\pi f^2 A_e}{c^2} \qquad (2.10)$$

Nesta expressão, temos que:

  G = a razão de ganho da antena (não em dB)
  A_e = área efetiva da antena de recepção
  A_{iso} = área do radiador isotrópico em qualquer direção
  f = frequência da portadora
  c = velocidade da luz (299 345,72 km/s)
  λ = comprimento de onda da portadora

O ganho de uma antena também pode ser expresso em *dB*, ou dB_i, para indicar que o ganho é em relação ao radiador isotrópico e, portanto:

$$G(dB_i) = 10\log G \; [dB_i]$$

exemplo de aplicação

Vamos supor uma antena parabólica com um diâmetro de 4m, uma eficiência $\eta=0,56$, operando a uma frequência de 6,45 GHz. Qual é a área efetiva e o ganho desta antena?

A área da antena parabólica será dada por $A=\pi d^2$ ou $A=4\pi$. Pela expressão (2.4), temos que $A_e=\eta A$, ou $A_e=0,56.4\pi =7,03 \; m^2$

A razão de ganho (não em dB) dessa antena será dada por:

$$G = \frac{A_e}{A_{iso}} = 7,03 \left(\frac{4\pi}{\lambda^2}\right) = \frac{88,34}{0,002} = 44148$$

E o ganho em dB_i será então: $G(dB_i) = 10 \; log(44148) = 46,45 \; dB_i$

2.2.4 polarização em antenas

Na seção 1.2.5 vimos que uma onda eletromagnética monocromática plana se propaga segundo uma variação senoidal dos campos elétrico E e magnético B, em planos fixos e ortogonais, conforme a Figura 2.6. Nestas condições, dizemos que a luz está polarizada segundo estes dois planos ortogonais.

A propagação de uma onda eletromagnética é descrita de forma mais completa pelas equações de Maxwell. No entanto, para fins de descrição dos efeitos de propagação de uma onda eletromagnética, vamos considerar unicamente o campo elétrico. Desta forma, o plano de polarização de referência de uma onda eletromagnética polarizada será o do campo elétrico. Além disso, vamos considerar o meio com características lineares, no qual todas as distorções podem ser caracterizadas por perdas e superposição de diferentes sinais. Assim, a onda eletromagnética representada na Figura 1.9 está polarizada no sentido vertical, pois o campo elétrico está no plano vertical yz.

De forma semelhante em antenas, a onda irradiada pode estar polarizada segundo dois modos:

1. Polarização linear: pode ser vertical ou horizontal.
2. Polarização circular: pode ser à esquerda (ou sentido anti-horário) ou à direita (ou sentido horário).

Na Figura 2.6, apresentamos como exemplo uma polarização linear vertical de uma onda gerada a partir de um dipolo de meia onda.

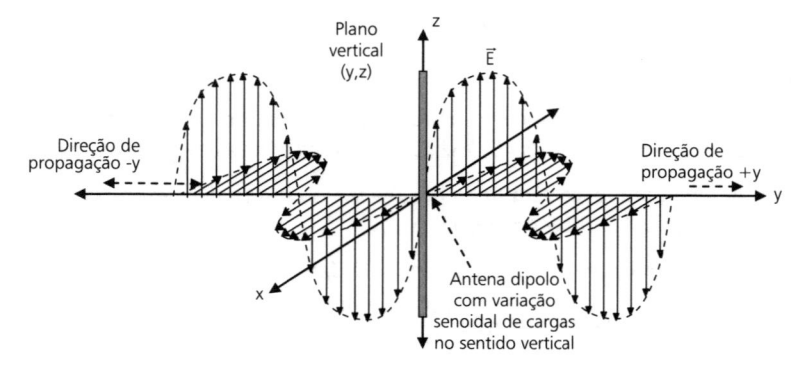

figura 2.6 Onda eletromagnética polarizada verticalmente e gerada a partir de uma antena dipolo alinhada segundo o eixo z.
Fonte: Elaborada com base em Mundim (2006).

As antenas parabólicas são um exemplo de antenas com polarização circular, nas quais o vetor do campo elétrico da onda eletromagnética gira no plano yz no sentido horário (ou à direita), ou no sentido anti-horário (ou à esquerda), supondo como referência um observador colocado atrás da antena. Na Figura 2.7 está esquematizada a helicoide que descreve o vetor do campo elétrico propagando-se segundo o eixo x no sentido anti-horário.

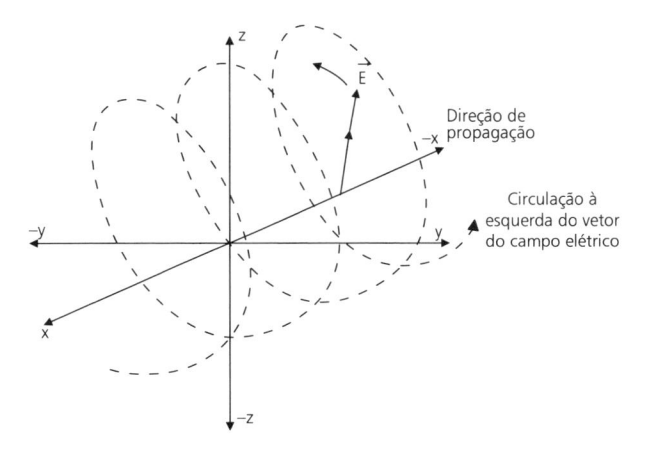

figura 2.7 Onda eletromagnética gerada por uma antena parabólica com polarização circular à esquerda se propagando no sentido negativo do eixo x.

2.2.5 sistemas de múltiplas antenas – MIMO

Para aumentar a eficiência de sistemas sem fio móveis ou fixos, foi desenvolvido ao longo dos últimos anos o conceito de múltiplas interfaces aéreas, conhecido como MIMO[5] (*Multiple Input Multiple Output*), que consiste no uso simultâneo de várias antenas ou interfaces de RF, como mostrado na Figura 2.8. O sistema MIMO da figura é constituído de *m* antenas de transmissão e *n* antenas de recepção, visando ao aumento da eficiência do sistema sem fio.

---

[5] MIMO (*Multiple Input Multiple Output*) – As entradas e saídas se referem ao canal de RF e não aos dispositivos de transmissão e recepção. Um sistema MIMO *m* x *n*, portanto, possui *m* x *n* canais de RF.

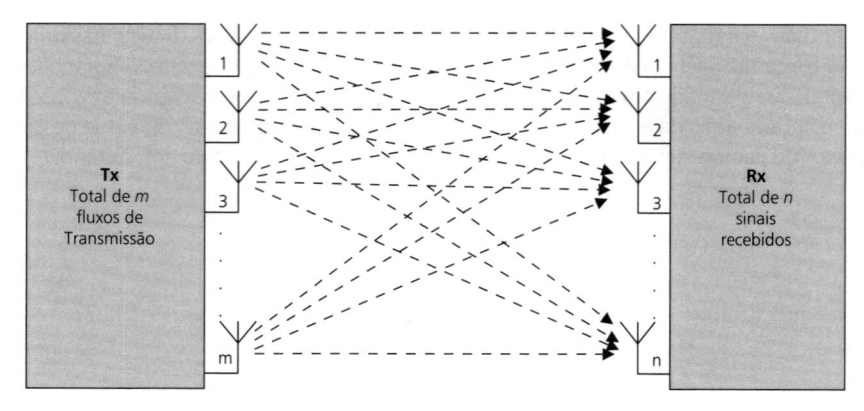

figura 2.8 Sistema MIMO com *m* antenas de transmissão e *n* antenas de recepção visando ao aumento da eficiência de um sistema sem fio.

Operacionalmente, o MIMO é definido como um *framework*[6] de tecnologias de diversidade espacial aplicadas a canais de RF que podem ser tanto em sistemas fixos como móveis, para obter uma maior eficiência espectral e/ou uma maior capacidade do enlace sem fio.

O objetivo principal do MIMO é introduzir o conceito de diversidade espacial[7] aplicado a sistemas sem fio pela utilização de múltiplas antenas, tanto no receptor como no transmissor. O sistema processa os diferentes sinais na recepção para obter um sinal mais robusto e menos sujeito aos efeitos dos múltiplos caminhos de propagação.

Graças aos avanços marcantes do processamento digital de sinais (DSP), atualmente o MIMO atende, além da diversidade espacial, a outro conceito importante nos sistemas sem fio: a multiplexação espacial.

Veja na Figura 2.9 a localização do *framework* das tecnologias MIMO dentro do modelo de transmissão de informação sugerido na Figura 1.21 do Capítulo 1. Como você pode observar, o bloco das tecnologias MIMO está localizado na saída do modulador para formar um novo sistema de irradiação com mais de uma antena.

---

[6] Em desenvolvimento de software, um *framework* é uma estrutura de suporte definida, por meio da qual um projeto de software pode ser organizado e desenvolvido. Tipicamente, um *framework* pode incluir programas de apoio, bibliotecas de código, linguagens de script e outros softwares para ajudar a desenvolver um novo projeto.

[7] Diversidade deve ser entendida como a capacidade que um sistema tem de minimizar as perturbações em uma determinada dimensão física por técnicas de codificação ou redundância. Estas dimensões são essencialmente tempo, frequência e espaço.

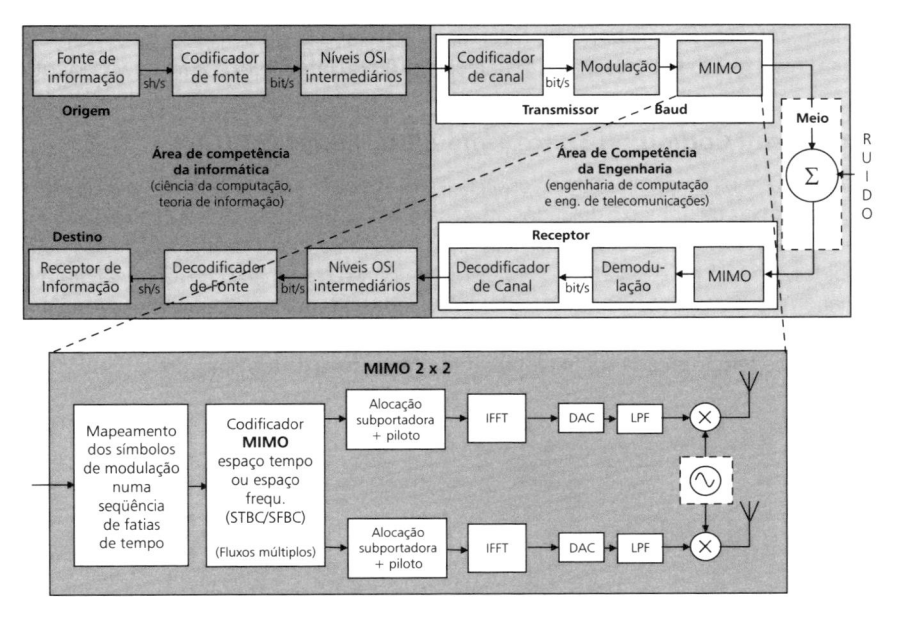

figura 2.9 Localização do bloco funcional MIMO dentro de um SCDSF.

Existem diferentes tecnologias MIMO, com performances diferentes e para cenários de enlaces sem fio distintos. Essas tecnologias podem ser combinadas para aumentar a eficiência dos enlaces sem fio. Operacionalmente, MIMO é considerado um *framework* de suporte para a realização de diversas tecnologias do sistema irradiante de um SCDSF. Mesmo não sendo obrigatório, a maioria das técnicas MIMO tem sua eficiência aumentada quando o canal de RF é perfeitamente conhecido por meio do CSI (*Channel State Information*).

Entre as tecnologias mais importantes que formam o *framework* MIMO podemos citar:

- *Beamforming* (formação de feixes direcionais de irradiação)
- *Diversity Coding* (utilização de códigos espaço-tempo)
- Multiplexação Espacial (múltiplos fluxos de dados)
- MIMO multiusuário e MIMO cooperativo.

Normalmente as duas primeiras são consideradas as tecnologias básicas de um sistema MIMO. A seguir, você verá uma breve descrição de cada uma delas.

■ beamforming

A tecnologia de *beamforming* consiste na formação de um feixe direcional espacial entre um transmissor e um receptor de um SCDSF. Esta técnica pressupõe conhecimento do canal por meio do CSI (*Channel State Information*). No *beamforming*, o transmissor com múltiplas antenas faz uma pré-codificação dos dados, ajustando a fase e o ganho em cada antena. Assim, conseguimos maior alcance, redução de interferência e maior vazão total.

■ *diversity Coding* ou *Space Time Block Codes* (STBC)

Os códigos em bloco do tipo tempo-espaço são usados em sistemas MIMO para transmitir múltiplas cópias de um fluxo de dados através de múltiplas antenas. Desta forma, as várias cópias recebidas no receptor são utilizadas para obter uma maior confiabilidade nos dados recebidos. Não há necessidade de conhecimento prévio do canal (CSI – *Channel State Information*). Um código STBC utiliza tanto diversidade de tempo como diversidade espacial. Um código STBC é representado por uma matriz, na qual cada linha (tempo) representa uma fatia de tempo e cada coluna representa uma antena de transmissão.

$$\text{tempo} \begin{bmatrix} S_{11} & S_{12} & . & . & S_{1n} \\ S_{21} & S_{22} & . & . & S_{2n} \\ . & . & & & . \\ . & . & & & . \\ S_{m1} & S_{m2} & . & . & S_{mn} \end{bmatrix} \quad \text{espaço} \tag{2.11}$$

Um elemento desta matriz S_{ij} corresponde ao símbolo de modulação a ser transmitido na fatia de tempo i pela antena j. Devemos ter, ao todo, T fatias de tempo e nT antenas de transmissão. O bloco, neste caso, é considerado de *"comprimento" T*. Um dos códigos STBC mais populares e simples é o código Alamouti, assim chamado em homenagem a seu inventor, Siavash Alamouti, engenheiro iraniano/americano, em 1998.

■ *multiplexação Espacial* (SM) e *Spatial Division Multiple Access* (SDMA)

Um fluxo de dados com uma determinada taxa é dividido em fluxos menores, com taxas menores, que serão transmitidos por diferentes antenas. Hoje, o número de antenas em geral é 2 ou 4. No futuro, teremos um número maior de antenas. De qualquer forma, para haver SM, o número de antenas de recepção deverá ser igual ou maior que o número de antenas de transmissão. Se a rota dos múltiplos caminhos for suficientemente robusta, os sinais terão uma assinatura espacial diferente em cada antena de recepção, de modo que o receptor estará apto a separá-los e, assim, recuperar o sinal de interesse. Em sistemas de múltiplos usuários, a técnica pode ser adaptada para *Spatial Division Multiple Access* (SDMA).

■ MIMO multiusuário (MU-MIMO) e MIMO colaborativo (CO-MIMO)

O MU-MIMO permite utilizar uma antena por usuário de forma a obter um sinal robusto e otimizado. Já o MIMO colaborativo ou CO-MIMO permite o uso múltiplo das

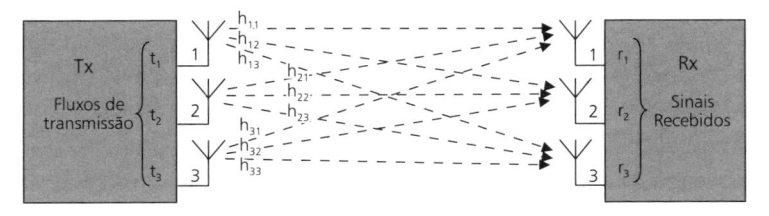

figura 2.10 Sistema MIMO 3 x 3 caracterizado por uma matriz de transferência do canal [H].

técnicas descritas anteriormente, trabalhando de forma colaborativa para aumentar a eficiência espectral (bits/Hz) do sistema.

exemplo de aplicação

Vamos considerar um sistema MIMO do tipo 3x3 antenas. As combinações de sinais transmitidos $h_{i,j}$ ($i=j=1, 2, 3$) e de sinais recebidos r_n ($n= 1, 2, 3$) em cada antena de recepção, em um determinado tempo t_n ($n=1, 2, 3$), podem ser descritas matematicamente por um conjunto de três equações:

$$r_1 = h_{11}t_1 + h_{21}t_2 + h_{31}t_3$$
$$r_2 = h_{12}t_1 + h_{22}t_2 + h_{32}t_3 \qquad (2.12)$$
$$r_3 = h_{13}t_1 + h_{23}t_2 + h_{33}t_3$$

Nesta expressão, r_1, r_2, r_3 são os componentes de sinal recebidos pelas antenas de recepção e t_1, t_2, t_3 são os fluxos de dados transmitidos nas respectivas fatias de tempo.

Podemos representar o conjunto das equações (2.12) sob a forma matricial como

$$[R] = [H] \times [T] \qquad (2.13)$$

Nesta expressão, [R] é a matriz de recepção, [H] é a matriz do canal (ou função de transferência do canal) e [T] é a matriz de transmissão. Para recuperar o fluxo de dados no receptor, inicialmente deve ser feita a estimativa do canal para obter a matriz de transferência [H] e, então, o fluxo de dados transmitidos é obtido por:

$$[T] = [H]^{-1} \times [R] \qquad (2.14)$$

Matematicamente, isso corresponde à resolução de um conjunto de n equações para determinar os valores de n variáveis. Um método clássico para obter a matriz inversa $[H]^{-1}$ a partir da matriz [H] é o Método de Gauss.

2.3   propagação de sinais

Uma onda eletromagnética, ao ser irradiada pela antena, forma a chamada frente de onda, que se propaga no espaço seguindo uma trajetória de propagação que depende tanto das características dessa onda como do próprio ambiente físico onde ela se propaga. Para prever as condições de chegada de uma onda eletromagnética na antena de recepção, foram criados diferentes modelos de propagação, que, além das características físicas do meio, levam em conta os parâmetros próprios que caracterizam a onda eletromagnética. Entre estes últimos, destacamos:

1. a frequência da portadora;
2. a potência do sinal irradiado pela antena;
3. o tipo de polarização aplicada à onda pela antena.

Desta forma, prever como o sinal irradiado chegará ao receptor se torna uma tarefa muito complexa. Atualmente, a grande demanda dos usuários é pelos modernos sistemas móveis que oferecem capacidade de acesso à Internet em tempo real, permitindo a busca e a geração de informação com abrangência ubíqua. Em sistemas sem fio móveis, a previsão do formato e da potência do sinal que chega ao receptor é uma tarefa extremamente complexa, pois os parâmetros dos modelos de propagação variam rapidamente ao longo do tempo, dependendo da velocidade de deslocamento do usuário, exigindo complexos cálculos em tempo real. Veja na Tabela 2.1 uma série de fenômenos físicos que afetam um sinal ao se propagar pelo espaço.

tabela 2.1 Fenômenos físicos que afetam a propagação de uma onda no espaço	
Fatores que provocam o surgimento de caminhos múltiplos até a antena (*multi path*) que provocam desvanecimento (*fading*) no sinal na recepção	**Reflexão** do sinal em obstáculos com área muito maior que o comprimento de onda do sinal.
	Refração: mudança de direção da onda ao passar por um meio mais denso (ou menos denso) que o atual.
	Difração: mudanças de direção na frente da onda ao passar por fendas ou orifícios com dimensões da ordem de comprimento de onda do sinal.
Perda de potência devido ao meio ambiente e obstáculos físicos	**Absorção** parcial ou total da potência do sinal ao incidir sobre um obstáculo.
	Difusão e Espalhamento (*Scattering*)
Ruído e interferência eletromagnética externa que se somam ao sinal, dificultando o seu reconhecimento.	**Ruído eletromagnético:** Principalmente o ruído branco aditivo ou AWGN (*Additive White Gaussian Noise*).
	Interferências: Geradas principalmente por um ou mais sinais com frequência próxima à portadora considerada.
Os múltiplos percursos do sinal até a antena provocam desvanecimento	**Desvanecimento (*Fading*):** Soma destrutiva dos diversos sinais que chegam pelos múltiplos caminhos percorridos pela portadora até a antena.

A partir desses fatores, na tentativa de prever como o sinal chegaria à antena de recepção, foram criados inúmeros modelos de propagação: desde os mais simples, que levam em conta poucos parâmetros e condições favoráveis de propagação, até os mais sofisticados, que consideram diversos parâmetros físicos. Os modelos de propagação são divididos em duas grandes classes com base no tipo de propagação:

I. Propagação com linha de visada ou LOS (*Line of Sight*). É a condição mais favorável, tendo em vista a radiovisibilidade entre a antena de transmissão e a de recepção, portanto, sem obstáculos. Um exemplo típico são os enlaces de satélite.
II. Propagação sem linha de visada ou NLOS (*Non Line of Sight*). Essa é a situação mais comum em sistemas sem fio. Um exemplo são os diversos tipos de sistemas móveis celulares, como 3G, WiMax, Wifi e LTE.

Vimos na Seção 2.1 que os modelos de propagação podem ser divididos em duas grandes classes, com base nas premissas iniciais admitidas para a obtenção do modelo de propagação, ou seja,

I. Modelos físicos: baseados em um ou mais parâmetros físicos. São mais exatos, porém, exigem cálculos demorados e muitas vezes complexos.
II. Modelos estatísticos: baseados em medidas estatísticas empíricas válidas para um determinado ambiente. São mais simples, porém menos precisos.

A propagação de uma onda eletromagnética também depende do meio ambiente. Normalmente, essas características de ambientes são classificadas como:

| a | Interiores de edificações (*indoor*)
| b | Espaço livre
| c | Zona rural plana
| d | Zona rural montanhosa
| e | Suburbano plano (residências)
| f | Urbano denso (edifícios)

A realidade muitas vezes é uma combinação desses diferentes ambientes. Desta forma, quanto maior for a diversidade ambiental, mais difícil e complexa será a aplicação de modelos físicos. Neste sentido, se justificam as previsões obtidas facilmente a partir dos modelos empíricos estatísticos.

2.3.1 modos básicos de propagação

Antes de analisar os diferentes modelos de propagação, vamos mostrar primeiro o quanto a frequência da portadora influi na propagação de um sistema de comunicação sem fio. Já vimos que o tamanho físico da antena depende inversamente da frequência da portadora, ou seja, quanto maior for a frequência, menor será a antena. Além disso, em sistemas de comunicação de médias e longas distâncias, como é o caso da difusão de sinais de rádio e televisão, podemos verificar que existem faixas de frequência da portadora que apresentam modos de propagação predominantes. Dessa forma, distinguimos três faixas de frequência, cada uma com um modo característico de propagação.

- Propagação na superfície da terra, também chamada propagação por onda de terra, para frequências de portadora menores que 2 MHz.
- Propagação por onda espacial refletida (pode ser tanto pela ionosfera terrestre como pela superfície da terra), para frequências de portadora de 2 a 30 MHz.
- Propagação por linha de visada ou LOS (*Line of Sight*) para frequências de portadora maiores que 30 MHz.

A Figura 2.11 dá uma ideia de como se comporta cada um desses três modos de propagação. Os sistemas sem fio do tipo móveis infelizmente se enquadram em sistemas do tipo NLOS, tornando muito mais complexa a criação e aplicação de modelos de propagação físicos, devido à dinâmica da variação das trajetórias e dos próprios parâmetros físicos que descrevem essa propagação.

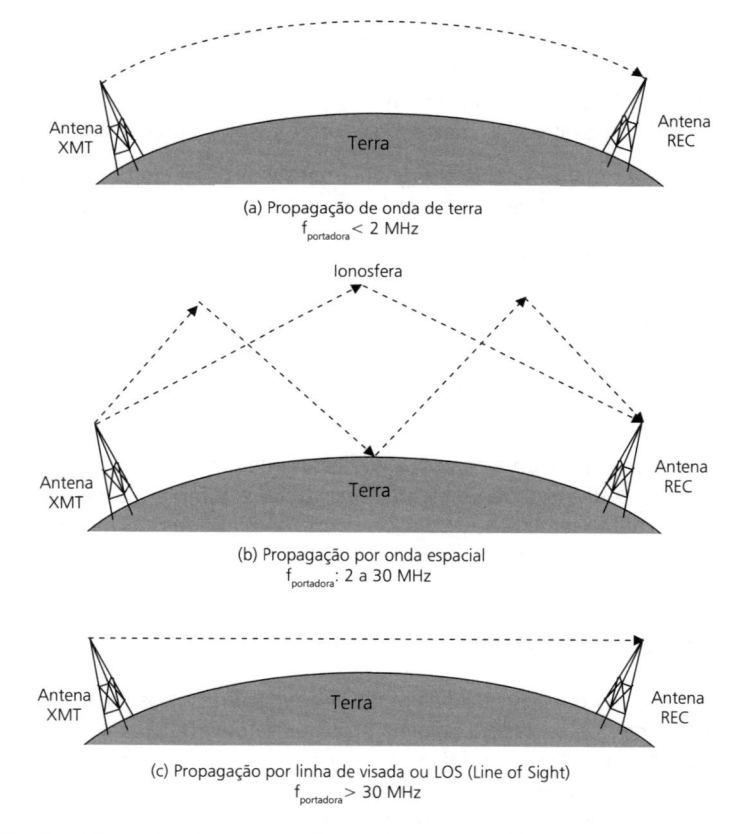

figura 2.11 Três modos de propagação em sistemas sem fio.
Fonte: Elaborada com base em Stallings (2005).

A seguir, você vai ver alguns modelos físicos genéricos que levam em conta somente um parâmetro físico, como o modelo de reflexão e o modelo de difração. Em seguida, você conhecerá um pouco mais sobre os modelos estatísticos, como o modelo empírico de perda de potência ao longo do percurso e o modelo empírico genérico de Okamura-Hata (HATA, 1980). Por fim, você vai saber mais sobre as principais características dos modelos empíricos de canais conhecidos como SUI (Stanford University Interim). Esses modelos são baseados em Erceg (ERCEG et al., 2003) e são recomendados pelo IEEE para a avaliação de redes metropolitanas sem fio, como o WiMax. Com estas ferramentas, você certamente conseguirá compreender, avaliar e dimensionar melhor os diferentes canais de RF em redes sem fio.

2.3.2 modelo de perdas no espaço livre – equação de Friis

Na maioria das aplicações podemos considerar as antenas perfeitamente alinhadas segundo os seus eixos de radiação e recepção máxima. Portanto, podemos multiplicar a equação (2.6) pelo fator adimensional $G_t.G_r$, que representa o ganho das antenas e obter:

$$\frac{P_r}{P_t} = G_t.G_r.\left(\frac{\lambda}{4\pi d}\right)^2 \quad (2.15)$$

Lembrando que as perdas de percurso (*Path Loss*) são dadas por $PL = \left(\frac{4\pi d}{\lambda}\right)^2 = \left(\frac{4\pi df}{c}\right)^2$, podemos reescrever a equação (2.15) como

$$\frac{P_r}{P_t} = \frac{G_t.G_r}{PL} \text{ ou } P_r = \frac{P_t.G_t.G_r}{PL} \quad (2.16)$$

Supondo todos os parâmetros em unidades de dB, podemos simplificar a expressão (2.16) para:

$$P_r(dB) = P_t(dB) + G_t(dB) + G_r(db) - PL(dB) \quad (2.17)$$

As equações (2.15), (2.16) e (2.17) são três formas de apresentação da equação de Friis. Devemos lembrar, no entanto, que a equação de Friis tem limitações quanto à sua aplicação, dentre as quais destacamos:

1. A distância d entre as duas antenas deve ser muito maior que o comprimento de onda da portadora ou $d >> \lambda$.
2. O espaço entre as duas antenas deve ser desobstruído (*LOS*) e sem reflexões.
3. As antenas devem estar corretamente alinhadas e polarizadas.
4. A largura de banda do sinal deve ser suficientemente pequena para que possamos assumir um comprimento de onda único.

A equação de Friis apresenta melhores resultados em enlaces de satélite, pois, neste caso, estamos com uma visada direta e praticamente sem interferência devido a sinais refletidos.

exemplo de aplicação

Um engenheiro está dimensionando um enlace de comunicações que deve operar em 2 GHz, com uma determinada taxa de erro que exige uma potência mínima na entrada do receptor tal que $P_r > 0{,}7\ \mu W$. O ganho da antena de recepção é de 12 dB e, da antena de transmissão, de 14 dB. A potência aplicada pelo transmissor à antena de transmissão é de 25 W, e a distância do enlace é de 1 km. Pergunta: o enlace vai funcionar dentro das condições exigidas?

A questão é resolvida aplicando diretamente a equação de Friis para calcular a potência na entrada do receptor. A partir da equação de Friis (2.15), obtemos

$$P_r = P_t \cdot G_t \cdot G_r \cdot \left(\frac{c}{4\pi d f}\right)^2 = 4200 \cdot (0{,}0142 \cdot 10^{-8}) = 0{,}598\ \mu W$$

Concluímos que o enlace não tem condições de operar dentro das exigências de qualidade, pois a potência que chega à antena (0,598 μW) é menor que a potência mínima exigida (~0,7 μW).

2.3.3 modelo de propagação com reflexão na superfície terrestre

Considere que estamos diante de uma transmissão como a da Figura 2.12. A antena de transmissão está a uma altura h_t, e a antena de recepção, a uma altura h_r, com $h_t > h_r$. Neste modelo, vamos admitir que o campo elétrico $|E|$ que chega aos bornes da antena de recepção será dado por uma componente direta $|E_d|$ e uma componente refletida $|E_r|$ pela superfície da terra, de tal modo que

$$|\vec{E}| = |\vec{E}_d| + |\vec{E}_r| \qquad (2.18)$$

Vamos considerar também que a atenuação do campo devido à diferença entre o percurso direto e o refletido é desprezível de tal forma que $|E_d| \cong |E_r|$, e que a diferença de fase entre o campo elétrico direto e o campo refletido, como mostrado em (HAYKIN; MOHER, 2008), é:

$$|\vec{E}| \approx 2|\vec{E}_d|\,\text{sen}\left(\frac{\Delta\varphi}{2}\right) \qquad (2.19)$$

Queremos calcular a potência do sinal que chega à antena, que designaremos P_r e que, pela equação (2.19), será função de E_d e $\Delta\varphi$. Vamos determinar a diferença de fase entre os dois sinais que chegam à antena. Lembramos que a fase entre dois sinais devido a percursos diferentes é dada por

$$\Delta\varphi = \frac{2\pi}{\lambda}\Delta d \qquad (2.20)$$

Nesta expressão, $2\pi/\lambda$ é o número de onda do sinal, também representado por $k=2\pi/\lambda$, e que está em unidades de [rad/m]. Para calcular $\Delta\varphi$, precisamos conhecer a diferença de trajetória Δd entre o caminho direto e o caminho refletido, como mostrado na Figura 2.12.

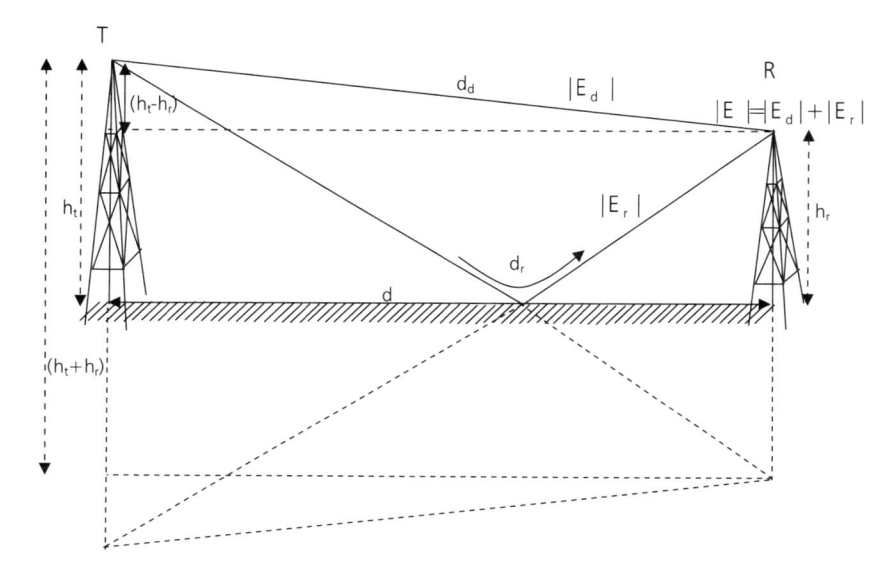

figura 2.12 Utilização do método da reflexão da imagem para a obtenção da diferença entre o caminho direto (LOS) e o caminho refletido na superfície da terra.

A partir da geometria indicada na Figura 2.12 e utilizando a técnica da reflexão para dentro da terra, conseguimos obter o caminho direto d_d e o caminho refletido d_r da seguinte forma

$$d_r = \sqrt{d^2 + (h_t + h_r)^2} \qquad d_d = \sqrt{d^2 + (h_t - h_r)^2}$$

Que pode ser escrita também como

$$d_r = d\sqrt{1 + \frac{(h_t + h_r)^2}{d^2}} \qquad d_d = d\sqrt{1 + \frac{(h_t - h_r)^2}{d^2}} \qquad (2.21)$$

Nestas expressões, é possível aplicar a aproximação binomial $\sqrt{1+x} \approx (1 + x/2)$, que vale quando $x \ll 1$, resultando em

$$d_r = d\left(1 + \frac{(h_t + h_r)^2}{2d^2}\right) \qquad d_d = d\left(1 + \frac{(h_t - h_r)^2}{2d^2}\right) \qquad (2.22)$$

A diferença de percurso entre o campo elétrico direto e o campo elétrico refletido é dada por

$$\Delta d = d_r - d_d \approx \frac{(h_t + h_r)^2 - (h_t - h_r)^2}{2d} = 2\frac{h_t h_r}{d} \qquad (2.23)$$

Vamos substituir a expressão (2.23) em (2.20) para obter

$$\Delta \varphi = \frac{2\pi}{\lambda} \Delta d = \frac{4\pi h_t h_r}{\lambda d} \qquad (2.24)$$

Agora, vamos introduzir em (2.19) a expressão (2.24) para finalmente obter o valor do campo elétrico que chega à antena do receptor.

$$|\vec{E}| \approx 2|\vec{E}_d| sen\left(\frac{2\pi h_t h_r}{d^2}\right) \qquad (2.25)$$

Para calcular a potência recebida pela antena, vamos considerar a equação (2.3). Assim, temos que a potência de sinal recebida é dada por $P_r = \Phi A_e$.

Lembrando que a densidade de potência espectral Φ pode ser expressa em função do campo elétrico medido em *volts/m* como $\Phi = \frac{|E^2|}{\eta_0}$, em que η_o é a impedância característica do espaço livre e normalmente tem o valor de 120π ohms. Desta forma, expressamos a potência recebida como

$$P_r = \Phi . A_e = \frac{|\vec{E}|^2}{\eta_0} A_e \qquad (2.26)$$

Substituindo na expressão (2.26) o valor do campo elétrico dado em (2.19), obtemos

$$P_r = \frac{|\vec{E}_d|^2 A_e}{\eta_0} . 4 sen^2\left(\frac{2\pi h_t h_r}{\lambda d}\right) \qquad (2.27)$$

Nesta expressão, o fator $\frac{|\vec{E}|^2}{\eta_0} A_e$ nada mais é do que a potência recebida P_r devido à propagação direta e, portanto, pela equação (2.16) podemos escrever que

$$\frac{|\vec{E}|^2}{\eta_0} A_e = \frac{P_t G_t G_r}{P_L} \qquad (2.28)$$

Substituindo a expressão (2.28) em (2.27), concluímos que

$$P_r = \frac{P_t G_t G_r}{P_L} 4 sen^2\left(\frac{2\pi h_t h_r}{\lambda d}\right) \qquad (2.29)$$

Agora vamos substituir o valor de P_L definido pela expressão (2.7) na expressão (2.29). Lembre que se o produto λd for muito maior que o produto $2\pi h_t h_r$, então vale a aproximação $sen\phi \approx \phi$ para ϕ muito pequeno. Desta forma, a expressão (2.29) é reduzida para

$$P_r \approx P_t G_t G_r \left(\frac{h_t h_r}{d^2}\right)^2 \qquad (2.30)$$

Essa é a equação do modelo de propagação plano-terra com reflexão, algumas vezes também chamada equação de Friis modificada. Ao observar a equação de Friis do espaço livre dada em (2.17), é possível destacar três diferenças fundamentais:

1. A equação de Friis modificada não depende de λ (consideramos h_r e h_t muito pequenos em relação a *d*).

2. A potência recebida varia com o inverso de d^4, enquanto na expressão de Friis do espaço livre, varia com o inverso de d^2.
3. A altura das antenas favorece a propagação, variando com $(h_r h_t)^2$.

exemplo de aplicação

O fator de ganho das antenas de recepção e de transmissão de um sistema é igual a 6, a distância entre as duas antenas é de 5 km e a altura da antena de transmissão é de 30m. Determine qual deverá ser a altura mínima da antena de recepção desse sistema para que a relação entre a potência de transmissão e a de recepção não seja maior que 98 dB.

Pela relação de Friis modificada (2.30), temos que

$$h_r = \sqrt{\left(\frac{P_t}{P_r}\right)\frac{d^4}{h_t^2 G_r G_t}}, \text{ e, além disso, que } \left(\frac{P_t}{P_r}\right)_{db} = 98 dB, \text{ portanto,}$$

$$\left(\frac{P_t}{P_r}\right) = 6,3.10^9 \therefore \left(\frac{P_r}{P_t}\right) = 1,584.10^{-10}$$

Substituindo os valores dados na expressão acima, obtemos

$$h_r = \sqrt{\frac{1,584.10^{-10}.6,25.10^{12}}{900.12}} = \sqrt{\frac{99000}{10800}} \approx 3m$$

2.3.4 modelos de propagação com difração

A difração consegue esclarecer a propagação de uma onda em torno da superfície curva da terra e na zona de sombra por trás dos obstáculos que bloqueiam a visada direta, ou seja, fenômenos que não são explicados pela propagação direta (LOS) de uma onda eletromagnética.

O fenômeno da difração é explicado pelo princípio de Huygens[8], aplicado principalmente em óptica e na teoria eletromagnética e formulado da seguinte forma:

> *Todos os pontos de uma frente de onda[9] eletromagnética que se propaga em um meio homogêneo podem ser considerados como novas fontes de ondas que se combinam formando uma nova frente de onda em todas as direções, com preferência na direção da frente.*

---

[8] Christiaan Huygens (1629-1695), matemático, físico e astrônomo holandês.
[9] Frente de onda é uma superfície imaginária representada por pontos no espaço que vibram em uníssono (com a mesma fase e frequência), a partir de uma onda eletromagnética plana, que se propaga em um meio homogêneo.

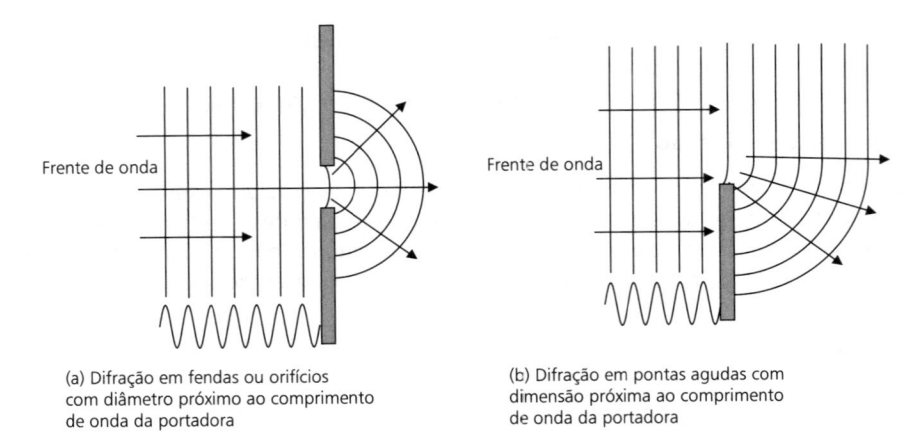

(a) Difração em fendas ou orifícios com diâmetro próximo ao comprimento de onda da portadora

(b) Difração em pontas agudas com dimensão próxima ao comprimento de onda da portadora

figura 2.13 O fenômeno da difração: (a) em fendas, orifícios ou grades com dimensões da ordem do comprimento da onda e (b) difração em obstáculos com pontas agudas e dimensões da ordem do comprimento da onda.

Veja na Figura 2.13 duas situações de difração (mudança de direção de uma onda) justificadas pelo princípio de Huygens. Na Figura 2.13(a) ocorre a propagação de uma frente de onda ao incidir sobre uma superfície com um furo, cujo diâmetro é da ordem do comprimento da onda incidente. O furo atua como um gerador de uma nova frente de onda, que se propaga em todas as direções e concêntrica ao furo. Na Figura 2.13(b) há a mudança na direção de uma frente de onda ao se chocar parcialmente com um obstáculo com ponta aguda, da ordem do comprimento da frente de onda.

A partir do fenômeno da difração conseguimos entender por que os sinais de rádio se propagam acompanhando superfícies arredondadas e contornam obstáculos, justificando a propagação em zonas de sombra causadas por obstáculos.

2.3.5 geometrias de difração – zonas de Fresnel

O fenômeno da difração em propagação de sinais pode ser considerado em duas situações distintas, gerando dois tipos de modelos de propagação:

1. Propagação em visada direta (LOS) ou primeira zona de Fresnel;
2. Propagação por uma trajetória de difração gerada por um obstáculo pontiagudo.

Vamos considerar uma transmissão conforme a da Figura 2.14(a), cuja geometria está esquematizada na Figura 2.14(b). A partir dessa figura, temos que o caminho direto ou LOS corresponde a $C_d=TSR$. Podemos definir um caminho secundário gerado por difração devido a um obstáculo pontiagudo dado por $C_s=TUR$. Caminhos secundários sempre percorrem uma distância maior. Estamos interessados na diferença entre estes dois caminhos.

Capítulo 2 → O Canal de Radiofrequência **67**

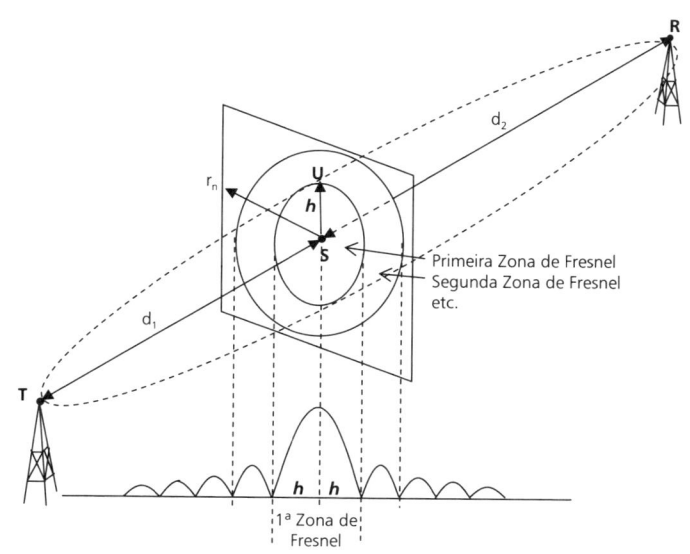

(a) Difração devido a caminhos de propagação com diferença entre o caminho direto TSR e um caminho secundária TUR gerado por difração

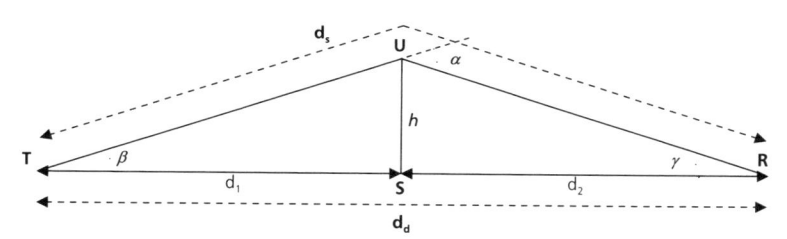

(b) Geometria para simplificar a análise da diferença entre o caminho direto, d_d=TSR e um caminho secundários, d_s=TUR gerado por difração devido um obstáculo pontiagudo.

figura 2.14 Difração e as zonas de Fresnel.

A diferença entre os dois caminhos será dada por $\Delta d = d_d - d_s$. Pela geometria da Figura 2.14(b), essa diferença será dada por

$$\Delta d = \sqrt{d_1^2 + h^2} + \sqrt{d_2^2 + h^2} - (d_1 + d_2)$$

$$= d_1\sqrt{1+\left(\frac{h}{d_1}\right)^2} + d_2\sqrt{1+\left(\frac{h}{d_2}\right)^2} - (d_1 + d_2) \quad (2.31)$$

Supondo que $h \ll d_1$ e também que $h \ll d_2$, então podemos usar a aproximação binomial $\sqrt{1+x} \approx 1 + x/2$ que vale quando $x \ll 1$. A equação (2.31), portanto, se reduz a

$$\Delta d \approx \frac{h^2}{2}\left(\frac{d_1 + d_2}{d_1 d_2}\right) \quad (2.32)$$

Podemos calcular também a diferença de fase entre as duas trajetórias, conforme (2.20)

$$\Delta\varphi \approx \frac{2\pi}{\lambda}\Delta d \qquad (2.33)$$

Substituindo Δd pelo valor dado em (2.32), obtemos:

$$\Delta\varphi \approx \frac{2\pi.h^2}{\lambda.2}\left(\frac{d_1+d_2}{d_1 d_2}\right) = \frac{\pi}{2}h^2\left(\frac{2(d_1+d_2)}{\lambda.d_1.d_2}\right) \qquad (2.34)$$

Lembrando que $tg\, x \approx x$ quando x é muito pequeno. Pela geometria da Figura 2.15(b), temos que $\alpha = \beta + \gamma$ e $\alpha \approx h\left(\frac{d_1+d_2}{d_1 d_2}\right)$. A equação (2.34) muitas vezes é normalizada, utilizando o parâmetro de difração v de Fresnel-Kirchoff, definido por

$$v^2 = h^2\left(\frac{2(d_1+d_2)}{\lambda.d_1.d_2}\right), \text{ ou } v = h\sqrt{\frac{2(d_1+d_2)}{\lambda.d_1.d_2}} = \alpha\sqrt{\frac{2.d_1 d_2}{\lambda(d_1+d_2)}} \qquad (2.35)$$

Introduzindo a expressão de v^2 em (2.34), obtemos:

$$\Delta\varphi = \frac{\pi}{2}v^2 \qquad (2.36)$$

A partir dessa equação, concluímos que a diferença de fase entre a trajetória LOS direta e a trajetória difratada é função da altura h, da posição do obstáculo, além da localização do transmissor e do receptor.

O conceito de perda de sinal por difração como função da diferença de trajetórias (direta e difratada) em torno de um obstáculo é explicado pelas zonas de Fresnel. No plano SU da Figura 2.14(a), podemos definir círculos hipotéticos concêntricos com o ponto S e perpendiculares ao plano TS, que correspondem aos pontos para os quais a diferença de percurso equivale a um número inteiro de *meios comprimentos de onda*, ou seja,

$$\Delta d = \frac{n.\lambda}{2} \qquad (2.37)$$

Igualar a equação (2.32) com (2.37) resulta em

$$\frac{n\lambda}{2} = \frac{h^2}{2}\left(\frac{d_1+d_2}{d_1 d_2}\right) \text{ ou } h = r_n = \sqrt{\frac{n.\lambda.d_1 d_2}{d_1+d_2}} \qquad (2.38)$$

As zonas de Fresnel são sucessivas regiões onde os trajetos de propagação secundários aumentam à razão de $n\lambda/2$ com $n=1, 2, 3,$ (inteiro não nulo). Com $n=1$, estamos diante da primeira zona de Fresnel, conforme indicado na Figura 2.14(a) e assim sucessivamente. A diferença de trajetória da n-ésima zona de Fresnel será

$$\frac{(n-1)\lambda}{2} \leq \Delta d \leq \frac{n\lambda}{2} \qquad (2.39)$$

A diferença de fase correspondente à equação (2.36) para a *n*-ésima zona de Fresnel será então

$$(n-1)\pi \leq \Delta\varphi \leq n\pi \tag{2.40}$$

Desta forma, concluímos que as contribuições ao campo elétrico que chegam ao receptor das diferentes trajetórias nas zonas de Fresnel tendem a estar em oposição de fase e, assim, interferem uma na outra de forma destrutiva. Veja na Figura 2.14(a) um gráfico da variação do campo elétrico nas diversas zonas de Fresnel que comprovam esse fato. Outra conclusão importante: devemos manter a primeira zona de Fresnel desobstruída (sempre que possível) para caracterizar uma propagação em condições de espaço livre (LOS).

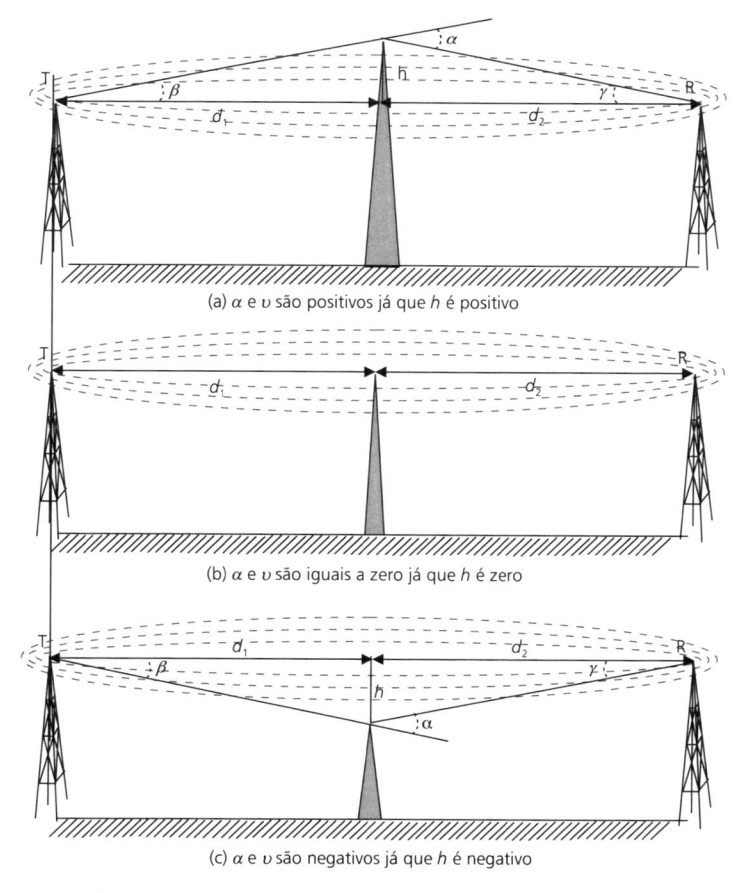

(a) α e υ são positivos já que *h* é positivo

(b) α e υ são iguais a zero já que *h* é zero

(c) α e υ são negativos já que *h* é negativo

figura 2.15 Diferentes zonas de Fresnel para diferentes alturas do obstáculo.

2.3.6 modelo de difração por canto agudo

Ter uma maneira de estimar a atenuação causada pela difração devido aos obstáculos, como morros ou edifícios, em zonas de sombra do sinal é crucial. Geralmente é impossível fazer uma estimativa muito precisa destas perdas e, na prática, é um processo teórico-empírico aproximado. Em zonas de sombra causadas por um obstáculo único, a atenuação pode ser estimada pelo modelo de difração devido a um canto agudo, que é o modelo mais simples de difração. Em relação a esse modelo, conforme (RAPPAPORT, 1996), podemos ter três situações de difração, mostradas na Figura 2.15.

a Transmissor e receptor sem visada direta devido a um obstáculo em forma de canto agudo.
b Transmissor e receptor com visada rente ao obstáculo em forma de canto agudo.
c Transmissor e receptor com visada direta, acima do obstáculo em forma de canto agudo.

Vamos considerar que no receptor R, localizado na zona de difração, a intensidade do campo elétrico neste ponto será a soma vetorial de todos os caminhos das fontes secundárias de Huygens acima do obstáculo. Podemos representar esse campo no ponto R por E_d e expressá-lo como

$$E_d = E_0 . F(v) \tag{2.41}$$

Nessa expressão, E_0 corresponde à intensidade do campo em condições de espaço livre, e $F(v)$ é a integral complexa de Fresnel, que é função do parâmetro de difração de Fresnel v, definido em (2.35). Podemos definir um ganho de difração do obstáculo agudo em relação a E_0 do espaço livre dado por

$$G_d = 20\log\left(\frac{E_d}{E_0}\right) = 20\log|F(v)| \tag{2.42}$$

A resolução desta equação é complexa. Uma representação gráfica de G_d em função de v é apresentada no gráfico da Figura (2.16) e pode ser utilizada para estimativas do campo E_d no ponto R.

exemplo de aplicação

Vamos supor uma transmissão a 900 MHz que passa por um obstáculo com formato pontiagudo situado entre as duas antenas, conforme mostrado na Figura 2.17(a). Os dados são: $d_1 = 10\ km$, $d_2 = 2\ km$, $h_t = 50\ m$, $h_r = 25\ m$ e $h_{obs} = 100m$. Precisamos obter:

a a perda no ponto R devido à difração no obstáculo; e
b a altura do obstáculo que provoque uma perda de difração de 6 dB.

A geometria de difração do enlace corresponde à da Figura 2.15(a). Essa geometria pode ser simplificada subtraindo h_r (menor altura) de todas as outras alturas, resultando em uma geometria equivalente à mostrada na Figura 2.17 (b).

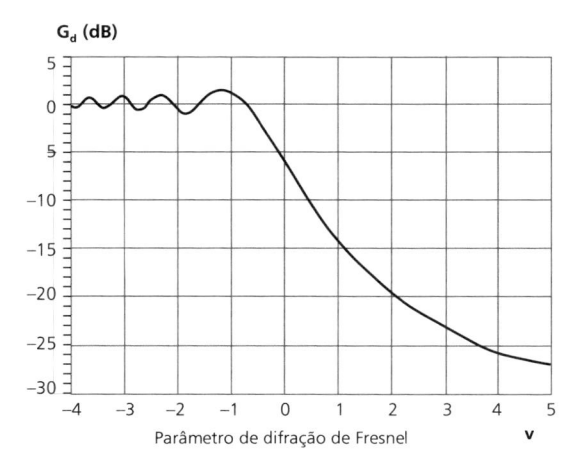

figura 2.16 Ganho de difração G_d em obstáculo de canto agudo em função do parâmetro v de difração de Fresnel.

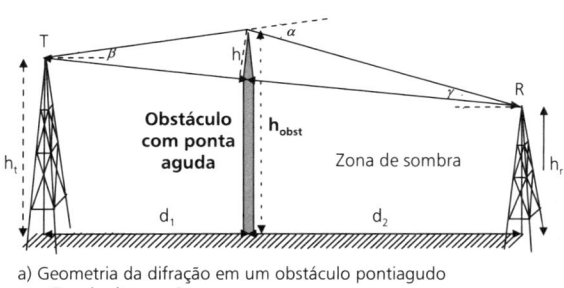

a) Geometria da difração em um obstáculo pontiagudo e T mais alto que R

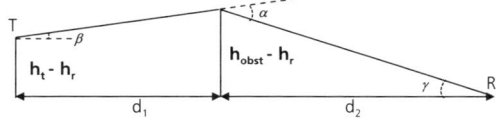

b) Geometria equivalente na qual a altura menor (h_r) é subtraída de todas as outras.

figura 2.17 Propagação com difração em um obstáculo agudo com $h_t > h_r$.

a Perda por refração em R

O comprimento de onda $\lambda = \dfrac{c}{f_c} = \dfrac{3.10^8}{900.10^6} = 1/3\ m$

$\beta = \tan^{-1}\left(\dfrac{75-25}{10000}\right) = 0{,}2865^0$ e $\gamma = \tan^{-1}\left(\dfrac{75}{2000}\right) = 2{,}15^0$

Como $\alpha = \beta + \gamma = 2{,}434^0 = 0{,}0424\,rad$ e utilizando a equação (2.35) obtemos que $v = 0{,}0424\sqrt{\dfrac{2 \times 10000 \times 2000}{(1/3) \times (10000 + 2000)}} = 4{,}24.$

Pelo gráfico da Figura 2.16 obtemos que a perda por difração será $G_d \cong 26$ dB.

b Altura do obstáculo que provoque uma perda de 6 dB

Pelo gráfico da Figura 2.16, uma perda $G_d \cong 6\,dB$ corresponde a um parâmetro de difração $v = 0$. Assim, teremos que $\alpha = 0$ e, portanto, $\beta = -\gamma$. A nova geometria é apresentada na Figura a seguir, a partir da qual obtemos que:

$$\dfrac{h}{2000} = \dfrac{25}{12000} \text{ e, portanto, } h = 4{,}16\,m$$

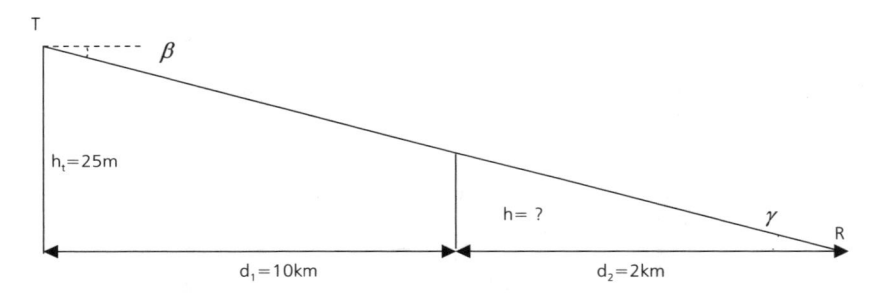

```
T
 ·-----·
         β
h₁=25m
                        h= ?
                                    γ
                                     R
   d₁=10km        d₂=2km
```

2.4   modelos de propagação estatísticos

Dada a crescente complexidade dos modelos de propagação baseados em parâmetros físicos, a saída natural para obter previsões sobre quanto da potência de um transmissor alcança a antena de um receptor em sistemas sem fio foram os modelos de propagação baseados em estatísticas e técnicas heurísticas, também conhecidos como modelos empíricos[10] ou heurísticos[11], obtidos a partir de um número muito grande de medidas de propagação em campo, em função de diferentes condições ambientais e distâncias.

O primeiro modelo prático surgiu em 1968, a partir de um trabalho publicado por Okumura, Ohmore e Fukuda (1968), que fazia uma estimativa da intensidade do campo na recepção em serviços móveis por terra, em frequências de UHF e VHF. Mais tarde, o modelo de Okumura foi estendido por Hata (1980), dando origem ao modelo conhecido como Okumura-Hata.

---

[10] Empírico significa um processo baseado somente em observações ou experimentos.
[11] Heurístico se refere a técnicas baseadas em experiências para obter a solução de um problema complexo.

Na década de 1990 surgiram os modelos de propagação de segunda geração, adaptados para sistemas multicelulares, com visada do tipo NLOS, e para os seguintes cenários:

- células com raio menor que 10 km e uma grande variedade de terrenos;
- antenas de recepção direcionais do tipo *beirada-de-janela* ou *telhado* com altura entre 2 a 10 m;
- antenas na estação base com altura entre 15 a 40 m.

No início deste milênio, surgiu uma grande variedade de modelos de propagação, cada um com enfatizando um ou mais fenômenos físicos. Os principais fenômenos físicos que caracterizam um canal de RF, conforme (URBAN..., 1991), são:

- **Path Loss** ou perda de caminho, que pode ser por caminho direto ou por caminho em zona de sombra (*shadowing*) devido à difração
- **Multipath Delay Spread** ou espalhamento de atraso devido a caminhos múltiplos
- **Fading** ou característica de desvanecimento do sinal devido a caminhos múltiplos
- **Doppler spreed** ou espalhamento de frequência devido ao efeito Doppler
- **Co-channel interference** ou interferências de canais de mesma frequência em células próximas ou afastadas

Um modelo de propagação pode ser definido levando em conta um ou mais desses parâmetros, dependendo do grau de precisão e da resolução para os resultados desejados. Veja na Figura 2.18 os resultados de três modelos de propagação hipotéticos com complexidade crescente e, portanto, com uma resolução crescente dos gráficos.

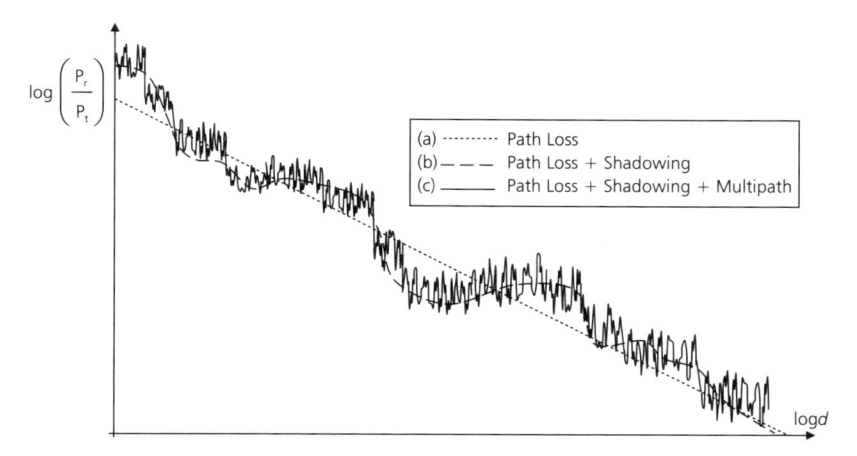

figura 2.18 Gráficos de três modelos de propagação hipotéticos em função do $\log_{10}$ da potência relativa (P_r/P_t) em função do $\log_{10}$ de d: (a) Modelo *Path Loss*, (b) Modelo *Path Loss + Shadowing* e (c) Modelo *Path Loss + Shadowing + Multipath*.
Fonte: Elaborada com base em Goldsmith (2005).

tabela 2.2 Caracterização dos diferentes tipos de células em modelos de propagação

Tipo de célula	Raio típico da célula (d)	Localização da célula	Altura (h_t) da antena da BS
Macrocélula grande	1 a 30 km	Externo	Todas as edificações na vizinhança são inferiores à altura da antena
Macrocélula pequena	0,5 a 3 km	Externo	Algumas edificações na vizinhança são superiores à altura da antena da BS
Microcélula	Até 1 km	Externo	Altura da antena da BS: abaixo da altura média dos telhados
Picocélula	Até 500 m	Externo ou interior	Altura da antena: abaixo do telhado

Salientamos que os parâmetros que caracterizam um modelo de propagação são aleatórios e, portanto, somente é possível uma caracterização estatística do modelo de propagação. Em geral devem ser especificados o valor médio e a variância dos parâmetros. Os modelos de propagação que vamos analisar são para redes celulares fixas com portabilidade das MS (*Mobile Station*). Veja na Tabela 2.2 uma lista dos diferentes tipos de células segundo seu raio (d) máximo e mínimo, sua localização e altura da antena da BS (*Base Station*).

Um dos mais utilizados é o modelo de *Path Loss* (PL) ou perda de caminho. Esse modelo visa a estimar a potência do sinal recebida (P_r) por uma MS (*Mobile Station*), em função da distância (d) e da potência transmitida (P_t) pela BS (*Base Station*). O modelo de propagação tenta prever o quanto da potência do sinal transmitido chega à antena do receptor, em função da distância do meio ambiente por onde o sinal se propaga e dos obstáculos que enfrenta ao longo do caminho, como: árvores, edifícios, montanhas, casas, etc.

2.4.1 modelo Okumura-Hata

Em 1968, em Tóquio, Okumura realizou uma série de medidas para obter curvas de atenuação entre estação base e estação móvel na faixa de UHF e VHF, em aplicações do tipo móvel terrestre (OKUMURA; OHMORE; FUKUDA, 1968). A estratégia do modelo para obter os valores de perda são gráficos empíricos resultantes a partir de inúmeras medidas.

Hata (1980) desenvolveu uma expressão matemática que se aproximava dos dados gráficos experimentais de Okumura. Nesse modelo, Hata (1980) define a perda ao longo do caminho ou *Path Loss* (PL) em um ambiente suburbano em função da distância d [km], da frequência fc [MHz], da altura h_b [m] da antena da estação base (BS) e da altura h_m [m] da estação móvel (MS), descrita por Cichon e Kürner (2007) como

$$PL_{urbano}(dB) = 69{,}55 + 26{,}16\log f_c - 13{,}82\log h_b - a(h_m) + (44{,}9 - 6{,}55\log h_b)\log d \quad (2.43)$$

O fator $a(h_m)$ nessa expressão leva em conta a altura da antena da estação móvel, além da frequência, e é dado por:

$$a(h_m) = (1{,}1\log f_c - 0{,}7)h_m - (1{,}56\log f_c - 0{,}8)$$

Para ambientes suburbanos, foi desenvolvida a seguinte expressão:

$$PL_{suburb} = PL_{urbano} - 2\left[\log\left(\frac{f_c}{28}\right)\right]^2 - 5{,}4 \text{ (ambiente suburbano)} \tag{2.44}$$

Um novo refinamento do modelo Okumura-Hata permite aplicá-lo em ambientes rurais:

$$PL_{rural} = PL_{urbano} - 4{,}78(\log f_c)^2 - 18{,}33(\log f_c) - 40{,}98 \text{ (ambiente rural)} \tag{2.45}$$

O modelo Okumura-Hata foi muito aplicado em sistemas celulares de primeira geração. Ele foi concebido para células grandes e para alturas da antena da BS acima da altura dos prédios. As expressões (2.43), (2.44) e (2.45) das perdas de caminho são para áreas urbanas, suburbanas e rurais, respectivamente, e os valores dos demais parâmetros devem se situar dentro das seguintes faixas de valores:

Frequência da portadora f_c: 0,5 a 1,5 GHz
Altura h_b da antena da BS: >30 m
Altura h_m da antena da MS: 1 a 10 m
Distância d: 1 km < d < 10 km (macrocélulas)

2.4.2 modelo COST-231 Hata

O modelo Okumura-Hata foi ampliado pelo projeto europeu COST-231, dando origem ao modelo COST-231 Hata (JAIN, 2007). É um dos modelos de propagação mais citados e utilizados em sistemas celulares de telefonia e de redes sem fio, como o WiMax. Em relação ao modelo Okumura-Hata, este modelo introduziu na expressão (2.43) o fator c_m e o parâmetro $a(h_m)$ definidos para dois ambientes de propagação, urbano e suburbano. Desta forma, temos que a expressão do PL será dada por:

$$PL_{urbano}(dB) = 46{,}3 + 33{,}9\log f_c - 13{,}82\log h_b - a(h_m) + (44{,}9 - 6{,}55\log h_b)\log d + c_m \tag{2.46}$$

Nessa expressão, d [km] é a distância, f_c [MHz] é a frequência, h_b [m] é a altura da antena da estação base (BS) e h_m [m] é a altura da estação móvel (MS). Na expressão (2.46), o fator $a(h_m)$ e o parâmetro c_m podem assumir dois valores, dependendo do ambiente de propagação considerado: urbano ou suburbano.

Assim, em ambientes urbanos, temos que

$$a(h_m) = 3{,}2(\log(11{,}75h_m))^2 - 4{,}97 \text{ e } c_m = 3\text{dB}$$

Já em ambientes suburbanos, temos que

$$a(h_m) = (1{,}11\log f_c - 0{,}7)h_m - (1{,}56\log f_c - 0{,}8) \text{ e } c_m = 0$$

O modelo Cost-231 Hata foi projetado para células grandes e macrocélulas (confira a Tabela 2.3), em que a altura da antena da estação base h_b está acima da altura das edificações próximas. As faixas de valores dos demais parâmetros são:

Frequência da portadora f_c: 1,5 a 2 GHz
Altura h_b da antena da BS: 30 a 200 m
Altura h_m da antena da MS: 1 a 10 m
Distância d: 1 a 20 km

O modelo COST-231 Hata não apresenta bons resultados quando aplicado a redes WiMAX com células pequenas e frequências acima de 2 GHz.

2.4.3 modelo COST-231 Walfisch-Ikegami

O projeto europeu COST também desenvolveu, pela ação COST-231, outro modelo de propagação baseado em trabalhos relacionados de Walfisch e Bertoni (1988) e Ikegami et al. (1984). O modelo contempla o ambiente urbano e suburbano para microcélulas e macrocélulas pequenas (confira a Tabela 2.3).

O modelo COST-231 W-I (ERCEG et al., 2003) leva em conta parâmetros de um ambiente urbano, como altura dos prédios (h_{roof}), largura das ruas (w), separação dos prédios (b) e a orientação das ruas em relação ao caminho de propagação direto (φ). Todos esses parâmetros estão na Figura 2.19.

Matemáticamente, o modelo COST-231 W-I é representado por três termos (CICHON; KÜERNER, 2007):

$$PL = PL_0 + PL_{rts} + PL_{msd} \qquad (2.47)$$

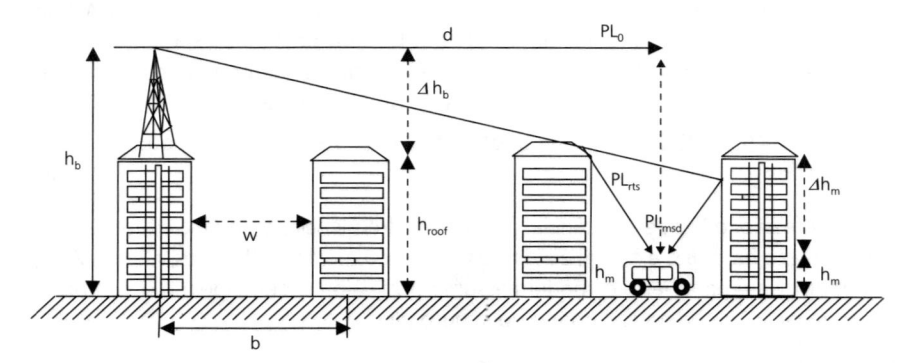

figura 2.19 Os três principais componentes de perda de propagação (PL_0, PL_{msd}, PL_{rts}) do modelo COST-231 W-I.
Fonte: Adaptada de Ikegami et al. (1984).

- PL_0 = perda de potência no espaço livre
- PL_{rts} = perda por difração no topo do telhado para a rua (*roof-top-to-street diffraction*)
- PL_{msd} = perda por espelhamento múltiplo (*multi-screen diffraction loss*)

A perda de propagação no espaço livre é dada por:

$$PL_0 = 32,4 + 20\log(d) + 20\log(f_c), \text{ em que } d \text{ é em [km], e } f_c \text{ em [MHz]}.$$

A perda de potência por difração no telhado para a rua (*roof-to-street diffraction*) é:

$$PL_{rts} = -16,9 - 10\log(w) + 10\log(f_c) + 20\log(\Delta h_m) + PL_{ori}, \text{ com } h_{roof} > h_m$$

Nessa expressão, w é dado em [m], f_c em [MHz] e Δh_m em [m]. PL_{ori} é a perda devido à orientação da rua em relação ao caminho de propagação direto (φ) e $\Delta h_m = h_{roof} - h_m$.

$$PL_{ori} = -10 + 0,354\phi \text{ para } 0° \leq \varphi \leq 35°$$
$$PL_{ori} = 2,5 + 0,075\phi \text{ para } 35° \leq \varphi \leq 55°$$
$$PL_{ori} = 4,0 - 0,114\phi \text{ para } 55° \leq \varphi \leq 90°$$

A perda por espelhamento múltiplo (*multi-screen diffraction loss*) é dada por:

$$PL_{msd} = PL_{beh} + k_a + k_d.\log(d) + k_f.\log(f_c) - 9\log(b) \qquad (2.48)$$

Nessa expressão, d é dado em [m], f_c em [MHz] e b em [m]. Se por acaso PL_{msd} for negativo, então $PL_{msd} = 0$. O fator PL_{beh} (*base excess high*) representa um ganho devido ao excedente de altura da antena da estação base h_b em relação à altura h_{roof} dos prédios e é expresso por:

$$PL_{beh} = -18.\log(1 + \Delta h_b), \text{ desde que } \Delta h_b = h_b - h_{roof} > 0, \text{ se não, } PL_{beh} = 0$$

As demais constantes da expressão (2.48) são definidas na Tabela 2.3.

tabela 2.3 Definição das constantes da expressão (2.48)

	$= 54$	Desde que $h_b > h_{roof}$
k_a	$= 54 - 0,8\Delta h_b$	Desde que $d \geq 0,5$ km e $h_b \leq h_{roof}$
	$= 54 - 0,8\Delta h_b.2d$	Desde que $d < 0,5$ km e $h_b \leq h_{roof}$
	$= 18$	Desde que $h_b > h_{roof}$
k_d	$= 18 - 15(\Delta h_b / h_{roof})$	Desde que $h_b \leq h_{roof}$
k_f	$= -4 + 0,7\left(\dfrac{f_c}{925} - 1\right)$	Para cidades de tamanho médio e áreas suburbanas com poucas árvores
	$= -4 + 1,5\left(\dfrac{f_c}{925} - 1\right)$	Para centros metropolitanos densos

78 ⋯→ Redes de comunicação sem fio

O modelo COST-231 W-I está limitado aos seguintes intervalos de variação dos seus parâmetros:

Frequência da portadora f_c: 0,8 a 2 GHz
Altura h_b da antena da BS: 4 a 50 m
Altura h_m da antena da MS: 1 a 3 m
Distância d: 0,02 a 5 km

As previsões deste modelo são muito boas quando a altura da antena da estação base h_b for bem acima do topo das edificações próximas h_{roof}, ou $h_b >> h_{roof}$.

2.4.4 modelo de Erceg para ambiente suburbano

O modelo proposto por Erceg et al. (1999a) e posteriormente modificado por (Erceg et al. (1999b) estima as perdas do sinal em função de um ambiente suburbano, frequência da portadora de 1,9 GHz e antena de recepção com altura próxima de 2m, e é definido pela expressão:

$$PL = A + 10\gamma \log\left(\frac{d}{d_0}\right) + s, \text{ para } d > d_0$$

Aqui, d é a distância entre a estação móvel e a estação base, e $d_0 = 0,1$ km é um fator de normalização. Além disso:

A: é a perda no espaço livre dada por (2.7), ou seja, $A = 20\log\left(\frac{4\pi d_0}{\lambda}\right)$, onde λ é o comprimento de onda em metros,

γ: expoente de *Path Loss*, $\gamma = \left(a - bh_b + \frac{c}{h_b}\right) + x\sigma_\gamma$, em que h_b é a altura da antena da estação base (entre 10 a 80 m), x é uma variável gaussiana com valor médio nulo e desvio-padrão igual a um *N[0,1]*. Os parâmetros σ_γ, a, b e c são constantes que dependem do tipo de terreno, como você pode ver na Tabela 2.4.

s: efeito de sombreamento do sinal, medido em dB: $s = y(\mu_\sigma + z\sigma_\sigma)$, onde y e z são variáveis gaussianas com valor médio nulo e desvio-padrão iguais a um *N[0,1]*; e μ_σ e σ_σ são constantes que dependem das características do terreno, definidas na Tabela 2.4. O parâmetro s segue uma distribuição do tipo *lognormal*, e o valor do desvio-padrão de s está entre 8,2 e 10,6 dB, dependendo do terreno.

Substituindo as expressões das variáveis descritas anteriormente na expressão inicial, obtemos a expressão geral do modelo de Erceg:

$$PL = [A + 10(a - bh_b + c/h_b)\log(d/d_0)] + [10x\sigma_\gamma \log(d/d_0) + y\mu_\sigma + yz\sigma_\sigma], d \geq d_0 \quad (2.49)$$

Nessa expressão, o primeiro termo entre colchetes corresponde à perda de percurso média na distância d em relação a todas as macrocélulas. O segundo termo entre colchetes corresponde à variação aleatória em torno deste valor médio.

Capítulo 2 → O Canal de Radiofrequência

tabela 2.4 Tipos de terrenos considerados no modelo de Erceg e seus respectivos parâmetros

Parâmetro	Terreno tipo A Montanhoso com média densidade de árvores	Terreno tipo B Intermediário entre tipo A e B	Terreno tipo C Plano com média densidade de árvores
a	4,6	4	3,6
b	0,0075	0,0065	0,005
c	12,6	17,1	20
σ_γ	0,57	0,75	0,59
μ_σ	10,6	9,6	8,2
σ_σ	2,3	3,0	1,6

A aplicação do modelo de Erceg é para terrenos suburbanos classificados segundo três tipos. A validade do modelo está limitada aos seguintes intervalos de variação dos seus parâmetros:

Frequência da portadora fc: 1,9 GHz
Altura h_b da antena da BS: 10 a 80 m
Altura h_m da antena da MS: 2 m
Distância d: 0,1 a 8 km (macrocélulas pequenas)

Tendo em vista as variáveis aleatórias x, y e z com distribuição gaussiana, valor médio nulo e desvio-padrão unitário $N[0,1]$, esse modelo tem sua aplicação facilitada quando utilizamos simulação computacional.

2.4.5 modelo de Erceg modificado

O modelo de Erceg et al. (1999b) definido pela relação (2.49), sofreu modificações para atender também frequências diferentes de 1900 MHz e alturas de antenas de recepção entre 2 e 10 m por meio de termos de correção adicionais. A expressão geral para o $PL_{modificado}$ ficou assim:

$$PL_{modificado} = PL + \Delta PL_f + \Delta PL_h \qquad (2.50)$$

Nessa expressão, PL é dado pela relação de Erceg (2.49), e ΔPL_f e ΔPL_h correspondem aos termos de correção da frequência da portadora fc e da altura da antena de recepção h_m, respectivamente, e são assim definidos:

$$\Delta PL_f = 6\log\left(\frac{f_c}{2000}\right), \text{ onde } f_c \text{ é a frequência da portadora em MHz}$$

O termo de correção para a variação da altura da antena de recepção h_m varia em função do tipo de terreno.

$$\Delta PL_h = -10,86 \log\left(\frac{h_m}{2}\right), \text{ para terrenos do tipo A e B e}$$

$$\Delta PL_h = -20 \log\left(\frac{h_m}{2}\right), \text{ para terrenos do tipo C.}$$

Com estas extensões, o modelo de Erceg pode ser aplicado para três tipos de terrenos e intervalos de variação dos seus parâmetros com os seguintes valores:

Frequência da portadora f_c: 1,9 a 3,5 GHz
Altura h_b da antena da BS: 10 a 80 m
Altura h_m da antena da MS: 2 a 10 m
Distância d: 0,1 a 8 km (macrocélulas pequenas).

Para concluir, você verá na Tabela 2.5 um resumo das principais características dos cinco modelos de propagação vistos até aqui. Observe que todos os modelos se restringem, praticamente, à previsão da potência que pode ser esperada na antena de recepção considerando como parâmetros apenas a frequência de operação, a distância, a altura das antenas e o tipo de terreno. Por isso, lembre-se de que estes não são os únicos parâmetros que afetam um canal.

2.4.6 o fenômeno dos caminhos múltiplos (*multipath*)

Os sistemas sem fio estão sujeitos a um fenômeno de propagação conhecido como caminhos múltiplos (*multipath*, em inglês), causado principalmente por reflexões múltiplas em obstáculos ao longo da trajetória de propagação do sinal entre o transmissor e o receptor. O fenômeno se acentua em ambientes onde os obstáculos de propagação possuem dimensões da ordem do comprimento de onda da portadora e quando a estação de recepção é móvel.

Como o número de sinais que chegam ao receptor através dos caminhos múltiplos é completamente aleatório, esse fenômeno só pode ser descrito de forma estatística. Os modelos de propagação vistos até aqui permitem obter uma estimativa da perda média da potência do sinal ao longo de um caminho até uma determinada localização, mas levavam em conta somente parâmetros físicos determinísticos. Para modelar os efeitos causados pelo fenômeno de múltiplos caminhos, os modelos de propagação devem utilizar parâmetros estatísticos para sua descrição.

O fenômeno dos caminhos múltiplos explica três tipos de distorções observadas em relação à soma dos diferentes sinais que chegam à antena do receptor de um sistema sem fio:

1. Desvanecimento do sinal (*fading*, em inglês)
2. Espalhamento de atraso do sinal

Capítulo 2 ⋯→ O Canal de Radiofrequência   81

tabela 2.5	Resumo das principais características dos modelos de propagação para sistemas sem fio fixos				
	Okumura-Hata (1980)	Cost 231 Hata (1990)	Cost 231 Walfisch Ikegami (1990)	Modelo de Erceg (1999)	Modelo Erceg modificado
Frequência f_c [GHz]	0,5 a 1,5 GHz	1,5 a 2,0 GHz	0,8 a 2 GHz	1,9 GHz	1,9 a 3,5 GHz
Altura Antena h_b BS [m]	>30 m	30 a 200 m	4 a 50 m	10 a 80 m	10 a 80m
Altura Antena h_m MS [m]	1 a 10 m	1 a 10 m	1 a 3 m	2 m	2 a 10m
Distância d [km]	1 km < − d<10km	1 a 20 km	0,2 a 5 km	0,1 a 8 km	0,1 a 8 km
Tipo de células	Macrocélulas	Células médias a macrocélulas	Microcélulas a células pequenas	Macrocélulas (suburbano)	Macrocélulas (suburbano)
Tipo de terreno	Urbano (estendido também para ambiente suburbano e rural)	Cidades médias, área urbana Centro metropolitano	Espaçamento entre Edifícios: 50 m Largura ruas: 30 m Intersecção das ruas a 90⁰	A: Montanhoso (com alta densidade de árvores) B: Intermediário C: Plano (com média densidade de árvores)	A: Montanhoso (com alta densidade de árvores) B: Intermediário C: Plano (com média densidade de árvores)

3. Espalhamento Doppler

Você vai ver agora uma descrição de cada uma destas distorções e como podem ser levados em conta em modelos de propagação estatísticos de um canal.

▇ desvanecimento

O desvanecimento de um sinal é causado pela soma destrutiva (ou construtiva) de vários sinais que chegam à antena por caminhos diferentes, ou seja, apresentam diferenças de fase tais que a soma entre eles é destrutiva ou construtiva. Veja na Figura 2.20(a) um exemplo da soma destrutiva de dois sinais idênticos, defasados entre si de um ângulo θ.

Com base no tempo de duração de um símbolo de modulação, o desvanecimento é classificado como **desvanecimento lento**, quando o tempo de variação do sinal na antena é muito mais lento que a duração de um símbolo de modulação, e como **desvanecimento rápido**, quando for da ordem do tempo de duração de um símbolo de modulação. Veja na Figura 2.20 (a) o gráfico correspondente a um desvanecimento rápido e a um lento de um sinal na entrada do receptor. O desvanecimento rápido é causado principalmente pela mobilidade da MS, que provoca mudanças rápidas nos caminhos múltiplos.

O desvanecimento também é classificado como **desvanecimento plano**, em que todas as frequências do sinal recebido são afetadas simultaneamente e de forma igual, e **desvanecimento seletivo**, no qual algumas componentes espectrais do sinal variam de forma diferenciada em relação a outras.

■ distribuição de Rice

Em um ambiente de caminhos múltiplos, a potência r recebida apresenta uma distribuição segundo uma *pdf* (*power density function*) dada por

$$p(r) = \frac{r}{\sigma}\exp\left[-\frac{r^2 + A^2}{2\sigma^2}\right]I_0\left(\frac{rA}{\sigma^2}\right), \text{ para } A \geq 0 \text{ e } r \geq 0 \quad (2.51)$$

Nessa expressão, temos que:

r = amplitude da envoltória do sinal de potência recebida
$2\sigma^2$ = potência média prevista do sinal de caminhos múltiplos
σ = desvio-padrão da distribuição de Rice
A = Amplitude de pico do sinal
I_0 = Função de Bessel modificada de 1ª espécie e ordem zero

A distribuição de Rice pode ser completamente caracterizada por um fator K, definido como a razão entre a potência direta e a variância da potência que foi espalhada e que chega através de múltiplos caminhos ao receptor.

$$K(linear) = \frac{A^2}{2\sigma^2}, \text{ ou, } K(dB) = 10\log\frac{A^2}{2\sigma^2} \quad (2.52)$$

Observe que o fator K pode ser expresso tanto na forma linear como em [dB]. Considerando o fator K expresso na forma linear, se $0<K<100$, então estamos diante de um canal LOS e NLOS e o desvanecimento é do tipo Riceano. Quando o valor de K tende a zero, estamos diante de um canal NLOS com desvanecimento tipo Rayleigh. No caso extremo, com $K=\infty$, estamos diante de um canal unicamente afetado por ruído do tipo AWGN (*Additive White Gaussian Noise*), isto é, não há caminhos múltiplos.

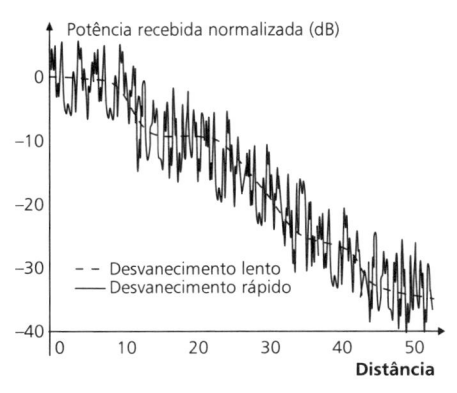

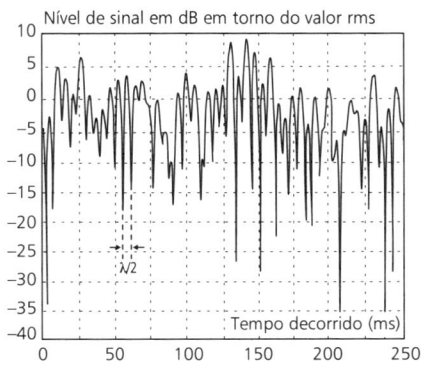

figura 2.20 Gráfico: (a) do desvanecimento lento e rápido de um sinal devido a caminhos de propagação múltiplos em um ambiente urbano; (b) do desvanecimento de um sinal com distribuição de Rayleigh e deslocamento a 120 km/h da MB.

Fonte: Elaborada com base em Sarkar et al. (2003).

■ distribuição de Rayleigh

À medida que a potência dominante em uma distribuição riceana se enfraquece, o sinal que chega ao receptor se torna mais parecido com um sinal de ruído que apresenta uma envoltória com uma distribuição de Rayleigh definida como

$$p(r) = \frac{r}{\sigma^2} \exp\left(-\frac{r^2}{2\sigma^2}\right), \text{ com } 0 \leq r \leq \infty \qquad (2.53)$$

Nessa expressão, r é a amplitude da envoltória do sinal recebido, σ é o desvio-padrão e $2\sigma^2$ é a potência média prevista para o sinal de caminhos múltiplos.

O desvanecimento de um sinal de banda estreita que chega à entrada de um receptor pode ser caracterizado pela função de distribuição cumulativa de Rice. Esta função permite calcular a probabilidade de que a envoltória do sinal recebido não exceda um dado valor R, e é expressa da seguinte forma:

$$P(R) = \int_0^R p(r)dr = 1 - \exp\left(\frac{R^2}{2\sigma^2}\right) \qquad (2.54)$$

Por definição, o valor médio $r_{médio}$ de uma distribuição de Rayleigh pode ser obtido a partir de

$$r_{medio} = E[r] = \int_0^\infty r.p(r)dr = \sigma\sqrt{\frac{\pi}{2}} = 1{,}2533\sigma \qquad (2.55)$$

O desvanecimento de Rayleigh ocorre quando a potência do sinal que chega à antena é formada principalmente pelos sinais secundários (NLOS) dos múltiplos sinais indiretos que chegam ao receptor e não há um sinal dominante direto LOS. Veja na figura 2.20(b) um exemplo de uma curva de distribuição de potência do tipo Rayleigh considerando a EM em movimento (SARKAR et al., 2003).

Uma dica: se, além dos múltiplos caminhos indiretos (NLOS), tivermos também um caminho direto (LOS), neste caso se aplica melhor a distribuição de Rice. De modo geral, o modelo de Rice se aplica melhor para ambientes internos de prédios, enquanto o modelo de desvanecimento de Rayleigh, para ambientes externos.

■ o fator K de Rice

Uma distribuição de Rice é perfeitamente caracterizada a partir do fator K definido pela expressão (2.52). Segundo (Greenstein et al. 1999), podemos estimar o fator riceano K de forma empírica por:

$$K = F_s.F_h.F_b.K_0.\gamma.u.d \qquad (2.56)$$

O fator K nessa expressão é dado na forma linear (não em dB), e os diferentes parâmetros são definidos na Tabela 2.6.

■ modelo para o espalhamento do atraso

Considerando as múltiplas reflexões e os espalhamentos que ocorrem em um ambiente de múltiplos caminhos, o tempo de atraso dos diferentes sinais que chegam ao receptor apresenta uma distribuição próxima à lognormal. Segundo Sarkan et al. (2003),

tabela 2.6 Parâmetros da expressão (2.51) para obtenção empírica do fator riceano K

Parâmetros	Descrição	Valores
F_s	Fator sazonal	$F_s=1$ verão (folhas) e $F_s=2{,}5$ inverno (sem folhas)
F_h	Fator altura da antena	$F_h = (h/3)^{0{,}46}$ h: altura antena em metros
F_b	Fator ângulo b do feixe da antena	$F_b = (b/17)^{-0{,}96}$ b: em graus
K_0, γ	Coeficientes de regressão	$K_0 = 10$ e $\gamma = -0{,}5$
u	Variável lognormal	Valor médio 0 dB e desvio-padrão 8,0 dB
d	Distância entre antenas	Unidade: quilômetros

podemos utilizar o modelo da Figura 2.21, no qual foram definidos os diferentes parâmetros do perfil de atraso de um sinal.

Assim, temos que:

τ_A: atraso inicial fixo

τ_e: atraso em excesso ou primeiro momento do perfil de atraso relativo ao atraso inicial τ_A, sendo expresso como (ERCEG et al., 1999a):

$$\tau_e = \int (\tau - \tau_A) P(\tau) d\tau$$

τ_{rms}: raiz quadrada do segundo momento do perfil de atraso. Corresponde ao desvio-padrão em torno do atraso médio.

$$\tau_{rms} = \left[\int (\tau - \tau_e - \tau_A)^2 P(\tau) d\tau \right]^{1/2}$$

Pela importância desse parâmetro, você vai ver a seguir um modelo estatístico para obter o valor τ_{rms} em um ambiente celular. Formulado por Greenstein et al. (1999), esse modelo leva em conta o tipo de terreno (se é urbano, suburbano, rural ou montanhoso) e presume uma distribuição do tipo *lognormal* em relação a uma distância *d*, sendo formulado como

$$\tau_{rms} = T_1 d^\varepsilon y \qquad (2.57)$$

Nessa expressão, temos que:

- τ_{rms}: valor médio quadrático ou *rms* do espalhamento do atraso
- *d*: distância em [km]
- T_1: valor mediano[12] de τ_{rms} a uma distância *d* = 1 km

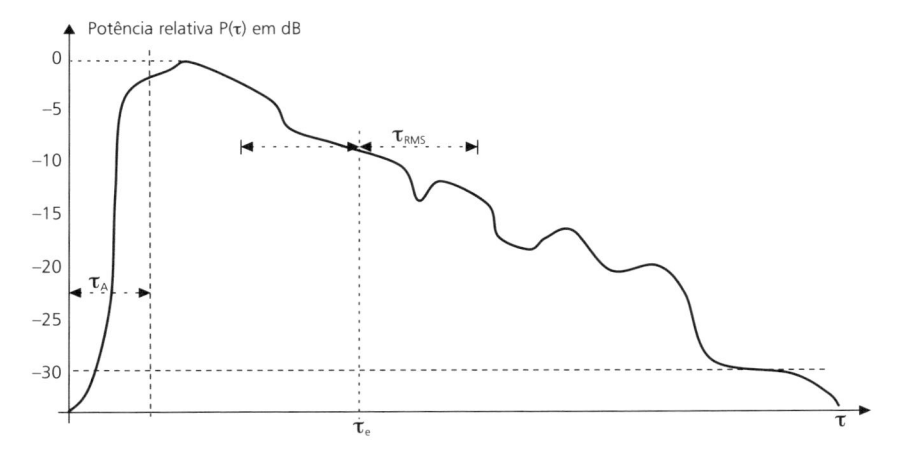

figura 2.21 Modelo de um perfil de atraso versus potência típico em um ambiente de múltiplos caminhos e indicação de seus principais parâmetros.

---

[12] Valor mediano é o valor no centro de um intervalo ordenado de números.

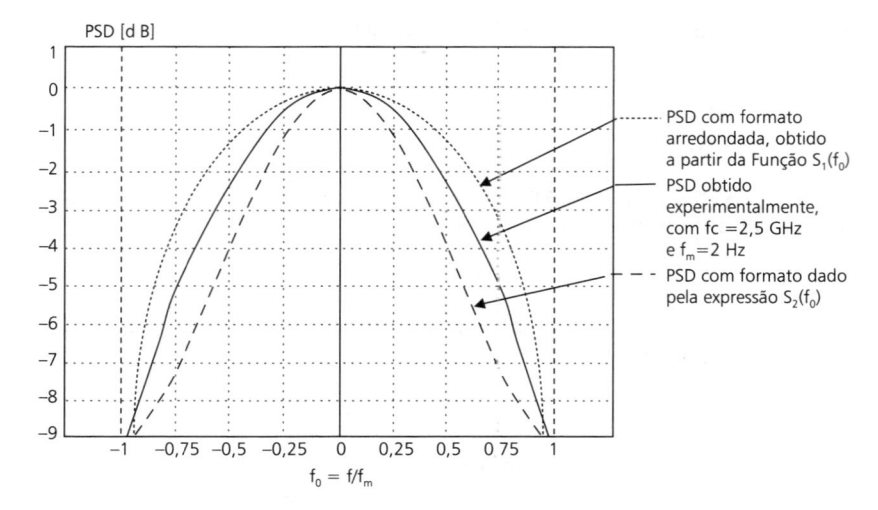

figura 2.22 Formas aproximadas da função PSD Doppler a partir de dois modelos empíricos, comparados com uma curva PSD obtida experimentalmente, com frequência de portadora $f_c = 2,5$ GHz e frequência Doppler máxima $f_m = 2$ Hz.

Fonte: ERCEG, V., et al. Channel models for fixed wireless applications, IEEE 802.16 Broadband Wireless Access Working Group. (IEEE 802.16.3c-01/29r4), july 2001.Disponível em: <www.ieee802.org/16/tg3/contrib/802163c-01_29r4.pdf>. Acesso em: 10 abr. 2012. ERCEG, V., et al. Channel models for fixed wireless applications, IEEE 802.16 Broadband Wireless Access Working Group. (IEEE 802.16.3c-01/29r4), july 2001.Disponível em: <www.ieee802.org/16/tg3/contrib/802163c-01_29r4.pdf>. Acesso em: 10 abr. 2012.

- ε: é um expoente que está entre 0,5 a 1,0
- y: é uma variável *lognormal*, $N[0, \sigma_y]$, com valor médio nulo e desvio-padrão σ_y, que depende do tipo de terreno. A variável y pode ser expressa, também, em dB e, neste caso, temos que $Y = 10 \log y$ e Y possui um valor entre 2 a 6 dB.

■ o espalhamento Doppler

Este espalhamento é observado em relação à frequência da portadora e é causado principalmente pela mobilidade do terminal do usuário em relação à estação base fixa, já que, desta forma, aumentam os múltiplos caminhos. Fatores como: a velocidade do vento, as folhas das árvores, o tráfego e a frequência da portadora também influenciam no efeito Doppler.

A função densidade de potência espectral Doppler (PSD) pode ser representada empiricamente por duas componentes: uma fixa e outra variável. A parte fixa da PSD é representada por um impulso de Dirac, situado em $f = 0$ Hz. Em canais sem fio fixos, a parte variável do espectro Doppler é distribuída em torno da frequência $f_0 = 0$, como mostrado na Figura 2.22.

A parte variável da PSD pode ser aproximada de acordo com os seguintes modelos matemáticos:

$$S_1(f_0) = \left(1 - f_0^2\right)^{1/2} \text{ com } 0 \leq |f_0| \leq 1 \text{ ou então;}$$
$$S_2(f_0) = 1 - 1{,}72 f_0^2 + 0{,}785 f_0^2 \text{ com } 0 \leq |f_0| \leq 1 \quad (2.58)$$

Nessas expressões, normalizamos as frequências em relação a f_0 como $f_0 = f/f_m$, onde f_m é a frequência Doppler máxima para uma determinada portadora f_c, definida como $f_m = f_c v/c$. O formato arredondado da PSD Doppler obtido a partir de $S_1(f_0)$ pode ser utilizado como uma aproximação grosseira da função PSD Doppler real. A vantagem desta abordagem é que a maioria dos simuladores de canais de RF utiliza esse tipo de aproximação. O modelo de PSD Doppler obtida a partir de $S_2(f_0)$ apresenta uma aderência melhor em relação a uma PSD experimental, como você pode ver na Figura 2.21.

2.4.7 modelos de canais *Stanford University Interim* (SUI)

Com a criação da primeira rede metropolitana sem fio, a partir de 2002, o estudo de modelos de propagação para esses canais foi intensificado, principalmente com os trabalhos do grupo do IEEE, como Erceg et al. (2003). Assim, surgiu um conjunto de seis modelos de canais, representando três tipos de terrenos e uma grande variedade de espalhamentos (como os de Doppler, os de atraso) e condições de transmissão predominantes LOS ou NLOS, como você pode ver na Tabela 2.7.

Nos modelos de canais SUI (*Stanford University Interim*) adotou-se a mesma classificação de terrenos do modelo de Erceg et al. (1999b) apresentado na Tabela 2.7. Vamos analisar agora como esses novos parâmetros, causados principalmente pelos múltiplos caminhos de propagação (como o espalhamento de atraso, o desvanecimento e o efeito Doppler), são modelados nos modelos de canais SUI.

tabela 2.7 Características dos seis modelos de canais SUI

Tipo de canal	Tipo de terreno	Espalhamento Doppler	Espalhamento de atraso	Componente LOS
SUI-1	C	Baixo	Baixo	Alto
SUI-2	C	Baixo	Baixo	Alto
SUI-3	B	Baixo	Baixo	Baixo
SUI-4	B	Alto	Moderado	Baixo
SUI-5	A	Baixo	Alto	Baixo
SUI-6	A	Alto	Muito alto	Baixo

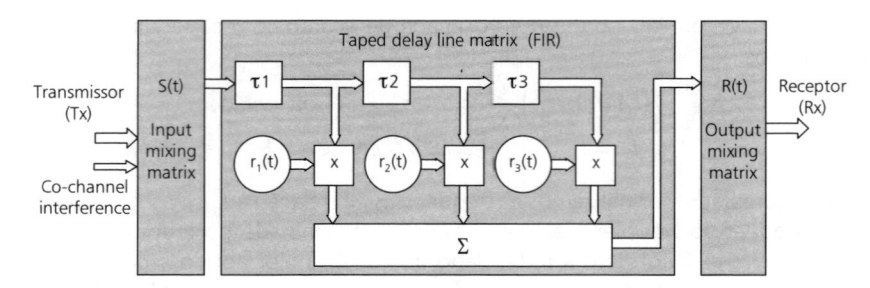

figura 2.23 Estrutura genérica para o modelo de canal SUI baseada em um filtro FIR (*Finite Impulse Response*) com três derivações.

Fonte: ERCEG, V., et al. Channel models for fixed wireless applications, IEEE 802.16 Broadband Wireless Access Working Group. (IEEE 802.16.3c-01/29r4), july 20C1.Disponível em: <www.ieee802.org/16/tg3/contrib/802163c-01_29r4.pdf>. Acesso em: 10 abr. 2012.

Veja a estrutura genérica do modelo de canal SUI na Figura 2.23. Essa estrutura é conhecida como filtro *FIR* (*Finite Impulse Response*), que é baseado em uma linha de atraso com derivações (*tapped delay line*), tendo fatores de multiplicação independentes e cujas saídas são somadas, formando o sinal de saída do canal. Esta arquitetura também é conhecida como *filtro transversal com variação linear no tempo*. Note que este mesmo tipo de arquitetura também é utilizado em sistemas MIMO.

Na simulação dos canais SUI, o sinal de entrada é formado por uma matriz, na qual cada elemento corresponde a uma componente do sinal de entrada. Desta forma, podemos adicionar facilmente ao canal o ruído e a interferência próprios do canal.

Cada componente do sinal é aplicado a uma linha de atraso com três derivações, espaçadas no tempo por τ_1, τ_2 e τ_3, enquanto os ganhos nestes pontos são ajustados de acordo com a distribuição de Rice ou Rayleigh e representados por $r_1(t)$, $r_2(t)$ e $r_3(t)$. O produto destas multiplicações é somado e o resultado constitui os diferentes componentes da matriz de saída do sinal.

Ao todo, são definidos seis tipos de canais SUI, que representam seis situações distintas de um canal real, porém, todos estão inseridos em um cenário formado por um conjunto de parâmetros, como a seguir:

Tamanho da célula	7 km
Altura da antena da BTS	30 m
Altura da antena de recepção	6 m
Largura do feixe da antena da BTS	$120°$
Largura do feixe da antena de recepção	Omnidirecional ($360°$)
Condição 1: somente polarização vertical	
Condição 2: 90% da cobertura celular com 99.9% de disponibilidade	

tabela 2.8 Exemplo de parametrização do modelo de canal SUI – 3

	Tap 1	Tap 2	Tap 3	Unidades
Atraso	0	0,4	0,9	µs
Potência (omni)	0	-5	-10	dB
Fator K (90%)	1	0	0	-
Fator K (75%)	7	0	0	-
Potência (30° ant.)	0	-11	-22	dB
Fator K (90%)	3	0	0	-
Fator K (75%)	19	0	0	-
Doppler (f_m)	0,4	0,3	0,5	Hz

Correlação de antena: $\rho_{ENV} = 0,4$
Fator de redução de ganho (GRF) = 3 dB
Fator de normalização: F_{omni}: -1,5113 dB e F_{30} =-0,4532 dB
Tipo de Terreno: B
Atraso com antena omnidir.: $\tau_{rms} = 0,264$ µs e fator K total: K=0,5 (90%) e K=1,6 (75%)
Atraso com antena dir. 30°: $\tau_{rms} = 0,123$ µs e fator K total: K=2,2 (90%) e K=7,0 (75%)

Como exemplo, veja na Tabela 2.8 as características do canal SUI – 3. Para mais detalhes sobre os modelos de canais SUI, consulte (Erceg et al. 2001) e (Jain, 2007). Antes de usar um modelo SUI, o fator de normalização especificado deve ser adicionado em cada *tap* para que a potência total chegue em 0 dB. O espalhamento Doppler é introduzido pelo parâmetro da frequência máxima (f_m), e o atraso, por τ_{rms}, especificado pela expressão (2.57).

O fator de redução de ganho (GFR) corresponde à redução da potência média total para uma antena com feixe de 30°, quando comparado a uma antena omnidirecional. Se forem usadas antenas com feixe de 30°, o valor do GRF especificado deve ser somado à perda de caminho.

Os fatores K são especificados em valores lineares, e não em dB. Na tabela são mostrados os valores de K correspondentes à cobertura de 90% e 75% da célula, isto é, 90% e 75% das localizações da célula possuem fator K maior ou igual ao fator K especificado, respectivamente.

Existem diversas realizações em software para simular os modelos de canais SUI. Uma das mais adotadas tem como ferramenta o MATLAB,[13] que oferece um conjunto de módulos para a obtenção de forma simples de simuladores dos canais SUI (ERCEG et al., 2003).

---

[13] MATLAB (MATrix LABoratory) é um ambiente de programação para desenvolvimento de algoritmos, análise de dados, visualização e computação numérica para as mais diversas áreas técnicas. O MATLAB é um software destinado a fazer cálculos com matrizes.

2.5 ruído e interferência em um canal de RF

O canal de radiofrequência de um sistema sem fio apresenta, além do sinal da portadora, sinais indesejáveis, como ruídos eletromagnéticos e sinais espúrios de canais adjacentes ou células próximas, e que provocam interferência no sinal principal. Tanto o ruído como os sinais espúrios interferem no sinal principal do canal e, por isso, são chamados interferência eletromagnética ou EMI (*Electromagnetic Interference*) e interferência de radiofrequência ou RFI (*Radio Frequency Interference*).

No primeiro caso, o ruído é caracterizado como uma interferência eletromagnética aleatória causada principalmente pela agitação térmica das moléculas dos condutores. Além disso, possui uma distribuição espectral plana e uma distribuição de amplitude do tipo gaussiana ou normal. Devido a estas propriedades, este tipo de ruído também é chamado ruído térmico ou ruído branco. Em física, a quantidade de ruído que encontramos em uma largura de banda de um Hz, em qualquer dispositivo ou condutor, é dada por

$$N_0 = k.T \quad [W/Hz] \qquad (2.59)$$

Onde:

N_0: é a densidade de potência de ruído por Hz de banda, medido em [W/Hz];
k: é a constante de Boltzmann, igual a $1,38.10^{-23}$ [J/K] (joules/K);
T: é a temperatura absoluta medida em K (kelvin).

Em sistemas sem fio, esse tipo de ruído se soma ao sinal da portadora e ao canal de radiofrequência com esse tipo de ruído, sendo então chamado canal AWGN (*Additive White Gaussian Noise*).

A interferência de radiofrequência ou RFI é um sinal espúrio causado principalmente por canais de RF próximos ou por células afastadas que utilizam frequências iguais à frequência do canal. Por este fato, a RFI, neste caso, também é chamada *co-channel interference* ou interferência de cocanal.

A medida destas interferências e ruídos varia de acordo com as características do sistema sem fio considerado. De modo geral, o efeito dessas interferências se traduz em erros de bit que são introduzidos de forma aleatória ou em rajadas no fluxo de bits recebido pelo receptor. É intuitivo que a capacidade máxima de transmissão de um fluxo de bits por um canal deverá ser diretamente proporcional à potência do sinal (S) e inversamente proporcional à potência do ruído (N) desse canal. Em outras palavras, quanto maior for a potência do sinal em relação à potência do ruído, maior será a capacidade (C) de bits/s que passam pelo canal. Podemos estabelecer, portanto, que:

$$C \approx \frac{S}{N} \qquad (2.60)$$

Capítulo 2 → O Canal de Radiofrequência

Onde:

C é a capacidade do canal em [bit/s];
S é a potência do sinal em [W]; e
N é a potencia do ruído do canal em [W].

A razão S/N, muitas vezes grafada também como SNR (*Signal to Noise Ratio*), é uma razão de potências que, como vamos ver na seção 2.5.1, está relacionada diretamente com a capacidade máxima do canal.

Esta não é a única maneira de relacionar o sinal principal com o ruído do canal. Por exemplo, também podemos definir uma relação entre a energia associada a um bit do sinal, que vamos chamar E_b [J], e a densidade espectral de potência do ruído do canal N_0, que vamos caracterizar pela expressão (2.59), e teremos:

$$\frac{E_b}{N_0} \text{ (Relação adimensional)} \qquad (2.61)$$

A razão E_b/N_0 é muito utilizada nos mais diferentes sistemas de comunicação de dados, pois ela pode ser facilmente relacionada à probabilidade de erro do canal, como vamos ver na Seção 2.5.3. Também podemos expressar E_b/N_0 em função de S/N, ou S/N em função de E_b/N_0.

Vamos lembrar que $N = B.N_0$ e que $E_b = S.T_b$, onde T_b é o tempo de um bit. Assim, $T_b = 1/R$, em que R é a taxa de bit. A partir disso, temos que:

$$\frac{S}{N} = \frac{S}{B.N_0} = \frac{E_b}{N_0} \cdot \frac{R}{B}, \text{ ou também que, } \frac{E_b}{N_0} = \frac{S/R}{N_0} = \frac{S}{kTR} \qquad (2.62)$$

Essas relações também podem ser expressas em unidades de dB.

$$\left(\frac{S}{N}\right)_{dB} = \left(\frac{E_b}{N_0}\right)_{dB} + 10\log R - 10\log B \text{ e}$$

$$\left(\frac{E_b}{N_0}\right)_{dB} = (S)_{dB} - 10\log k - 10\log T - 10\log R$$

exemplo de aplicação

Vamos supor que temos uma temperatura $T_c = 23°$ C. Nestas condições, qual é a densidade espectral da potência do ruído em $dB[W/Hz]$?

A transformação de graus Celsius em graus Kelvin, por definição, é dada por $T = T_c + 273,15$ e, portanto, $T = 296,15$ Kelvin. Assim, temos pela relação (2.59) que:

$N_0 = k.T = (1,3803 . 10^{-23}) . 296,15 = 408,77.10^{-23}$ W/Hz, ou também que

$N_0 = -203,88$ dB

2.5.1 ruídos e interferências em um canal de RF

Conforme mencionado no início dessa seção, as perturbações que afetam um canal de RF são classificadas em duas grandes classes: a classe dos ruídos ou EMI (*Electromagnetic Interference*), e a classe das interferências de RF ou RFI (*RF Interference*). Veja na Tabela 2.9 os principais tipos de ruídos e de interferências que afetam um canal de RF e são responsáveis pela degradação no desempenho do canal. Na classe dos ruídos, temos dois tipos: o ruído branco ou gaussiano e os ruídos impulsivos. Na classe das interferências de RF também encontramos dois tipos: a interferência de sinais de RF com frequências próximas em canais adjacentes e a interferência de sinais de RF de mesma frequência, causada pela reutilização dessas frequências em células geograficamente afastadas.

A seguir, vamos caracterizar cada uma dessas perturbações do canal.

- **ruído branco ou AWGN.** Esse tipo de ruído, como já mencionado, é causado principalmente pela agitação molecular nos condutores e nos dispositivos físicos que realizam o processamento sequencial do sinal até chegar à antena. O ruído, em parte, é introduzido também pela poluição eletromagnética próxima ao receptor. O ruído térmico não tem como ser eliminado, e é o responsável pela existência de um limite superior na capacidade máxima do desempenho de um canal RF.
- **ruído impulsivo.** O ruído impulsivo é gerado muitas vezes por descargas atmosféricas ou por comutação de cargas (correntes) em equipamentos elétricos próximos do receptor ou transmissor do sistema sem fio. O ruído impulsivo é imprevisível no tempo e de difícil controle. Uma das consequências desse ruído é uma rajada de erros no fluxo de bits. Uma rajada de erros de bit é geralmente incontrolável pelo mecanismo de controle de erro ou FEC (*Forward Error Correction*). Para contornar esse problema são usados códigos de espalhamento temporal dos bits do fluxo (ROCHOL, 2012).

tabela 2.9 Tipos de ruídos e interferências encontrados em um canal de RF

Classe	Designação	Definição
EMI (*Electromagnetic Interference*)	Ruído branco ou AWGN	$N(f) = N_0 \cdot E$ (onde N_0 é a densidade espectral de potência do ruído em [W/Hz], e B é a largura de banda do canal em [Hz]
	Ruído impulsivo	Chaveamento próximo de cargas que provocam campos eletromagnéticos intensos e rápidos
RFI (*Radiofrequency Interference*)	Intermodulação ou *cross-talk*	Sinais de radiofrequência gerados em canais adjacentes ou próximos do canal de RF considerado
	Interferência de *co-channel* ou de cocanal	Sinais de mesma frequência em células próximas devido à reutilização de frequências

Capítulo 2 ⋯→ O Canal de Radiofrequência   93

- **intermodulação ou *cross-talk*.** Essa perturbação é provocada principalmente pela não linearidade de dois sistemas com frequências próximas. O efeito é observado principalmente em sistemas que ainda utilizam multiplexação do tipo FDM (*Frequency Division Multiplex*), como em rádio enlaces do tipo ponto a ponto. Já na técnica OFDMA (*Orthogonal Frequency Division Multiple Access*), utilizada principalmente em redes sem fio e sistemas celulares 3G, a interferência entre as subportadoras é minimizada devido à ortogonalidade entre as subportadoras adjacentes.
- **interferência de cocanal.** Esta interferência é observada principalmente em sistemas de múltiplos usuários que acessam um mesmo canal, como é o caso de sistemas celulares do tipo CDMA e OFDM. A distinção entre os usuários é feita a partir de um código ortogonal que modula o sinal de informação do usuário. No receptor é feita uma correlação entre o sinal captado e o código do usuário e, assim, é recuperada a informação original do usuário. Esse processo é conhecido como espalhamento espectral por código ou simplesmente CDMA (*Code Division Multiple Access*). Nesses sistemas, o canal pode ser avaliado em função de uma relação da potência entre a portadora (*C*) e o ruído (*N*), mais a interferência (*I*) dos demais usuários do canal, ou seja:

$$\frac{C}{I+N} \text{ Como geralmente } I>>N, \text{ a expressão se reduz para } \frac{C}{I} \quad (2.63)$$

Esta razão pode ser dada aproximadamente por:

$$\frac{C}{I} = \frac{\text{Potência recebida do usuário considerado}}{\text{Somatória de todas as potências dos usuários que causam interferência}}$$

Conforme (Rappaport, 1996), essa expressão pode ser aproximada por:

$$\frac{C}{I} \cong \frac{R^{-n}}{\sum_{i=1}^{k}(D_i)^{-n}} \quad (2.64)$$

R: distância da estação móvel até a estação base considerada;
D: distância do *i*-ésimo transmissor interferidor até o receptor considerado;
k: total dos interferidores a uma distância *D*;e
n: expoente de perda de percurso que varia entre 2 e 5.

Supondo que todas as estações interferidoras estão a uma distância *D* igual da estação móvel considerada, temos:

$$\frac{C}{I} = \frac{(D/R)^n}{k}$$

e, pela expressão (8.3), $\frac{D}{R} = \sqrt{3N}$, resulta que:

$$\frac{C}{I} = \frac{\left(\sqrt{3N}\right)^n}{k} \quad (2.65)$$

Onde *N* é o fator de reuso de frequência mínima do sistema celular considerado.

exemplo de aplicação

Um sistema celular requer uma relação C/I mínima de 18 dB. Qual é o fator de reuso de frequências mínimo neste caso? Vamos supor que o expoente de perda de percurso é $n=4$ e que as células são hexagonais, portanto, $k=6$.

Pela expressão (2.65) temos que:

$$N \geq \frac{1}{3}\left[k\left(\frac{C}{I}\right)_{min}\right]^{2/n}, \text{ ou então que } N \geq \frac{1}{3}(6.10^{18/10})^{1/2} = 6{,}485$$

Considerando que os valores de N dados pela expressão (8.2) só podem ser 3, 4, 7, 9, etc., então, neste caso, $N=7$.

2.5.2 capacidade máxima de um canal de RF

Em 1948, Shannon estabeleceu pela primeira vez uma relação entre a capacidade máxima de sinalização em um canal em função da largura de banda B [Hz] do canal e da razão S/N (ROCHOL, 2012), que é conhecida como a relação de Shannon/Hartley da máxima capacidade de sinalização em um canal.

$$C = B\log_2\left(1+\frac{S}{N}\right) \quad [bit/s] \qquad (2.66)$$

Podemos reescrever essa relação, levando em conta as características de um canal de RF em sistemas sem fio. Vamos supor que estamos diante de um sistema ponto a ponto com uma única antena (portanto, não MIMO). Além disso, vamos supor que a potência média do sinal que chega à antena do receptor é dada por P_r [W], e que a densidade espectral de potência do ruído é dada por $\boldsymbol{N_0}$ [W/Hz]. Portanto, a potência do ruído de um canal com uma largura de banda B é dada por $N=B.N_0$ [W]. Assim, obtemos uma relação entre a potência do sinal e o ruído de um canal de RF como:

$$\frac{S}{N} = \frac{P_r}{B.N_0} \qquad (2.67)$$

Substituindo a parcela à direita da equação (2.67) em (2.66), temos:

$$C = B\log_2\left(1+\frac{P}{B.N_0}\right) \quad [bit/s] \qquad (2.68)$$

Essa expressão fornece a capacidade máxima de um canal de RF, afetado unicamente pelo ruído térmico, por isso também chamado canal AWGN (*Additive White Gaussian Noise*). O canal AWGN é o modelo de canal mais utilizado quando se trata de avaliações simples de um canal sem fio.

eficiência espectral de um canal. A expressão da máxima capacidade de um canal também pode servir de base para obter a máxima eficiência espectral η [bits/s/Hz] de um canal em função de E_b/N_0. A partir da expressão (2.68) vamos ver que a eficiência espectral máxima η_{max} [bit/s/Hz] é dada por:

$$\eta_{max} = \frac{C}{B} = \log_2\left(1+\frac{S}{N}\right)$$ e, relacionando C com a taxa R, vemos que:

$$\eta = \frac{R}{B} = \log_2\left(1+\frac{S}{N}\right) [bit/s/Hz] \therefore \frac{S}{N} = 2^\eta - 1 \qquad (2.69)$$

Pela expressão (2.62), sabemos que $\frac{S}{N} = \left(\frac{E_b}{N_0}\right)\frac{R}{B} \therefore \frac{E_b}{N_0} = \left(\frac{B}{R}\right)\frac{S}{N}$. Substituindo as expressões de S/N e R/B, dadas em (2.69), obtemos:

$$\frac{E_b}{N_0} = \frac{1}{\eta}(2^\eta - 1) \qquad (2.70)$$

Essa expressão relaciona a possível eficiência espectral de um canal em função da razão E_b/N_0 desse canal.

exemplo de aplicação

Queremos determinar a menor razão E_b/N_0 necessária para obter uma eficiência espectral $\eta=4$ bit/s/Hz. Vamos resolver isso da seguinte maneira:

$$\frac{E_b}{N_0} = \frac{1}{4}\left(2^4 - 1\right) = 3{,}75 \text{ ou então } \left(\frac{E_b}{N_0}\right)_{dB} = 10\log 3{,}75 = 5{,}74 dB$$

2.5.3 erro e probabilidade de erro em um canal de RF

Para mostrar como surgem os erros na transmissão de dados por um canal de RF com ruído, vamos considerar como exemplo uma modulação ASK (*Amplitude Shift Keying*). No receptor, na saída do detector de amplitude, há um sinal *s(t)* do tipo NRZ polar, mais o ruído *n(t)* adicionado pelo canal RF (veja a Figura 2.24). Vamos supor que a distribuição da amplitude do ruído é do tipo gaussiano ou AWGN. Neste caso, a amplitude do sinal *s(t)* também obedecerá a uma distribuição normal caracterizada como *N(A, σ^2)*, em que A é o valor médio do sinal, σ^2 é a variância da distribuição normal e σ é o desvio-padrão.

O sinal NRZ polar apresenta duas amplitudes discretas: A para o bit *um* e –A para o bit *zero*. Devido ao ruído, ambas as amplitudes seguem uma distribuição do tipo normal ou gaussiano em relação ao valor médio A e –A, como mostrado na Figura 2.24. No processo de detecção desse sinal, a probabilidade de ocorrência de erro será dada por:

$$p_e = p(1|0)p(0) + p(0|1)p(1) \qquad (2.71)$$

Onde $p(1|0)$ e $p(0|1)$ são as probabilidades condicionais, ou seja, dado que o nível do sinal está em 1, é a probabilidade que seja detectado 0, e vice-versa. Além disso, supomos que $p(1) = p(0) = 0{,}5$, bem como $p(1|0) = p(0|1)$. Nessas condições, isso resulta em:

$$p_e = p(1|0) = p(0|1) \qquad (2.72)$$

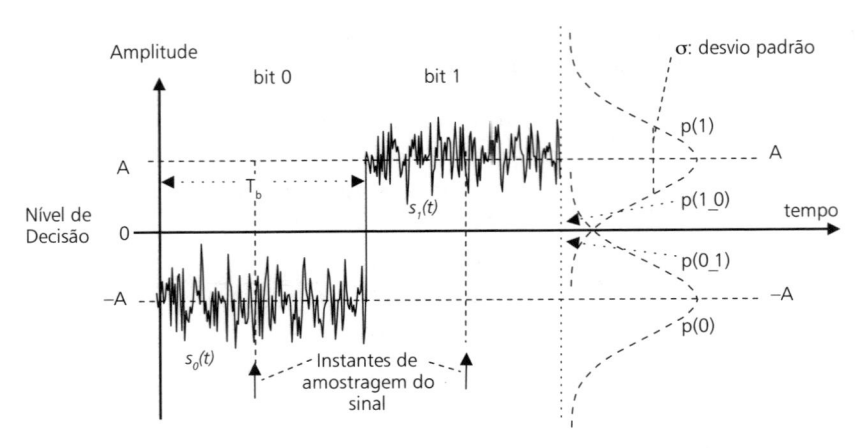

figura 2.24 Mecanismo de detecção de um sinal NRZ polar com ruído e probabilidade de ocorrência de erro devido ao ruído gaussiano.

Lembrando que a função densidade de probabilidade gaussiana de uma variável probabilística x cujo valor médio é A é dada por $p(x) = \dfrac{1}{\sigma\sqrt{2\pi}} e^{-(x-A)^2/2\sigma^2}$ (LANGTON, c2002). Podemos escrever que

$$p_e = \frac{1}{\sigma\sqrt{2\pi}} \int_0^\infty e^{-(x-A)^2/2\sigma^2} dx \qquad (2.73)$$

Lembrando que a função erro complementar $erfc(x)$ é dada por

$$erfc(x) = \frac{2}{\sqrt{\pi}} \int_x^\infty e^{-t^2} dt \qquad (2.74)$$

Fazendo uma mudança de variável $t = x/\sqrt{2}\sigma$ e substituindo em (2.73) e simplificando, obtemos

$$p_e = \frac{1}{2} erfc\left(\frac{A}{\sqrt{2}\sigma}\right) \qquad (2.75)$$

Essa expressão permite calcular a probabilidade de erro em um canal AWGN em função da amplitude média do sinal A e do desvio-padrão σ da amplitude.

2.5.4 avaliação de desempenho de um canal de RF

Em sistemas de comunicação de dados sem fio, a probabilidade de erro do canal é uma função da razão E_b/N_o, em que E_b é a energia por bit e N_o é a densidade espectral da potência do ruído por Hz de banda.

Para mostrar a importância desta razão na avaliação do desempenho de um sistema sem fio, vamos considerar como exemplo um sistema que usa uma modulação binária de amplitude da portadora, também chamada ASK (*Amplitude Shift Keying*). No receptor desse sistema, na saída do detetor de amplitude, vamos encontrar um sinal do tipo NRZ polar, ao qual está adicionado o ruído $n(t)$ do canal, e que pode ser representado por

$s_1(t) = A + n(t)$, para o bit *um* e

$s_0(t) = -A + n(t)$, para o bit *zero*

O valor médio dessas duas funções em um intervalo de tempo de bit T_b é A e $-A$, tendo em vista que o valor médio do ruído é nulo. Desta maneira, temos que a energia média por bit (E_b) deste sinal será dada pela expressão: $E_b = A^2 T_b$ e, portanto, $E_{b1} = E_{b0} = E_b$.

Como $E_b = A^2 T_b$, podemos expressar A em função de E_b, ou seja,

$$A = \sqrt{\frac{E_b}{T_b}} \qquad (2.76)$$

Por definição, N_0 é a função densidade espectral de potência do ruído por Hz de banda. Como no nosso caso a banda é bilateral (complexa), a potência do ruído por Hz será dada por $N_0/2$ em unidades de watts/Hz. Assim, a variância σ^2 da energia do ruído durante um intervalo de tempo T_b será:

$$\sigma^2 = \frac{N_0}{2T_b}, \text{ ou} : \sigma = \sqrt{\frac{N_0}{2T_b}} \qquad (2.77)$$

Substituindo os valores de A e σ obtidos em (2.76) e (2.77) em (2.75) resulta em

$$p_e = \frac{1}{2} erfc\left(\sqrt{\frac{E_b}{N_0}}\right) \qquad (2.78)$$

Essa expressão permite calcular a probabilidade de erro de bit unicamente em função da relação E_b/N_0 aplicada à função erro complementar (*erfc*) definida em (2.74).

Podemos obter expressões semelhantes para a probabilidade de erro de outros sistemas de modulação e, assim, estabelecer critérios de desempenho entre eles.

Veja na Figura 2.25 algumas curvas de desempenho relacionando a probabilidade de erro p_e com a razão E_b/N_0 de alguns sistemas de modulação básicos utilizados em comunicação de dados sem fio (COUCH, 2001).

exemplo de aplicação

Pelas curvas de desempenho da Figura 2.25, observamos que a modulação BPSK (*Binary Phase Shift Keying*), por exemplo, apresenta um desempenho da ordem de 3 dB melhor quando comparado à modulação BASK (*Binary Amplitude Shift Keying*) ou BFSK (*Binary Frequency Shift Keying*), para uma mesma probabilidade de erro. Observamos também que para uma dada razão E_b/N_0, a modulação BPSK apresenta

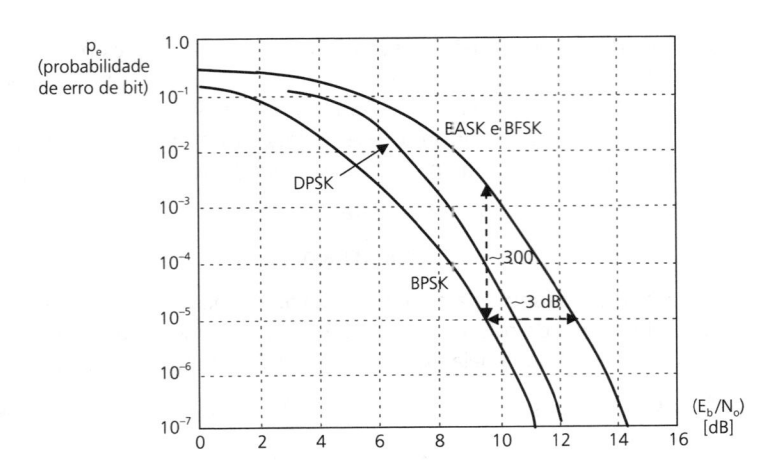

figura 2.25 Curvas de desempenho de alguns sistemas de modulação básicos, como BASK, BFSK e BPSK.
Fonte: Elaborada com base em Couch (2001).

uma probabilidade de erro 300 vezes menor em comparação à modulação BASK ou BFSK.

2.6 técnicas de modulação

Modulação é o processo de associação de informação a uma portadora. Em comunicação de dados utiliza se como portadora uma tensão senoidal. Um sinal de tensão $e(t)$ do tipo senoidal pode-se propagar facilmente através de diversos meios: um par de fios, um cabo coaxial ou até sem fio, como onda eletromagnética num canal de radiofrequência (RF). O processo de modulação pode ser caracterizado como a aplicação de um sinal de informação, ou modulante, sobre uma portadora. O sinal modulante pode ser tanto um sinal analógico (por exemplo, um sinal de áudio) como um sinal digital que representa um fluxo de bits de informação. Neste caso, estamos diante de uma modulação discreta ou digital, que é a modulação que abordaremos resumidamente aqui. Aos interessados em um maior detalhamento sobre o assunto recomendamos o capítulo 6 – Técnicas de modulação, em (ROCHOL, 2012).

Um sinal de portadora em comunicação de dados pode ser qualquer tensão do tipo senoidal. A expressão geral de uma função de tensão $e(t)$ do tipo senoidal pode ser dada pela expressão:

$$e(t) = V_p sen(\omega t + \theta) \qquad (2.79)$$

Podemos representar esta função senoidal segundo um gráfico *e(t)* x *t*, como mostra a figura 2.26. Os principais parâmetros desta função senoidal de tensão *e(t)*, suas unidades de medida, assim como algumas relações simples entre estes parâmetros são listados a seguir:

ω: velocidade angular ($\omega = 2\pi f$), medido em radianos por segundo;

θ: *ângulo* de fase inicial expresso em graus;

T: período (*T* = 1/*f*), em segundos [s];

f: frequência (*f* = 1/*T*), medido em herz [Hz];

V_p: tensão de pico em volts [V];

V_{pp}: tensão pico a pico ($V_{pp} = 2\,V_p$), em volts [V];

V_{rms}: valor médio quadrático ou valor eficaz ($V_{rms} = V_p/1{,}414$), em volts [V].

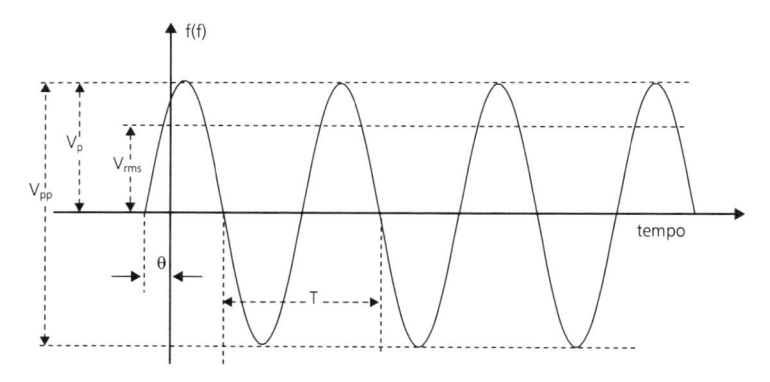

figura 2.26 Sinal elétrico e(t) senoidal ou tipo portadora.

Num processo de modulação discreta, a informação é representada por pulsos elétricos discretos que representaremos por *I(t)*. O processo de modulação consiste em associar a informação *I(t)* a um dos três parâmetros que caracterizam uma portadora senoidal; amplitude, frequência e fase (CARISSIMI; ROCHOL; GRANVILLE, 2009).

Assim, quando associamos *I(t)* à V_p, falamos em modulação de amplitude, ou ASK (*Amplitude Shift Keying*), quando associamos *I(t)* a ω, estamos diante de uma modulação de frequência, FSK (*Frequency Shift Keying*) e quando associamos *I(t)* à fase θ, temos uma modulação de fase, PSK (*Phase Shift Keying*). A figura 2.27 ilustra os diferentes processos.

Supondo que a taxa de geração de bits é *R* [bit/s] e que a taxa de geração de símbolos é R_s [baud], numa associação de um bit/símbolo teríamos que:

$$R = R_s$$

Processo de modulação discreta
Consiste na substituição dos parâmetros V_p, ω, ou θ de uma portadora pela função discreta do fluxo de bits de Informação I(t)

$$e(t)\ V_p\text{sen}(\omega t + \theta)$$

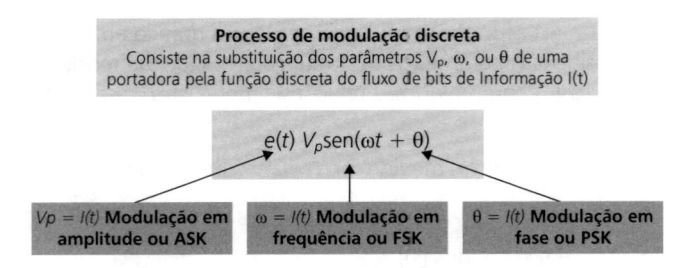

| $Vp = I(t)$ **Modulação em amplitude ou ASK** | $\omega = I(t)$ **Modulação em frequência ou FSK** | $\theta = I(t)$ **Modulação em fase ou PSK** |

figura 2.27 Função senoidal de tensão e os três parâmetros factíveis de serem modulados.

Em vez de associarmos um bit a cada símbolo elétrico discreto da portadora podemos associar mais de um bit a cada símbolo. Se associarmos m bits, com $m=1,2,3,...,n$, a cada símbolo de um conjunto de N símbolos, então teremos que:

$$R = R_s m$$

Lembramos que neste caso, m deve obedecer à relação $m = \log_2 N$ - confira expressão (1.4). Podemos escrever então que:

$$R = R_s \log_2 2^m \tag{2.80}$$

A associação de mais de um bit a um símbolo de modulação permite, portanto aumentar a taxa de transmissão de informação em determinadas condições de relação sinal ruido.

Um sinal de portadora genérico $s(t)$, com freqüência angular $\omega_c = 2\pi f_c$, pode ser representado também por um sinal senoidal num espaço de sinais $Q \times I$ (*Quadrature* e *In-phase*). Para isso vamos partir da expressão (2.79), que é conhecida como a forma polar de uma portadora. Para descrever esta mesma portadora segundo duas componentes em quadratura ($Q \times I$) vamos aplicar a expressão do cosseno da soma de dois ângulos[14] na expressão (2.79), e assim obtém-se:

$s(t) = A.(cos\omega_c t.cos\theta - sen\omega_c t.sen\theta)$ e

$s(t) = A.cos\theta.cos\omega_c t - A.sen\theta.sen\omega_c t$

Nesta última expressão reconhecemos que $A.cos\theta$ e $A.sen\theta$ são os coeficientes da projeção do nosso vetor de sinal sobre os eixos I e Q, respectivamente. Podemos então definir $A_x = A.cos\theta$ e $A_y = A.sen\theta$, que substituídos na expressão anterior resultam:

$$s(t) = \underbrace{A_x \cos\omega_c t}_{I} - \underbrace{A_y sen\omega_c t}_{Q} \tag{2.81}$$

---

[14] Lembrando que: $cos(A+B) = cosAcosB - senAsenB$

Portanto, um sinal de portadora pode ser representado no espaço de sinais senoidais (I x Q) como a soma de duas componentes ortogonais: uma em fase (I) com a portadora e a outra em quadratura (Q) com a portadora. Esta forma de representação é chamada de representação em quadratura de uma portadora. Em análises de sistemas de modulação é esta a forma usual de representação de uma portadora.

2.6.1 modulação QAM

QAM é uma modulação em quadratura em que cada símbolo de modulação é definido a partir de uma determinada amplitude A_j e uma determinada fase θ_i da portadora. O símbolo de modulação QAM, portanto, pode ser representado por $s_n(\theta_i, A_j)$.

A modulação QAM pode ser considerada o sucedâneo melhorado da modulação PSK. Esta melhora é conseguida essencialmente por uma distribuição geométrica mais adequada dos pontos de modulação em torno dos eixos de quadratura Q e I, o que implica em definir símbolos de modulação caracterizados por uma determinada fase θ_i e uma determinada amplitude A_j da portadora.

Na figura 2.28 vemos um diagrama em blocos de um modulador QAM genérico e na figura 2.29, algumas constelações de modulação do tipo N-QAM, em que N representa o número total de símbolos do sistema. Lembramos que, conforme (ROCHOL, 2012), N está relacionado com o número m de bits associados a cada símbolo através da relação $N = \log_2 m$.

2.6.2 técnicas de espalhamento espectral

As técnicas de espalhamento espectral já eram conhecidas no final da Segunda Guerra Mundial. Durante a guerra foram utilizadas com o objetivo de transmitir sinais de rádio impossíveis de sofrer interferência proposital (*jamming*) ou de serem compreendidos pelo inimigo. A partir da década de 80 seu uso foi ampliado para aplicações civis, principalmente em sistemas de rádio multiusuários (sistemas celulares, redes sem

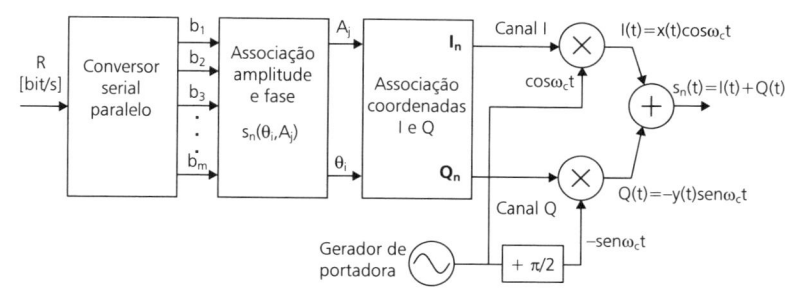

figura 2.28 Diagrama em blocos de um modulador N-QAM genérico.

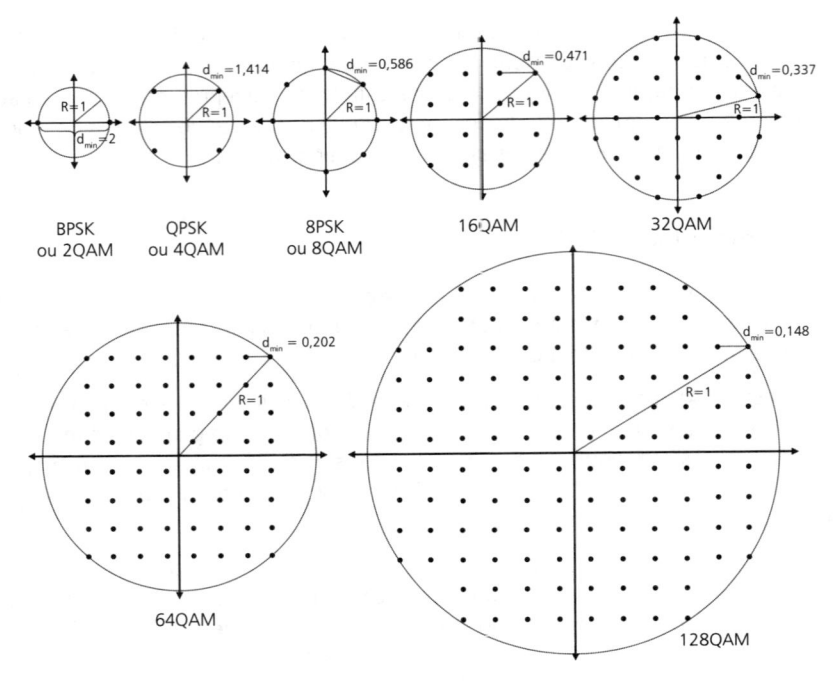

figura 2.29 Algumas constelações de modulações N-QAM.

fio), em que diversos usuários transmitem, simultaneamente, numa mesma banda de frequência, de forma que a interferência entre eles fosse mínima.

As técnicas de espalhamento espectral, ou *spread spectrum* (SS), fazem parte de diversos sistemas de transmissão sem fio. Basicamente consistem em espalhar as componentes espectrais do sinal de informação em uma banda bem maior que a banda associada a ele. A figura 2.30 ilustra o conceito básico por trás do espalhamento espectral.

Entre as principais vantagens do espalhamento espectral em sistemas de transmissão para múltiplos usuários destacamos:

- *Antijamming*, ou seja, é imune a interferências, intencionais ou não.
- Robustez contra ruído e interferências. Pode operar com SNR muito baixo.
- Segurança e privacidade. Difícil de ser interceptado, mesmo não utilizando esquemas de encriptação da informação.
- Robusto ao desvanecimento (*fading*), isto é, tolerante à soma destrutiva na antena devido a múltiplos caminhos provocados principalmente por reflexões múltiplas do sinal em obstáculos geográficos.
- Sigilo. Pode operar com sinais de baixa potência, muitas vezes se misturando com o próprio ruído na banda de espalhamento.

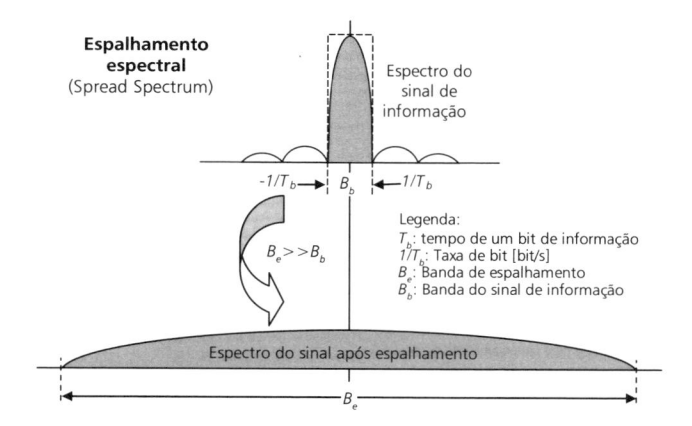

figura 2.30 Espectro do sinal de informação e espectro do sinal após o espalhamento espectral.

- Permite que múltiplos usuários compartilhem simultaneamente da mesma banda.
- Permite esquemas de reúso de frequência. Pode ser utilizado, portanto, em sistemas celulares.

As diferentes técnicas de espalhamento espectral podem ser agrupadas em três classes:

- DSSS (*Direct Sequence Spread Spectrum*), espalhamento por sequência direta.
- FHSS (*Frequency Hopping Spread Spectrum*), saltos aleatórios de frequência.
- THSS (*Time Hopping Spread Spectrum*), saltos aleatórios no tempo.

As três classes têm em comum o acesso múltiplo e a utilização de algum tipo de sequência pseudoaleatória, também chamada de sequência PN (*Pseudo Noise*), para efetuar o espalhamento espectral.

No DSSS é realizada uma modulação digital, do sinal de informação (banda estreita) com uma portadora digital PN de alta frequência (banda larga), o que resulta num sinal com um espectro bem maior. Neste caso, a portadora digital corresponde à sequência pseudoaleatória. A técnica encontra aplicação principalmente em WLANs IEEE 802.11 e sistemas celulares de terceira geração (3G).

No FHSS o usuário transmite sua informação em pequenos intervalos de tempo, ocupando pequenos subcanais definidos na banda de espalhamento, seguindo uma sequência pseudoaleatória predefinida de ocupação. A aplicação dessa técnica se dá principalmente em WPANs do padrão IEEE 802.15.1

No THSS, de forma semelhante, o usuário transmite sua informação seguindo uma sequência pseudoaleatória de intervalos de tempo predefinidos, durante o qual ocupará o canal. Além destas três classes fundamentais, cada classe apresenta diversas variantes. Maiores detalhes sobre SS podem ser encontrados em Rochol (2012).

2.6.3 transmissão CDMA

Esta técnica de transmissão surgiu na área de sistemas celulares em 1992, a partir de uma patente da Qualcom Inc. dos EEUU. A tecnologia conhecida como CDMA (*Code Division Multiple Access*) era uma alternativa à tecnologia TDMA (*Time Division Multiple Access*), dominante nos sistemas celulares de segunda geração (PRASAD; OJANPERA, 1998).

A técnica de transmissão CDMA pode ser considerada um caso especial de DSSS em que múltiplos usuários transmitem simultaneamente em um mesmo canal de banda larga. Isto é possível porque cada usuário utiliza uma sequência direta de espalhamento (ou código) que é ortogonal em relação aos códigos dos demais usuários. Desta forma, cada usuário modula sua informação segundo uma sequência própria, dentro do mesmo canal de banda larga.

O CDMA oferecia grande robustez em relação à mobilidade, além de alta eficiência espectral, muito acima dos sistemas celulares tradicionais da época. A tecnologia, hoje em dia está incorporada, tanto no padrão de sistemas celular 3G (terceira geração) americano, conhecido como CDMA2000, como no padrão 3G europeu, conhecido como WCDMA (*Wide band CDMA*).

Na figura 2.31 vemos um diagrama simplificado do transmissor e do receptor de um sistema CDMA. Chamamos a atenção à dupla modulação no transmissor; primeiro uma modulação digital (espalhamento espectral) segundo um código PN, seguido de uma modulação de portadora convencional. No receptor CDMA o bloco chave é o

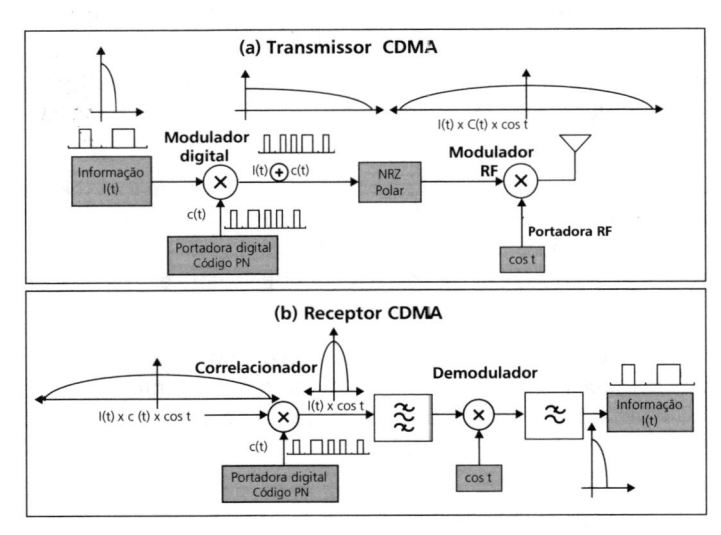

figura 2.31 Sistema de Comunicação de Dados tipo CDMA: (a) blocos funcionais do transmissor e (b) blocos funcionais do receptor.

correlacionador onde é feita a correlação entre o sinal da entrada e a sequência direta do código PN local. O sinal resultante passa por um filtro passa-banda e a seguir é demodulado para obter a informação.

2.7 transmissão OFDM

Em 1999 foi lançado na área de redes locais sem fio (WLANS) o padrão IEEE 802.11a, sugerindo uma nova tecnologia de transmissão e modulação conhecida como OFDM (*Ortogonal Frequency Division Multiplex*), de grande impacto no desenvolvimento de redes sem fio móveis.

O OFDM, como diz o próprio nome, é um sistema FDM (*Frequency Division Multiplex*) em que as múltiplas portadoras f_n mantêm entre si uma propriedade de ortogonalidade, ou seja, as interferências mútuas se cancelam (ROCHOL, 2012).

Desta forma consegue-se uma multiplexação FDM de múltiplas subportadoras no domínio frequência, altamente eficiente, e que além disso podem ser partilhadas dinamicamente entre múltiplos usuários.

(a) Espectro de uma Subportadora modulada   (b) Conjunto de *n* Subportadoras OFDM moduladas

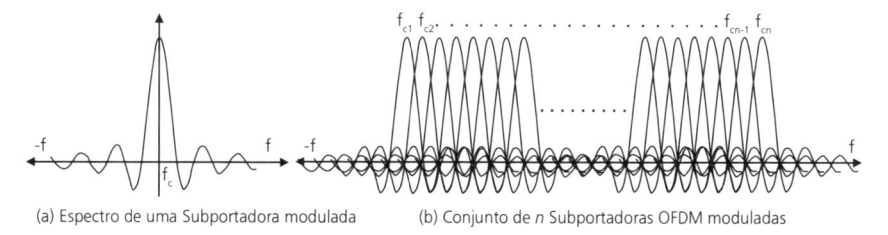

figura 2.32   Conjunto de *n* suportadoras ortogonais moduladas em QAM.

Supondo que tenhamos um conjunto de *n* subportadoras ortogonais e que cada subportadora seja modulada por um fluxo de informação NRZ, então o sistema OFDM se apresenta no domínio frequência como é mostrado na figura 2.32. As interferências entre os espectros das subportadoras, que parecem intoleráveis na figura, na realidade se cancelam mutuamente, maximizando desta forma a transmissão em cada subportadora (TSE; VISWANATH, 2005).

Na figura 2.33 temos um diagrama em blocos, tanto do transmissor como do receptor de um sistema OFDM. Os destaques no transmissor e no receptor OFDM são respectivamente os blocos IFFT (*Inverse Fast Fourier*) e o FFT (*Fast Fourier Transform*), cujas bases teóricas podem ser conferidas em (ROCHOL, 2012). A seguir uma breve descrição dos principais blocos funcionais que compõem o sistema transmissor.

a conversão série paralelo

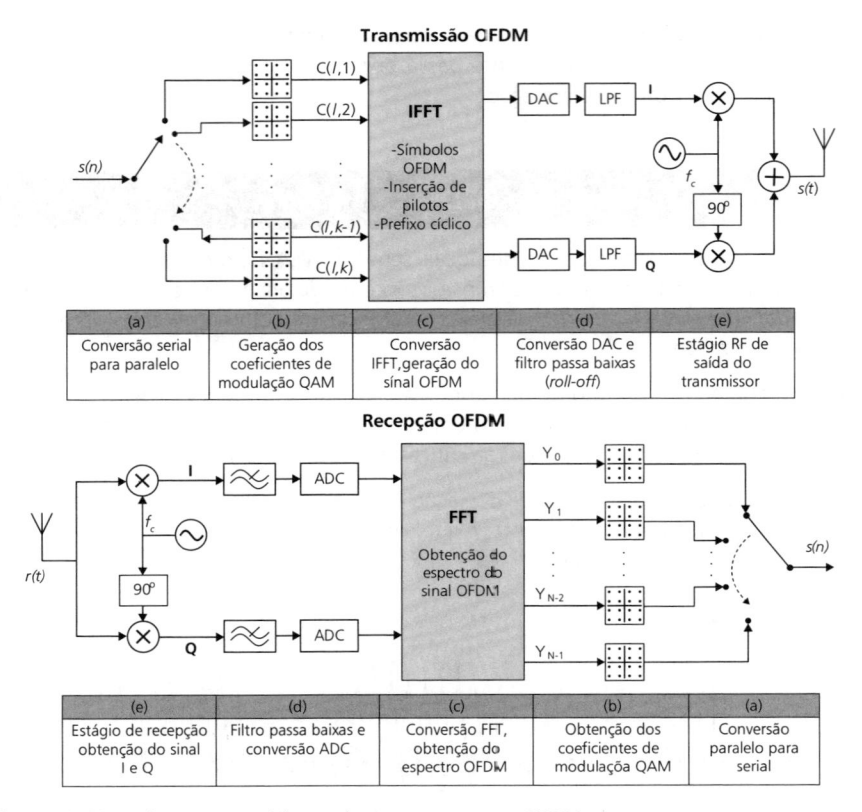

figura 2.33 Diagrama em blocos de um transceptor OFDM.

O fluxo de bits de entrada é segmentado em conjuntos de m bits dependendo do tipo de modulação QAM a ser adotada nas K subportadoras menos os p pilotos definidos pelo sistema. Podemos estabelecer as seguintes relações:

$R=R_s(K-p)$, onde R_s é a taxa em bit/s de cada subportadora de dados.

b geração dos coeficientes de modulação QAM

O conjunto de m bits em cada subportadora de dados é mapeado para um ponto da constelação de modulação, gerando um coeficiente $c(k,l)$ que representa os dados de transmissão sob forma de um número de símbolo complexo l, na portadora de número k.

Capítulo 2 ⋯→ O Canal de Radiofrequência   **107**

c conversão IFFT

O conversor de IFFT pega os coeficientes de frequência e os multiplica pela frequência correspondente, somando em seguida estes produtos e obtendo um sinal OFDM no domínio tempo, formado por uma sucessão de símbolos OFDM. O sinal é processado fazendo-se a inserção do prefixo cíclico no início de cada símbolo OFDM, além da inserção dos *p* pilotos definidos pelo sistema.

d conversão DAC e conformação LPF (low pass filter)

Neste bloco é feita uma conversão de digital para um sinal analógico que a seguir é filtrado visando a eliminação de componentes de alta frequência desnecessárias.

e Estágio de saída do transmissor

Os dois sinais, *I* (*In Phase*) e *Q* (*Quadrature*) são modulados respectivamente pela portadora f_c em fase e quadratura, a seguir somados, obtendo-se o sinal *s(t)* que é irradiado pela antena.

Deixamos como exercício para o leitor o processamento inverso realizado pelos blocos do receptor, até a obtenção do fluxo de bits recebidos.

2.8 ⋯→ codificador de canal

O codificador de canal é um bloco funcional que precede o bloco de modulação em sistemas de comunicação de dados sem fio (SCDSF). Na figura 2.34, vemos como o bloco codificador de canal se insere no SCDSF. A principal função do bloco codificador de canal é garantir a integridade dos dados que chegam à saída do receptor. Os dois blocos atuam de forma conjunta e ambos pressupõem o conhecimento dinâmico das condições do canal. Estamos, portanto, diante de um sistema realimentado, muitas vezes também chamado de sistema adaptativo. Isto significa que, tanto o bloco de modulação como o de codificação de canal, tem conhecimento das condições do canal relativo a interferências, ruído e potência do sinal de entrada e, em função disto, utiliza técnicas de modulação e codificação mais adequadas para as condições do canal.

Em sistemas fixos, normalmente as variações das características do canal são lentas. Em sistemas móveis (os mais utilizados hoje), porém, a dinâmica de variação das características do canal é muito rápida, exigindo adaptações contínuas por parte dos blocos de codificação e modulação do sistema.

Como exemplos de sistemas móveis podemos citar os sistemas celulares 3G, os sistemas LTE (*Long Term Evolution*), os sistemas móveis WiMax (IEEE 802.16m) além dos próximos sistemas 4G. Os sistemas 4G preconizam taxas da ordem de dezenas de Mbit/s e velocidades de deslocamento da ordem de 350 km/h (velocidade de trem).

A banda passante típica do canal destes sistemas é da ordem de 10 Mhz (3G), podendo chegar a 100 MHz (LTE e 4G). A faixa de frequência de operação destes sistemas se

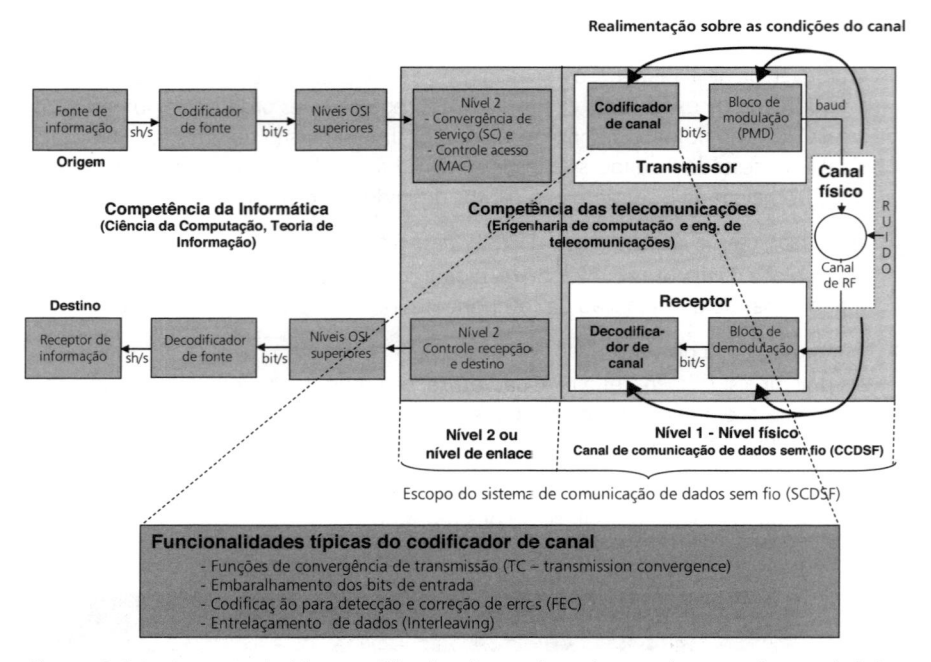

figura 2.34 Inserção do bloco codificador de canal no sistema de comunicação de informação de Shannon.

situa entre 1 a 5 GHz. As condições de propagação dos sinais nestas frequências estão sujeitas aos mais diversos fenômenos como reflexão, difração, desvanecimento, efeito Doppler, caminhos múltiplos, interferência e ruído.

Não é de estranhar, portanto que o bloco codificador de canal de um sistema de comunicação de dados moderno seja o bloco que apresenta realizações com códigos cada vez mais sofisticados, visando recuperação automática de erros e dotar o sistema de uma maior diversidade em todas as suas dimensões e assim garantir uma maior robustez aos dados, tendo em vista as perturbações do canal.

A robustez de um sistema de comunicação de dados pode ser avaliada em função das diferentes diversidades que o sistema apresenta em relação às suas dimensões como: tempo, frequência e espaço. Diversidade pode ser caracterizada como a alternativa de que dispõe o sistema de comunicação de dados de, ao sentir perturbações numa determinada dimensão (tempo, frequência ou espaço), alterar estas dimensões para regiões com menos perturbações. As diversidades de frequência e espaço normalmente são conseguidas no bloco modulador, enquanto a diversidade temporal é conseguida no bloco codificador de canal.

A diversidade de tempo pode ser conseguida com códigos de entrelaçamento no tempo (*interleaving*), tornando o canal mais robusto em relação a rajadas de ruído impulsivo.

A diversidade de frequência, já mencionada, está essencialmente associada aos sistemas de espalhamento espectral como o CDMA e OFDM. Ao espalhar o espectro dos bits em uma banda muito larga, qualquer perturbação localizada no espectro de frequência, afetará bem menos o fluxo de bits.

Já as perturbações e interferências que vêm do espaço podem ser amenizadas pelos sistemas IAAs (*Intelligent Antenna Arrays*), ou seja, arranjos de antena inteligentes que conseguem pelo direcionamento da antena, minimizar perturbações e interferências indesejáveis na captação do sinal.

A percepção rápida das mudanças do canal físico e as medidas visando a minimizar os efeitos negativos sobre a comunicação são exploradas intensivamente com técnicas adaptativas em relação às funções de codificação e modulação do canal. Os rádios que exploram melhorias em termos de desempenho segundo este enfoque são conhecidos também como rádios cognitivos. Rádios cognitivos utilizam inteligência artificial associado às técnicas de diversidade temporal, frequência e espaço para obter a máxima eficiência na utilização do canal.

O sistema de comunicação de dados, na visão do modelo de referência OSI, pode ser representado conforme a figura 2.34 (ROCHOL, 2012). Entre as principais funções do codificador de canal do nível físico de um moderno sistema de comunicação de dados pode-se destacar as seguintes:

a funções de convergência de transmissão

Corresponde às funções de adaptação das estruturas de dados do nível de enlace, (nível dois do RM-OSI), para as estruturas de dados utilizados na transmissão e recepção do nível físico.

b embaralhamento (*scrambling*) do fluxo de bits

Tem como objetivo principal a obtenção da equiprobabilidade dos símbolos binários *1* e *0*, antes de serem enviados ao bloco de transmissão. Esta condição, como é mostrada em (ROCHOL, 2012), é necessária para obtenção de um canal binário simétrico (CBS) e a obtenção de um espectro homogêneo do sinal, sem picos muito acentuados, que são causa de interferência.

c controle de erros

Os modernos sistemas de comunicação de dados utilizam como técnica de controle de erros a estratégia de *Forward Error Correction* (FEC). Nesta técnica é adicionada através de um código FEC, uma redundância à informação que desta forma permite detectar e corrigir erros na recepção dos dados.

d entrelaçamento de bits ou *interleaving*.
Técnica que procura evitar a concentração de erros em intervalos de tempo curtos, que de outra forma prejudicariam o desempenho da técnica FEC. Consegue-se isto com algoritmos de distribuição temporal dos bits de informação segundo um esquema previamente acertado entre fonte e destino. Desta forma regiões de concentração de erros ou rajadas de erro serão espalhados ao longo do fluxo tornando mais efetivo o código FEC.

Aos interessados em aprofundar mais o estudo de cada um destes blocos sugerimos, entre outras fontes, a leitura do capítulo 7, Codificação de Canal, em *Comunicação de Dados* (ROCHOL, 2012).

2.9 exercícios

exercício 2.1 A potência de um radiador isotrópico é de 7 W. Calcule o fluxo de potência que é recebido em uma área de 1 cm² a uma distância de 1,5 km.

exercício 2.2 Calcule a perda de caminho (PL) e a potência recebida em um enlace de 2,5 km, supondo um radiador isotrópico que irradia 16 W em um comprimento de onda de 1m.

exercício 2.3 Calcule a área efetiva e o ganho de uma antena parabólica refletiva com 2m de diâmetro operando em 12 GHz. A eficiência de antenas parabólicas é tipicamente $\eta=0,56$.

exercício 2.4 Um transmissor fornece uma potência $P_t = 50W$.

a Expresse a potência transmitida P_t em unidades dBm e dB.
b Se a potência de 50 W é aplicada a uma antena com ganho unitário e frequência de portadora de 900 MHz, obtenha a potência recebida P_r em unidades de dBm a uma distância livre de 100 m e 10 km. Suporha que o ganho da antena de recepção é igual a um.

exercício 2.5 A partir da definição física da potência recebida, dada pela expressão (2.26), interprete fisicamente o que vem a ser a impedância característica do espaço livre η_0.

exercício 2.6 Considere um sistema de comunicação de dados sem fio, ponto a ponto, com os seguintes dados: altura da antena de transmissão: $h_t = 30$ m; altura da antena de recepção: $h_r = 2$ m; e ganhos das antenas: $G_t = G_r = 100$. Qual é o alcance máximo desse sistema, supondo que o transmissor irradia uma potência $P_t = 10$ W e a potência de recepção mínima é $P_r = 0,45 \cdot 10^{-6}$ W?

exercício 2.7 A diferença de fase entre um sinal direto e um sinal refletido é de 87°. A frequência do sinal é de 48 MHz. Qual é a diferença de trajetória entre os dois sinais?

exercício 2.8 Calcule o raio da primeira zona de Fresnel de um sistema em que a distância total entre as antenas é de 10 km, sendo que $d_1 = 6$ km e $d_2 = 4$ km, e a frequência da portadora é de 120 Mhz.

a Interprete o sentido físico de r_n especificamente para n=1.
b Qual é a relação entre a altura das antenas e a frequência de operação com relação à primeira zona de Fresnel?

exercício 2.9 Explique em que situação geométrica um sistema apresenta um parâmetro de Fresnel v negativo. Supondo que h seja a altura acima do obstáculo até a linha de visada direta, qual é a relação entre r_n e h?

exercício 2.10 Calcule qual é o limite de frequência que corresponde a uma altura negativa $h=50$ m de um obstáculo em relação à linha de visada direta, e considerando que a primeira zona de Fresnel equivale a $h=r$. Suponha que a distância entre as antenas é de 10 km e o obstáculo é equidistante das duas antenas.

exercício 2.11 Calcule a perda de caminho em um ambiente rural (PL_{rural}), segundo o modelo Okumura-Hata, para um sistema com as seguintes especificações:

Frequência da portadora f_c: 900 MHz
Altura h_b da antena da BS: 40 m
Altura h_m da antena da EM: 3 m
Distância d: 9 km (macrocélula)

exercício 2.12 Calcule a perda de caminho em um ambiente urbano (PL_{urbano}), segundo o modelo COST-231 Hata, para um sistema com as mesmas especificações do exercício anterior:

Frequência da portadora f_c: 900 MHz
Altura h_b da antena da BS: 40 m
Altura h_m da antena da EM: 3 m
Distância d: 9 km (macrocélula)

Compare o resultado encontrado com o resultado do exercício anterior. Em sua opinião, qual é o resultado mais confiável? Por quê?

exercício 2.13 (Cost 231 W. I.) Calcule as perdas de caminho segundo o modelo de propagação de COST-231 Walfisch Ikegami em um centro urbano e nas seguintes condições:

Frequência da portadora: $f_c = 1500$ MHz
Altura da antena da BS: $h_b = 40$ m
Altura da antena da MS: $h_m = 3$ m
Distância BS a MS: $d=9$ km

Largura das ruas $w=45$m
Separação dos prédios $b=5$m
Altura dos prédios: $h_{roof}=35$ m
Angulo de orientação ruas $\varphi=90°$

exercício 2.14 (Erceg)

Um sistema celular opera em um terreno montanhoso com média densidade de árvores e com as seguintes especificações:

Frequência da portadora f_c: 1.900 MHz
Altura h_b da antena da BS: 40 m
Altura h_m da antena da EM: 2 m
Distância d: 9 km (macrocélula) e $d_0 = 0{,}1$ km

A perda de trajetória segundo o modelo de Erceg é dada pela expressão (2.49) como:

$$PL = [A + 10(a - bh_b + c/h_b)\log(d/d_0)] + [10x\sigma_\gamma \log(d/d_0) + y\mu_\sigma + yz\sigma_\sigma]$$

Calcule o primeiro termo entre colchetes dessa expressão, que corresponde à perda de percurso média a distância d em relação a todas as macrocélulas.

exercício 2.15 No exercício anterior, calcule o segundo termo entre colchetes do modelo de perda de Erceg, que corresponde à variação aleatória em torno da perda média. Suponha que, em um dado instante, temos que:

$$x = 0{,}4 \quad y = -0{,}7 \quad e \quad z = -0{,}4.$$

Dê o sentido físico desta segunda parcela.

exercício 2.16 (Erceg modificado) Calcule os fatores de correção sugeridos pelo modelo de Erceg modificado considerando o PL médio obtido no exercício 2.14, supondo um terreno tipo C e nas mesmas condições.

Frequência da portadora f_c: 1.900 MHz
Altura h_b da antena da BS: 40 m
Altura h_m da antena da EM: 2 m
Distância d: 9 km (macro célula) e $d_0 = 0{,}1$ km

$$PL = 107{,}95 \text{ dB}$$

exercício 2.17 (Fator K de Rice) Calcule o fator K da distribuição de Rice para o sistema descrito a seguir:

Fator sazonal, $F_s = 1$ verão (folhas)
Fator altura da antena; $F_h = (h/3)^{0{,}46}$ com $h = 15$m
Fator do ângulo b do feixe da antena: $F_b = (b/17)^{-0{,}96}$, $b = 30°$
Coeficientes de regressão $K_0 = 10$ e $\gamma = -0{,}5$
Valor da variável *lognormal* μ, N[0,8], $\mu = 6$ dB em um determinado instante
Distância entre antenas em unidades de quilômetros: $d = 10$ km

exercício 2.18 Trace um paralelo entre o espalhamento de atraso e o espalhamento Doppler em um ambiente de múltiplos caminhos e considerando estações móveis.

exercício 2.19 Na banda de radiofrequência que vai de 1 a 1,3GHz, observamos uma potência de ruído AWGN de -36dB. Responda:

[a] Qual é a densidade espectral do ruído desta banda?
[b] Qual será a potência de ruído de um canal de 6 MHz definido nesta banda?

exercício 2.20 Supondo uma modulação do tipo BPSK no canal do exercício anterior, à qual queremos assegurar uma probabilidade de erro $p_e = 10^{-6}$, qual deve ser a razão E_b/N_0 e quanto vale, neste caso, a energia por bit do sinal? (Sugestão: utilize o gráfico da Figura 2.25).

exercício 2.21 Calcule a relação entre potência da portadora e interferência de cocanal para um sistema celular que usa um esquema de reutilização de frequências com N=7. Considere somente as seis células mais próximas que tenham as mesmas frequências (confira a Figura 8.8). O expoente de perda de percurso considerado é $n=3,2$.

exercício 2.22 Um sistema sem fio opera a uma taxa de 2 Mbit/s em um canal com uma largura de banda de 1 MHz e uma razão $E_b/N_0 = 11$ dB.

[a] Qual é a eficiência espectral real do sistema?
[b] Qual é a relação S/N do sistema?
[c] Para a razão E_b/N_0 dada, qual é a capacidade teórica máxima do sistema?
[d] Qual é a eficiência espectral teórica máxima do sistema?

Exercício 2.23 Um sinal de portadora é dado por $e(t) = 6\cos(1258t + 4)$. Pergunta-se qual o período desta portadora e quanto vale a fase inicial desta portadora?

Exercício 2.24 Um sinal de portadora é dado em notação polar por: $s(t) = 5\cos(\omega_c t + 45)$. Obtenha a expressão em quadratura desta portadora.

Exercício 2.25 A expressão em quadratura de uma portadora é dado por $e(t) = 18\cos(\omega_c t) - 56\sen(\omega_c t)$. Determine o valor da amplitude e da fase inicial desta portadora.

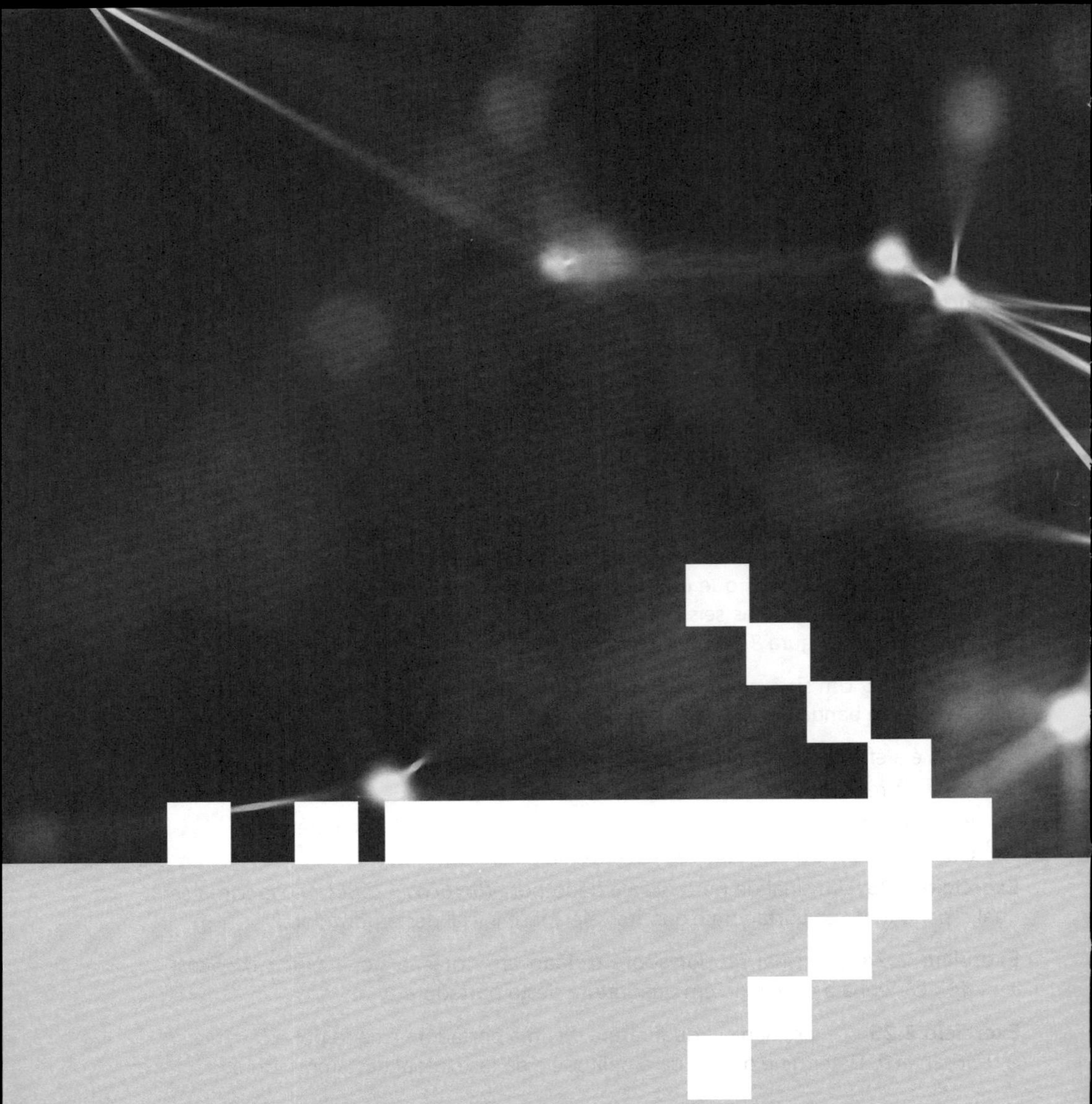

capítulo 3

redes sem fio para interconexão de dispositivos

■ ■ Os avanços espetaculares da microeletrônica nos últimos tempos permitiram o surgimento das redes sem fio. Este capítulo é dedicado a estudar a arquitetura e topologia de uma rede WPAN para interconexão de dispositivos, avaliando as principais funcionalidades dos níveis de acesso e físico, além de seus padrões comerciais.

3.1 introdução

Nos últimos anos, os avanços espetaculares da microeletrônica, permitiram integrar, em um único *chip*, os diferentes blocos funcionais de pequenos sistemas de comunicação de dados sem fio. Dessa forma, no final da década de 1990, pequenos transceptores de baixo custo e consumo passaram a fazer parte de periféricos de computação e dispositivos eletrônicos, viabilizando a interconexão desses dispositivos entre si ou com um controlador, sem a necessidade de fios.

Operando em bandas de frequência livres (não licenciadas), com baixa potência e a custos reduzidos, esta solução tornou-se rapidamente uma maneira fácil e elegante de resolver o problema da conectividade de periféricos de computação em ambientes fechados e pessoais. Com uma topologia simples em estrela e um relacionamento tipo mestre-escravo, essas redes ficaram conhecidas como WPANs (*Wireless Personal Area Networks*) (WG IEEE 802.15, 2016).

Diferentemente das redes locais sem fio – WLANs (*Wireless Local Area Networks*) –, a conexão de um dispositivo em uma WPAN envolve uma infraestrutura de comunicação simples, de baixa potência e baixo custo, que hoje representa um custo adicional ao dispositivo que gira em torno de US$ 5 (nos próximos anos, espera-se que esse valor baixe para menos de US$ 1).

O conceito inicial de WPAN evoluiu com o tempo, passando de uma simples tecnologia que resolveu um problema de interconexão de periféricos de computação, para uma rede de integração de sensores e atuadores, relevante nas mais diversas atividades. Hoje as WPANs assumem um papel cada vez mais destacado nas atividades humanas, que abrangem desde redes de sensores para supervisão e monitoramento de parâmetros vitais do organismo humano na área da saúde, até as redes formadas por sensores inteligentes para monitorar o meio ambiente, controlar processos industriais ou supervisionar zonas de desastre ou conflito.

No rastro do desenvolvimento de novas tecnologias para a comunicação sem fio para WPANs, surgiram técnicas inovadoras de transmissão, como a técnica UWB (*Ultra Wide Band*), cujas aplicações prometem revolucionar, por exemplo, a supervisão de pacientes (WBAN-*Wireless Body Area Networks*), os sistemas anticolisão para automóveis, os radares de penetração e medida, os automóveis sem motorista, entre muitas outras. O rápido desenvolvimento e disseminação das WPANs inteligentes transformou essas redes de simples suportes para a interconexão sem fio de periféricos de computação em sofisticadas soluções de supervisão e monitoramento, baseadas em sensores inteligentes, capazes de se estruturarem de forma autônoma em uma rede para atender as inúmeras tarefas das atividades humanas.

3.1.1 conceito de WPAN

O conceito de WPAN está associado a quatro aspectos fundamentais:

1. Área de cobertura restrita e privada. Essa área pode se restringir a uma sala, uma casa, um automóvel, um navio, um trem, um avião e até a um organismo humano. No entanto, a rede também pode ser estendida pela disseminação de sensores inteligentes que se autointerconectam, cobrindo, assim, áreas que podem chegar a alguns quilômetros quadrados.
2. Rádio enlaces com alcances de poucos metros, porém, dependendo da aplicação, podem chegar a 100 metros ou mais.
3. Interfaces de radiofrequência de baixo custo e baixo consumo, operando em bandas de frequência não licenciadas, conhecidas como bandas ISM (*Industrial Scientific Medical*).
4. Capacidade de auto-organização dos seus nós sensores para formar pequenos segmentos de rede chamados *piconets*, que podem interconectar-se para formar uma rede espalhada (*scaternet*), estendendo sua cobertura geográfica. O relacionamento entre os nós pode ser do tipo ponto-a-ponto ou ponto-multiponto.

O conceito de rede WPAN rapidamente se expandiu para outras áreas de aplicação, e hoje . designa qualquer tipo de rede sem fio que atua em uma área restrita ou privada, com cobertura limitada, interconectando dispositivos eletrônicos, periféricos, atuadores; ou um conjunto de sensores ativos e inteligentes, com capacidade de se auto-organizarem em uma rede.

Veja agora algumas aplicações das WPANs:

- prédios inteligentes
- agricultura supervisionada
- controle de processos
- automação industrial
- supervisão de sistemas complexos
- monitoração de pacientes (*health care*)
- radares de penetração em curtas distâncias
- sistemas anticolisão em veículos
- condução automática de veículos
- sistemas de vigilância (incêndio, terremotos, etc.)

A cada dia estão surgindo novas áreas onde a utilização de WPANs é decisiva para alcançar os objetivos dessas aplicações. Veja agora algumas dessas áreas:

- A área de sensoriamento remoto, em que um conjunto de sensores inteligentes, interligados por uma WPAN, coleta dados para controlar e monitorar parâmetros físicos, como temperatura, pressão, precipitação pluviométrica, umidade do ar e do solo, luminosidade, detectores de presença, etc.
- A área de supervisão, controle e monitoramento de sistemas complexos, como automóveis, geradores eólicos, aviões, casas e prédios, entre outros.
- A área da saúde, com o surgimento de redes de sensores para o monitoramento e a supervisão de pacientes (*Health Care*) em casa ou no hospital.

- A área industrial, com o chão de fábrica contando cada vez mais com as WPANs assumindo tarefas de automação, supervisão e controle de processos.

3.1.2 classificação das redes WPAN

Diante do amplo espectro de aplicações das WPANs, foi sugerida uma taxionomia seguindo quatro grandes classes com base nos critérios de aplicação:

1. **WPANs do tipo WDI** (Wireless *Device Interconnection*)
   São WPANs que atendem a objetivos de interconexão de periféricos ou dispositivos eletrônicos de entretenimento. Esse tipo de WPAN é suportado por um padrão comercial, muito difundido, elaborado por uma aliança de fabricantes conhecido como Bluetooth e que atende à padronização de WPANs estabelecida pela IEEE por meio do IEEE Std. 802.15.1 (IEEE 802.15™, 2005).

2. **WPANs do tipo WSN** (*Wireless Sensor Networks*)
   São WPANs que interconectam sensores inteligentes capazes de se auto-organizarem em uma rede do tipo *ad hoc*, sendo por isso designadas redes não infraestruturadas. Essas WPANs, conhecidas também como RSSF (redes de sensores sem fio), são hoje a solução mais moderna e avançada para suportar as técnicas de supervisão, controle e monitoramento em áreas como biomedicina, cuidados de saúde em tempo real, meio ambiente, agricultura, controle de áreas de conflito ou desastre, além de muitas outras que surgem a todo o momento.

3. **WPANs do tipo IWSN** (*Industrial Wireless Sensor Networks*)
   Essas WPANs estão voltadas para o controle, a aquisição de dados e a monitoração de processos, principalmente na área de automação industrial. A rede WPAN Zig-Bee, que adota no nível físico a padronização sugerida pela IEEE 802.15.4 (2011), é hoje a tecnologia mais representativa dessa classe de redes em nível mundial. O padrão oferece, por exemplo, um bom suporte para a estruturação de redes WBA (*Wireless Building Automation*), bem como WHA (*Wireless Home Automation*), além do WHART (Wireless HART – *Highway Addressable Remote Transducer*), um dos padrões mais disseminados na área de automação industrial.

4. **WPANs baseadas em UWB** (*Ultra Wide Band*)
   Muitas WPANs utilizam, atualmente no nível físico, a tecnologia de transmissão UWB. Essa tecnologia apresenta propriedades de propagação únicas em termos de penetração e resolução temporal dos sinais. As aplicações destas WPANs visam principalmente a exploração dessas propriedades, entre as quais destacamos: radares de curto alcance, sistemas anticolisão em automóveis, redes de sensores biomédicos localizados no corpo humano, entre outros.

O estudo das redes sem fio de curtas distâncias na segunda parte deste livro segue esta classificação, apresentando quatro capítulos, um para cada classe de WPAN.

No Capítulo 3 você vai estudar as WPANs do tipo WDI (*Wireless Device Interconnection*). Inicialmente, você vai conhecer as características de arquitetura e topologia típicas de uma WPAN para WDI e, em seguida, as principais funcionalidades associadas ao nível de acesso (MAC) e ao nível físico (PHY) dessas redes. Também são mostrados alguns padrões comerciais mais significativos desse tipo de WPANs que têm como objetivo comum a interconexão de dispositivos e periféricos. Na Figura 3.1 há uma visão geral das diversas opções atualmente disponíveis para esse tipo de rede e abordadas neste capítulo (PAHLAVAN; KRISHNAMURTHY, 2002).

O Capítulo 4 apresenta as redes WPAN do tipo WSN (*Wireless Sensor Networks*), ou RSSF (redes de sensores sem fio).

O Capítulo 5 relata as diferentes realizações de WPANs do tipo IWSN (*Industrial Wireless Sensor Networks*) que foram desenvolvidas para atender a área de automação e controle de processos industriais.

Por fim, devido à importância da tecnologia de transmissão UWB no atual contexto de WPANs, o Capítulo 6 é todo dedicado a essa revolucionária tecnologia de transmissão do nível físico que, desde 2004, é oferecida como uma nova opção de suporte para o nível PHY em WPANs.

3.1.3 topologias básicas utilizadas em WPANs

Quanto a sua topologia básica, as WPANs são classificadas segundo três tipos de topologias: a topologia em estrela ou centralizada, a topologia em árvore hierarquizada ou *ad hoc* e a topologia em malha ou *mesh* (Figura 3.2). As arquiteturas das WPANs atuais são variantes ou composições dessas três topologias básicas, e visam principal-

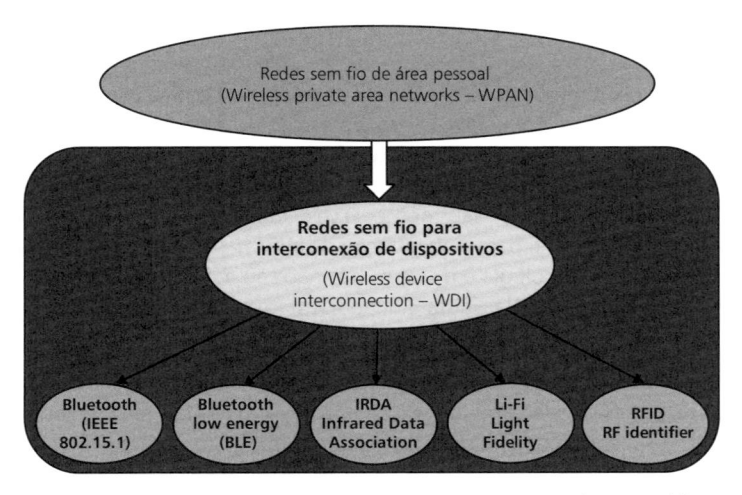

figura 3.1 WPANs do tipo WDI (*Wireless Device Interconnection*) e suas diferentes realizações e padronizações.

mente a sua extensão geográfica, tendo como propriedade principal sua auto-organização (*ad hoc*).

A topologia mais simples é a em estrela ou centralizada, em que cada hospedeiro ou sensor está diretamente conectado a um nó central de controle, como mostrado na Figura 3.2(a). A topologia em árvore hierarquizada normalmente é estabelecida segundo um paradigma de autoarranjo *ad hoc*[1], como mostrado na Figura 3.2(b). Já a interligação dos hospedeiros por meio de um *backbone* formado por nós de acesso que constituem uma malha (*mesh*) origina a topologia em malha, ou *mesh network*, como mostrado na Figura 3.2(c). Cada uma dessas topologias básicas tem suas vantagens e desvantagens em termos de autoarranjo, controle, desempenho e confiabilidade da rede WPAN (PAHLAVAN; KRISHNAMURTHY, 2002).

(a) Topologia centralizada em estrela
(b) Topologia hierarquizada em árvore (ad-hoc)
(c) Topologia em malha (mesh)

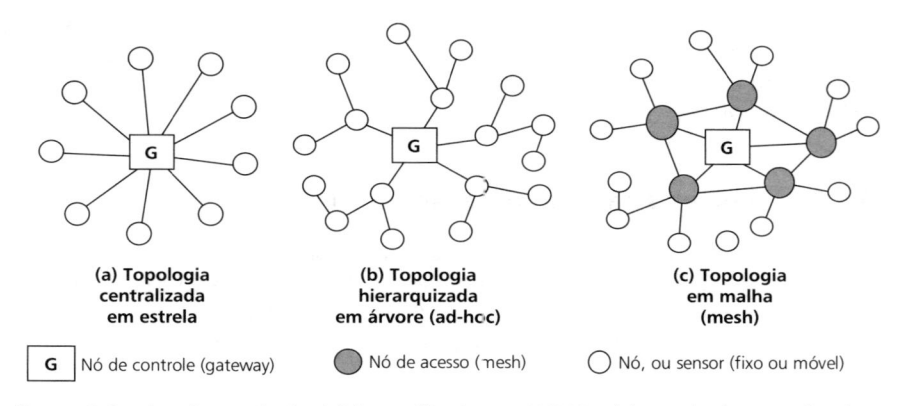

G   Nó de controle (gateway)   ● Nó de acesso (mesh)   ○ Nó, ou sensor (fixo ou móvel)

figura 3.2 As três topologias básicas utilizadas em WPANs: (a) topologia centralizada ou estrela, (b) topologia hierarquizada ou *ad hoc* e (c) topologias em malha ou *mesh*.

Uma rede WPAN, com mobilidade de seus nós, fatalmente deve se reconfigurar em cada instante, segundo uma rede hierarquizada em árvore ou *ad hoc*, formando assim uma variante importante da topologia em árvore. Essas redes também são conhecidas como MANET (*Mobile Ad hoc Network*). Nesse caso, como a topologia da rede dependerá da velocidade de movimentação de seus nós, essa velocidade está sujeita a um limite, tendo em vista o tempo necessário para a atualização da informação da topologia em cada nó. Já uma rede com uma topologia em que os nós não são móveis, terá um plano de controle bem mais simplificado. Na Figura 3.3, apresentaremos exemplos de arquiteturas de realizações de WPANs para cada uma das três classes de redes definidas na seção 3.1.2.

Neste capítulo você vai saber mais sobre as redes WPAN do tipo WDI. Como exemplo característico de WDI destacamos a rede Bluetooth, a rede mais disseminada mundialmente junto a sua variante *Bluetooth Low Energy* (BLE). Ao final do capítulo você vai

---

[1] *Ad hoc* é uma expressão em latim que significa "aqui e agora" ou "para este propósito".

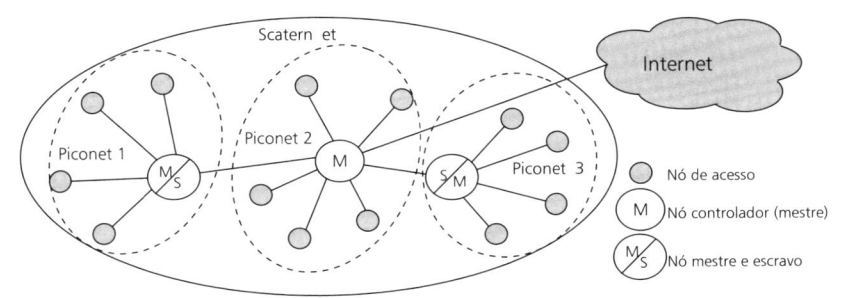

Capítulo 3 → Redes Sem Fio para Interconexão de Dispositivos

(a) WPAN tipo WDI (Wireless Device Interconnection) – IEEE 802.15.1

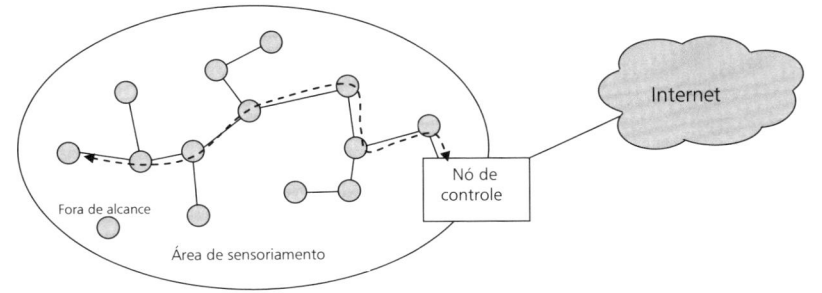

(b) Rede de sensores sem fio (RSSF) ou Wireless Sensor Network (WSN)

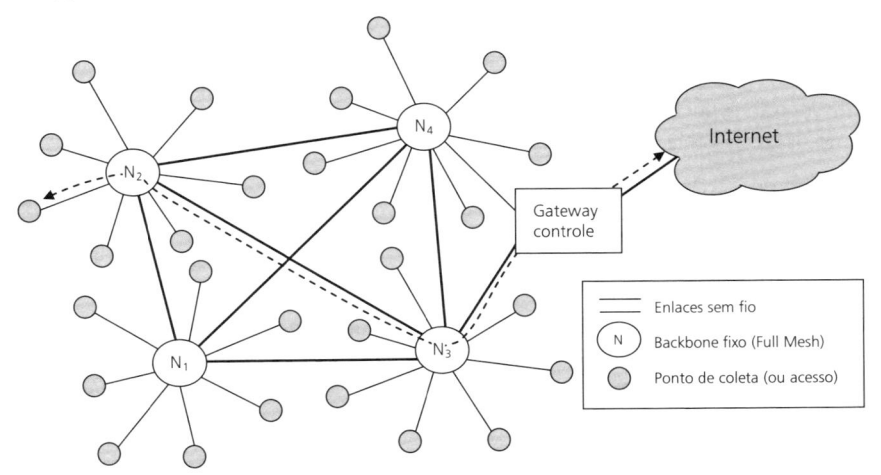

(c) Wireless Mesh Networking com backbone fixo e nós sensores que podem ser fixos ou móveis – IEEE 802.15.5

figura 3.3 Exemplos de arquiteturas de alguns tipos de WPANs: (a) topologia típica de uma WPAN tipo WDI, (b) arquitetura típica *ad hoc* em uma rede de sensores sem fio (RSSF), (c) arquitetura de uma WPAN tipo *mesh* do padrão IEEE 802.15.5.

estudar algumas técnicas de transmissão inovadoras utilizadas em WPAN, como a IrDA (*Infrared Data Association*), o Li-Fi (*Light Fidelity*), e as tecnologias de etiquetas eletrônicas sem fio RFID (*RF Identifier*), que podem substituir os atuais códigos de barra.

3.1.4 alternativas tecnológicas para WPANs de interconexão de dispositivos

Ao final da década de 1990 surgiram as primeiras iniciativas para o oferecimento de tecnologias WPAN visando inicialmente a atender funções de interconexão de dispositivos e periféricos. Por volta de 1998, surgiu uma especificação de uma WPAN conhecida como IrDA (*Infrared Data Association*), que utiliza uma técnica de transmissão na banda de radiação infravermelha, na faixa dos 60 GHz (ondas milimétricas). O IrDA oferece algumas vantagens únicas dessa tecnologia de transmissão, como a alta imunidade a interferências eletromagnéticas. Atualmente, a tecnologia está normalizada pela IEEE 802.15.3c (2009) – *High Rate WPAN* (>1Gbit/s na faixa ISM de 60 GHz).

Em 1999 surgiu a tecnologia RFID (*Radiofrequency Identification*), um novo tipo de etiqueta eletrônica ativada por radiofrequência para envio de dados de identificação a um controlador para ser utilizado, por exemplo, em sistemas de monitoramento e de rastreamento.

Em 2002, o IEEE lançou o seu primeiro padrão para WPANs: o IEEE Std 802.15.1 (2002). Ele teve tanta repercussão que, em 2003, algumas empresas se reuniram e criaram um grupo de interesse especial – o SIG (*Special Interest Group*), denominado Bluetooth, que adota o padrão IEEE 802.15.1 para especificar uma WPAN genérica para atender principalmente a interconexão de periféricos e eletroeletrônicos de consumo (IEEE TG1 802.15, 2016).

Em julho de 2010 uma nova versão do Bluetooth foi criada, conhecida como Bluetooth V.4 de baixa energia ou BLE (*Bluetooth Low Energy*), que visa a atender principalmente pequenas redes de sensores de baixo consumo, por exemplo, as redes HCSN (*Health Care Sensor Networks*) e WBAN (*Wireless Body Area Network*).

Em 2011, foi lançado pelo IEEE um novo padrão de WPAN: o IEEE 802.15.7, também chamado Li-Fi (*Light Fidelity*), que define uma WPAN óptica de curta distância que utiliza a luz visível e promete revolucionar em termos de aplicações. Veja mais detalhes na Seção 3.4.2.

Diante da grande diversidade de aplicações das WPANs, nos últimos anos novas tecnologias de WPAN foram desenvolvidas para atender requisitos específicos destas aplicações, como as redes de sensores e as redes de automação e controle industrial, abordadas nos Capítulos 4 e 5.

Dada a poluição cada vez maior das faixas de ISM utilizadas pelas WPANS, a partir de 2000 foi criada uma nova tecnologia de transmissão conhecida como UWB (*Ultra Wide Band*), que provavelmente será adotada no nível físico por diversas tecnologias de WPAN.

Ela apresenta uma série de vantagens sobre as tradicionais tecnologias de modulação na banda ISM, entre as quais destacamos o baixo custo, as altas taxas de transferência e a ocupação eficiente do espectro de RF. Você vai ver mais detalhes sobre ela no Capítulo 6.

3.1.5 utilização das faixas ISM do espectro de RF por WPANs

Como já mencionado, as WPANs transmitem nas faixas de frequência não licenciadas, conhecidas como ISM (*Industrial Scientific and Medical*). Essas faixas também são utilizadas pelas diferentes tecnologias de rede sem fio locais, ou WLANs. Além disso, muitas outras aplicações, como um telefone sem fio (*cordless*) e um conjunto amplo de RSSF, ocupam essas bandas em suas comunicações. Veja na Tabela 3.1 a distribuição das bandas ISM não licenciadas nas diferentes faixas do espectro de RF, de acordo com a Anatel.

As bandas ISM mais utilizadas hoje pelas WLANs e WPANs, de acordo com a FCC americana (*Federal Communications Commission*) são duas bandas definidas na faixa de UHF e uma banda definida na faixa de SHF, como mostrado na Figura 3.4 (IEEE STANDARD ASSOCIATION, 2016).

- A faixa de 900 MHz, com uma largura de banda de 26 MHz
- A faixa de 2,4 GHz, com uma largura de banda de 83,5 MHz (FCC)
- A faixa de 5 GHz, com uma largura de banda de 125 MHz (FCC)

tabela 3.1 Bandas ISM definidas pela Anatel em diferentes faixas de RF

Faixa do espectro de RF (Confira também figura 2.1)	Bandas ISM		Largura de banda
	Limite inferior	Limite superior	
HF - High Frequency (3 MHz a 30 MHz)	6,765	6,795 MHz	30 kHz
	13,563 MHz	13,567 MHz	4 kHz
	26,957 MHz	27,283 MHz	326 kHz
VHF (Very High Frequency) (30 MHz a 300 MHz)	40, 660 MHz	40,700 MHz	40 kHz
UHF (Ultra High Frequency) (300 MHz a 3 GHz)	902 MHz	928 MHz	26 MHz
	2,400 GHz	2,500 GHz*	100 MHz*
SHF (Super High Frequency) (3 GHz a 30 GHz)	5,725 GHz	5,850 GHz	125 MHz**
	24,000 GHz	24,250 GHz	250 MHz
EHF (ExtremlyHigh Frequency) (30 GHz a 300 GHz)	61,00 GHz	61,50 GHz	500 MHz
	122,0 GHz	123,0 GHz	1 GHz
	244,0 GHz	246,0 GHz	2 GHz

Faixas ISM atualmente utilizadas por WLANs e WPANs
* Faixa ISM do FCC, possui limite superior em 2,4835 GHz e portanto, uma largura de banda de 83,5 MHz
** Faixa prevista somente pela FCC, não prevista pela Anatel (2005).

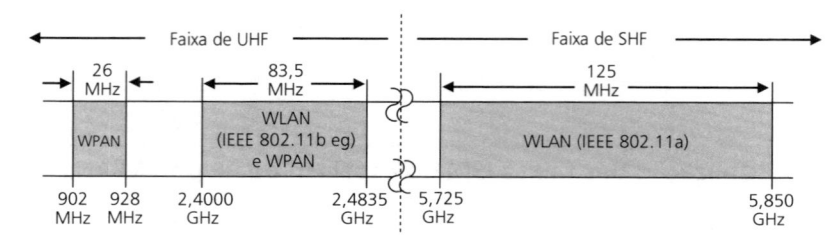

```
◄──── Faixa de UHF ────►    ◄──── Faixa de SHF ────►
  26                 83,5                  125
→ MHz ←          ←── MHz ──→           ←── MHz ──→
                    WLAN
    WPAN      (IEEE 802.11b eg)       WLAN (IEEE 802.11a)
                  e WPAN
  902  928   2,4000          2,4835  5,725              5,850
  MHz  MHz    GHz             GHz    GHz                 GHz
```

figura 3.4 Localização das bandas ISM não licenciadas dentro do espectro de UHF e SHF, utilizadas por WPANs e WLANs.

A Agência Nacional de Telecomunicações (Anatel), que regulamenta a utilização do espectro de RF no Brasil, somente define as duas primeiras bandas ISM e é omissa em relação à terceira banda, na faixa de 5 GHz. Veja na Figura 3.4 essas três bandas ISM com seus respectivos limites e larguras de banda, de acordo com as definições do FCC. Avaliando qualitativamente essas três bandas em termos de propagação, concluímos que a banda ISM de 2,4 GHz na faixa de UHF oferece as melhores condições de transmissão, porque a comunicação nessa banda pode ser tanto do tipo LOS (*Line of Sight*) quanto do tipo NLOS (*Non Line of Sight*), o que garante uma boa diversidade de propagação dos sinais nessa banda.

Quanto à utilização dessas bandas, observamos que as redes WPAN usam as duas bandas ISM inferiores, enquanto as redes WLAN atuam nas duas bandas ISM superiores. A banda ISM de 2,4 GHz, portanto, é disputada tanto pelas WPANs como pelas WLANs, devido às condições mais favoráveis de propagação dessa banda.

Com a proliferação cada vez maior tanto das WPANs como das WLANs, ambas transmitindo preferencialmente na faixa de 2,4 GHz, a interferência mútua entre as duas aplicações tende a se acentuar nos próximos anos. Como as redes WPAN transmitem com potências inferiores às da WLANs, serão elas as mais prejudicadas, podendo inclusive comprometer o seu funcionamento em determinadas condições. Atualmente, existe um SIG (*Special Interested Group*) no IEEE que tenta resolver esse problema.

A Figura 3.5 mostra a canalização utilizada pelas redes WLAN do tipo IEEE 802.11b e a canalização utilizada pelas WPANs do tipo Bluetooth, IEEE 802.15.1 na banda ISM de 2,4 GHz. Para as WLANs, é definido um total de 11 canais cujos espectros se sobrepõem, por isso, apenas os canais 1, 6 e 11 podem ser ocupados simultaneamente em uma determinada área. Já nas WPANs, o padrão IEEE 802.15.1 transmitem em 79 canais com 1 MHz de largura de banda, utilizando uma técnica de espalhamento espectral chamada FHSS (*Frequency Hopping Spread Spectrum*). Observe na Figura 3.5 a sobreposição dos espectros dos canais das duas tecnologias de rede, o que alerta para o problema de interferência mútua que deverá ser levado em conta nessas tecnologias (IEEE 802.15, 2016).

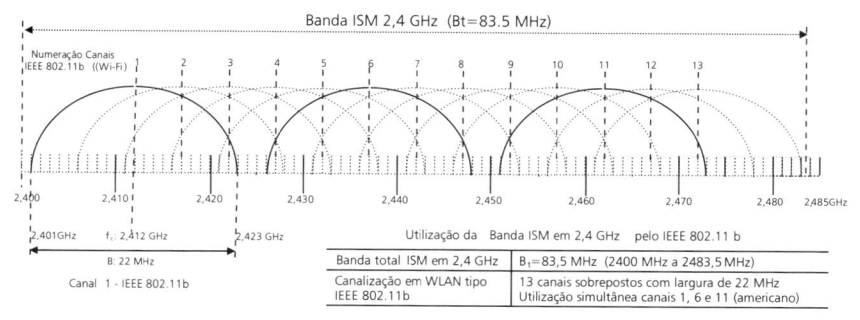

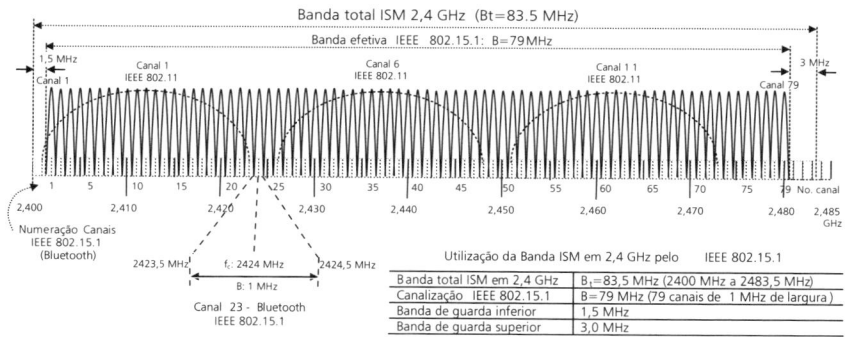

Capítulo 3 ⇢ **Redes Sem Fio para Interconexão de Dispositivos** 125

figura 3.5 Utilização da banda ISM de 2,4 GHz: (a) WLANs IEEE 802.11b e (b) WPAN IEEE 802.15.1.

3.1.6 a padronização do IEEE para WPANs

O Institute of Electric and Electronic Engineering (IEEE) americano e o European Telecommunications Standards Institute (ETESI) europeu são atualmente os órgãos nacionais mais importantes no que se refere aos estudos e à elaboração de padrões na área de sistemas de comunicações (IEEE STANDARDS ASSOCIATION, 2016).

Mesmo não sendo órgãos de padronização internacionais *de jure* (por direito), eles são considerados *de facto* (de fato), pois os seus padrões em geral são acolhidos posteriormente sem muitas alterações pela ISO (*International Organization for Standardization*).

Os padrões do IEEE americano são os que encontram a maior acolhida por parte dos fabricantes de equipamentos. Para garantir a interoperabilidade entre equipamentos com padrões equivalentes do IEEE, os fabricantes se organizam em associações ou consórcios que, por sua vez, definem subconjuntos de funcionalidades de um determinado padrão IEEE, que serão adotados por estes equipamentos. Dessa forma, a logomarca do consórcio no equipamento assegura a interoperabilidade desse equipamento com equipamentos equivalentes dos outros fabricantes do consórcio. Na área de redes WPAN, um dos consórcios de fabricantes mais importantes é o consórcio Bluetooth.

A padronização de redes sem fio tipo WPAN está a cargo do *Working Group* (WG) IEEE 802.15 – *Wireless Personal Area Networks* (WPAN). O WG IEEE 802.15, por sua vez, está dividido em sete *Task Groups* (TG) ou grupos tarefa, conforme mostrado na Tabela 3.2. O número de TGs pode aumentar em função de novas atualizações tecnológicas que possam surgir (IEEE 802.15™, 2005).

A padronização do IEEE relativo às WPANs segue um modelo de referência de arquitetura de protocolos adaptado do MR-OSI da ISO. Nesse modelo de referência do IEEE, uma rede sem fio é caracterizada por um conjunto de funcionalidades definidas em relação ao nível físico e ao nível de enlace do MR-OSI. Dependendo da complexidade dessas funções, esses dois níveis podem ser subdivididos em diversos subníveis, onde cada subnível corresponde a um conjunto de funcionalidades características de uma determinada tarefa ou objetivo.

Veja na Figura 3.6 o modelo genérico de uma rede sem fio conforme adotado pelo IEEE, relacionado ao tradicional modelo OSI utilizado em redes de computadores. Esse modelo de referência genérico do IEEE será usado como referencial no nosso estudo das diferentes redes sem fio. Para cada nova arquitetura, o modelo deverá ser adaptado às condições específicas da WPAN a ser considerada.

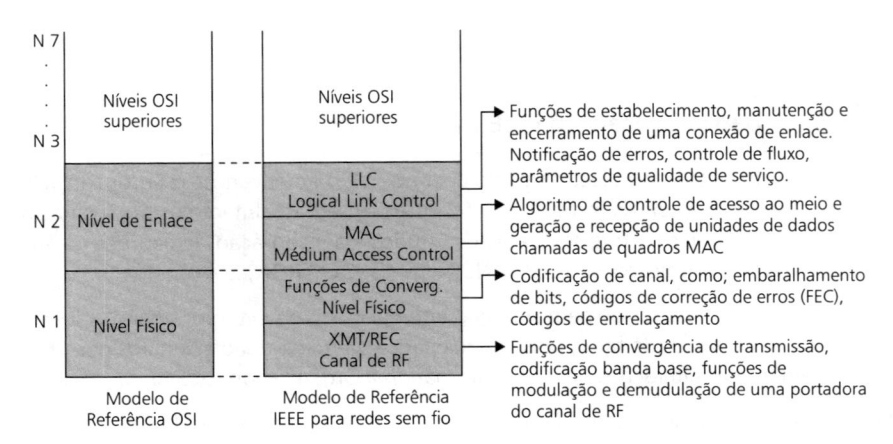

figura 3.6 Comparativo do modelo de referência OSI com o modelo de referência de redes sem fio adaptado pelo IEEE.

tabela 3.2 Organograma do *Working Group* IEEE 802.15 (WG-15) – WPAN

Task Groups	Amendments	Aplicação
TG1 **IEEE 802.15.1 (2005)** WPAN – *Wireless Private Area Network*	802.15.1a amendment draft proposal	Bluetooth *Core Specification* V.1.2, 2003 Bluetooth *Core Specification* V.2.0 EDR (Enhanced Data Rate) 2004
TG2 **IEEE 802.15.2 (2003)** Coexistence Wi-Fi/Bluetooth	No amendment draft proposal (2013)	Radio Cognitive WPAN *Spectrum Sensing Radios* *Software Defined Radio*
TG3 **IEEE 802.15.3 (2005)** *High Rate WPAN*	802.15.3a PHY alternative, MB-OFDM UWB. 802.15.3b MAC alternative 802.15.3c Milimeter wave, ISM 60 GHz, >1 Gbit/s (2009)	Bluetooth *Core Specification* V.3.0, 2009 HS (High Speed) Bluetooth *Core Specification* V.4, 2010 BLE (Bluetooth *Low Energy*) IrDA (*Infrared Data Association*)
TG4 **IEEE 802.15.4 (2011)** *Low Rate WPAN*	802.15.4a PHY alternative, UWB ranging, channel modeling (2007) 802.15.4b Rev. enhancement (2006) 802.15.4e Industrial Applications 802.15.4f *Active Tag RFID* 802.15.4g *Smart utility Network*	ZigBee IEEE 802.15.4 *Reliable wireless network monitoring and control networks* WBA: *Wireless Building Automation* WHA: *Wireless Home Automation* WHART: Wireless HART – Automação e Controle de Processos
TG5 **IEEE 802.15.5 (2011)** *Mesh Networking*	No amendment draft proposal (2013)	RSSF – Redes de Sensores sem Fio
TG6 **IEEE 802.15.6 (2012)** *Wireless Body Area Network (WBAN)*	No amendment draft proposal (2013)	WBAN – *Wireless Body Area Network* WHN – *Wireless Healthcare Networks* *Telemonitoring System for Healthcare* WBSN – *Wireless Biomedical Sensor Networks*
TG7 **IEEE 802.15.7 (2011)** *Visible Light Communication (VLC)*	No amendment draft proposal (2013)	Li-Fi Consortium: Fraunhofer IPMS, *Germany*, IBSEN telecom, *Norway*, Supreme Architecture, *Israel*/USA and TriLumina, USA. *Optical Wireless Communication* (OWC)

Fonte: Elaborada com base em Cooklev (2004).

3.2 bluetooth e IEEE 802.15.1

O desenvolvimento do Bluetooth começou em 1994 na empresa sueca Ericsson. O nome Bluetooth presta homenagem ao rei dinamarquês do século X, Harald Bluetooth, que aproximou a Escandinávia com a Europa. Em setembro de 1998, foi criado um grupo de trabalho de interesse especial ou SIG (*Special Interest Group*), que passou a usar o nome de Bluetooth. Entre as empresas patrocinadoras desse GIS estão Ericsson, Motorola, Nokia, IBM e Microsoft. O principal objetivo do grupo é o desenvolvimento de uma tecnologia de radiofrequência universal para uma comunicação sem fio em curtas distâncias, que seja de baixa potência, baixo custo, além de uso simples e seguro. Em 2017, 30.000 empresas já estavam associadas ao SIG Bluetooth (BLUETOOTH, c2017) e o grupo continua empenhado em oferecer suporte de aplicação e desenvolvimento para a tecnologia WPAN Bluetooth (STALLINGS, 2005).

A história do Bluetooth é uma sequência de sucessos, com alguns marcos importantes:

1999 Publicação da primeira especificação Bluetooth: versão 1.0
2002 Mais de 500 produtos qualificados com interface sem fio Bluetooth.
A tecnologia sem fio Bluetooth é aprovada como padrão IEEE 802.15.1
2003 Publicação da Bluetooth *Core Specification*, Versão 1.2 pelo SIG
2004 Publicação da Bluetooth *Core Specification*, Versão 2.0 EDR (*Enhanced Data Rate*) pelo SIG
2009 Publicação da *Core Specification*, Versão 3.0 HS (*High Speed*) pelo SIG
2010 Publicação da *Core Specification*, Versão 4.0 LE (*Low Energy*) pelo SIG
2012 A Apple lança o primeiro iPad com BSR (*Bluetooth Smart Ready*)

A tecnologia Bluetooth hoje é definida como uma técnica de comunicação de dados sem fio para curtas distâncias, simples e segura, que pode ser utilizada em qualquer lugar. É encontrada em bilhões de dispositivos, que variam desde celulares e computadores até dispositivos médicos e de entretenimento doméstico. A tecnologia Bluetooth visa a substituir o cabeamento entre dispositivos, assegurando, ao mesmo tempo, altos níveis de segurança e confiabilidade. Veja na Figura 3.7 uma possível topologia WPAN em estrela utilizando um PC como nó central, que, por sua vez, acessa uma WLAN com conexão à Internet (BLUETOOTH, c2017).

Os pontos fortes da atual tecnologia Bluetooth são a sua capacidade de trafegar simultaneamente dados e voz, o que oferece ao usuário uma grande variedade de soluções inovadoras, como fones de ouvido que deixam as mãos livres em chamadas de voz, a capacidade de fax e impressão sem fio, e a sincronização entre PCs e celulares, para citar apenas algumas aplicações.

Capítulo 3 ⸺▶ Redes Sem Fio para Interconexão de Dispositivos **129**

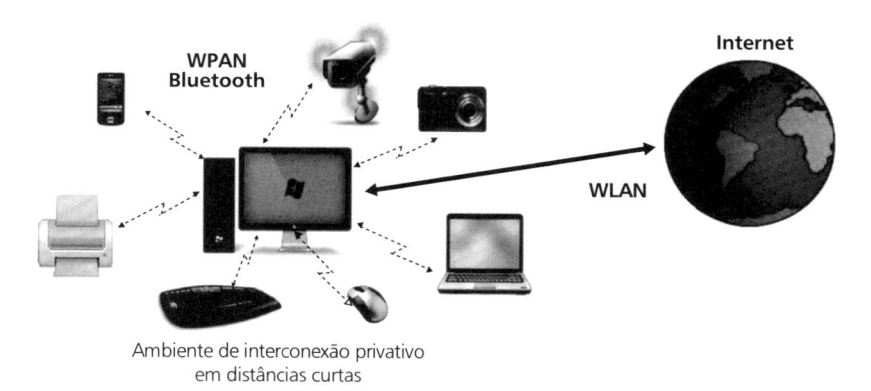

figura 3.7 Interconexão de periféricos a um PC formando uma rede WPAN.
Fonte: Elaborado com base em Bluetooth (c2017).

3.2.1 descrição geral da arquitetura bluetooth

A Figura 3.8 apresenta uma visão geral da arquitetura Bluetooth, também conhecida como *Core System Architecture*, que será utilizada como referência para descrever as diferentes camadas, os blocos funcionais e os protocolos associados a ela. O sistema como um todo fornece um conjunto de serviços de transporte que habilitam uma conexão entre dispositivos, segundo uma grande variedade de classes de tráfego. O conjunto das três primeiras camadas desse modelo constitui a plataforma de transporte do Bluetooth, à qual as aplicações têm acesso por meio dos pontos de acesso na interface HCI (*Host Controller Interface*).

Observe na Figura 3.8 que o *Core System do Bluetooth* está associado aos dois primeiros níveis do modelo OSI, físico e de enlace. Cada nível OSI está dividido em dois níveis que, de baixo para cima, formam uma estrutura de quatro camadas. A primeira e a segunda camadas correspondem ao nível físico OSI e controlam a conexão física (canal físico) e o canal de enlace, respectivamente. Já a terceira e a quarta camadas controlam o canal lógico e o enlace lógico, respectivamente. Cada camada possui um protocolo de controle e sinalização que se relaciona com as entidades pares remotas na elaboração dos serviços (BLUETOOTH, c2017).

Além disso, a arquitetura do *Core System* está dividida no sentido vertical em dois planos: o plano de transporte de dados do usuário e o plano de gerenciamento e controle dos recursos e dispositivos. Ambos os planos estão estruturados em uma divisão horizontal em quatro camadas.

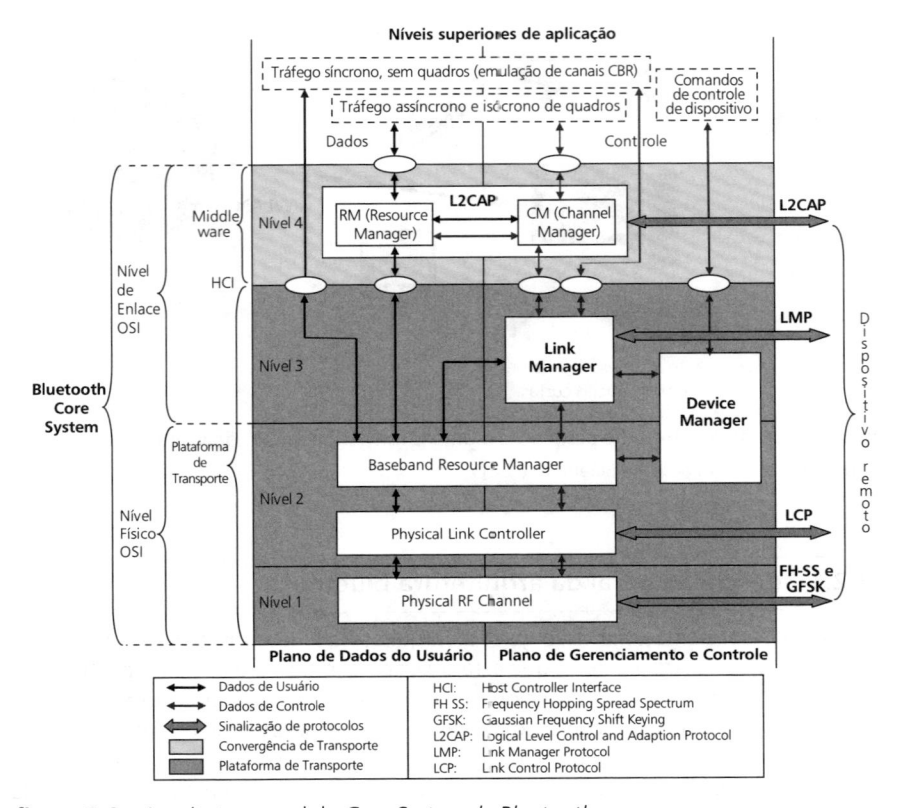

figura 3.8 Arquitetura geral do *Core System de Bluetooth*.
Fonte: Elaborado com base em BLUETOOTH (c2017).

Vamos descrever esta arquitetura com uma abordagem do tipo *down-up*, ou seja, de baixo para cima. Veja na Figura 3.6 os quatro níveis, com as principais funções e serviços elaborados em cada nível apresentados a seguir.

■ nível 1 ou nível de RF ou PHY

O nível 1, também chamado nível de canais físicos ou canais de RF, elabora a conexão física básica do Bluetooth, que pode ser do tipo ponto-a-ponto ou ponto-multiponto. Essas duas conexões, como veremos, constituem o fundamento para uma topologia de rede básica do Bluetooth chamada *piconet*. A conexão física é suportada por um canal de RF, cuja portadora é modulada em GFSK (*Gaussian Frequency Shift Keying*). O sinal modulado é transmitido seguindo uma técnica de espalhamento espectral conhecida como FHSS (*Frequency Hopping Spread Spectrum*), dentro da faixa ISM de 2,4 GHz.

nível 2 ou nível de controle de enlace

Sua função principal é o estabelecimento e o gerenciamento dos enlaces físicos, além da associação dispositivo-enlace. Os enlaces físicos ativos são supervisionados e controlados por meio de um controlador de enlace (*Link Controller*) que utiliza como protocolo de sinalização com o dispositivo par remoto do enlace físico o LCP (*Logical Control Protocol*). O subnível BB-RM (*BaseBand[2] Resource Manager*) forma um subsistema que executa funções de gerenciamento de recursos de conexões de RF (físico).

nível 3 ou nível de transporte lógico

É composto de dois blocos funcionais: o gerenciador de enlaces e o gerenciador de dispositivos. O gerenciador de enlaces é responsável pela criação, modificação e desativação de enlaces lógicos de transporte. Um gerenciador de dispositivos supervisiona a associação de um dispositivo com um determinado canal de transporte lógico. Além disso, uma entidade desse nível controla o comportamento geral dos dispositivos. O nível utiliza como protocolo de sinalização o LMP (*Link Management Protocol*) para a comunicação com o dispositivo remoto par.

nível 4 ou nível L2CAP (*Logical Level Control and Adaptation*)

O nível 4 é composto de dois blocos funcionais: o gerenciador de canais (*Channel Manager*) e o gerenciador de recursos (*Resource Manager*). O gerenciador de canais é responsável pela criação, manutenção e desativação de canais lógicos do L2CAP. O gerenciador de recursos administra funções como escalonamento dos pacotes de dados, alocação de banda por canal e garantias de QoS para os canais L2CAP que o exigirem. Os serviços do nível de transporte lógico oferecem suporte à elaboração dos serviços do nível L2CAP e podem ser acessados por meio da interface HCI (*Host Control Interface*). A sinalização com as entidades pares remotas é feita pelo protocolo L2CAP.

O nível L2CAP, além das funções de gerência dos canais L2CAP, executa funções de convergência de transporte, que são específicas das diferentes aplicações. O conjunto destas funções forma o nível de *middleware* do Bluetooth. Acima do nível de *middleware*, vamos encontrar as diferentes aplicações suportadas pelo Bluetooth.

O conjunto dos três primeiros níveis da arquitetura básica forma a plataforma de transporte do sistema núcleo do Bluetooth. O nosso estudo do *Core System Bluetooth* será centrado na plataforma de transporte. Neste caso, podemos abstrair o plano de gerência do modelo geral da Figura 3.8, obtendo uma arquitetura mais simplificada para a plataforma de transporte, mostrada na Figura 3.9. A seguir, você vai ver uma descrição

---

[2] *Baseband* aqui é um substantivo com um sentido diferente do adjetivo *baseband* (banda base) utilizado em análise de sinais. *Baseband* aqui designa um subsistema do Bluetooth que controla as comunicações pelas conexões de RF do Bluetooth.

132 → Redes de comunicação sem fio

		Aplicações	Protocolo	
Middle Ware	Nível 4	Logical Level Control & Adaptation Gerencia dos Canais L2CAP	L2CAP	Funções de convergência de aplicações. Funções de RM (Resource Manager) e CM (Channel Manager).
Plataforma de Transporte	Nível 3	Nível de Transporte Gerencia de dispositivos	LMP	Controle de canais lógicos de transporte e controle de dispositivos
	Nível 2	Nível de Enlace Físico e MAC	LCP	Enlace Físico; Tipos de enlaces estabelecimento e desativação de um enlace físico, controle de fluxo, controle de erro, encriptação.
	Nível 1	Nível de Canais Físicos de RF	GFSK	Interface aérea e conexões físicas ponto a ponto entre dispositivos Bluetooth

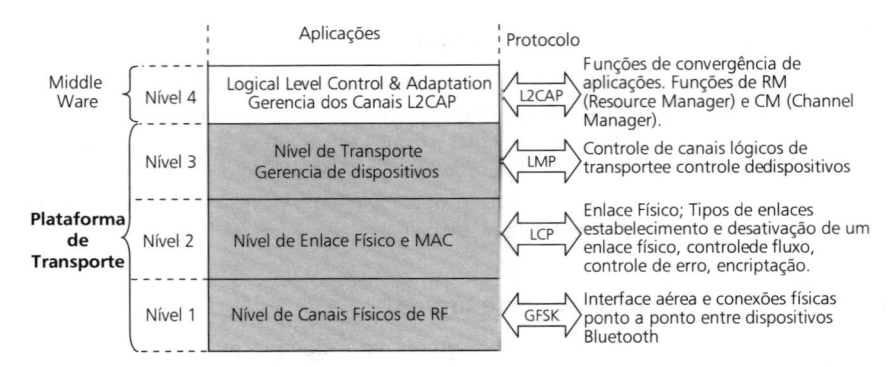

figura 3.9 Arquitetura simplificada da plataforma de transporte do Bluetooth.
Fonte: Elaborada com base em BLUETOOTH (c2017).

mais detalhada da plataforma de transporte com base nestes três níveis da arquitetura do *Core System Bluetooth*.

3.2.2 o canal de radiofrequência do Bluetooth

Vamos detalhar inicialmente as características dos canais de RF do Bluetooth, definidos na faixa ISM não licenciada de 2,4 GHz. O canal utiliza a técnica de transmissão por espalhamento espectral tipo FHSS (*Frequency hopping Spread Spectrum*), cujos fundamentos teóricos estão na página 134. São definidos, ao todo, 79 canais de RF com 1 MHz de largura de banda, nos quais é transmitido segundo uma sequência pseudoaleatória de saltos à razão de 1600 saltos/s, o que corresponde a uma fatia de tempo de 625 μs de permanência em cada canal. A técnica FHSS é mandatória para o Bluetooth, pois resolve, de forma simples e eficaz, os efeitos do desvanecimento causado por múltiplos percursos e das interferências no canal (IEEE WG 802.15, 2016).

Os diversos dispositivos Bluetooth que partilham o mesmo canal, isto é, a mesma sequência aleatória de saltos de frequência, formam uma ligação do tipo ponto-multiponto. Um grupo de dispositivos assim conectados constitui uma *piconet*, que é a forma básica de comunicação da tecnologia Bluetooth. Em uma *piconet*, um dispositivo deve fornecer a referência de sincronização, por isso é designado mestre (*master*), enquanto todos os demais dispositivos que utilizam essa referência são chamados escravos (*slave*). Uma *piconet* pode ter, no máximo, um mestre e até sete escravos. Um dispositivo Bluetooth pode ser mestre ou escravo, dependendo unicamente de quem partiu a iniciativa da conexão.

■ a modulação GFSK

Na modulação binária GFSK (*Gaussian Frequency Shift Keying*), o fluxo de bits NRZ é conformado primeiro por um filtro gaussiano, resultando em um sinal modulante sem transições abruptas, o que reduz o espectro do sinal. O sinal modulante assim conformado é aplicado a um modulador FSK. A base desse modulador é um VCO (*Voltage-Controlled Oscillator*) que é controlado pelo sinal modulante e, assim, gera o sinal modulado GFSK. A simplicidade dessa modulação reduz significativamente a complexidade e o custo do projeto do transceptor GFSK (ZHENG et al., 2010).

O sinal modulado GFSK do Bluetooth é obtido em três etapas:

a O fluxo de bits a ser transmitido é codificado inicialmente para um sinal banda base tipo NRZ polar, conforme mostrado na Figura 3.10(a).

b O sinal NRZ é aplicado a um filtro gaussiano para reduzir a largura espectral do sinal. A especificação de um filtro gaussiano está associado ao produto da banda passante do filtro, pela duração do pulso, $B.T_b$, também chamado *roll-off* do filtro. No Bluetooth básico, esse produto é definido como $B.T_b = 0,5$ e corresponde a um filtro passa baixas com um *roll-off* $r=B.T_b=0,5$. Como a taxa de bit do Bluetooth básico é de 1 Mbit/s, que corresponde a uma duração de um símbolo binário $T_b=1$ μs, a largura de banda do filtro gaussiano será $B= 0,5/10^{-6}= 500$ kHz.

c O sinal modulante na saída do filtro gaussiano não possui mais descontinuidades, como mostrado na Figura 3.10(b). Veja o padrão olho desse sinal modulante na Figura 3.10(c). Conforme a norma, o padrão olho desse sinal deve apresentar um erro de cruzamento de zero (*jitter*) que deve ser inferior a $j \le 1/8\ T_p$. Ao aplicar esse sinal ao modulador *FSK*, é obtido um chaveamento de frequências mais suave, o que estreita mais o espectro do sinal modulado. O índice de modulação do FSK é definido como

$$\beta = \frac{\Delta f}{B} \qquad (3.1)$$

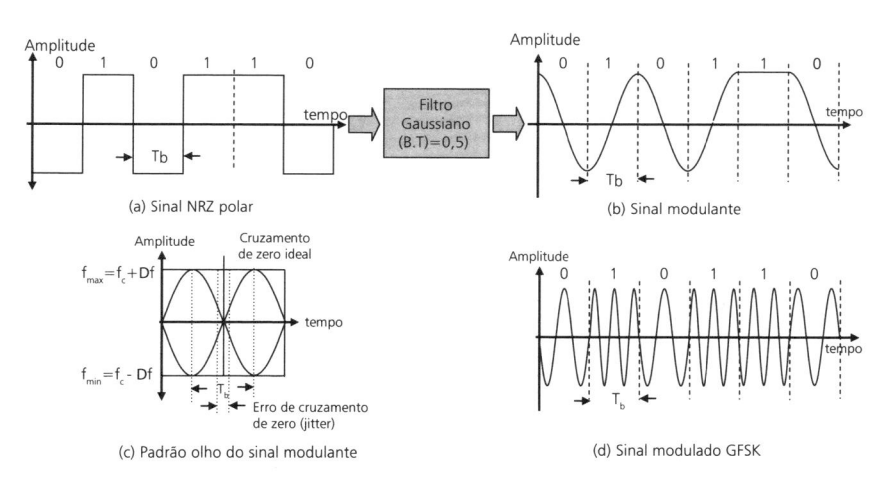

figura 3.10 Etapas da modulação GFSK (*Gaussian Frequency Shift Keying*).

A norma define que o índice de modulação em frequência β do FSK deve estar situado no intervalo $0,28 \leq \beta \leq 0,35$. Pela relação (3.1), o desvio de frequência será dado por $\Delta f = \beta.B$. Neste caso, o desvio de frequência máximo e mínimo do sinal modulado será

$$\Delta f_{min} = 0,28 \times 500 = 140 \text{ kHz e } \Delta f_{max} = 0,33 \times 500 = 175 \text{ kHz}$$

Supondo um índice $\beta = 0,3$, teremos que

$$\Delta f = \beta.B = 0,3 \times 500 \text{ kHz} = 150 \text{ kHz}$$

Observe na Figura 3.10(d) o sinal resultante de uma modulação GFSK, típico do Bluetooth.

■ espalhamento espectral FHSS

Para minimizar interferências e desvanecimentos do sinal transmitido, o Bluetooth utiliza uma técnica de espalhamento espectral conhecida como FHSS (*Frequency Hopping Spread Spectrum*). Os princípios básicos desta técnica podem ser conferidos em (ROCHOL, 2012). No Bluetooth, isso significa que cada pacote é transmitido em uma frequência (canal) diferente. São utilizados, ao todo, 79 canais, definidos na faixa ISM de 2,4 GHz, como mostrado na Figura 3.5 (b). A taxa de saltos é alta e corresponde a 1600 saltos/s, o que equivale a uma fatia de tempo em cada canal de 625 μs, dos quais 220 μs são reservados como tempo de resguardo para permitir a estabilização do canal antes de iniciar a transmissão.

A sequência de saltos pseudoaleatória do FHSS caracteriza uma conexão física definida sempre pelo dispositivo que toma a iniciativa da conexão, por isso chamado *mestre*, enquanto o outro dispositivo é o *escravo*. A conexão física básica no Bluetooth é chamada *piconet* e corresponde a uma conexão física ponto-a-ponto ou ponto-multipon-

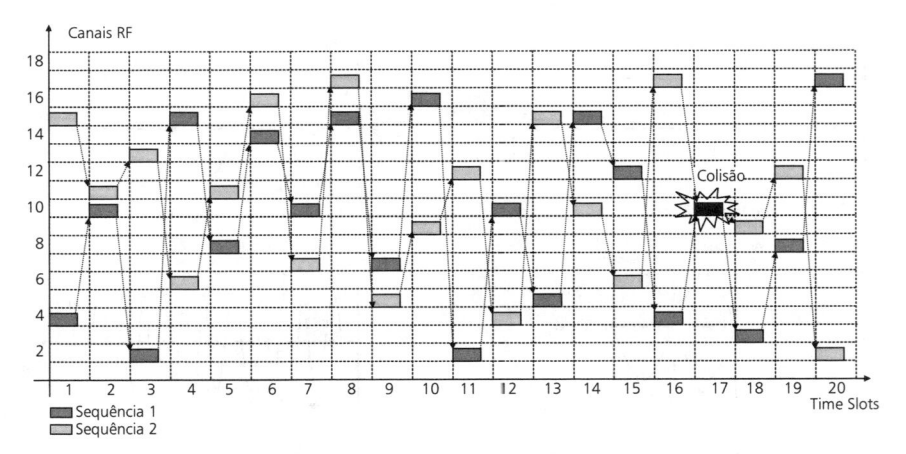

figura 3.11 Exemplo de duas sequências independentes e aleatórias de FHSS em uma *piconet* com duas conexões físicas que transmitem dados em um mesmo conjunto de 18 canais.

to, como mostrado na Figura 3.12(a). No Bluetooth, a cada *piconet* corresponde uma sequência de saltos de frequência única. Dois dispositivos se interconectam utilizando uma conexão física caracterizada por uma determinada sequência de saltos. As conexões físicas Bluetooth são do tipo *ad hoc*, ou seja, são estabelecidas para a realização de tarefas de transferência de dados do momento e são desfeitas com o término da tarefa.

Dada a possibilidade de duas conexões poderem saltar para dentro de um mesmo canal em um dado instante, provocando uma colisão e, por consequência, erros na recepção, a norma prevê diferentes tipos de tratamento de erro que são executados no nível de enlace físico. No Bluetooth, a probabilidade de colisões é baixa, tanto que o FHSS apresenta um bom desempenho mesmo com até sete conexões físicas transmitindo simultaneamente nos 79 canais.

Veja na Figura 3.11 um exemplo de FHSS para um cenário de duas conexões físicas, definidas segundo duas sequências pseudoaleatórias distintas, percorrendo sequencialmente um conjunto de 18 canais e transmitindo um pacote em cada fatia de tempo. Observe que na 17ª fatia de tempo há uma colisão entre as duas transmissões, pois ambas saltam para dentro do mesmo canal. Esta situação é controlada utilizando um algoritmo de alocação dinâmica de frequência e que se aperfeiçoa por meio de técnicas cognitivas (ou aprendizado).

Quanto à potência de transmissão, os dispositivos Bluetooth são divididos em três classes, assegurando, assim, diferentes alcances (veja a Tabela 3.3). Para os dispositivos da classe um é obrigatório o controle de potência; nas demais classes, é opcional.

O controle de potência consegue reduzir não só o consumo, mas também a interferência em outros dispositivos, o que é crítico principalmente em dispositivos móveis. O controle de potência é feito pelo LMP (*Link Management Protocol*) do nível dois. Os cálculos de alcance *indoor* na tabela foram baseados no modelo empírico de perda de trajetória ou *PL* (*Path Loss*) sugerido por Wang, Wen-Jun e Hong-Bo (2012) e expresso por (3.2), em que r é o alcance e λ é o comprimento de onda em metros.

$$\begin{aligned} PL &= 20\log(4\pi.r/\lambda) \quad r \leq 8m \\ &= 58{,}3 + 33\log(r/8) \quad r > 8m \end{aligned} \quad (3.2)$$

Em todas as situações, supõe-se uma antena omnidirecional com ganho de 0 dB, mas também é possível a utilização de uma antena direcional.

tabela 3.3 Classes de potência e alcances em Bluetooth

	Máxima potência de saída	Alcances *indoor*	Alcances no espaço livre
Classe 1	100 mW ou 20 dBm	42 m	300 m
Classe 2	2,5 mW ou 4 dBm	16 m	50 m
Classe 3	1 mW ou 0 dBm	10 m	30 m

tabela 3.4 Parâmetros do canal físico (canal de RF) do Bluetooth (IEEE 802.15.1)

Produto banda por tempo de bit do filtro (B.T$_b$)	B.T$_b$ = 0,5
Jitter no cruzamento zero do sinal modulante (j)	j < T$_b$/8 = 0,125 μs
Tipo de modulação	GFSK (*Gaussian Shaped Binary* FSK)
Índice de modulação (β) do FSK	0,28 ≤ β ≤ 0,35
Desvio de frequência (Δf) do FSK	140 kHz ≤ Δf ≤ 175 kHz
Frequência central dos canais de RF	f$_c$ = 2402 + k [MHz] com k=0, 1,...,78
Numeração dos canais (M)	M=k+1 com k=0, 1,...,78
Potência máxima Classe 1:	100 mW (20 dBm), alcance 42m
Classe 2:	2,5 mW (4 dBm), alcance 16m
Classe 3:	1 mW (0 dBm), alcance 10m
Duração de um *time slot*	625 μs
Tempo de chaveamento entre frequências	220 μs
Taxa de transferência efetiva máxima	R$_{efetiva\,máxima}$ = 723,2 kbit / s

Veja na Tabela 3.4 um resumo dos principais parâmetros que definem a estrutura do canal físico do Bluetooth, bem como as características de modulação e de transmissão do sinal nesse canal.

3.2.3 o nível de enlace físico

Na seção anterior, vimos que em uma conexão física ponto-a-ponto, ou ponto-multiponto, entre dois dispositivos Bluetooth, o dispositivo que inicia a conexão fornece o sincronismo de transmissão e, por isso, é designado mestre, enquanto o escravo sempre utiliza o sincronismo da transmissão do mestre. Não existe uma diferença física entre mestre e escravo: uma ou outra função depende unicamente de quem partiu a iniciativa da conexão. Um mestre pode ter conexão simultânea com até sete escravos (ponto-multiponto). Um dispositivo também pode participar de dois ou mais *piconets*, formando uma *scatternet*, como mostrado na Figura 3.12(b). Uma *scatternet* pode ser formada por, no máximo, 10 *piconets*, sem causar uma maior degradação uma em relação a outra. A degradação da vazão devido a múltiplas *piconets* em uma *scatternet* pode ser calculada empiricamente por

$$V_N = (1 - 1/79)^{N-1} \qquad (3.3)$$

Onde V_N, *(0<V$_N$≤1)*, é o fator de vazão a ser aplicado sobre a taxa de transmissão efetiva das conexões físicas das *piconets* e N, *(0<N≤10)*, é o número de *piconets* que formam a *scatternet* considerada.

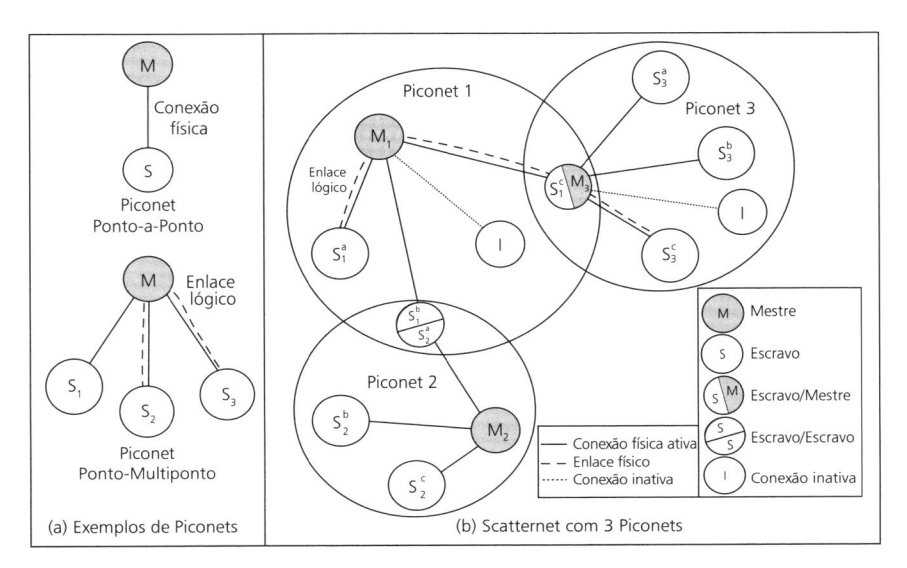

figura 3.12 Possíveis topologias de rede do Bluetooth: (a) exemplos de *Piconets*, (b) exemplo de uma *Scatternet* formada por 3 *piconets*.
Fonte: Elaborada com base em IEEE 802.15.4 (2011).

A característica fundamental de uma rede Bluetooth é a sua natureza dinâmica, isto é, qualquer dispositivo pode se ligar ou se desligar da rede em qualquer instante de tempo. Porém, devem ser obedecidas as seguintes regras:

- Um mestre pode ter uma conexão simultânea (ponto-multiponto) com, no máximo, sete escravos.
- Um dispositivo em uma *piconet* possui acesso a todos os dispositivos desta *piconet*.
- Um dispositivo pode estar conectado a mais de uma *piconet*. O conjunto assim formado é chamado *scatternet* (confira a Figura 3.12(b)).
- Um dispositivo pode ser mestre somente de uma *piconet* em um determinado instante.
- Para um dispositivo participar de uma *scatternet* ele deve suportar os modos de *inatividade* como *park, hold* e *sniff*. Nestes modos, o dispositivo não participa ativamente da *piconet* para se dedicar a outras atividades.

Apesar da grande flexibilidade da topologia Bluetooth, observamos, no entanto, que a grande maioria dos dispositivos Bluetooth da atualidade suporta somente *piconets*. A partir da análise anterior, podemos definir o enlace físico como uma conexão ponto-a-ponto entre um mestre e um escravo. Um escravo nunca pode se comunicar diretamente com outro escravo (ZHENG et al., 2010).

3.2.4 o nível de enlace lógico

O enlace lógico é formado pela concatenação de uma ou mais conexões físicas de uma *piconet* ou *scatternet*, para dar suporte a um enlace de comunicação de dados fim a fim entre dois dispositivos Bluetooth. O enlace ponto-a-ponto entre os dois dispositivos Bluetooth é controlado pelo protocolo de enlace LCP (*Link Control Protocol*) para a elaboração das diferentes funções e serviços co nível de enlace lógico, com destaque para:

- **a** Estabelecimento/desativação de uma conexão de enlace
- **b** Controle de fluxo do enlace ponto-a-ponto
- **c** Requisitos de QoS do enlace
- **d** Técnicas de segurança de dados
- **e** Controle de erros fim a fim

Veja na Figura 3.12(a) um enlace físico em uma *piconet* entre dois escravos S_2 e S_3, formado por uma concatenação de duas conexões físicas: $S_2M + MS_3$. Na Figura 3.12(b) há um enlace físico em uma *scatternet* entre dois escravos S_1^a e S_3^c, formado por uma concatenação de três conexões físicas: $S_1^a M_1 + M_1(S_1^c M_3) + M_3 S_3^c$.

A estrutura de dados que trafega em um enlace físico é o pacote padrão do Bluetooth. Qualquer estrutura de dados de nível superior é encapsulada nesse pacote. O pacote é formado por três campos: um código de acesso de 72 bits, um cabeçalho de pacote de 54 bits e um campo de carga útil que pode variar entre 0-2745 bits, como mostrado na Figura 3.13(a). O campo do *payload*, por sua vez, é formado por um cabeçalho de *payload* de 1 a 2 bytes, seguido de um campo de *payload* efetivo e terminando com um CRC (*Cyclic Redundancy Checking*) de 2 bytes. Veja na Figura 3.12(b) uma ligação de um mestre com dois escravos e o esquema de duplex TDD (*Time Division Duplex*) utilizada pelo enlace físico. No caso de dois ou mais escravos, em uma conexão ponto--multiponto, o atendimento dos escravos se dá de forma cíclica, ou seja, cada escravo recebe oportunidades (*time slots*) para transmitir e receber de acordo com um ciclo que se repete. Em uma conexão física simples, com pacotes de um *time slot*, como mostrado na Figura 3.13(b), o mestre transmite nos *time slots* pares e recebe nos *time slots* ímpares, enquanto o escravo transmite nos *time slots* ímpares e recebe nos pares.

Para reduzir o desperdício com os cabeçalhos do nível físico, também foram definidos pacotes que podem ocupar 1, 3 ou 5 *time slots*, como mostrado na Figura 3.13(c).

Podemos calcular a taxa de transferência mínima e máxima do Bluetooth, lembrando que a taxa de modulação, segundo a especificação de 2005, corresponde a 1 M símbolos/s, ou seja, uma taxa de transmissão bruta de 1 Mbit/s. A taxa máxima efetiva será obtida para um pacote de *payload* máximo, descontadas as redundâncias, e que será transmitido em cinco *time slots*. O campo de informação efetivo máximo será 2745 bits menos dois bytes de cabeçalho e menos dois bytes de CRC, o que dá um total de 2713 bits de informação. O tempo tota gasto para a transmissão do pacote é

Capítulo 3 ⇢ Redes Sem Fio para Interconexão de Dispositivos **139**

(a) Formato padrão de pacote de tamanho variável

(b) Esquema MAC do Bluetooth e a duplexagem TDD do canal

(c) Transmissão de pacotes de 1, 3 e 5 time slots

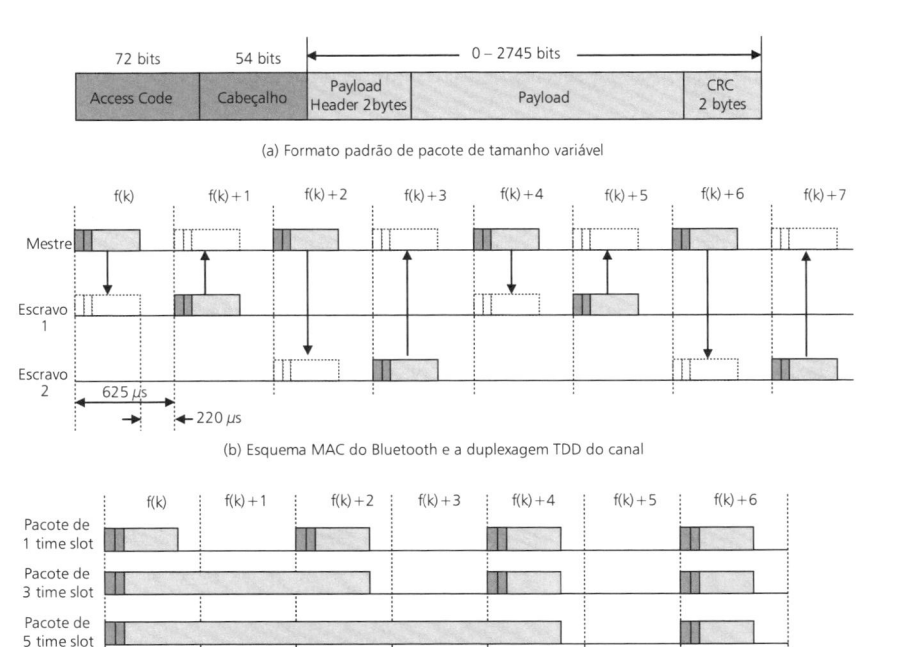

figura 3.13 Divisão do canal físico em *time slots*: (a) formato do pacote padrão, (b) esquema de acesso MAC de uma conexão ponto-multiponto (1×2) com duplexagem do tipo TDD e (c) transmissão de pacotes *multi-slots* com 1, 3 e 5 *time slots*.
Fonte: Elaborada com base em IEEE 802.15.4 (2011).

de 6 *time slots*, ou seja, 6 × 625 = 3750 μs. Nessas condições, a taxa efetiva máxima ($R_{efetiva\ máxima}$) do Bluetooth será dada por

$$R_{efetiva\ máxima} = \frac{2745-32}{3750\mu s} = \frac{2713}{3750.10^{-6}} = 723,2\ kbit/s \quad (3.4)$$

Para obter essa taxa, pressupomos um canal favorável, com pouco ruído, interferência e desvanecimento de sinal.

Também podemos calcular uma taxa efetiva mínima para um enlace simétrico que utiliza pacotes de um *time slot*. Considerando os dados protegidos por um FEC com razão de código de 2/3, o cabeçalho de *payload* e CRC, ambos com dois bytes, nessas condições são transferidos, no máximo, 164 bits de *payload* em um intervalo de tempo de dois *time slots*, o que corresponde a 1250 μs. A taxa efetiva mínima será dada por

$$R_{efetiva\ mínima} = \frac{164}{1250\mu s} = 196,8\ kbit/s \quad (3.5)$$

Dessa forma, à custa de uma menor taxa do canal, é viabilizada uma transferência de dados mesmo em condições severas de ruído, interferência e desvanecimento do canal.

■ os enlaces SCO e ACL

O Bluetooth definiu dois tipos de enlaces lógicos: o enlace SCO (*Synchronous Connection Oriented*) e o enlace ACL (*Asynchronous Connection Less*). Um dispositivo Bluetooth qualquer pode ter um enlace ACL e, no máximo, dois enlaces SCO (três, se for mestre) ativos. O enlace SCO é feito por meio de reserva de fatias de tempo pelo mestre em intervalos regulares, de 6 em 6 fatias de tempo (confira Figura 3.14). Devido a essa característica, o enlace SCO é um enlace simétrico, de comutação de circuito e possui uma taxa máxima de 64 kbit/s, ideal para serviço de voz. Assim, podem ser estabelecidos no máximo três SCOs. Tanto o mestre como o escravo podem iniciar um enlace SCO.

O enlace ACL é de comutação de pacotes, assimétrico, ideal para serviço de dados e utiliza todas as fatias de tempo que não foram utilizados pelos SCOs. Dessa forma, o mestre utiliza uma conexão ACL para se comunicar com qualquer escravo de uma *piconet*. Assim, o mestre pode utilizar uma ACL para fazer uma difusão (*broadcast*) para todos os escravos de uma *piconet*. O estabelecimento de uma conexão de enlace ACL ou SCO é gerenciado pelo protocolo LMP do nível de enlace lógico.

■ o protocolo LCP

O LCP do Bluetooth é um protocolo baseado em pacotes e possui um relacionamento do tipo mestre-escravo entre os dispositivos que se comunicam. Um mestre pode se comunicar com até sete escravos em uma *piconet* ponto-multiponto e, nesse caso, todos os escravos partilham do mesmo relógio do mestre. A troca de pacotes é baseada

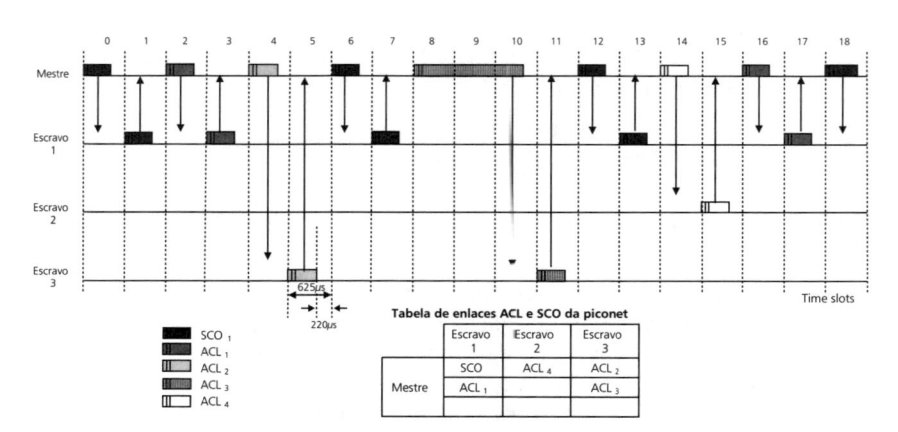

Tabela de enlaces ACL e SCO da piconet

	Escravo 1	Escravo 2	Escravo 3
Mestre	SCO ACL$_1$	ACL$_4$	ACL$_2$ ACL$_3$

figura 3.14 *Piconet* formada por um mestre e três escravos que se comunicam, segundo três enlaces do tipo ACL e um enlace do tipo SCO.
Fonte: Elaborada com base em IEEE 802.15.4 (2011).

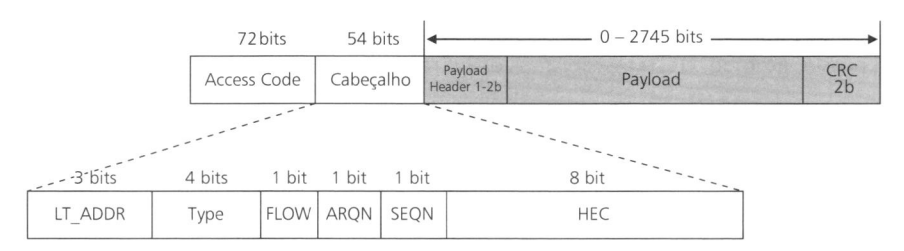

Capítulo 3 ···→ Redes Sem Fio para Interconexão de Dispositivos **141**

```
         72 bits    54 bits  ◄────── 0 – 2745 bits ──────►
      ┌──────────┬──────────┬─────────┬──────────────────┬─────┐
      │ Access   │ Cabeçalho│ Payload │     Payload      │ CRC │
      │ Code     │          │Header   │                  │ 2b  │
      │          │          │ 1-2b    │                  │     │
      └──────────┴──────────┴─────────┴──────────────────┴─────┘

       3 bits   4 bits  1 bit  1 bit  1 bit      8 bit
      ┌────────┬───────┬──────┬──────┬──────┬──────────────┐
      │LT_ADDR │ Type  │ FLOW │ ARQN │ SEQN │     HEC      │
      └────────┴───────┴──────┴──────┴──────┴──────────────┘
```

figura 3.15 O cabeçalho do pacote do Bluetooth.

no relógio do mestre que emite um pulso a cada intervalo de 312,5 μs. Um *time slot* de 625 μs é formado por dois pulsos de relógio e corresponde ao tempo de ocupação de um canal. Como o tempo de resguardo em cada canal é de 220 μs, concluímos que a duração máxima de um pacote de um *time slot* será de 405 μs.

O cabeçalho do pacote contém as informações de PCI (*Protocol Control Information*) necessárias para a elaboração dos diferentes serviços do nível de enlace pelo protocolo LCP. O campo é formado por 18 bits mas, devido ao FEC 1/3, ele se transforma em 18 × 3 = 54 bits. O cabeçalho do pacote é composto de seis campos, como mostrado na Figura 3.15, cujos significados estão na Tabela 3.5.

■ Controle de erros

Como o canal de RF está constantemente sujeito a diferentes perturbações, o Bluetooth possui uma alta probabilidade de que ocorreram erros no enlace. Para conviver com essa realidade, diferentes mecanismos de detecção e correção de erros são previstos pela norma do Bluetooth, o que o torna hoje uma tecnologia muito robusta em rela-

tabela 3.5 Significado dos campos no cabeçalho do pacote Bluetooth

Campo	Tamanho	Significado
LT_ADDR	3 bits	*Logical Transport Address*. Indica o escravo-destino quando é uma transmissão mestre/escravo ou o inverso.
TYPE	4 bits	Tipo de pacote. Existem até 16 tipos de pacotes, cuja interpretação depende se o enlace é do tipo SCO ou ACL.
FLOW	1 bit	Controle de fluxo. O bit indica se é utilizado controle de fluxo em um enlace tipo ACL.
ARQN	1 bit	Indicação de confirmação de recebimento de pacote. Resposta pode ser ACK, pacote correto; ou NACK, pacote com erro.
SEQN	1 bit	Número de sequência.
HEC	8 bits	*Header Error Correction*. Correção de erros de cabeçalho por FEC 1/3.

ção a perturbações do canal, como ruídos, interferências e desvanecimento. O Bluetooth possui, ao todo, cinco mecanismos de correção de erros:

1. Oito bits de HEC (*Header Error Correction*) que atuam sobre os cinco campos do cabeçalho e o próprio HEC segundo um FEC de 1/3, ou seja, os 18 bits inflam para $3 \times 18 = 54$ bits que formam o cabeçalho do pacote.
2. O campo de CRC de 16 bits atua sobre todo o pacote: *Access Code*, *Header* e *Payload*. Indica se ocorreu um erro na transmissão do pacote, mas não corrige.
3. O mecanismo de FEC do tipo 1/3. Esse mecanismo simplesmente repete três vezes cada bit de informação. É utilizado em enlaces com alta probabilidade de ocorrência de erros.
4. Um mecanismo de FEC do tipo 2/3, que utiliza um código do tipo *shortened* Hamming (15,10), isto é, a cada 10 bits de informação correspondem 15 bits de código. Este esquema é apropriado para sistemas de transmissão com taxas em torno de 1 Mbit/s.
5. Esquema de ARQ (*Automatic Repeat Request*) rápido que utiliza um esquema de retransmissão não numerado. Cada vez que um escravo recebe um pacote sem erro, ele sinaliza para o mestre por meio de um pacote em que o bit de ARQN no cabeçalho estará em um. Com base nesse bit, o mestre decide se envia um novo pacote ou se repete o anterior. O mecanismo funciona também no sentido escravo/mestre.

A escolha de um ou mais mecanismos de controle de erro é feita pelo protocolo LMP, pois é ele que monitora a qualidade do enlace e negocia a taxa de transferência mais adequada entre transmissor e receptor.

3.2.5 o nível L2CAP (*L2CAP channel*)

Este nível faz o acoplamento das diversas aplicações dos níveis superiores com a realidade dos enlaces lógicos de transporte do Bluetooth. O protocolo L2CAP (*Logical Link Control and Adaptation Layer Protocol*) desse nível fornece um serviço de comunicação de dados com e sem conexão, multiplexação de conexões, suporte a QoS, segmentação e remontagem de PDUs do nível de aplicação, com comprimentos até 64 kbytes.

O controle de enlace de um dispositivo Bluetooth está associado a dois estados principais, *connection* e *standby*, além de sete subestados: *page, page scan, inquiry, inquiry scan, master response* e *slave response*. Um dispositivo, ao passar de um estado de *standby* para *connect* ou vice-versa, passa por um ou mais desses subestados. O estado *connect* pode estar em estado de *active*, ou então em três tipos de situações de conexão inativa, como *sniff, hold* e *park*, conforme mostrado na Figura 3.16(a). Todos os estados de *connect inactive* visam à economia de processamento e de energia do dispositivo Bluetooth móvel.

Para estabelecer uma conexão entre dois dispositivos Bluetooth, o escravo deve conhecer o relógio de sincronismo do mestre, enquanto o mestre deve conhecer o BDA (*Bluetooth Device Address*) do escravo. O mestre que deseja estabelecer a conexão

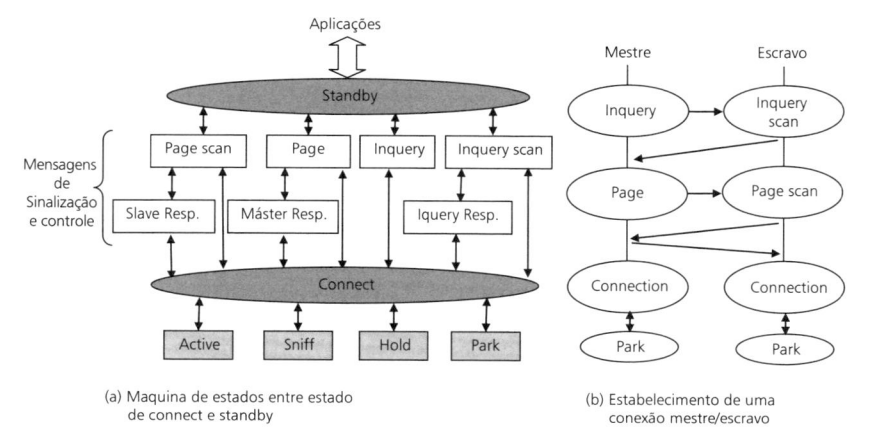

figura 3.16 Conexão no Bluetooth: (a) máquina de estados entre *standby* e *connect* e (b) fluxograma para estabelecimento de uma conexão mestre/escravo.
Fonte: Elaborada com base em BLUETOOTH (2017).

envia um *inquiry* para verificar se há algum dispositivo próximo (Figura 3.16(b)). Um dispositivo que estiver fazendo *inquiry scan*, ao receber a mensagem, envia ao mestre o seu endereço BDA. O mestre então entra no estado de *page* e prepara uma mensagem de *page*. O escravo entra no estado de *page scan* para receber a mensagem e manda uma resposta. O mestre envia um pacote de FHS (*Frequency Hop Synchronization*) para ajudar o escravo a sincronizar com o relógio do mestre. A partir desse momento, está estabelecida uma conexão entre o mestre e o escravo.

Além do protocolo L2CAP, o Bluetooth dispõe de mais dois protocolos de convergência de transmissão para aplicações: RFCOMM (*Radio Frequency Communications*) e o SDP (*Service Discovery Protocol*). O RFCOMM é um protocolo utilizado para emular uma porta serial RS 232 (EIA): esta funcionalidade é muito útil, pois muitas aplicações foram projetadas com acesso previsto por meio dessa porta. Podem existir até 60 conexões simultâneas entre dois dispositivos Bluetooth. O RFCOMM também consegue transferir os sinais de estado e controle de um modem, além de emular as condições de um cabo cruzado (eliminador de modem).

O protocolo SDP permite que os dispositivos móveis descubram os diferentes serviços disponíveis em um dispositivo Bluetooth, bem como as características desses serviços. O SDP também possibilita que o cliente procure serviços com determinadas características, representados por um número de UUID (*Universally Unique IDentifier*), ou listar os serviços de que o servidor dispõe. Devemos salientar que o SDP fornece unicamente os meios para descobrir os serviços e não como acessá-los (ZHENG et al., 2010).

Também é possível encapsular o tráfego TCP/IP diretamente sobre o L2CAP, porém ainda não foi desenvolvido um perfil de aplicação específico para isso, assim, a maioria dos fornecedores que oferecem esse serviço o faz por meio do protocolo PPP (*Point to Point Protocol*) rodando sobre o RFCOMM.

3.2.6 perfis de aplicação do Bluetooth

Para viabilizar uma comunicação mais rápida e simples entre dois dispositivos Bluetooth, o SIG Bluetooth adota o conceito de perfil de aplicação. Um perfil Bluetooth é uma especificação relacionada a uma determinada aplicação e focada na comunicação sem fio da tecnologia Bluetooth dos dispositivos. Em outras palavras, a comunicação entre os dois dispositivos deve ser compatível com o subconjunto de perfis Bluetooth necessários para utilizar determinado serviço. Em 2009, quando da consolidação do Bluetooth Core Technology versão 3.0 + HS (*High Speed*), a tecnologia Bluetooth possuía mais de 30 perfis de aplicação. Uma determinada aplicação necessita que os subconjuntos de perfis dos dois dispositivos Bluetooth tenham condições de oferecer um ou mais perfis Bluetooth que sejam compatíveis para a utilização do serviço desejado. Entre os perfis mais populares, destacamos (BLUETOOTH, c2017):

- A interface para áudio, ou *Advanced Audio Distribution Profile* (A2DP)
- Interconexão de telefone celular, ou *Cordless Telephony Profile* (CTP)
- Interconexão de FAX, ou *Fax Profile* (FAX)
- Transferência de arquivos, ou *File Transfer Profile* (FTP)
- Interface para áudio e vídeo, ou *Generic Audio/Video Distribution Profile* (GAVDP)
- Interconexão de fones de ouvido, ou *Headset Profile* (HSP)
- Porta serial, ou *Serial Port Profile* (SPP)
- Interface para vídeo, ou *Video Distribution Profile* (VDP)

3.2.7 estado atual da tecnologia WPAN Bluetooth

O projeto Bluetooth foi iniciado na empresa sueca Ericsson por J. Haartsen e S. Mattisson, em 1994, com o objetivo de desenvolver uma tecnologia para a substituição de cabos na conexão de dispositivos periféricos. A partir de 1998, as especificações do Bluetooth passaram a ser desenvolvidas por um grupo de fabricantes conhecido como *Bluetooth Special Interest Group* (GIS), que já conta com 30.000 empresas de todo o mundo. As versões tecnológicas do GIS são conhecidas como *"Bluetooth Core Specification"* e a sua primeira versão, Bluetooth V.1 e V.1B, foi publicada pelo GIS em 1999, mas logo abandonada, devido aos seus muitos erros e inconsistências.

Em fevereiro de 2001 a versão Bluetooth V1.1 foi lançada, publicada pelo GIS Bluetooth, e acolhida pelo IEEE como o padrão *IEEE Standard 802.15.1 (2002)*, corrigindo muitos dos erros encontrados na especificação V1.0B. A versão V1.1 adiciona a possibilidade de canais não encriptados, além de um indicador de intensidade de sinal recebido RSSI (*Received Signal Strength Indicator*).

Em novembro de 2003, o GIS Bluetooth lançou pela primeira vez uma versão comercial de sucesso do Bluetooth, conhecida como *Bluetooth SIG V1.2*, que gerou o padrão *IEEE Standard 802.15.1 (2005) revised*. A partir dessa especificação, a taxa mundial de produção de dispositivos com facilidades Bluetooth lançados no mercado alcançou rapidamente 1 milhão de dispositivos por semana, com destaque para o fone de ouvido estéreo sem fio.

Em 2005, o SIG Bluetooth lançou uma ferramenta de teste: PIS (*Profile Testing Suite*) que permite a validação e qualificação de dispositivos Bluetooth. Atualmente, a ferramenta está na versão 4.1 e garante a interoperabilidade entre os dispositivos Bluetooth de diferentes fabricantes.

Em novembro de 2004 o GIS Bluetooth publicou a versão *Bluetooth Core Specification V2.0 + EDR* (*Enhanced Data Rate*). A principal diferença dessa versão em relação à V1.2 é a introdução de uma taxa de transmissão opcional aumentada, EDR, que pode chegar a 3 Mbit/s, embora a taxa de transferência efetiva de dados fique em torno de 2,1 Mbit/s. Para conseguir este desempenho, foi utilizado um tipo de modulação que combina GFSK com PSK (*Phase Shift Keying*) segundo duas variantes: $\pi/4$ DQPSK e 8DPSK. Além disso, o EDR oferece um consumo de energia menor, utilizando um ciclo de atividade (*duty cycle*) menor.

Em julho de 2007 o GIS Bluetooth lançou a *Core Specification V2.1 + EDR* que tem, entre outras novidades, a função *Secure Simple Pairing* (SSP) que, além de agilizar o pareamento de dispositivos Bluetooth, proporciona um aumento significativo da segurança. A versão oferece também total compatibilidade com versões mais antigas, até a V.1.2 (BLUETOOTH, c2017).

Em abril de 2009 o GIS Bluetooth publicou a versão *Bluetooth Core Specification V.3 + HS* (*High Speed*), em que HS corresponde a uma opção que oferece uma taxa de transferência de dados teórica máxima, que pode chegar a 24 Mbit/s. Para obter essa taxa, a V.3 + HS faz uma negociação por meio do enlace Bluetooth tradicional para conseguir um canal co-alocado do tipo 802.11 (Wi-Fi) para tráfego de alta velocidade.

Em junho de 2010, o GIS Bluetooth lançou uma versão completamente inovadora conhecida como *Bluetooth Core Specification V4.0*, que, na realidade, é um conjunto de protocolos que compreende desde o *Classic Bluetooth*, o *Bluetooth High Speed* e uma nova pilha de protocolos designada *Bluetooth Low Energy (BLE)*. A tecnologia BLE corresponde a um novo tipo de WPAN desenvolvida pela Nokia e que acabou sendo absorvida pelo SIG Bluetooth. Veja na Tabela 3.6 as principais etapas no desenvolvimento do Bluetooth em ordem cronológica. Por sua importância e suas características tecnológicas inovadoras, o Bluetooth V4.0 (BLE) merece um item separado.

tabela 3.6 Versões do Bluetooth e taxas de dados associadas

Versão Bluetooth	Ano de lançamento	Taxa transmissão Mbit/s	Taxa transferência Mbit/s	Observação
Core V1.1	Fevereiro 2001	1	0,7	
Core V1.2	Novembro 2003	1	0,7	
Core V2.0 + EDR	Novembro 2004	1 a 3	0,7 a 2,1	
Core V2.1 + EDR	Julho 2007	1 a 3	0,7 a 2,1	
Core V3.0 + HS	Abril 2009	24 Mbit/s	–	Canal Wi-Fi
Core V4.0 (BLE)	Junho 2010	Wibree ou Bluetooth Low Energy (BLE)		

3.3 bluetooth V4.0 ou Bluetooth Low Energy (BLE)

Em 2007, a Nokia da Finlândia lançou uma nova tecnologia sem fio para WPAN chamada Wibree[3] para ser a sucessora do Bluetooth. Com uma taxa de transferência de 1 Mbit/s e um alcance máximo de 10 m, ela é idêntica à tecnologia Bluetooth da Ericsson. No entanto, a tecnologia Wibree apresenta como grande diferencial um consumo de energia da ordem de 10 a 20 vezes menor do que a tecnologia clássica Bluetooth, o que lhe assegurou um amplo leque de novas aplicações em dispositivos de tamanho reduzido e de baixo consumo. A tecnologia Wibree da Nokia foi negociada com a Ericsson para passar a integrar o padrão principal do Bluetooth, ficando conhecido como Bluetooth Smart e, mais tarde, como Bluetooth LE (Low Energy). A nova tecnologia dentro do padrão Bluetooth foi designada *Core Specification V4.0*.

Em junho de 2010, o SIG Bluetooth completou a *Core Specification V4.0* que incluiu o *Classic Bluetooth*, o *Bluetooth High Speed* baseado em canal de Wi-Fi, com uma nova pilha de protocolos denominada *Bluetooth Low Energy* (BLE). Essa última tecnologia corresponde a um subconjunto da tecnologia Wibree definitivamente incorporada pelo SIG Bluetooth (COSTA; DUARTE, 2012).

A tecnologia já está inserida nos mais diversos dispositivos, como relógios de pulso, minissensores, brinquedos, robôs, máquinas, motores e muitos outros. A tecnologia Wibree é compatível com a tecnologia Bluetooth e, portanto, permite formar pequenas *piconets* e *scatternets* na troca de dados entre os mais diversos tipos de dispositivos, como PCs, *notebooks*, *palmtops*, *smartphones*, PDAs, GPS, equipamentos portáteis de entretenimento, celulares inteligentes, TVs portáteis e outros. A tecnologia viabiliza também inúmeras novas aplicações, com destaque para:

---

[3] Wibree: Wireless Bree. Bree, neste caso, é identificado como a cidade de Bree dos filmes da trilogia "Senhor dos Anéis".

Capítulo 3 ⋯→ Redes Sem Fio para Interconexão de Dispositivos   147

- Sensores corporais para supervisão e monitoramento de pacientes no hospital ou em casa
- Sensores sem fio utilizados em treinamentos e exercícios físicos
- Controle remoto de brinquedos e dispositivos de entretenimento
- Aplicações de proximidade como abertura de portões e controle de processos
- Sensores de proximidade para crianças ou cachorros em sistemas de segurança

Muitas outras aplicações podem ser imaginadas e desenvolvidas rapidamente a partir desse novo conceito do *Bluetooth Low Energy* (BLE).

3.3.1 arquitetura de protocolos do *Bluetooth Low Energy* (BLE)

A principal característica do *Bluetooth Low Energy* (BLE) é oferecer conexão sem fio para dispositivos eletrônicos que trafegam blocos de dados curtos, como encontramos em dispositivos de I/O humanos, como telefones celulares inteligentes, controladores de videogame, fones de ouvido estéreos, conexão de alto-falantes, conexão de dispositivos em carros, e assim por diante. Ultimamente, o BLE é aplicado cada vez mais em supervisão médica (*Health Care*) e em conexões de tipo M2M (*Machine to Machine*) na área de automação industrial.

Neste contexto, o *Bluetooth Low Energy* (BLE) surge como uma proposta inovadora em relação a dois aspectos fundamentais: o consumo de energia e a comunicação sem fio entre quaisquer dispositivos, inclusive dispositivos com endereços IP, resultando em um novo conceito de Internet conhecido como *Internet of Things* (IoT).

Quanto ao primeiro aspecto, o BLE foi concebido para minimizar o consumo de energia elétrica. Uma realização física de um sistema BLE ocupa hoje uma área do tamanho de uma moeda e é alimentado por uma bateria de lítio de 3V também equivalente ao tamanho de uma moeda, que possui uma duração que pode chegar a alguns anos. Veja na Tabela 3.7 alguns valores de consumo de corrente típicos de um *chipset* Bluetooth.

A tecnologia BLE dá suporte a um novo conceito de conectividade, ou seja, qualquer coisa pode ser conectada à Internet formando a *Internet of Things* (IoT). A principal característica da IOT é que a maioria desses dispositivos troca informações de estado extremamente curtas que são utilizadas pelos *Web Services*. O modelo de relacionamento entre o dispositivo que busca a informação (cliente) e o que possui a informação (servidor) é do tipo cliente/servidor, já muito utilizado em *Web Services*: são trocas

tabela 3.7 Consumo típico de um *chipset Bluetooth Low Power*

Sistema	Transmissão (0 dBm) I_{xmt} [mA]	Recepção I_{REC} [mA]	Corrente de repouso [μA]	Corrente média [μA] *Duty Cycle* <1%
BLE	~13 mA	~15	0,5 μA	~1 μA

de informações curtas, que acontecem de forma assíncrona e sem a necessidade de uma conexão, pois, assim, menor será o consumo de energia.

Como exemplos desses sensores (ou servidores) destacamos dispositivos como termômetros, velocímetros, relógios, cronômetros, sensores de pressão, sensores de nível, sensores de presença sensores de proximidade dispositivos médicos, como monitores de batimentos cardíacos, de atividades físicas, de pressão sanguínea, de teor de glicose além de uma infinidade de outros em áreas como controle remoto e automação.

O BLE também oferece a possibilidade de adicionar funcionalidades a dispositivos inteligentes, por exemplo, um *smartphone* com BLE que pode servir como um dispositivo intermediário ou *gateway* e fornecer uma espécie de túnel transparente de comunicação a outro dispositivo qualquer, viabilizando o acesso à Internet.

O BLE apresenta uma arquitetura de protocolos considerada uma simplificação da arquitetura de protocolos do Bluetooth Clássico, como mostrado na Figura 3.17. Em linhas gerais, ela é formada por quatro blocos funcionais: o controlador de hospedeiro, que compreende o nível físico e de enlace OSI; a interface HCI (*Host Controller Interface*), entre controlador e hospedeiro; os perfis de adaptação do hospedeiro; e a aplicação.

A estrutura de dados associada ao controlador de hospedeiro corresponde a um típico quadro MAC, porém, com um *payload* reduzido para, no máximo, 37 octetos. No nível de hospedeiro encontramos somente dois tipos de PDUs: as PDUs de *advertising* e as PDUs de dados, o que simplifica muito o relacionamento com o hospedeiro.

O BLE foi otimizado para transmitir blocos de dados muito pequenos (37 octetos no máximo) que são transmitidos a 1 Mbit/s em ciclos de transmissão com um fator de atividade muito baixo (<1%), o que situa a taxa de transmissão média do BLE em torno de algumas centenas de bits e tempos de transmissão menores que 6 ms.

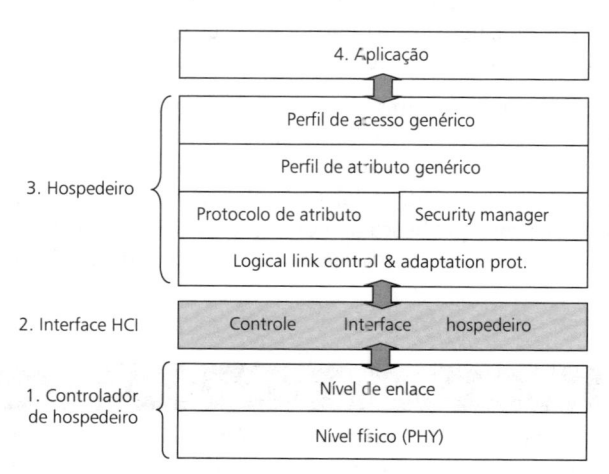

figura 3.17 Modelo de arquitetura de protocolos do BLE.
Fonte: Elaborada com base em BLUETOOTH (c2017).

3.3.2 o nível físico do BLE

No nível físico, o BLE apresenta uma série de especificações semelhantes às do Bluetooth Clássico, mas também possui algumas características próprias. Veja na Tabela 3.8 um resumo dessas características físicas comparadas às do Bluetooth Clássico.

Uma das grandes diferenças é o fato de o BLE utilizar canais com largura de 2 MHz em vez dos canais de 1 MHz do Bluetooth Clássico. Assim, o número de canais do BLE fica reduzido para 40, conforme a Figura 3.18. Veja também que, desses 40 canais, somente 11 (37, 9, 10, 38, 21, 22, 23, 33, 34, 35, 36, 37) não serão interferidos quando da presença de uma rede Wi-Fi no espectro ISM de 2,4 GHz. Desses 11, os canais 37, 38 e 39 são de anúncio (*advertising channels*), o que reduz para 9 os canais que podem ser utilizados para a comunicação de dados do BLE.

Para disciplinar a convivência do BLE com os possíveis três canais do Wi-Fi na faixa do ISM de 2,4 GHz, foi definido o algoritmo de *Frequency Hopping Adaptative* (FHA), que estabelece um padrão de saltos de frequência aleatórios de tal modo que seja utilizado sempre um conjunto de canais que não sofram interferência devido à ocupação de porções do espectro por parte de redes do tipo Wi-Fi (veja a Figura 3.18). Cada canal Wi-Fi possui uma largura de banda em torno de 22 MHz, o que corresponde aproximadamente a 9 ou 10 canais de 2 MHz que não poderão ser utilizados pelo BLE. Para garantir que a sequência de saltos de frequência aleatórios definida pelo FHA caia sempre em canais que não sofrem interferências dos canais Wi-Fi, é necessário que um módulo de sensoriamento espectral informe periodicamente a ocupação dos canais de Wi-Fi e, dessa forma, o algoritmo pode se adaptar dinamicamente a um conjunto de

tabela 3.8 Comparativo entre o Bluetooth Clássico e o Bluetooth *Low Energy*

Parâmetro	Bluetooth clássico	Bluetooth *Low Energy* (BLE)
Banda de frequência	2400 a 2483,5 MHz	2400 a 2483,5 MHz
Técnica de espalhamento espectral	Frequency Hopping	Frequency Hopping
Técnica de modulação	GFSK	GFSK
Índice de modulação	0,35	0,5
Total de canais	79	40
Largura de banda de canal	1 MHz	2 MHz
Taxa de transmissão de dados	1 a 3 Mbit/s	1 Mbit/s
Taxa de informação	0,7 a 2,1 Mbit/s	< 0,3 Mbit/s
Nodos por escravo ativo	7	Sem limite
Robustez de chave de segurança	56 a 128 bits	128 bits AES
Serviço de voz	Possível	Não
Consumo de energia	1	0,1 a 0,05 vez menor

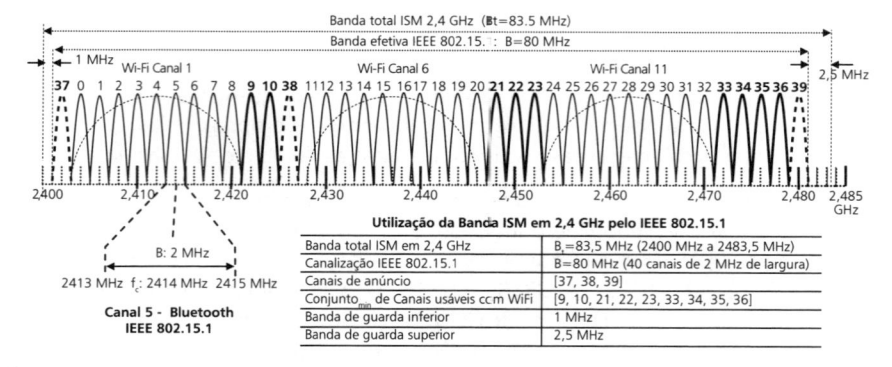

figura 3.18 Definição dos canais na banda de 2,4 GHz para o BLE.

Utilização da Banda ISM em 2,4 GHz pelo IEEE 802.15.1	
Banda total ISM em 2,4 GHz	B_t=83,5 MHz (2400 MHz a 2483,5 MHz)
Canalização IEEE 802.15.1	B=80 MHz (40 canais de 2 MHz de largura)
Canais de anúncio	[37, 38, 39]
Conjunto$_{min}$ de Canais usáveis com WiFi	[9, 10, 21, 22, 23, 33, 34, 35, 36]
Banda de guarda inferior	1 MHz
Banda de guarda superior	2,5 MHz

canais de 2 MHz usáveis pelo BLE. Veja na Figura 3.5(a) as ocupações típicas da banda ISM de 2,4 GHz por parte de canais de Wi-Fi (WLAN, IEEE 802.11). Observe que são, ao todo, 13 possíveis canais, com largura de banda de 22 MHz e frequências centrais distribuídas ao longo da faixa ISM. Desses 13, podemos ter, no máximo, três canais ocupados em um determinado tempo.

Vamos supor, por exemplo, que os canais Wi-Fi 1, 6 e 11 (esquema americano) estão ativos na faixa de ISM, como observamos na Figura 3.18. Dessa forma, um sistema BLE que pretenda operar nesse espaço dispõe de apenas 12 canais de 2 MHz que não sofrerão interferências pelas redes Wi-Fi, a saber [37, 9, 10, 38, 21, 22, 23, 33, 34, 35, 36, 39]. Desses três canais [37, 38, 39] são reservados para anúncio (*advertising channels*), de modo que o conjunto de canais para transmissão de dados será reduzido para apenas 9 [9, 10, 21, 22, 23, 33, 34, 35, 36], sendo definido como o conjunto mínimo de canais usáveis pelo BLE. Como a ocupação dos canais Wi-Fi pode variar no tempo, torna-se necessário um algoritmo de *frequency hopping* que seja adaptativo no tempo. O algoritmo é conhecido como FHA (*Frequency Hopping Adapted*) e um exemplo é descrito a seguir.

3.3.3 o algoritmo FHA (*Frequency Hoping Adapted*)

Vamos supor que um sistema BLE convive com três redes Wi-Fi que operam nos canais 1, 6 e 11, respectivamente, como mostrado na Figura 3.18. Um sistema BLE que opera na mesma área utiliza um algoritmo FHA cujo fluxograma está na Figura 3.19 e que é descrito a seguir.

Vamos supor que o sistema BLE em um determinado instante aponte o canal f_n dos possíveis canais do BLE, e que esse canal pode ser tanto usável ou não. Se f_n for um canal não usável, então o próximo canal será dado por

$$f_{n+1} = (f_n + hop)_{Modulo 37} \tag{3.6}$$

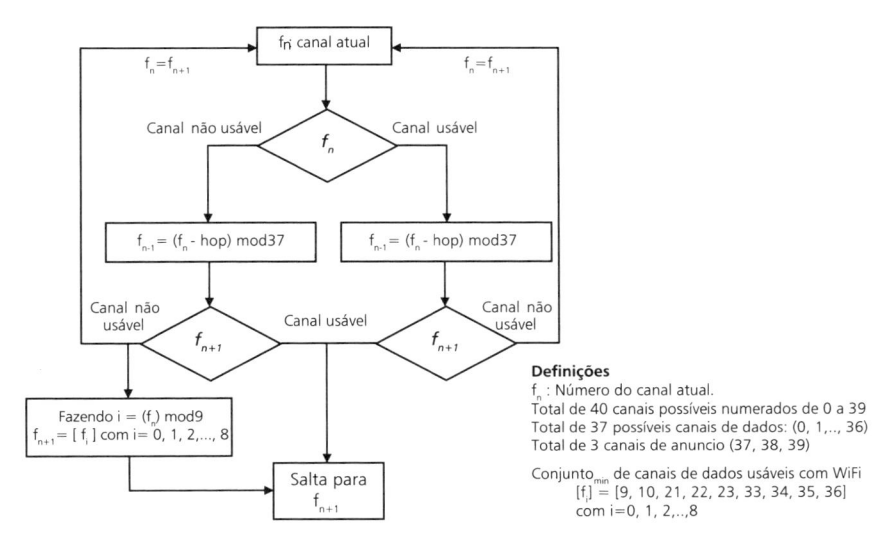

figura 3.19 Fluxograma de um algoritmo de FHA *(Frequency Hopping Adaptive)* para BLE supondo ativos três canais de Wi-Fi (1, 6, 11) na banda de ISM de 2,4 GHz.
Fonte: Elaborada com base em BLUETOOTH (c2017).

Essa expressão representa uma soma aritmética módulo 37[4], em que *hop* é um número aleatório escolhido no intervalo [0, ..., 37] que representa o salto a ser dado em cada ciclo do algoritmo. A soma em aritmética módulo 37 se explica porque, do conjunto de 40 possíveis canais do BLE definidos na Figura 3.18, são excluídos os canais de *advertising* (canais 37, 38 e 39), reduzindo o conjunto de canais de dados usáveis a 37 canais. Se o resultado dessa soma for um canal usável (confira a Figura 3.18), é feito o salto para dentro desse canal. Porém, se o resultado for um canal não usável, duas ações são disparadas: primeiro, f_n é atualizado para $f_n \leftarrow f_n + 1$ e, segundo, o canal f_{n+1} é remapeado dentro do menor conjunto de canais utilizáveis. Fazendo $i = (f_n) \bmod 9$, onde i é um número que varia entre [0 a 8], que corresponde às 9 posições dos canais utilizáveis [9, 10, 21, 22, 23, 33, 34, 35, 36], o próximo canal a ser ocupado será dado por

$$f_{n+1} = [f_i] \quad com \quad i = 0, 1, 2, ..., 8 \qquad (3.7)$$

O resultado desse mapeamento sempre será um canal usável.

Porém, se o canal inicial f_n em que se encontra o sistema for um canal usável, então o próximo canal também será dado por (3.7). Se o resultado dessa expressão for um canal usável, salta para esse canal, caso contrário, atualiza $f_n \leftarrow f_{n+1}$ e reinicia o algoritmo.

---

[4] Aritmética modular: no caso, módulo 37 significa que se a soma exceder 37, volta para o início. Por exemplo: $(23+17)_{Modulo\ 37} = 3$

exemplo de aplicação

Um sistema BLE utiliza o seguinte conjunto de canais utilizáveis [9, 10, 21, 22, 23, 33, 34, 35, 36] e se encontra em um dado momento em $f_n=5$ e realiza saltos com $hop=7$. Supondo que o sistema utiliza o algoritmo FHA da Figura 3.19, quais são os dois próximos canais a serem ocupados pelo sistema?

Temos que

$$f_{n+1} = (f_n + hop)_{Modulo\,37} = (5+7)_{Modulo\,37} = 12$$

Como o canal 12 não é usável, então deverá ser remapeado em um canal utilizável, procedendo da seguinte maneira.

Como $f_n=5$, pela expressão (3.7) temos que $i = (5)_{Modulo\,9} \rightarrow 5$

O canal a ser ocupado será o canal correspondente a $i=5$ que equivale à posição seis do conjunto de canais utilizáveis, ou seja, o canal 33 (utilizável).

O próximo salto será obtido pela expressão:

$$f_{n+1} = (f_n + hop)_{Módulo\,37} = (12+7)_{módulo\,37} = (19)_{Módulo\,37} \rightarrow 19$$

Como o canal 19 não é usável, então deverá ser remapeado em um canal usável, procedendo conforme a seguir.

Como $f_n=12$, pela expressão (3.7) temos que $i = (f_n)_{Módulo\,9} = (12)_{Módulo\,9} \rightarrow 3$ (posição)

Portanto, o canal a ser ocupado será o canal correspondente a $i=3$ que equivale à posição quatro do conjunto de canais utilizáveis, ou seja, o canal 22.

3.3.4 O nível de enlace lógico (LLC)

O nível de enlace lógico ou LLC (*Logical Link Control*) do modelo de referência de protocolos do BLE está localizado logo acima do nível físico, conforme a Figura 3.17. Todo o acesso e controle do enlace são realizados pelo protocolo LLCP (*Logical Link Control Protocol*), que já é tradicional e muito utilizado em redes locais.

O nível LLC controla dois tipos de canais: os canais de anúncio e os canais de dados. O funcionamento básico desse nível é descrito a partir da máquina de estados da Figura 3.20. Pela figura identificamos dois estados principais para um dispositivo BLE: o estado de conexão e troca de dados entre dois dispositivos, que corresponde ao plano de dados; e o estado de anúncio (*advertising*) do dispositivo, que corresponde ao plano de controle do BLE. Há três estados intermediários: *scanning*, *initiating* e *standby*, que completam a dinâmica da máquina de estados do LLC.

A arquitetura básica da rede BLE continua sendo uma estrutura de *piconet* com controle centralizado, que se apresenta segundo duas topologias: na fase inicial, um dis-

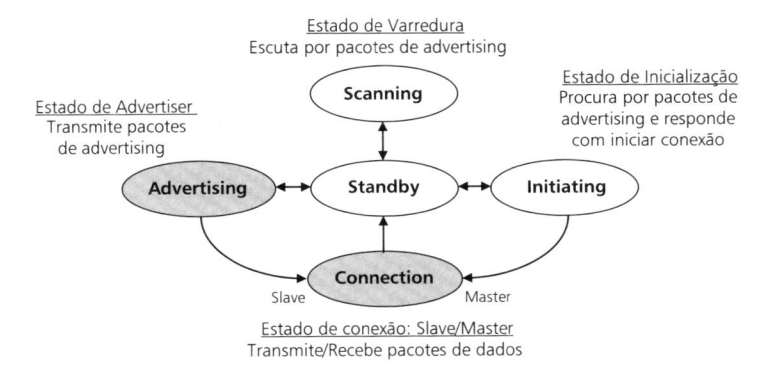

Capítulo 3 → Redes Sem Fio para Interconexão de Dispositivos

figura 3.20 Máquina de estados do nível LLC do BLE.
Fonte: Elaborada com base em BLUETOOTH (c2017).

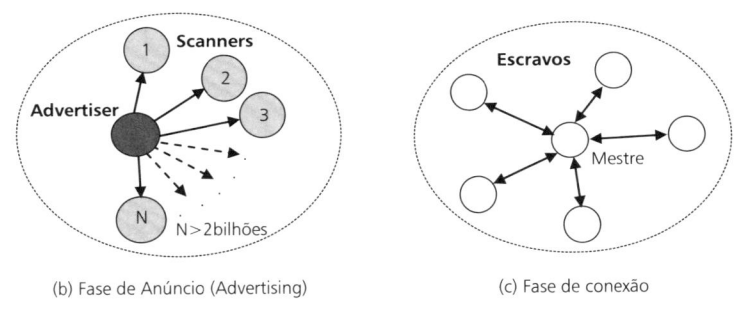

figura 3.21 Topologias de *piconet* na fase de anúncio e na fase de conexão.
Fonte: Elaborada com base em BLUETOOTH (c2017).

positivo anunciador, com seus N *seguidores* (*scanners*), forma um típico *broadcast* em estrela. Já na fase de troca de dados, estamos diante de uma topologia multiponto do tipo mestre e escravo como mostrado na Figura 3.21.

O nível LLC do BLE utiliza quadros relativamente pequenos, que variam de, no mínimo, 10 octetos (mensagens de controle) a, no máximo, 47 octetos para quadros de dados. Assim, são assegurados tempos de transmissão da ordem de 6 ms e uma latência baixa. O quadro LLC é composto de quatro campos: o preâmbulo (sincronismo), formado por um octeto; o endereço de acesso (MAC), formado por quatro octetos; o campo de *payload*, formado por, no mínimo, dois e, no máximo, 39 octetos; e um CRC de três octetos, como mostrado na Figura 3.22(a).

154 ⋯→ Redes de comunicação sem fio

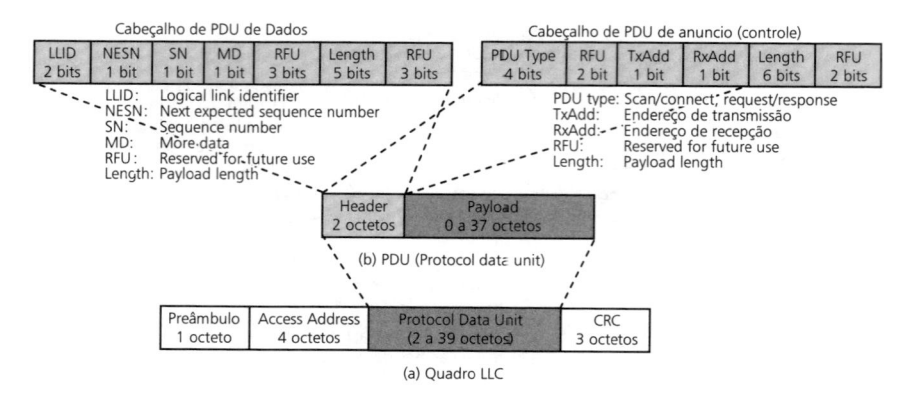

figura 3.22 Encapsulamento de PDUs tipo anúncio ou dados em um quadro LLC: (a) estrutura de um quadro LLC e (b) estrutura de uma PDU (dados ou anúncio).

3.3.5 perfil de aplicação do BLE

Vimos na seção 3.2.6 que o Bluetooth Clássico introduziu o conceito de perfil de aplicação para facilitar a implementação de algumas classes de aplicação e o desenvolvimento de formas mais amigáveis de relacionamento de suas novas aplicações. O BLE também adota esse conceito, mas com um novo enfoque. A estratégia do BLE, para simplificar ainda mais o desenvolvimento de um perfil de aplicação, consiste em restringir a implementação das funcionalidades deste perfil apenas no nível dos protocolos de atributos de hospedeiro, ou seja, sem envolver os níveis baixos, como o nível físico e de enlace. Além disso, o nível de hospedeiro utiliza somente dois tipos de PDUs: PDUs de dados e PDUs de anúncio (*advertising*), o que facilita e agiliza a elaboração desses serviços.

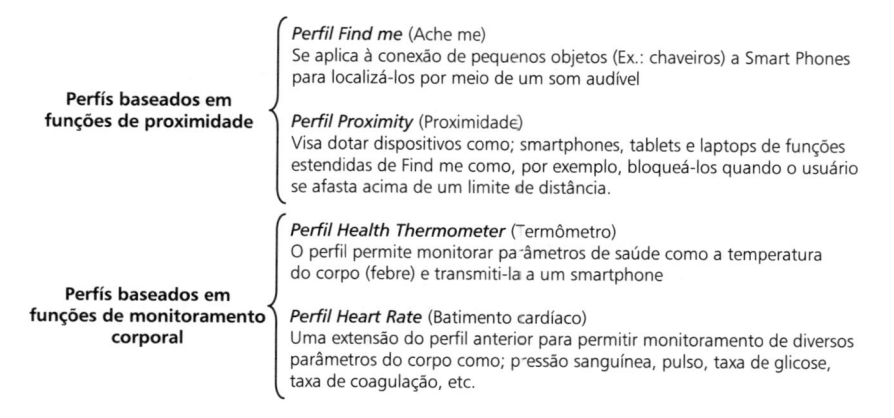

Perfís baseados em funções de proximidade
- *Perfil Find me* (Ache me)
  Se aplica à conexão de pequenos objetos (Ex.: chaveiros) a Smart Phones para localizá-los por meio de um som audível
- *Perfil Proximity* (Proximidade)
  Visa dotar dispositivos como; smartphones, tablets e laptops de funções estendidas de Find me como, por exemplo, bloqueá-los quando o usuário se afasta acima de um limite de distância.

Perfís baseados em funções de monitoramento corporal
- *Perfil Health Thermometer* (Termômetro)
  O perfil permite monitorar parâmetros de saúde como a temperatura do corpo (febre) e transmiti-la a um smartphone
- *Perfil Heart Rate* (Batimento cardíaco)
  Uma extensão do perfil anterior para permitir monitoramento de diversos parâmetros do corpo como; pressão sanguínea, pulso, taxa de glicose, taxa de coagulação, etc.

figura 3.23 Perfis de aplicação definidos pela SIG BLE V.4 de 2011.

Na versão de 2011 do Bluetooth V.4 foram definidos quatro perfis de aplicação, sendo que dois se aplicam às áreas de sensoriamento de proximidade e segurança, e os outros dois, aos cuidados de saúde e monitoramento de exercícios físicos (confira a Figura 3.23).

O perfil BLE, para cuidados de saúde baseados na integração de diferentes sensores biomédicos, é o que promete revolucionar os cuidados médicos de pacientes, seja em ambiente hospitalar ou em ambiente doméstico. Assim, os recursos hospitalares poderão ser estendidos ao ambiente doméstico, minimizando os custos hospitalares.

3.4 WPANs com tecnologias de transmissão diferenciadas

No início da segunda década do século XXI, houve um verdadeiro *boom* de novas aplicações para as redes WPAN. De fato, o leque de aplicações de redes WPAN se abre cada vez mais, e, em um futuro próximo, esse tipo de rede sem fio terá uma importância fundamental na nossa vida. As WPANs estão presentes em praticamente todas as áreas das atividades humanas, como:

- no controle de processos industriais em ambientes agressivos
- na supervisão de segurança de casas e prédios
- no monitoramento de situações de periculosidade por proximidade
- nas redes de sensores corporais (monitoração corporal, *fitness*)
- nas redes de monitoração e supervisão de doentes em ambiente domiciliar ou hospitalar
- nas redes de emergência em ambientes de desastres naturais, atos de terrorismo ou guerra
- nas redes para monitoração ecológica de animais silvestres, plantas e ambientes naturais
- nas redes para coordenação de grupos de combate.

Muitas destas novas aplicações, pelas condições do ambiente de operação apresentarem, por exemplo, interferência e ruído eletromagnético excessivo, buscaram novas soluções para o canal sem fio. Em vez da solução tradicional de utilizar um canal de RF na faixa de ISM de 2,4 GHz, buscaram alternativas na faixa do espectro da luz visível e do infravermelho e que estão livres para operação em curtas distâncias.

Entre as tecnologias WPAN atualmente disponíveis, além do Bluetooth e do BLE, destacamos:

WPAN IrDA (*Infrared Data Association*);

WPAN IEEE Std. 802.15.7, 2011 (Li-Fi) – VLC (Visible Light Communication);

WPAN baseada na IEEE 802.15.3 – UWB (*Ultra Wide Band*).

Você vai ver a seguir algumas características marcantes das WPANs que utilizam o infravermelho (IrDA) e a luz visível (Li-Fi) para suas comunicações. Pela importância cada vez maior da transmissão UWB, essa tecnologia será abordada em detalhes no Capítulo 6.

3.4.1 WPAN Infravermelho da IrDA (*Infrared Data Association*)

A primeira tentativa para interconectar, sem fic, dispositivos e periféricos a um computador partiu de um grupo de empresas, entre as quais se destacam a HP, Microsoft, IBM e Sharp. Em 1993, antes da iniciativa do projeto Bluetooth da Ericsson, um grupo de empresas fundou a IrDA (*Infrared Data Association*), uma associação de interesses, sem fins lucrativos, que hoje já conta com mais de 100 membros, cujo objetivo era a definição de padrões visando à interconexão sem fio de dispositivos utilizando a radiação invisível na faixa do infravermelho (Ir) (CALPOLY, 2016).

Lembramos que a faixa do infravermelho se situa no espectro de frequência eletromagnética, logo acima da faixa de RF, e se estende de 300 GHz até 400 THz, como mostrado na Figura 2.1. O infravermelho corresponde a comprimentos de onda que vão desde 0,5 μm até 1 mm. As comunicações sem fio nessa faixa de frequência exigem linha de visada (LOS – *Line of Sight*) entre o receptor e o transmissor.

A radiação infravermelha é muito utilizada em comunicações ópticas por meio de fibras ópticas, que servem como guias de onda para confinamento e propagação da radiação infravermelha pela fibra. Os comandos para a operação da maioria dos nossos dispositivos eletrônicos de entretenimento se valem do infravermelho nas suas comunicações.

Os esforços iniciais da IrDA se concentraram na elaboração de um padrão de comunicação na faixa do infravermelho, demonstrando que essa comunicação é possível. Com a padronização, os dispositivos dos diferentes fabricantes que adotassem esse padrão de comunicação teriam assegurada a interoperabilidade com os dispositivos de outros fabricantes.

Com a padronização, visava-se não só a minimização dos custos e do consumo de energia desse sistema de comunicação mas também a facilidade de adaptação a uma grande variedade de dispositivos e aplicações atuais e futuras. Devido à ampla aceitação das especificações da IrDA, espera-se que, em breve, elas sejam adotadas como um padrão ISO.

O primeiro modelo de uma arquitetura de referência de protocolos do IrDA surgiu em 1994. Veja na Figura 3.24 o modelo de arquitetura de protocolos que atualmente é adotado em sistemas IrDA.

Baseado no modelo de referência de protocolos do IrDA da Figura 3.24, você vai ver a seguir uma breve descrição das diferentes funções e dos serviços elaborados em cada nível desse modelo de referência. A descrição segue o sentido *bottom up*, ou seja, do nível físico em direção aos níveis superiores

■ nível físico do IrDA

As principais características fixadas para o sistema IrDa de comunicação no nível físico foram:

- transmissão serial assíncrona do tipo *start/stop*, semiduplex
- codificação banda base do tipo RZI (*Return to Zero Inverted*)

Capítulo 3 ···→ Redes Sem Fio para Interconexão de Dispositivos 157

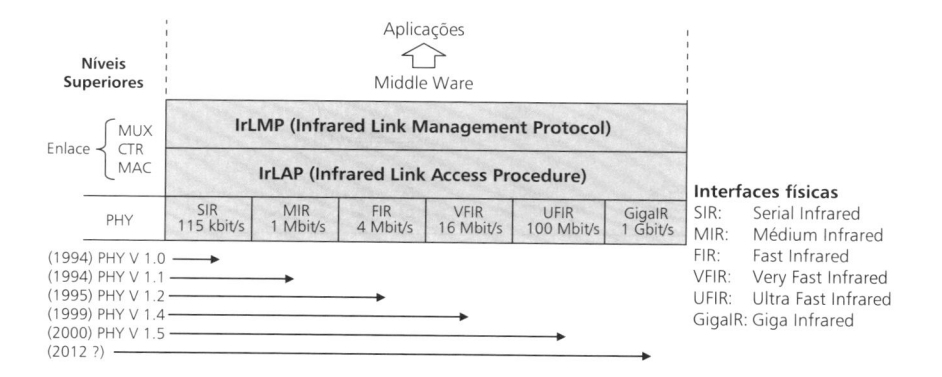

```
                            Aplicações
  Níveis                       ⇧
Superiores                 Middle Ware
        ┌ MUX      IrLMP (Infrared Link Management Protocol)
Enlace ─┤ CTR
        └ MAC      IrLAP (Infrared Link Access Procedure)
                                                                  Interfaces físicas
           PHY    │ SIR     │ MIR    │ FIR    │ VFIR    │ UFIR     │ GigaIR │  SIR:    Serial Infrared
                  │115 kbit/s│1 Mbit/s│4 Mbit/s│16 Mbit/s│100 Mbit/s│1 Gbit/s│  MIR:    Médium Infrared
 (1994) PHY V 1.0 ─→                                                          FIR:    Fast Infrared
 (1994) PHY V 1.1 ──────────→                                                 VFIR:   Very Fast Infrared
 (1995) PHY V 1.2 ───────────────────→                                        UFIR:   Ultra Fast Infrared
 (1999) PHY V 1.4 ────────────────────────────→                               GigaIR: Giga Infrared
 (2000) PHY V 1.5 ─────────────────────────────────────→
 (2012 ?) ──────────────────────────────────────────────────→
```

figura 3.24 Arquitetura de protocolos do IrDA e as seis versões de interfaces físicas que foram padronizadas até agora.

- transceivers ópticos na faixa do infravermelho de 850 a 900 nm
- ângulo do cone de emissão e detecção infravermelho maior que 30°
- conexão por serviço, tipo ponto-a-ponto
- seis interfaces distintas de transmissão de nível físico
- relacionamento entre os dispositivos do tipo estação primária (ou mestre) e estação secundária (ou escravo), que opera de forma semiduplex e serial em conexões do tipo ponto-a-ponto.

No nível físico (PHY) do IrDA, são definidos seis tipos de interfaces de acesso, com taxas que variam desde 115 kbit/s até 1 Gbit/s, conforme mostrado na Figura 3.24.

O padrão define transceptores do tipo UART (*Universal Asynchronous Receiver Transmitter*) com codificação banda base do tipo RZI (*Return to Zero Inverted*), acoplados a dispositivos emissores e detectores de radiação infravermelha.

Veja na Figura 3.26 a comunicação semiduplex assíncrona entre dois dispositivos IrDA, bem como a estrutura de um quadro básico do IrDA formado por 10 bits, sendo 8 de informação, um *start* bit = 0 no início e um *stop* bit = 1 no final do quadro.

O código RZI utilizado no nível de transmissão física do IrDA associa a cada "bit 1" um pulso com uma largura $T_p=3/16T_b$ e nenhum pulso quando o bit for zero, como mostra a Figura 3.26. A banda necessária para esse tipo de codificação banda base é B=R, em que R corresponde à taxa de bit em Hz (ZHENG et al., 2010).

■ nível de enlace

No nível de enlace da arquitetura IrDA é utilizado o protocolo IrLAP, que é uma versão adaptada do protocolo LAPB (*Link Access Procedure Balanced*) que, por sua vez, é baseado no HDLC (*High-Level Data Link Control*), um protocolo genérico da ISO (*Inter-*

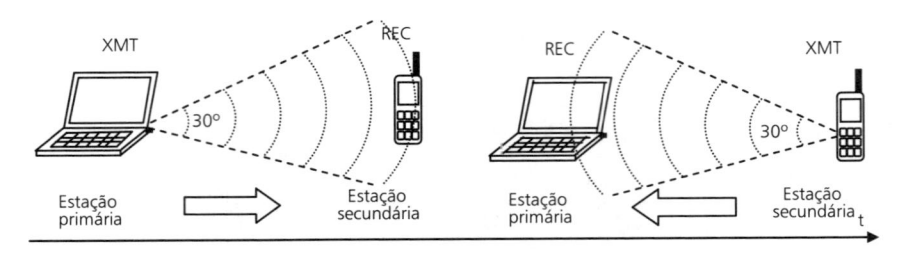

figura 3.25 Nível físico da WPAN IrDA: exemplo de conexão ponto-a-ponto entre dois dispositivos IrDA operando em modo semiduplex.

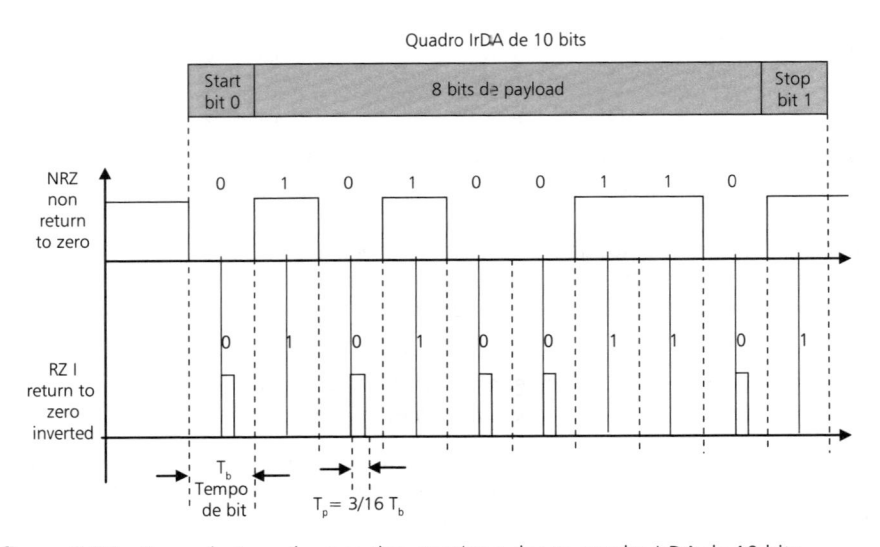

figura 3.26 Transmissão assíncrona tipo *start/stop* de um quadro IrDA de 10 bits.

national Organization for Standardization), muito utilizado no controle de enlaces do tipo ponto-a-ponto nas mais diversas arquiteturas de rede.

O protocolo IrLAP é muito estável e controla, além dos mecanismos de acesso ao link, ou MAC (*Medium Access Control*), funções de multiplexação e manutenção de conexões do enlace. O IrLAP também prevê funções de controle de fluxo e mecanismos de recuperação de erros em nível de enlace.

Acima do subnível IrLAP se encontra o subnível IrLMP (*Ir Link Management Protocol*) que executa principalmente funções de gerenciamento e controle relacionadas a serviços como estabelecimento, manutenção e encerramento de conexões de enlace.

Capítulo 3 ⋯→ Redes Sem Fio para Interconexão de Dispositivos   **159**

■ *middleware* e nível de aplicação

No nível imediatamente acima do nível de enlace, estão os protocolos também conhecidos como *middleware* (software intermediário), que elaboram funções para fazer a adaptação das estruturas de dados entre a plataforma de transporte (nível 1 e 2) e as SDUs (*Service Data Units*) próprias de cada aplicação. As funções de adaptação e convergência de transmissão são específicas de cada tipo de aplicação e vão desde funções de adaptação das estruturas de dados até o atendimento dos parâmetros de QoS (*Quality of Service*) próprios de cada aplicação.

Em 1998, quando algumas empresas criaram o Grupo de Interesse Especial chamado Bluetooth, que também tinha como objetivo a criação de um padrão de comunicação sem fio para a interconexão de dispositivos e periféricos em curtas distâncias utilizando RF na faixa de 2,4 GHz, muitos acreditaram que esse novo padrão substituiria o padrão da IrDA. Atualmente, verificamos que há espaço para os dois padrões, sobretudo porque o IrDA é completamente imune à interferência eletromagnética, o que não ocorre com o Bluetooth. Por outro lado, o Bluetooth apresenta alcances difíceis de serem obtidos pelo IrDA.

3.4.2 sistemas sem fio que utilizam luz visível (Li-Fi)

Desde os tempos imemoráveis, a luz visível foi utilizada de várias formas para a comunicação. No entanto, somente na última década, a reboque do desenvolvimento acelerado das comunicações por fibras ópticas, o assunto foi retomado com a designação de comunicação óptica de espaço livre (FSO – *Free-Space Optics*) para indicar a ausência de fibra óptica. Nos sistemas FSO se destacam os sistemas VLC (*Visible Light Communication*), que utilizam a faixa do espectro eletromagnético visível que vai de 400 a 800 THz, ou seja, comprimentos de onda que vão desde 750 a 375 nm.

Os sistemas VLC apresentam algumas vantagens únicas em comparação a sistemas sem fio de radiofrequência.

1. A radiação da luz visível não prejudica a vista nem os neurônios
2. As taxas vão desde algumas dezenas de kbits/s até alguns Gbit/s
3. É completamente imune a interferências eletromagnéticas
4. Próprio para WPANs em interiores de prédios e distâncias acima de 10 m

Entre as principais desvantagens está o fato de que necessita praticamente de visada direta (LOS – *Line of Sight*) e a propagação pela atmosfera é limitada, devido às nuvens, à chuva e à incidência solar.

Em janeiro de 2009 um grupo de trabalho foi criado pelo IEEE para elaborar uma proposta de padronização para a comunicação em WPANs utilizando luz visível, conhecida como IEEE 802.15.7. Em 18 de outubro de 2011 foi criado um consórcio de empresas formado pelo Grupo Frauenhofer IPMS (Alemanha), pela IBSENtelecom (Noruega), pela Supreme Architecture (Israel/Estados Unidos) e pela TriLumina (Estados Unidos), a fim de promover e padronizar sistemas VLC.

Em junho de 2011 o IEEE lançou um novo padrão de WPAN, o IEEE Std. 802.15.7 (*June 2011*), que define uma rede WPAN óptica de curta distância que utiliza como meio de comunicação a luz visível a partir de fontes de luz que muitas vezes já existem, como *displays*, indicadores luminosos, iluminação ambiental e mesmo luzes decorativas.

3.4.3 RFID – *Radio Frequency Identification*

RFID é uma técnica de identificação por radiofrequência em curtas distâncias. Mesmo não sendo uma tecnologia WPAN no sentido explícito, ela tem sua importância devido a suas características únicas em termos de aplicações, utilizando, de forma original, a radiação eletromagnética em curtas distâncias para uma aplicação específica.

A tecnologia é conhecida desde a década de 1940, quando foi utilizada pelos ingleses, junto ao radar, para distinguir aviões amigos de aviões inimigos. A partir de 1999, com o surgimento do código EPC (*Electronic Product Code*), o RFID tornou-se uma boa alternativa para o código de barras, principalmente em ambientes agressivos e em controle de seres vivos.

A técnica RFID é baseada em um pequeno dispositivo chamado *tag*, etiqueta eletrônica, ou *transponder*, com dimensões de alguns centímetros, podendo chegar a dezenas de centímetros, o qual, quando energizado por um campo eletromagnético, emite um sinal que pode ser captado em curtas distâncias por uma leitora que, desta forma, consegue identificar o objeto ou o ente vivo ao qual está associado a etiqueta.

Uma das grandes vantagens dos sistemas baseados em RFID é que eles permitem a codificação e identificação de objetos, animais ou produtos, em ambientes hostis onde o uso de código de barras não é eficaz. Hoje em dia, a aplicação do RFID se destina principalmente no rastreamento de animais, na redução de desperdícios no chão de fábrica, no combate a roubos, na gestão de estoques, na simplificação do gerenciamento e no aumento de produtividade de rebanhos, entre outros.

O princípio de funcionamento é relativamente simples (acompanhe-o na Figura 3.27). Um leitor de etiqueta emite um campo eletromagnético que, ao ser captado pela bobina de uma etiqueta RFID, energiza um circuito integrado e o faz emitir um sinal de RF que contém os dados de sua memória. Esse sinal é captado pelo leitor de etiqueta, é decodificado, e assim são obtidos os dados associados ao objeto. O *tag*, nesse caso, é do tipo passivo, pois não utiliza bateria para seu funcionamento.

Os sistemas RFID mais sofisticados utilizam *tags* ativos ou inteligentes. Esses *tags* utilizam baterias e são capazes tanto de ler como de escrever dados na sua memória, a qual varia entre 96 bits, podendo chegar a alguns kbit/s (CALPOLY, 2016).

A informação da memória é codificada segundo um padrão conhecido como EPC (*Electronic Product Code*) desenvolvido especialmente para as aplicações RFID. O código utiliza normalmente 96 bits, agrupados em cinco campos, como mostrado na Figura 3.28.

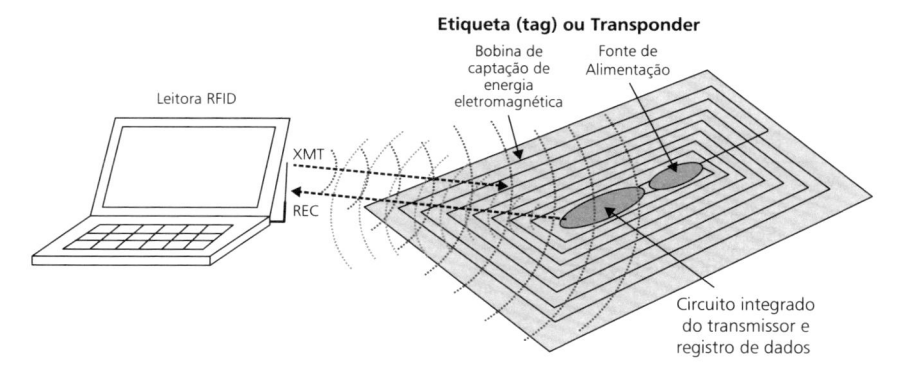

Capítulo 3 → Redes Sem Fio para Interconexão de Dispositivos 161

figura 3.27 Exemplo de um sistema de RFID passivo na faixa HF.

Quadro EPC de 96 bits

Cabeçalho 8 bits	Organização ou Empresa (28 bits)	Tipo de Produto (24 bits)	Número serial do produto (36 bits)
Até 256 versões de código	>268 milhões de Empresas ou Organizações	> 16 milhões de produtos	> 68 bilhões de números seriais (SN)

figura 3.28 Estrutura típica de um quadro EPC de 96 bits.

A tecnologia RFID funciona nas bandas de frequência livres ou ISM nas faixas de LF (que vai de 125-134 kHz), na faixa de HF (que vai de 13,563-13,567 MHz) e na faixa de UHF que vai de 902-907,5 MHz e 915-928 MHz, além da faixa de 2,4-2,4835 GHz).

Os sistemas RFID na faixa de LF utilizam transponders que possuem uma bobina com núcleo de ferrite, a qual, ao ser energizada por um campo eletromagnético emitido pela leitora, se acopla indutivamente ao leitor. Os sistemas RFID na faixa de HF utilizam bobinas de 5 a 10 espiras definidas sobre um substrato (veja a figura 3.27) que, ao ser energizado, provoca a transmissão dos dados da memória do transponder. Os sistemas na faixa de UHF utilizam frequências na banda de 902 a 928 MHz (Brasil) ou na banda de 2,4 GHz. Os *tags* nessa faixa podem ser do tamanho de 4 a 15 cm e possuem baixo custo quando são do tipo passivo. Em aplicações mais exigentes, são utilizados *tags* ativos e dados de identificação maiores que 96 bits, além de taxas que podem chegar a centenas de kbit/s.

A padronização da tecnologia RFID está atualmente toda centrada na ISO, que, no início deste milênio, definiu uma família de padrões RFID, conhecida como *Radio Frequency Identification for Item Management* – ISO 18000. A ISO 18000 hoje é constituída por um conjunto de padrões RFID, que funcionam nas principais faixas de frequências livres ISM localizadas nas bandas de LF, HF e UHF do espectro de RF, como mostra a tabela 3.9. A partir da tabela, fica evidente que os sistemas com *tags* passivos hoje são majoritários em sistemas RFID.

tabela 3.9 Comparativo entre diversas tecnologias e padrões RFID

Alimentação	Padrões	Faixa de Frequência	Acoplamento XMT/REC	Tamanho do TAG	- Rapidez - Robustez - Custo
Passiva	ISO 18000-2 (2009) ISO 11784/5 ISO 14223	LF 125 – 134 kHz	Indutivo	2 a 3 cm	Lento Robusto Médio
Passiva	ISO 180000-3 (2010) ISO 14443 ISO 15693 MIFARE	HF 13,563 – 13,567	Indutivo	6 a 10 cm	Médio Robusto Baixo
Passiva Semi-passiva	ISO 18000-6a (2013) EPC Class0 Class1 AAR S918, EZPass California Title 21	UHF 902 – 907,5 915 – 928 MHz	Radiofrequência	15 cm	Rápido Sensível Baixo
Passiva Semi-passiva Ativa	ISO 18000-4 (2008) Intellitag, MU-Chip, ISO 18000-4 (2008) Alien BAP ISO 18000-4 (2008) ANSI 371.1	UHF 2,4 – 2,4835 GHz	Radiofrequência	4 a 6 cm	Rápido Sensível Médio (pas) Alto (ativo)

3.5 ⇢ exercícios

exercício 3.1 Uma tecnologia WPAN pode ser especificada quanto a seu alcance e também quanto a sua extensão geográfica. Comente a diferença entre os dois conceitos e mostre o que acontece, por exemplo, em uma rede WPAN tipo Bluetooth.

exercício 3.2 Explique de forma sucinta a diferença de arquitetura entre uma WPAN tipo *ad hoc* e uma WPAN do tipo *mesh*. Dê alguns exemplos de aplicação que justificam a utilização dessas duas arquiteturas.

exercício 3.3 Por que as bandas ISM das faixas de HF (*High Frequency*) e VHF (*Very High Frequency*) não são muito utilizadas por WPAN?

exercício 3.4 Pela Tabela 3.1, na faixa de VHF está disponível para ISM uma banda de B=40 kHz. Supondo que tenhamos uma relação sinal ruído de 42 dB nessa banda, qual seria a taxa teórica máxima (taxa de Nyquist) possível nesse caso? Supondo que uma WPAN consiga transmitir a uma taxa de 70% deste valor, quais aplicações poderiam ser atendidas com essa taxa?

exercício 3.5 Por que a faixa de UHF, que contém a banda ISM de 2,4 GHz com uma largura de banda B=100 Mhz, é atualmente a banda mais cobiçada tanto pelas WLANs como pelas WPANs?

Capítulo 3 ⟶ Redes Sem Fio para Interconexão de Dispositivos   **163**

exercício 3.6 Observe na Figura 3.5 a canalização utilizada pelas WLANs (Wi-Fi) e também pelas WPANs na mesma banda ISM que vai de 2,4 GHz a 2,485 GHz, com uma largura de banda B=83,5 MHz. Para WPANs, foram definidos 79 canais com 1 MHz de largura de banda. Para as WLANs, foram definidos 13 canais sobrepostos de 22 MHz, mas, para uma mesma área geográfica, só podem ser utilizados simultaneamente os canais 1, 6 e 11. Para disciplinar a convivência harmoniosa dessas redes, o IEEE lançou, em 2003, o padrão IEEE 802.15.2 – *Coexistence WiFi/Bluetooth*. Pesquise na Internet quais são as estratégias de convivência sugeridas na norma IEEE 802.15.2.

exercício 3.7 Queremos definir um modulador GFSK supondo as seguintes especificações: taxa de dados R = 100kbit/s, índice de modulação β = 0,3 e *roll-off* do filtro gaussiano igual a 0,5. Calcule a banda B dessa modulação. Qual é o desvio de frequência (Δf) da portadora?

exercício 3.8 São dadas as seguintes especificações para um sistema de modulação GFSK: índice de modulação *β=0,3*; *roll-off* do filtro $r=BT_b=0,5$; banda do canal igual a *B*=250 kHz e frequência central da portadora f_c=2450 kHz.

Responda: qual é a taxa em bit/s do sistema e qual deve ser o desvio de frequência Δ*f* do modulador?

Resposta: Δ*f=75 kHz* e *R=500 kbit/s.*

exercício 3.9 Vamos supor um sistema FHSS composto de 80 canais. Supondo que dois usuários acessam esses canais de forma aleatória em instantes predefinidos, calcule a probabilidade de ocorrer uma colisão, isto é, de que os dois usuários saltem para dentro de um mesmo canal.

exercício 3.10 Supondo que uma *piconet* possui uma vazão de 700 kbit/s, calcule de quanto essa vazão degrada quando esta *piconet* estiver integrada em uma *scatternet* composta de um total de cinco *piconets*. (Sugestão: considere a Expressão 3.3 para calcular essa degradação.)

exercício 3.11 Demonstre que, no Bluetooth V1.2 (1 Mbit/s), o número máximo de bits de informação efetiva transferidos utilizando um *time slot* único é de aproximadamente 246 bits. Supõe-se que é utilizado um FEC com razão de código 2/3, um *access code* de 72 bits, um cabeçalho de pacote de 54 bits, além de 2 bytes de cabeçalho de *payload* e dois bytes de CRC. Sugestão: confira a obtenção da Relação (3.5).

exercício 3.12 No exemplo de funcionamento do algoritmo FHA da Seção 3.3.3 são calculados os dois primeiros saltos para os canais utilizáveis 33 e 22, respectivamente. Determine os canais a serem utilizados nos próximos dois saltos. Resposta: canais 36 e 33.

exercício 3.13 Quando se justifica a realização de uma WPAN IrDA? Que outras alternativas de WPAN poderiam ser propostas para as mesmas exigências?

exercício 3.14 Atualmente, há três tipos de etiquetas eletrônicas: código de barra (mais antigo), código QR (*Quick Response*) e o RFID. Faça um paralelo entre essas três técnicas em relação a aplicações, confiabilidade, praticidade, versatilidade e custo. Sugestão: faça uma pesquisa na Internet.

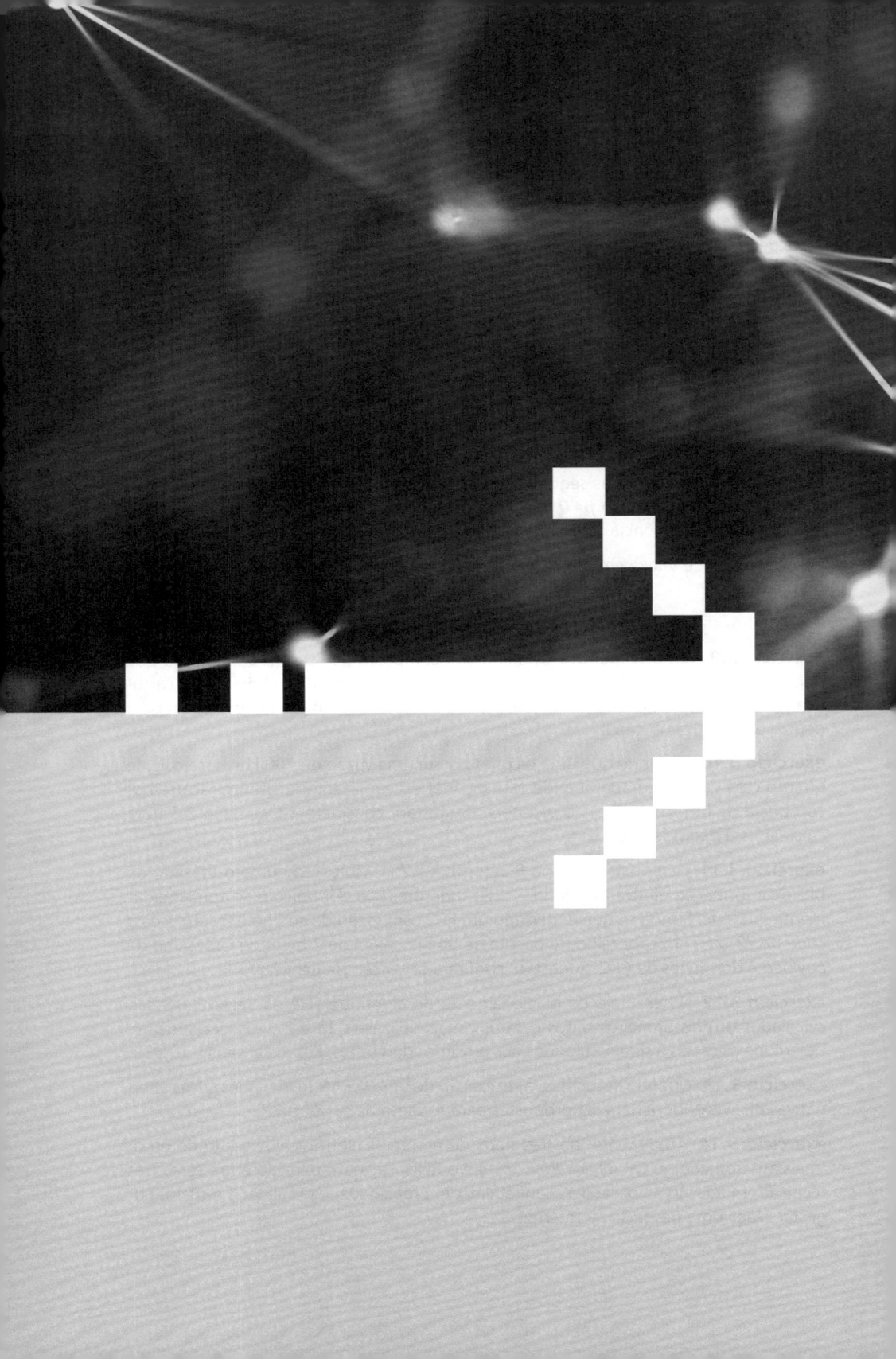

capítulo 4

redes de sensores sem fio (RSSF)

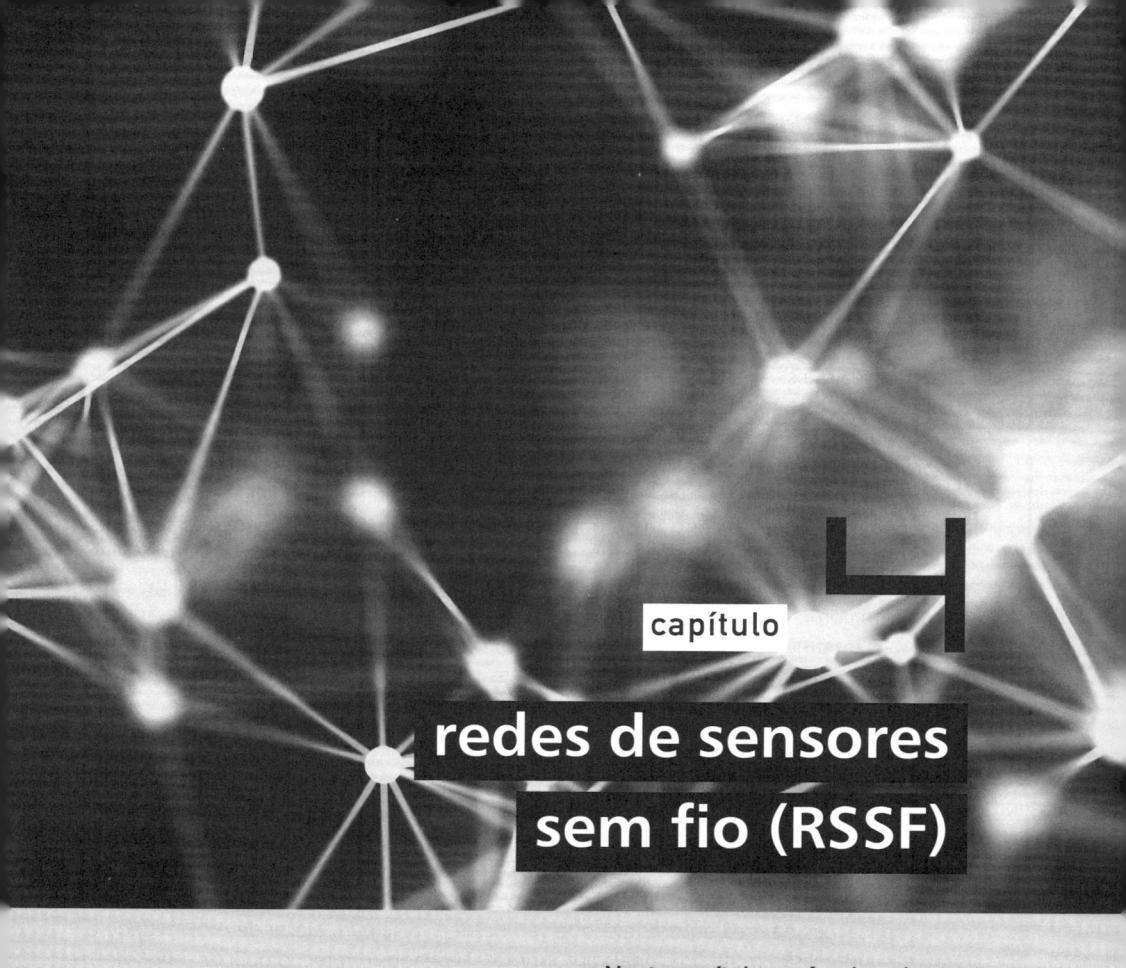

■ ■ Neste capítulo você vai conhecer as principais características de uma RSSF em relação à arquitetura e ao modelo de referência de protocolos de comunicação. Também serão abordadas suas aplicações, funcionalidades e exigências e, por fim, o padrão IEEE 802.15.4, marco no desenvolvimento de WPANs.

4.1 introdução

Uma das categorias mais importantes de redes WPAN (*Wireless Personal Area Networks*) são as redes de sensores sem fio (RSSF) ou WSN (*Wireless Sensor Networks*), pois elas são cada vez mais utilizadas nas mais diferentes áreas das atividades humanas, em que a interação com o mundo físico é essencial. Suas aplicações se estendem a áreas como saúde, agricultura, meio ambiente, área automotiva, controle de edificações, controle de processos, monitoramento, áreas de desastre, campos de batalha, etc. Com os recentes avanços na área de sistemas microeletrônico-mecânicos ou MEMS (*Microelectromechanical Systems*), tornou-se possível o desenvolvimento de pequenos sensores multifuncionais de baixo custo e consumo, capazes de se comunicarem em curtas distâncias. Uma RSSF é uma coleção de pequenos sensores que atuam tanto como geradores quanto como repassadores de dados e que operam de forma colaborativa visando à realização de uma RSSF para controle de um ou mais parâmetros físicos observados em uma área limitada. As informações sobre estes parâmetros, assim obtidos, alimentam um sistema de supervisão e controle centralizado (ZHENG et al., 2010).

O desenvolvimento de redes de sensores sem fio se deu inicialmente em aplicações militares, como vigilância, monitoramento e observação do campo de batalha. Atualmente as WSNs são muito empregadas em ambientes industriais, em controle de processos, em automação industrial, na supervisão do meio ambiente e em agricultura monitorada. Recentemente a área médica começou a utilizar esta tecnologia no monitoramento de pacientes segundo o modelo de HHC (*Home Health Care*). No futuro próximo, são previstas aplicações na área automotiva que vão desde WSNs para alerta de proximidade e sistemas anticolisão multidirecionais autônomos, baseados em tecnologia de SRR (*Short Range Radar*), até um novo conceito de estrada inteligente que dispensa motorista.

A grande vantagem de uma rede de sensores é que ela estende a área de cobertura de um sensor individual para uma área maior. Isso é possível ao fazer o espalhamento de inúmeros sensores (centenas a milhares), cobrindo uma área maior, ao contrário de um sensor individual, que sente apenas pontualmente uma variável ambiental, dentro de uma pequena vizinhança em torno das coordenadas geográficas deste sensor.

Os sensores em geral são fixos e alimentados por pequenas baterias de baixa potência. Uma RSSF tem como um dos seus principais objetivos a obtenção em tempo real de informações distribuídas relativas a parâmetros físicos. Conforme Akylildiz et al. (2002), pode-se dizer que as RSSF estendem a infraestrutura cibernética ao mundo físico. Por meio de microprocessadores *on-board*, os nós sensores podem ser programados para realizar tarefas complexas, além de monitorar parâmetros físicos e transmitir e repassar dados. Um dos grandes objetivos do trabalho coletivo dos nós sensores é a formação de uma estrutura de rede dinâmica a partir destes nós sensores (PAHLAVAN; KRISHNAMURTHY, 2002).

Um dos maiores desafios dessas redes é o baixo consumo de energia elétrica de seus nós sensores. Enquanto as redes tradicionais são projetadas visando principalmente a parâmetros de desempenho como vazão e atraso, as RSSF são projetadas visando principalmente a alta eficiência no consumo de energia. Os diversos níveis de protocolos de comunicação e de aplicação de uma RSSF são desenvolvidos visando a minimizar o consumo de energia dos nós sensores.

Como o posicionamento dos sensores é aleatório e fixo e não precisa ser definido, este fato exige a utilização de protocolos de auto-organização destas redes. Note também que pelo alcance limitado dos nós sensores é necessária uma alta densidade de sensores por área a fim de garantir a comunicação em curtas distâncias. Desta forma, uma RSSF utiliza preferencialmente a comunicação entre os seus nós do tipo múltiplos saltos, já que isso favorece o baixo consumo em comparação à comunicação tradicional de salto-único. Veja a seguir a estrutura de estudo destas redes neste capítulo.

Na Seção 4.1, após uma breve introdução sobre a importância e os objetivos das RSSFs, você vai conhecer as principais características de uma RSSF em relação a sua arquitetura e ao modelo de referência de protocolos de comunicação adotado. As RSSF são classificadas em duas grandes categorias: as redes de sensores do tipo Mesh fixas e as redes móveis do tipo *ad hoc* e suas variantes. Você vai estudarde forma mais detalhada as características de cada uma dessas categorias, com destaque para as particularidades em relação à arquitetura, ao desempenho e à pilha de protocolos de comunicação a serem utilizados.

Na Seção 4.2 você vai ver a aplicação das RSSF em diferentes áreas de atividade humana, como o monitoramento ambiental, as atividades militares, a área de saúde, a supervisão e o controle de edificações, o controle de processos, a automação industrial e a área automotiva, entre muitos outros. Veja na Figura 4.1 algumas das principais áreas de aplicação das RSSF atualmente (OLIVEIRA; RODRIGUES, 2011).

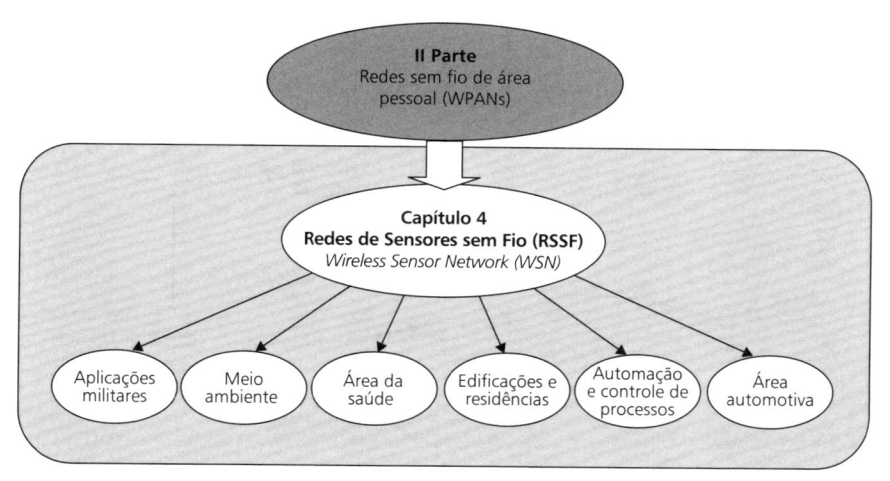

figura 4.1 Algumas áreas de aplicação de redes de sensores sem fio (RSSF), ou WSN (*Wireless Sensor Networks*).

Na Seção 4.3 você vai estudar as diferentes funcionalidades e exigências das RSSF no nível três (nível de rede). São analisadas as principais características dos algoritmos de roteamento dessas redes e os diferentes protocolos atualmente disponíveis, que têm como objetivo principal o encaminhamento seguro, rápido e confiável dos dados dos nós sensores até um ponto de controle central da rede.

Na Seção 4.4 você vai ver em detalhes o padrão IEEE 802.15.4 (*Low rate WPAN*) que oferece uma solução integrada e padronizada de funcionalidades de acesso e controle de enlace lógico (nível dois) e da transmissão pelo canal físico (nível um) para diversos tipos de WPAN (*Wireless Private Area Network*). Você vai ver que o padrão IEEE 802.15.4 tornou-se um marco para o desenvolvimento de WPANs das mais diversas áreas de aplicação.

4.1.1 Arquitetura e modelo de referência de protocolos de uma RSSF

Veja na Figura 4.2 uma arquitetura típica de uma RSSF na qual são identificados os seguintes componentes estruturais básicos (YICK; MUKHERJEE; GHOSAL, 2008):

- Campo de sensoriamento ou campo de atuação dos sensores
- Nós sensores sem fio de aquisição e retransmissão de dados
- Nó de controle ou concentrador de dados e gateway
- Enlaces de RF entre nós
- Gerenciador remoto de aplicação

Vamos descrever o funcionamento básico da RSSF da Figura 4.2 da seguinte maneira: o sensor A adquire dados que, por sua vez, são repassados por meio de nós sensores

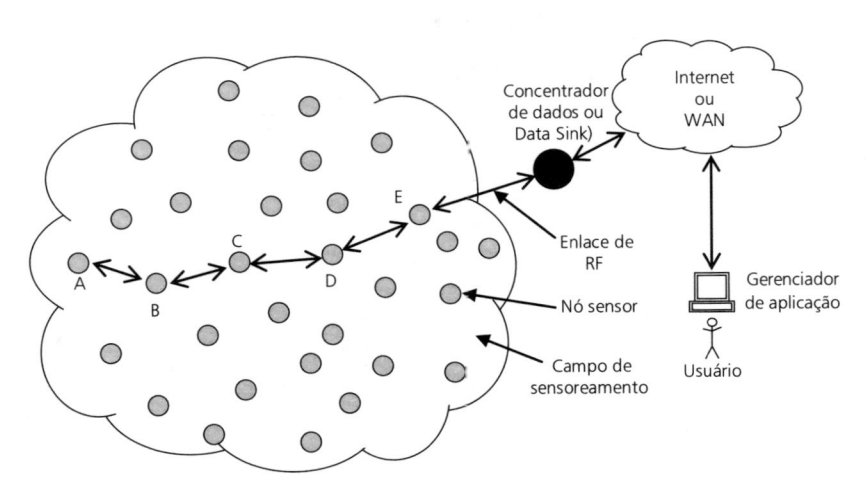

figura 4.2 Componentes estruturais de uma RSSF.

intermediários (B, C, D, E) até chegar a um concentrador de dados (*data sink*) que, via Internet, repassa os dados até um gerenciador de aplicação.

O Capítulo 1 (confira as Seções 1.3 e 1.5) já abordou a modelagem da arquitetura de uma rede sem fio com base no modelo de referência OSI. Observe na Figura 1.10 no Capítulo 1 o modelo de um sistema de transmissão sem fio genérico baseado no MR-OSI. As características de transmissão, próprias de cada tipo de rede sem fio, estão associadas basicamente a um conjunto de funcionalidades e serviços, elaborados pelo nível de enlace e físico, que correspondem aos dois primeiros níveis do MR-OSI. Os dois níveis juntos formam a plataforma de transporte física dessa rede, o que explica por que a padronização da maioria das redes sem fio contempla apenas as funcionalidades da plataforma de transporte destas redes. Em uma abordagem no sentido *top-down*, a plataforma de transporte apresenta as seguintes funcionalidades e serviços genéricos, que variam para cada tipo de rede sem fio.

Nível de enlace:	Funções de convergência para o nível de enlace
	Funções de controle de enlace (LLC)
	Algoritmos de acesso ao meio (MAC)
	Funções de segurança e confiabilidade
Nível físico:	Funções de convergência de transmissão física
	Codificação do canal (FEC)
	Funções de transmissão e recepção do nível físico (PHY)

O modelo de referência de protocolos de uma rede sem fio em geral segue um modelo de cinco camadas, o que favorece a interação desse modelo com a Internet, que também é um modelo de cinco camadas. Entre o nível de enlace e o nível de aplicação, temos o nível de rede e o nível de transporte que formam o *middle ware* dessa rede. Veja na Figura 4.3 o modelo de arquitetura de protocolos para RSSF, conforme sugerido por (AKYILDIZ et al., 2002).

Em RSSFs também podemos ter funções que se desdobram em mais de um nível, por exemplo, o consumo de energia, o atraso, entre outras. Assim, por exemplo, a minimização do consumo de energia, ou do atraso, tem desdobramentos em praticamente todos os níveis do MR-OSI. Funções deste tipo são definidas na literatura como funções interníveis, ou *cross-layer functions*, e são muitas vezes difíceis de serem dimensionadas.

4.1.2 Classificação de RSSF

Vamos encontrar na literatura especializada de redes sem fio muitos critérios de diferentes autores, que tentam justificar a classificação das redes de sensores em diversas categorias ou classes. Vamos adotar a taxonomia sugerida por (AKYILDIZ; VURAN, 2010), que definiu duas grandes classes de RSSF com base em um critério de arquite-

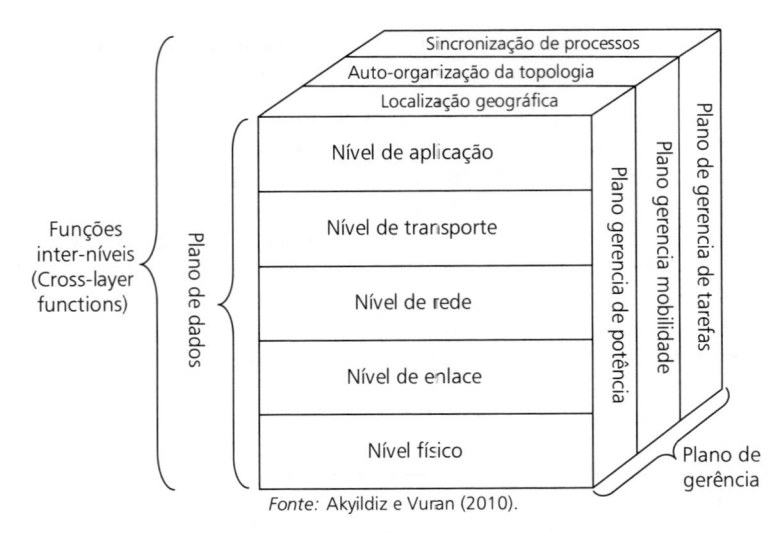

figura 4.3 Modelo de referência de protocolos de uma RSSF.

Fonte: Akyildiz e Vuran (2010).

tura. Desta forma, as RSSF são divididas em duas grandes classes quanto a sua arquitetura (ZHAO; GUIBAS, 2004):

- redes de sensores sem fio *ad hoc* (RSSFA) e
- redes de sensores sem fio Mesh (RSSFM).

Uma RSSFA é basicamente formada por um conjunto de sensores fixos distribuídos de forma aleatória, que se comunicam com um nó de controle ou um concentrador (*data sink*), que coleta as informações dos sensores e as repassa até um gerenciador de aplicação (Figura 4.4).

Uma RSSFM é formada por um conjunto de sensores fixos, interconectados por um *backbone* formado por malhas (*meshs*) que, nos seus vértices, possuem pontes/gateways e, nas suas arestas, contêm enlaces fixos. Um nó concentrador de dados (*data sink*) deste *backbone* se conecta a um gerenciador de aplicação a distância, como mostrado na Figura 4.6.

Esta divisão das RSSFs em duas classes não se restringe a WPANs, e se aplica também a WLANs e mesmo a WMANs, como você vai ver mais adiante.

Você vai conhecer outra categoria de redes de sensores *ad hoc*, conhecida como redes móveis *ad hoc* ou simplesmente MANET (*Mobile Ad hoc NETwork*). Uma MANET é considerada um subconjunto das RSSFA e tem como característica principal que os seus nós, em vez de fixos, são móveis.

Note que muitas redes de sensores apresentam arquiteturas mistas, ou seja, possuem funções *ad hoc* associadas aos nós sensores, mas são suportadas por uma infraestru-

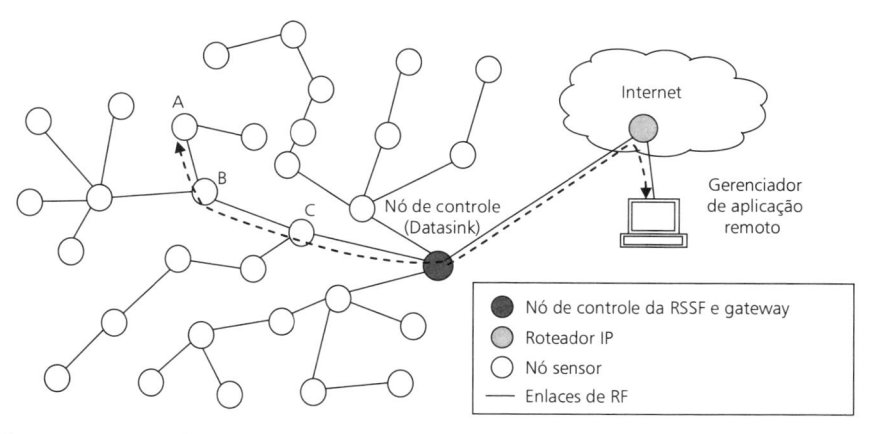

figura 4.4 RSSF do tipo *ad hoc* fixa e não infraestruturada.

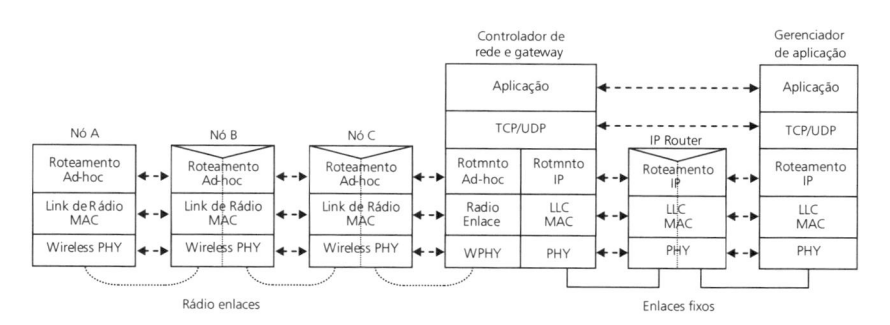

figura 4.5 Modelagem segundo o MR-OSI da conexão de um nó de origem A, passando por B e C, até um gerenciador de aplicação remoto, conforme indicado na Figura 4.4.

tura de comunicação do tipo *backbone mesh*. Este tipo de arquitetura é adotado especialmente em WPANs de supervisão, automação e controle de processos, que vamos encontrar em chãos de fábrica e nas áreas automotiva, de saúde (*health care*), monitoração de grandes estruturas e edificações, etc. Você vai ver essas redes, desenvolvidas especificamente para automação industrial e controle de processos, no Capítulo 5.

■ **redes de sensores sem fio *ad hoc* (RSSFA)**

As RSSFs não infraestruturadas, ou redes sem fio *ad hoc*[1] (RSSFA0), são redes que se auto-organizam a partir de pequenos sensores sem fio inteligentes e de baixo custo que se

---

[1] *Ad hoc* é uma expressão latina que significa "aqui e agora" ou "para este propósito".

comunicam entre si. Estas redes são consideradas hoje como a solução mais avançada para suporte a técnicas de supervisão, controle e monitoramento em áreas como biomedicina, cuidados de saúde em tempo real, meio ambiente, agricultura, controle de áreas de conflito e desastre, além de muitas outras que surgem a todo o momento.

As redes de sensores sem fio *ad hoc* (RSSFA) ou *Wireless Ad hoc Sensor Networks* (WASN) tiveram um intenso desenvolvimento nesta década. Em uma rede de sensores sem fio *ad hoc*, os nós sensores, geralmente em grande número, são espalhados de modo totalmente aleatório. Estes nós se auto-organizam de forma independente e inteligente em uma topologia de rede. Cada nó sensor executa funções de organização da rede segundo uma topologia *ad hoc* e, ao mesmo tempo, é responsável pelo encaminhamento dos seus dados e daqueles dos seus vizinhos, até um concentrador central da rede (*data sink*), como mostrado na Figura 4.4.

A finalidade principal de uma RSSF do tipo *ad hoc* é monitorar, rastrear, medir ou atuar sobre objetos ou parâmetros ambientais, como temperatura, umidade, pressão, som, imagem, etc. Os sensores atuam de forma cooperativa entre si por meio de uma interface de rádio com o objetivo de coletar e repassar os dados destes parâmetros até um concentrador (*data sink*) que, por sua vez, fornece suporte a um gerenciador de aplicação remoto.

Uma RSSF é capaz de repassar as informações de cada nó segundo um modelo de múltiplos saltos, nó para nó, até chegar a um nó de controle (*data sink*) e/ou um *gateway* de acesso à Internet. O número de sensores que constituem uma RSSF pode ser de algumas poucas unidades até dezenas de milhares, que trabalham de forma cooperativa para formar uma rede *ad hoc* que permite rastrear objetos, monitorar o ambiente e atuar sobre ele. Você vai ver em mais detalhes na Seção 4.2 o potencial de aplicação das RSSFs, que hoje têm adquirido uma importância estratégica cada vez maior em todas as atividades humanas (WIRELESS SENSOR NETWORK, 2017).

Os nodos sensores em geral são estacionários e alimentados por baterias de baixa capacidade. Por isso, mesmo que a localização dos nodos não varie, a topologia da rede varia dinamicamente devido às atividades de gerência do consumo destes sensores. Neste ambiente dinâmico, o grande desafio é como fornecer conectividade à rede e ao mesmo tempo assegurar o baixo consumo de energia aos nós.

O modelo de referência de protocolos de uma RSSF segue o MR-OSI. Veja na Figura 4.5 a modelagem de uma conexão de um nó sensor A, passando por diversos nós intermediários (B e C), passando por um controlador e um roteador IP, até chegar a um gerenciador de aplicação remoto, conforme indicado na topologia da Figura 4.4.

Em uma rede *ad hoc*, portanto, não existem roteadores ou pontes (*bridges*) específicas formando uma infraestrutura de comunicação (*backbone*), por isso, essas redes também são chamadas RSSF não infraestruturadas. Cada nó é responsável pelo encaminhamento correto dos seus dados e daqueles dos seus vizinhos, o que exige protocolos de roteamento de alto desempenho e ao mesmo tempo eficientes no consumo de energia. Você vai ver na Seção 4.3.3 algumas propostas de protocolos de nível superior (rede e transporte) que buscam atender estes requisitos.

■ redes de sensores sem fio *Mesh* (RSSFM)

As redes de sensores sem fio Mesh são conhecidas também como WMSN (*Wireless Mesh Sensor Networks*) ou simplesmente redes em malha – *Mesh Networks*. Elas seguem uma conceituação sugerida pela norma IEEE 802.15.4 (2009) – *Mesh Networking*. O conceito de Mesh Networking pode ser aplicado tanto a WPANs como a WLANs. As redes *Mesh*, tendo em vista a redundância de caminhos oferecida pelas malhas de comunicação, apresentam uma maior confiabilidade, mas também um custo maior. A arquitetura *mesh* é prevista em redes locais que seguem o padrão IEEE 802.11 (WLAN).

Em redes de sensores *mesh*, os sensores são espalhados de forma aleatória e, neste sentido, elas também podem ser consideradas como uma espécie de rede *ad hoc*. Diferentemente destas, a rede *mesh* possui uma infraestrutura de comunicação fixa baseada em um *backbone* tipo *mesh*, formado por roteadores ou pontes aos quais os sensores se conectam. Devido a este *backbone* de comunicação fixo, formado por laços de comunicação (*meshs*), este tipo de rede também é conhecido como rede de sensores infraestruturada (WIRELESS MESH NETWORK, 2017).

Veja na Figura 4.6 uma arquitetura típica de uma rede de sensores do tipo *mesh* ou infraestruturada. Note que uma RSSFM é constituída por uma coleção de sensores sem fio que formam conjuntos, ou *clusters*, que se conectam a um coordenador de *cluster*. Os coordenadores de *cluster* se conectam entre si formando um suporte de comunicação tipo *mesh* ou *backbone*. Os nós deste *backbone* são capazes de executar funções de roteamento, comutação ou de *gateway*. A finalidade principal desta infraestrutura em malha é oferecer suporte de comunicação aos sensores para alcançar o nó coor-

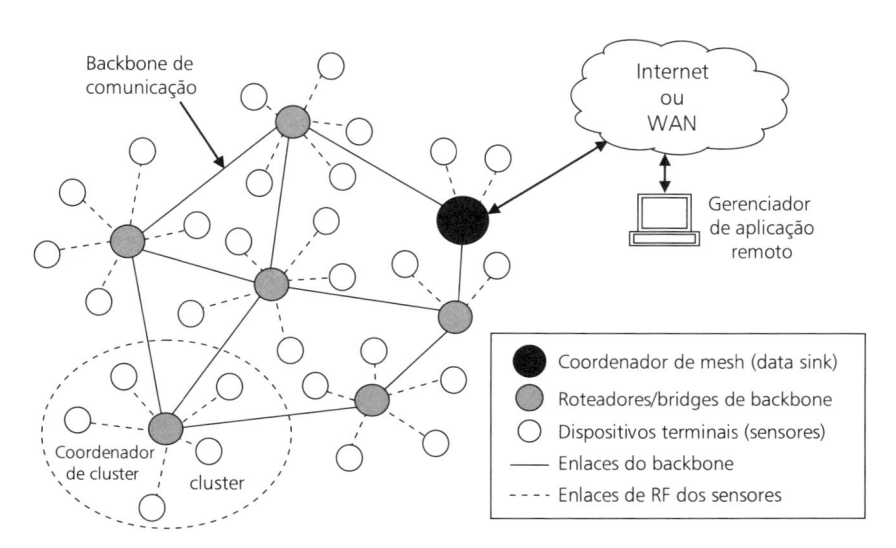

figura 4.6 Arquitetura de uma RSSF do tipo infraestruturada ou *mesh*.

denador de mesh, o qual, por sua vez, pode se conectar via uma WAN (Internet) a um gerenciador da aplicação remoto.

Do ponto de vista dos sensores, uma rede de sensores *mesh* pode ser considerada uma espécie de rede *ad hoc*. A diferença é que os sensores de uma rede *mesh* executam o encaminhamento dos seus dados de forma vinculada a uma infraestrutura de *backbone*, enquanto em uma rede *ad hoc* os clientes operam de forma cooperativa, fim a fim, sem vínculo a algum tipo de infraestrutura fixa, como mostrado na Figura 4.4.

Para concluir, a diferença principal entre uma WPAN *ad hoc* e uma WPAN tipo *mesh* é que a primeira é formada por nós sensores que são capazes de se organizarem e se configurarem, formando uma topologia não infraestruturada que permite o encaminhamento de informação por meio dos nós sensores até um nó de controle central, ou um *gateway*, como mostrado na Figura 4.4. Já uma rede de sensores sem fio do tipo *mesh* é uma rede WPAN que possui uma infraestrutura de comunicação, ou um *backbone*, que pode ser constituído por roteadores, comutadores ou *gateways*, como mostrado na Figura 4.6. Os nós sensores se conectam a este *backbone* de forma autônoma, cobrindo uma área geográfica limitada. Além disso, os nós sensores supostamente não apresentam mobilidade, apenas reconfigurações topológicas devido a falhas de algum nó da rede.

■ redes móveis *ad hoc* (MANET)

Outro tipo de rede WPAN que merece destaque são as redes *ad hoc* que apresentam mobilidade dos seus nós. Uma rede com esta característica é conhecida como MANET (*Mobile Ad hoc NETwork*). Nela, cada nó da rede pode se mover de forma independente, em qualquer direção, alterando com frequência as suas conexões com seus nós vizinhos. Cada nó, independentemente da sua própria informação, deve ser também capaz de, ao mesmo tempo, repassar as informações dos seus vizinhos, realizando, portanto, uma função de roteamento *multihop*, fim a fim. Veja na Figura 4.7 três tipos de topologias MANET: na Figura 4.7(a) há uma MANET não infraestruturada, na 4.7(b) uma MANET infraestruturada e na 4.7(c) uma MANET com infraestrutura móvel.

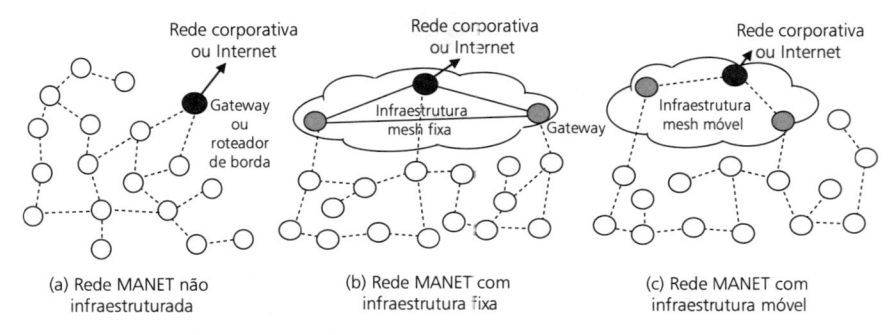

figura 4.7 Tipos de redes MANET: (a) MANET não infraestruturada, (b) MANET com infraestrutura fixa e nós móveis; e (c) MANET com infraestrutura móvel e nós móveis.

O grande desafio no estabelecimento de uma MANET é como manter atualizada, em cada nó móvel, a informação que permita encaminhar de forma correta os dados dos seus vizinhos. Em outras palavras, cada nó, além de ser ponto de geração e terminação de informação, também deve ser capaz de executar e manter tabelas de roteamento dinâmicas com seus vizinhos (PAHLAVAN; KRISHNAMURTHY, 2002).

Uma MANET também pode utilizar (ou não) uma infraestrutura de comunicação baseada em roteadores e *gateways*, formando uma estrutura *mesh*. Essa infraestrutura pode ser fixa ou móvel, como mostrado na Figura 4.7 (b) e (c), respectivamente.

Uma MANET pode coletar informações sobre a topologia de seus nós de forma distribuída ou centralizada. Na forma distribuída, cada nó cria e mantém as suas tabelas de conexões com os seus vizinhos. Na forma centralizada, um nó de controle mantém as informações sobre a topologia da rede e as possíveis conexões para alcançar cada um de seus nós (AKYILDIZ; VURAN, 2010).

Veja na Figura 4.8 um exemplo de uma MANET infraestruturada. O nó de controle do *backbone mesh* desta MANET executa também funções de *gateway*, permitindo o acesso a um ISP (*Internet Service Provider*) e assim a conexão a um gerenciador de aplicação remoto. Na topologia da figura, é destacada a conexão entre um dispositivo final A, passando por um roteador Y, pelo nó de controle, e finalmente, por um ISP, até chegar ao gerenciador de aplicação.

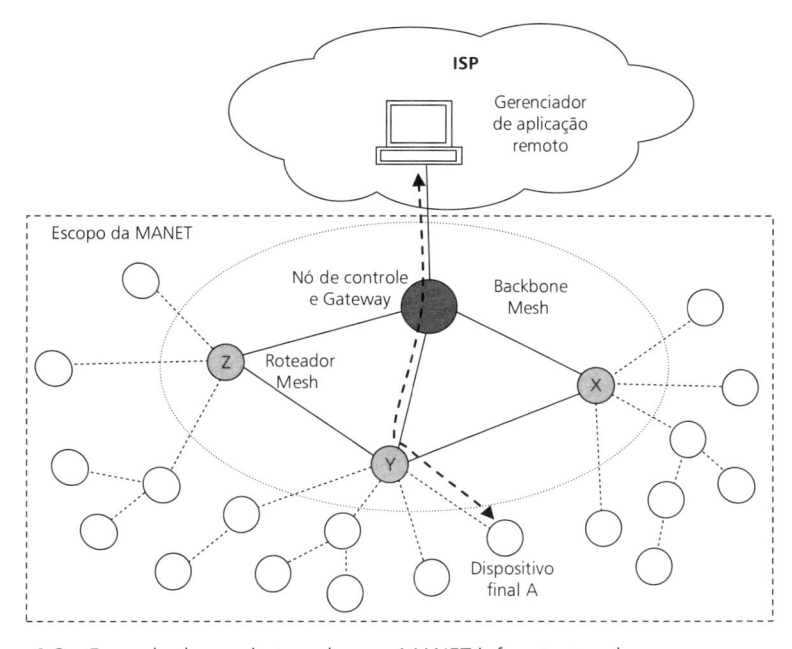

figura 4.8 Exemplo de arquitetura de uma MANET infraestruturada.

A modelagem OSI desta conexão é apresentada na Figura 4.9. Ali foram destacadas em cinza as funcionalidades específicas dessa conexão que correspondem aos três dispositivos que integram a MANET: (1) dispositivo final A, (2) roteador *mesh* Y e (3) nó de controle *mesh*. A função *gateway* do controlador permite o acesso à Internet e assim a conexão ao gerenciador de aplicação.

Observe que no nível dois desses dispositivos encontramos uma subcamada *mesh*, logo acima do subnível MAC. A principal função dessa subcamada *mesh* no nível dois é obter uma visão atualizada da topologia da MANET, tendo em vista a mobilidade de seus nós.

Observe também na modelagem OSI da Figura 4.9 que o *backbone mesh* desta MANET infraestruturada possui uma camada de roteamento de rede logo acima da subcamada de enlace lógico (LLC). O nível três executa funções de roteamento visando ao encaminhamento das informações dos nodos *mesh* até o nó de controle *mesh*. Como você pode observar, o nó de controle executa também funções de *gateway* e assim fornece uma interface para o acesso a um provedor de serviços de Internet (ISP), ou uma rede corporativa, como mostrado na Figura 4.8.

Como exemplo de uma topologia MANET infraestruturada, destacamos o padrão ZigBee que, no seu suporte físico e de enlace, utiliza o padrão IEEE 802.15.4. Este padrão foi desenvolvido especificamente para as aplicações de automação industrial e controle de processos e, por isso, será detalhado no Capítulo 5.

Na área das WLANs, o padrão IEEE 802.11 oferece entre suas opções uma arquitetura do tipo MANET que pode ser infraestruturada ou não. A arquitetura MANET sugerida pelo padrão IEEE 802.11 tornou-se popular com a disseminação dos dispositivos móveis, como *notebooks*, iPads, PDAs e *laptops*. A solução contempla principalmente o acesso público à Internet em ambientes como salas de espera de aeroportos, estações

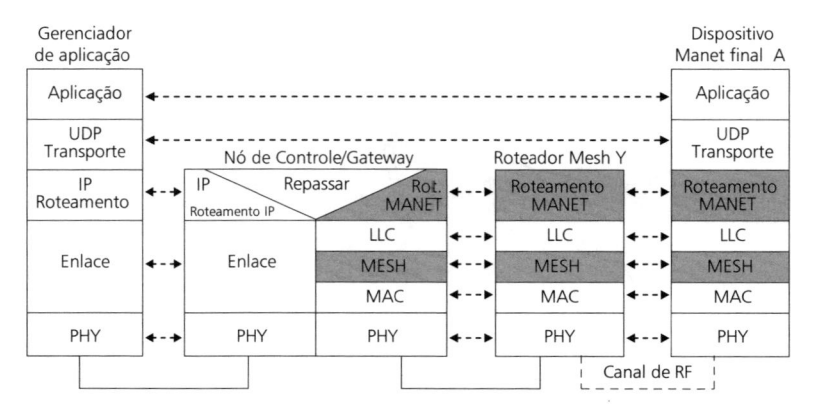

figura 4.9 Modelagem segundo o modelo de referência de protocolos OSI da conexão de um dispositivo final A, passando por um roteador *mesh* Y e por um nó de controle, até chegar a um gerenciador de aplicação, como mostrado na Figura 4.8.

de trem e salas de eventos ou conferências. Você vai estudar as redes WLAN no Capítulo 7, no qual esse assunto será retomado com mais detalhes.

O desempenho como um todo de uma rede MANET depende muito do algoritmo de roteamento e da informação disponível sobre a topologia do nível de rede. Estes tópicos foram objeto de intensas pesquisas durante a década de 1990 e o início deste milênio. Fatores de desempenho como atraso, vazão, confiabilidade, disponibilidade e resiliência da rede dependem dos protocolos adotados na camada de rede da MANET.

4.1.3 nó sensor inteligente em RSSF

As redes de sensores ganharam a atenção mundial nos últimos anos, principalmente pelo surgimento de sensores cada vez mais baratos, menores e inteligentes. Os sensores inteligentes são pequenos dispositivos que possuem uma capacidade limitada de recursos de processamento e computação e foram desenvolvidos, principalmente, com base na tecnologia MEMS[2]. Estes nós sensores, também chamados MOTEs, têm dimensão que varia desde alguns milímetros até alguns centímetros, e são considerados a base de uma RSSF. A capacidade e o desempenho de uma RSSF dependem da tecnologia e do consumo dos seus nós sensores.

Um sensor inteligente pode ser considerado um pequeno nó de rede de baixo consumo e alcance limitado. Um sensor inteligente em geral é constituído pelos seguintes módulos funcionais: um transdutor físico, um conversor analógico/digital, um microprocessador, uma memória, um atuador, uma fonte de energia e uma interface de rádio, como esquematizado na Figura 4.10.

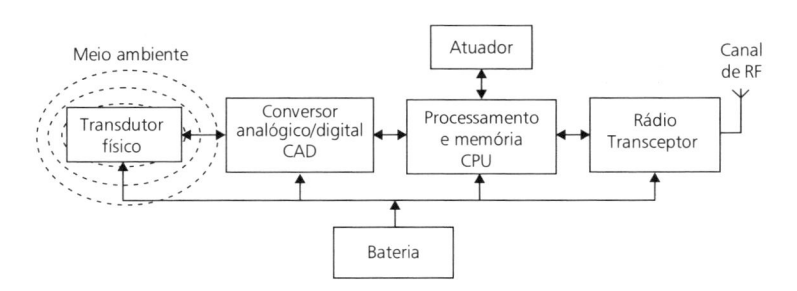

figura 4.10 Arquitetura típica de um nó sensor inteligente de uma RSSF.

---

[2] MEMS (**M**icr**o**electr**o**mechanical **S**ystems) ou sistemas microeletromecânicos, é o nome dado para a tecnologia que integra elementos mecânicos, sensores e eletrônicos em um pequeno chip, que possui um programa armazenado que determina seu funcionamento. Estes microdispositivos podem funcionar como nós sensores inteligentes, que podem ser programados para cumprir determinadas tarefas em uma RSSF.

A função básica de um nó sensor é coletar dados a partir de um ou mais transdutores físicos, processar estes dados e repassá-los a seguir aos seus nós vizinhos, até chegar a um nó de controle (ou *gateway*) da rede. Em outras palavras, os nós sensores são transdutores físicos inteligentes que convertem parâmetros físicos em sinais elétricos, analógicos ou digitais. Eles possuem capacidade de pré-processar estes dados, além de dar suporte ao seu encaminhamento, *hop by hop*, até um nó de supervisão e controle que, via Internet, se liga a um gerenciador de aplicativo do usuário.

Veja agora um resumo das principais características de um nó sensor inteligente:

- Capacidade limitada de processar e memorizar dados
- Baixo custo (alguns dólares a décimos de dólares)
- Capacidade de se auto-organizarem em uma rede *ad hoc*
- Um nó sensor pode funcionar simultaneamente como coletor de dados e como nó de repassamento de dados
- Possui uma interface de rádio formado por um transceptor de baixo consumo e curto alcance
- Um nó sensor deve ter baixo consumo de energia, tanto no estado de atividade como no de inatividade (*idle*).
- Nós sensores são baseados em tecnologia MEMS e a cada dia se tornam mais acessíveis e confiáveis em aplicações cada vez mais diversificadas e sofisticadas.

A interface de rádio permite a comunicação de baixa potência com os nós vizinhos, com a finalidade de formar uma rede *ad hoc*, sem uma infraestrutura de comunicação específica, ou quando utiliza, muito limitada.

4.2 aplicações de RSSF

As redes de sensores lidam com diferentes tipos de sensores que podem medir, observar ou detectar fenômenos físicos. Entre os diferentes fenômenos, destacamos abalos sísmicos, campos magnéticos, temperatura, padrões visuais, radiação infravermelha, fenômenos acústicos, campos eletromagnéticos, umidade, luminosidade, pressão, movimento, ruído, dilatação, fadiga mecânica, e assim por diante.

Os nodos sensores em redes de sensores podem ser utilizados de modo contínuo ou intermitente, para a detecção ou identificação de eventos de forma local ou remota, e assim interagir com algum tipo de atuador.

Categorizamos as aplicações, segundo Akiyldz et al. (2002), em ambientais, militares, de saúde, monitoramento de sistemas, controle de processos, automação industrial, área automotiva, controle de desastres, entre muitas outras. Você vai ver agora algumas das atividades consideradas importantes atualmente.

4.2.1 aplicações militares de RSSF

O rápido espalhamento, a auto-organização e a tolerância a falhas dos nós sensores de uma RSSF a tornam uma promissora técnica de sensoriamento na área militar. Como as RSSFs fazem uso de espalhamento denso de sensores pequenos e baratos, a destruição de alguns nós por meio de atividades inimigas não afeta a ação militar visada. As redes de sensores *ad hoc* estão se tornando uma ferramenta imprescindível em atividades militares, principalmente nos seguintes aspectos:

- **Monitoramento de tropa, equipamentos, armas e munição:** cada tropa, veículo, equipamento de comunicação e munição crítica pode ser monitorado por meio de pequenos sensores afixados a esses equipamentos que fornecem o *status* deles em tempo real. Estes relatórios podem ser gerados no nó controlador (*data sink*) e enviados aos líderes. Os dados podem ser repassados aos níveis superiores da hierarquia de comando, onde também serão agregados os dados de outras unidades.
- **Supervisão em campo de batalha:** terrenos críticos, rotas de aproximação, picadas e estreitamentos podem ser cobertos por uma RSSF, permitindo monitorar de forma precisa as atividades inimigas. À medida que a operação se desenrola e novos objetivos estão sendo elaborados, novas RSSF podem ser disponibilizadas rapidamente e a qualquer momento.
- **Avaliação de danos:** tanto antes como depois de ataques, as redes de sensores podem ser disponibilizadas na área de alvo para obter informações sobre dados de avaliação de danos.
- **Reconhecimento das forças inimigas e do terreno:** as redes de sensores podem ser disponibilizadas em terrenos críticos a fim de obter informações detalhadas, valiosas e atuais sobre o inimigo, minutos antes que este intercepte estas informações.
- **Guiamento para alvos:** redes de sensores podem ser integradas com sistemas de guiamento a alvos como em munição inteligente, *drones* (*Dynamic Remotely Operated Navigation Equipment*) e foguetes.
- **Detecção de ataque nuclear, químico e biológico:** em ataques químicos e biológicos, é importante a detecção rápida e precisa dos agentes. As redes de sensores podem ser implantadas em áreas amigas a fim de fornecer informações antecipadas sobre ataques químicos, permitindo um tempo de reação crítica. As redes de sensores servem também para o reconhecimento detalhado quando um ataque químico é detectado. Por exemplo, podemos fazer um reconhecimento nuclear sem que para isso seja necessária a exposição de uma equipe de reconhecimento.

4.2.2 aplicações no meio ambiente

Diante da ampla variedade de sensores disponíveis hoje, tornou-se viável por meio de RSSF o monitoramento do meio ambiente em variados aspectos, como solo, flora, vegetação, animais, aves, clima, poluição, enchentes, incêndios florestais, atividades vulcânicas, etc.

Com RSSF autônomas, torna-se cada vez mais fácil e barata a implementação de redes de sensores em áreas de cobertura cada vez maiores por meio da integração de diversas RSSF tipo *ad hoc* em uma rede de grande cobertura do tipo *mesh*.

Especialmente importantes hoje são as RSSF que fazem o monitoramento de parâmetros ambientais que permitem a previsão antecipada de cataclismos, como enchentes, erupções vulcânicas, *tsunamis*, incêndios florestais e atividades de agressão ao meio ambiente (desmatamento) e prevenção de pragas.

4.2.3 aplicações na área da saúde

É na área da saúde que hoje se concentram os grandes esforços de desenvolvimento de aplicações de RSSF na prevenção e no tratamento de doenças. Exames e monitoramento *online* de diversos parâmetros funcionais do organismo humano por meio de RSSF permitem antecipar o diagnóstico de doenças e, assim, ajudar no seu tratamento preventivo. A partir destas novas tecnologias na área médica, surgiram novos conceitos, como HHC (*Home Health Care*) e WBSN (*Wireless Biomedical Sensor Networks*).

As redes sem fio de abrangência corporal são conhecidas como WBANs (*Wireless Body Area Networks*). Estas redes surgiram em 2005 como uma tecnologia chave para realizar tarefas de monitoramento em tempo real de pacientes, bem como diagnosticar, prevenir e tratar de doenças que representam ameaças à vida. Uma WBAN opera na vizinhança próxima, ou mesmo dentro do corpo humano, e suporta uma variedade de aplicações médicas e não médicas. Inicialmente, as WBANs eram suportadas, em termos de comunicação, pela norma IEEE 802.15.4. As WPANs de baixa taxa, conhecidas também como BLE (*Bluetooth Low Energy*), são muito utilizadas em WPANs de controle e monitoramento (confira a Seção 3.3).

Em 2007, um grupo-tarefa (TG) do IEEE, designado IEEE 802.15.6, foi encarregado de elaborar um padrão de comunicação que fosse otimizado para nodos sem fio de baixo consumo, dentro ou fora do corpo, para atender uma ampla variedade de aplicações médicas e não médicas, como mostrado na Figura 4.11(a). O padrão IEEE Std. 802.15.6 foi publicado em 2012 e define uma topologia em estrela, como você pode ver na Figura 4.11(b), bem como um nível MAC que é suportado por diferentes tecnologias de nível PHY, inclusive transmissão UWB (*Ultra Wide Band*). Você vai ver essa tecnologia de transmissão e sua aplicação em WBAN em mais detalhes no Capítulo 6.

4.2.4 aplicações em edificações e residências

A partir da década de 1990, à medida que as edificações comerciais e residenciais foram se tornando cada vez mais sofisticadas, tornou-se necessário integrar em um sis-

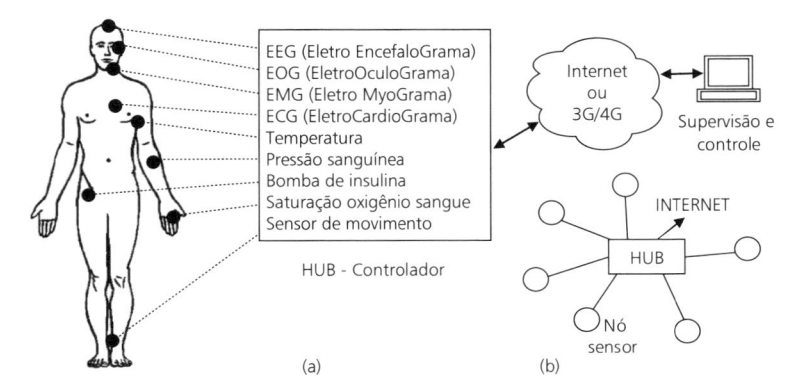

figura 4.11 WBAN (*Wireless Body Area Network*): (a) exemplo de uma realização de WBAN; e (b) topologia em estrela de uma WBAN.
Fonte: Elaborada com base em IEEE Std 802.15.6 (2012).

tema único as diferentes funções de controle e supervisão de um edifício ou residência. Hoje essas funções estão relacionadas aos seguintes aspectos de um edifício moderno:

- Controle de consumo de energia e água
- Elevadores de acesso inteligentes
- Sistema de controle de aquecimento, ventilação e ar-condicionado ou simplesmente HVAC (*Heating, Ventilating and Air Conditioning*)
- Vigilância de entrada e saída
- Supervisão de iluminação
- Detecção de fogo e alarme
- Sistema de vigilância por vídeo e detecção de presença, além de muitos outros.

Os sistemas que realizam este tipo de integração são conhecidos como *Building Control System* (BCS). Até há alguns anos, estes sistemas eram realizados tendo como infraestrutura de comunicação um *backbone* de integração com fiação fixa, ao qual se conectavam as diferentes redes de sensores do tipo estrela ou *ad hoc*. Era um sistema totalmente cabeado, o que tornava a sua instalação onerosa e pouco flexível quando houvesse a necessidade de reformulações de espaços no edifício.

Com o surgimento, no início do século XXI, das WSN e considerando seu custo cada vez mais baixo, os sistemas BCS hoje utilizam tecnologias sem fio na sua implantação. Uma primeira proposta de padronização surgiu em 1995 por meio de uma entidade de engenheiros americana, a ASHRAE (*American Society of Heating, Refrigerating and Air-Conditioning Engineers*). O padrão, conhecido como *Building Automation Control Net* (BACnet), hoje corresponde ao padrão ISO 16484-5 (2014) – *Building automation and control systems* (BACS).

A maioria dos sistemas de integração BACS utiliza na interface de RF e MAC um padrão de rede *mesh* sem fio, denominado ZigBee, considerada a tecnologia de rede *mesh*

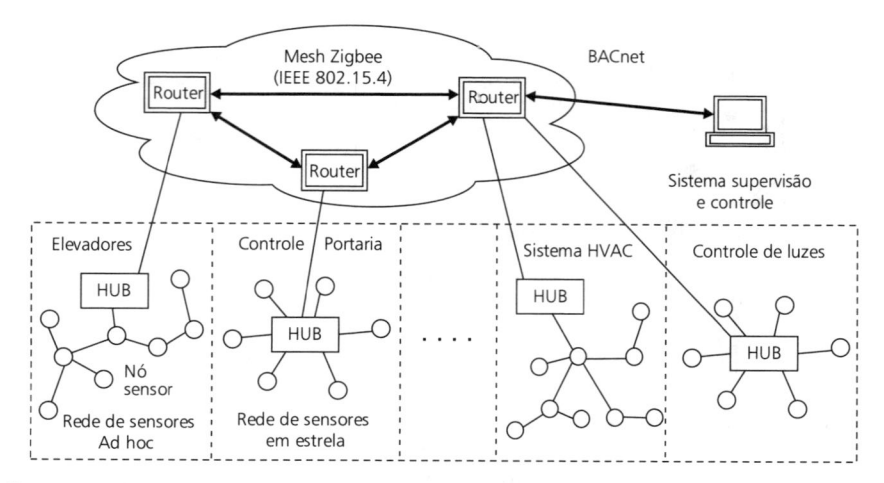

figura 4.12 Arquitetura de uma BACnet que utiliza na camada PHY, a infraestrutura de rádio da rede *mesh* ZigBee.
Fonte: Elaborada com base em IEEE 802.15.4 (2011).

sem fio mais disseminada em nível mundial na área de monitoramento e controle. Veja na Figura 4.12 uma topologia típica de um sistema BAC utilizado na supervisão e no controle de um prédio, com seus principais blocos de arquitetura.

O ZigBee foi projetado em 1999 por uma aliança de empresas, conhecida como ZigBee Aliance, e é uma tecnologia de rede sem fio capaz de operar tanto como uma rede *ad hoc* quanto como uma rede *mesh* (veja Seção 4.1.2). Ela foi desenvolvida especialmente para atender à área de controle e supervisão tanto em ambientes industriais como em edificações, trens, navios, etc. O ZigBee adota na sua interface de rádio o padrão IEEE 802.15.4 (2011), que é um protocolo de comunicação de nível físico e MAC robusto e consolidado. O ZigBee hoje, além de ser um padrão confiável e que, ao longo dos anos, tem sido revisado e modificado diversas vezes, é a tecnologia de rede sem fio mais disseminada em aplicações como integração, controle e supervisão de sistemas.

Além disso, a tecnologia de rede ZigBee também é o suporte preferencial e mais popular na implantação do moderno conceito de *Internet of Things*, ou seja, a integração dos mais diversos dispositivos inteligentes de uma casa, por exemplo, para formar uma rede sem fio baseada no protocolo TCP/IP da Internet.

4.2.5 aplicações em automação industrial e controle de processos

Durante a década de 1990, as WPANs progrediram com rapidez, principalmente nas áreas de automação industrial e controle de processos. A partir do início do século XXI, a área começou a desenvolver os seus próprios padrões, os quais no nível físico e de enlace eram suportados pelo IEEE 802.15.4, enquanto a pilha de protocolos do ZigBee fornecia suporte para os níveis de rede transporte e aplicação.

Entre os padrões de automação industrial e controle de processos se destaca o padrão WHART (Wireless HART[3]) que, no nível físico, utiliza o padrão de transmissão IEEE 802.15.4 e, no nível de MAC, utiliza um protocolo baseado em fatias de tempo tipo (TDMA) com troca de mensagens. A rede WHART é formada por cinco tipos de equipamentos: WFD (*Wireless Field Device*), *gateways*, controlador de aplicação do usuário e controlador automático de processo. Veja na Figura 4.13 a arquitetura do WHART com seus diferentes componentes. Observe que a topologia típica do WHART é *mesh*.

Para integrar RSSF ou WPANs com a Internet, o IETF (*Internet Engineering Task Force*), por sua vez, elaborou um padrão denominado *IPv6 over low-power Wireless Personal Area Networks* ou simplesmente 6LoWPAN, que preconiza a implementação da pilha de protocolos IPv6 no topo do IEEE 802.15.4 a fim de permitir que qualquer dispositivo seja acessível pela Internet.

Finalmente, a *Instrumentation Society of America* (ISA) elaborou um padrão para automação industrial denominado ISA SP100.11a, que conta com o apoio da *Wireless Industrial Networking Alliance* (WINA), um grupo de empresas fornecedoras de equipamentos de automação industrial formado em 2003, que também fomenta as atividades de padronização nesta área. No Capítulo 5 (Redes de controle e automação industrial) você vai ver de forma mais detalhada o estado atual dos diferentes padrões de automação industrial disponíveis, como o ZigBee, o WHART, o 6LoWPAN, o WPROFIBUS e o IWLAN.

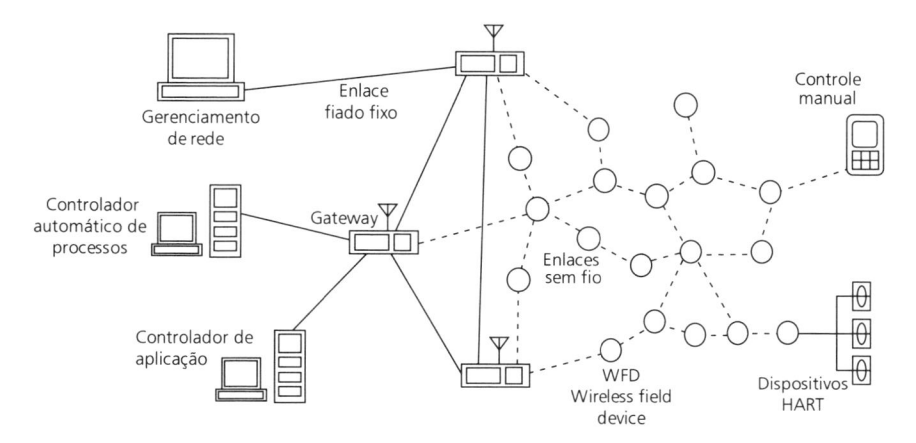

figura 4.13 Arquitetura do Wireless HART (WHART) e seus diferentes componentes.

---

[3] HART: *Highway Addressable Remote Transducer*

4.2.6 aplicações automotivas

Na década de 1980, a indústria automobilística começou a se preocupar em desenvolver um padrão que permitisse integrar, em uma rede, os módulos de controle eletrônicos ou ECUs (*Electronic Control Units*), por exemplo, a supervisão do motor, do sistema de arrefecimento, do controle de freio, etc. As ECUs são módulos eletrônicos inteligentes capazes de processar informação e de se comunicar por meio de um barramento com uma unidade de controle e supervisão inteligente.

O projeto original foi desenvolvido pela Bosch em 1985, conhecido como *Controller Area Network* (CAN), para uso em veículos automotivos. A indústria automotiva adotou rapidamente a tecnologia e, em 1993, o CAN se tornou um padrão internacional conhecido como ISO 11989. Desde então diversos outros protocolos de comunicação de alto nível foram padronizados que têm como base o CAN.

O CAN é um barramento serial de alta integração que permite interconectar um elevado número de ECUs para formar um sistema integrado de supervisão e controle do veículo e oferecer, assim, maior segurança e conforto ao motorista e ao passageiro.

O barramento CAN permite também a integração de pequenas redes locais de sensores chamadas LINs (*Local Interconnected Networks*), para funções específicas, por exemplo, o conjunto de sensores que atuam sobre a ECU do sistema de controle do freio. Veja na Figura 4.14 uma arquitetura típica do barramento serial CAN que apresenta a integração das informações dos diferentes ECUs e LINs para uma ou mais CPUs, que permite o gerenciamento e a supervisão em alto nível das diferentes funções autônomas do veículo.

Devido ao sucesso alcançado pelo CAN, hoje ele é o padrão utilizado nas mais diversas situações de controle e supervisão de sistemas móveis, que vão desde motociclos e caminhões até trens e aviões.

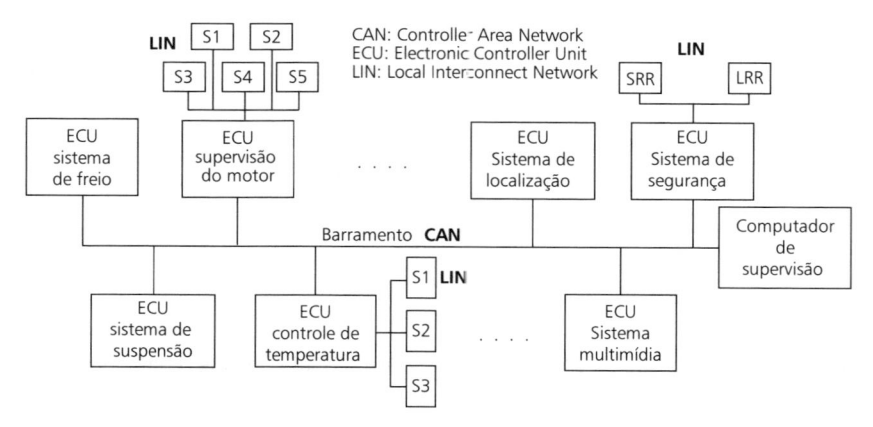

figura 4.14 Arquitetura de um sistema CAN automotivo e seus diferentes blocos funcionais.

Considerando o aspecto sem fio dentro do contexto automotivo, destacamos o bloco funcional que agrega os modernos sistemas de segurança e anticolisão baseados em radares de curto e longo alcance, SRR/LRR (*Short and Long Range Radars*), que operam na faixa de 79 GHz utilizando UWB. Os sensores de radar sem fio são integrados por meio de uma LIN, que se conecta a uma ECU específica, que, por sua vez, se conecta por meio de um CAN ao sistema de controle e supervisão das condições de segurança do veículo. Mais detalhes podem ser conferidos na Seção 6.8.

4.3 algoritmos de roteamento em RSSF

O suporte de comunicações de uma RSSF é formado pelas funcionalidades dos três primeiros níveis do MR-OSI. No nível três (nível de rede), é definida a rota a ser seguida pelo pacote; no nível dois (nível de enlace), é feito o ordenamento do acesso ao canal; e no nível um (nível físico), é realizada a transmissão pelo canal. A nossa abordagem do suporte de comunicação de RSSF será no sentido *top-down* (de cima para baixo), assim, nesta seção você vai saber mais sobre as funções do nível de rede em RSSF, ou seja, as funções de descoberta das rotas e como encaminhar os pacotes para chegarem aos seus diferentes destinos com base em um determinado algoritmo de roteamento.

Os algoritmos de roteamento são diferenciados com base em características consideradas chave para uma determinada RSSF. Lembre-se de que o algoritmo afeta a operação do protocolo de roteamento resultante. Desta forma, existem diversos tipos de algoritmos de roteamento, e cada um produz diferentes impactos sobre a rede e seus recursos. Como não pretendemos fazer um estudo abrangente dos protocolos de roteamento em RSSF, nos limitamos a apresentar as diferentes características dos protocolos mais importantes.

Em 1999, o IETF (*Internet Engineering Task Force*) sugeriu algumas propriedades para estes protocolos que devem ser analisadas quando tratamos da qualidade do roteamento em uma rede *ad hoc*, como:

- Operação distribuída: propriedade que evita a centralização que leva à vulnerabilidade, essencial para o roteamento em uma rede *ad hoc*.
- Protocolos livres de *loops*: serve para limitar o tempo que o pacote fica trafegando na rede. É possível utilizar uma variável do tipo TTL (*time to live*) ou implementar um número de sequência, que talvez apresente melhores resultados.
- Operação baseada na demanda: o algoritmo de roteamento deve ser adaptável às condições atuais da carga de tráfego da rede (reativo).
- Operação proativa: se os recursos de energia e largura de banda permitirem, é desejável utilizar operações proativas em vez de reativas devido à latência adicionada pela operação baseada na demanda.
- Segurança: são necessários mecanismos para inibir modificações nas operações dos protocolos.

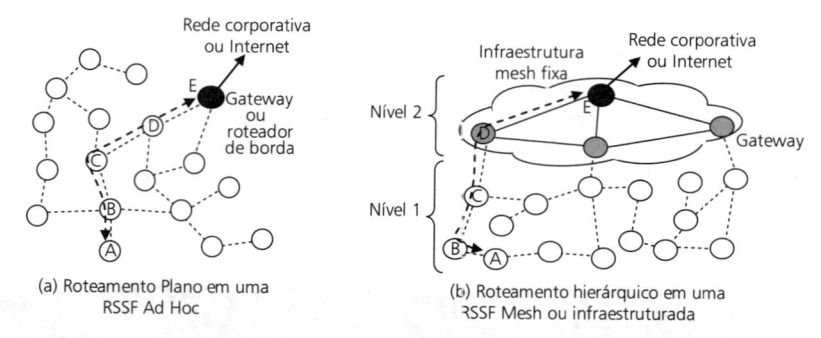

figura 4.15 Roteamento em RSSF: (a) roteamento plano em uma RSSF do tipo *ad hoc* e (b) roteamento hierárquico em uma RSSF tipo *mesh*.

- Estado de "sonolência" (*sleeping*) do nó: utilizado nos períodos de inatividade do nó, visando à conservação de energia. Nestes períodos, os nós devem parar de transmitir e/ou receber dados por um período de tempo definido, sem que isso resulte em maiores consequências.

4.3.1 classificação dos protocolos de roteamento

Os protocolos de roteamento são classificados de várias maneiras, dependendo de suas características físicas e lógicas. Uma classificação sugerida por Schneiders (2006) é feita segundo quatro critérios:

1º) quanto à arquitetura da rede, o algoritmo de roteamento pode ser do tipo:

- **roteamento plano:** aplica-se a redes de sensores *ad hoc*, pois, nestas redes, todos os nós são iguais, isto é, possuem as mesmas funcionalidades e responsabilidades, e o roteamento de pacotes é feito com base em comunicações ponto-a-ponto dentro do alcance de propagação dos nós, como mostrado na Figura 4.15(a); e

figura 4.16 Categorias de protocolos de roteamento em RSSF.
Fonte: Elaborada com base em Tierno (2008).

- **roteamento hierárquico:** aplica-se principalmente a redes de sensores do tipo *mesh*. Nesse roteamento, existem ao menos dois níveis hierárquicos de arquitetura da rede. No nível hierárquico mais baixo (primeiro nível), os nós geograficamente próximos criam conexões ponto-a-ponto. Neste nível, ao menos um nó é utilizado como *gateway* para o nível acima. Os nós *gateway* normalmente possuem maior vazão e poder de processamento e formam um *backbone* tipo *mesh*. Veja na Figura 4.15(b) um roteamento hierárquico em uma RSSF do tipo *mesh*.

2º) Quanto à descoberta de rotas, sem usar algoritmos de roteamento e atualização de topologia, existem duas técnicas:

- *flooding* **(inundação)**: nesta técnica, cada nó sensor, ao receber os dados, faz um *broadcast* (difusão) para seus vizinhos e, assim, sucessivamente, até que a informação alcance seu destino. É uma técnica simples, mas que gera muito tráfego na rede.
- *gossiping* **(boataria)**: nesta técnica, o nó escolhe, por sorteio, somente uma das saídas, por onde envia a informação, até atingir o nó de destino desejado. A técnica gera menos tráfego, mas é mais demorada.

3º) Quanto à construção das rotas, os algoritmos podem ser:

- **reativos** ou sob demanda: neste caso, um nó cria a rota somente quando necessita enviar dados para um determinado destino para o qual não possui a rota, possibilitando economia de banda e de bateria, mas leva um tempo maior para a obtenção das rotas.
- **proativos** ou baseados em tabela de rotas em cada nó, as quais precisam ser atualizadas periodicamente;
- **híbridos**, apenas uma parte dos nós faz atualização periódica e a outra trabalha de forma reativa.

4º) Quanto ao tipo de relação entre o emissor e o receptor, os algoritmos podem ser:

- *unicast*, quando um único nó emissor envia mensagens para um único nó receptor;
- *multicast*, é uma técnica usada para enviar cópias de um mesmo pacote a um subconjunto de todos os possíveis destinatários.

4.3.2 métricas de protocolos de roteamento

Os algoritmos de roteamento, portanto, determinam a melhor rota para cada destino, bem como distribuem informações de roteamento entre os nós. Como eles realizam essas funções e como eles decidem quais rotas são melhores é o que define a métrica adotada pelo protocolo e é o que diferencia os protocolos de roteamento entre si.

Uma rota é definida a partir de uma concatenação de diversos enlaces entre o nó emissor e o nó de destino. Veja na Tabela 4.1 algumas métricas utilizadas em algoritmos de roteamento para efetuar o cálculo das melhores rotas em uma RSSF. As redes mais sofisticadas, inclusive, podem basear a sua escolha em várias métricas combinadas, o que, porém, deve resultar em uma única rota (LUZ, 2004).

tabela 4.1 Métricas utilizadas em projetos de protocolos de roteamento de RSSF

Métrica	Observação
Atraso	Rota formada por enlaces com menor atraso
Largura de banda	Rota formada por enlaces com maior largura de banda
Confiabilidade	Rota de maior confiabilidade (resiliência)
Comprimento	Rota com menor comprimento
Carga	Rota com menor carga
Custo	Rota que apresente o menor custo
Vazão da rede	Rota com maior vazão

Cada algoritmo de roteamento, portanto, poderá vir a fazer uso de diferentes métricas para determinar a melhor rota segundo critérios adotados no seu projeto básico de construção.

4.3.3 alguns protocolos de roteamento populares

Em 1997, foi publicado o primeiro padrão para rede local sem fio, o IEEE Std. 802.11, que preconizava uma arquitetura de rede tanto do tipo *mesh* como do tipo *ad hoc*, assim, o problema do roteamento neste tipo de rede tornou-se objeto de muitas pesquisas. Desde então, vários protocolos foram desenvolvidos para WLANs do tipo *ad hoc*. As RSSFs, pelo fato de terem surgido mais tarde, assimilaram muitos dos protocolos de roteamento já disponíveis para WLANs *ad hoc*. Os protocolos de roteamento para RSSF, no entanto, têm mais exigências, pois devem ser capazes de lidar com limitações como consumo de energia, banda reduzida e altas taxas de erros (WAHARTE, 2006).

Vimos que os protocolos de roteamento são divididos em três classes quanto à construção das rotas: (1) proativos, quando o nó mantém tabelas dinâmicas de possíveis rotas; (2) reativo, quando o nó determina a rota por demanda; e (3) híbrido, uma combinação dos dois anteriores. Veja na Figura 4.16 alguns algoritmos populares de roteamento em RSSF com base nesta divisão.

Já em redes MANET, por causa da mobilidade dos nós, todos os algoritmos de roteamento devem ser do tipo dinâmico, mas eles podem assumir características proativas, reativas ou híbridas (WAHARTE, 2006).

Assim como nas redes cabeadas, os algoritmos de roteamento para uma RSSF *ad hoc* foram baseados em algoritmos básicos, como estado do enlace (*Link State*) e vetor de distância (*Distance Vector*). Veja na Tabela 4.2 um resumo das principais características de alguns protocolos significativos de roteamento para RSSF, classificados segundo métricas de roteamento adotados.

tabela 4.2 Alguns protocolos de roteamento para RSSF e suas principais características

Protocolos / Propriedades	Proativos			Reativos				Híbrido
	DSDV	WRP	GSR	ABR	DSR	AODV	LAR	ZRP
Utiliza inundação	Não	Não	Não	Sim	Sim	Sim	Sim	Sim
Roteamento pela origem	Não	Não	Não	Sim	Sim	Sim	Sim	Sim
Atraso na descoberta de rota	Não	Não	Não	Sim	Sim	Sim	Sim	Sim
Verifica múltiplas rotas	Não	Não	Não	Não	Não	Sim	Não	Não
Utiliza GPS na localização	Não	Não	Não	Não	Não	Não	Sim	Não
Suporte a QoS	Não	Não	Sim	Sim	Não	Não	Não	Não
Métrica de roteamento*	1 e 2	2	3	3 e 1	1	1 e 2	4	Depende algoritmo
Sequenciação de mensagem	Sim	Não	Não	Não	Não	Sim	Não	Não

*Métricas de roteamento: 1 - Menor caminho 2 - Número de sequência mais novo 3 - Estado do enlace 4 - Menor distância.

Existem muitos outros protocolos, além desses, que se distinguem principalmente quanto às possíveis combinações de métricas de roteamento que adotam.

4.4 o padrão IEEE 802.15.4 para WPANs de baixa taxa

Em 2003 o IEEE publicou o primeiro padrão para WPANs de baixa velocidade, designado como IEEE Std. 802.15.4 - LR-WPAN (*Low Rate – WPAN*). Este padrão, o primeiro suporte global às redes sem fio de área pessoal (WPAN), foi desenvolvido para atender às características de WPANs de baixas taxas que se estendem desde os sistemas de interconexão de dispositivos pessoais e redes de sensores sem fio (RSSF) até a integração de dispositivos de controle e supervisão de processos na área industrial e comercial (IEEE, 2011).

O escopo deste padrão cobre as funções do subnível de acesso (MAC) e do nível físico (PHY), tanto para redes sem fio pessoais (WPAN) quanto para redes de sensores sem fio (RSSF). Como um típico padrão de nível físico e do subnível MAC, o padrão IEEE 802.15.4 não especifica como fornecer roteamento *multi-hop* ou funcionalidade *mesh* para a WPAN, supondo que isso seja função dos níveis acima.

tabela 4.3 Principais emendas apresentadas ao padrão IEEE 802.15.4 de 2011

Emenda	Ano	Título
IEEE 802.15.4e	2012	Amendment to the MAC sublayer
IEEE 802.15.4f	2012	Active Radio Frequency Identification (RFID)
IEEE 802.15.4g	2012	Specification for Wireless, Smart Metering Utility Networks
IEEE 802.15.4j	2013	Support for Medical Body Area Networks (MBAN) Services operating in the 2360 MHz – 2400 MHz Band
IEEE 802.15.4k	2013	Low Energy, Critical Infrastructure Monitoring Networks
IEEE 802.15.4m	2014	Physical Layer for TV White Space between 54 MHz and 862 MHz
IEEE 802.15.4p	2014	Physical Layer for Rail Communications and Control (RCC)

Com a primeira publicação em 2003, a última versão consolidada do padrão foi publicada em 2011. Veja na Tabela 4.3 as principais emendas aprovadas a partir da consolidação de 2011 e que deverão ser integradas ao padrão IEEE 802.15.4 na sua próxima consolidação.

As WPANs de baixa taxa se disseminaram rapidamente nos últimos anos e alcançaram um alto grau de maturidade tecnológica. Atualmente o padrão IEEE Std. 802.15.4 (2011) oferece suporte para os mais diversos tipos de WPANs e RSSFs, e é adotado também como suporte de comunicação em diversos tipos de rede proprietárias.

O padrão foi decisivo para o desenvolvimento de redes WPAN em áreas da atividade humana, como interconexão de dispositivos, redes de sensores, automação industrial, controle de processos, supervisão e segurança de prédios e casas, monitoramento e rastreamento de sistemas, como automóveis, navios, aeronaves e, principalmente nos últimos anos, as redes de supervisão e controle na área automotiva.

O padrão tem como objetivo principal oferecer um suporte às diferentes WPANs no que diz respeito ao acesso ao meio (MAC), além de seis técnicas de transmissão seguras e confiáveis de dados em baixas taxas e distâncias de abrangência privada que não excedam em torno de 10 metros.

As taxas de transferência em LR-WPANs variam de 20 (mínimo) a 250 kb/s e atendem com folga a um significativo conjunto de aplicações. O padrão, além de ser de baixa complexidade e de baixo custo, oferece baixíssimo consumo de energia elétrica e conectividade sem fio entre dispositivos simples e baratos. O padrão opera em diversas bandas de frequência não licenciadas na faixa de UHF. Algumas destas faixas são licenciadas a nível nacional ou regional, como mostrado na Tabela 4.4.

A arquitetura de uma WPAN IEEE 802.15.4 consiste basicamente em um conjunto de módulos de hardware, genericamente denominados como dispositivos, que se interconectam formando uma rede WPAN. A cada dispositivo está associada uma

tabela 4.4 Frequências ISM livres, por país, para LR-WPAN

Bandas [MHz]	Largura de banda [MHz]	Países
314 – 316	2	China
430 – 434	4	China
779 – 787	8	Europa, EUA
868 – 868,6	0,6	Europa, EUA
902 – 928	26	Japão
2400 – 2483,5	83,5	Europa, EUA

aplicação e, por isso, o dispositivo é simultaneamente o ponto de início e de terminação de dados.

4.4.1 modelo de referência de protocolos do IEEE 802.15.4

O objetivo principal do padrão IEEE 802.15.4 é oferecer interconexão de dispositivos sem fio extremamente simples, de baixíssimo custo e baixíssimo consumo de energia. Veja na Figura 4.17 uma visão geral da pilha de protocolos do IEEE 802.15.4 sugerido pela norma. Observe que o modelo prevê um plano de dados e um plano de gerência. O plano de gerência se estende em paralelo ao plano de dados, desde o nível físico até o nível de aplicação, porém está fora do escopo da norma. No plano de dados, a

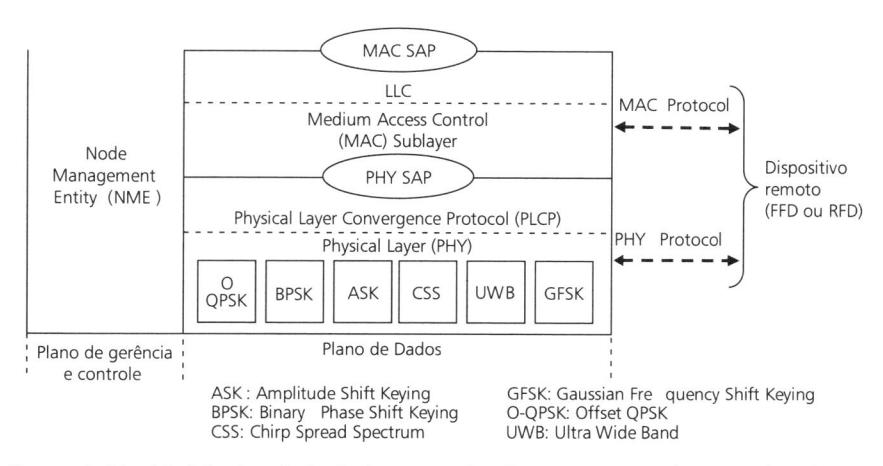

figura 4.17 Modelo de referência de protocolos do IEEE 802.15.4 (LR-WPAN) na interconexão entre dois dispositivos WPAN.

norma especifica as funcionalidades e os protocolos que cobrem o nível físico e o nível de acesso ao meio (IEEE, 2011).

O padrão IEEE 802.15.4 define para LR-WPANs duas classes de transferência de dados. Uma é uma transferência de dados totalmente assíncrona, extremamente simples, porém pouco eficiente. Este método está associado a um algoritmo de acesso conhecido como Aloha Puro – o dispositivo simplesmente transmite e aguarda uma confirmação; se não, retransmite.

A segunda classe é baseada em uma transferência segundo uma estrutura de superquadro, composta de fatias de tempo (TDMA) bem delineadas e, por isso, bem mais eficientes. As fatias de tempo podem ser acessadas pelos usuários utilizando algoritmos de acesso, como o Sloted Aloha, ou uma estrutura de superquadro (como será mostrado na Seção 4.4.4).

Devido a estas classes de transferência de dados, a norma especificou dois tipos de topologias: a topologia em estrela e a topologia *peer-to-peer*, como mostrado na Figura 4.18. Na topologia em estrela, os dados de um dispositivo qualquer são recebidos e transmitidos por meio de um dispositivo de controle central, ou coordenador da LR-WPAN. Já na topologia *peer-to-peer* (P2P) os dados são repassados por meio dos nós intermediários até um nó terminal, caracterizando uma topologia do tipo *peer-to-peer*, também chamada rede tipo malha, ou *mesh-network*.

Em uma WPAN LR IEEE 802.15.4, distinguimos dois tipos de dispositivos: os dispositivos com funcionalidades reduzidas ou RFD (*Reduced Function Devices*) e os dispositivos com funcionalidades completas ou FFD (*Full Function Devices*). Um dispositivo FFD possui a capacidade de ser tanto um coordenador de um *cluster* de dispositivos como o coordenador geral da LR-WPAN. Já um componente RFD é um dispositivo extremamente simples para funções básicas, como uma chave de luz ou um sensor infravermelho passivo.

Uma WPAN tipo estrela é iniciada a partir da ativação de um dispositivo FFD, que se tornará também o coordenador desta WPAN. Uma vez definido o coordenador, este poderá permitir a conexão de outros dispositivos que podem ser tanto FFDs ou RFDs. A cada WPAN está associado um identificador de WPAN; além disso, cada um

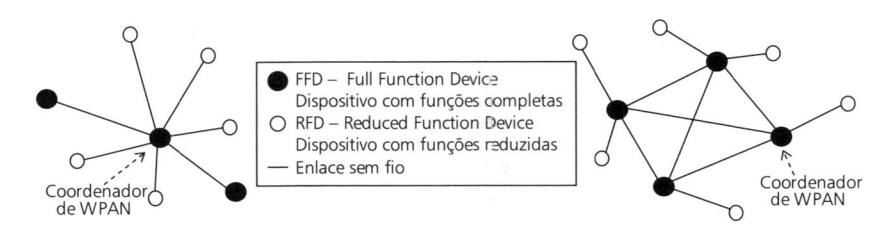

figura 4.18 Exemplo de topologia em estrela e *peer-to-peer* ou *mesh* do IEEE 802.15.4.

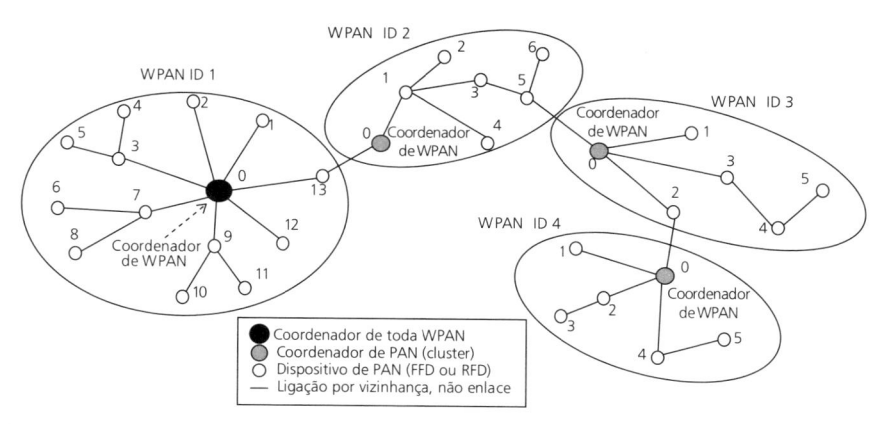

figura 4.19 Exemplo de uma topologia em árvore formada por ramos, ou *clusters* de WPANs.

de seus dispositivos possui um identificador de dispositivo, único dentro da WPAN (JEON; KIM, 2006).

Uma WPAN pode se conectar a outra WPAN por meio de um dispositivo FFD que deverá ser o coordenador nesta nova WPAN. Cada WPAN forma um novo ramo (*cluster*) dentro desta topologia. A interconexão de vários ramos (*clusters*) WPAN forma uma árvore de *clusters* WPAN, como mostrado na Figura 4.19. Esta árvore de WPANs pode ser considerada um tipo de topologia *peer-to-peer*. Somente um dos coordenadores dos diversos ramos (*clusters*) ou WPANs poderá ser o coordenador geral de toda a rede WPAN e, por isso, deverá ter uma quantidade maior de recursos computacionais para assumir esta função.

4.4.2 descrição funcional geral de uma LR-WPAN IEEE 802.15.4

Você viu que o padrão IEEE 802.15.4 define duas classes de transferência de dados, cada qual com os seus respectivos mecanismos de controle de acesso ao meio (MAC), como mostrado na Tabela 4.5. A primeira classe preconiza uma transferência de dados totalmente assíncrona, conforme apresentado na Figura 4.20(a). Neste caso, a norma preconiza dois algoritmos de controle de acesso ao canal: Aloha ou CSMA-CA. O algoritmo Aloha é extremamente simples, porém, de baixíssima eficiência na utilização do canal (~30%). Já o algoritmo CSMA-CA, mais complexo, apresenta um aproveitamento bem maior do canal. No caso do Aloha, o dispositivo transmite sem verificar se o meio está ocupado e sem esperar por alguma fatia de tempo específica. Já no caso do algoritmo CSMA-CA, o dispositivo, antes de transmitir, verifica se o meio está desocupado e, se estiver, espera um tempo aleatório definido por um mecanismo de *backoff* (espera). Se o meio ainda estiver desocupado após o tempo de *backoff*, aí então o dispositivo efetua a transmissão (IEEE, 2011).

194 ⋯→ Redes de comunicação sem fio

tabela 4.5 Classes de transferência e métodos de controle de acesso ao canal no 802.15.4

Classe de transferência	Modo de transferência	Algoritmo de acesso
(1.) Assíncrona	Quadros de dados (PPDUs)	Aloha ou CSMA-CA
(2.) Superquadros com fatias de tempo (TDMA)	Superquadros com contenção	CSMA-CA
	Superquadros alternados; vazio/cheio	CSMA-CA
	Superquadros com contenção e GTS	CSMA-CA

(a) Transferência de dados totalmente assíncrona (CSMA-CA ou Aloha)

(b) Transferência de dados por super-quadro com beacon

(c) Transferência alternada de dados por super-quadro transmissão e recepção

(d) Transferência de dados por super quadro com período de contenção e tempos garantidos (GTS)

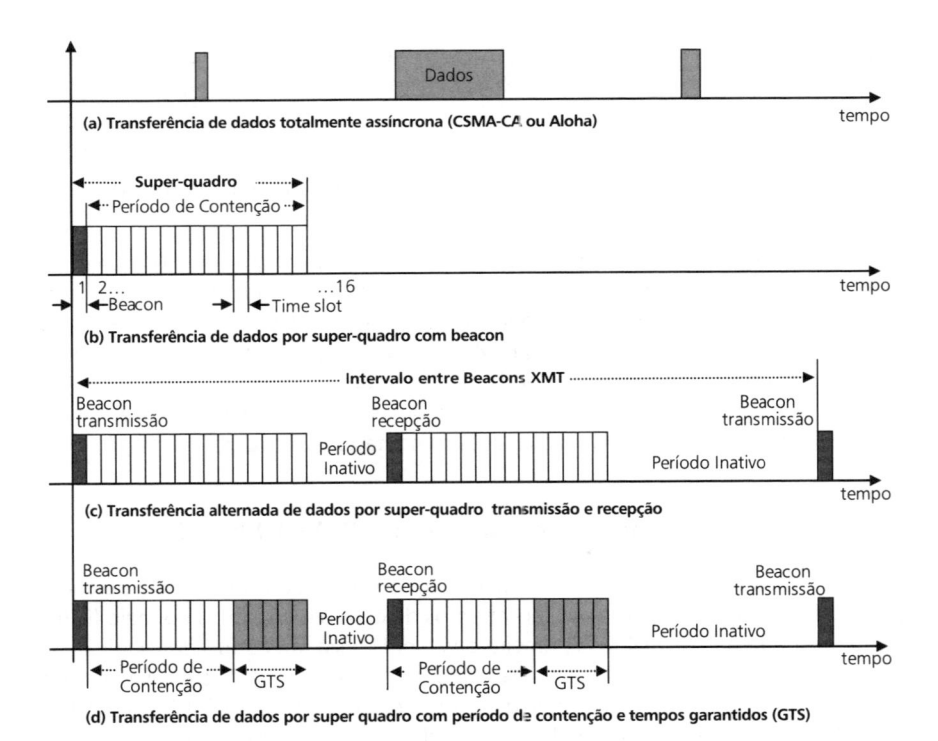

figura 4.20 Classes de transferência de dados do 802.15.4: (a) transferência assíncrona de dados (Aloha ou CSMA-CA); (b) superquadro formado por 16 *time-slots*, sendo um para o sinal de beacon e 15 para a contenção de dados; (c) operação de superquadro com períodos ativos e inativos; (d) superquadro com período de contenção e períodos de *time-slots* garantidos (GTS).

A segunda classe de transferência de dados do 802.15.4 é baseada em uma estrutura de superquadro (*superframe*) que inicia com um sinal de *beacon*. O formato do superquadro é definido pelo coordenador e é repetido ciclicamente no tempo. Em geral cada superquadro é composto de 16 fatias de tempo (*time-slots*), sendo 15 para a transferência de dados e um para o sinal de *beacon*, como mostrado na Figura 4.20(b). A técnica também é conhecida como TDMA (*Time Division Multiple Access*) e será abordada de modo mais detalhado na Seção 8.5.1.

No período de contenção, os dispositivos competem entre si para acessar os *time-slots*, usando um algoritmo de acesso como CSMA-CA. Opcionalmente, o superquadro pode ter um período de atividade seguido de um período de inatividade, como mostrado na Figura 4.20(c). Este acesso de baixa taxa permite minimizar o consumo de energia do dispositivo sensor.

Dependendo das exigências de QoS dos serviços (por exemplo, atraso), uma porção de *time-slots* de um superquadro pode ser reservada para o atendimento destes serviços. A reserva destes *time-slots* é regulada por um serviço de *Guaranteed Time Slots* (GTS). Desta forma, é possível atender às exigências de QoS de alguns serviços especiais sensíveis a atraso, por exemplo, voz. Veja na Figura 4.20(d) a estrutura de um superquadro com serviço de GTS. Não mais do que sete *time-slots* podem ser associados ao serviço GTS durante um período de superquadro.

4.4.3 o nível MAC do IEEE 802.15.4

O subnível MAC do 802.15.4 é responsável por todas as funções de estruturação da LR-WPAN bem como pelo controle de acesso ao canal de RF físico. Veja a seguir as principais funções:

- Gerar os sinais de *beacon* da rede se o dispositivo for um coordenador.
- Sincronizar os *beacons* da rede WPAN.
- Oferecer suporte à WPAN para associação e dissociação de dispositivos.
- Oferecer suporte de segurança aos dispositivos.
- Disponibilizar o mecanismo CSMA-CA para o acesso ao canal.
- Gerenciar o mecanismo de GTS (*Guaranteed Time Slots*).
- Oferecer uma conexão confiável entre duas entidades MAC.

Veja as estruturas de dados utilizadas no nível MAC e PHY na Figura 4.21. Uma MSDU, ao migrar para o nível MAC para ser transmitida pelo nível físico, inicialmente é processada em relação às diferentes funcionalidades deste nível, o que gera como resultado final o acréscimo de três campos: o cabeçalho MAC, o campo de dados (MSDU) e um campo de verificação do quadro (MAC *footer*, ou CRC). A nova estrutura de dados assim obtida corresponde à MPDU (*Mac Protocol Data Unit*), que está pronta para ser passada ao nível físico (KARAPISTOLI et al., 2010).

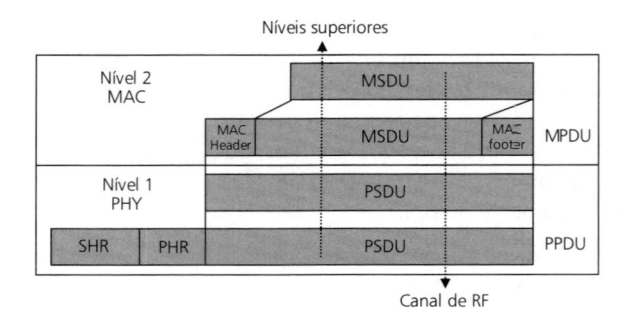

figura 4.21 Estrutura de dados do nível MAC e FHY do modelo de referência de protocolos OSI do IEEE 802.15.4.

A MPDU do nível MAC, ao migrar para o nível físico, passa a ser a PSDU (*Physical Service Data Unit*) que é processada no nível físico e resulta em um acréscimo de um campo de SHR (*Synchronization Header*), além de um cabeçalho do nível físico PHR (*Physical Header*), formando a PPDU (*Physical Protocol Data Unit*), que finalmente é transmitida pelo canal de RF. Em sentido inverso, partimos do recebimento de uma PPDU pelo nível físico que, a seguir, é processado até gerar uma MSDU que será repassada aos níveis superiores, como você pode observar na Figura 4.21.

4.4.4 mecanismos de controle de acesso do IEEE 802.15.4

Os algoritmos de acesso ao meio, ou MAC, integram as funções do nível 2 do 802.15.4.

A norma definiu dois algoritmos de controle de acesso ao meio: o *Aloha* e o CSMA-CA (*Carrier Sense Multiple Access with Collision Avoidance*). Você vai ver a seguir as principais características de cada algoritmo.

■ **o algoritmo de acesso *Aloha***

No acesso ao canal de comunicação segundo o protocolo *Aloha*, o dispositivo transmite sem verificar se o canal está ocupado e sem esperar alguma fatia de tempo específica – ele simplesmente transmite. O método é totalmente assíncrono e aleatório no tempo. O algoritmo é apropriado para redes com baixo fator de carga, pois, com isso, a probabilidade de colisão é tolerável, dada a alta probabilidade de que o canal esteja desocupado.

Uma versão melhorada do *Aloha*, denominada *Slotted Aloha*, divide o tempo em fatias fixas, cada fatia com duração aproximadamente igual ao tempo de um quadro (PPDU) do nível físico. Um dispositivo, quando quer transmitir, espera somente até o início do próximo *time-slot* para transmitir. Este mecanismo apresenta uma eficiência de utilização do canal bem melhor que o *Aloha* puro, girando em torno de 60% da capacidade do canal.

■ o algoritmo de acesso CSMA-CA

O 802.15.4 LR-WPAN prevê o uso de dois tipos de mecanismos de acesso baseado no algoritmo CSMA-CA, dependendo da configuração da rede. Em redes baseadas em superquadros com beacon, o período de *backoff* é sincronizado com o início do beacon. Desta forma, todos os períodos de *backoff* estão alinhados com o coordenador de WPAN. Cada vez que um dispositivo queira transmitir durante um período de CAP, ele localiza o início do próximo período de *backoff* e, a seguir, espera um número aleatório de períodos de *backoff*. Se o canal ainda estiver ocupado, o dispositivo aguarda por mais um novo número aleatório de períodos antes de tentar acessar o canal novamente. Se o canal estiver livre, começa a transmitir no início do próximo período de *backoff*. Confirmação de recebimento (ACK) e *beacon* são transmitidos sem utilizar o mecanismo CSMA-CA.

As redes que não utilizam um superquadro com início sinalizado por um *beacon* adotam um mecanismo CSMA-CA não baseado em fatias de tempo (*unslotted* CSMA-CA). Neste caso, cada vez que um dispositivo queira transmitir um quadro de dados ou um comando MAC, aguarda durante um período de *backoff* aleatório. Se o canal ainda estiver desocupado, o dispositivo transmite os dados. Se o canal, após o *backoff*, estiver ocupado, o dispositivo aguarda por mais um período aleatório, antes de tentar acessar o canal novamente. O período aleatório é medido em unidades de tempo de *backoff*. Confirmações de recebimento são enviadas sem utilizar o mecanismo CSMA-CA.

4.4.5 aspectos de segurança do IEEE 802.15.4

Uma das funcionalidades mais importantes do nível MAC do IEEE 802.15.4 está relacionada com a segurança. Como em qualquer rede sem fio, o fato de, nestas redes, o sinal ser propagado pelo espaço torna estas redes vulneráveis a ataques de espionagem ou interferência mal-intencionada. Pela natureza simples das aplicações destas redes, pelo seu baixo custo, pelo consumo e pela capacidade de processamento, a implementação de algoritmos criptográficos para aumentar a segurança torna-se uma opção limitada. A maioria destas arquiteturas de segurança podem ser implementadas nos níveis de protocolos mais altos e, por isso, estão fora do escopo desta norma.

4.4.6 o nível físico do IEEE 802.15.4

A estrutura de dados do nível físico do IEEE 802.15.4 é a PPDU (*Physical Protocol Data Unit*), cuja composição é mostrada na Figura 4.22. O quadro encapsula no campo de *Payload* basicamente uma MPDU (*MAC Protocol Data Unit*) e acrescenta mais dois campos; o SHR (*Synchronization Header*) de cinco octetos e o PHR (*Physical Header*) de um octeto, que completam o quadro. Enquanto o campo SHR se encarrega da sincronização de quadro e de bit no dispositivo remoto, o PHR indica o comprimento em octetos do *Payload* (COOKLEV, 2004).

As principais funções de convergência de transmissão a serem aplicadas à PPDU podem ser observadas na figura 4.23. Basicamente podemos dividi-las em dois blocos; as fun-

198 ⋯→ Redes de comunicação sem fio

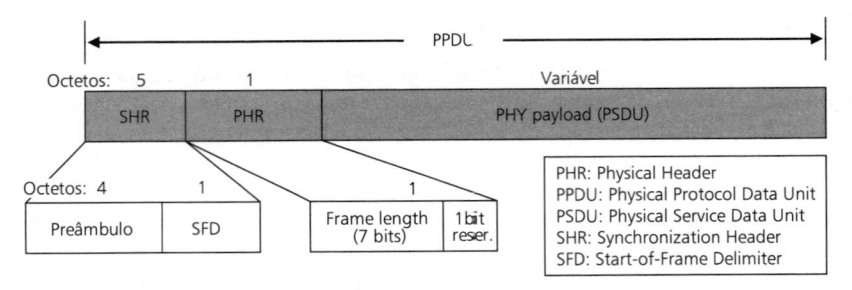

figura 4.22 Estrutura de uma PPDU do IEEE 802 15.4

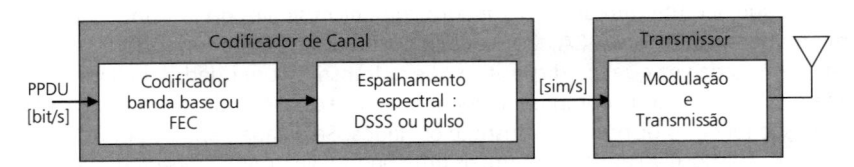

figura 4.23 Blocos funcionais das funções do subnível de convergência de transmissão do nível físico do IEEE 802.15.4.

ções de codificação (decodificação) de canal e as funções de transmissão (recepção) pelo canal de RF. O codificador de canal realiza principalmente duas funções: (1) codificação dos dados em banda base visando definir novos símbolos de transmissão ou visando proteção contra erros do canal (FEC); e, (2) aplicação de alguma técnica de espalhamento espectral como o DSSS (*Direct Sequence Spread Spectrum*) ou técnicas de transmissão de pulsos extremamente estreitos (UWB). O bloco transmissor/receptor, por sua vez, realiza as funções de modulação e filtragem para a conformação do sinal a ser aplicado à antena.

Diante da grande flexibilidade das LR-WPANs, a norma IEEE 802.15.4 prevê diferentes opções no nível físico, que vão desde diferentes técnicas de codificação do canal até as várias tecnologias de modulação/demodulação visando a atender às características específicas de uma determinada WPAN.

Exigências como baixo consumo, baixo custo, capacidade limitada de processamento dos sensores e simplicidade das aplicações fizeram o nível físico do 802.15.4 definir até seis opções de transmissão/recepção dos dados (Figura 4.17).

4.4.7 técnicas de modulação no nível físico do IEEE 802.15.4

Na Tabela 4.6 foram listadas as diferentes opções de modulação do IEEE 802.15.4 e, de forma resumida, as principais características de cada opção, como taxa de dados e faixa de frequência de operação. Observe que, com exceção do GFSK, nas demais técnicas o fluxo de bits é inicialmente submetido a um espalhamento espectral para, dessa forma,

Capítulo 4 ⋯→ Redes de Sensores Sem Fio (RSSF)

tabela 4.6 Tipos de modulação, taxas de transmissão e técnicas de espalhamento espectral no nível PHY do IEEE 802.15.4

Técnica de modulação	Espalhamento espectral	Taxas [kbit/s]	Faixas de frequência [MHz]
O-QPSK	DSSS	100 e 250	779-787 868-868,6 902-928 e 2400-2483
BPSK	DSSS	20 e 40	868-868.6 e 902-928
ASK	PSSS	250	868-868.6 e 902-928
CCS	Pulso chirp	250 e 1000	2400-2483
UWB	Pulso	< 1000	249,6-749,6MHz 3,1-4,86GHz e 6,0-10,6GHz
GFSK	–	100	950,8-955,8

garantir uma maior robustez do sinal recebido em relação à interferência causada principalmente pelo fenômeno dos múltiplos caminhos (*multipath*) na recepção do canal.

A seguir você vai ver os principais detalhes funcionais de cada uma dessas técnicas, bem como suas vantagens e desvantagens quando aplicadas a uma LR-WPAN.

■ modulação O-QPSK do IEEE 802.15.4

Na modulação O-QPSK (Offset QPSK), inicialmente é feito um espalhamento espectral do fluxo de bits dos dados utilizando uma técnica de DSSS (*Direct Sequence Spread Spectrum*), cuja conceituação é apresentada na Seção 2.6.2. O fluxo de chips resultante deste espalhamento é modulado em seguida pela técnica O-QPSK. Esta técnica é considerada um caso particular de QPSK em que os fluxos I e Q estão defasados de um tempo de chip T_c, isto é, possuem um *offset* de fase. Esta defasagem garante uma recuperação do sincronismo de chip mais robusta. Veja mais detalhes sobre a técnica de modulação QPSK em (ROCHOL, 2012)

Veja na Figura 4.24 um fluxograma das principais funções executadas pelo nível físico na obtenção do sinal O-QPSK. O codificador de canal recebe um fluxo de bits correspondente a uma PPDU (*Physical Protocol Data Unit*). Inicialmente é feita uma codificação de bits para símbolos e, a seguir, é aplicada uma técnica de espalhamento

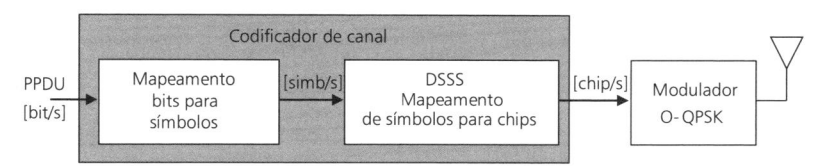

figura 4.24 Diagrama em blocos funcionais do nível físico na modulação O-QPSK.

tabela 4.7 Características principais da modulação do O-QPSK (ortogonal)

Faixa de frequência	Total de símbolos de dados	Bits por símbolo de dados	DSSS chips/ símbolo	Taxa de bits	Taxa de chips	Fator de processamento
2450 MHz	16	4	32	250 kbit/s	2000 kc/s	8
915 MHz	16	4	16	100 kbit/s	400 kc/s	4
868 MHz	16	4	16	100 kbit/s	400 kc/s	4
780 MHz	16	4	16	100 kbit/s	400 kc/s	4

espectral DSSS (*Direct Sequence Spread Spectrum*). O fluxo de chips resultante desse espalhamento é modulado em seguida segundo uma modulação O-QPSK (IEEE, 2011).

Inicialmente, os bits de dados são agrupados de quatro em quatro bits, o que resulta em 16 símbolos possíveis ($N=2^4=16$). Dessa forma, a cada símbolo de dados é associada uma combinação distinta de 4 bits. A seguir, a cada símbolo de dados é associada uma sequência direta de 32 (ou 16) chips do tipo PN (*Pseudo Noise*). Cada sequência de chips está inter-relacionada com as demais sequências por meio de deslocamentos cíclicos e/ou por inversão dos chips com índice ímpar.

Veja na Tabela 4.7 um resumo de algumas características importantes da modulação O-QPSK. A técnica é robusta e apresenta taxas compatíveis para as aplicações visadas pelas LR-WPANs de baixo custo.

■ modulação BPSK do IEEE 802.15.4

Esta modulação se aplica ao nível físico de uma LR-WPAN de padrão IEEE 802.15.4 quando a taxa de transferência de dados é baixa (10 ou 20 kbit/s) e as exigências de robustez e simplicidade de implementação são determinantes.

Veja na Figura 4.25 um diagrama em blocos das principais funcionalidades deste nível físico, que utiliza como modulação o BPSK no canal de RF. Observe na figura que, antes da modulação, o fluxo de dados é submetido a um codificador de canal que realiza uma codificação diferencial, seguido de um espalhamento espectral do tipo DSSS[4].

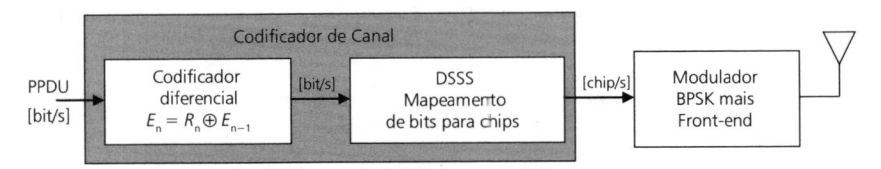

PPDU [bit/s] → Codificador de Canal: Codificador diferencial $E_n = R_n \oplus E_{n-1}$ → [bit/s] → DSSS Mapeamento de bits para chips → [chip/s] → Modulador BPSK mais Front-end

figura 4.25 Diagrama em blocos das principais funções do nível físico do IEEE 802.15.4 usando a técnica de modulação BPSK.

[4] Veja mais detalhes sobre a técnica de espalhamento espectral DSSS na Seção 2.6.2.

Inicialmente o fluxo de bits associado a uma PPDU (confira a Figura 4.25) passa pelo codificador diferencial, que realiza a seguinte operação lógica sobre cada bit entrante:

$$E_n = R_n \oplus E_{n-1}$$

Nesta expressão, $\oplus$ indica soma módulo dois, R_n é o valor do bit entrante de ordem n, E_{n-1} é o bit diferencialmente codificado anterior e E_n é o bit codificado atual. A codificação diferencial tem como objetivo tornar a recuperação do sincronismo de chip e bit no receptor mais robusta.

O fluxo de bits resultante da codificação diferencial, então, é submetido a uma técnica de espalhamento espectral do tipo sequência direta (DSSS). A cada bit 0 é associada uma sequência de 15 chips definida por 111101011001000, e a cada bit 1, a sequência complementar dada por 000010100110111. Desta forma, é assegurado ao sinal resultante uma maior robustez em relação ao problema da interferência de múltiplos caminhos (*multipath*) e ruído.

Veja na Tabela 4.8 as diferentes faixas do espectro que podem ser utilizadas por este nível físico, além dos principais parâmetros adotados para o espalhamento espectral DSSS.

O fluxo de chips resultante do espalhamento espectral é modulado a seguir por uma técnica BPSK. Veja os conceitos teóricos básicos da modulação BPSK (*Binary Phase Shift Keying*) em (ROCHOL, 2012).

■ *amplitude Shift Keying* (ASK) do IEEE 802.15.4

A técnica de transmissão PHY-ASK (*Amplitude Shift Keying*) do IEEE 802.15.4 utiliza uma modulação BPSK simples para os bits do campo SHR da PPDU e uma modulação ASK para os campos PHR e do *payload* (PSDU) da PPDU (confira a Figura 4.26). A modulação ASK é precedida de uma técnica de espalhamento espectral chamada PSSS (*Parallel Sequence Spread Spectrum*).

Veja na Tabela 4.9 um resumo dos principais parâmetros associados ao espalhamento PSSS. Observe que, dependendo da faixa de frequência utilizada, o número de bits por símbolo de dados pode ser de 20 ou 5 bits, o que corresponde a um ganho de

tabela 4.8 Características do espalhamento espectral DSSS realizado antes da modulação BPSK especificada pelo IEEE 802.15.4

Faixa de frequência	DSSS chips/bit	Taxa de bits	Taxa de chips	Fator de processamento
915 MHz	15	20 kbit/s	300 kc/s	15
868 MHz	15	10 kbit/s	150 kc/s	15
780 MHz	15	10 kbit/s	150 kc/s	15

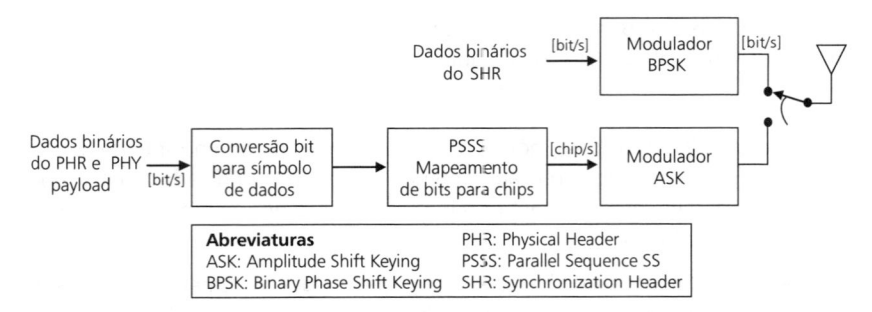

figura 4.26 Funções de espalhamento e modulação de uma PPDU no PHY-ASK do IEEE 802.15.4.

tabela 4.9 Principais parâmetros do espalhamento espectral PSSS do nível PHY com modulação ASK da norma IEEE 802.15.4

Faixa de frequência	Bits/símbolo	Chips/símbolo	Taxa de bits	Taxa de chips	Ganho de processamento
868 MHz	20	32	250 kb t/s	400 kc/s	1,6
915 MHz	5	32	250 kb t/s	1600 kc/s	6,4

processamento[5] de 1,6 e 6,4, respectivamente. Quanto maior for este ganho de processamento, maior será a robustez do sistema em relação a interferências.

Veja na Figura 4.27 as principais etapas do espalhamento PSSS. O fluxo de bits de dados é paralelizado para formar símbolos de n bits, com $n = 5$ ou 20 bits, dependendo

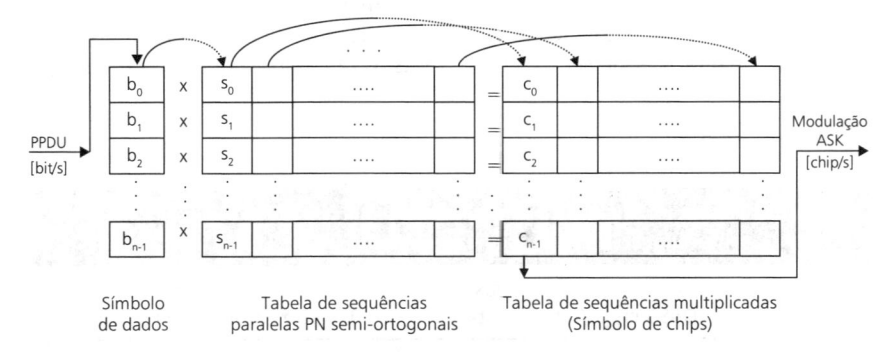

figura 4.27 Codificador PSSS do PHY-ASK – símbolos de dados são transformados em símbolos de chip.

[5] Ganho de processamento: G [(bits/símbolo)/(chips/símbolo)].

da faixa de frequência utilizada. Os símbolos são multiplicados a seguir por *n* sequências PN paralelas ortogonais, e cada sequência é constituída por 32 chips. O resultado da multiplicação forma uma matriz que é lida sequencialmente a partir das colunas, de cima para baixo, constituindo o fluxo de chips que modulará em ASK a portadora.

Após o espalhamento espectral, o fluxo de chips é transformado em um sinal bipolar, associando um pulso positivo ao chip "um" e um pulso "negativo" ao chip zero. O sinal assim obtido é filtrado para conformar os pulsos para um formato do tipo *root-raised-cosine* e, a seguir, são aplicados a uma portadora para a obtenção da modulação binária ASK.

■ *Chirp Spread Spectrum* (CSS) do IEEE 802.15.4

A técnica de comunicação digital CSS (*Chirp Spread Spectrum*) surgiu na década de 1950 e foi utilizada inicialmente em sistemas de radares. Em 2007, foi aprovada a emenda IEEE 802.15.4a na qual o CSS é especificado como um dos níveis físicos de LR-WPANs, destinado principalmente a comunicações de longa distância (>50m) e com os nós se movendo em alta velocidade. Como em outras técnicas de espalhamento, o CSS utiliza a banda total alocada ao serviço para espalhar o espectro do sinal, desta forma garantindo ao sinal uma alta robustez ao ruído AWGN, à interferência de múltiplos caminhos e ao efeito Doppler devido ao deslocamento do nó sensor. A técnica CSS também apresenta bons resultados em medidas de distância (*ranging*).

O *Chirp Spread Spectrum* (CSS) é uma técnica de espalhamento espectral que utiliza pulsos linearmente modulados em frequência para codificar informação. Um pulso chirp é um sinal senoidal cuja frequência cresce (ou decresce) linearmente no tempo, como mostrado na Figura 4.28. Um esquema simples de associação de informação binária poderia ser, por exemplo: bit um → pulso *up-chirp*, bit zero → pulso down-chirp. Podem ser definidos esquemas mais sofisticados para a obtenção de símbolos com mais de um bit. Normalmente estes símbolos são simples combinações dos dois pulsos de chirp básicos. No padrão físico CSS do IEEE 802.15.4, são definidos diferentes símbolos a partir de combinações de quatro pulsos básicos, aos quais são associados três ou seis bits por símbolo (IEEE, 2011).

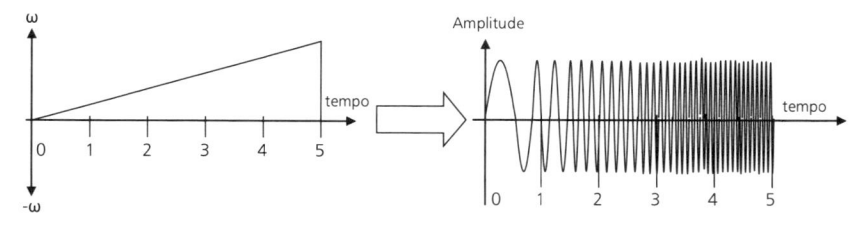

(a) Função linear de freqüência positiva

(b) Pulso de chirp de freqüência linear para cima

figura 4.28 Geração de um pulso chirp a partir de uma função linear de frequência.

tabela 4.10 Principais características do PHY- CSS (*Chirp Spread Spectrum*) do padrão IEEE 802.15.4

Faixa de frequência	Taxa de bits	Bits/ símbolo	Chips/ símbolo	Taxa de chips [chips/s]	Ganho de processamento
2450 MHz	250 kbit/s	6	32	1333,33	5,333
	1000 kbit/s	3	4	1333,33	1,33

O nível PHY-CSS foi definido para operar na faixa de 2,45 GHz com taxas de transferência de 250 kbit/s (mais robusta) e 1 Mbit/s. Os demais parâmetros do CSS estão resumidos na Tabela 4.10. Observe na última coluna: quanto maior for o ganho de processamento, maior será a robustez do sistema às imperfeições do canal.

Veja na Figura 4.29 um esquemático genérico de um transmissor PHY-CSSS. Os bits das PPDUs são separados em dois fluxos: o primeiro corresponde à transmissão dos campos de PHR e PSDU, enquanto o segundo corresponde aos cinco octetos do SHR. Tanto o primeiro como o segundo fluxo são separados em bits pares e ímpares e, a seguir, são formados símbolos de três ou seis bits. Aos símbolos são associadas palavras de 4 ou 32 chips, respectivamente, e o resultado é entrelaçado. As saídas deste entrelaçamento são serializadas formando os dados do canal I (Imaginário) e Q (Quadratura) do modulador DBQSK (*Differential Bi-Orthogonal Quaternary Shift Keying*). Note que o espalhamento espectral não é aplicado ao campo SHR (cinco octetos iguais) da PPDU, já que a função do campo é somente de sincronismo e ele é constituído de bits alternados de 0 e 1.

■ o nível PHY-UWB do IEEE 802.15.4

Uma das seis opções de realização do nível PHY do padrão IEEE 802.15.4 é baseada em UWB (*Ultra-Wide-Band*). Esta opção de nível físico foi introduzida pelo *addendum* IEEE 802.15.4a de 2007 e também é conhecida como Rádio de Impulso ou IR-UWB.

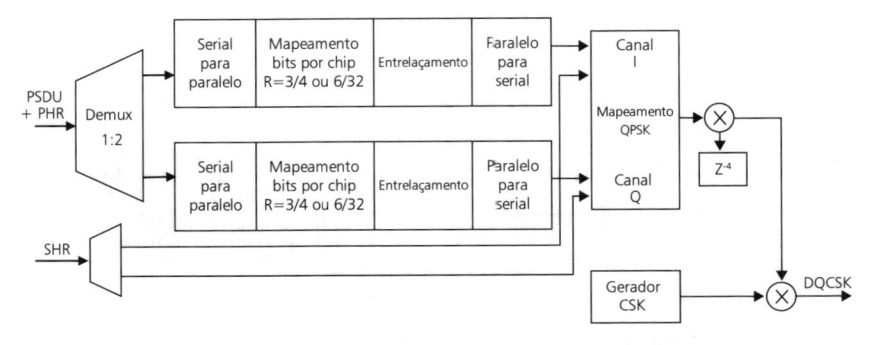

figura 4.29 Espalhamento espectral CSS e modulador DQCSK (*Differential Bi-Orthogonal Quaternary Chirp Shift Keying*).

tabela 4.11 Características principais do PHY-UWB do IEEE 802.15.4 (2011)

Parâmetro	Valores	
Bandas de frequência	Banda sub-gigahertz: Banda baixa frequência: Banda de alta frequência:	250-750 MHz (Canal 0) 3244-4742 MHz (Canais 1-4) 5944-10234 MHz (Canais 5-15)
Total de 16 canais	Canais: 0, 1, 2, 3, 5, 6, 8, 9, 10, 12, 13, 14 Canal: 7 Canais: 4, 11, 15	B=499,2 MHz B=1081,6 MHz B=1354,97 MHz
Taxas de transferência	110 kbit/s 851 kbit/s (obrigatória) 6,81 Mbit/s 27,24 Mbit/s	
Acesso MAC	CSMA-CA ou *Aloha*	
Alcance	10 – 100m	
Medidas de distância	Boa precisão e alcance	
Técnica de codificação e transmissão	UWB com codificação BPM e modulação BPSK	

A técnica IR-UWB se baseia na transmissão de pulsos extremamente curtos e de baixa energia, de tal forma que o espectro associado se espalha em uma banda extremamente larga que se confunde com o próprio ruído. Para saber mais sobre os princípios da transmissão UWB, confira o Capítulo 6, que trata das diferentes técnicas de transmissão e espalhamento espectral UWB e de sua atual importância na área de WPANs.

O nível PHY-UWB utiliza uma sinalização simples baseada em uma técnica de modulação BPM (*Burst Position Modulation*) combinada com uma técnica de codificação BPSK (*Binary Phase Shift Keying*). Os pulsos, da ordem de décimos de nanossegundos, são transmitidos em rajadas e conformados de tal forma que o espectro associado a um pulso seja espalhado em um canal com uma largura B ≥ 499,2 MHz. A técnica consegue taxas de transferência que variam de 110 kbit/s a 27,24 Mbit/s (VERSO; MCLAUGHLIN, 2014).

Devido ao espalhamento espectral, a técnica aumenta a robustez do sinal em relação à interferência de múltiplos caminhos. Diante da sua alta resolução temporal, o UWB é considerado também uma técnica própria para aplicações de medidas precisas de distâncias (*ranging*). Veja na Tabela 4.11 um resumo das principais características técnicas do PHY-UWB do padrão IEEE 802.15.4.

O PHY-UWB opera em três bandas de frequência distintas licenciadas em nível nacional. Uma banda é na região sub-gigahertz (0,489 GHz), e as outras duas bandas se situam na faixa de frequência UWB que se estende de 3,1 GHz a 10,6 GHz (sendo que uma banda se situa nas frequências baixas desta banda, e a outra nas frequências mais altas). As três bandas comportam, ao todo, 16 canais, sendo que a maioria deles possui

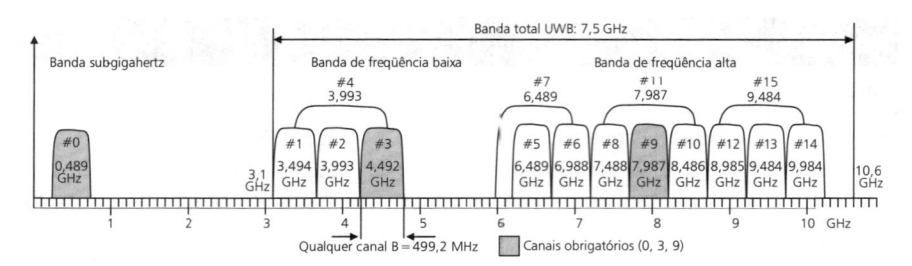

figura 4.30 Canalização utilizada no PHY-UWB do IEEE 802.15.4 (2011).

uma largura de 499,2 MHz, com exceção dos canais 7, 4, 11 e 15, que têm uma banda maior, como observado na Figura 4.30. Os canais 0, 3 e 9 são de disponibilidade obrigatória, enquanto os demais são opcionais.

Veja a estrutura de um símbolo do PHY-UWB na Figura 4.31. Observe que um símbolo é constituído de N_{burst} intervalos de rajada, que são agrupados em quatro conjuntos, cada conjunto contendo igual número de intervalos de rajadas dado por $N_{burst}/4$. Dois grupos são reservados para BPM e separados entre si de dois intervalos de guarda, como mostrado na Figura 4.31.

O nível PHY-UWB utiliza uma modulação mista BPM-BPSK (*Burst Position Modulation* e *Binary Phase Shift Keying*). No esquema de modulação BPM-BPSK, um símbolo é capaz de transportar dois bits de informação por símbolo: um bit para informar a posição de uma rajada e um segundo bit para informar a fase (polaridade) dessa mesma raja-

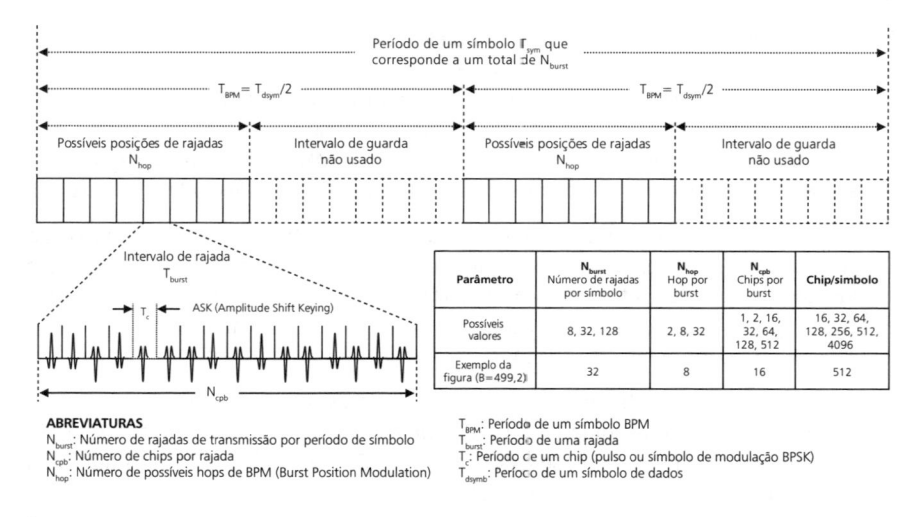

Parâmetro	N_{burst} Número de rajadas por símbolo	N_{hop} Hop por burst	N_{cpb} Chips por burst	Chip/símbolo
Possíveis valores	8, 32, 128	2, 8, 32	1, 2, 16, 32, 64, 128, 512	16, 32, 64, 128, 256, 512, 4096
Exemplo da figura (B=499,2)	32	8	16	512

ABREVIATURAS
N_{burst}: Número de rajadas de transmissão por período de símbolo
N_{cpb}: Número de chips por rajada
N_{hop}: Número de possíveis hops de BPM (Burst Position Modulation)

T_{BPM}: Período de um símbolo BPM
T_{burst}: Período de uma rajada
T_c: Período de um chip (pulso ou símbolo de modulação BPSK)
T_{dsym}: Período de um símbolo de dados

figura 4.31 Exemplo de estrutura de símbolo do FHY-UWB.

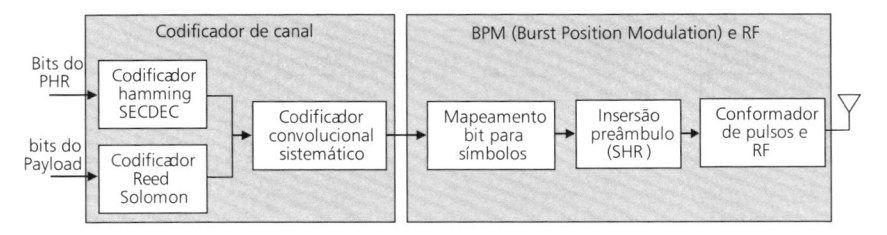

figura 4.32 Diagrama em blocos do PHY-UWB do IEEE 802.15.4 (2011).

da. Uma rajada é formada agrupando-se N_{cpb} chips consecutivos com duração $T_{burst} = N_{cpb} T_c$. A localização dessa rajada na primeira metade ou na segunda metade do símbolo constitui um bit de informação. Da mesma forma, a fase da rajada (−1 ou +1) é informada por meio de um segundo bit. Em cada intervalo de símbolo T_{dsymb}, um único evento de rajada será transmitido.

Veja na Figura 4.32 uma visão global do PHY-UWB formado por dois grandes blocos funcionais: o codificador de canal e o bloco de BPM (*Burst Position Modulation*), além da parte de RF (*front-end*). A PPDU (*Physical Protocol Data Unit*) é composta de três partes: SHR, PHR, PSDU (*payload*), como mostrado na Figura 4.22. O quadro é dividido em duas partes que são codificadas separadamente. O PHR (*Physical Header*) é submetido a uma codificação SECDEC (*Single Error Correcting Dual Error Detecting*), enquanto a PSDU é codificada segundo um código Reed Solomon.

O código SECDEC é um código FEC (ou código Hamming) de correção linear que codifica 4 bits de dados em sete bits com o acréscimo de três bits de paridade, daí o nome SECDEC. O código foi elaborado em 1950 por Richard W. Hamming e hoje faz parte de uma família maior de códigos, designada como códigos Hamming.

A PSDU (Protocol Service Data Unit) ou *payload* é submetido a um código FEC do tipo Reed Solomon. Após a codificação da PSDU e do PHR, o fluxo resultante é submetido a uma codificação convolucional e, ao quadro assim obtido, é acrescentado o SHR (preâmbulo). Detalhes sobre códigos FEC e codificação convolucional podem ser obtidos em (ROCHOL, 2012).

Os pulsos da codificação BPM, após serem conformados para ocuparem a banda de um dos canais permitidos, são aplicados ao sistema irradiante de RF, também conhecido como *front-end*. O receptor processa o sinal recebido no sentido inverso das diferentes etapas até a obtenção da PSDU que será repassada ao nível MAC.

■ o nível PHY-GFSK do IEEE 802.15.4

A opção PHY-GFSK (*Gaussian Frequency Shift Keying*) do nível físico do IEEE 802.15.4 é o modo mais simples de transmitir dados em uma LR-WPAN. Este modo de funcionamento do nível físico é previsto para operação na faixa de frequência que vai de 950,8 a 955,8 MHz, com uma taxa de transferência nominal de 100 kbit/s (IEEE, 2011).

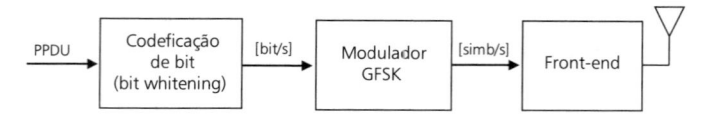

figura 4.33 Blocos funcionais do PHY-GFSK do IEEE 802.15.4.

O modo GFSK não utiliza espalhamento espectral. Revise na Seção 3.2.2 as principais características da modulação GFSK. Veja na Figura 4.33 um diagrama em blocos das principais funcionalidades do nível PHY-GFSK do IEEE 802.15.4, descritas resumidamente a seguir.

O fluxo de dados de uma PPDU (sem o cabeçalho SHR) passa, inicialmente, por um codificador de bit (*bit whitening*) baseado em um gerador PN, definido por um polinômio gerador $G(x) = 1 + x^5 + x^9$, que produz na saída a sequência PN9, conforme a Figura 4.34.

O codificador de *bit whitening* recebe na entrada os dados da PPDU, porém sem o cabeçalho SHR, e realiza uma soma módulo dois com a sequência PN9. Esta operação é expressa como:

$$E_n = R_n \oplus PN9_n$$

em que R_n são os dados a serem codificados, $PN9_n$ é a sequência PN e E_n são os bits codificados.

Na entrada do bloco modulador, encontramos inicialmente um filtro gaussiano com um fator de *roll-off* definido pelo produto banda passante por tempo de pulso, $BT=0,5$. Através deste filtro, as transições entre os bits do fluxo NRZ serão suavizadas, o que assegura uma menor ocupação de banda da modulação GFSK.

O modulador FSK possui índice de modulação $\beta = \Delta f/f_c = 1$. O desvio máximo Δf para cada lado da portadora não deve ser maior que 50 kHz.

Para finalizar, salientamos que o desenvolvimento do padrão IEEE 802.15.4 para LR-WPANs é um verdadeiro marco para estas redes. A partir do IEEE 802.15.4 houve um

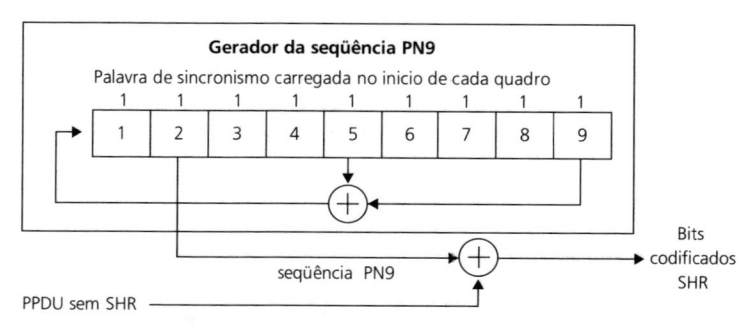

figura 4.34 Gerador PN para obtenção do fluxo PN9 e codificador de *bit whitening*.

enorme incentivo para o desenvolvimento de RSSFs para os mais diversos setores das atividades humanas, de tal forma que há uma história das RSSFs antes e depois do surgimento do padrão IEEE 802.15.4.

4.5 exercícios

exercício 4.1 Qual é a diferença entre o alcance de rádio e a extensão geográfica de uma RSSF? Quais são os valores de referência típicos para estes parâmetros de uma RSSF genérica?

exercício 4.2 Quais são as diferenças fundamentais entre uma WPAN do tipo interconexão de dispositivos sem fio (WDI) e uma WPAN do tipo WSN (*Wireless Sensor Network*)?

exercício 4.3 Quais são as principais diferenças em termos de arquitetura e topologia entre uma RSSF do tipo *ad hoc* e do tipo *mesh*? Cite algumas aplicações típicas para cada uma dessas classes de RSSF.

exercício 4.4 Qual é a importância das redes tipo MANET em WLANs e WPANs? Cite alguns exemplos de aplicação do conceito de MANET para estes dois tipos de rede.

exercício 4.5 Um sensor inteligente possui um ciclo de atividade de 2 ms. Supondo que o ciclo de inatividade seja de 4 minutos, calcule o consumo médio desse sensor. Supondo que queremos um funcionamento de um mês deste sensor, qual deve ser a capacidade da bateria deste sensor? Sugira alguma maneira de aumentar a vida útil deste nó sensor com a bateria anterior.

exercício 4.6 Explique as principais diferenças entre um protocolo de roteamento reativo e proativo. No caso de uma rede de sensores para controle de processos, qual tipo de protocolo de roteamento seria desejável? Justifique a sua resposta.

exercício 4.7 Qual é a importância do plano de gerenciamento e controle em uma LR-WPAN do padrão IEEE 802.15.4? Como funciona a dinâmica entre o plano de gerência e de dados em uma WPAN?

exercício 4.8 As possíveis topologias de uma LR-WPAN baseada no padrão IEEE 802.15.4 podem ser de três tipos: estrela, *mesh* e em árvore. Dê um exemplo de aplicação típica para cada topologia.

exercício 4.9 Dos seis modos de operação do nível físico (PHY) do padrão IEEE 802.15.4, conforme listados na Figura 4.17, justifique o mais conveniente para os seguintes critérios: maior taxa ou vazão; menor atraso; maior robustez; e o de realização mais simples.

exercício 4.10 Uma RSSF utiliza no nível físico uma modulação do tipo BPM-BPSK com as seguintes características: $T_c=0,8$ ns, $N_{hop}=8$ posições de rajada e $N_{cpb}=16$ chips/rajada. Supondo que cada rajada codifica 1 bit de dados, responda: qual é a taxa de transmissão de bits de dados máxima deste sistema? R=2,44 Mbit/s.

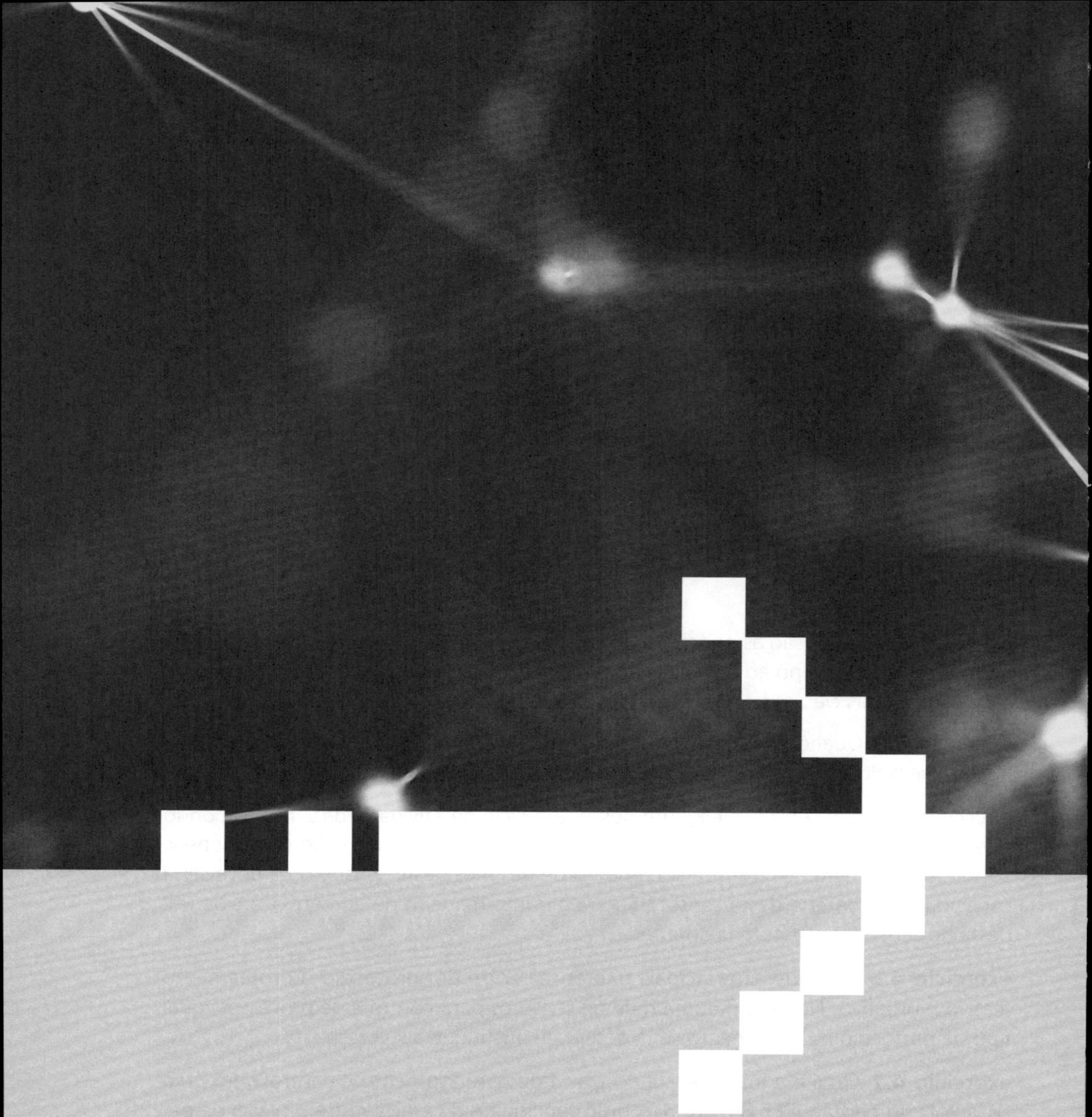

capítulo 5

redes sem fio em automação e controle industrial

■ ■ Redes de controle e automação industrial sem fio são redes de área privada que integram sensores e atuadores com abrangência geográfica limitada em chão de fábrica. Devem ser capazes de fornecer uma visão constante do estado dos diferentes processos ou dos laços de controle com realimentação e contar com supervisão para reconfigurar os processos visando sua otimização. Neste capítulo abordaremos as redes IWSN, suas principais características funcionais, além de alguns padrões importantes para implantação destes sistemas em um ambiente de produção industrial.

5.1 introdução

Nos últimos anos, os avanços nas tecnologias de redes sem fio, especialmente nas redes sem fio de curto alcance, têm oferecido uma grande oportunidade de conexão sem fio de sensores e atuadores de chão de fábrica, seja na automação industrial ou no controle de processos, o que é uma solução vantajosa em indústrias mecânicas, em plantas de processamento químico ou na indústria de derivados de petróleo. Considerando o ambiente hostil em que se encontram essas redes de sensores de chão de fábrica, as exigências em relação a elas incluem:

- Tempos de resposta determinísticos (tempo real)
- Tráfego de dados com exigências de qualidade distintos
- Alta disponibilidade de acesso
- Mecanismos de segurança
- Boa escalabilidade
- Alto grau de redundância de rotas para aumentar a confiabilidade
- Robustez do canal de RF quanto a ruído e interferência

As redes de controle e automação industrial sem fio ou IWSN (*Industrial Wireless Sensor Networks*) são redes sem fio de área privada que integram sensores e atuadores em uma área com abrangência geográfica limitada. Uma das exigências mais importantes dessas redes é que elas têm de ser capazes de fornecer uma visão constante do estado atual dos diferentes processos ou dos laços de controle com realimentação PID (*Proportional, Integral, Derivative*). A rede precisa possuir um sistema de supervisão capaz de oferecer uma visão integral dos diferentes processos em andamento e, assim, por meio de atuadores, agir e reagir sobre o controle dos diferentes processos industriais. Em outras palavras, o sistema tem de ser capaz de supervisionar e reconfigurar os processos de produção visando sempre a sua otimização.

Para alcançar esses objetivos de supervisão e controle, a rede deve contar com uma topologia que permita a integração dos diferentes segmentos de redes de sensores por meio de um *backbone* (infraestrutura de comunicação) formado por dispositivos como pontes, concentradores, *gateways*, roteadores ou comutadores, para suportar a comunicação entre um conjunto de sensores físicos e atuadores, distribuídos em uma área geográfica com distâncias que podem variar de alguns metros até alguns quilômetros. A topologia do núcleo dessas redes é constituída por malhas (*mesh*) de comunicação e, por isso, são conhecidas também como redes de sensores sem fio industriais em malha (RSSFIM) ou *Industrial Wireless Mesh Sensor Networks* (IWMSN). Hoje, a principal aplicação dessas redes se dá em áreas de controle de processos, automação industrial, controle de demanda, supervisão e monitoramento de sistemas, prédios inteligentes, sistemas de segurança, redes corporais, entre outras.

A natureza colaborativa e cognitiva das IWSN proporciona diversas vantagens sobre os sistemas de supervisão e controle cabeados tradicionais, como a auto-organização, a fácil implantação, a grande flexibilidade e uma capacidade de processamento inte-

Capítulo 5 ⋯→ Redes Sem Fio em Automação e Controle Industrial 213

ligente inerente. Neste aspecto, as redes IWSN desempenham um papel fundamental no projeto de redes industriais autoconfiguráveis de alto desempenho para que respondam rapidamente a eventos em tempo real com ações apropriadas. Para dar conta dos desafios únicos desses sistemas, são necessários protocolos de comunicação eficazes que deverão cobrir, de forma integrada, as funções e os serviços oferecidos em todos os níveis de comunicação que se estendem desde o nível físico até o nível de aplicação e supervisão do sistema (ERIKSSON; ELMUSRATI; POHJOLA, 2007).

A pilha de protocolos padronizada mais representativa e utilizada hoje em IWSN (*Industrial Wireless Sensor Networks*) é o padrão da aliança de empresas fabricantes de equipamentos de rede denominado ZigBee. Os protocolos ZigBee apresentam uma solução completa, que vai desde o nível físico até o nível de aplicação e supervisão da rede IWSN. Nos níveis baixos (PHY e MAC), o ZigBee adota a padronização sugerida pelo padrão IEEE 802.15.4 (2011), apresentado na Seção 4.4.

Neste capítulo você vai ver as redes IWSN, suas principais características funcionais e alguns padrões significativos que atualmente tentam se impor no mercado mundial de automação e controle industrial (GUNGOR; HANCKE, 2009). Veja na Figura 5.1 uma visão global sobre os principais tópicos abordados.

Os padrões a serem considerados, devido à sua importância, são:

- O padrão ZigBee suportado pelo IEEE 802.15.4 (PHY e MAC)
- O padrão WHART (Wireless HART)
- O Padrão ISA100.11a da *International Society of Automation*
- O padrão IEEE 802.15.5 - *Mesh Networking* ou redes em malha.

No final do capítulo você vai ver alguns exemplos de aplicação de grande impacto na área de automação e controle utilizando sensores sem fio.

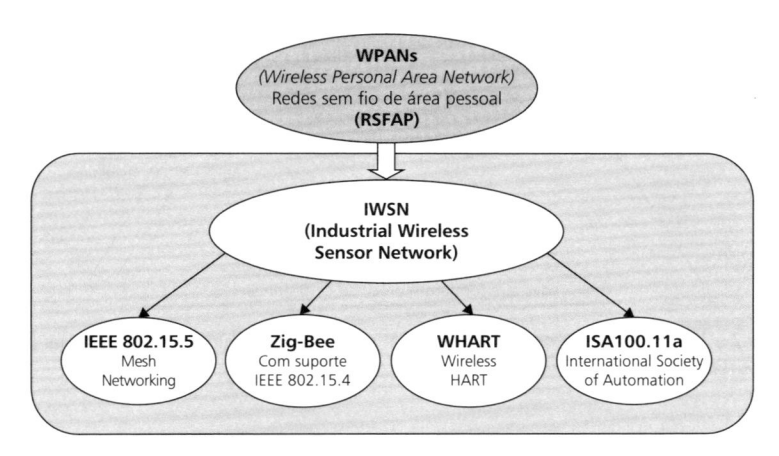

figura 5.1 Organização deste capítulo na abordagem das IWSN.

5.1.1 o modelo ISA-95

O sistema de automação e controle de processos industriais de uma corporação está integrado em um conceito mais amplo de produção definido pelo padrão internacional ISA-95 da ISA (*International Society of Automation*). O padrão busca desenvolver uma interface automatizada entre a corporação e os sistemas de controle e, embora tenha sido pensado para corporações de produção global, pode ser aplicado também a qualquer indústria e a qualquer tipo de processo. Ele visa a fornecer modelos de operações consistentes, fundamentais para a clarificação das funcionalidades das aplicações e do modo como a informação pode ser usada em um modelo de sistema mais amplo de gerência e supervisão (LOW, 2013).

O modelo ISA-95 é hierarquizado em cinco níveis funcionais, numerados de 0 a 4, descritos na Figura 5.2. Os níveis correspondem a funcionalidades que vão desde a interconexão de sensores e atuadores (nível 0), até o gerenciamento de toda a planta de produção (nível 4). Estes cinco níveis não devem ser confundidos com as sete camadas do modelo OSI de redes. As funcionalidades dos três primeiros níveis (0, 1, 2) atuam de forma integrada e constituem o que definimos como a plataforma de transporte da IWSN. Os protocolos de comunicação envolvidos numa IWSN, segundo o modelo ISA-95, em sentido amplo, no entanto, se estendem, aos níveis: físico, enlace, rede, transporte, sessão, apresentação e aplicação, do modelo OSI.

figura 5.2 Pirâmide de automação industrial referenciada à hierarquia funcional ISA-95 e ao modelo de referência de protocolos da ISO (MR-ISO).

5.1.2 redes de automação industrial cabeadas

As primeiras redes de automação industrial cabeadas surgiram a partir da rápida disseminação das redes de dados na década de 1970.

Em meados de 1960, o sinal analógico de 4-20 mA (miliampère) foi introduzido na planta fabril para realizar tarefas como leitura e controle analógico de sensores e atuadores industriais. A partir de 1980, começaram a ser desenvolvidos sensores inteligentes que possuíam uma interface digital que permitia sua interconexão por meio de um barramento constituído de um par de fios trançados e chamado genericamente *Fieldbus*.

A partir deste conceito de barramento, ou *Fieldbus*, surgiram diversos protocolos de comunicação que viabilizaram a implementação de sistemas de controle e a automação digital no ambiente fabril de forma econômica e confiável.

Nesta época, diversos padrões de redes de sensores e atuadores cabeadas foram propostos por alianças de empresas e/ou organismos regionais e nacionais de padronização, que rapidamente foram adotados em plantas de produção industrial em áreas como automação, supervisão e monitoramento de processos industriais. Veja na Tabela 5.1 alguns dos protocolos mais significativos na área de redes de automação industrial com suas principais características (IKRAN; THORNHILL, 2010).

Com a tecnologia *fieldbus* houve uma economia significativa na fiação dessas redes, já que com o antigo sinal analógico de 4-20mA dos sensores e atuadores, era necessário que cada dispositivo tivesse seu próprio par de fios e seu próprio ponto de conexão. O conceito de barramento de campo (*Fieldbus*) eliminou tal necessidade empregando um esquema que necessita somente de um par trançado, ou mesmo de uma fibra óptica, para interconectar os diferentes dispositivos da rede por meio de uma interface digital.

Veja na Figura 5.3 uma rede de automação industrial cabeada e hierarquizada segundo o modelo ISA-95 de 1995. Destacamos os diversos segmentos de integração de sensores e atuadores do nível *zero* e *um* do ISA-95, baseados em padrões de cabeamento como o RS-485 e o AS-I, que correspondem ao nível físico do chão de fábrica. No nível de enlace lógico e de rede (nível 2 e 3 OSI), encontramos diferentes padrões de protocolos, cada um com suas funcionalidades específicas.

A principal desvantagem das redes de automação cabeadas é que qualquer reconfiguração da rede se torna onerosa e demorada. A rede é reconfigurada manualmente e sempre implica alterações no cabeamento do *Fieldbus* utilizado. Para contornar essas limitações, em 2000 surgiram as primeiras soluções de redes industriais baseadas em tecnologia sem fio, conhecidas como IWSN (*Industrial Wireless Sensor Networks*), em que a palavra *sensor* deve ser entendida no seu sentido amplo: qualquer dispositivo sensor, atuador ou de controle.

tabela 5.1 Protocolos significativos de redes de automação industrial cabeadas

Sigla	Patrocinador	Ano	Observação
AS-i	Actuator Sensor Interface (Associação internacional de empresas)	1990	Nível físico, par trançado, interconecta sensores, atuadores, posicionadores, entrada e saída analógica (4-20mA)
CAN	Controller Area Network para veículos (Robert Bosch)	1986	Sistema de interconexão em tempo real de microcontroladores e dispositivos em automóveis.
DeviceNet	Allen Bradley, Rockwell Automation (protocolo aberto)	1994	Protocolo de aplicação que roda sobre o CAN da Bosch
HART	Highway Addressable Remote Transducer Protocol (protocolo aberto)	1993	Interconexão de nível físico para sistemas em tempo real em par de fios para sinais analógicos (4-20mA) e digitais, simultâneos
Fieldbus Foundation	Fundação de empresas privadas	1987	Protocolos de comunicação entre dispositivos de controle. Padrão europeu, Nível 1, 2 e 3 (OSI)
Interbus	Phoenix	1987	Protocolo de comunicação entre barramentos e controladores
Modbus	Modicon-bus (protocolo aberto)	1979	Nível físico, enlace e aplicação. É um dos protocolos mais populares em redes de automação industrial.
Profibus	Process Fieldbus - Padrão europeu desde 2000, IEC 61158	1987	Popular sistema de *fieldbus* de automação industrial, logo atrás do Modbus. Nível 1, 2, 3 (OSI)
Industrial Ethernet	Protocolo aberto. Exemplo: Profinet da Siemens	2000	Ethernet sobre par de fios categoria 5 e 6, ou Gigabit Ethernet com taxa até 1 Gbit/s. Nível 1, 2 e 3 (OSI)

5.1.2 características de uma rede de automação e controle industrial sem fio

As tecnologias sem fio se tornaram cada vez mais confiáveis e seguras e, assim, atrativas para a área de automação industrial. Nos últimos anos houve enormes esforços por parte dos pesquisadores para superar as deficiências das tecnologias de redes sem fio, tendo em vista as severas exigências das modernas plantas de produção corporativa. A integração de sensores, atuadores, PLCs (*Programmable Logic Controller*) e laços de controle realimentados tipo PID (*Proportional, Integral, Derivative*) em uma rede sem fio traz enormes vantagens em termos de controle e automação dos processos de produção industriais.

Capítulo 5 ⋯→ Redes Sem Fio em Automação e Controle Industrial 217

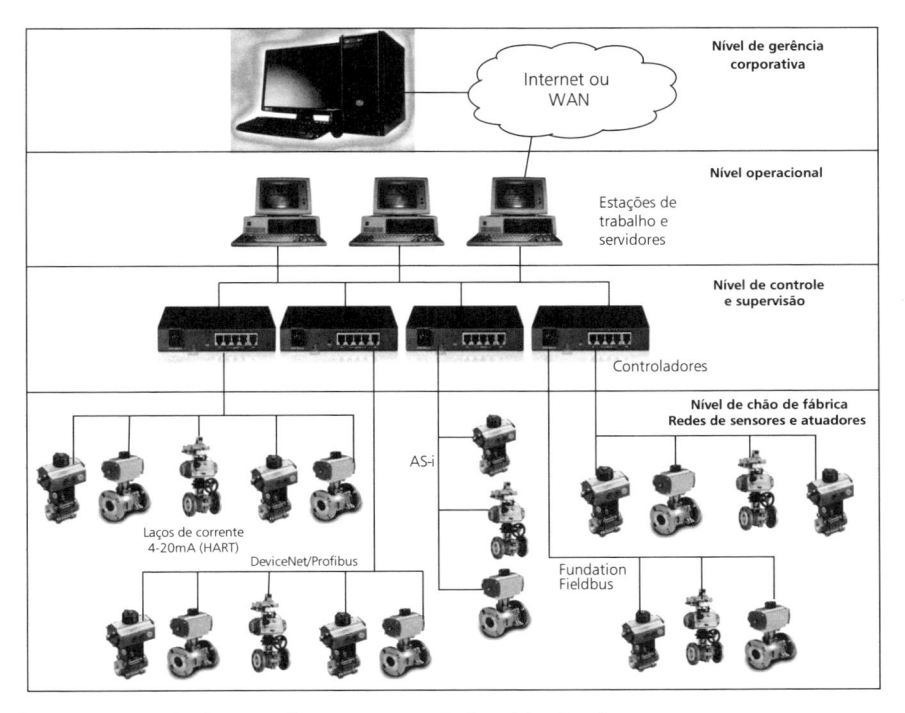

figura 5.3 Rede de controle e automação industrial cabeada.

Devido à competitividade, as empresas do setor de manufatura e produção precisam de sistemas de controle de baixo custo que sejam: flexíveis, reconfiguráveis, confiáveis e inteligentes. Com a tecnologia sem fio, o problema da reconfiguração dinâmica dos processos industriais se torna praticamente um processo de reconfiguração de *software*, sem a necessidade de alterações no cabeamento físico do chão de fábrica. Veja na Figura 5.4 uma topologia típica de uma rede de automação industrial sem fio ou IWSN (*Industrial Wireless Sensor Network*), com destaque para os enlaces de interconexão sem fio correspondentes aos níveis físico (canal de RF), enlace (acesso) e rede, que equivalem aos três níveis básicos da hierarquia RM-OSI de interconexão de sistemas (SONG et al., 2005).

Observe na Figura 5.4 que conjuntos de sensores e atuadores de um determinado processo são interconectados em *clusters*, e cada *cluster* pode funcionar segundo diferentes tecnologias sem fio dentro do conceito de *wireless fieldbus* (barramento sem fio de chão de fábrica).

Os *clusters* de sensores, por sua vez, se conectam a controladores que oferecem também funcionalidades de *gateway*. Os controladores são interconectados entre si, formando um *backbone* sem fio do tipo *mesh*. O escopo de IWSN se estende praticamente a esses dois níveis: o chão de fábrica e a estrutura *mesh* que integra o ambiente de controle e supervisão por meio de um *backbone*.

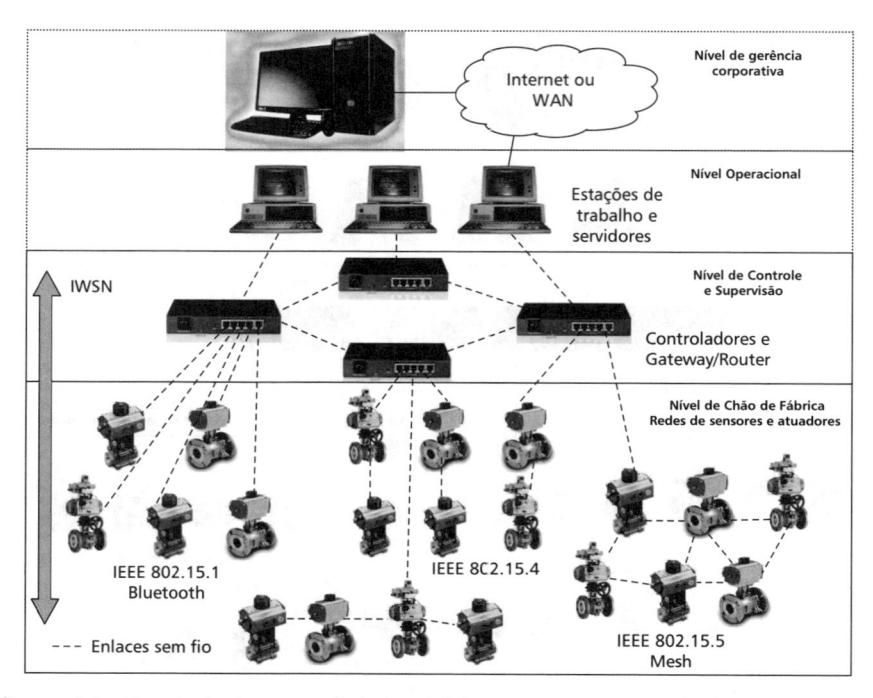

figura 5.4 Topologia de uma rede industrial de automação e controle de processos sem fio (IWSN).

A estrutura *mesh* de controladores oferece suporte ao sistema de controle e supervisão da planta fabril corporativa. O *backbone*, por sua vez, pode se conectar logicamente a um sistema de supervisão e controle remoto que corresponde ao nível dois do modelo ISA-95 da Figura 5.2. O nível três (planejamento e escalonamento de produção) e o nível quatro (gerência corporativa ou empresarial) são formados por servidores e estações de trabalho (*workstations*) integrados à rede de dados corporativa cabeada e não fazem parte de nosso estudo (na verdade, eles constituem o nível de apresentação e aplicação do modelo RM-OSI do sistema de informação corporativo).

5.2 arquiteturas de redes de sensores sem fio industriais

Pelas características e exigências peculiares de uma IWSN, como segurança, tempo de resposta e disponibilidade; estas redes privilegiam arquiteturas que levem em conta

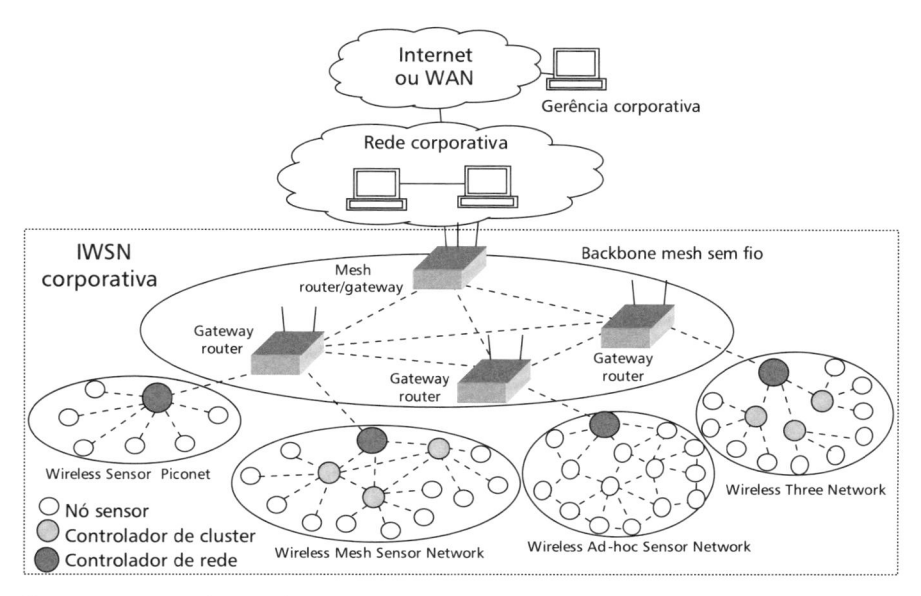

Capítulo 5 → Redes Sem Fio em Automação e Controle Industrial   219

figura 5.5   Arquitetura de uma IWSN para integrar segmentos de redes de sensores heterogêneas.

essas questões. As IWSN em geral apresentam uma arquitetura hierarquizada em dois níveis:

1. Redes de sensores sem fio (RSSF) de chão de fábrica. Cada RSSF é constituída de um ou mais *clusters* de sensores. Cada *cluster* possui um coordenador de *cluster*. Os sensores de um *cluster* se auto-organizam a partir do coordenador de *cluster* segundo uma topologia que pode ser em estrela, árvore hierárquica ou mesmo *mesh*. Os coordenadores de *cluster* se conectam a um controlador de RSSF, e este, a um roteador/*gateway* do *backbone* (veja a Figura 5.5).
2. *Backbone Mesh* sem fio. Corresponde à infraestrutura de comunicação formada pelos diferentes roteadores/*gateway* que dão suporte à coleta de informação dos diferentes controladores de redes de sensores. Cada roteador/*gateway* pode se conectar a um ou mais controladores de redes de sensores. O *backbone* se auto--organiza segundo uma topologia do tipo *mesh* que se adapta dinamicamente às mudanças topológicas. A topologia *mesh* garante redundância de rotas e, dessa forma, confere uma maior confiabilidade à IWSN.

Uma rede IWSN é considerada uma hierarquia de integração de diferentes segmentos de RSSF heterogêneos por meio de um *backbone* do tipo *mesh*.

5.2.1 a topologia mesh

A topologia *mesh* oferece as seguintes vantagens para uma WPAN:

- Extensão da cobertura da rede sem aumentar a potência no transmissor ou a sensibilidade no receptor
- Maior confiabilidade devido às rotas de rede redundantes (*mesh*)
- Facilidade na configuração da rede e maior escalabilidade
- Maior vida útil da bateria dos nós sensores

O IEEE, por meio do seu grupo de trabalho IEEE 802.15, publicou em 2009 o padrão IEEE Std. 802.15.5 – *Mesh Topology Capability in Wireless Personal Area Networks* (WPANs). Esse padrão define o escopo de uma arquitetura que permite às WPANs promover topologias *mesh* de forma estável, interoperável e escalável. O principal objetivo dessa norma é facilitar a execução de topologias sem fio do tipo *mesh* em WPANs IEEE 802.15.

Vamos encontrar redes de sensores sem fio do tipo *mesh* não só em áreas como automação industrial e controle de processos, mas também em áreas como supervisão de grandes estruturas, como pontes, edificações, navios, trens, automóveis, etc. (AKIYLDIZ; WANG; WANG, 2005).

Uma WPAN em *mesh* é constituída basicamente de três tipos de nós sensores:

1. um dispositivo que assume as funções de raiz da árvore e coordenador da rede *mesh*;
2. os nós intermediários que integram a estrutura *mesh* da rede; e
3. os dispositivos finais da rede *mesh*.

Observe a formação de uma rede de sensores *mesh* (ou infraestruturada) na Figura 5.6. Destacamos duas etapas: a formação de uma árvore hierárquica a partir de um dispositivo raiz e a associação de endereços aos diferentes nós; e a formação da rede *mesh*

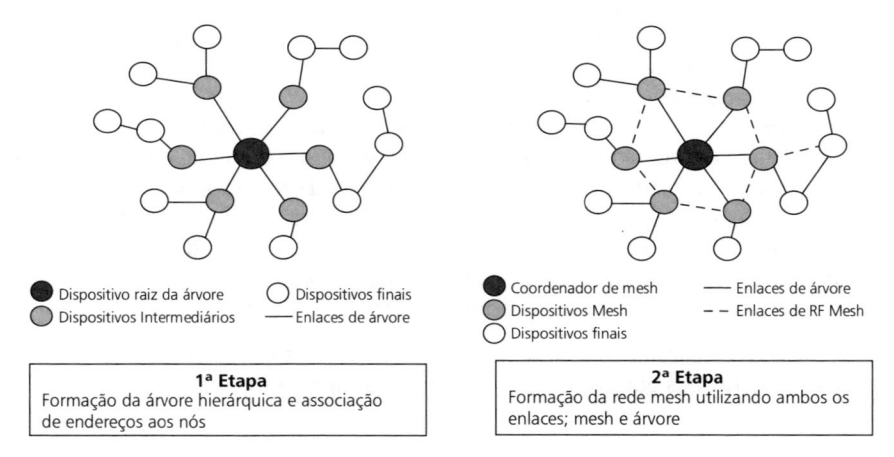

figura 5.6 A formação da rede *mesh* em duas etapas.

utilizando os dois tipos de enlace disponíveis: os enlaces da hierarquia em árvore e os enlaces de RF *mesh* que cada nó tem com os seus nós vizinhos.

5.2.2 a padronização IEEE 802.15.5 – *mesh networking* em WPANs

A funcionalidade de topologia *mesh* para WPANs foi elaborada pelo IEEE a partir de um padrão específico publicado em 2009 como IEEE 802.15.5, *Mesh Topology Capability in Wireless Personal Area Networks* (WPANs). Atualmente, as funcionalidades *mesh* sugeridas pela norma IEEE 802.15.5 (2009) podem ser encontradas diretamente em WPANs IEEE 802.15.4, a partir de sua consolidação de 2011 (IEEE, 2009).

Veja na Figura 5.7 modelo de referência de protocolos (RM-OSI) para WPANs, que inclui suporte para a arquitetura *mesh*. Observe que a subcamada, com as funcionalidades *mesh*, está destacada em cinza na figura. Desta forma, o subnível *mesh* do plano de dados está situado no nível de enlace (N2), logo abaixo da subcamada SSCS (*Service Specific Convergence Sublayer*) do LLC e logo acima da subcamada MAC.

Note também na Figura 5.7 que o MR-OSI para WPANs está dividido em dois planos funcionais distintos: o plano de dados e o plano de controle e gerência. Veja como as entidades do plano de dados de uma mesma subcamada se comunicam, a partir de interfaces internas, com as entidades pares do plano de gerência.

No topo do plano de gerência do modelo está a AME (*Application Management Entity*), que gerencia as diferentes aplicações da WPAN em alto nível. O plano de gerência prevê uma entidade chamada DME (*Device Management Entity*), que possui interfaces de acesso que permitem a comunicação com todas as entidades dos diversos níveis

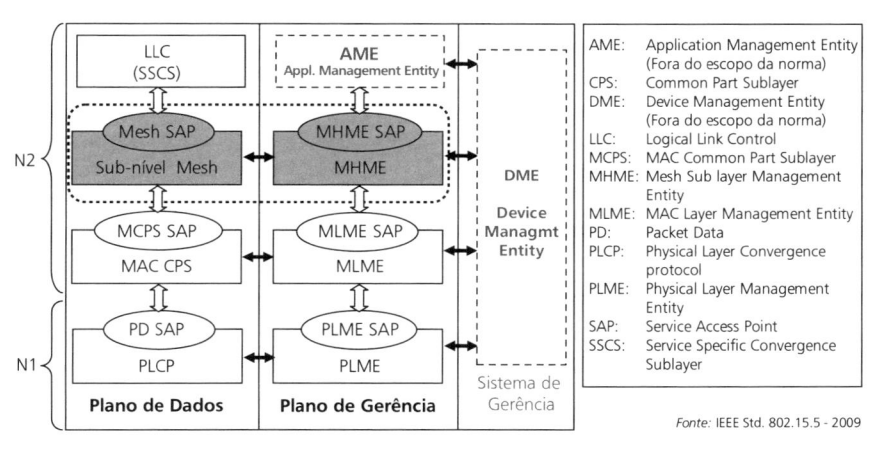

figura 5.7 Modelo de referência de protocolos para uma WPAN tipo *mesh* de baixa velocidade, segundo o padrão IEEE 802.15.5 (2009): plano de dados, plano de gerência e sistema de gerência, que está fora do escopo da norma.
Fonte: Elaborada com base em Lee et al. (2010).

do plano de gerência (LEE et al., 2010). Tanto a AME como o DME, porém, não fazem parte do escopo da norma IEEE 802.15. 5 e, por isso, não serão abordados.

Conforme sugerido pela norma IEEE 802.15.5, as funcionalidades suportadas por WPANs, que possuem suporte a *Mesh Networking,* incluem, entre outras:

- repassamento confiável de dados entre dispositivos, que pode ser do tipo *unicast, multicast* e *broadcast,* em topologias de WPAN tipo *mesh*;
- capacidade de controle de potência (consumo) do tipo síncrono ou assíncrono, tanto em dispositivos *mesh* ou dispositivos finais da rede;
- função de estabelecimento de rotas (*routing*) nos dispositivos *mesh*;
- possibilidade de autoarranjo *ad hoc* dos dispositivos finais, conforme uma topologia em árvore a partir de um ponto de acesso *mesh*;
- portabilidade e/ou mobilidade dos dispositivos finais.

5.3 ⋯→ padronização em redes de sensores sem fio industriais (IWSN)

No início do século XXI, surgiram no mercado as primeiras soluções de automação industrial sem fio propostas principalmente por alianças de fabricantes, fornecedores e usuários. Diversas organizações, tanto públicas como privadas, propuseram padrões visando a assegurar aos usuários a interoperabilidade dos equipamentos de diferentes fabricantes na estruturação de sua IWSN. Mesmo que o estabelecimento de padrões nacionais ou internacionais seja, por direito, de órgãos públicos legalmente instituídos para isso, grupos corporativos, com seus interesses de ordem comercial, assumiram a tarefa e criaram padrões privados ou nacionais (LOW, 2013).

Os diferentes padrões de IWSN disponíveis atualmente, pelo fato de disputarem a mesma fatia do mercado, têm como lado positivo a concorrência entre os fornecedores e fabricantes, o que tende a manter os preços em uma saudável competição. Uma rede IWSN de médio porte dificilmente escapará de ter que conviver com diferentes padrões. O problema da heterogeneidade dos nós sensores é resolvido principalmente por um *backbone* em *mesh*, em que os nós deste *backbone* oferecem funções de *gateway* na integração dos diferentes segmentos de redes de sensores heterogêneas, como mostrado na topologia da Figura 5.5.

Atualmente há muitos padrões para IWSN, com a maioria sendo de proprietários de fabricantes de sensores sem fio para a área de automação industrial, ou elaborados a partir de alianças entre empresas fornecedoras de equipamentos visando à interoperabilidade entre equipamentos de diferentes fabricantes (ISA 100 - WIRELESS COMPLIANCE INSTITUTE, 2012).

Veja na Tabela 5.2 alguns dos padrões mais significativos de IWSN, destacando seu ano de lançamento comercial, sua característica marcante e seus patrocinadores. Três padrões se destacam por deterem aproximadamente 93% do mercado mundial:

Capítulo 5 ⋯→ Redes Sem Fio em Automação e Controle Industrial

tabela 5.2 Padronização em redes de sensores sem fio industriais (IWSN)

Padrão	Ano (Lançamento)	Mentor	Observação
ZigBee	2006	ZigBee Alliance. Suportado pelo padrão IEEE 802.15.4 (WPAN) e 802.15.5 (*Mesh*)	Redes de controle e automação sem fio de amplo espectro de aplicação em fábricas, prédios e veículos
WHART	2007	*Wireless Highway Addressable Remote Transducer Protocol* (HART) da Rosemount Inc.	Aplicação em chão de fábrica para automação industrial sem fio tendo como base HART
ISA100.11a	2009	ISA – *International Society of Automation*	Padrão internacional utilizado como base para muitas IWSN
6Low WPAN	2007	IETF – *Internet Engineering Task Force*	Interoperação de IWSN com Internet. Última atualização proposta pela RFC 6775 de 2012
WPROFIBUS	2008	*Wireless PROcess FIeld BUS*, Siemens e Schildknecht	Migração fácil de PROFIBUS para WPROFIBUS
IWLAN V.30	2013	*Industrial Wireless* LAN - Siemens	Revisão V.30 suporta padrão IEEE 802.11.n (MIMO)

- o padrão ZigBee de 2003, proposto pela ZigBee Alliance;
- o padrão WHART de 2007 da Rosemount Inc.;
- o padrão ISA100.11a de 2009 proposto pela *International Society of Automation*.

Você vai ver a seguir, de forma sucinta, as características mais marcantes de cada um desses três padrões.

5.4 ⋯→ a plataforma ZigBee

Essa plataforma de protocolos, de características únicas, define uma WPAN de uso genérico em aplicações como monitoramento, supervisão, automação e controle em ambientes de fábrica, prédios corporativos, residências, máquinas e veículos. A tecnologia ZigBee atende com vantagem as necessidades de redes de sensores sem fio em aplicações como monitoramento ambiental, zonas de desastres, sensoriamento corporal e supervisão e controle de sistemas (ZIGBEE..., 2017).

O padrão foi definido pela ZigBee Alliance, um consórcio formado por usuários e fabricantes de equipamentos, na busca de uma arquitetura de WPAN que apresentasse um conjunto de especificações que cobrissem desde os níveis mais baixos até o nível de aplicação e que atendesse requisitos como:

- baixíssimo consumo de energia;
- longa vida da bateria (até anos);
- baixo ciclo de operação (*duty cycle*);
- baixo atraso de ativação (*power on*);
- auto-organização dos nodos e reconfiguração dinâmica da rede;
- simplicidade e baixo custo;
- interoperabilidade de produtos;
- arquiteturas simples, como *peer-to-peer*, estrela ou em árvore, até configurações mais complexas, como redes tipo *mesh* (*mesh-networking*).

Diante desses requisitos, a solução ZigBee conta com especificações e protocolos que cobrem desde os níveis inferiores até os níveis superiores, incluindo o nível de aplicação. Nos níveis inferiores, físico (PHY) e de acesso (MAC), a plataforma ZigBee adota o padrão IEEE 802.15.4 (abordado na Seção 4.4). Desta forma, o estudo da plataforma de transporte ZigBee é feito no sentido *down-up* do modelo de referência de protocolos, ou seja, inicialmente você vai ver como foi adaptado o nível PHY e MAC do IEEE 802.15.4 para atuar como suporte de transmissão e de acesso para a plataforma ZigBee. Em seguida você vai estudar o nível de rede, com algumas considerações sobre o subnível de suporte de aplicação e, por fim, o nível de aplicação.

5.4.1 arquitetura de protocolos da plataforma ZigBee

Veja na Figura 5.8 a arquitetura de protocolos da plataforma ZigBee. Note que o modelo é constituído de três planos: o plano de dados, o plano de segurança e o plano de controle e gerenciamento. O modelo possui ainda quatro camadas, que foram adaptadas livremente a partir do MR-OSI (Modelo de Referência OSI) de sete camadas. No nível de aplicação encontramos dois sub-níveis: o AF (*Application Framework*) e o APS (*Application Support Sublayer*). O subnível AF é constituído por um conjunto de objetos de aplicação (AO) que interagem com o *ZigBee Device Object* (ZDO), formando o *framework* de aplicação. O sub-nível de rede, ou N'Wk (NetWork), suporta três topologias: estrela, árvore (*tree*) e *mesh*. Finalmente, o nível de enlace (MAC) e o nível físico (PHY) são suportados por um conjunto de funcionalidades definidas a partir do padrão IEEE 802.15.4.

Você vai ver nas próximas seções, de forma simplificada, e no sentido de baixo para cima (*down-up*), as principais funcionalidades de cada um desses níveis hierárquicos.

5.4.2 funcionalidades do nível físico (PHY) e de acesso (MAC)

As especificações do nível físico (PHY) e do sub-nível de acesso (MAC) da plataforma ZigBee são baseadas no padrão IEEE 802.15.4 (*Low rate WPANS*), cujas características foram detalhadas na Seção 4.4.

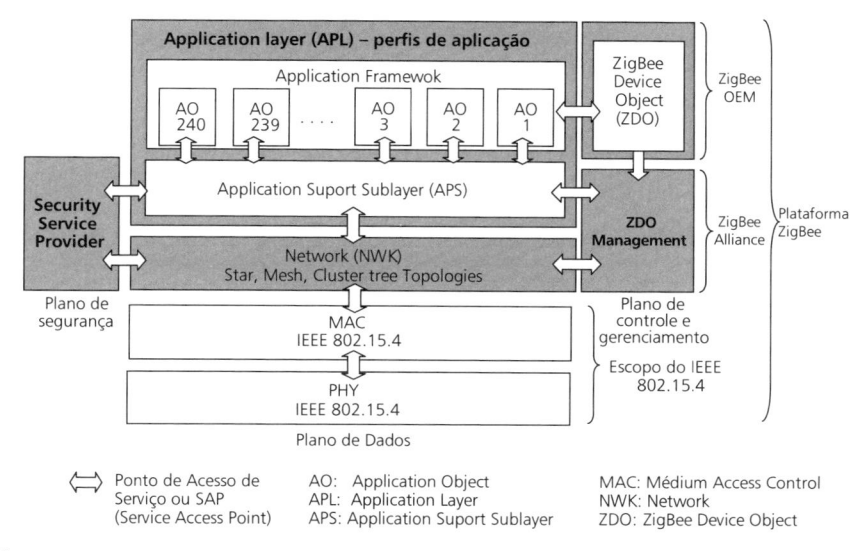

Capítulo 5 ⋯→ Redes Sem Fio em Automação e Controle Industrial   225

figura 5.8   Arquitetura de protocolos da plataforma ZigBee.
Fonte: Elaborada com base em ZIGBEE ALLIANCE (2012).

No nível físico, o IEEE 802.15.4 oferece seis opções de transmissão, visando a atender as mais diversas condições de propagação e vazão (revise a Seção 4.4.7, que contém as principais características dessas técnicas de modulação). Veja a seguir os principais aspectos da plataforma ZigBee quanto ao nível PHY.

O ZigBee, quando utiliza a transmissão UWB ou CCP, dispõe de 16 canais distribuídos em três faixas de frequências (confira a Tabela 4.11): um canal na banda sub-gigaherz de 250 a 750 MHz, 4 canais na banda de baixas frequências de 3,244 a 4,742 GHz e 11 canais na banda de altas frequências de 5,944 a 10,234 GHz. A técnica de modulação O-QPSK (mais usada) utiliza ao todo 26 canais, sendo que os canais de 1 a 10 estão localizados em três bandas sub-gigaherz, enquanto os canais de 11 a 26 estão localizados na banda ISM de 2,4 a 2,483 GHz. O espaçamento entre os canais é de 5 MHz, e a largura de banda nominal do canal é de 2 MHz (veja a Figura 5.9). Para contornar o problema de interferência de outros usuários nesses canais, principalmente as transmissões do Wi-Fi (WLAN - IEEE 802.11), que está presente hoje em praticamente todas as localizações geográficas, o padrão IEEE 802.15.4 fornece um mecanismo chamado CCA (*Clear Channel Access*), com o qual o ZigBee, antes de definir um canal para a WPAN, realiza uma medida da potência do canal pretendido. Dependendo do nível de potência detectado, o canal será considerado ocupado ou livre para a transmissão da WPAN.

Quando o mecanismo de acesso ao canal de uma WPAN for ALOHA ou CSMA, o mecanismo CCA (*Clear Channel Access*) pode permitir o uso partilhado de um canal ZigBee, mesmo quando esse canal estiver localizado dentro de um canal 802.11 WLAN da faixa de 2,4 GHz.

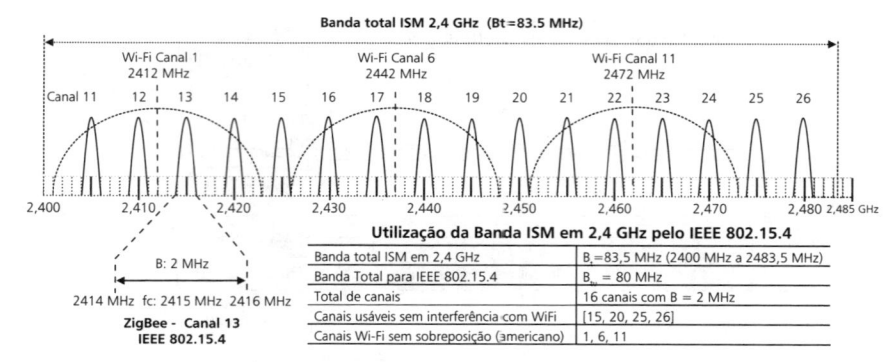

figura 5.9 Canais de 2 MHz do ZigBee na faixa ISM de 2,4 GHz compreendendo 16 canais numerados de 11 a 26. Observe também os três canais sem sobreposição do padrão Wi-Fi americano que podem interferir nos canais do ZigBee.

Como o ciclo de atividade (*duty cycle*) de uma rede WLAN é tipicamente menor que ~50%, a WPAN pode transmitir nos intervalos ociosos da WLAN. Para que isso seja eficiente, é necessário que os pacotes WPAN sejam relativamente pequenos. Veja na Figura 5.10 os intervalos de inatividade da WLAN que podem ser aproveitados por uma WPAN (ZigBee) (ZIGBEE ALLIANCE, 2012).

5.4.3 funcionalidades do nível de rede

O nível de rede, na sua parte inferior, busca os serviços elaborados pelo nível MAC por meio de um ponto de acesso (Figura 5.8). Na parte superior, o nível de rede oferece uma interface que permite a busca dos serviços de rede pelo nível de aplicação.

O ZigBee define três tipos de arquiteturas de rede: *peer-to-peer*, *mesh* e *tree*; as quais são realizadas a partir de três tipos de dispositivos. O *Full Function Device* (FFD ou roteador) é um dispositivo capaz de executar as funcionalidades completas da plataforma Zi-

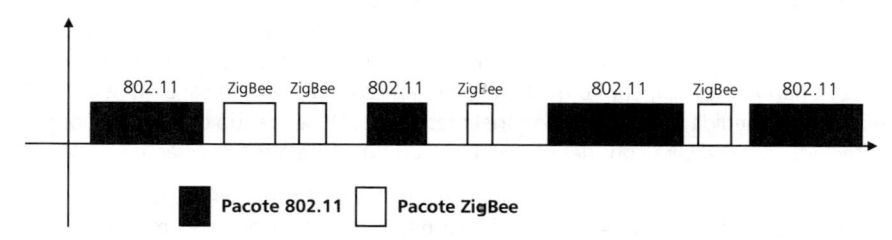

figura 5.10 A técnica de CCA (*Clear Channel Access*) no acesso a um canal de rádio ZigBee sobreposto a um canal Wi-Fi (802.11).

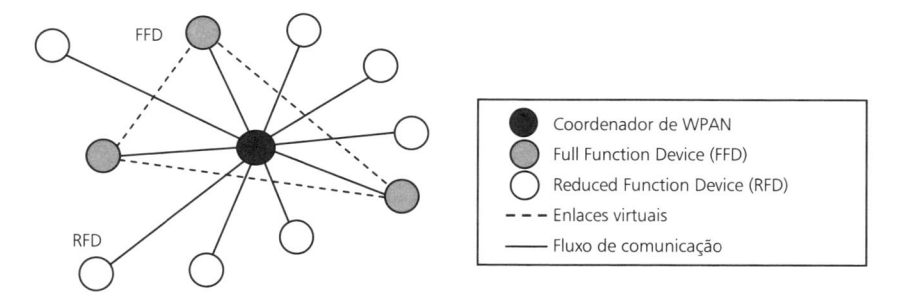

Capítulo 5 ⸺▶ Redes Sem Fio em Automação e Controle Industrial   227

figura 5.11   Arquitetura de uma rede WPAN do tipo ZigBee.

gBee. Um dispositivo FFD pode assumir na inicialização da rede o papel de coordenador da WPAN. Dispositivos mais simples, com capacidade reduzida de funções, integram a rede como RFD (*Reduced Function Devices*), ou dispositivos finais (confira figura 5.11).

O nível de rede, além de outros serviços, executa funções como iniciar uma WPAN, agregar ou desagregar um dispositivo da rede e descobrir conexões de rede.

Quando um coordenador inicia o processo de formação de uma rede ZigBee, ele pode fazer uma varredura da banda de frequência para achar a melhor canal para a nova rede. Os critérios de escolha geralmente são: canal desocupado ou (maior) relação sinal ruído mais interferência, S/(N+I). Uma vez escolhido o canal, o coordenador associa um identificador de rede a qualquer dispositivo que venha a ser associado à rede.

Veja na Tabela 5.3 as principais funcionalidades do nível de rede da plataforma ZigBee e a realização dessas funções nos três tipos de dispositivos de rede.

tabela 5.3   Comparativo de funcionalidade de rede por dispositivo

Funções do nível de rede do ZigBee	Coordenador	FFD	RFD
Cria uma rede WPAN ZigBee	√		
Permite que dispositivos se associem ou desassociem da rede	√	√	
Agrega um endereço de rede aos dispositivos	√	√	
Descobre e tabela rotas para envio de mensagens	√	√	
Descobre e tabela vizinhos próximos de um salto	√	√	
Roteia pacotes de rede	√	√	
Envia e recebe pacotes de rede	√	√	√
Agrega e desagrega dispositivos da rede	√	√	√
Entra em modo inativo (*sleep mode*)			√

Fonte: Dynamic C (2008).

O nível de rede também pode oferecer, em uma subcamada inferior, funcionalidades de segurança. Desta forma, conseguimos assegurar tanto autenticidade como confidencialidade ao tráfego de dados pela rede.

5.4.4 funcionalidades do nível de aplicação

As funcionalidades do nível de aplicação ou APL (*Application Layer*) estão distribuídas em duas subcamadas: a inferior corresponde ao APS (*Application Support Sublayer*), e a superior ao AF (*Application Framework*), como mostrado na Figura 5.8.

O sub-nível APS é responsável pelas seguintes funções:

- elaborar as tabelas de roteamento;
- repassar mensagens entre dispositivos conectados;
- definir endereços de grupo e gerenciá-los;
- mapear endereços estendidos de 64 bits para endereços NWK de 16 bits;
- fragmentar pacotes e remontá-los;
- transportar os pacotes de forma confiável.

O serviço principal para interconectar dispositivos é o conceito de conexão. As tabelas de conexão fornecem as informações para alcançar um determinado dispositivo e são mantidas tanto pelo coordenador de rede como por todos os roteadores da rede. A tabela de conexão mapeia um endereço de origem (ou ponto final), com um ou mais endereços de destino (ou pontos finais). Um conjunto de endereços de conexão de dispositivos forma um *cluster* de dispositivos, ao qual é associado um identificador único.

O subnível de AF (*Application Framework*) é um ambiente de execução para que os objetos de aplicação possam enviar e receber dados. Os objetos de aplicação são definidos pelos fabricantes de dispositivos e se situam no topo do nível de aplicação (APL). Cada objeto de aplicação é endereçado pelo seu endereço de ponto final. Os pontos finais são enumerados de 1 a 240. O endereço de ponto final zero é reservado para o ZDO (*ZigBee Device Object*) e o endereço de ponto final 255 é reservado para o endereço de difusão (*broadcast*), isto é, a mensagem é enviada a todos os pontos finais de um determinado nó. Destacamos que o ZigBee no subnível AF define funções de primitivas, não uma API (*Application Programming Interface*).

Por último, considerando o plano de gerência, encontramos no topo do nível de aplicação o ZDO (*ZigBee Device Object*). Esse objeto é responsável pelo gerenciamento de todos os dispositivos e compreende as seguintes funções:

- inicialização do subnível de aplicação (APS) e do nível de rede (NWK);
- definição do modo de operação do dispositivo (coordenador, roteador ou dispositivo final);
- descoberta de dispositivos e determinação dos serviços a serem oferecidos;
- inicialização e/ou resposta a requisições de conexão;
- gerenciamento de segurança.

5.4.5 perfil de aplicação e perfil de dispositivo no ZigBee

Basicamente, um perfil de aplicação é um acerto, por meio de troca de mensagens, entre aplicações de diferentes dispositivos. O perfil de aplicação pode ser considerado como uma descrição dos componentes lógicos, além de suas interfaces. O uso do conceito de perfil em ZigBee tem como objetivo principal permitir a interoperabilidade entre dispositivos de diferentes fabricantes.

Existem três tipos de perfis de aplicação: públicos (ou padronizados), privados e publicados. Os perfis públicos são administrados pela ZigBee Alliance. Os perfis privados são definidos por fornecedores e são de uso restrito. Um perfil privado pode se transformar em um perfil publicado se o dono do perfil decidir publicá-lo. Entre alguns perfis públicos citamos a automação de prédios comerciais, a automação residencial, o monitoramento e o controle de plantas industriais, a aplicação de sensores sem fio, o controle inteligente de energia, entre outros.

Um perfil de aplicação utiliza uma linguagem comum para fazer a troca de mensagens e o processamento de informação entre os dispositivos de uma aplicação. Cada dispositivo possui uma descrição funcional que é feita por uma lista de atributos ou conjuntos de atributos, formando *clusters*. Um perfil de aplicação pode ter até 65.536 descrições de dispositivos, 65.536 *clusters* e 65.536 atributos.

O endereçamento no ZigBee é hierarquizado. Um dispositivo ZigBee com um rádio IEEE 802.15.4 possui um endereço de 64 bits composto de um OUI (*Organizationally Unique Identifier*) mais um identificador de 40 bits definido pelo fabricante. Quando um dispositivo se agrega a uma rede ZigBee, ele recebe um endereço de 16 bits chamado endereço NWK. Tanto o endereço estendido de 64 bits quanto o endereço NWK de 16 bits podem ser usados pela rede ZigBee para a comunicação entre dispositivos. O coordenador de uma rede ZigBee sempre possui o endereço NWK igual a zero. Para fazer o endereçamento individual de componentes de um dispositivo de nó é utilizado um endereçamento do ponto final.

Por fim, vamos definir o chamado perfil de dispositivo ZigBee (ZDO), que é uma coleção de descrições de dispositivos e *clusters*, tal como em um perfil de aplicação. O perfil de dispositivo é executado pelo ZDO (*ZigBee Device Object*) e se aplica a todos os dispositivos ZigBee.

5.5 o wireless HART (WHART)

O WHART é uma tecnologia para redes de sensores sem fio na área de controle e automação de processos, baseada no protocolo HART (*Highway Addressable Remote Transducer Protocol*), que foi desenvolvido na década de 1990 pela HART *Communication Foundation*, uma associação de empresas fabricantes de equipamentos de automação industrial. A maioria dos dispositivos de campo inteligentes ou FD (*Field Device*) instalada hoje em nível mundial é suportada pelo protocolo HART, ou seja, o protocolo se tornou praticamente um padrão mundial.

O protocolo HART é caracterizado como um protocolo de comunicação bidirecional que permite acesso a dados entre dispositivos de campo inteligentes e sistemas hospedeiros de controle, que podem ser plataformas de *software* de controle residentes em PCs, *laptops* ou dispositivos portáteis manuais (WIRELESS HART, 2017).

Como a maioria das redes de automação em operação se baseia no tradicional laço de corrente analógico de 4-20 mA, o protocolo HART impôs sobre o mesmo par de fios um sinal digital modulado em FSK. Desta forma, no mesmo par de fios trafegam simultaneamente os dois sinais: o sinal analógico 4-20 mA e o sinal digital FSK (veja a Figura 5.12).

Em 2007, a *HART Communication Foundation* lançou uma nova versão do protocolo HART denominada *Wireless*HART ou simplesmente WHART. O protocolo de comunicação WHART pretende ser um padrão sem fio para oferecer interoperabilidade entre dispositivos de campo de diferentes fornecedores e atender às características da indústria de processos em termos de robustez a ruídos, interferências e múltiplos percursos.

O WHART é baseado em dois padrões internacionais. Nos níveis superiores, ele atende aos requisitos do padrão IEC 62591, e nos níveis inferiores (PHY, Link e Rede) ao padrão IEEE 802.15.4. O protocolo WHART atua em uma rede sincronizada no tempo com uma arquitetura *mesh*, que garante auto-organização e autorreconfiguração. Um esquema de acesso baseado em TDMA (*Time Division Multiple Access*) assegura um acesso determinístico (em tempo real) aos FDs.

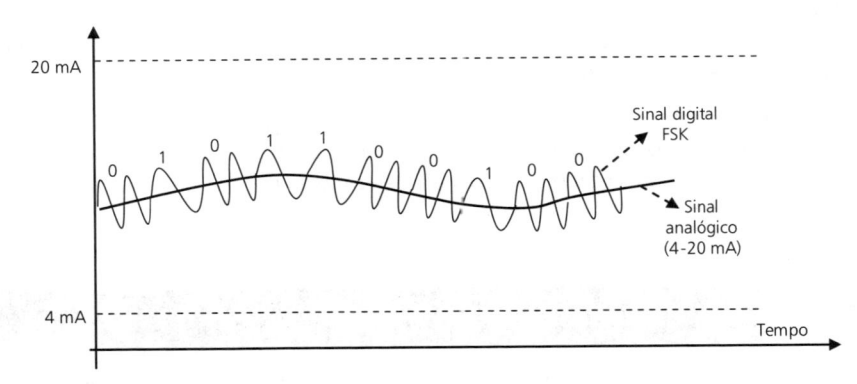

figura 5.12 Sinal composto do HART: sinal analógico de 4-20 mA mais um sinal FSK (*Frequency Shift Keying*) digital, multiplexados em um único par de fios.

Em 2009, a NAMUR (*Normenarbeitsgemeinschaft für Meß- und Regeltechnik*) uma associação internacional de usuários das indústrias de processamento na área química e farmacêutica, chancelou o WHART na implementação das redes de automação de processos da indústria química (HART COMMUNICATION FOUNDATION, 2010a).

5.5.1 arquitetura do WHART

Antes de você conferir as principais características da arquitetura WHART, você deve estar se perguntando: por que não usar o Bluetooth ou o ZigBee na estruturação de uma rede de controle de processos industriais? Uma resposta possível é esta: nem o Bluetooth nem o ZigBee têm condições de atender aos severos requisitos de desempenho impostos às redes de controle sem fio em ambientes industriais. Esses requisitos são enquadrados em duas exigências fundamentais:

1. A rede de controle deve ter uma resposta determinística no tempo entre controlador e dispositivos de campo, ou seja, uma resposta em tempo real.
2. A rede deve ter alta confiabilidade de comunicação, tendo em vista o ambiente peculiar do chão de fábrica em termos de interferências eletromagnéticas e agressividade ambiental.

O Bluetooth não atende a algum desses requisitos, enquanto o ZigBee atende parcialmente aos requisitos do item um. Você vai ver a seguir que a arquitetura do WHART tem condições não só de atender a ambos os requisitos, mas também de integrar, em uma mesma rede, dispositivos sem fio, bem como dispositivos ligados que se comunicam por par de fios e sinal analógico de 4-20 mA, por meio de um dispositivo adaptador sem fio (WIRELESS HART, 2017).

Veja na Figura 5.13 a topologia típica de uma rede WHART com seus principais dispositivos estruturais:

1. Sensores inteligentes sem fio ou dispositivos de campo (FDs)
2. Dispositivo roteador
3. Dispositivo sem fio *handheld* para teste e supervisão móvel em campo
4. Pontos de acesso de segmentos de redes de sensores
5. Dispositivo de gerenciamento da rede e supervisão de segurança
6. *Gateway* para acessar, via IP, o controlador de processos e o supervisor geral da rede corporativa.

Note então que o WHART é basicamente uma rede em *mesh*, auto-organizável e autorreconfigurável.

Considerando o modelo de referência de protocolos da ISO, a arquitetura WHART segue um modelo de cinco camadas, como mostrado na Figura 5.14. No nível físico

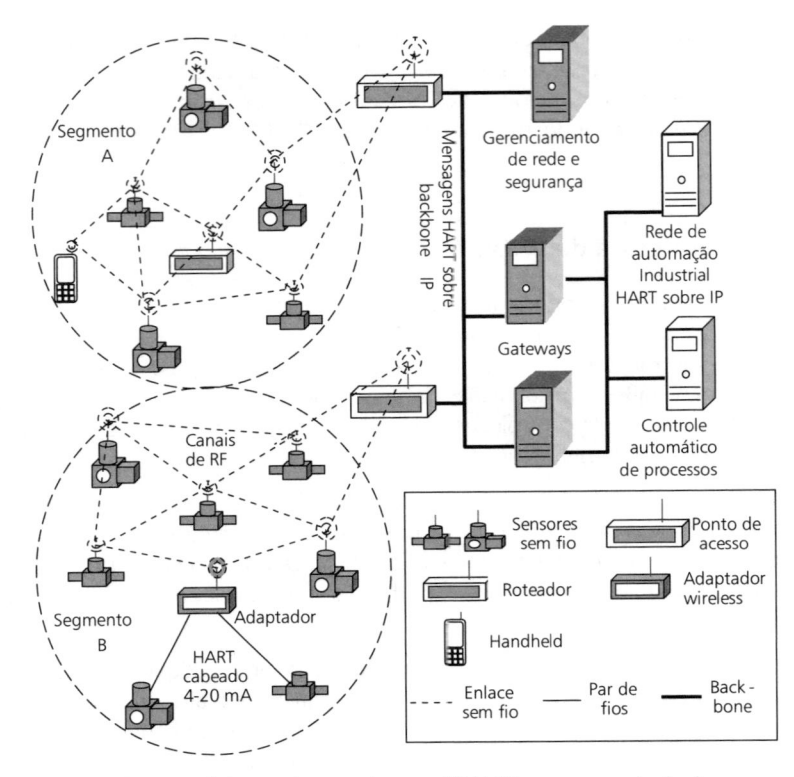

figura 5.13 Visão geral da arquitetura de uma WHART com seus principais componentes estruturais.

(PHY) e no sub-nível de enlace MAC, o WHART adota um subconjunto funcional baseado no padrão IEEE 802.15.4 (2011)[1]. A partir do subnível DLC do nível de enlace até o nível de aplicação, o *Wireless*HART segue um conjunto de protocolos desenvolvidos pela *HART Communication Foundation*.

O modelo de referência de protocolos do WHART utiliza dois planos: o plano de dados, que está relacionado à transferência segura de dados entre dispositivos de campo (FD), passando por uma fase de roteamento até alcançar um ponto de acesso e, deste, até o *backbone* IP, que dá acesso ao controlador de processos e ao supervisor da rede de automação industrial corporativa; e o plano de controle e gerenciamento, que é paralelo ao plano de dados e possui pontos de acesso com as respectivas entidades pares de controle e gerenciamento em cada camada.

---

[1] Confira a Seção 4.4 referente ao padrão IEEE 802.15.4 de WPANs de baixa taxa.

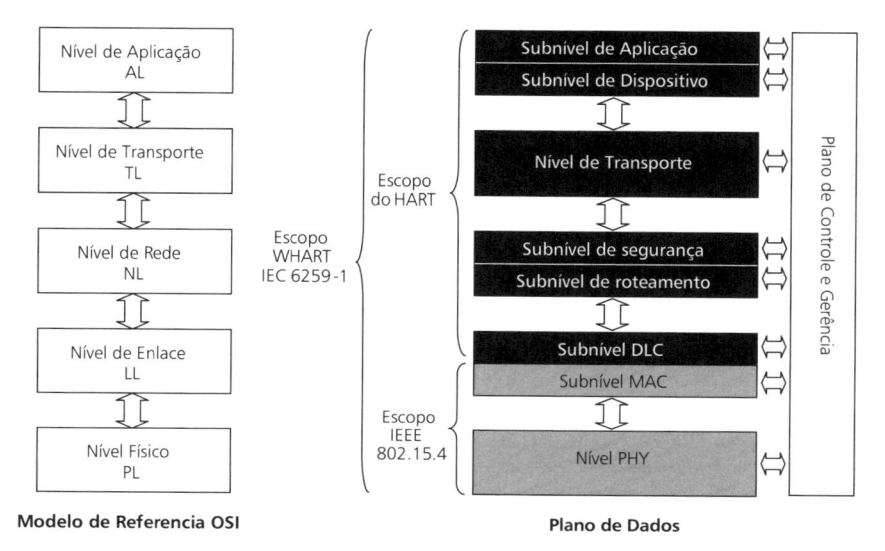

Capítulo 5 ⇢ Redes Sem Fio em Automação e Controle Industrial

figura 5.14 Modelo de referência de protocolos de cinco camadas do WHART relacionado com o MR-OSI da ISO.

Em 2010, o WirelessHART foi adotado pela IEC (*International Electrotechnical Commission*) como um padrão internacional denominado IEC 62591, e hoje é tido como o padrão mais importante e mais disseminado mundialmente na área de controle e automação sem fio em ambiente industrial. Você vai ver a seguir as principais funcionalidades de cada uma dessas cinco camadas, segundo uma abordagem *bottom-up* (de baixo para cima).

5.5.2 nível físico do WHART

Já mencionamos que o WHART adota no nível físico um subconjunto de funções que está conforme com as especificações do nível físico (PHY) do IEEE 802.15.4. O subconjunto adotado emprega a técnica de espalhamento espectral DSSS (*Direct Sequence Spread Spectrum*)[2] e a modulação O-QPS[3]. As principais características desse nível físico são resumidas a seguir:

- O WHART especifica um rádio que opera na faixa ISM de 2,4 GHz em uma banda que vai de 1,4 GHZ até 2,485 GHZ com uma largura de banda B= 83,5 MHz.
- O rádio pode operar em 16 canais, que podem ter uma largura de banda de 2 MHz e um espaçamento entre canais adjacentes de 5 MHz (confira a Figura 5.9).

---

[2] Confira a Seção 2.6.2 sobre a técnica DSSS.
[3] Confira a modulação O-QPSK na Seção 4.4.7

- Para diminuir a interferência causada por múltiplos caminhos de propagação do sinal na recepção, o WHART aumenta a diversidade de frequência do sinal por meio de uma técnica de espalhamento espectral tipo DSSS, que associa a cada símbolo de 4 bits uma sequência direta de 32 chips.
- O WHART transmite e recebe em fatias de tempo fixas de 10 ms, a uma taxa de 250 kbit/s.
- A PPDU (*Physical Protocol Data Unit*) é composta de um SHR (*Synchronization Header*) de 4 octetos, um PHR (*Physical Header*) de um octeto e uma PSDU (*Protocol Service Data Unit*) com, no máximo, 127 octetos (confira a Figura 5.16).
- Os tempos de reversão TX para RX, ou RX para TX, do canal devem ter, no máximo, uma duração equivalente a 12 símbolos (HART COMMUNICATION FOUNDATION, 2010b).

5.5.3 nível de enlace de dados do WHART

O nível de controle do enlace de dados ou DLC (*Data Link Control*) do WHART é responsável por garantir que a comunicação de dados em nível de enlace entre dois dispositivos WHART se dê de forma segura, confiável e sem erros. O DLC do WHART define fatias de tempo de transmissão (*time slots*) com tamanho fixo de 10 ms. Para gerenciar estas fatias de tempo é definido um superquadro com um total de 16 fatias de tempo consecutivas, seguido de um período inativo variável.

O início do superquadro é sinalizado por um sinal de **beacon** (ver figura 5.15a). A estrutura do superquadro caracteriza um esquema de multiplexação do tipo TDM (*Time Division Multiplex*) de 16 fatias de tempo independentes, sendo que cada usuário transmite periodicamente por 10 ms durante o período de um superquadro. Para um dispositivo acessar uma fatia de tempo, o WHART utiliza um mecanismo chamado TDMA (*Time Division Multiple Access*), que consegue oferecer um acesso sem colisão e de forma determinística e um acesso aleatório baseado CSMA-CA (confira seção 4.4.4)

Veja a estrutura interna de um *time slot* na Figura 5.15(b). A figura mostra um *time slot* do transmissor (local) e um *time slot* do receptor (remoto). O *time slot* de transmissão corresponde ao tempo de transmissão total de uma PPDU (*Physical Protocol Data Unit*), incluindo o tempo de recepção da confirmação (ACK) enviada pelo dispositivo remoto. Da mesma forma, um *time slot* de recepção corresponde ao tempo de recepção de uma PPDU, mais o tempo para o envio de uma confirmação.

No início do *time slot* de transmissão é definido um tempo de espera (*TX offset*), que dá conta do tempo de configuração do rádio. Em seguida, é feita a reversão do canal, que sai do estado default RX para TX e, após um tempo de espera, a PPDU é enviada. Terminada a transmissão da PPDU, o canal é chaveado novamente para RX e, após um *offset* de espera, é recebido o ACK de confirmação. Da mesma forma, o *time slot* de recepção inicia com um intervalo de espera (*RX offset*), seguido da recepção da PPDU.

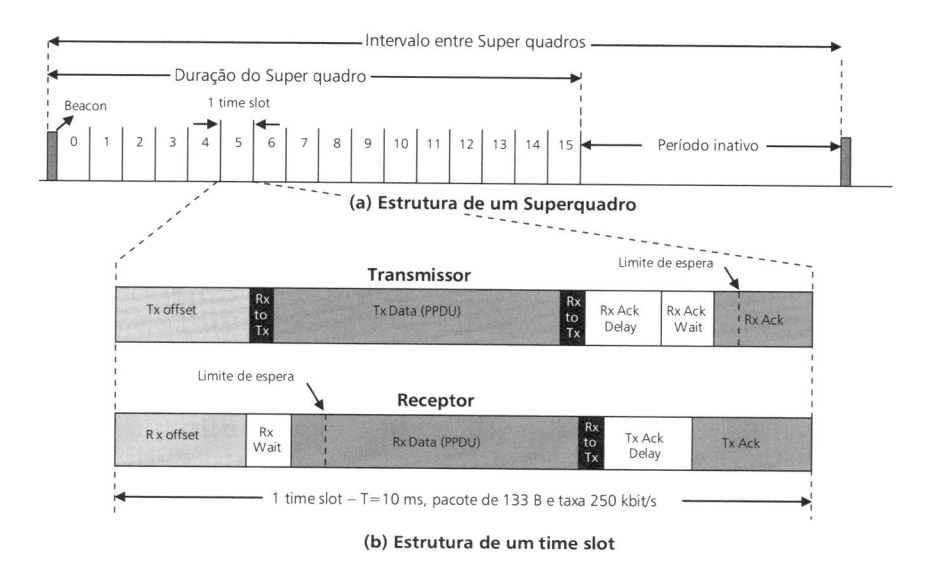

Capítulo 5 ⇢ Redes Sem Fio em Automação e Controle Industrial   235

figura 5.15 Organização do canal de RF no WHART baseada em um superquadro cujo início é destacado por um sinal de *beacon* seguido de 16 fatias de tempo de 10 ms e um período inativo ajustável.

A seguir, o canal é revertido de RX para TX para transmitir a confirmação (ACK) de recebimento da PPDU ao dispositivo de origem.

O nível DLL do WHART, para assegurar uma maior diversidade de tempo e frequência ao sistema, realiza um esquema de FH (*Frequency Hopping*)[4], isto é, a transmissão não se dá em um canal de RF fixo, mas segundo um esquema de saltos de frequência periódicos para diferentes canais de RF. O número de canais visitados sempre será menor que 16 canais (confira a Figura 5.9). Para definir os canais que podem ser visitados pelo FH, o WHART prevê uma listagem de canais em cada dispositivo, chamada *blacklist*, em que são listados os canais que não podem ser visitados: ou porque estão ocupados, ou porque possuem excesso de ruído e interferência. A lista é atualizada periodicamente e, desta forma, conseguimos uma maior confiabilidade na transmissão, já que são utilizados somente canais que oferecem uma boa relação sinal ruído mais interferência, S/(N+I).

---

[4] Às vezes também chamado CH (*Channel Hopping*) ou SH (*Slotted Hopping*).

5.5.4 nível de rede e de transporte do WHART

O nível de rede no WHART é responsável por diversas funções, agrupadas em dois sub-níveis no nível de rede: um subnível de roteamento e um subnível de segurança. O subnível de roteamento se preocupa com o encaminhamento fim-a-fim das NPDUs (*Network Protocol Data Units*) segundo uma rota previamente estabelecida. Já o subnível de segurança se preocupa com a privacidade e integridade dos dados utilizando técnicas de cifragem, como destacado na Figura 5.16.

Lembramos que, enquanto no nível DLC os pacotes de dados são transferidos segundo um enlace (canal) entre dois dispositivos, no nível de rede os pacotes são transferidos entre dois nós, passando por enlaces entre diferentes dispositivos intermediários, até o destino final.

Como o WHART tem características de uma rede *mesh*, ele pode ter um ou mais de um caminho entre dois nós. Desta forma, é assegurada uma maior confiabilidade à rede quando houver uma falha em um enlace de uma rota. Para garantir um encaminhamento mais eficiente dos pacotes, são utilizadas tabelas de roteamento obtidas a partir de grafos periodicamente atualizados.

O nível de rede também utiliza tabelas de fatias de tempo que podem ser alocadas segundo critérios de priorização por determinados serviços de aplicação que têm exigências estritas de qualidade de serviço (QoS), por exemplo, largura de banda. Além disso, o nível de rede permite publicar dados e transferir grandes blocos de dados por segmentação.

A norma WHART prevê três tipos de mecanismos de roteamento: roteamento por grafos, roteamento pela origem e roteamento por superquadro.

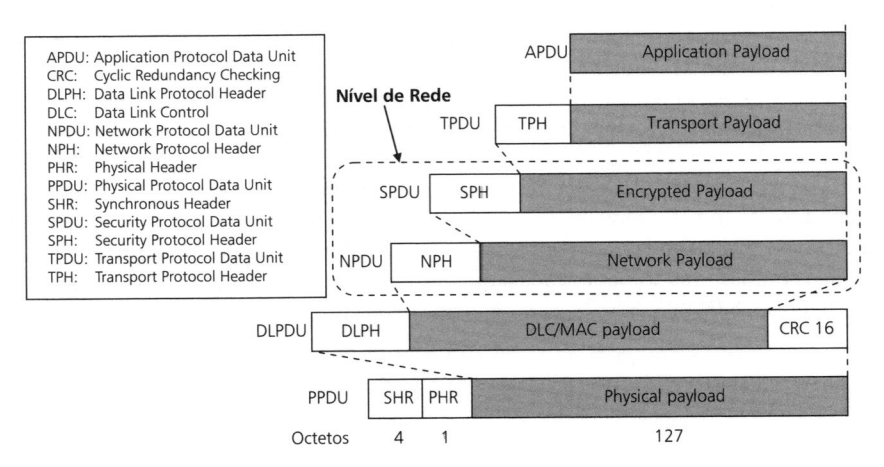

figura 5.16 Concatenação das diferentes estruturas de dados nos diferentes níveis do protocolo WHART, com destaque para o nível de rede que possui dois subníveis: o de roteamento e o de segurança.

Capítulo 5 ⋯→ Redes Sem Fio em Automação e Controle Industrial

No roteamento por grafos, inicialmente é obtido um grafo da rede, o qual contém todos os caminhos que conectam os diferentes dispositivos da rede entre si. O gerenciador de rede é o responsável pela criação e atualização dos grafos em cada dispositivo.

O roteamento pela origem (*source routing*) é considerado um complemento do roteamento por grafos. Uma rota direta e única é determinada entre um dispositivo de origem e um dispositivo de destino, a partir de um grafo, utilizando uma determinada métrica (custo, distância, banda, atraso, etc.). Nessa técnica, a rota completa que um pacote deve seguir até um determinado dispositivo é incluída em cada mensagem. Esse tipo de roteamento é mais utilizado pelo gerenciador de rede para descobrir a topologia completa da rede e definir as rotas.

No roteamento por superquadro, os pacotes de dados são associados a um superquadro específico e, assim, o dispositivo de origem envia o pacote de acordo com a identificação do superquadro. Portanto, o superquadro deve possuir informações sobre enlaces que encaminhem o pacote até o seu destino.

Acima do nível de roteamento de rede, o WHART define um subnível de segurança de rede que é responsável pela privacidade e integridade dos dados. Para atender essas funções, é utilizado o algoritmo AES (*Advanced Encryption Standard*) em um modo de operação conhecido como CCM (*Counter with CBC-MAC*), o qual é regulamentado pela RFC 5084.

Finalmente, no nível de transporte, o WHART oferece ao nível de aplicação um serviço confiável de entrega de dados, sem conexão. Quando especificado pela interface de aplicação, os pacotes enviados pelo nível de rede podem ser confirmados pelo dispositivo de destino, de forma que o dispositivo de origem possa reenviar pacotes corrompidos. O nível de transporte, além do serviço de entrega de pacotes fim-a-fim, oferece meios para enviar o estado atual do dispositivo e, simultaneamente, um ou mais comandos ao dispositivo.

5.5.5 nível de aplicação do WHART

O nível de aplicação do WHART é o próprio HART legado. Devido a isso, o acesso ao WHART é facilmente disponível pela maioria dos sistemas hospedeiros, dos dispositivos *hand-held* e dos sistemas de supervisão e gerenciamento. O nível de aplicação do WHART especifica apenas um conjunto de serviços que podem ser utilizados pelas aplicações do usuário e não uma aplicação de automação de processos específica.

5.6 ⋯→ o padrão de automação americano ISA100.11a

O padrão ISA100.11a é uma tecnologia de rede sem fio para controle de processos e automação industrial desenvolvido pela ISA (*International Society of Automation*), uma sociedade americana sem fins lucrativos. A ISA foi formada em 2005 e atualmente congrega mais de 20.000 profissionais da área de automação, além de mais de 250 companhias que atuam em nível internacional. Em 2009, a ISA criou um Instituto, o ISA *Automation Standards Compliance Institute*, que é responsável pelos testes de conformidade dos dispositivos de diferentes fabricantes frente às exigências do padrão ISA100.11a.

Em 2009, o comitê de padronização da ISA aprovou o padrão ISA100.11a com a designação *Wireless Systems for Industrial Automation: Process Control and related Applications*. Em 2010, o padrão foi modificado e submetido à IEC (*International Electrotechnical Commission*), que o aprovou com o número IEC 62734 em outubro de 2014 (WANG, 2011).

O ISA100.11a integra uma família de padrões projetados para dar suporte a múltiplas aplicações, oferecendo alta confiabilidade e funções de segurança integradas. De modo geral, o padrão ISA100.11a disponibiliza um conjunto de mecanismos que asseguram uma comunicação altamente confiável, tendo em vista os seguintes fatores:

- Diversidade temporal e determinismo de acesso baseado em TDMA
- Fatias de tempo (*time slots*) de usuário com duração variável (10-12ms)
- Acesso aleatório do tipo CSMA-CA
- Diversidade de frequência baseada em AFH (*Adaptive Frequency Hopping*)
- Controle de erros baseado em ARQ (*Automatic ReQuest*)
- Gerenciamento de espectro com lista negra de canais (canais com interferência)
- Funções de segurança integradas e fixas (cifragem)
- Diversidade de rotas (topologia *mesh*)

No ISA100.11a destacamos a utilização de um sofisticado gerenciador de sistema que atua como o centro nevrálgico de toda a rede. O gerenciador de sistema controla o estado de todos os dispositivos da rede por meio de uma política de controle de configuração baseada em um conjunto de parâmetros de desempenho da rede que são constantemente monitorados. Além disso, o gerenciador de sistema executa funções de *gateway*, de gerenciamento e de segurança. As três funções, designadas GMS (*Gateway, Management, Security*), são executadas em *workstations* que, junto com os roteadores, constituem o *backbone* da rede. A comunicação nesse *backbone* se dá por protocolos, como o 6LoWPAN e o UDP do IETF.

Veja na Figura 5.17 um exemplo de uma topologia típica de uma rede de automação e controle de processos ISA100.11a. Os principais componentes funcionais desta rede são:

- Dispositivos finais de entrada e saída, sem funções de roteamento
- Dispositivos intermediários de entrada e saída com roteamento
- Dispositivo portátil de entrada e saída
- Roteador de *backbone*
- Estação de trabalho com funções GSM (*Gateway, Security, Management*)

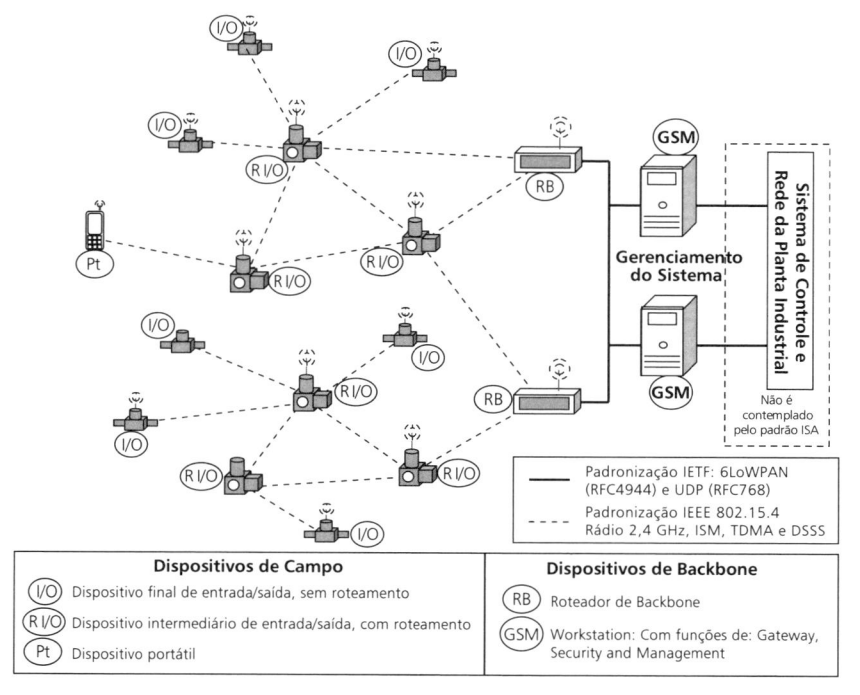

Capítulo 5 ⇢ Redes Sem Fio em Automação e Controle Industrial   **239**

figura 5.17   Topologia de uma rede sem fio de automação e controle de processos segundo o padrão ISA100.11a.

5.6.1   arquitetura de protocolos do ISA100.11a

O ISA100.11a é baseado em padrões internacionais abertos de três organismos de padronização. No nível físico e MAC, adota um subconjunto de funções do padrão IEEE 802.15.4. No nível de rede e de transporte, adota, respectivamente, os protocolos do IETF, como o IPv6 (RFC 6282) e o UDP (RFC 768). Por último, no nível de aplicação, o ISA100.11a oferece um conjunto de protocolos para a comunicação entre objetos e entre processos de aplicação.

A interação entre os diferentes dispositivos dessa rede acontece segundo um modelo de arquitetura de protocolos de comunicação que segue um modelo de cinco camadas baseado no modelo de referência da ISO, como mostrado na Figura 5.18. O plano de controle e gerência da rede se estende verticalmente ao longo de todos os níveis e possui interfaces com as entidades de gerência de cada camada. No topo do nível de aplicação está um sistema de gerência da rede que recebe as informações de cada camada e, assim, consegue controlar e gerenciar a rede de forma eficiente. Você vai

Modelo de Referencia OSI / Pilha de Protocols ISA100.11a

Modelo de Referencia OSI	Pilha de Protocols ISA100.11a
Nível de Aplicação AL	UAL – Processos de aplicação / ASL – Comunicação entre objetos
Nível de Transporte TL	UDP (RFC 768) Sessão segura fim a fim
Nível de Rede NL	Nível de Rede 6LoWPAN (RFC 4944)
Nível de Enlace LL	Subnível DLC superior – ISA100.11a / Subnível MAC – IEEE 802.15.4
Nível Físico PL	Nível PHY IEEE 802.15.4 (2,4 GHz)

LEGENDA
ASL: Application Sub-Layer
DLC: Data Link Control
IETF: Internet Engineering Task Force
ISA: International Standard Association
MAC: Médium Access Control
PHY: Physical
RFC: Request For Comments
UAL: Uper Application Layer
UDP: User Data Protocol
6LoWPAN: IPv6 over Low power WPAN

Padrão ISA nativo
Padrão IEEE 802.15.5
Padrão IETF Internet

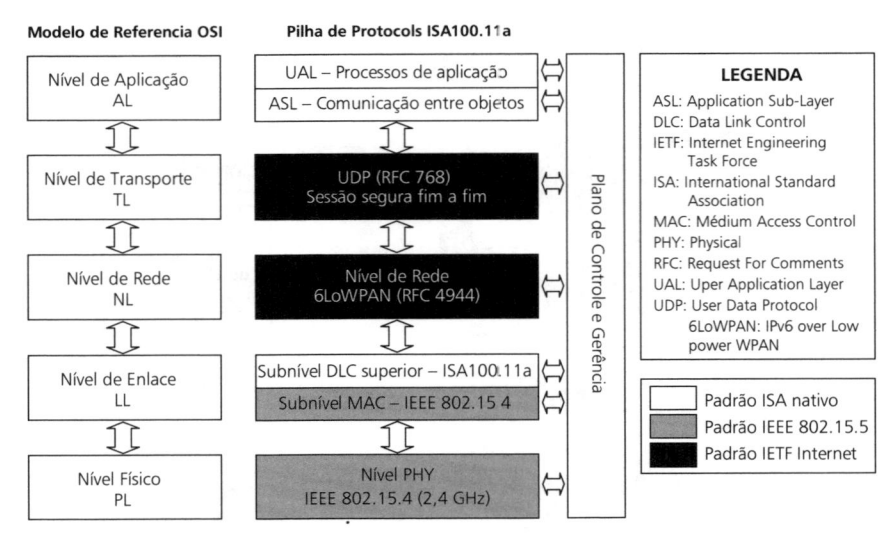

figura 5.18 Arquitetura de protocolos do padrão ISA100.11a comparada com o modelo de referência OSI.

ver a seguir um resumo das principais funcionalidades em cada nível e subnível do ISA100.11a.

5.6.2 o nível físico do ISA100.11a

Tanto o nível físico do padrão ISA100.11a quanto o do WHART são baseados no padrão IEEE 802.15.4 (confira a Seção 4.4). Quanto ao espalhamento espectral, ambos utilizam DSSS e, na transmissão, uma modulação O-QPSK (confira a Seção 4.4.7). O esquema de canalização do espectro de 2,4 GHz utilizado pelo padrão ISA é idêntico ao utilizado pelo ZigBee e WHART e pode ser conferido na Figura 5.9. Enquanto o WHART utiliza 16 canais (canais 11-26), o padrão ISA100.11a não utiliza o canal 26, ficando, portanto, com 15 canais.

5.6.3 o nível de enlace do ISA100.11a

O nível de enlace do ISA100.11a ou DLL (*Data Link Level*) está dividido em dois sub-níveis: o subnível inferior MAC e o subnível superior DLC (*Data Link Control*), como mostrado na Figura 5.18. O subnível inferior MAC adota um conjunto de funcionalidades do IEEE 802.15.4 e oferece duas técnicas de acesso: uma determinística, baseada na priorização de *time slots* (TDMA), e outra de acesso aleatório a *time slots*, com base em CSMA-CA. Esquemas de salto de frequência (FH) e associação de saltos de *time slots*

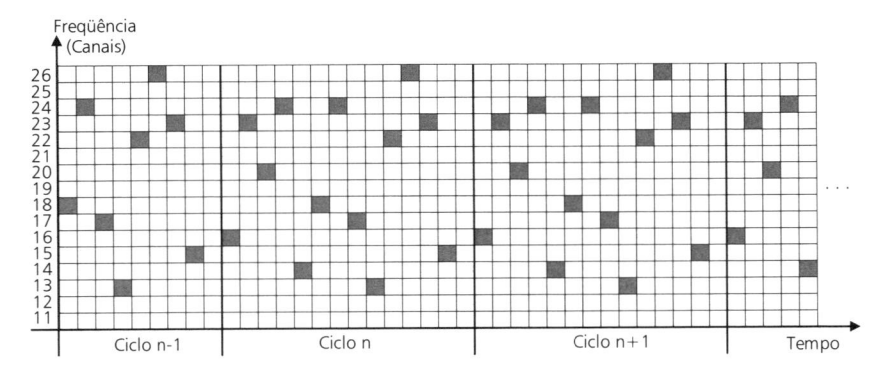

Capítulo 5 ···→ Redes Sem Fio em Automação e Controle Industrial   **241**

figura 5.19 Exemplo de um esquema de *slotted frequency hopping* do ISA100.11a, na faixa de 2,4 GHz, com 16 canais e tempo de ocupação do canal de um *time slot*.

por usuário asseguram ao sistema diversidade tanto de tempo como de frequência. Veja na Figura 5.19 um exemplo de um esquema de saltos de frequência por *time slots* na faixa ISM de 2,4 GHz e uma partição do espectro em 16 canais[5].

O subnível DLC superior, que foi introduzido pelo ISA100 no DLL, proporciona um mecanismo de roteamento em nível de enlace dentro do conceito de sub-rede do ISA100.11a. Desta forma, a troca de mensagens entre diferentes dispositivos de uma sub-rede pode ser repassada no subnível DLC com base em dois algoritmos de roteamento: o roteamento por grafos (*graph routing*) e o roteamento pela origem (*source routing*). Esses protocolos de roteamento podem ser configurados pelo gerenciador de sistema. Assim que a mensagem chega ao roteador de *backbone* (ponto final da sub-rede), será adicionado um cabeçalho do nível de rede para que a mensagem seja roteada para o seu destino final por meio do *backbone*.

5.6.4 o nível de rede e de transporte do ISA100.11a

No nível de rede, o ISA100.11a utiliza o protocolo 6LoWPAN, elaborado pelo IETF e publicado por meio da RFC 6282 em 2011. O protocolo oferece endereçamento baseado no protocolo IPv6 e é utilizado para roteamento fim-a-fim da rede WPAN. O roteador de borda no nível de rede atua como um *gateway* que recebe pacotes 6LoWPAN pelo lado da sub-rede e transforma em pacotes IPv6 no lado do *backbone*, e vice-versa. O roteador de borda, portanto, faz a adaptação do formato IPv6 do *backbone* para o formato 6LoWPAN utilizado pelos dispositivos na sub-rede *mesh* ISA100.11a.

No ambiente da sub-rede *mesh*, os pacotes são baseados em 6LoWPAN e são roteados ao destino com base em uma informação de roteamento que está disponível no cabe-

---
[5] Confira a partição do espectro de 2,4 GHz em 16 canais na Figura 5.9.

çalho do quadro DLC (*Data Link Control*). Já no *backbone,* o roteamento é basicamente IPv6 (Internet). Além da compressão e descompressão dos cabeçalhos IPv6, as funções de fragmentação e remontagem dos pacotes IPv6 são realizadas no subnível de adaptação de rede do protocolo 6LoWPAN.

O nível de transporte do ISA100.11a oferece um serviço de transporte sem conexão baseado em UDP (*User Data Protocol*), bem como um serviço de verificação de integridade das mensagens por meio de um campo de DCS (*Data Check Sequence*), além de um conjunto de serviços de segurança integrados, baseados em técnicas de cifragem dos dados.

5.6.5 o nível de aplicação do ISA100.11a

Até 2012, o comitê ISA100 não havia definido aplicações específicas para o nível de aplicação suportadas pela pilha de protocolos do ISA100.11a. O padrão ISA100.11a definiu somente um conjunto de serviços para serem utilizados pelas aplicações de usuário, não padronizando processos de automação e controle específicos. A única aplicação especificada no nível de aplicação é o Sistema de Gerência que centraliza todas as informações por meio de um plano de controle e gerência das camadas inferiores, como mostrado na Figura 5.18.

5.6.6 comparativo entre os padrões ZigBee, WHART e ISA100.11a

As redes IWSN para a área de automação e controle, com base em critérios de desempenho, são divididas em duas classes: aplicações simples e aplicações de alto desempenho em ambiente industrial, como apresentado no seguinte esquema.

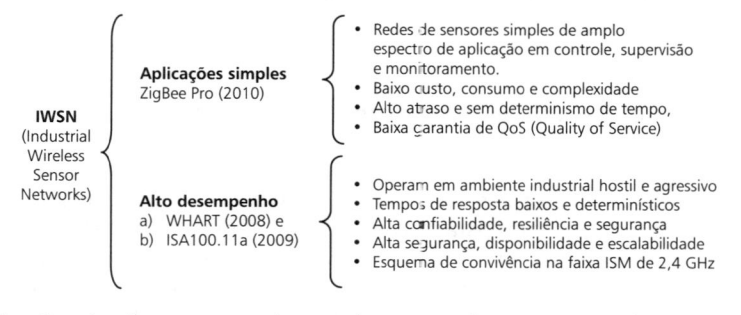

IWSN (Industrial Wireless Sensor Networks)

- Aplicações simples — ZigBee Pro (2010)
  - Redes de sensores simples de amplo espectro de aplicação em controle, supervisão e monitoramento.
  - Baixo custo, consumo e complexidade
  - Alto atraso e sem determinismo de tempo,
  - Baixa garantia de QoS (Quality of Service)

- Alto desempenho
  a) WHART (2008) e
  b) ISA100.11a (2009)
  - Operam em ambiente industrial hostil e agressivo
  - Tempos de resposta baixos e determinísticos
  - Alta confiabilidade, resiliência e segurança
  - Alta segurança, disponibilidade e escalabilidade
  - Esquema de convivência na faixa ISM de 2,4 GHz

Em aplicações simples e pouco exigentes (por exemplo, automação de prédios), o padrão indicado é o ZigBee. Por quê? Porque a tecnologia ZigBee é muito utilizada em sistemas em que a simplicidade e o baixo custo e consumo são determinantes. Essa simplicidade tem como ônus um maior atraso, uma taxa de dados menor e pouca garantia de QoS (*Quality of Service*). Como possibilidades de aplicação do ZigBee des-

Capítulo 5 ⇢ Redes Sem Fio em Automação e Controle Industrial 243

tabela 5.4 Comparativo entre WHART e ISA100.11a na perspectiva do MR-OSI

Equivalência com MR-OSI		WHART (Equivalente ao IEC 62591)	ISA100.11a (Equivalente ao IEC 62734)
Nível físico		■ Padrão IEEE 802.15.4 na faixa ISM de 2,4 GHz ■ Espalhamento espectral DSSS ■ Modulação O-QPSK	■ Padrão IEEE 802.15.4 na faixa ISM de 2,4 GHz ■ Espalhamento espectral DSSS ■ Modulação O-QPSK
Nível de enlace	Subnível MAC	■ Atende integralmente as especificações do subnível MAC da norma IEEE 802.15.4	■ Baseado em um subconjunto MAC modificado do IEEE 802.15.4
	Subnível DLC	■ Usa fatias de tempo (*time slots*) ■ Duração do *time slot* é fixa (10ms) ■ Só um padrão de Channel Hopping ■ Definição adaptativa dos canais no Channel Hopping (*Blacklist*) ■ Confirmação segura dos dados ■ Transações suportadas: unicast e broadcast	■ Usa fatias de tempo (*time-slots*) ■ Duração do *time slot* configurável entre 10-12 ms ■ Três padrões distintos de Channel Hopping (*slow, fast, hybrid*) ■ Definição adaptativa dos canais no Channel Hopping (*Blacklist*) ■ Confirmação segura dos dados ■ Transações suportadas: unicast, broadcast e duocast ■ Roteamento por grafo e pela origem ■ Serviço de se "juntar" à rede (*joining*) ■ Segurança: integridade e cifragem dos dados *hop-by-hop*
Nível de rede		■ Roteamento por grafo e pela origem ■ Serviço de adesão à rede (*joining*) ■ Segurança: integridade e cifragem dos dados *end-to-end*	■ Protocolo IETF IPv6 no *backbone* ■ Protocolo 6LoWPAN na sub-rede
Nível de transporte		■ Serviço de transporte sem conexão ■ Autoconfiguração ■ Confirmação dos dados por mecanismo de ACK	■ Serviço de transporte sem conexão UDP ■ Segurança: cifragem fim-a-fim e integridade dos dados
Nível de aplicação		■ Protocolo herdado HART 7	■ Sem especificação de aplicações de controle ■ Sistema de gerência da WPAN

tacamos as áreas de monitoração de segurança em prédios, a supervisão de máquinas, o controle de demanda de energia elétrica e água, etc. (LOW, 2013).

Já em aplicações de automação e controle em ambientes industriais (que, em geral, são hostis e agressivos), as exigências em relação à propagação, à interferência e ao ruído de uma IWSN são muito severas. Além disso, a rede deve ter alto desempenho, baixa latência, boa escalabilidade e resiliência. Fatores como disponibilidade e segurança também são críticos. Dois padrões internacionais de redes de automação e controle industrial atendem essas exigências: o WHART (*WirelessHART*) e o ISA100.11a (*International Society for Automation*) publicado como *Wireless Systems for Industrial Automation: Process Control and Related Applications*. São exemplos de aplicação para essas redes uma linha de produção industrial, uma planta de uma indústria petrolífera ou química, o controle de um processo industrial crítico; os padrões indicados são o WHART ou o ISA 100.11a (WANG, 2011).

Os padrões WHART e ISA100.11a, mesmo que tenham objetivos de aplicação idênticos e algumas semelhanças, apresentam muitas diferenças (que são resumidas na Tabela 5.4). Ambos os padrões preconizam para os níveis PHY e MAC o padrão IEEE 802.15.4 e utilizam a faixa de frequência ISM de 2,4 GHz, além de espalhamento espectral DSSS e modulação tipo O-QPSK. As diferenças são observadas principalmente em relação à arquitetura dos protocolos de nível superior, como no nível de rede, transporte e aplicação (NIXON, 2012).

A Tabela 5.4 apresenta um comparativo entre o WHART e o ISA 100.11a em relação a algumas características importantes desses dois padrões.

5.7 exercícios

exercício 5.1 Comente o que torna as redes sem fio para automação e controle industrial tão diferentes em relação às WPANs de uso geral. Quais exigências essas redes devem atender para que possam suportar funções de controle e supervisão de processos na área industrial?

exercício 5.2 O modelo americano ISA-95 foi elaborado especificamente para a modelagem de redes de automação e controle industrial ou simplesmente IWSN. Aponte as principais diferenças funcionais entre o tradicional RM-OSI, desenvolvido para a modelagem da interação entre sistemas de dados heterogêneos (redes de dados) e os sistemas sem fio utilizados na interação entre equipamentos de automação e controle industrial.

exercício 5.3 No modelo de referência da plataforma ZigBee, o nível de aplicação está dividido em dois sub-níveis: o AF (*Application Framework*) e o APS (*APplication Sublayer*). O *Application Framework* utiliza uma estratégia para definir até 250 objetos distintos de aplicação específica. Comente essa estratégia e cite alguns objetos típicos oferecidos pelo ZigBee.

Capítulo 5 ⋯→ Redes Sem Fio em Automação e Controle Industrial   **245**

exercício 5.4 A banda de 2,4 GHz, que se estende de 2,4 a 2,48 GHz, é utilizada pelo ZigBee segundo uma canalização definida pelo padrão IEEE 802.15.4 e mostrada na Figura 5.9. Lembre-se de que o Bluetooth utiliza a mesma faixa de frequência segundo uma canalização definida pelo padrão IEEE 802.15.1 e mostrada na Figura 3.18. A partir disso, responda: Quais são as medidas utilizadas pelo ZigBee para assegurar a convivência harmoniosa dessas três tecnologias (Bluetooth, Wi-Fi e ZigBee) na mesma banda?

exercício 5.5 O Bluetooth e o ZigBee caracterizam duas tecnologias de WPAN. Cite e comente o que justifica o uso de uma ou outra tecnologia.

exercício 5.6 Quais são as exigências mais importantes em relação a uma rede de controle e supervisão de um edifício inteligente, segundo o conceito de WBA (*Wireless Building Automation*)?

exercício 5.7 Quais são as exigências mais importantes em relação a uma rede de supervisão e controle para ser utilizada em uma planta de fracionamento de petróleo (*Pipeline*)? Justifique e comente as suas respostas.

exercício 5.8 Explique em poucas palavras o que vem a ser o mecanismo de CCA (*Clear Channel Access*) que pode ser utilizado pelo ZigBee. Por que a exigência de método de acesso tipo CSMA ou ALOHA para que possa ser utilizado o CCA no ZigBee?

exercício 5.9 O WHART define uma IWSN que se apoia fortemente no HART. Comente as principais características do modelo de referência de protocolos do WHART da Figura 5.14. Como podemos migrar de uma rede IWSN do tipo HART para uma rede WHART? Quais são as principais alterações que devem ser feitas? Essa migração pode ser realizada por segmentos (*clusters* de sensores) de rede? Justifique as suas respostas.

exercício 5.10 Os padrões internacionais atuais de sistemas IWSN para automação industrial estão centrados no padrão ISA100.11a (IEC 62734) e no padrão europeu WHART (IEC 62591). Cite algumas semelhanças marcantes entre esses dois padrões.

exercício 5.11 O padrão WHART e ISA100.11a possuem diferenças importantes em relação ao nível de rede. Que critérios devem ser utilizados para a escolha de um ou outro padrão em relação às estratégias de roteamento de cada padrão?

exercício 5.12 Em relação à IWSN mais adequada, indique qual dos três padrões (ZigBee, WHART e ISA100.11) seria o mais indicado para os seguintes ambientes e objetivos:

- [a] Sistema de controle e supervisão de uma casa inteligente
- [b] Um sistema de supervisão de um veículo
- [c] Uma planta de fracionamento de petróleo
- [d] Uma fábrica que pretende passar de um sistema de supervisão e controle cabeado, tipo HART, para um sistema IWSN.

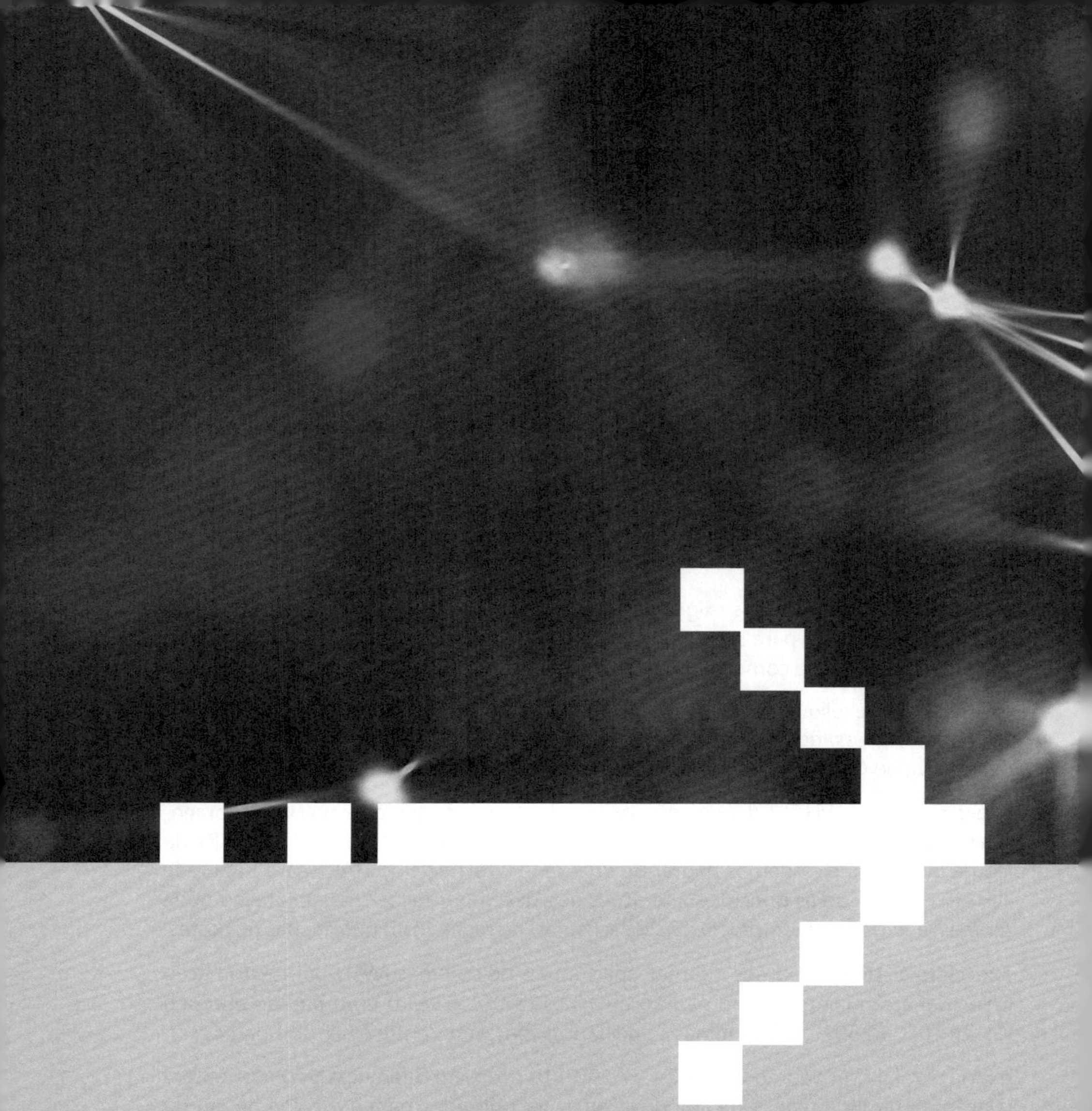

capítulo 6

a tecnologia UWB em WPANs

■ ■ A tecnologia de rádio UWB permanece inovadora, ainda que suas propriedades físicas sejam conhecidas há muitos anos. Garante a transmissão de dados sem fio com pulsos de baixa energia e muito estreitos. Ganhou enorme interesse comercial nos anos 2000. Neste capítulo vamos estudar sua aplicação em WPANs na interligação de dispositivos, em rede sem fio de sensores e rede de sensores para automação industrial.

6.1 introdução

A tecnologia de rádio UWB permanece inovadora, mesmo que suas propriedades físicas já sejam conhecidas há muitos anos. Em 1901, Guglielmo Marconi transmitiu pela primeira vez através do Atlântico para a América utilizando um rádio do tipo *"spark gap"*, isto é, um transmissor baseado em faíscas produzidas pela descarga entre dois eletrodos a uma taxa da ordem de aproximadamente 5 a 10 milhões de faíscas por segundo. Cada faísca correspondia a um impulso eletromagnético de curta duração que se propagava pelo espaço. O fluxo de faíscas era codificado segundo os símbolos do alfabeto Morse, utilizando elementos binários do tipo traço (longa duração) e ponto (curta duração). O rádio de Marconi, portanto, não utilizava uma portadora modulada, sendo baseado em um fluxo contínuo de impulsos ao qual era aplicado um código banda base do tipo OOK (*On-Off Keying*). Em resumo, era essencialmente um rádio baseado em impulsos (faíscas) de curta duração, isto é, um sistema UWB.

O UWB é uma tecnologia de transmissão de dados sem fio em que são utilizados pulsos de baixa energia muito estreitos, da ordem de um nanossegundo ou menos, em distâncias curtas, não maiores que alguns metros. A técnica UWB, por utilizar pulsos muito estreitos (domínio tempo), ocupa largas porções do espectro de radiofrequência (domínio frequência), o que justifica o nome UWB. De acordo com o IEEE, um sinal pode ser considerado UWB quando ocupa uma banda maior que 500 MHz, ou quando essa banda for, no mínimo, 20% maior que a frequência da portadora (SIVIAK; MCKEOWAN, 2004).

Em 1942, 40 anos depois da demonstração de Marconi, durante a Segunda Guerra Mundial, a transmissão baseada em pulsos ganhou importância em aplicações militares, principalmente em radares impulsivos utilizados pelos ingleses para distinguir durante a noite aviões amigos dos aviões inimigos, por meio de uma técnica de transponder.

Até a década de 1990, a tecnologia UWB esteve restrita a aplicações militares do Departamento de Defesa dos Estados Unidos, no âmbito de comunicações classificadas

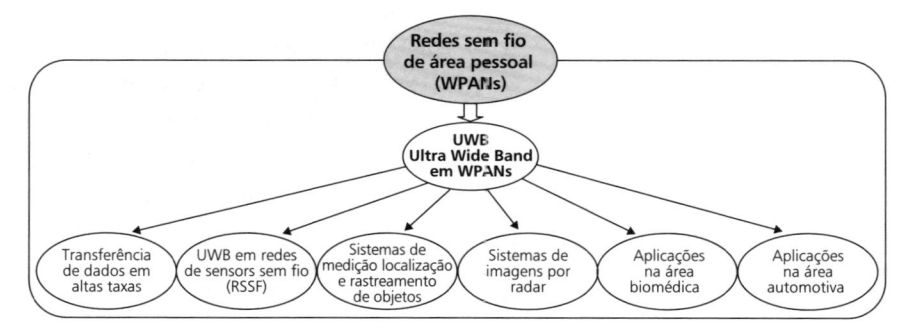

figura 6.1 A tecnologia UWB e sua aplicação em WPANs.

como seguras. A tecnologia, conhecida nessa época como rádio de impulso, era aplicada principalmente em radares de penetração material (IDSI, 2009).

Ocorreram dois fatos marcantes para a retomada de interesse pela tecnologia, tanto pelos pesquisadores quanto pelos fabricantes de equipamentos de rádio:

1. Em 1993, Robert Scholz, da Universidade do Sul da Califórnia, publicou um trabalho que apresentava uma técnica de acesso de múltiplos usuários para sistemas de comunicação UWB, abrindo caminho para a aplicação da tecnologia UWB em redes sem fio.
2. Em fevereiro de 2002, a FCC (*Federal Communication Commission*) publicou uma regulamentação sobre a tecnologia UWB que provocou um enorme interesse pela tecnologia UWB, tanto pela academia quanto pelos fabricantes de equipamentos de telecomunicações. A regulamentação da FCC foi um marco para o início da aplicação comercial da tecnologia UWB nos Estados Unidos.

A tecnologia UWB é considerada uma técnica de espalhamento espectral e, nesse caso, podemos falar de duas abordagens: rádio de impulso (IR-UWB) e rádio MB-O-FDM (*Multiband* OFDM). No primeiro caso, IR-UWB, o espalhamento espectral pode ser de duas maneiras: tipo DS-UWB (*Direct Sequence UWB*) e TH-UWB (*Time Hopping UWB*). Revise a fundamentação teórica básica do espalhamento espectral DSSS e THSS na Seção 2.6.2. Já os rádios MB-OFDM utilizam espalhamento espectral em múltiplas bandas por meio da técnica OFDM (revise a base teórica na Seção 2.7). Veja na Figura 6.7 as diferentes técnicas de espalhamento espectral utilizadas em sistemas UWB (ULTRA-WIDEBAND, 2016).

Como exemplo, vamos examinar o funcionamento de um rádio de impulso do tipo TH-UWB. Neste caso, cada usuário transmite uma rajada de dados durante uma fatia de tempo, que é definida de forma aleatória dentro de um quadro, que se repete ciclicamente, conforme a Figura 6.2. A cada usuário é associada uma sequência pseudoa-

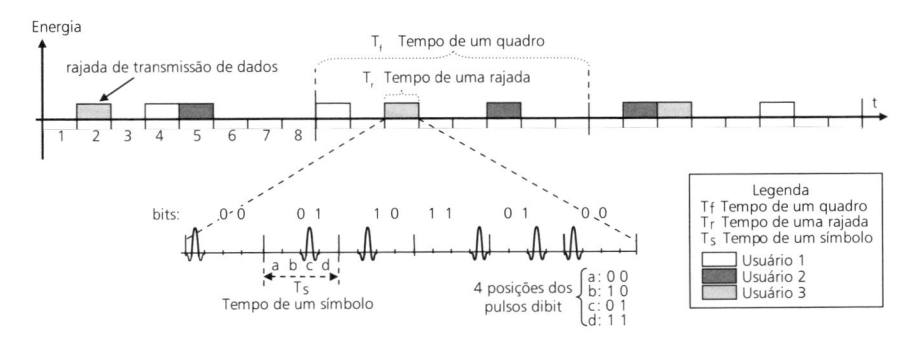

figura 6.2 Técnica de acesso e transmissão de múltiplos usuários em um nível PHY UWB usando a técnica TH-UWB.

leatória, que define a fatia de tempo a ser ocupada dentro de um ciclo. As sequências aleatórias (PN) dos usuários são estabelecidas de tal forma que não haja saltos simultâneos (colisão) de dois usuários para dentro de uma mesma fatia de tempo durante um quadro de transmissão. Os dados de usuário a serem transmitidos em uma rajada de transmissão são codificados segundo uma técnica PCM (*Pulse Code Modulation*), que pode ser do tipo PPM (*Pulse Position Modulation*), PAM (*Pulse Amplitude Modulation*) ou OOK (*On-Off Keying*), como mostrado na Figura 6.5. No exemplo da Figura 6.2, é utilizada uma sinalização PPM. O intervalo de rajada (T_r), conforme apresentado, está dividido em seis intervalos de símbolos (T_s) e, em cada intervalo, é transmitido um pulso, que pode ocupar uma de quatro posições dentro do intervalo de símbolo. Desta forma, a cada símbolo (pulso) estão associados dois bits (dibits) e, portanto, em um intervalo de rajada são transmitidos, ao todo, 12 bits de usuário.

Neste capítulo, você vai estudar a técnica UWB como uma opção no nível PHY de WPANs. A tecnologia UWB pode ser aplicada, em princípio, em qualquer tipo de WPAN, seja ela para interligação de dispositivos (WDI), uma rede sem fio de sensores (RSSF), ou uma rede de sensores para automação industrial (IWSN). Você vai ver a seguir a técnica de transmissão UWB em WPANs, sem enfocar algum padrão de rede específico.

6.1.1 fundamentação teórica da transmissão UWB

Pela integral de Fourier sabemos que: quanto mais estreito for um pulso de tensão no domínio tempo, maior será o espectro ocupado por este pulso no domínio frequência, como observamos na Figura 6.3. Este fenômeno físico é o princípio básico da transmissão UWB.

Os sistemas de transmissão que utilizam pulsos de baixa energia, muito estreitos, menores que um nanossegundo ($<10^{-9}$s) e ocupando uma banda muito larga (em geral maior que 500 MHz) são considerados sistemas UWB. O espectro gerado por esses sistemas possui uma baixa densidade de potência espectral, a tal ponto que se confunde com a densidade espectral do ruído na banda.

Supondo que o pulso na Figura 6.3 tenha uma largura de T = 1 ns, o espectro de frequência correspondente a esse pulso será dado por $B_{UWB} = 1/T = 1/10^{-9}$ Hz, ou seja, $B_{UWB} = 1$ GHz.

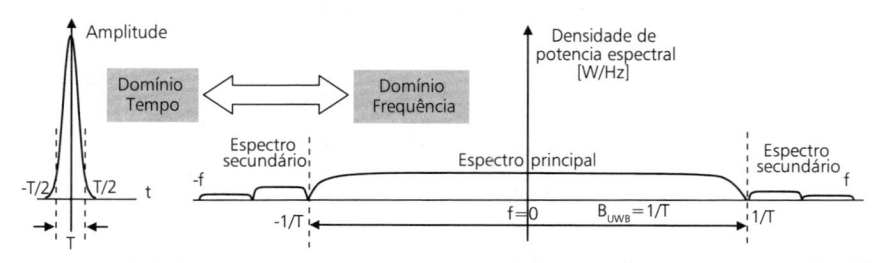

figura 6.3 Espectro de frequência associado a um pulso de tensão muito estreito.

O espectro ocupado por um pulso depende muito do formato desse pulso e, principalmente, da sua largura. Veja na Figura 6.4(a) os principais blocos funcionais de um circuito para a obtenção de pulsos para UWB. Os pulsos podem ser obtidos, por exemplo, a partir de um circuito diferenciador, que gera um pulso para cada transição ascendente ou descendente do sinal de informação. O pulso assim obtido é conformado quanto ao seu espectro por meio de um filtro passa-banda com um determinado fator de *roll-off*[1]. Desta maneira, conseguimos manter o espectro do pulso dentro dos limites de uma determinada banda UWB. Quanto maior for o fator de *roll-off* do filtro, menor será o espalhamento espectral secundário, porém, maior será a banda passante ocupada. Em geral, quanto maior for a banda UWB, menor serão as oscilações secundárias do sinal na saída do filtro passa-banda.

Veja na Figura 6.4(b) alguns formatos de pulsos muito utilizados em transmissão UWB: o pulso cosseno levantado e o pulso gaussiano, ambos polares e que apresentam uma componente de DC no seu espectro. Também são muito utilizados a primeira e segunda derivada do pulso gaussiano, também designados como pulso monociclo e pulso de Scholtz, respectivamente, que têm como vantagem o fato de serem bipolares e não

(a) **Processo de geração e conformação de pulsos em UWB**

(b) **Alguns tipos de pulsos utilizados em transmissão UWB**

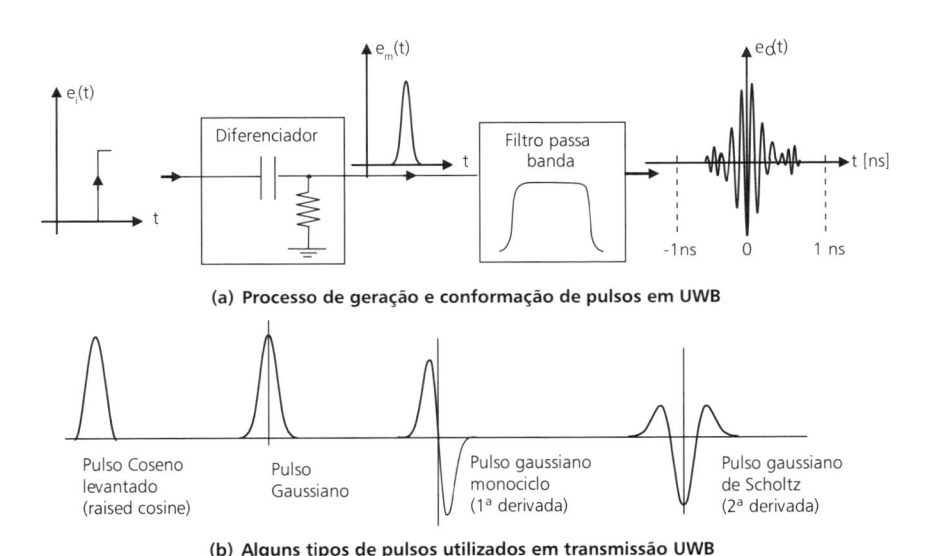

figura 6.4 Pulsos em UWB: (a) processo de geração e conformação de pulsos em UWB e (b) alguns pulsos utilizados em transmissão UWB.

---

[1] O fator de *roll-off* ou de suavização das bordas de um filtro passa-banda é definido como: $r = (2B_p/f_s) - 1$, onde B_p é a banda passante e f_s é a frequência de sinalização ou frequência de Nyquist (ROCHOL, 2012, p. 170).

possuírem DC associado no espectro em $f=0$. Todos esses pulsos apresentam um baixo espalhamento espectral secundário e, desta forma, minimizam a interferência entre pulsos adjacentes. Para mais detalhes sobre os espectros de pulsos, confira a Seção 5.5.2 (ROCHOL, 2012).

■ exemplo de aplicação

Supondo um canal UWB com $B_{UWB} = 500$ MHz, dimensione a largura mínima do pulso (T) a ser utilizado para ocupar essa banda. Qual é o comprimento de onda λ associado a esse pulso?

■ resolução

A velocidade de propagação do pulso em cm/s será dada por $v = 300\,000$ km/s = 3.10^{10} cm/s. Lembrando que a largura de banda B_{UWB} está relacionada com $B_{UWB} = \frac{1}{T}$, obtemos então que

$$T = \frac{1}{B_{UWB}} = \frac{1}{500.10^9} = 2.10^{-9} = 2ns$$

Da mesma forma, $T = \frac{\lambda}{v} \therefore \lambda = T.v = 2.10^{-9}.30.10^9 = 60cm$

Para que os pulsos UWB transportem informação binária (bits), é preciso que os pulsos sejam codificados em relação a um ou mais parâmetros desses pulsos. Essa técnica de codificação é chamada codificação banda base, ou seja, não há necessidade de modulação de uma portadora o que torna o processo de codificação e decodificação de informação associada aos pulsos muito mais simples e econômico.

Veja na Figura 6.5 algumas técnicas simples de PCM (*Pulse Code Modulation*). Apesar do *modulation* no nome, são técnicas de codificação banda base e não de um processo de modulação de uma portadora (ROCHOL, 2012, p. 148).

Entre os códigos PCM mais utilizados para a transmissão de informação binária em UWB destacamos: PPM (*Pulse Position Modulation*), OOK (*On-Off Keying*) e PAM (*Pulse Amplitude Modulation*). As regras de formação desses códigos são facilmente deduzidas a partir da Figura 6.5. Foi observado que os processos, tanto o de geração de pulsos quanto o de codificação da informação binária a ser transportada por esses pulsos, são muito simples e fáceis de serem realizados.

6.2 ⋯→ o espectro UWB segundo o FCC

Em fevereiro de 2002, a FCC (*Federal Communication Commission*) dos Estados Unidos publicou um documento, *First Report and Order* (FCC, 2002) que visa a regulamentar a banda a ser utilizada pela tecnologia UWB integrada em dispositivos eletrônicos.

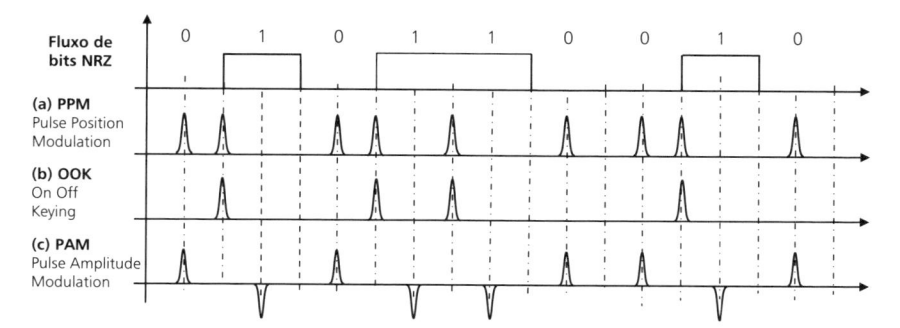

figura 6.5 Alguns códigos banda base do tipo PCM utilizados em UWB: (a) PPM (*Pulse Position Modulation*[1]), (b) OOK (*On-Off Keying*) e (c) PAM (*Pulse Amplitude Modulation*).

O documento, entre outras coisas, define critérios para dizer se uma transmissão é UWB e estabelece bandas de frequências específicas para UWB, além de fixar limites de potência para a emissão de sinais nessas bandas.

A FCC americana estabeleceu nesse documento dois critérios independentes para caracterizar se um sistema sem fio é do tipo UWB. Um sistema é considerado UWB quando:

1. utiliza uma banda B > 500 MHz
2. possui uma largura de banda fracional, FBW > 0,2.

A banda fracional FBW de um sistema é definida como

$$FBW = \frac{B}{f_c} \qquad (6.1)$$

Nessa expressão, B é a largura de banda do canal e f_c é a frequência central desse canal. A partir dessa definição, os sistemas sem fio são classificados como:

Sistemas de banda estreita: FBW < 0,01
Sistemas de banda larga: 0,01 < FBW < 0,2
Sistemas de banda ultralarga (UWB)   FBW > 0,2

O documento da FCC (FCC, 2002) definiu também a porção do espectro de RF reservada para a transmissão em UWB. A banda se estende de 3,1 a 10,6 GHz, com uma largura de banda total B_{UWB} = 7,5 GHz. Note, no entanto, que a região de 4,9 a 5,825

---

[1] Alguns autores, em vez de *modulation*, utilizam a palavra *coding* e, portanto, PPC, PAC. Preferimos utilizar a palavra *modulation* em vez de *coding*, pois é historicamente mais utilizada, apesar de se tratar realmente de um processo de codificação banda base e não de um processo de modulação de uma portadora.

254 ⋯→ Redes de comunicação sem fio

GHz define uma zona de frequência não licenciada (ISM e U-NII[3]), com uma largura de banda total de 925 MHz. Essa banda é utlizada principalmente por WLANs do tipo IEEE 802.11 e, por isso, deve ser evitada em transmissões UWB, pois pode causar interferência.

Devido a essa restrição, o ECMA[4] (ETSI) segmentou a banda B_{UWB} em uma banda UWB inferior que vai de 3,1 a 4,9 GHz (B=1,867 GHz) e uma banda UWB superior que vai de 5,825 a 10,6 GHz (B=4,775 GHz), como mostrado na Figura 6.6. A utilização dessas bandas se dá principalmente por sistemas UWB baseados em IR (*Impulse Radio* - Rádio de Impulso), ou seja, a técnica de transmissão UWB original.

A FCC definiu também nesse documento os limites de EIRP (*Equivalent Isotropically Radiated Power*) que devem ser respeitados nesta faixa, e que não devem ultrapassar um valor limite de -41,3 dBm/MHz em toda a faixa UWB de 7,5 GHz. Esse limite de EIRP impõe severos limites à potência total do sinal UWB transmitido. Assim, por exemplo, calculamos a potência máxima P_{tot} de um sinal UWB que é transmitido uniformemente sobre uma banda $B_{UWB}=7,5\ GHz$ da seguinte maneira:

$$EIRP_{dBm/MHz} = -41,3\ dBm/MHz \Rightarrow PSD_{mW/MHz} = \log_{10}^{-1}\left(\frac{-41,3}{10}\right) = 7,413.10^{-5}\ mW/MHz$$

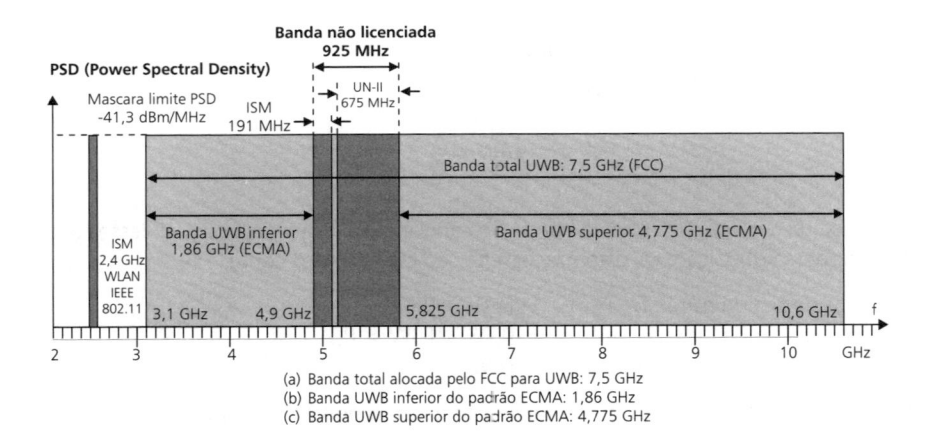

figura 6.6 Alocação de espectro de RF para aplicações UWB segundo a FCC no *First Report and Order*, de fevereiro de 2002, e o padrão europeu ECMA (*European Computer Manufacturers Association*).

---

[3] U-NII: *Unlicensed National Information Infrastructure*, utilizada pelas WLANs IEEE 802.11a/h/j/n.
[4] ECMA: *European Computer Manufacturers Association*.

A potência total máxima P_{max} de um transmissor UWB, considerando a potência distribuída uniformemente em toda a banda UWB de 7,5 GHz, será então:

$$P_{max} = B_{UWB} \cdot P_{mW/MHz} = 7500 \; x \, 7,413 \, .10^{-5} = 55597,5.10^{-5} mW$$
$$P_{max} \approx 600 \, \mu W$$

Este valor, relativamente baixo, justifica o fato de que, em transmissão UWB, quanto mais banda estiver disponível, maior será a potência do sinal e melhor será a relação sinal-ruído.

Segundo a FCC, sistemas multiusuários que usam técnicas de espalhamento espectral também podem ser considerados sistemas UWB. Entre eles destacamos:

- DS-UWB (*Direct Sequence UWB*): sequência aleatória direta de pulsos de curtíssima duração codificados para cada bit de dados
- TH-UWB (*Time Hopping UWB*): transmissão de pulsos de curtíssima duração em instantes aleatórios no tempo dentro de um intervalo de bit de dados
- OFDM-UWB (*Orthogonal Frequency Division Multiplex UWB*): transmissão segundo um conjunto de múltiplas subportadoras ortogonais em uma banda de 528 MHz, moduladas em tempo e frequência

Para a FCC, essas técnicas de transmissão de espalhamento espectral são consideradas técnicas de transmissão UWB quando utilizam canais com largura de banda $B > 500$ MHz ou quando $FBW > 0,2$. Para sistemas, segundo essa abordagem, a FCC dividiu a banda total B_{UWB} em 14 canais, cada um com uma largura $B = 528$ MHz. Além disso, esses 14 canais foram separados em cinco grupos, cada um formado por três canais e numerados conforme mostrado na Figura 6.13.

6.3 ⋯→ propriedades marcantes da transmissão UWB

Os sistemas UWB possuem algumas propriedades únicas, principalmente devido ao uso de pulsos muito estreitos, da ordem de nanossegundos, e mesmas frações de nanossegundo, o que causa um alto espalhamento espectral dos sinais. Devido à ocupação de uma enorme largura de banda, essa tecnologia se torna muito atrativa em comunicação de dados sem fio em distâncias curtas e altas taxas. Você vai ver a seguir algumas características que tornam a tecnologia UWB cada vez mais atrativa para a comunicação em ambientes interiores, com altas taxas e curtas distâncias.

- **Facilidade para compartilhar o espectro de frequência com múltiplos usuários**
Devido à baixa duração dos pulsos UWB e à alta diversidade de frequência do UWB, múltiplos usuários podem utilizar simultaneamente o espectro por meio de técnicas de partilhamento como FH (*Frequency Hopping*) ou TH (*Time Hopping*).

- Alta capacidade de transferência de dados

Considerando a equação (2.66) da máxima capacidade de um canal de Hartley Shannon, temos que

$$C = B\log_2\left(1+\frac{S}{N}\right) \text{ [bit/s]} \qquad (6.2)$$

Observe que a capacidade máxima C cresce linearmente com a largura de banda B, o que assegura a sistemas UWB uma altíssima capacidade de transmissão máxima. Os sistemas UWB alcançam atualmente taxas da ordem de centenas de Mbit/s e deverão chegar em breve a taxas de Gbit/s. Das técnicas de transmissão sem fio, a técnica UWB é a que atinge as maiores taxas de transmissão.

- **Robustez em relação a ruído**
Apesar de terem uma relação sinal ruído menor que um (S/N<1), já que a potência do sinal está limitada a algumas centenas de microwatts e praticamente se confunde com o ruído, assim mesmo os sistemas UWB conseguem taxas de transferência surpreendentes. O comportamento assintótico da equação de Shannon – quando a banda B aumenta para valores cada vez maiores, enquanto a razão sinal ruído diminui para valores cada vez menores (S/N<1) – pode ser expresso por (6.3) (Rochol, 2012). Nestas condições, verificamos, de forma surpreendente, que ainda sobra uma boa capacidade de transmissão, que é independente da banda.

$$C_{B\to \text{valores grandes}} \cong 1{,}44\frac{S}{N_0} \text{ [bit/s]} \qquad (6.3)$$

Na expressão (6.3), N_o corresponde à densidade espectral do ruído, que se relaciona com a potência do ruído por meio de $N = BN_o$. A expressão (6.3), portanto, fornece a fundamentação teórica da técnica de espalhamento espectral, ou seja, a técnica permite transmitir informação usando sinais, que, na realidade, são muito mais fracos que o próprio ruído de fundo do canal. Em outras palavras, é possível negociar S/N por largura de banda B do canal. Quanto menor for a relação S/N, maior deverá ser a banda necessária, e vice-versa. O espalhamento espectral faz exatamente isso: utiliza uma banda bem maior para transmitir a informação e, assim, pode usar potências de sinais bem menores (KAMEN; HECK, 2006).

- **Alta imunidade à interceptação indevida do sinal**
Devido à baixa densidade espectral de potência do sinal de transmissão em UWB, praticamente se confundindo com a potência do ruído de fundo do canal, torna-se muito difícil a interceptação do sinal por usuários não autorizados.

A dificuldade de interceptação se torna maior ainda no caso de acesso de múltiplos usuários ao mesmo canal UWB utilizando espalhamento espectral segundo sequências pseudoaleatórias, sejam elas no domínio tempo ou frequência.

- **Robustez contra interferência de outros usuários**
Avaliamos esta robustez pelo ganho de processamento, também chamado grau de espalhamento do sistema, que, em UWB, é definido como

$$G_p = \frac{B_{UWB}}{R_b} \qquad (6.4)$$

Nesta razão, B_{UWB} é a banda ocupada pelo sistema UWB e R_b é a taxa de bits/s total do sistema. Quanto maior for o ganho de processamento G_p, maior será a imunidade às interferências de outros usuários que ocupam a mesma banda UWB.

- **Alta robustez contra desvanecimento devido a múltiplos percursos**

Na maioria dos casos, a duração dos pulsos utilizados em sistemas de transmissão UWB é da ordem de alguns décimos de nanossegundos e, por isso, o sinal dificilmente é refletido. A probabilidade de reflexões em ambientes como escritórios e casas é baixa, logo, é reduzido o risco de formação de múltiplos caminhos que possam causar somas destrutivas do sinal (desvanecimento) na entrada do receptor.

- **Capacidade de penetração em material sólido**

Diante do amplo espectro gerado pelos pulsos UWB, que vai desde algumas dezenas de MHz até GHz, os componentes de baixa frequência principalmente asseguram ao UWB uma eficiente capacidade de penetração em diversos tipos de materiais, incluindo solos e paredes. Essa propriedade é aproveitada em radares de penetração através de paredes e em equipamentos de imageamento médico de órgãos internos de organismos vivos.

- **Alta resolução no tempo**

Dada a enorme largura de banda do UWB, estes sistemas possuem uma alta resolução intrínseca de tempo, o que permite a sua aplicação em medidas de distância e até mesmo em localização 3D. Os sistemas de medida de distância UWB podem chegar a resoluções da ordem de centímetros. A obtenção de imagens de radar em sistemas veiculares, como em auxílio para estacionamento, é outra aplicação do UWB na área automotiva.

- **Economia e simplicidade de implementação**

Outra vantagem do UWB é a sua extrema simplicidade e flexibilidade, o que se traduz em um baixo custo de realização.

No entanto, há algumas dificuldades associadas à técnica UWB, como a baixíssima potência (-41,25 dBm) definida como limite pela FCC para os pulsos emitidos em UWB. Nestas condições, para conseguir um sincronismo confiável na recepção são necessários circuitos mais complexos. Pelo mesmo motivo, torna-se difícil a estimação do canal e a detecção do sinal, principalmente em ambientes multiusuários.

- **Exemplo de aplicação**

Considere uma situação em que a potência do ruído é o dobro da potência do sinal (S/N=0,5). Neste caso, qual é a eficiência espectral do sistema?

A partir da expressão de Shannon (6.2) temos que a eficiência espectral η será dada por

$$\eta = \frac{R}{B} = \log_2\left(1 + \frac{S}{N}\right)[bit/s/Hz] \therefore \frac{S}{N} = 2^\eta - 1 \qquad (6.5)$$

Nessa expressão, R é a taxa real em bit/s do sistema. Considerando $S/N = 0,5$, a eficiência espectral será $\eta = \log_2 1,5 = 0,58$ [bit/s/Hz], ou seja, o sistema UWB, mesmo com a potência do ruído sendo maior que a do sinal, ainda funciona com uma boa eficiência espectral, desde que a banda B seja suficientemente larga. Confira também a expressão (2.69) na Seção 2.5.2 e o exemplo prático apresentado ao final.

6.4 ...→ técnicas de transmissão UWB

As técnicas de transmissão UWB são divididas em duas grandes classes: os chamados rádios de impulso, ou impulsivos (IR) e os rádios baseados na tecnologia MB-OFDM (*Multiband OFDM*), conforme mostra a Figura 6.7. Ambas as classes possuem uma padronização específica do nível PHY. O IR-UWB é normalizado pela emenda IEEE 802.15.4a (2007) – *WPAN Low Rate Alternative PHY*, enquanto o MB-OFDM tem uma proposta de normalização pela emenda IEEE 802.15.3a – *WPAN High Rate Alternative PHY* (2006) (IEEE 802.15.4, 2011; IEEE 802.15.3, 2003).

Além disso, cada classe possui inúmeras opções de implementação que permitem adaptar os sistemas a condições de operação específicas.

Em geral, os rádios de impulso são utilizados principalmente em equipamentos de imagens médicas e sistemas de proximidade e localização. Já os rádios MB-OFDM são encontrados em conexões sem fio de dispositivos em aplicações WPAN (SADOUGH, 2009). Você vai ver a seguir algumas características importantes de cada uma dessas classes.

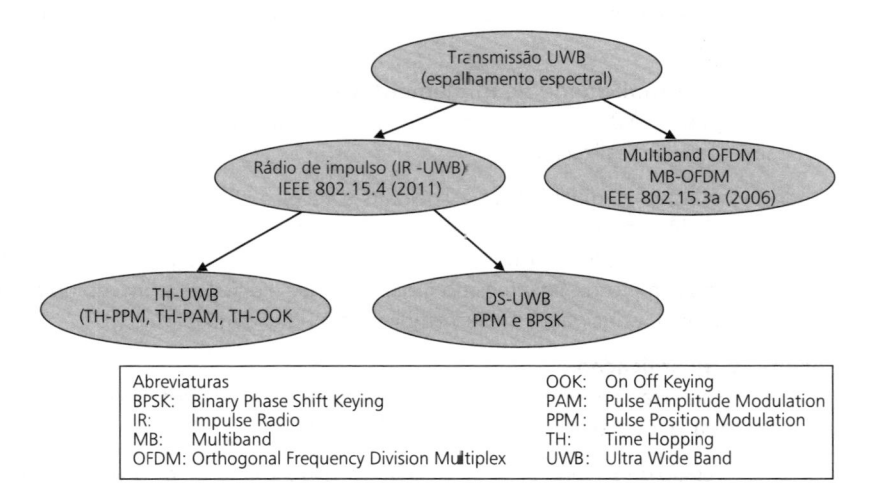

figura 6.7 Classificação das técnicas de transmissão UWB.

6.4.1 rádio de impulso

O rádio de impulso ou rádio impulsivo usa uma técnica de transmissão sem portadora, transmitindo pulsos muito estreitos, em geral da ordem de décimos de nanossegundos, que são codificados em banda base e transmitidos sobre uma banda muito larga, da ordem de alguns GHz. A técnica utiliza baixíssima potência, e sua implementação é simples e de baixo custo (KARAPISTOLI et al., 2010).

Os rádios de impulso são implementados segundo duas variantes: TH-UWB (*Time Hopping* UWB) e DS-UWB (*Direct Sequence* UWB). Ambas as tecnologias suportam múltiplos usuários e são parecidas com as técnicas de espalhamento espectral THSS e DSSS que são abordadas na Seção 2.6.2.

No entanto, existem diferenças marcantes entre os sistemas de espalhamento espectrais SS (*Spread Spectrum*) e os sistemas de espalhamento UWB. Ambos os sistemas tiram vantagem da expansão de banda, embora por métodos diferentes. No espalhamento DSSS e THSS convencional, os sinais utilizados são portadoras contínuas e moduladas, enquanto em DS-UWB e TH-UWB os sinais são pulsos banda base muito estreitos, que espalham o espectro associado diretamente sobre uma banda muito larga e única. As bandas UWB associadas a um rádio de impulso foram alocadas pelo IEEE em duas regiões: a banda UWB inferior com B=1,86 GHz, que vai de 3,1 a 4,9 GHz, e a banda UWB superior, que vai de 5,825 a 10,6 GHz, com uma banda B = 4,775 GHz, como mostrado na Figura 6.8 (GUIMARÃES; GOMES, 2012).

Atualmente, a maioria das aplicações que utilizam técnicas de transmissão UWB opera na banda UWB inferior, pois a implementação é mais simples. A banda UWB superior é reservada principalmente para futuras aplicações.

■ 6.4.1.1 A técnica DS-UWB em IR-UWB

A técnica de transmissão DS-UWB é baseada na utilização de uma sequência de chips pseudoaleatória PN (*Pseudo-Noise*), que apresenta um alto ganho de processamento (G_p) em relação à taxa de bit, em geral da ordem $G_p = R_{chip}/R_{bit} \geq 100$. A sequência PN é modulada digitalmente pelos dados NRZ, e a saída dessa modulação é codificada segundo uma das técnicas PCM sugeridas na Figura 6.5. Veja na Figura 6.9, de forma gráfica, essas etapas para um modulador DS-UWB com um ganho de processamento $G_p=10$ e codificação do tipo PAM ou uma modulação BPSK (SVENSSON, 2004).

Analiticamente, podemos representar o sinal DS-UWB com codificação PAM como

$$s(t) = \sum_{k=-\infty}^{\infty} \sum_{l=0}^{N} w(t - kT_S - lT_F)(c_p)_l d_k \qquad (6.6)$$

Nesta expressão, T_S e T_F são o tempo de um bit de dados e de um quadro de transmissão (*transmission slot*), respectivamente, w é o pulso utilizado, N é o número de pulsos

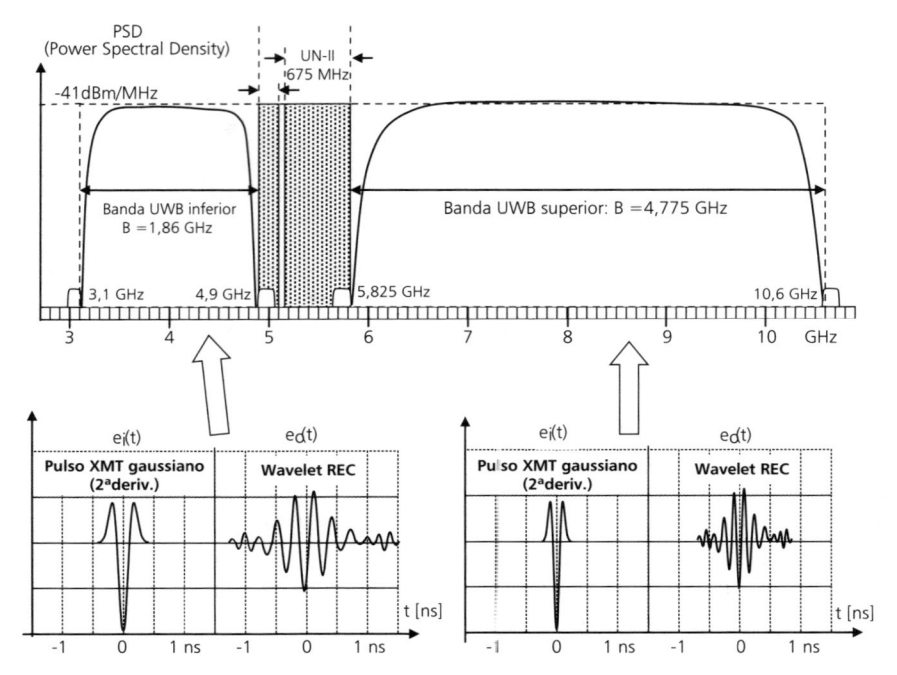

figura 6.8 Banda UWB inferior e superior e exemplo de pulso típico utilizado na transmissão (XMT) e formato do pulso recebido no receptor (REC).

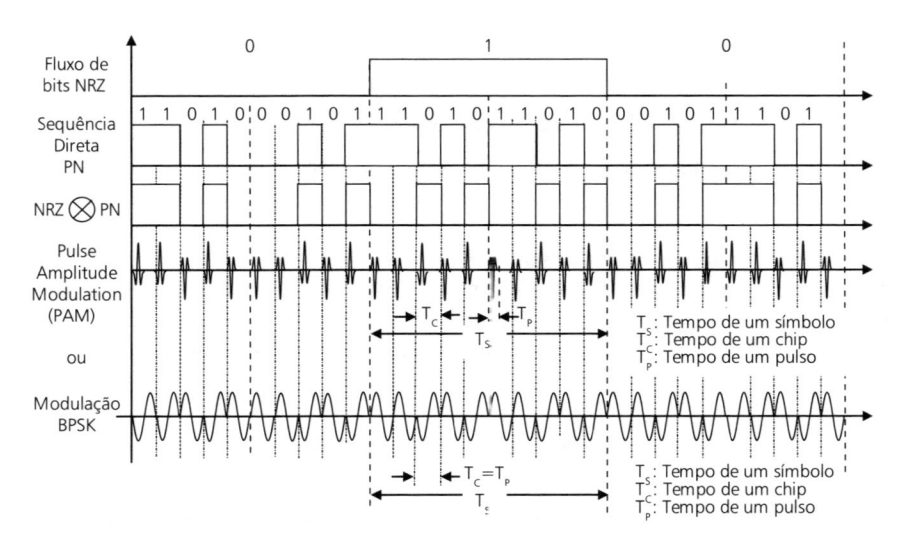

figura 6.9 Codificação DS-UWB com ganho de processamento $G=10$ e que utiliza PAM (*Pulse Amplitude Modulation*) ou uma modulação BPSK.

de um bit, d_k é o valor do k-ésimo bit de dados, c_p é uma das possíveis fases do pulso e l corresponde ao l-ésimo pulso de um bit (RADIO ELECTRONICS, 2013).

A técnica DS-UWB permite o partilhamento de múltiplos usuários na mesma banda, associando um código PN (*Pseudo-Noise*) distinto a cada usuário. Veja na Figura 6.10 os blocos funcionais do nível físico (PHY) de um sistema de comunicação de dados, constituído de dois blocos: o codificador de canal e o transmissor DS-UWB, que utiliza codificação PAM para a codificação dos dados em pulsos. O bloco *codificador de canal* é convencional e já foi objeto de estudo na Seção 2.8.

Em vez de codificação PAM, alguns sistemas DS-UWB utilizam modulação BPSK (*Binary Phase Shift Keying*).

Ao comparar a técnica DS-UWB com a técnica MB–UWB, concluímos que os dois sistemas têm um desempenho quase equivalente (VIITTALA; HÄMÄLÄINEN; LINATTI, 2008). No entanto, em termos de custo e complexidade, os sistemas DS-UWB apresentam certa vantagem em relação aos sistemas MB-UWB. Já em termos de escalabilidade da taxa de bits, os sistemas DS-UWB conseguem escalar mais facilmente para taxas que podem chegar a um Gbit/s, o que para um sistema MB-OFDM seria uma tarefa muito complexa e onerosa.

■ A técnica TH-UWB em IR-UWB

A técnica TH-UWB (*Time Hopping UWB*) divide o período T_s de um bit de dados em um determinado número N_F de intervalos de quadro, com uma duração T_F cada. Um intervalo de quadro T_F, por sua vez, é dividido em N_C fatias de tempo, ou tempo de chip T_C.

A transmissão de um símbolo ou bit corresponde à transmissão de N_F pulsos, um em cada quadro. O intervalo de chip do quadro onde será transmitido o pulso é determinado por uma sequência pseudoaleatória definida a partir do conjunto $\{N_C\}$ de chips por quadro. Finalmente, uma vez definido o intervalo de chip onde o pulso será transmitido com uma duração T_p, é estabelecida uma de duas posições dentro do intervalo de chip T_C: ou no início ou no final do intervalo de chip. A decisão dependerá da codificação binária a ser adotada em relação aos pulsos (que pode ser uma das técnicas tradicionais de codificação de pulsos, PPM ou PAM).

Analiticamente, formulamos a expressão do sinal transmitido por um sistema TH-UWB com PPM segundo (Sadough 2009) como:

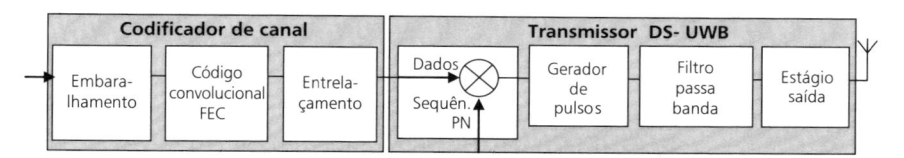

figura 6.10 Diagrama em blocos de um transmissor DS-UWB.

$$s(t) = \sum_{k=-\infty}^{\infty} \sum_{l=1}^{N} w\left(t - kT_S - lT_F - c_l T_C - d_k T_P\right) \qquad (6.7)$$

Nesta expressão, d_k representa o k-ésimo bit de dados de um usuário qualquer –ao qual está associada uma sequência PN (*Pseudo-Noise*) única c_l–, w representa o tipo de pulso utilizado e l corresponde ao l-ésimo pulso de um total de N que corresponde a um bit de dados.

Veja um exemplo na Figura 6.11 de um sistema TH-UWB com codificação PPM, em que o período de 1 bit, T_S, é composto de $N_F=4$ quadros, e cada quadro é formado por 4 tempos de chip (T_C) numerados de 1 a 4. Um usuário transmite na banda UWB realizando saltos segundo uma sequência PN que define a posição do chip onde o pulso deve ser transmitido em cada quadro.

No exemplo da Figura 6.11 há dois usuários transmitindo na mesma banda. O usuário 1 transmite segundo uma sequência PN definida por {1,3,2,3,1,3,2,3,...}, enquanto o usuário 2 transmite segundo uma sequência definida por {3,1,4,4,3,1,4,4,...}, sem que haja interferência entre eles.

Uma vez definido pela sequência PN o tempo de chip do quadro onde deverá ser transmitido o pulso, resta ainda definir uma de duas posições dentro do intervalo do chip onde o pulso será emitido. No exemplo da Figura 6.11 é utilizada uma codificação PPM binária, que define a posição no início do chip correspondendo à transmissão do bit 1, e no final do intervalo de chip correspondendo à transmissão de um bit 0.

Pela sequência PN, a técnica TH-UWB permite a utilização simultânea da banda UWB por vários usuários, desde que cada um utilize uma sequência de saltos PN que seja ortogonal em relação às demais sequências PN, evitando, dessa forma, interferências mútuas indesejadas. O TH-UWB possui um desempenho praticamente igual ao DS-UWB, e considerando aspectos como custo, simplicidade de implementação e consumo de energia, os dois sistemas se equivalem.

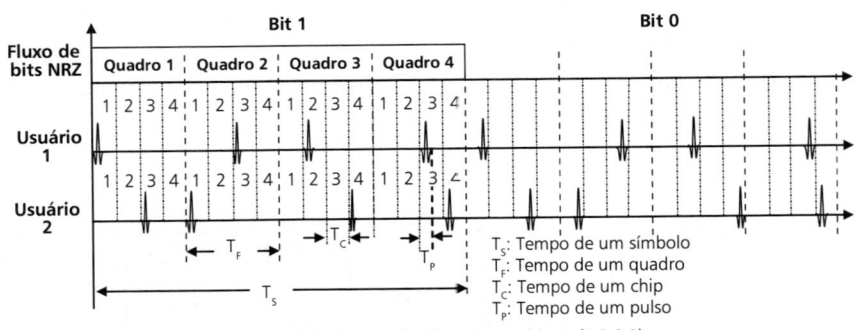

figura 6.11 Exemplo de uma codificação TH-UWB utilizando PPM.

6.4.2 a técnica *Multiband OFDM* (*MB-OFDM*)

O TG3 do IEEE - *High Rate WPAN* publicou em 2006 a emenda IEEE 802.15.3a – *PHY alternative, MB-OFDM UWB* (Confira a Tabela 3.2). Na realidade, essa técnica de transmissão UWB emprega duas técnicas de codificação, uma no domínio tempo e outra no domínio frequência, por isso ela também é chamada sistema de código TF (tempo/frequência). A codificação em frequência corresponde a uma modulação OFDM que se dá em um canal de 528 MHz (para mais detalhes sobre a modulação OFDM, confira a Seção 2.7). Veja na Figura 6.12 a composição de um símbolo OFDM conforme transmitido em uma banda de 528 MHz (CHINCHANIKAR; KAWITKAR, 2012).

Quanto ao tempo, esse é dividido em fatias e, em cada uma, o sistema transmite um símbolo OFDM em uma banda distinta de 528 MHz. A sequência de bandas ocupadas se repete ciclicamente no tempo, formando, assim, um código tempo/frequência (SNOW; LAMPE; SCHOBER, 2008).

Um sistema MB-OFDM UWB é considerado um caso particular de modulação OFDM, e suas principais características estão resumidas na Tabela 6.1. Em uma banda de 528 MHz, o sistema MB-OFDM define, ao todo, 128 frequências ortogonais. Dessas frequências, 122 são utilizadas como subportadoras ortogonais, sendo que 100 são utilizadas para a modulação de dados, 12 para pilotos e 10 são reservadas para uso futuro. Veja na Figura 6.12 a distribuição dos diversos tons na composição de um símbolo OFDM para ser transmitido em um canal genérico de 528 MHz de largura de banda.

tabela 6.1 Principais parâmetros de um sistema MB-OFDM (IEEE 802.15.3a)

Abr.	Parâmetro	Valor
B_t	Largura de banda total do canal	528 MHz
N_{SD}	Número de subportadoras de dados	100
N_{SP}	Número de subportadoras piloto	12
N_{SPN}	Número de subportadoras não usadas (reserva)	10
N_{SN}	Número de subportadoras nulas	6
N_{TSU}	Número total de subportadoras utilizadas	122 ns ($N_{SP}+N_{SPN}+N_{SN}$)
T_{FFT}	Período da IFFT (FFT)	242,42 ns
T_{CP}	Duração do prefixo cíclico	60,61 ns
T_G	Intervalo de guarda	9,47 ns
T_S	Duração de um símbolo OFDM	312,5 ns ($T_{FFT}+T_{CP}$)
R	Taxa de dados	53,3 55,8 106,7 110, 160, 200, 320, 400, 480 Mbit/s.

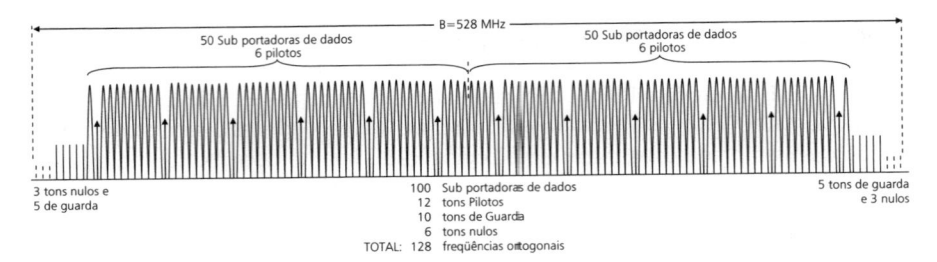

figura 6.12 Sistema MB-OFDM segundo a norma IEEE 802.15.3a que utiliza uma banda de 528 MHz.

O fluxo de bits na transmissão é dividido em dois conjuntos de bits, e cada conjunto é modulado em QPSK segundo duas constelações de quatro fases distintas, com dois bits associados a cada símbolo de fase.

Confira na Seção 2.6.1 as principais características da modulação QPSK. O prefixo cíclico de 60,61ns assegura ao símbolo OFDM uma boa proteção contra o desvanecimento (*fading*) provocado por caminhos múltiplos em distâncias não maiores que 10 m (KEYSIGHT, 2016).

Visando à operação harmoniosa do MB-OFDM, tanto a norma ECMA 386 quanto a norma IEEE 802.15.3a dividiram a banda total UWB – que se estende de 3,1 a 10,7 GHz e tem uma largura de banda total de 7,5 GHz (veja a Figura 6.6) – em 14 bandas (ou canais) de 528 MHz cada, formando cinco grupos, com três bandas por grupo, conforme mostrado na Figura 6.13 (SNOW; LAMPE; SCHOBER, 2008).

Pela norma IEEE 802.15.3a (2006), um sistema MB-OFDM deve utilizar, pelo menos, as 3 bandas inferiores do grupo 1, até um total de 6 bandas de 2 grupos diferentes. A permanência do sistema em cada banda corresponde à duração de uma fatia de tempo, que é de 312,5 ns, durante a qual é transmitido um símbolo OFDM. Um ciclo de 3

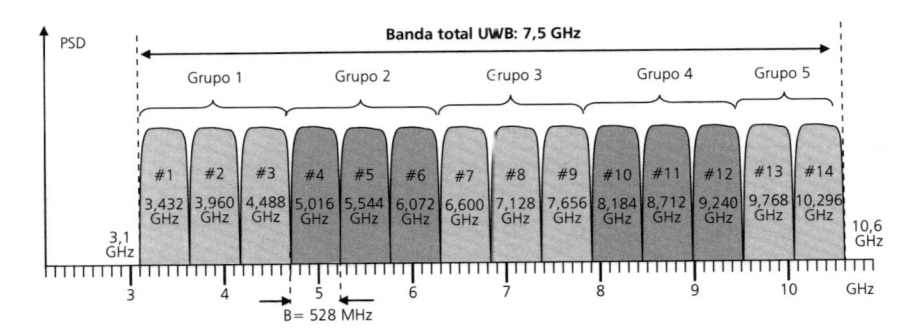

figura 6.13 Segmentação da banda UWB em 14 bandas ou canais de 528 MHz para acesso multiusuário em MB-OFDM.

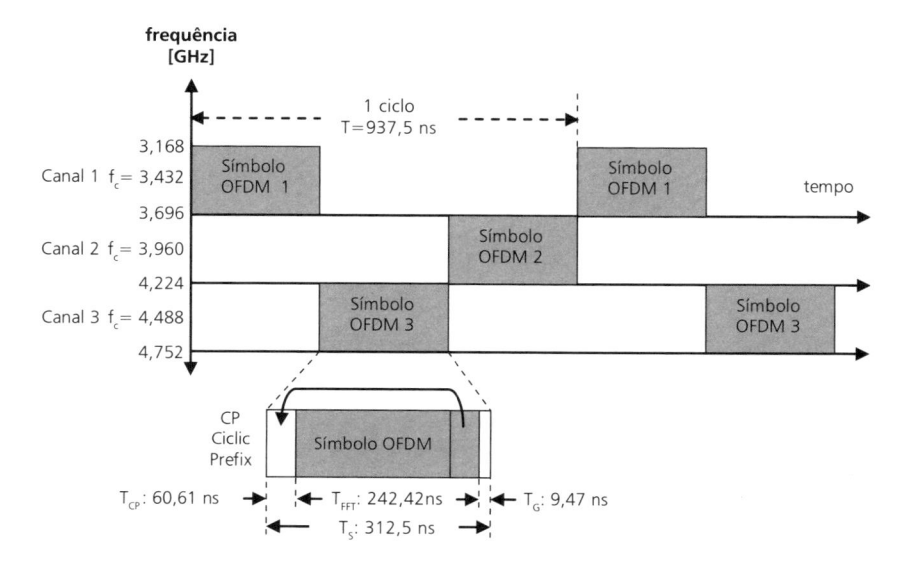

figura 6.14 Codificação tempo-frequência em um sistema MB-OFDM segundo o padrão básico do IEEE 802.15.3a.

bandas, por exemplo, corresponde a um período de T = 937,5 ns. Veja na Figura 6.14 um ciclo de um sistema MB-UWB formado pelas 3 bandas do grupo 1, que define um código TF (tempo/frequência) com um ciclo dado por {...1,3,2,1,3,2,1,3,2,..}.

A codificação no tempo de um sistema MB-OFDM é realizada pela comutação seguindo uma sequência predefinida entre, no mínimo, 3 canais de um determinado grupo. Essa codificação acrescenta ao sistema não somente uma maior diversidade de frequência, mas também uma maior diversidade de tempo. Em cada canal, o sistema transmite um símbolo OFDM com duração total de T_S = 312,5 ns, formado por 3 componentes: $T_S = T_{CP} + T_{FFT} + T_G$, como indicado na Figura 6.14.

Veja na Figura 6.15 um diagrama com os principais blocos que formam a estrutura de um transmissor MB-OFDM. O codificador de canal é convencional. Dependendo das condições do canal, a taxa efetiva de bits transmitidos pode variar de acordo com

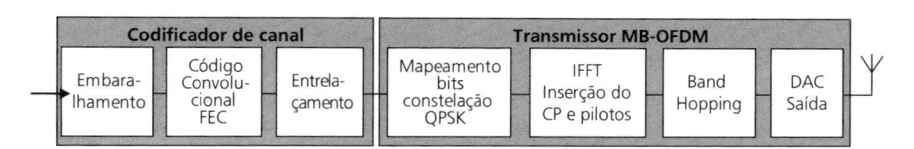

figura 6.15 Diagrama em blocos de um transmissor MB-OFDM.

tabela 6.2 Organismos de padronização e respectivos padrões de UWB para WPAN

Organização	Especificação	Observação
IEEE Institute of Electrical and Electronics Engineers	■ IEEE 802.15.3a (2006) *MAC & PHY Specification for High Rate WPAN* ■ IEEE 802.15.3c (2011) *Wireless standard in the 60 GHz band for data rates over 1 Gb/s*	Tecnologia DS-UWB e MB-OFDM Grupo IEEE 802.15.3a, se dissolveu em 2006
ECMA European Computer Manufacturers Association	■ ECMA-368 (2008) *High Rate Ultra Wideband PHY and MAC Standard* ■ ECMA-369 (2008) *MAC-PHY Interface for ECMA-368*	Tecnologia: MB-OFDM (Multiband OFDM)
ETSI European Telecommunication Standard Institute	■ ETSI TS 102-455 (ECMA-368/369, December 2005, modified) *High Rate Ultra Wideband PHY and MAC Standard*	Tecnologia: MB-OFDM (Multiband OFDM)
ISO/IEC International Standard Organization/ International Electrotechnical Commission	■ ISO/IEC 26907 (2007, update 2009) *High Rate Ultra Wideband PHY and MAC Standard* ■ ISO/IEC 26908 (2007, update 2009) *Information Technology- MAC-PHY Interface for ISO/IEC 26907*	Tecnologia: MB-OFDM (Multiband OFDM)

a razão de códigos e o fator de espalhamento temporal exigido pelo canal para uma determinada relação sinal-ruído.

A razão de código *r* do MB-OFDM pode assumir valores como $r = 1/2, 1/3, 11/32, 5/8, 3/4$, e o fator de espalhamento temporal, valores como 1 e 2, ao que corresponde uma variação da taxa de bits/s que vai desde 53,3 Mbit/s até um máximo de 480 Mbit/s (SADOUGH, 2009).

6.5 estágio atual da padronização UWB

Em 14 de fevereiro de 2002, a FCC (*Federal Communications Commission*) publicou o *FCC Report and Order* (FCC, 2002), autorizando a utilização, sem licença, da tecnologia UWB na faixa de frequência de 3,1 a 10,6 GHz. Essa data marcou o nascimento do UWB e de suas aplicações. No mesmo documento, a FCC generaliza o conceito de UWB ao considerar como técnicas de transmissão UWB as transmissões que utilizam técnicas de espalhamento espectral em canais com largura de banda $B > 500$ MHz ou quando a $FBW > 20\%$.

Diversos órgãos de padronização, como o IEEE americano e os europeus IEC, ECMA e ETSI, e mesmo a ISO, começaram a fomentar o desenvolvimento de padrões que assegurassem a compatibilidade entre os dispositivos UWB de diferentes fabricantes. Veja na Tabela 6.2 um resumo dos principais padrões e seus respectivos órgãos de desenvolvimento. Os detalhes técnicos desses padrões estão disponíveis em documentos na Internet.

O IEEE norte americano foi o primeiro a elaborar normas na área de *Wireless Personal Area Network* (WPAN) por meio do seu Grupo de trabalho IEEE 802.15, que montou um grupo-tarefa (*Task Group*) denominado IEEE 802.15.3, que tinha como objetivo estabelecer normas na área de WPANs de alta velocidade – *Wireless MAC (Medium Access Control) and PHY (Physical Layer) Specifications for High Rate Wireless Personal Area Networks (WPAN)*. Esse grupo-tarefa constituiu um subcomitê, que propôs um rascunho (*draft*), denominado IEEE 802.15.3a, como uma alternativa ao nível PHY de WPAN baseada na tecnologia UWB (IEEE 802.15.3, 2003). No entanto, devido a impasses que se arrastaram durante vários anos, esse grupo-tarefa foi dissolvido em 2006, sem chegar a uma conclusão definitiva sobre a adoção da tecnologia UWB em WPAN.

Na Europa foi elaborado um padrão pelo ECMA (*European Computer Manufacturer Association*), o *High Rate Ultra Wideband PHY and MAC Standard, ou* simplesmente ECMA-368 (*3rd edition, December 2008), que* foi chancelado também pelo ETSI, com pequenas modificações, dando origem ao TS 102-455 (ECMA-368/369, December 2005, *modified*). Em 2009, o padrão ECMA-368/369 foi adotado também pela ISO (*International Organization for Standardization*) e pelo IEC (*International Electrotechnical Commission*), dando origem aos padrões ISO/IEC 26907 e ISO/IEC 26908 - *Information technology - Telecommunications and Information exchange between systems - High-rate ultra-wideband PHY and MAC standard* (2007, *update* 2009).

Em 2002, um grupo de empresas fundou a WiMedia Alliance que buscava desenvolver, fomentar, referenciar e divulgar especificações técnicas para dar suporte à técnica de transmissão UWB tanto no nível físico PHY quanto no nível de acesso MAC. Essa aliança era uma associação de indústrias abertas, sem fins lucrativos, que buscava, em nível mundial, a adoção, regulamentação, padronização e interoperabilidade entre plataformas de tecnologia UWB. A plataforma UWB da WiMedia Alliance hoje é utilizada em dispositivos como o *Wireless* USB, o *Wireless FireWire* 1394, o Bluetooth, e muitos outros.

A tecnologia UWB da *WiMedia Alliance* também forneceu suporte para o primeiro padrão sem fio industrial, conhecido como *Ultra Wideband Common Radio Platform*. Esta plataforma incorpora, no nível de acesso MAC e no nível físico PHY, a tecnologia UWB baseada em MB-OFDM (*Multi band Orthogonal Frequency Division Multiplexing*).

A plataforma oferece uma solução de transferência de arquivos multimídia, com baixo consumo, em curtas distâncias e taxas de 480 Mbit/s ou superiores. A plataforma opera na faixa UWB de 3,1 a 10,6 GHz e está otimizada para ser utilizada em PCs, dispositivos eletrônicos de consumo, dispositivos móveis em geral e também no mercado automotivo.

Em março de 2009, a WiMedia Alliance negociou a transferência da propriedade intelectual da sua tecnologia UWB com o *Bluetooth Special Interest Group* (SIG), o *Wireless USB Promoter Group* e o *USB Implementers Forum*. Após a conclusão parcialmente exitosa dessa negociação (considerando que um grupo pequeno, porém significativo, não concordou com a transferência da propriedade intelectual da tecnologia UWB para o SIG Bluetooth), a WiMedia Alliance encerrou as suas atividades. Em outubro de 2009, no entanto, o *Bluetooth Special Interest Group* suspendeu o desenvolvimento da técnica UWB como uma das alternativas no nível PHY e MAC do Bluetooth V3.0 + HS.

As atividades de padronização do ETSI atualmente incluem as seguintes aplicações de UWB:

- Radares de sondagem de solo e paredes
- Comunicação em altas taxas e em curtas distâncias
- Radares para medidas de nível em tanques
- Sensores sem fio para proximidade, rastreamento, detecção de movimento, imagens de radar, medida de distâncias, detecção de forma
- Localização precisa em prédios
- Radares automotivos em curtas distâncias

6.6 aplicações atuais e futuras da tecnologia UWB

Embora os circuitos digitais integrados de alta escala e a tecnologia UWB de impulsos possuam uma história de desenvolvimento de algumas décadas, foi apenas nos últimos anos que elas ganharam um impulso impressionante, devido principalmente ao seu custo cada vez mais reduzido, permitindo prever aplicações em campos até então inimagináveis. De fato, conseguimos hoje utilizar rádios de impulso de baixo custo que oferecem elevadas taxas de transferência, em medidores de distâncias precisos, em sensores sem fio de proximidade, no monitoramento à distância e até em radares de alta resolução para aplicações civis.

A tecnologia UWB permite essas aplicações devido a suas propriedades únicas, como altíssimas taxas de transferência, alta imunidade à interferência, robustez a múltiplos caminhos, baixo consumo, alta capacidade de compartilhamento de espectro e baixíssimo custo.

As aplicações UWB são divididas em quatro grandes classes:

- Sistemas de comunicação de altas taxas
- Redes de sensores sem fio
- Localização e rastreamento de objetos
- Sistemas baseados em imagens de radar de curto alcance

O UWB, como vimos, está disponível em duas opções tecnológicas: IR-UWB e UWB-OFDM, consideradas tecnologias potenciais para redes sem fio de próxima geração. Uma ou outra opção tecnológica é mais adequada, dependendo unicamente das exigências da aplicação. Veja na Tabela 6.3 as classes de aplicação e a opção tecnológica UWB mais adequada para cada uma, bem como alguns exemplos de aplicação que caracterizam a classe, mas não a esgotam.

Você vai ver a seguir um pequeno estudo acerca da abrangência e do desempenho do UWB em cada uma das quatro classes.

Tabela 6.3 Classes de aplicação e opção tecnológica de UWB dominante em cada classe

Classe de aplicação	Opção tecnológica de UWB	Aplicações
Sistemas de comunicação de altas taxas	MB-OFDM	Redes de área pessoal e local Comunicações tipo LP-I/D (*Low Probability of Interception & Detection*) Interconexão de periféricos de computação Distribuição *indoor* de videoconferências e vídeos
Redes de sensores sem fio	IR-UWB e MB-OFDM	Redes de sensores sem fio HAN (*Home Area Network*) – automação de casas Automação de prédios (*Building Area Network*) WBAN (*Wireless Body Area Networks*) Redes de controle em automação industrial
Localização e rastreamento de objetos	IR-UWB	Identificação e caracterização de objetos Medidas precisas de distância (*ranging*) Localização de objetos em interiores em três dimensões Inventário de objetos em chão de fábrica Rastreamento de objetos em ambiente interior (crianças, animais, etc.)
Sistemas de imagens por radar	IR-UWB	Imagens de radar de penetração de paredes Indústria automotiva (anticolisão, assistente de estacionamento, etc.) Perímetros ou bolhas de segurança (vigilância de animais e crianças) Imagens de radar de penetração de solo Localização de canos de instalação elétrica ou hidráulica em paredes Sistemas de radar veiculares Sistemas de vigilância de proximidade e/ou movimento

6.6.1 UWB em sistemas de comunicação de altas taxas

Uma das principais aplicações de UWB deve ocorrer na comunicação em curtas distâncias entre dispositivos eletrônicos de consumo de massa, como computadores, câmeras digitais, reprodutores de áudio ou vídeo, *displays*, entre outros. Este tipo de comunicação tem como características as altas taxas, a grande disponibilidade e a alta confiabilidade.

A grande vantagem da transmissão UWB, além da simplicidade e do baixo custo, é o baixo consumo, o que assegura aos dispositivos portáteis uma maior vida útil das baterias. Futuramente cogita-se que a tecnologia substituirá a porta fiada USB (*Universal Serial Buss*) por uma porta universal sem fio de alta velocidade (WUSB) e assim oferecerá interconexão entre dispositivos genéricos. Tanto a FCC como a Europa, a Coreia e o Japão estão de acordo para liberar a banda inteira, ou em parte, que vai de 3100 a 10600 MHz para esta aplicação.

6.6.2 UWB em redes de sensores sem fio (RSSF)

Devido à robustez, ao baixo consumo e à pouca sensibilidade ao desvanecimento, a técnica de transmissão UWB é ideal para a comunicação entre sensores adjacentes em uma RSSF. Essas redes são aplicadas, por exemplo, em áreas de desastres naturais, em zonas de controle ambiental ou mesmo em áreas de conflitos.

Os nós dessas redes são inteligentes, simples e baratos, utilizam comunicação UWB e são lançados em grande número, de forma aleatória, em uma área predefinida. Além disso, os nós possuem capacidade de se auto-organizarem em uma rede do tipo *adhoc*. Uma vez formada a rede, cada nó tem como objetivo coletar informação em sua vizinhança próxima e, em seguida, repassá-la de nó para nó, segundo um algoritmo de roteamento, até chegar a um nó central de controle da rede. Em geral o nó central também é um *gateway* de acesso à Internet e, assim, permite o acesso a um centro de supervisão e controle (confira uma topologia típica de uma RSSF na Figura 4.2).

6.6.3 IR-UWB em sistemas de medição, localização e rastreamento de objetos

Os rádios de impulso são utilizados também em sistemas de medida de distância e localização. Esses sistemas utilizam como base a medida precisa de tempos de emissão, propagação e reflexão dos sinais. Ao contrário dos sistemas de banda estreita, os sinais de sistemas de rádio de impulso possuem propriedades que permitem medidas muito precisas com alta resolução de tempo. Além disso, os IR-UWB, devido ao espalhamento do sinal em amplas porções do espectro, possuem propriedades únicas de propagação através de tecidos biológicos, paredes e penetração no solo. A partir disso, podemos definir sistemas de medição tendo como base a avaliação precisa dos tempos de emissão, propagação, reflexão e recepção dos pulsos, por exemplo, em radares de curto alcance, bem como sistemas de localização de canos de água, vigas de ferro, fiação elétrica ou outros objetos localizados em interiores de paredes na indústria de manutenção e de construção.

6.6.4 IR-UWB em sistemas de imagens por radar de curta distância

A tecnologia de rádio de impulso também está presente na geração de imagens de penetração em ou através de paredes e em radares de curtas distâncias de penetração de solo, como os SRR (*Short-Range Radars*), que utilizam como base as imagens geradas por um GPR (*Ground Penetrating Radar*) – para a localização de objetos enterrados ou soterrados em desastres naturais, como terremotos e inundações. Esses dispositivos em geral operam na faixa abaixo de 960 MHz, ou na banda de frequência que se estende de 3,1 a 10,6 GHz (confira a Figura 6.6) (TELECOM ABC, 2005).

O IR-UWB também é a base para a obtenção de imagens do interior de organismos humanos ou animais na área biomédica. Nesse caso, os pulsos dessas imagens são enviados do interior dos organismos vivos para um receptor externo.

Da mesma forma, na área automotiva, vamos encontrar um novo e importante campo de aplicação para os IR-UWB, por exemplo, em sistemas de estacionamento automático, sistemas anticolisão e muitos outros. Você vai ver a seguir as aplicações de IR-UWB nas áreas biomédica e automotiva, dada a sua crescente importância na qualidade de vida das pessoas.

6.7 a tecnologia UWB na área biomédica

A tecnologia UWB terá um impacto significativo no futuro muito próximo na área biomédica devido às aplicações proporcionadas por suas propriedades excepcionais como: as altas taxas, o sensoriamento sem fio, a localização, as medições de distâncias precisas, o rastreamento e as imagens de radar com capacidade de penetração em tecido vivo (CHEN et al., 2010).

A tecnologia UWB se faz cada vez mais presente não somente no simples monitoramento de parâmetros vitais em pacientes, mas também nas imagens de radar ultraprecisas de órgãos e articulações internas, obtidas graças à capacidade de penetração do sinal UWB em tecido humano. Hoje já é possível o rastreamento de imagens em exames de endoscopia digestiva a partir de uma cápsula com uma microcâmera que transmite imagens do interior do sistema digestivo, permitindo detectar patologias com muita antecedência e alta precisão (PAN, 2008).

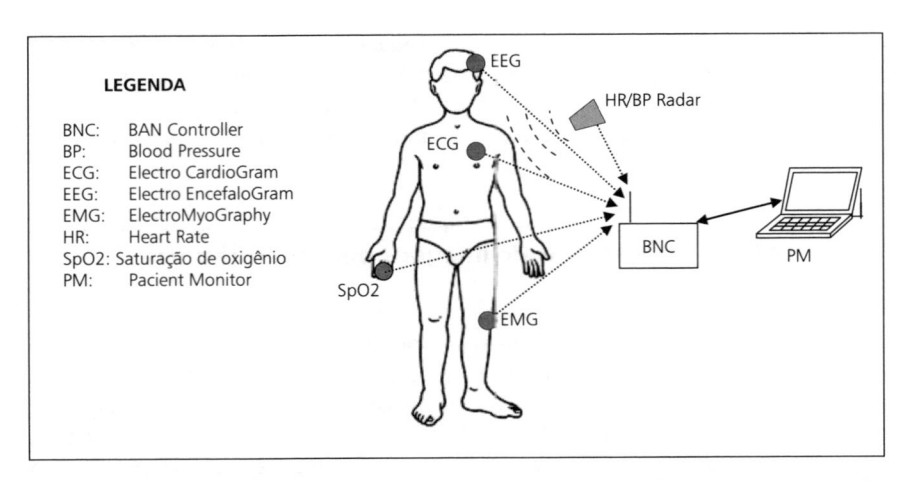

figura 6.16 WPAN do tipo WBAN (*Wireless Body Area Network*) baseada em comunicação UWB.
Fonte: CHAVEZ-SANTIAGO; BALASINGHAM; BERGSLAND, 2012.

Todas essas aplicações só são possíveis graças às propriedades de penetração do sinal de RF do UWB em tecido humano, à sua alta capacidade de resolução temporal, ao seu baixo consumo de energia e à sua enorme capacidade de transmissão. Nos próximos anos, certamente surgirão mais avanços espetaculares na área biomédica devido à tecnologia UWB.

O grande êxito na disseminação da tecnologia UWB na área biomédica teve como coadjuvante o conceito de WBAN (*Wireless Body Area Network*) e sua rápida aceitação. Em fevereiro de 2012 foi aprovado pelo IEEE o padrão IEEE 802.15.6 - Part 15.6: *Wireless Body Area Networks* (WBAN), que adota uma topologia em estrela que possui um nó de controle central ou HUB, ao qual se conectam os diferentes nós sensores de uma rede sem fio de dimensão corporal, como mostrado na Figura 6.16. Essa rede utiliza no PHY a tecnologia UWB e, no nível MAC, um protocolo de acesso baseado em um superquadro, cujo início é sinalizado por uma marca (*beacon*), com um determinado número de fatias N (N=0, 1, 2,...255), de tamanho idêntico, para alocação de dados, como mostra a Figura 6.17.

Em um superquadro podem ser utilizadas diferentes fases de acesso com mecanismos de acesso que podem ser determinísticos, aleatórios, gerenciados e randômicos, dependendo dos parâmetros de qualidade de serviço (QoS) do nó sensor. Espera-se que, com esta padronização, seja garantida a interoperabilidade dos diferentes sensores sem fio que integram uma WBAN, o que deverá favorecer o custo e a qualidade dessas redes (CHAVEZ-SANTIAGO; BALASINGHAM; BERGSLAND, 2012).

Capítulo 6 ···→ A tecnologia UWB em WPANs   **273**

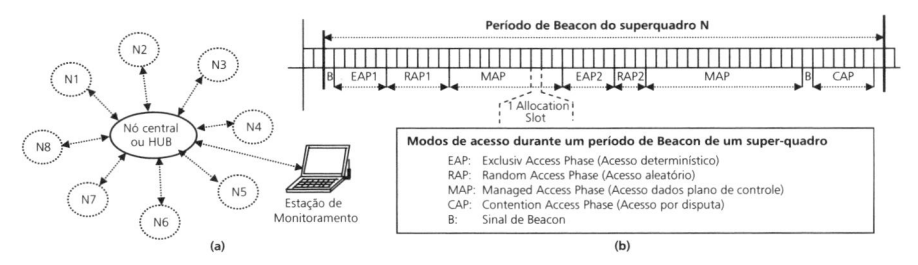

figura 6.17 WBAN 802.15.6: (a) topologia em estrela de uma WBAN com oito nós e (b) superquadro de uma WBAN e os diferentes tipos de acesso MAC em um período de *beacon* de um superquadro.

6.8 ···→ a tecnologia UWB na área automotiva

A tecnologia UWB em breve gerará avanços significativos também na área automotiva, com aplicações baseadas principalmente em imagens de radares UWB (obtidas em um campo de visão de 360º), conhecidos como SRR (*Short-Range Radar*), e sensores sem fio UWB, que oferecerão aos veículos mais segurança e conforto, além de inúmeras funções de supervisão e controle (BLÖCHER; ROLLMANN; GÄRTNER, 2005). Veja uma exemplificação desses avanços na Figura 6.18. Os veículos do futuro serão dotados de sistemas inteligentes como:

- *Adaptative Cruise Control* (ACC) – Controle de cruzamento adaptativo

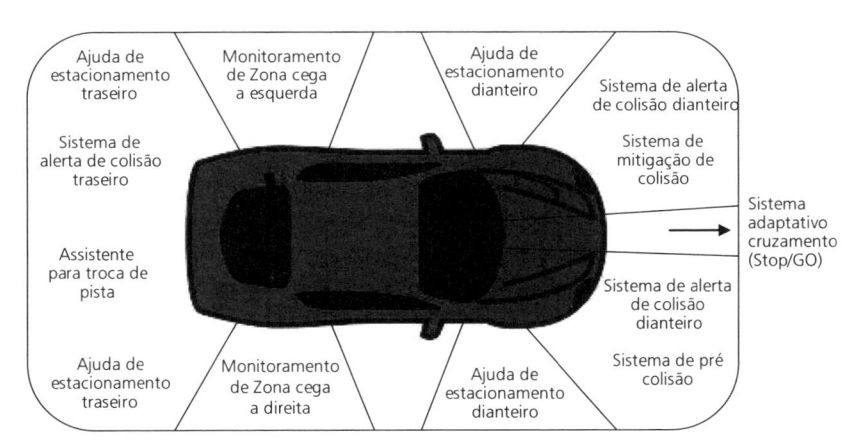

figura 6.18 Diferentes sistemas para oferecer mais segurança e conforto em um automóvel, baseados em imagens de radar UWB.

- *Collision Warning Systems* (CWS) – Sistema de alerta de colisão
- *Collision Mitigation System* (CMS) – Sistema de abrandamento de colisão
- *Vulnerable Road User Detection* (VUD) – Detecção de usuário vulnerável
- *Blind Spot Monitoring* (BSM) – Monitoramento de zona morta
- *Lane Change Assistance* (LCA) – Assistente para mudança de pista
- *Rear Cross Traffic Alert* (RCTA) – Alerta de tráfego de ultrapassagem traseiro

No plano de supervisão e monitoramento, os sensores sem fio UWB integrarão sistemas inteligentes com as seguintes funções:

- Supervisão e controle do motor (computador de bordo)
- Supervisão e controle da pressão dos pneus
- Sistema de freio
- Comunicação interna e externa (GPS, Internet, TV, rádio)
- Telemetria (monitoração)
- Transponders RFID (pedágio automático, identificação)
- Comunicação carro a carro
- Controle de temperatura e ventilação interna

Muitas destas aplicações já estão disponíveis, enquanto outras deverão integrar os veículos em futuro próximo, tornando-os extremamente inteligentes e aumentando enormemente o nível de segurança e conforto dos carros já na próxima década (BRIZZOLARA, 2013).

Diante de um cenário de alocação de espectro eletromagnético cada vez mais complexo para aplicações sem fio de curta distância, o partilhamento de espectro se torna fundamental nestes sistemas. Nesse contexto, os sistemas automotivos baseados em UWB merecem atenção e cuidado especiais. Paralelamente ao desenvolvimento desses diferentes sistemas inteligentes, precisamos considerar aspectos como engenharia de espectro, alocação de frequência e processos de padronização.

Na União Europeia (UE), a Alemanha é um dos países que já demonstra os maiores avanços em SRR para a área automotiva. De fato, a Europa, por meio do ETSI, possui a primeira padronização da faixa de 79 GHz do espectro para essas aplicações. A banda reservada se estende de 77 a 81 GHz, com uma largura de banda de 4 GHz. A densidade de potência média máxima (EIRP) nessa faixa deve ser menor que -3 dBm. Além dos países da UE, essa regulamentação é seguida por Rússia, Austrália e Cingapura. A faixa oferece uma boa resolução (7,5 cm), baixa interferência e banda suficiente para múltiplos usuários próximos, e certamente será adotada em breve por outros países.

6.9 exercícios

Exercício 6.1 Supondo que o sistema TH-UWB da Figura 6.2 utiliza uma sinalização PPM e que a duração de um quadro é $T_s = 2,5\ \mu s$, pede-se:

a Qual é a taxa de dados máxima por usuário?
b Qual é a vazão total máxima desse sistema?

Exercício 6.2 A base da técnica de transmissão sem fio UWB consiste na emissão de pulsos muito curtos e de baixa energia, cujo espectro se espalha em largas porções do espectro de frequências. Para associar informação a este processo, é utilizada uma codificação em tempo destes pulsos dentro de um intervalo de transmissão predefinido. Supondo pulsos retangulares ideais, com duração de 0,5 ns, qual é a banda de espalhamento espectral desses pulsos? Sugestão: confira a Figura 6.3.

Exercício 6.3 Com base na Figura 6.4, que apresenta os três tipos de técnicas PCM (*Pulse Code Modulation*), isto é, PPM, OOK e PAM, responda:

a Qual das técnicas têm menor consumo de energia?
b Quais desses códigos são mais robustos à recuperação do sincronismo de recepção?

Exercício 6.4 O fator FBW (*Fractional Bandwidth*) definido pela expressão (6.1) é utilizado para caracterizar um sistema como de banda estreita, larga ou ultralarga. Comente qual é o sentido físico do fator FBW.

Exercício 6.5 Um sistema que utiliza uma banda que vai de 28 a 40 MHz se enquadra em que categoria de sistema? Qual é o fator FBW desse sistema?

Exercício 6.6 Em que consiste a diferença entre a banda UWB reservada pela FCC e a banda UWB reservada pelo ECMA? Quais são as vantagens e desvantagens destas duas segmentações?

Exercício 6.7 A relação que define o comportamento assintótico da equação de Shannon quando aumentamos cada vez mais a banda do canal é dada pela expressão (6.3), que estabelece uma relação entre a capacidade máxima de um sistema operando em uma banda muito grande e uma relação sinal-ruído muito pequena. Suponha um sistema com uma relação sinal-ruído $S/N=0,01$ e que queiramos uma capacidade máxima de 100 kbit/s: qual deve ser a banda mínima do sistema nestas condições?

Exercício 6.8 Determine a vazão máxima de um sistema MB-OFDM com as seguintes características:

a Duração de um símbolo OFDM de $T_s = 321,5$ ns;
b Ciclo de repetição do canal de $T = 937,5$ ns;
c Número total de frequências ortogonais de dados por símbolo OFDM: 100
d Taxa de transmissão por frequência de 25 kbit/s

Exercício 6.9 Nas condições do exercício anterior, sugira algum esquema que permita o partilhamento dinâmico desta vazão entre mais de um usuário.

Exercício 6.10 Considerando as duas opções tecnológicas para a implementação de uma transmissão UWB, ou seja, IR-UWB e MB-OFDM, qual delas, no seu entender, apresenta menor probabilidade de interferência mútua? Justifique a sua resposta.

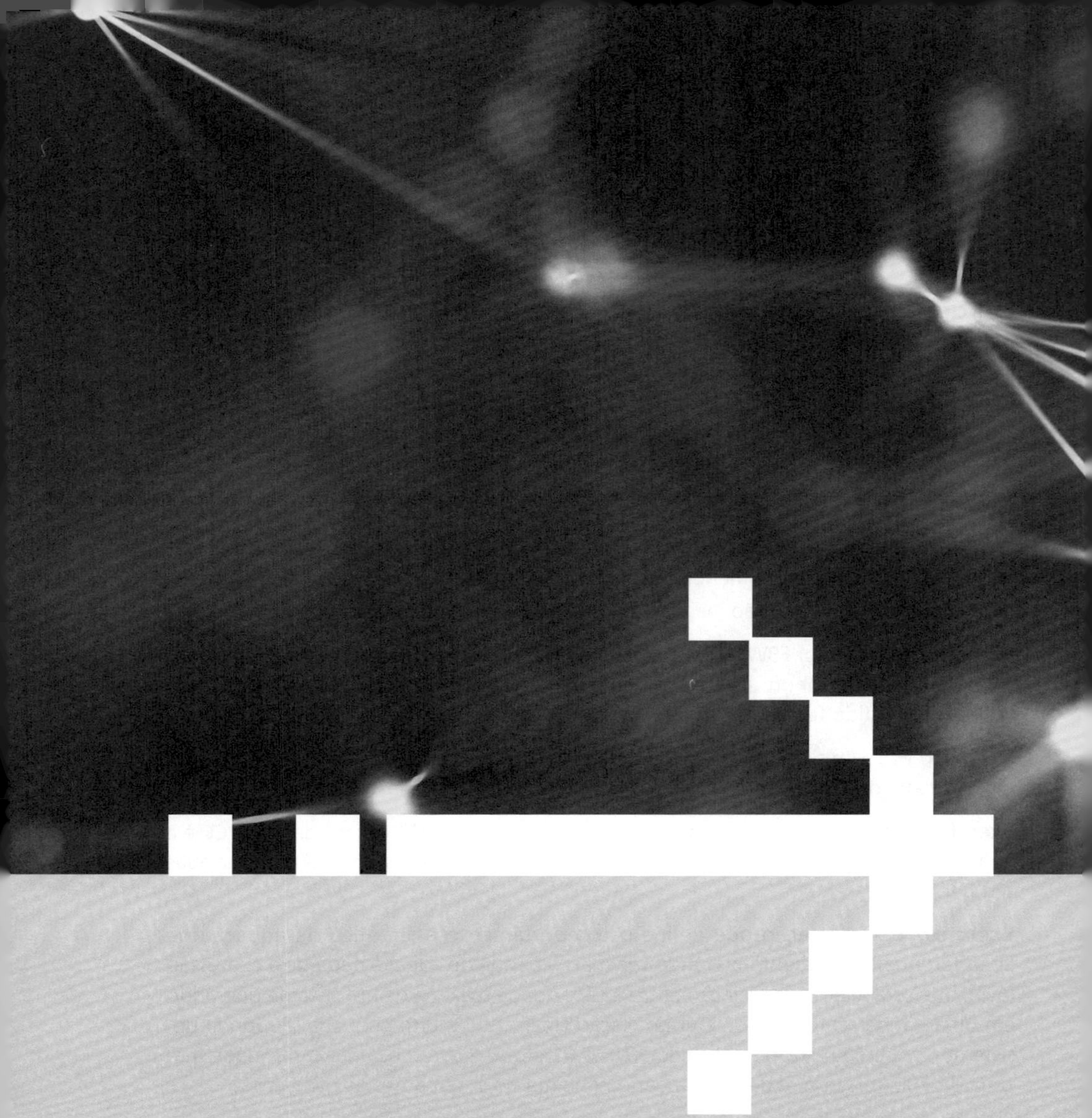

capítulo 7

redes locais sem fio – WLANs

Usada em pontos de acesso privativo e nos chamados hotspots públicos, wifi é a mais popular tecnologia de acesso à Internet. Baseada nela, as WLANs cresceram nos últimos anos, alcançando uma vazão próxima de 1 Gbit/s. Vamos ver neste capítulo as diferentes porções do espectro de frequência utilizados na operação dessas redes, além da sua arquitetura básica, as tecnologias de acesso de transmissão e modulação, e os mecanismos de segurança e qualidade de serviço.

7.1 introdução

Em maio de 1991 foi submetido ao IEEE um pedido de autorização para formar o Grupo de Trabalho 802.11, cujo objetivo era definir uma especificação para a conectividade sem fio entre estações (PCs) de uma rede local sem fio – WLAN (*Wireless Local Area Network*). Após sete anos de trabalhos e pesquisas, o comitê de padronização 802.11 do IEEE finalmente aprovou, em 1997, o primeiro padrão IEEE 802.11, que apresentou taxas de transmissão nominais de 1 e 2 Mbit/s (IEEE 802.11, 1997). Ao longo dos últimos 16 anos, o padrão foi aperfeiçoado, e hoje as WLANs baseadas na tecnologia 802.11 alcançam uma vazão próxima de 1 Gbit/s.

Em 1999 foi criada uma aliança de empresas fabricantes de equipamentos para WLANs com base no padrão IEEE 802.11 e denominada Wi-Fi (*Wireless Fidelity*), cujo principal objetivo era assegurar não somente a interoperabilidade entre os equipamentos de diferentes fabricantes por um processo de certificação de compatibilidade técnica, mas também um conjunto mínimo de funcionalidades específicas. Hoje, os pontos de acesso privativos e os chamados *hotspots* públicos, utilizados em dispositivos como *palmtops, laptops, notebooks, tablets* e *smartphones,* são todos baseados em interfaces que seguem especificações da Wi-Fi Alliance, e constituem a tecnologia de acesso à Internet (*Internet Service Provider,* ISP) predominante e mais popular (IEEE 802.11, 2007).

Neste capítulo você vai ver na Seção 7.2 as diferentes porções do espectro de frequências, denominadas ISM (*Industrial Scientific Medical*), que atualmente são utilizadas livremente para a operação de WLANs e WPANs. Em seguida, você vai estudar que o esforço de padronização de uma arquitetura básica de uma WLAN proposta pelo grupo de trabalho 802.11 adere ao MR-OSI da ISO (ZHENG et al., 2010).

Na Seção 7.3 você vai conferir o escopo das funcionalidades que orientaram a definição do modelo de arquitetura IEEE 802.11, além de um modelo de referência de protocolos para a obtenção destas funcionalidades. Você também vai conhecer as principais modificações introduzidas no padrão básico ao longo dos últimos anos, que o popularizaram.

Na seção 7.4 você vai ver em mais detalhes as diferentes tecnologias de transmissão e modulação adicionadas ao padrão IEEE 802.11 no nível físico, e consolidadas na última edição do padrão, em 2012.

Na seção 7.5 você vai estudar os diferentes algoritmos de acesso ao meio MAC (*Medium Access Control*), além dos diversos mecanismos de segurança e qualidade de serviço (QoS) introduzidos no nível de enlace para garantir confiabilidade e inviolabilidade dos dados.

Por último, na Seção 7.6 você vai encontrar as diversas emendas e extensões em estudo, ou já aprovadas e que seriam publicadas na próxima edição consolidada do padrão IEEE 802.11.

7.2 a padronização de WLANs

No início da década de 1990, quando surgiram os primeiros esforços para o estabelecimento de padrões para as redes WLANs, dois organismos regionais se destacaram buscando assegurar a hegemonia mundial de seus padrões: o IEEE (*Institute of Electric and Electronic Engineering*) dos Estados Unidos, e o ETSI (*European Telecommunication Standards Institute*) da Europa. Em 1991, o IEEE criou um grupo de trabalho designado 802.11, a fim de elaborar um padrão para as WLANs que nessa época estavam ainda em sua fase inicial. No mesmo ano, o ETSI criou um grupo de trabalho que formulou um projeto amplo designado HIPERLAN, a fim de desenvolver um padrão para uma WLAN de alto desempenho que fosse superior à WLAN 802.11 do IEEE. Ambos os padrões adotavam como estratégia a aderência ao modelo de referência OSI (*Open System Interconnection*) da ISO e definiam o escopo do padrão nas duas primeiras camadas deste modelo, ou seja, nível físico e nível de enlace, como mostrado na Figura 7.1.

O padrão IEEE 802.11 rapidamente se impôs como padrão de fato de WLANs em nível mundial e, ao longo dos últimos anos, tem sofrido uma série de emendas e correções, que são periodicamente consolidadas em um documento atualizado, identificado pelo ano de publicação. A sua última consolidação ocorreu em 2012, no documento IEEE Std. 802.11 (2012), que servirá como referencial para a abordagem de WLANs neste capítulo (IEEE 802.11, 2012).

7.2.1 faixas do espectro de radiofrequência utilizadas pelas WLANs

Por causa da escassez espectral cada vez maior para o funcionamento dos sistemas sem fio, você vai ver agora as possíveis soluções de alocação espectral para a operação de WLANs. Quando falamos em alocação espectral para redes sem fio, dois aspectos

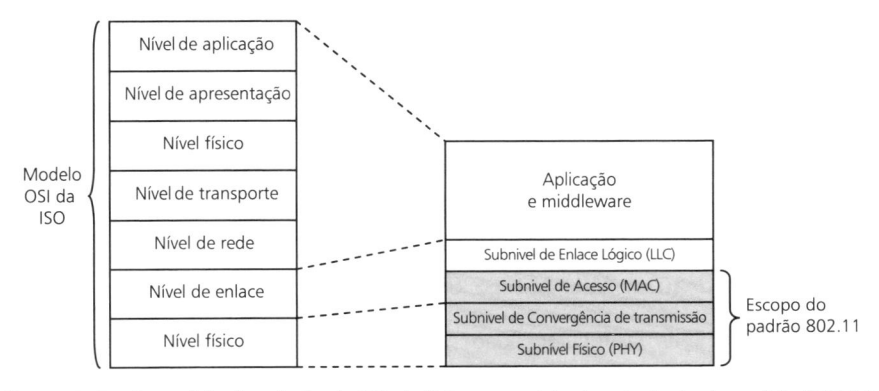

figura 7.1 O modelo de referência OSI da ISO e o modelo de referência do padrão 802.11.

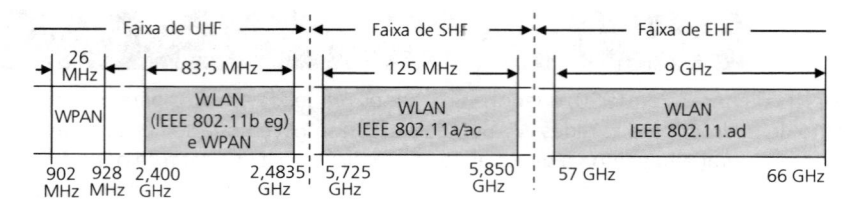

```
|--------- Faixa de UHF ---------|--- Faixa de SHF ---|--- Faixa de EHF ---|
| 26 MHz | 83,5 MHz |            | 125 MHz            | 9 GHz              |
| WPAN   | WLAN (IEEE 802.11b eg) e WPAN | WLAN IEEE 802.11a/ac |  | WLAN IEEE 802.11.ad |
| 902 MHz  928 MHz  2,400 GHz    2,4835 GHz | 5,725 GHz    5,850 GHz | 57 GHz           66 GHz |
```

figura 7.2 Bandas de frequência ISM utilizadas em redes *wireless* IEEE 802.11

são importantes: a largura de banda do canal e a faixa do espectro de frequência onde está definido esse canal.

As primeiras redes locais sem fio do padrão IEEE 802.11 utilizavam técnicas de transmissão por espalhamento espectral (*spread spectrum*) em canais com largura de banda de 20-22 MHz, ou transmissão difusa na faixa do infravermelho que, porém, foi logo abandonada por dificuldades técnicas e operacionais. A transmissão *spread spectrum* em WLANs utiliza as bandas ISM (*Industrial, Scientific and Medical*), definidas em três faixas de frequências: de 902 a 928 MHz; de 2,40 a 2,4835 GHz dentro da faixa de UHF; e de 5,725 a 5,85 GHz dentro da faixa de SHF do espectro de frequências (veja a Figura 7.2). Mais recentemente, uma quarta faixa foi definida na faixa de EHF, correspondente a 60 GHz, ocupando 4 canais sobrepostos com largura de banda de 2,16 GHz cada e oferecendo taxas que podem chegar até 7 Gbit/s (Seção 7.6.2).

É importante salientar que a utilização das faixas ISM é livre, sem a necessidade de licença especial para sua operação. No entanto, os dispositivos que operam nessas faixas estão sujeitos a limites de potência e de largura de banda em geral definidos por uma máscara que estabelece os limites de potência em função da frequência do sinal dentro de um canal.

Devido à grande disseminação das redes 802.11, com cada vez mais frequência vemos, em um mesmo espaço físico, mais de uma WLAN 802.11 em operação, e mesmo diversas WPANs, gerando um problema de convivência espectral dessas redes em uma mesma faixa de frequência ISM. A solução para esse problema é utilizar rádios cognitivos configuráveis por software ou SDR (*Software Defined Radio*) em redes WPAN e WLAN. Com base em funções cognitivas de sensoriamento espectral e decisão espectral, os SDRs escolhem de forma inteligente e automática o canal a ser utilizado, visando a minimizar a interferência e, assim, melhorar a convivência com outras redes. Este tópico é abordado novamente na Seção 7.6.2, que trata das últimas extensões do padrão IEEE 802.11.

7.2.2 o padrão de WLAN IEEE 802.11

Antes de ver detalhes das funcionalidades do padrão IEEE 802.11, você precisa entender como o processo de padronização de WLANs se insere no contexto do IEEE. Entre os diversos comitês de padronização do IEEE, o comitê 802 é o responsável pela elaboração dos padrões adotados em redes locais e metropolitanas ou LAN/MAN.. O primeiro padrão elaborado pelo grupo de trabalho 802.11 foi publicado em 1997 e teve pouca aceitação por dois motivos: as suas baixas taxas de transmissão (1 a 2 Mbit/s), quando comparadas à taxa de 10 Mbit/s de uma LAN Ethernet; e a rápida obsolescência das técnicas de transmissão sugeridas (IEEE 802.11, 1997).

O padrão original recebeu, ao longo dos últimos anos, diversas emendas, identificadas por uma letra acrescida no final da sigla, como IEEE 802.11(*letra*). Essas emendas corrigem deficiências ou acrescentam novas funcionalidades ou melhorias, assim, o último padrão consolidado sempre engloba as emendas e os acréscimos que porventura tenham sido elaborados desde a consolidação anterior. Hoje o padrão 802.11 é considerado um grande sucesso em termos de aceitação em nível de mercado mundial.

. Ao todo, foram feitas três consolidações do padrão original:

1. IEEE Std. 802.11 (1997)
2. IEEE Std. 802.11 (2007) Emendas consolidadas: IEEE 802.11 (*a, b, c, d, e, f, g, h, i, j*)
3. IEEE Std. 802.11 (2012) Emendas consolidadas: IEEE 802.11 (*k, n, p, r, s, u, v, w, y, z*)
4. IEEE Std. 802.11 ? (provavelmente em 2015) Emendas já aprovadas: (*aa, ac, ad, ae, af*)

Veja na Tabela 7.1 um resumo das principais emendas aprovadas pelo IEEE 802.11 até 2014, destacando o principal objetivo da emenda, além do ano de sua aprovação (BING, 2003). Nas próximas seções você vai ver mais detalhes sobre as emendas mais importantes para nosso estudo de WLANs.

7.3 a arquitetura do IEEE 802.11

O núcleo básico de uma rede *wireless* é formado por um conjunto de estações (STAs), cujo acesso à rede é gerenciado por um ponto de acesso (AP, *Access Point*). O ponto de acesso pode ser simultaneamente uma estação e ponto de acesso, ou um equipamento específico com funcionalidades de AP. As estações que se encontram no perímetro de cobertura do AP formam o BSS (*Basic Service Set*) de uma rede IEEE 802.11. Diferentes conjuntos de serviços básicos BSS podem ser interconectados por meio de seus APs utilizando um *backbone* chamado Sistema de Distribuição ou DS (*Distribution System*), conforme mostrado na Figura 7.3. Uma estação está vinculada a uma célula BSS de forma dinâmica, isto é, pode sair de uma célula BSS e migrar para outra célula BSS no processo conhecido como *roaming*.

O sistema de distribuição (DS) não faz parte do escopo de padronização de WLANs do IEEE 802.11. Ele pode ser constituído por outra rede *wireless*, um *backbone* ou uma rede fixa e ter uma interconexão por meio de um portal (*gateway*) com qualquer rede local herdada fixa tipo IEEE 802.x ou Internet. O conjunto dos diversos BSSs interligados pelo sistema de distribuição forma o chamado conjunto de serviços estendido ou ESS (*Extended Service Set*) (IEEE 802.11, 1997).

tabela 7.1 Extensões e emendas acrescentadas ao padrão original IEEE 802.11 (1999) até a sua última consolidação em 2012, mais emendas aprovadas posteriormente, mas ainda não consolidadas

Emenda IEEE	Ano aprovação	Objeto da emenda
Padrão legado IEEE Std. 802.11 (1999)		
802.11a	1999	Transmissão OFDM até 54 Mbit/s na faixa de 5 GHz
802.11b	1999	Taxas de transmissão de 5,5 e 11 Mbit/s na faixa de 2,4 GHz
802.11c	2001	Procedimentos de bridging no nível de enlace baseado no IEEE 802.1d
802.11d	2001	Extensão para roaming internacional (país a país)
802.11e	2005	Introdução de qualidade de serviço (QoS) e técnica de packet bursting
802.11F	2006	Protocolo de comunicação entre pontos de acesso
802.11g	2003	Transmissão OFDM até 54 Mbit/s na faixa de 2,4 GHz e compatibilidade para trás
802.11h	2004	Gerenciamento de espectro do 802.11a para compatibilidade europeia
802.11i	2004	Procedimentos de segurança aprimorados
802.11j	2004	Extensões para as faixas do Japão
Padrão	**2007**	**Consolidação IEEE Std. 802.11 (2007)**
802.11k	2008	Aprimoramento de medidas dos parâmetros de rádio
802.11n	2009	Introdução do conceito de MIMO para maior vazão
802.11p	2010	Introdução do WAVE (Wireless Access for Vehicular Environment)
802.11r	2008	Transição rápida (FT) de ESS (Basic Service Set)
802.11s	2011	Operação de redes Mesh e ESS (Extended Service Set)
802.11u	2011	Melhorias relacionadas a hotspots como operação offloading por celular
802.11v	2011	Gerenciamento de redes sem fio
802.11w	2009	Quadros de gerenciamento protegidos
802.11y	2008	Operação na faixa de 3650 a 3700 GHz para os Estados Unidos
802.11z	2010	Extensões para DSL (Direct Link Setup)
Padrão	**2012**	**Consolidação IEEE Std. 802.11 (2012)**
802.11aa	2012	Streaming de vídeo e áudio robusto
802.11ac	2013	Alta vazão (~1 Gbit/s), canais de 80 e 160 MHz, melhor modulação e MIMO 8
802.11ad	2012	Operação em 60 GHz e taxas ~7Gbit/s
802.11ae	2012	Priorização para quadros de gerenciamento
802.11af	2014	Rádio cognitivo para operação em canais de TV desocupados

Blocos da Arquitetura IEEE 802.11
BSS: Basic Service Set
ESS: Extended Service Set
AP: Access Point
STA: Estação (Station)
DS : Distribuition System
(Backbone de distribuição para integrar APs)

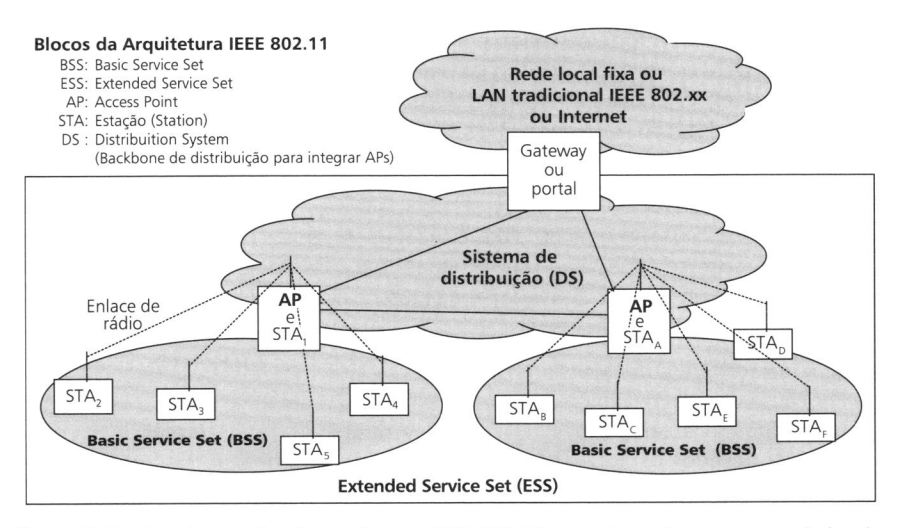

figura 7.3 Arquitetura funcional de uma IEEE 802.11 e sua inserção em uma rede herdada fixa ou Internet.

7.3.1 serviços oferecidos por uma WLAN IEEE 802.11

O padrão IEEE 802.11 definiu nove serviços que precisam ser oferecidos por uma rede *wireless* para que tenha uma funcionalidade equivalente às redes locais fixas. Veja na Tabela 7.2 que os serviços são divididos em duas classes: serviços que têm interação entre STAs com envolvimento do SD e serviços que têm interação direta entre STAs.

tabela 7.2 Serviços oferecidos por uma rede *wireless* IEEE 802.11

Serviço	Suporte para	Provedor do Serviço
Associação	Repassamento de MSDU	Serviços elaborados pela interação entre sistema de distribuição (DS) e estação (STA)
Dissociação	Repassamento de MSDU	
Reassociação	Repassamento de MSDU	
Distribuição	Repassamento de MSDU	
Integração	Repassamento de MSDU	
Entrega de MSDU	Repassamento de MSDU	Serviços elaborados pela interação direta entre uma estação (STA) com outra (STA)
Privacidade	Acesso à *wireless* LAN e segurança	
Autenticação	Acesso à *wireless* LAN e segurança	
Desautenticação	Acesso à *wireless* LAN e segurança	

Note que o principal suporte oferecido por esses serviços é o repassamento de MSDUs (*MAC Service Data Units*), além dos aspectos de segurança, autenticação e privacidade, cruciais em redes sem fio. Veja na Figura 7.4 a localização dos diferentes serviços no contexto de um ESS com diferentes BSSs suportados por um sistema de distribuição DS. Uma rápida descrição funcional de cada serviço é feita a seguir.

- *Associação/desassociação/reassociação*
  Esses três serviços são básicos. Uma estação (STA), antes de começar a transmitir dados, precisa se conectar a um AP. Quando a estação se move para a área de cobertura de um novo BSS, ela faz uma reassociação com o novo AP. Ao final da sessão, a STA faz uma desassociação.

- *Autenticação/desautenticação/privacidade*
  Por causa da grande vulnerabilidade da transmissão em RF, antes de qualquer troca de informação entre duas STAs, elas devem se identificar (*Autentication*). Uma vez identificados os parceiros, eles podem trocar informação de forma sigilosa (criptografada) utilizando os serviços do WEP (*Wireless Equivalent Privacy*) oferecidos por uma entidade de gerenciamento da camada MAC.

- *Distribuição*
  É um serviço que oferece troca de MSDUs entre estações de diferentes BSS de um mesmo ESS.

- *Integração*
  É um serviço que oferece troca de MSDUs entre uma rede *wireless* (IEEE 802.11) e uma rede local fixa.

- *Entrega de MSDUs*
  Serviço de troca de MSDUs entre estações de um ambiente sem fio.

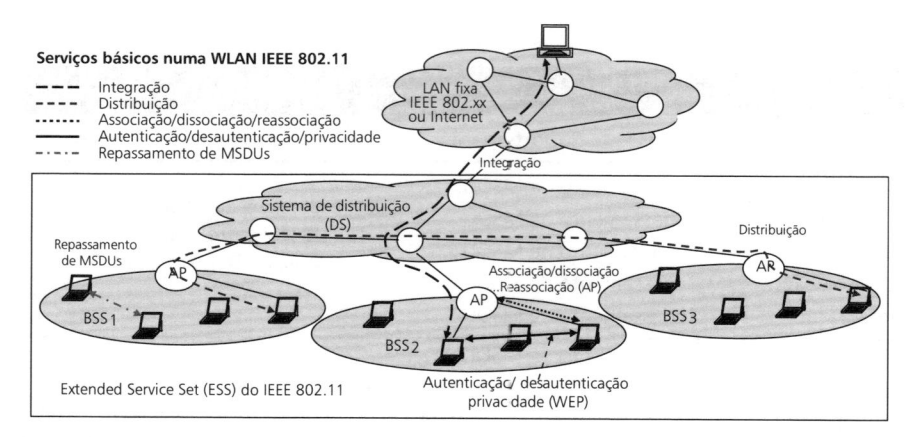

figura 7.4 Localização dos serviços em um ambiente *wireless* IEEE 802.11.

7.3.2 modelo de referência de protocolos do IEEE 802.11

O escopo do padrão IEEE 802.11 está centrado nas duas camadas inferiores do modelo de referência OSI (MR-OSI): a camada física e a camada de enlace (confira a Figura 7.5). Você vai ver a seguir as principais funções da camada física (PMD) e da camada MAC do padrão IEEE 802.11 (COOKLEV, 2004).

a **Camada física (PMD)**

O nível físico está dividido em duas subcamadas:

(1) a subcamada física inferior PMD (*Physical Medium Dependent*) oferece três técnicas (ou formas) de transmissão quanto aos aspectos de modulação e codificação do sinal: duas de radiofrequência com *spread spectrum* (FHSS e DSSS) e uma de raios infravermelhos difusos.

(2) a subcamada física superior PLCP (*Physical Layer Convergence Procedure*) oferece os pontos de acesso aos serviços de convergência, comuns aos quatro métodos de transmissão física. A função da entidade de gerência do nível físico é anotar os parâmetros de configuração e as estatísticas para a MIB (*Management Information Base*) da camada física.

b **Camada de enlace: subcamada MAC**

A camada de enlace está dividida em duas subcamadas: a subcamada LLC (*Logical Link Control*) e a subcamada MAC (PRANGE, ROCHOL, 1998a). Essa última

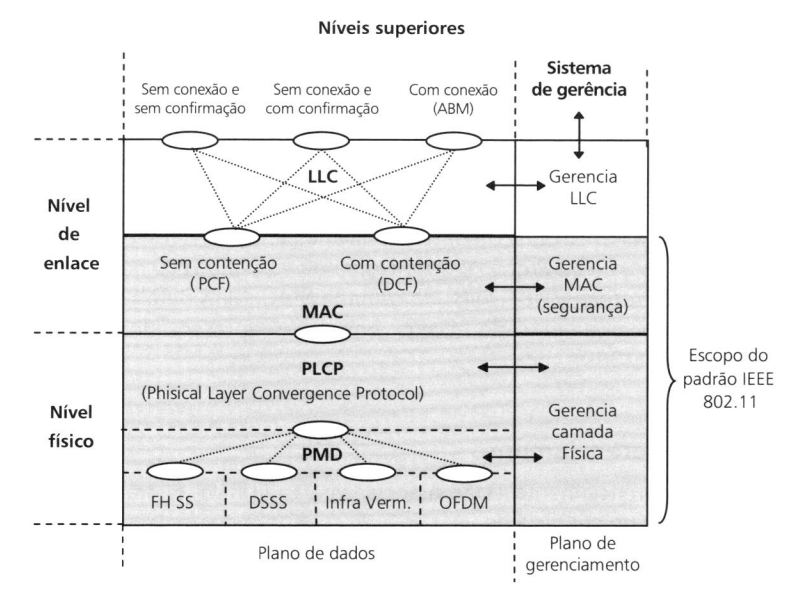

figura 7.5 Arquitetura de protocolos de WLAN IEEE 802.11.

subcamada disciplina o acesso ao nível físico por meio de dois algoritmos. Um é o algoritmo nãodeterminístico, por contenda e de controle distribuído ou DCF (*Distributed Control Function*), baseado em CSMA-CA (*Carrier Sense Multiple Access - Collision Avoidance*); o outro é um algoritmo determinístico baseado em um esquema de *poll/select*, detalhado na Seção 7.5.

(1) O serviço de acesso com contenção é oferecido pela função de DCF (*Distributed Coordination Function*) do MAC e atende os serviços não determinísticos de troca de dados. Esse tipo de acesso deve ser oferecido necessariamente em cada estação (STA) e também no AP.

(2) O serviço de acesso sem contenção é oferecido pela função PCF (*Point Coordination Function*) do MAC. Esse tipo de acesso se destina aos serviços síncronos de baixa latência e é implementado por meio de uma dinâmica do tipo *poll/select* executada periodicamente pelo ponto de acesso (AP) para atender serviços determinísticos das estações (STAs).

[c] **Camada de enlace: subcamada de controle lógico do enlace (LLC)**
A subcamada LLC é comum a todas as tecnologias de LAN e assegura a interoperabilidade das redes *wireless* com as LANs tradicionais, e não faz parte do escopo do padrão IEEE 802.11. Relembramos aqui que a subcamada LLC fornece os três tipos tradicionais de serviços oferecidos nessa subcamada (ver Figura 7.5):

(1) Serviço sem conexão e sem confirmação
É um serviço muito simples do tipo datagrama, e não oferece algum mecanismo de controle de erro e fluxo para as LPDUs (LLC *Protocol Data Units*).

(2) Serviço sem conexão com confirmação
As LPDUS são repassadas sem haver uma conexão lógica entre os usuários, porém são confirmados pelo usuário remoto.

(3) Serviço com conexão e confirmação
É semelhante ao HDLC (*High Data Link Control*): é estabelecida uma conexão lógica entre dois usuários, com controle de erro e fluxo. Serviço ABM (*Asynchronous Balanced Mode*) do HDLC.

Veja na Figura 7.6 as estruturas de dados utilizadas entre as camadas MAC e LLC. Observe que as LPDUs (*LLC Protocol Data Units*) da camada LLC são encapsuladas nas MPDUs (*MAC Protocol Data Units*) da camada MAC. Mais detalhes sobre o funcionamento da subcamada LLC do nível de enlace são apresentados em Carissimi, Rochol e Granville (2009).

■ Sistema de gerenciamento

As entidades de gerenciamento estão associadas a cada nível e, em conjunto, elas formam um sistema de gerência de uma área de cobertura de um BSS. A entidade de gerência da subcamada MAC implementa uma MIB (*Management Information Base*) da camada MAC que, entre outras funções, cuida da autenticação e da migração (*roaming*) das estações entre pontos de acesso de ESSs distintos.

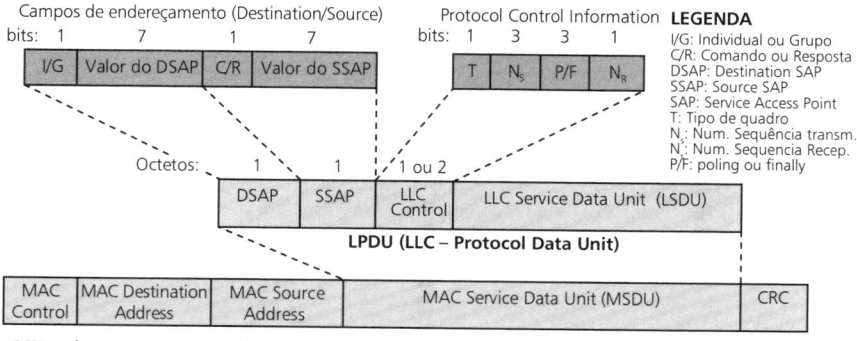

figura 7.6 Estrutura de um quadro MAC (MPDU) contendo uma LPDU (LLC PDU).

7.3.3 arquiteturas de uma WLAN IEEE 802.11

Com base no modelo de referência de protocolos de WLAN do IEEE 802.11, há três tipos de arquiteturas, representadas na Figura 7.7, que têm em comum o suporte ao nível físico, em que há quatro opções de transmissão: FHSS, DSSS, IR e OFDM (abordadas em detalhes na Seção 7.4). As funcionalidades do nível de enlace, principalmente o mecanismo de acesso definido no subnível MAC, são os fatores determinantes dos três tipos de arquiteturas de WLAN.

Veja na Figura 7.7(a) a arquitetura básica de uma WLAN IEEE 802.11, conforme definida na sua primeira padronização em 1997; em 7.7(b), a versão estendida, também chamada WLAN 802.11 estruturada ou do tipo *mesh*, consolidada na edição do IEEE 802.11 de 2012 a partir da emenda IEEE 802.11s; e finalmente, em 7.7(c), uma arquitetura do tipo *ad hoc*, também chamada MANET (*Mobile Ad hoc Network*), em que as estações móveis executam simultaneamente as funções de terminal de dados e de roteamento de dados dos seus vizinhos. Você confere a seguir as principais características de cada uma dessas arquiteturas (IEEE 802.11, 1997).

a **Rede WLAN 802.11 básica de 1997**

Este é o tipo mais disseminado de rede 802.11 e se caracteriza por possuir um ponto de acesso (AP) central, que controla o acesso das estações móveis (STAs), oferecendo um conjunto de serviços e funções chamado BSS (*Basic Service Set*), conforme mostrado na Figura 7.7a (IEEE 802.11, 1997). O ponto de acesso é responsável também pelas funções de *gateway*, conectando as estações móveis a uma rede fixa que fornece acesso a um ISP (*Internet Service Provider*). O acesso de uma STA a essa rede se dá segundo um algoritmo de controle distribuído chamado CSMA-CA (*Carrier Sense Multiple Access – Collision Avoidance*), abordado na Seção 7.5.4.

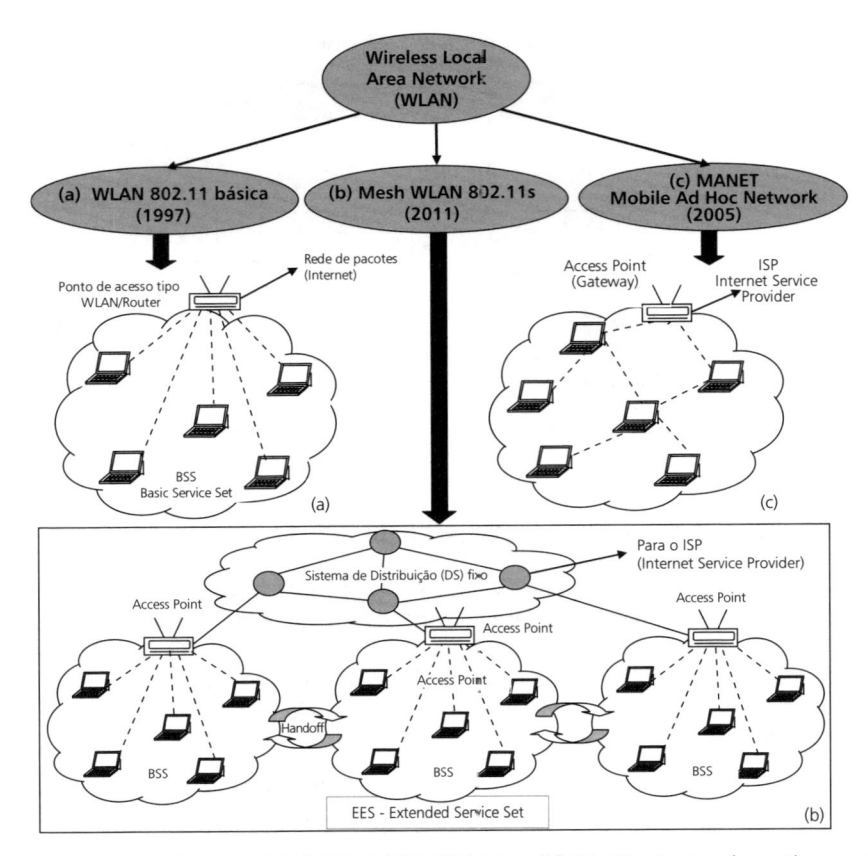

figura 7.7 Arquiteturas de WLANs: (a) WLAN básica, (b) WLAN estruturada ou tipo *mesh* e (c) rede móvel sem fio *ad hoc* ou MANET.

b Rede WLAN infraestruturada ou tipo *mesh*

Em 2007 foi consolidado um novo padrão do IEEE 802.11, o qual incorpora funções como um protocolo de comunicação entre pontos de acesso (802.11f) e extensões para *roaming* internacional (802.11d), além de uma taxa de transferência que pode chegar a 54 Mbit/s baseada na técnica de transmissão OFDM. Na consolidação do padrão de 2007, o AP desempenha tarefas importantes na coordenação do acesso das estações móveis, como aceitar ou não a inserção de uma nova estação à rede, colher estatísticas para melhor gerenciamento do canal e ajudar a definir quando uma estação deve ou não ser controlada por outro ponto de acesso, além de funções de auto-organização da rede. Cada estação se associa a apenas um ponto de acesso em um determinado instante de tempo. Também é no ponto de acesso que se executa a rotina responsável pelos serviços de transmissão sensíveis à latência. Veja na Seção 4.1.2 mais detalhes sobre a arquitetura de uma rede *mesh*.

c **WLAN *ad hoc* ou MANET (*Mobile Ad hoc NETwork*)**
Este tipo de WLAN é caracterizado por não possuir qualquer infraestrutura de apoio à comunicação entre as estações: são as próprias estações móveis, localizadas em uma determinada área de cobertura, que estabelecem uma comunicação *peer-to-peer* entre si e se auto-organizam. Uma estação em uma rede *ad hoc* interage com seus nós vizinhos de tal forma que a estação realiza funções não só dos seus dados, mas de roteamento dos dados de seus vizinhos, visando ao acesso a um *gateway* que dá acesso a um ISP. Estudos sobre as características de canais de redes sem fio indicam que, apesar de possuírem uma pequena área de comunicação, não se pode presumir uma topologia de rede totalmente conectada (*Full Mesh*). Confira as características da arquitetura de uma rede *ad hoc* do tipo MANET na Seção 4.1.2.

7.4 nível físico do padrão IEEE 802.11

A transmissão em canais de radiofrequência distingue-se dos demais meios de comunicação em redes fixas por apresentar propriedades únicas. Especificamente, os sistemas de radiofrequência herdam alguns atributos, como o fato de:

- Serem de domínio público
- a distância de comunicação ser limitada por restrições de órgãos reguladores ou por leis da física
- a detecção de portadora de ondas eletromagnéticas não ser confiável e não poder ser realizada durante a transmissão a um custo razoável
- possuirem alta taxa de erros de bits em comparação a redes locais fixas
- a atenuação do sinal se acentuar quando propaga através de paredes e demais obstáculos

Por ser de domínio público, o canal de RF é incapaz de controlar e gerenciar o acesso ao canal que, além disso, está sujeito a interferências de toda ordem. E o que é pior: há o risco da sabotagem eletrônica, quando um sinal propositivo de interferência (*jamming*) ocupa integralmente a banda para transmissão, paralisando toda a operação da rede.

O nível físico está dividido em dois subníveis (Figura 7.5): o subnível PLCP (*Physical Layer Convergence Protocol*) e o PMD (*Physical Medium Dependent*). No subnível PLCP encontramos funções de codificação de canal que visam a proteger os dados das imperfeições do canal que podem causar erros, além de especificar o tipo de transmissão a ser utilizado pelo PMD. O subnível PMD oferece um conjunto de técnicas de transmissão próprias do meio e da banda de frequência a ser utilizada (IEEE 802.11, 1997).

Veja na Tabela 7.3 um resumo das principais técnicas de transmissão, desde o padrão original legado de 1999 até a última emenda de fevereiro de 2014. A cada emenda é associada a faixa de frequência ISM própria, a largura de banda do canal, as diversas taxas de transmissão possíveis, a técnica de transmissão utilizada, o seu alcance e o número de fluxos espaciais possíveis. Você vai ver nas próximas seções as diferentes técnicas de transmissão previstas pelo padrão 802.11, desde o padrão legado de 1999 até as atuais emendas de 2013. Para cada técnica de transmissão você vai ver como foi feita a inserção das PLCP-DUs (*Physical Layer Convergence Protocol*) dentro das PHY-DUs (*Physical Data Units*).

7.4.1 Transmissão FHSS[1] (*Frequency Hopping Spread Spectrum*)

A técnica de transmissão FHSS consiste em dividir a banda do canal em subcanais, nos quais a transmissão ocorrerá durante curtos intervalos de tempo, ou seja, o transmissor envia seus dados ciclicamente em diversos subcanais conforme uma sequência predefinida.

O receptor, para recuperar os dados corretamente, deve percorrer os subcanais na mesma ordem em que o transmissor os envia. Cada subcanal deve ser empregado por um breve espaço de tempo e, em média, todos os subcanais têm de ser igualmente utilizados (confira a Figura 7.8).

O padrão define a banda ISM de 2,4 a 2,4835 GHz para a transmissão FHSS. Essa banda, com largura de 83,5 MHz, foi dividida em 83 subcanais de 1 MHz, sendo que, em sistemas FHSS, devem ser utilizados, no mínimo, 75 desses subcanais. A cada 30 s, um subcanal só pode ser ocupado durante 400 ms. O padrão IEEE 802.11 prevê na técnica FHSS a utilização de 79 canais de 1 MHz cada.

A fim de minimizar interferências, a sequência de saltos deve observar alguns critérios, como:

- [a] assegurar uma distância mínima de salto para evitar interferência devido à propagação por múltiplos caminhos
- [b] minimizar saltos simultâneos de sequências diferentes para dentro do mesmo canal, ou canais adjacentes
- [c] minimizar colisões, isto é, saltos simultâneos de usuários para dentro de um mesmo canal de sistemas FHSS diferentes

Prevê-se, ainda, a operação espacial simultânea, em uma mesma área, de até três sistemas FHSS 802.11. A cada sistema está associado um conjunto de 26 saltos únicos e distintos. No pior caso, pode haver cinco colisões em um mesmo conjunto, incluindo saltos para frequências adjacentes. Para tanto, os saltos devem ter uma distância mínima de seis canais (IEEE 802.11, 2007).

---

[1] Sobre a técnica de transmissão FHSS, confira também a Seção 2.6.2 do Capítulo 2.

tabela 7.3	Emendas ao nível físico do padrão IEEE 802.11 aprovadas até 2014							
Emenda	Banda de frequência [GHz]	Largura de banda do canal [MHz]	Taxa de dados por fluxo [Mbit/s]	Fluxos MIMO	Modulação	Alcance in-door [m]	Alcance out-door [m]
legado	2,4	22	1 e 2	N/d	DSSS, FHSS	20	100
IEEE Std. 802.11 (1997)							
802.11a Set. 1999	5 e 3,7	20	6, 9, 12, 18, 24, 36, 48, 54	N/d	OFDM	35	120
802.11b Set. 1999	2,4	22	1, 2, 5.5, 11	N/d	DSSS	35	140
802.11g Jun. 2003	2,4	20	6, 9, 12, 18, 24, 36, 48, 54 (OFDM) 5, 11, 22, 33 (DSSS com CCK e PBCC)[1]	N/d	OFDM, DSSS	38	140
IEEE Std. 802.11 (2007)							
802.11n Out. 2009	2, 4 e 5	20	7.2, 14.4, 21.7, 29.9, 43.3, 57.8, 65, 72,2	4	OFDM	70	250
		40	15, 30, 45, 60, 90, 120, 135, 150	4	OFDM	70	250
IEEE Std. 802.11 (2012)							
802.11ac Fev. 2014	5	20	Até 87,6	8	SC-FDMA Low Power SC-FDMA	~100	~300
		40	Até 200				
		80	Até 433,3				
		160	Até 866,7				
802.11ad Dez. 2012	60	2,16 GHz	3,81 Gbit/s 7,138 Gbit/s 28,552 Gbit/s	4	π/2-DPSK QAM16 QAM64 OFDM	N/d	N/d

[1] CCK (*Complementary Code Keying*), PBCC (*Packet Binary Convolucional Code*).

(a) Saltos de frequência no FHSS

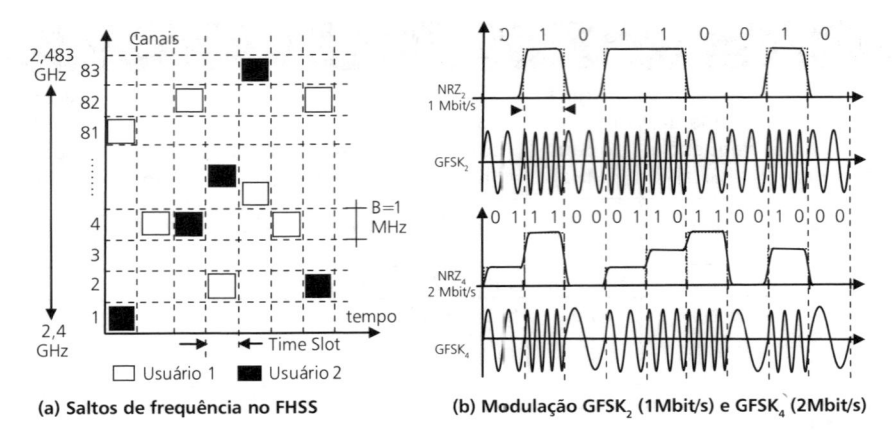

(b) Modulação GFSK$_2$ (1Mbit/s) e GFSK$_4$ (2Mbit/s)

figura 7.8 Estrutura do FHSS do IEEE 802.11.

Para a transmissão nos subcanais do padrão FHSS, foi definida uma modulação simples e de baixo custo – o GFSK[2] (*Gaussian Frequency Shift Keying*), com taxa fixa de 1 Mbaud. Há dois possíveis esquemas de codificação banda base NRZ na entrada do modulador, um com dois níveis (NRZ$_2$) e outro com quatro níveis (NRZ$_4$), o que garante uma taxa de 1 Mbit/s e 2 Mbit/s, respectivamente – veja a Figura 7.8(b). A codificação NRZ, antes de ser aplicada no modulador, é passada por um filtro gaussiano para minimizar o espalhamento espectral, por isso é chamada modulação GFSK (*Gaussian FSK*). O fator de desvio[3] *h* do FSK, no caso do FHSS, foi definido pela norma IEEE 802.11 como

- fator de desvio menor que $h_2=0,32$ para o GFSK$_2$ (dois níveis) e taxa de 1 Mbit/s;
- fator de desvio menor que $h_4=0,144$ para o GFSK$_4$ (quatro níveis) e taxa de 2 Mbit/s.

Além disso, a relação entre h_2 e h_4 deve ser nominalmente igual a $h_4/h_2=0,45$ (+/- 0,01).

A taxa de 1 Mbits/s é obrigatória, enquanto a de 2 Mbit/s é opcional. Essa exigência permite a interoperabilidade de equipamentos de baixo custo (1 Mbit/s) com os equipamentos de maior custo (2 Mbit/s).

Veja o formato de um quadro FHSS (PPDU) na Figura 7.9, em que os comprimentos dos diversos campos são dados em bits e têm funcionalidades associadas, como:

- SYNC: é uma sequência de sincronismo que consiste de 80 bits alternando *um* e *zero* a fim de detectar a presença de portadora e adquirir o sincronismo de bit, além de resolver a diversidade da antena

---

[2] Confira a modulação GFSK na Seção 3.2.2, Subseção "A Modulação GFSK".

[3] O fator de desvio *h* de um sistema FSK é definido como a diferença entre as duas frequências da portadora para *zero* e *um*, dividido pela taxa de baud ou $h = \Delta f / R_{baud}$.

- SFD (*Start Frame Delimiter*): define 16 bits (isto é, 0000 1100 1011 1101) que disponibilizam a sincronização de símbolo. Esse padrão de bits, além de balancear o DC, foi projetado para aperfeiçoar as propriedades de autocorrelação do SFD e do padrão de SYNC
- PLW (*PDU Length Word*): é um campo de 12 bits que indica o tamanho da PDU (*PHY Protocol Data Unit*) em octetos, incluindo os 32 bits de CRC ao final da MAC PDU. Tamanho máximo de $2^{12} = 4096$ octetos
- PSF (*PLCP Signaling Field*): é um campo de quatro bits, com três reservados e um para indicar a taxa de transmissão da PDU (1 ou 2 Mbit/s)
- CRC_{16} do cabeçalho: verificador de integridade do cabeçalho, gerado pelo polinômio $P(x)=x^{16}+x^{12}+x^5+1$ para evitar propagação de erros (retransmissão de quadros).
- SDU (*Service Data Unit*): campo de dados da camada superior. Encapsula a PDU de nível imediatamente superior, no caso, MAC PDU (*Mac Protocol Data Unit*).

O preâmbulo e o cabeçalho (Figura 7.9) são transmitidos a uma taxa de 1 Mbit/s, mas os dados contidos na SDU podem ser transmitidos a 1 ou 2 Mbit/s. Antes, porém, os dados são embaralhados, segundo o polinômio de *feedback* $G(x)=x^7+x^4+1$, e convertidos para símbolos binários NRZ. O preâmbulo e o cabeçalho utilizam codificação NRZ_2 (1 Mbit/s), um bit por símbolo de modulação. Já o campo da SDU pode ser codificado ou por NRZ_2 ou por NRZ_4 (1 Mbit/s ou 2 Mbit/s). A codificação NRZ_4 associa dois bits a cada símbolo de modulação (veja a Figura 7.8b).

7.4.2 transmissão DSSS[4] (*Direct Sequence Spread Spectrum*)

Na técnica de transmissão de espalhamento espectral por sequência direta - DSSS (*Direct Sequence Spread Spectrum*), cada tempo de bit é dividido em *n* subintervalos denominados *chips*. Representamos cada bit de dados de informação por uma sequência

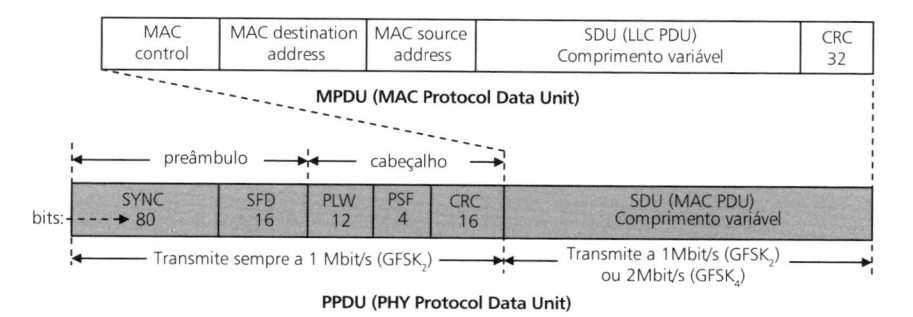

figura 7.9 Unidade de dados do nível físico do FHSS do 802.11 (PPDU).

---
[4] Sobre a técnica de transmissão DSSS, confira também a Seção 2.6.2 do Capítulo 2.

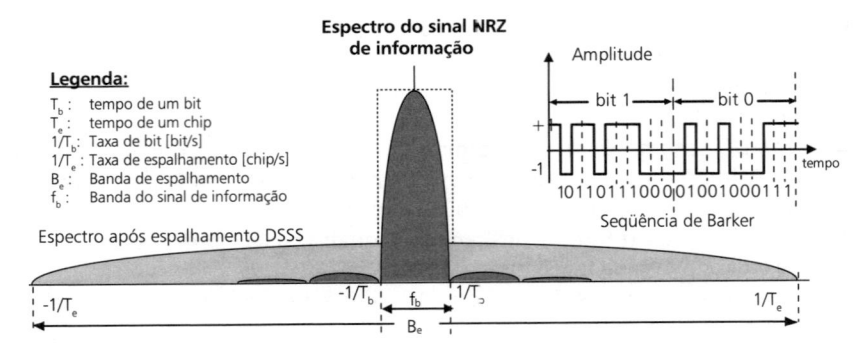

figura 7.10 Transmissão DSSS no padrão IEEE 802.11.

de *chips* (pulsos binários) de tal forma que o bit 0 utiliza o complemento da sequência de chips utilizada para o bit um. O espalhamento do espectro do sinal de informação ocorre de fato, pois, para uma transmissão de 1 Mbit/s, o padrão DSSS do IEEE 802.11 envia uma sequência de 11 M*chip*/s (confira a Figura 7.10).

O padrão DSSS 802.11 (1997) adota para a sequência direta de espalhamento espectral a sequência de *Barker*, que consiste em 11 símbolos e é definida como +1, -1, +1, +1, -1, +1, +1, +1, -1, -1, -1. Assim, quando transmitimos a 1 Mbit/s, estamos sinalizando a uma taxa de 11 M*chip*/s ou 11 Mbaud (confira a Figura 7.10).

Para a transmissão a 1 Mbit/s, é utilizada a modulação DBPSK (*Differential Binary Phase Shift Keying*), enquanto na transmissão a 2 Mbit/s é utilizada a modulação DQPSK (*Differential Quadrature Phase Shift Keying*). Para ambas, a taxa de símbolos é fixa e igual a 1 Mbaud/s. Veja mais detalhes sobre a modulação DBPSK e DQPSK em (Rochol, 2012). A razão entre a taxa de *chip* e a taxa de símbolos define o ganho de processamento (G) do DSSS, que pode ser expresso em dB. No caso do DSSS 802.11, essa razão expressa em dB resulta em

$$G(dB) = 10\log_{10}\left(\frac{R_{chip}}{R_{baud}}\right) = 10\log_{10}11 = 10,4 dB \qquad (7.1)$$

O ganho de processamento de aproximadamente 10,4 dB está um pouco acima do valor mínimo permitido (10 dB) pela FCC para essa faixa de radiofrequência (IEEE 802.11, 2007).

Assim como no FHSS, o DSSS possui um preâmbulo e um cabeçalho de quadro, que sempre são transmitidos a 1 Mbit/s. O quadro possui um campo de *payload* (SDU), no qual é encapsulada a PDU de nível imediatamente superior (MAC PDU). Esse campo pode ser transmitido a 1 Mbit/s ou a 2 Mbit/s, como mostrado na Figura 7.11.

Como no FHSS, no DSSS, antes da transmissão, todos os bits do quadro são embaralhados, empregando o polinômio de *feedback* $G(x)=x^7+x^4+1$. Os diferentes campos do preâmbulo e do cabeçalho são:

| MAC control | MAC destination address | MAC source address | SDU (LLC PDU) Comprimento variável | CRC 32 |

MPDU (MAC Protocol Data Unit)

preâmbulo		cabeçalho			payload
SYNC 128	SFD 16	Sign 8	Serv 8	Lenght 16	CRC 16	SDU (MAC PDU) Comprimento variável

Transmite sempre a DBPSK ──────────── Transmite a DBPSK (1Mbit/s) ou DQPSK(2Mbit/s)

PPDU (PHY Protocol Data Unit)

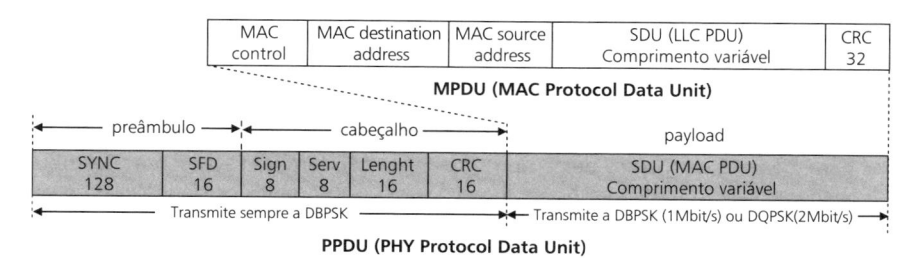

figura 7.11 Quadro DSSS do nível físico do IEEE 802.11.

- SYNC: 128 bits embaralhados, utilizados para sincronismo de bit no receptor. É importante ressaltar que cada bit é representado pela sequência de *Barker* e é esta sequência que é embaralhada;
- SFD (*Start Frame Delimiter*): desempenha a sincronização de quadro e de octeto para o receptor e consiste de 16 bits com os seguintes valores (MSB para LSB[5]): 1111 0011 1010 0000. Transmite-se a partir do bit menos significativo;
- *Sign*: indica qual é a vazão de transmissão dos dados do quadro. A velocidade é calculada pelo valor desse campo multiplicado por 100 kbit/s. O padrão define dois valores obrigatórios para esse campo: 10 (para 1 Mbit/s) e 20 (para 2 Mbit/s);
- *Service*: reservada para uso futuro;
- *Length*: número binário inteiro de 16 bits, sem sinal, indica o tempo, em microssegundos, necessário para a transmissão da PDU;
- CRC_{16} do cabeçalho para garantir a integridade dele. É gerado pelo polinômio $x^{16}+x^{12}+x^5+1$ do ITU.

7.4.3 transmissão por raios infravermelhos difusos

A alternativa para a transmissão sem fio examinada pelo Grupo de Trabalho 802.11 foi o emprego de raios infravermelhos. O comprimento de onda de raios infravermelhos varia de 0,75 a 1000 mícrons, que é maior do que as cores espectrais, mas muito menor do que as ondas de radiofrequência. O padrão define a utilização de radiação infravermelha com comprimento de onda entre 750 e 850 nanômetros (IEEE 802.11, 1997). O ar oferece a menor atenuação para esta faixa de comprimento de onda (VALADAS; TAVARES; DUARTE, 1998).

Neste tipo de rede, um transmissor e um ou mais receptores se comunicam através de um plano de reflexão, que normalmente é o teto. O transmissor envia seus quadros, iluminando o teto. Não deve haver qualquer tipo de obstáculo que seja opaco a raios infravermelhos em relação a algum nodo móvel. Todas as estações devem monitorar o plano de reflexão. Entretanto, não é necessário que as estações móveis estejam alinhadas entre si para se comunicarem: todas se comunicam através do plano de reflexão.

---
[5] MSB para LSB: *Most Significant Bit* para *Least Significant Bit*.

A maior distância entre as estações móveis e o plano de reflexão é de, no máximo, 10 metros (Figura 7.12).

Como nas demais técnicas de transmissão, é possível a transmissão em 1 ou 2 Mbit/s, pois a modulação empregada é 16 PPM (*Pulse Position Modulation*) para 1 Mbit/s e 4 PPM para 2 Mbit/s. O quadro desse tipo de transmissão também apresenta preâmbulo e *header*, que são transmitidos sempre a 1 Mbit/s, enquanto os dados podem ser transmitidos a 1 ou 2 Mbit/s (IEEE 802.11, 1997).

Há, ainda, redes de raios infravermelhos diretos, que não são abordadas pelo padrão 802.11. Nesse tipo de rede, cada nodo deve estar alinhado com o seu vizinho, para quem envia os dados, formando um anel. Apesar de alcançar uma vazão maior, os nodos não possuem mobilidade devido à exigência de alinhamento rígido com seus respectivos pares. Além disso, o feixe de raios infravermelhos pode causar lesão ocular se alguém olhar diretamente para ele.

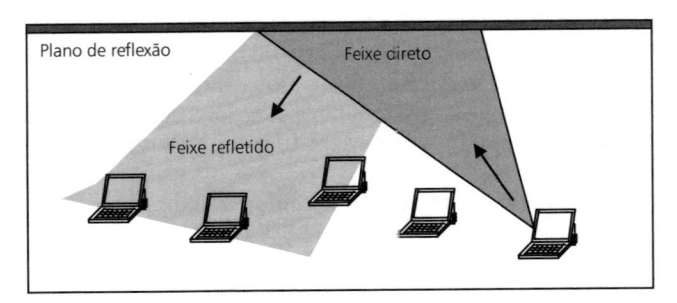

figura 7.12 Transmissão com feixe infravermelho difuso.

7.4.4 o padrão DSSS – IEEE 802.11b

Em 1999 surgiu o padrão IEEE 802.11b, que, além das taxas de 1 e 2 Mbit/s, fornece taxas de 5,5 e 11 Mbit/s utilizando DSSS, associando, porém, 8 chips por bit de informação (IEEE 802.11, 2007.). A norma prevê a alocação de 14 canais de 22 MHz de largura de banda dentro da faixa de 2,402 a 2,483 GHz (confira a Figura 7.13). Desta forma, é possível uma vazão máxima de 33 Mbit/s em um mesmo espaço físico, desde que sejam empregados 3 canais distintos sem sobreposição de espectros e com pontos de acesso distintos.

A FCC (*Federal Communications Commission*) definiu para a operação de redes locais DSSS um total de 14 canais dentro da banda de 2,4 GHz. Cada canal tem uma largura de banda de 22 MHz, porém, a frequência central está separada por apenas 5 MHz dos seus vizinhos, o que caracteriza uma sobreposição dos espectros entre canais adjacentes. A alocação da banda do ISM de 2,4 GHz pelo padrão IEEE 802.11b é resumida assim:

- total de 14 canais com 22 MHz de largura de banda cada;
- espaçamento entre as frequências centrais de canais adjacentes de 5 MHz;

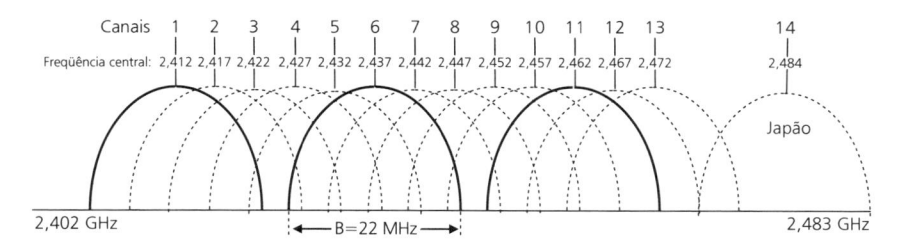

figura 7.13 Canais DSSS na faixa de 2,4 GHz segundo o padrão IEEE 802.11b.

- são possíveis somente três canais sem sobreposição de banda;
- taxas possíveis: 1, 2, 5,5 e 11 Mbit/s por canal;
- vazão total de 33 Mbit/s no mesmo espaço físico, mas por meio de três pontos de acesso distintos e cartões rádio distintos por estação.

Na mesma faixa ISM, o ETSI (Europa) definiu somente nove canais de 22 MHz, enquanto o Japão definiu somente o canal 14. Veja na Tabela 7.4 os índices identificadores e as frequências centrais desses canais. As redes vizinhas podem operar simultaneamente, em um mesmo espaço, se escolherem canais diferentes com uma distância mínima de 30 MHz entre suas frequências centrais. Nos Estados Unidos são utilizados, simultaneamente, em um mesmo espaço geográfico, por exemplo, os canais 1, 6 e 11, enquanto na Europa são privilegiados os canais 1, 7 e 13.

A novidade do padrão 802.11b é o CCK (*Complementary Code Keying*), um novo esquema de modulação, também conhecido como *High-Rate* DSSS, adotado para suplementar o código de Barker do esquema de modulação DSSS do 802.11, de 1 e 2 Mbit/s. O novo código reduz a sequência de 11 para somente 8 chips, o que significa menor espalhamento espectral, porém, maior sensibilidade a interferências, resultando em alcances menores.

Além de usar uma sequência de chips menor, o código CCK possui mais sequências de chip, o que permite codificar mais bits. Assim, a taxa de 11 Mbit/s possui 64 sequências, a de 5,5 Mbit/s conta com 4 sequências, enquanto a sequência de Barker apresenta somente uma sequência de chips. Desta forma, a sequência de chips do CCK atinge taxas de 5,5 e 11 Mbit/s, além de garantir a compatibilidade com as taxas de 1 e 2 Mbit/s anteriores. Veja um resumo dos parâmetros de desempenho do DSSS, como alcance e potência em função da taxa, na Tabela 7.5.

7.4.5 transmissão OFDM em 5 GHz – IEEE 802.11a

Em 1999 surgiu um novo padrão de transmissão, o IEEE 802.11a (IEEE 802.11, 2007). que, além de viabilizar a transmissão na faixa ISM de 5 GHz, introduziu um novo e moderno esquema de modulação, o OFDM (*Orthogonal Frequency Division Multiple-*

tabela 7.4 Frequências centrais dos canais DSSS na faixa de ISM de 2,4 GHz

Identificação do canal	Frequências da FCC	Frequências do ETSI	Frequências do Japão
1	2412 MHz	N/D	N/D
2	2417 MHz	N/D	N/D
3	2422 MHz	2422 MHz	N/D
4	2427 MHz	2427 MHz	N/D
5	2432 MHz	2432 MHz	N/D
6	2437 MHz	2437 MHz	N/D
7	2442 MHz	2442 MHz	N/D
8	2447 MHz	2447 MHz	N/D
9	2452 MHz	2452 MHz	N/D
10	2457 MHz	2457 MHz	N/D
11	2462 MHz	2462 MHz	N/D
12	2467 MHz	N/D	N/D
13	2472 MHz	N/D	N/D
14	2484 MHz	N/D	2484 MHz

N/D: Não disponível
ETSI: *European Telecommunications Standards Institute*

xing). O OFDM é uma técnica de espalhamento espectral na qual o canal é dividido em diversos canais estreitos, chamados subcanais, com a característica de que suas subportadoras são ortogonais entre si (confira a Seção 2.7).

O fluxo de bits a ser transmitido em OFDM é segmentado (paralelizado) em diversos fluxos menores, e cada fluxo modula uma das subportadoras do canal OFDM. Pela ortogonalidade das subportadoras, as interferências mútuas dos espectros de modulação das subportadoras adjacentes se cancelam, conforme mostrado na Figura 7.14. Desta forma é possível dizer que a OFDM é uma espécie de multiplexação FDM em que cada subportadora transmite de forma paralela fluxos de bit menores do que um fluxo

tabela 7.5 Parâmetros de desempenho do DSSS – IEEE 802.11b

Taxa [Mbit/s]	Modulação	Padrão	Chips/bit	Potência [mW]	Alcance [m]
1	DSSS (1997)	legado	11	100	106
2	DSSS (1997)	legado	11	100	76
5,5	DSSS (1999)	802.11b	8	100	55
11	DSSS (1999)	802.11b	8	100	40

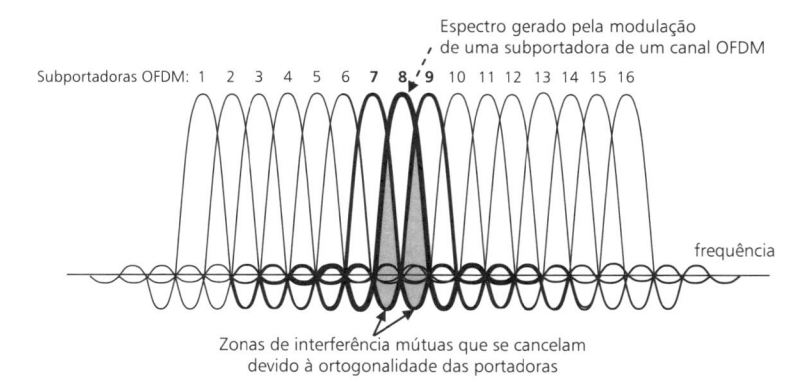

figura 7.14 Subportadoras (16) formando uma transmissão OFDM em um canal.

de bits maior. No receptor, após a demodulação de cada subportadora, os dados são serializados novamente para recuperar o fluxo original.

O padrão IEEE 802.11a utiliza a faixa ISM de 5 GHz e uma normalização de canais nesta banda conhecida como UNII (*Unlicensed National Information Infrastructure*). A UNII definiu 3 bandas na faixa de 5 GHz, cada uma com largura de 100 MHz, numeradas como UNII-1, UNII-2 e UNII-3, cada banda contendo 4 canais OFDM, com 20 MHz de largura de banda cada (veja a Figura 7.15). Entre a UNII-2 e a UNII-3, existe uma banda de reserva com mais 14 canais, prevista para uso futuro.

A UNII também fixou os limites de potência do canal por meio de uma máscara, conforme mostra a Figura 7.15. A potência total em geral é de 50 mW em ambiente tipo *indoor*.

Veja na Tabela 7.6 os principais parâmetros e aplicações relacionados às três bandas UNII. Os limites de interferência entre canais OFDM adjacentes foram fixados no padrão IEEE 802.11a, além da potência máxima que pode ser utilizada em cada faixa.

Você vê na Figura 7.16 a arquitetura de um sistema OFDM - 802.11a no domínio frequência. O sistema utiliza um total de 52 subportadoras (sendo 48 para o tráfego

tabela 7.6 Banda UNII na faixa de 5 GHz para transmissão OFDM do padrão – IEEE 802.11a

Banda 5GHz	Faixa [GHz]	Canais B=20MHz)	Antena	Potência	Aplicação
UNII-1	5,15 a 5,25	4	Antena fixa no rádio	50mW	Indoor
UNII-2	5,25 a 5,35	4	Fixa ou remota	250mW	Indoor/outdoor
UNII-3	5,725 a 5,825	4	fixa (com ganho)	1 W	Indoor/outdoor

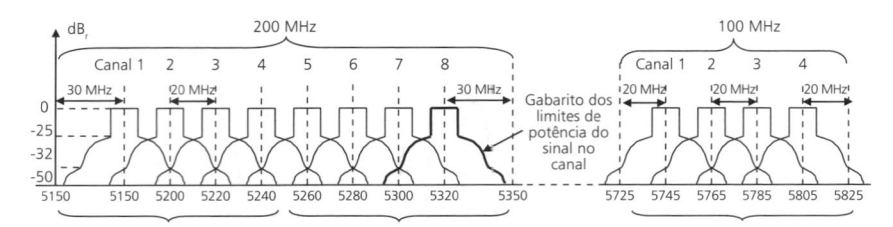

figura 7.15 Canalização nas três bandas UNII (*Unlicensed National Information Infrastructure*) de 5 GHz e limites de potência do sinal por canal.

de dados e quatro reservadas para os pilotos). Os pilotos não são modulados e atuam como referenciais de frequência com a principal função de ajudar na recuperação perfeita dos diversos sinais de sincronismos associados ao sistema. Qualquer *jitter* mais significativo nestes sinais aumenta a interferência mútua do sistema na recepção.

Veja mais detalhes sobre os principais blocos funcionais de um sistema de transmissão OFDM genérico em (ROCHOL, 2012), que apresenta um sistema OFDM segundo blocos funcionais do transmissor e do receptor, e sua inserção em um sistema de comunicação de informação do tipo *peer-to-peer* OSI.

Veja na Tabela 7.7 um resumo dos principais parâmetros que caracterizam um sistema OFDM segundo o padrão IEEE 802.11a.

tabela 7.7 Principais características de um sistema de transmissão OFDM - IEEE 802.11a

Parâmetro	Valor do parâmetro
Largura de banda nominal do canal	B=20 MHz
Largura de banda efetiva	B_e=16,25 MHz
Espaçamento entre subportadoras	Δf=B/N ou Δf=20/64=0,3125 MHz ou 312,5 KHz
Taxa total do canal	12 Mbaud
Período de símbolo efetivo	$Tu = 1/\Delta f = 3,2\ \mu s$
Tempo de guarda (ou prefixo cíclico)	¼ do período de símbolo, ou $Tg = 1/4Tu = 0,8\ \mu s$
Tempo total de um símbolo	Ts=Tu+Tg → Ts= 0,8+3,2 = 4 µs
Taxa de símbolos/portadora	Rs = 1/Ts = 250 Kbaud
Taxa de dados (adaptativa)	6 a 54 Mbit/s
Modulação QAM (adaptativa)	PSK, QPSK, 16QAM e 64QAM
Razão de códigos FEC	Razão entre dados e redundância da FEC: ½, ¾, $^2/_3$
Parâmetros do OFDM - 802.11b	Subportadoras de dados: 48 Subportadoras de banda de guarda: 12 Pilotos: 4 Total de subportadoras: N=64

Características do sistema OFDM do IEEE 802.11a em 5GHz

1- Total de subportadoras: 52
2- Total de subportadoras Piloto: 4
3- Total de subportadoras de Dados 48
4- Espaçamento entre subportadoras: 312,5 kHz

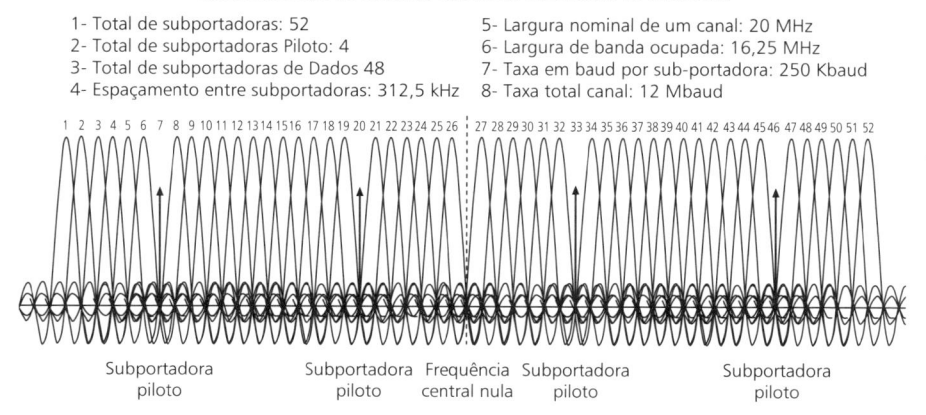

5- Largura nominal de um canal: 20 MHz
6- Largura de banda ocupada: 16,25 MHz
7- Taxa em baud por sub-portadora: 250 Kbaud
8- Taxa total canal: 12 Mbaud

figura 7.16 Detalhes da transmissão de um sistema OFDM em um canal da banda UNII com 20 MHz de largura de banda.

Uma característica importante de um sistema 802.11 é a sua capacidade de adaptar a taxa de modulação das subportadoras e a redundância do código FEC em função da razão sinal-ruído-mais-interferência (S/N+I) observada no canal. Quanto maior for a S/N+I, maior será a vazão de dados, podendo chegar a 54 Mbit/s. Por outro lado, quanto menor for a relação S/N+I, mais robustas devem ser a modulação e a codificação FEC e, neste caso, teremos uma taxa de 6 Mbit/s, conforme a Tabela 7.8.

Este mecanismo é conhecido como ACM (*Adaption Code and Modulation*) e oferece mais confiabilidade aos dados, além de robustez contra os caminhos múltiplos. Observe pela Tabela 7.8 que a taxa de *bauds* do sistema é sempre a mesma e que, para uma mesma potência do sinal, o que varia em função do S/N+I é o código, o tipo de modulação e, portanto, o alcance. O IEEE 802.11a prevê taxas de transmissão que variam de 6 até 54 Mbit/s, associando a cada símbolo de modulação de 1 a 6 bits e usando técnicas como BPSK, QPSK, 16QAM e 64QAM (veja a Tabela 7.8).

Além disso, o padrão 802.11a oferece facilidades de FEC por meio de um código convolucional que, assim como a modulação, pode ser configurado de forma adaptativa, ou seja, com uma razão de código maior (menor redundância) ou menor (maior redundância), em função da razão S/N+I observada no canal.

Veja na Figura 7.17 um exemplo de codificador convolucional do tipo (n, k, m) que associa:

$n = 2$ (bits paralelos na saída)
$k = 1$ (bits paralelos na entrada)
$m = 6$ (número de registradores)

tabela 7.8 vazão adaptativa do 802.11a em função da relação S/N+I do canal

Taxa dados [Mbit/s]	Bits/ baud	Tipo de modu- lação	Razão codifi- cador convo- lução	Taxa entrada codificador	Taxa por subporta- dora [Kbaud]	Taxa total 48 subporta- doras [Mbaud]	Alcance 50 mW [m]
6	1	BPSK	½	12	250	12	50,3 – 91,5
9	1	BPSK	¾	12	250	12	45,7 – 50,3
12	2	QPSK	½	24	250	12	41,2 – 45,7
18	2	QPSK	¾	24	250	12	38,1 – 41,2
24	4	16QAM	½	48	250	12	33,5 – 38,1
36	4	16QAM	¾	48	250	12	27,4 – 33,5
48	6	64QAM	²/₃	72	250	12	21,3 – 27,4
54	6	64QAM	¾	72	250	12	14 – 18,3

Além desses parâmetros do código convolucional, são definidos ainda uma razão de código, $r = k/n = 1/2$, e um comprimento de bits limitantes L, $L = k.m = 6$.

7.4.6 transmissão OFDM em 2,4 GHz - IEEE 802.11g

Em abril de 2003, o WG 802.11 lançou um novo padrão de transmissão para WLANs conhecido como IEEE 802.11g (IEEE.802.11, 2C07)., que previa a transmissão OFDM na faixa de 2,4 GHz com taxas que chegavam até 54 Mbit/s, idêntico ao utilizado pelo padrão IEEE 802.11a.

O padrão também previa a compatibilidade retroativa com o padrão IEEE 802.11b, de 5,5 e 11 Mbit/s, com codificação CCK (*Complementary Code Keying*) e transmissão DSSS. Além disso, foi introduzido no padrão um novo esquema de codificação, o PBCC (*Packet Binary Convolutional Code*), utilizado com o DSSS, e taxas de transmissão que alcançavam 22 e 33 Mbit/s. Mesmo que o padrão 802.11g operasse na mesma faixa de 2,4 GHz do

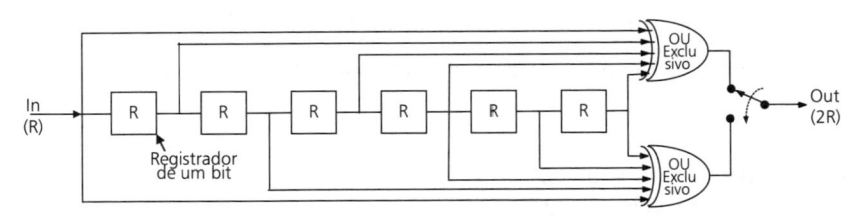

figura 7.17 Exemplo de codificador convolucional com k=6 e razão de código ½.

802.11b, ele oferecia taxas maiores devido ao OFDM, mas estava sujeito também nesta faixa a maiores níveis de interferência, próprios dessa faixa. A canalização adotada pelo padrão é a mesma utilizada pelo padrão 802.11b e você pode conferi-la na Figura 7.13.

7.4.7 transmissão MIMO em WLANs – IEEE 802.11n (2009)

A técnica de transmissão MIMO (*Multiple Input Multiple Output*) visa a um aumento na vazão da rede por meio de múltiplas interfaces físicas com duas ou mais antenas, cada uma transmitindo uma parcela do fluxo total de dados, caracterizando, portanto, uma multiplexação espacial. Veja mais detalhes sobre a tecnologia MIMO na Seção 2.2.5.

Em 2007, o IEEE 802.11 apresentou o seu primeiro *draft* (rascunho) sobre a aplicação da técnica MIMO em redes 802.11. Em 2009, esse *draft* deu origem ao padrão IEEE 802.11n, que, em 2012, foi integrado ao padrão IEEE 802.11 de 2012 (IEEE 802.11, 2012).

As especificações técnicas do MIMO do IEEE 802.11n, entre outras, incluem a utilização de até quatro antenas, o que assegura, no caso mais favorável, até 4 fluxos espaciais e uma taxa máxima de 600 Mbit/s. A técnica pode ser utilizada tanto na faixa ISM de 2,5 e 5 GHz, em canais que podem ter 20 ou 40 MHz de largura de banda (Tabela 7.3). Considerando um único fluxo espacial, podemos ter para um canal de 20 MHz taxas que variam de 7,2 a 72,2 Mbit/s e, para um canal de 40 MHz, taxas de 15 a 150 Mbit/s.

O padrão relaciona as diferentes taxas possíveis a um índice de modulação e codificação chamado MCI (*Modulation and Coding Index*) que é independente da largura de banda do canal (20 ou 40 MHz) e do GI (*Guard Interval*), que pode ser de 400 ou 800 ns. Veja na Tabela 7.9 os 32 MCIs definidos pela norma e suas respectivas taxas em função do tipo de modulação, da razão de código e do número de fluxos espaciais MIMO, considerando um canal de 40 MHz e um GI=400 ns.

As placas de rede Wi-Fi 802.11n são compatíveis "para trás" (*backward compatible*) com as placas de rede Wi-Fi tipo 802.11a, b, g, o que assegura ao padrão 802.11n uma total interoperabilidade com qualquer outro padrão físico.

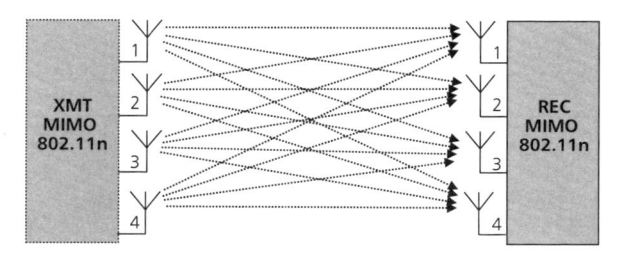

figura 7.18 Sistema MIMO com 4 fluxos espaciais, padrão 802.11n.

tabela 7.9 Taxas de transmissão do 802.11n em função do número de fluxos espaciais, do tipo de modulação e da razão de código, considerando um canal de 40MHz

No. fluxos espaciais	Tipo de modulação e razão de código							
	BPSK 1/2	QPSK 1/2	QPSK 3/4	16QAM 1/2	16QAM 3/4	64QAM 2/3	64QAM 3/4	64QAM 5/6
	(MCI) (*Modulation and Coding Index*) e **Taxa [Mbit/s]** para canal de 40 MHz e GI=400ns							
1	(0)* 15	(1) 30	(2) 45	(3) 60	(4) 90	(5) 120	(6) 135	(7) 150
2	(8) 30	(9) 60	(10) 90	(11) 120	(12) 180	(13) 240	(14) 270	(15) 300
3	(16) 45	(17) 90	(18) 135	(19) 180	(20) 270	(21) 360	(22) 405	(23) 450
4	(24) 60	(25) 120	(26) 180	(27) 240	(28) 360	(29) 480	(30) 540	(31) 600

*O número entre parênteses indica a ordem de MCI.

7.5 ⋯→ o nível MAC do IEEE 802.11

A subcamada MAC (*Medium Access Control*) do nível de enlace é responsável pelo acesso controlado das estações ao canal de comunicação de uma rede de computadores. O problema a ser resolvido em WLANs é a alocação ordenada de um recurso, isto é, o canal de RF, entre diversos competidores, ou seja, as estações. Essa alocação em redes de computadores é tipicamente dinâmica, pois os métodos estáticos utilizam de forma ineficiente a largura de banda para o tráfego de dados. Além disso, os dados se apresentam normalmente em rajadas discretas e assíncronas. Veja na Figura 7.19 a arquitetura de protocolos do IEEE 802.11, com seus diferentes blocos funcionais e sua

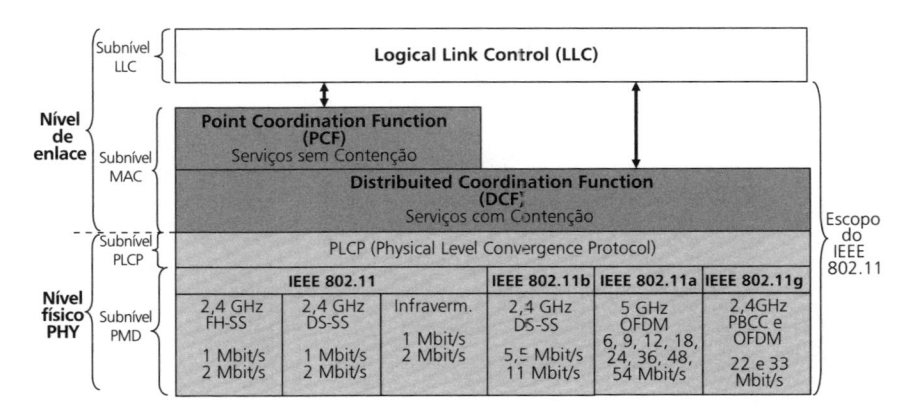

figura 7.19 Os níveis PHY e MAC do IEEE 802.11.

inserção hierarquizada no MR-OSI. A subcamada MAC está localizada imediatamente abaixo da subcamada LLC, com a qual interage na busca das aplicações (PRANGE; ROCHOL, 1998a).

A subcamada MAC para redes locais sem fio compartilha inúmeras propriedades com as subcamadas MAC de redes fixas. De fato, o Grupo de Trabalho 802.11 define que a subcamada MAC de redes sem fio deve interagir corretamente com a subcamada LLC (*Logic Link Control*) e os níveis superiores. Em outras palavras, espera-se que a nova subcamada MAC seja capaz de funcionar corretamente com protocolos de níveis superiores já existentes. Além disso, a subcamada MAC 802.11 terá de utilizar os recursos de forma eficiente e garantir que os atrasos envolvidos na comunicação atendam tanto os serviços determinísticos (voz e vídeo) quanto os não determinísticos (navegação Web).

A estrutura de dados utilizada na subcamada MAC são os quadros MAC, que podem ser de três tipos: quadros de dados, quadros de controle e quadros de gerenciamento. Essas três categorias de quadros estão divididas em diversos subtipos (conforme a Tabela 7.10). Desta forma, temos 25 tipos de quadros MAC utilizados na elaboração das funções e dos serviços oferecidos pela subcamada MAC à subcamada LLC do nível de enlace do padrão 802.11.

Veja na Figura 7.20 a estrutura de um quadro típico do nível MAC, com os seus principais campos sendo:

FC - *Frame Control* é um campo composto de 2 bytes contendo diversos subcampos, conforme tabelados no quadro da Figura 7.20.

D/I – *Duration* ou *Connection Identifier*. Quando usado como *duration*, indica quanto tempo (em microssegundos) o canal será usado para transmitir esse quadro MAC. Em alguns quadros de controle, o campo pode conter um identificador de conexão.

Octetos	FC 2	D/I 2	End 1 6	End 2 6	End 3 6	SC 2	End 4 6	QoS 2	HT 4	Payload 0 a 2312	FCS 4

Cabeçalho quadro MAC

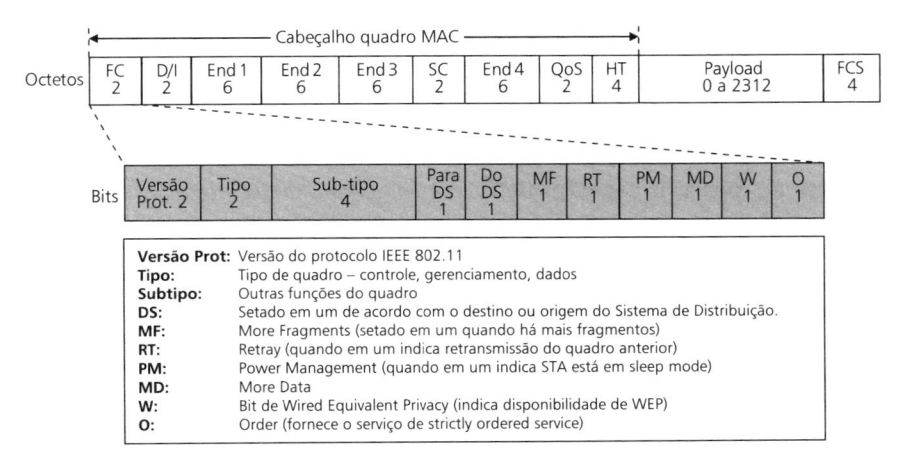

Bits	Versão Prot. 2	Tipo 2	Sub-tipo 4	Para DS 1	Do DS 1	MF 1	RT 1	PM 1	MD 1	W 1	O 1

Versão Prot: Versão do protocolo IEEE 802.11
Tipo: Tipo de quadro – controle, gerenciamento, dados
Subtipo: Outras funções do quadro
DS: Setado em um de acordo com o destino ou origem do Sistema de Distribuição.
MF: More Fragments (setado em um quando há mais fragmentos)
RT: Retray (quando em um indica retransmissão do quadro anterior)
PM: Power Management (quando em um indica STA está em sleep mode)
MD: More Data
W: Bit de Wired Equivalent Privacy (indica disponibilidade de WEP)
O: Order (fornece o serviço de strictly ordered service)

figura 7.20 Estrutura de um quadro MAC do IEEE 802.11.

End – Endereços: O número, o sentido e o tipo de endereço dependem do contexto. Inclui tipos de endereços, como endereço da fonte e destino, endereço da estação de transmissão e de recepção, além de outros.

SC - *Sequence Control* – Contém dois campos: um campo de 12 bits que contém o número de sequência dos quadros trocados entre um transmissor e um receptor, e mais um subcampo de 4 bits que contém o número do fragmento. Esse número fornece informação para a fragmentação e a remontagem de quadros.

QoS – *Quality of Service* – Este campo de 16 bits identifica a TC (*Traffic Category*) ou o TS (*Traffic Stream*) ao qual o quadro pertence, além de outras informações relacionadas com QoS. O campo de controle de QoS está presente em todos os quadros de dados com exigências especiais de QoS.

HT - *High Throughput* – Este campo de 4 octetos está sempre presente em quadros como quadros de controle tipo envelope, quadros de dados e alguns tipos de quadros de gerência.

Frame Body - Corpo do Quadro – É um campo de comprimento variável que pode ser uma MSDU (*MAC Service Data Unit*) que, por sua vez, pode conter um quadro LPDU (*LLC Protocol Data Unit*) ou um quadro MCI (*MAC Control Information*).

FCS: *Frame Check Sequence*: CRC de 32 bits que se estende sobre todo o cabeçalho e corpo do quadro para verificar a integridade do quadro no receptor.

Observe que o campo de controle (FC), logo no início do quadro, apresenta seis bits que qualificam os quadros por meio de um campo de *Type* (2 bits) em quadros: de dados, controle e gerenciamento. Pelo campo de *Subtipo* (4 bits), são definidos ao todo 11 quadros de gerenciamento, seis quadros de controle e oito quadros de dados, em um total de 25 quadros MAC (veja a Tabela 7.10).

7.5.1 protocolos de acesso MAC do 802.11

Uma das principais funções do MAC é o controle de acesso ordenado das estações ao canal de comunicação. A primeira tentativa para definir um protocolo de acesso (MAC) para redes WLAN foi centrada no protocolo já consolidado de redes locais (LANs) do tipo Ethernet, conhecido como CSMA/CD (*Carrier Sense Multiple Access with Collision Detect*) (PRANGE; ROCHOL, 1998b). Nesse protocolo, a estação inicialmente ouve ou sente o meio (canal) e, se não houver alguém transmitindo, inicia a transmissão, porém simultaneamente monitora o canal para ver se não houve alguma colisão com outra transmissão. O mecanismo de detecção de colisão nesse protocolo é fundamental para o seu correto funcionamento.

Quando se quer adaptar esse protocolo ao ambiente de WLANS, surgem duas dificuldades: 1) é impossível a implementação física de um detector de colisão, pois a estação, quando transmite, não tem condições de monitorar a portadora no receptor, e 2) as diferentes configurações topológicas dos terminais não permitem determinar

tabela 7.10 Tipos de quadros MAC e subtipos

Quadro	Campo de tipo	Campo de subtipo	Descrição
11 quadros de gerenciamento	00	0000	Association Request
	00	0001	Association Response
	00	0010	Reassociation Request
	00	0011	Reassociation Response
	00	0100	Probe Request
	00	0101	Probe Response
	00	1000	Beacon
	00	1001	Announcement of traffic indication
	00	1010	Dissociation
	00	1011	Authentication
	00	1100	Deauthentication
6 quadros de controle	01	1010	Power save – poll
	01	1011	Request to Send
	01	1100	Clear to Send
	01	1101	Acknowledgment
	01	1110	Contention-free-end (CF)
	01	1111	CF-end + CF-ack
8 quadros de dados	10	0000	Data
	10	0001	Data + CF-ack
	10	0010	Data + CF-poll
	10	0011	Data + CF-ack + CF-poll
	10	0100	Null function (no data)
	10	0101	CF-ack (no data)
	10	0110	CF-poll (no data)
	10	0111	CF-ack + CF-poll (no data)

com segurança se duas estações estão livres para transmitir. A estratégia adotada para contornar esses problemas foi tentar evitar as colisões, ou seja, um protocolo do tipo CSMA/CA (*Carrier Sense Multiple Access with Collision Avoidance*).

Duas estratégias de controle de acesso foram definidas:

1. Transmissão dos dados com confirmação (ACK) pelo receptor
2. Transmissão dos dados utilizando uma sequência de primitivas como RTS (*Request To Sent*), CTS (*Clear To Sent*), seguido dos dados e um ACK (*Acknowledgement*)

Veja na Figura 7.21 a sequência das primitivas de controle das duas estratégias, considerando uma estação A (transmissora) e uma estação B (receptora).

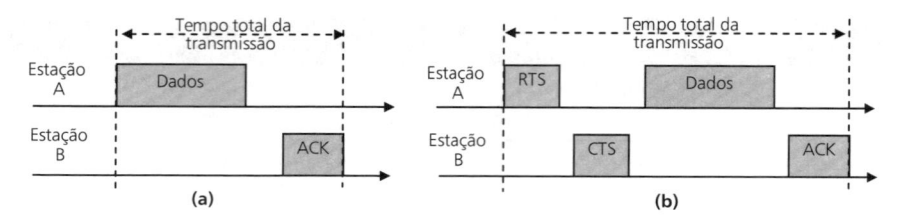

figura 7.21 Transmissão de quadros de dados no IEEE 802.11: (a) transmissão com confirmação (ACK) simples e (b) transmissão com troca sequencial de RTS/CTS Dados e ACK.

Na primeira estratégia, o transmissor, ao detectar o canal livre, envia os dados sem ter condições de determinar se houve colisão enquanto enviava os dados. Esta tarefa é delegada ao receptor, que deverá confirmar positivamente o recebimento correto de um quadro de dados pela da transmissão de um quadro de controle de confirmação, denominado quadro ACK (Figura 7.21a). O não recebimento de um quadro ACK pelo transmissor indica que houve algum erro, isto é, o não recebimento do ACK não significa necessariamente que houve colisão. Essa estratégia simples de acesso é eficiente quando se transmite pacotes de dados pequenos (baixa probabilidade de colisão), porém é pouco eficiente com pacotes de dados muito grandes, tendo em vista a maior probabilidade de colisão.

Na segunda estratégia de acesso, é utilizado um mecanismo de troca de quadros de controle do tipo RTS e CTS entre transmissor e receptor, antes do envio do quadro de dados (Figura 7.21b). Esse mecanismo reduz a probabilidade de ocorrência de colisões. O transmissor envia ao receptor o quadro RTS indicando que possui quadros para transmitir. O receptor responde que está livre para receber, retornando o quadro CTS. Novamente, o não recebimento do quadro CTS pelo transmissor indica que houve algum erro. Mas, por serem quadros de tamanho reduzido, a probabilidade de que a causa do erro seja uma colisão é menor.

Além disso, os quadros CTS e RTS informam às demais estações o tempo total de duração da transmissão, que termina com a transmissão do quadro ACK pela estação receptora dos dados. Todas as estações dentro do raio de transmissão, tanto da estação transmissora quanto da receptora, escutam pelo menos um dos quadros RTS ou CTS e, portanto, sabem quando será o final da transmissão e se abstêm de transmitir.

O mecanismo resolve também o chamado **problema do terminal escondido**, representado na Figura 7.22. Vamos supor que C e B estão se comunicando e que A deseja transmitir para B. Quando as estações C e B efetuarem a troca RTS/CTS, a estação A ouve o quadro CTS enviado pela estação B, postergando o envio de seus dados de A a B, até que a transmissão de C com B esteja concluída.

Outro problema resolvido pelo mecanismo da troca de RTS e CTS entre estação transmissora e receptora é o chamado problema do terminal exposto, mostrado na Figura 7.23. O problema é: a partir do momento em que as estações C e D completarem a

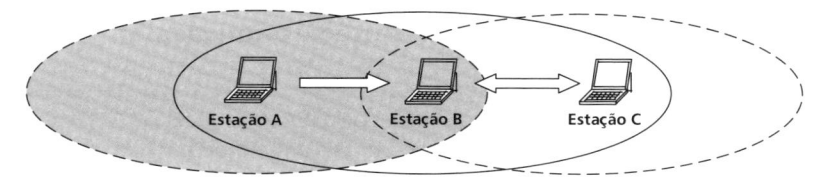

1 - Estação C está transmitindo para B;
2 - Estação A quer transmitir para B, não tem como saber que B esta ocupado;
3 - Estação A ao transmitir interfere na transmissão de C para B (C escondido para A).

figura 7.22   O problema do terminal escondido.

troca RTS/CTS, a estação B não pode transmitir nem receber dados, pois ela não enviará de volta um quadro CTS. No entanto, a estação B poderia transmitir para a estação A, independentemente da comunicação da estação C para D. Essa transmissão paralela de B→A só poderá ocorrer se não provocar interferência na transmissão de C→D. Essa situação é particularmente importante em arquiteturas de WLANs do tipo *ad hoc* (Seção 7.3.3).

A partir das necessidades apontadas anteriormente em relação aos protocolos de acesso em WLANs, foram definidas pelo padrão 802.11 duas funções no nível MAC, que permitem a elaboração de dois tipos de protocolos de acesso, levando em conta as exigências dos serviços. O primeiro é a função DCF (*Distributed Control Function*), que atende principalmente serviços não determinísticos, com base em um algoritmo de contenção conhecido como CSMA/CA (*Carrier Sense Multiple Access with Collision Avoidance*). O DCF é utilizado principalmente em aplicações assíncronas não sensíveis a atraso (p. ex., navegação Web). O segundo é a função PCF (*Point Control Function*), em que o controle de acesso é centralizado no AP e o tempo de acesso é determinístico, com base em um protocolo do tipo *poll-select*. Esse tipo de acesso é utilizado principalmente em aplicações determinísticas ou síncronas, como VOIP e vídeo. O acesso por contenção (DCF) é obrigatório em qualquer estação, já o acesso por *polling* (PCF) é opcional. Uma WLAN pode operar também segundo duas fases que se alternam: ora uma fase DCF, ora uma fase de PCF, dependendo da configuração da WLAN.

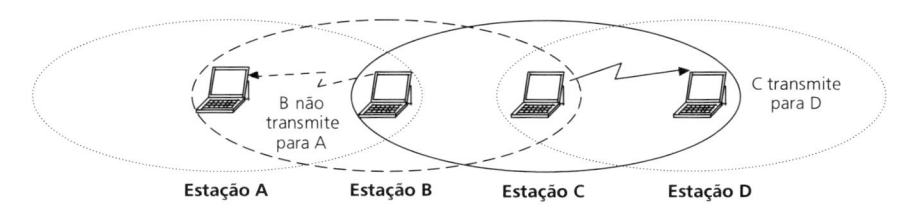

figura 7.23   O problema do terminal exposto.

7.5.2 tempos de escuta de uma estação e prioridade

O acesso de uma estação por DCF significa que o controle do acesso das estações à WLAN é feito de forma centralizada, geralmente pelo ponto de acesso (AP). Para o bom funcionamento desse controle, é necessário um mecanismo de prioridade de acesso para evitar que duas estações em um processo de comunicação segundo a sequência RTS-CTS-Dados-ACK sejam interrompidas por outra estação que pede acesso ao canal.

Uma estação que queira transmitir inicialmente deve "ouvir o canal" durante certo tempo, para ver se ele está livre. Portanto, uma estação X que tiver um tempo de escuta menor que uma estação Y terá precedência no acesso ao canal em relação a Y. Logo, a duração deste período de escuta define a prioridade de acesso ao canal de uma estação.

Esta priorização é aplicada para não haver quebra da sequência de transmissão RTS--CTS-Dados-ACK (Figura 7.21b) entre duas estações. O tempo de espera nesta sequência foi definido como SIFS (*Short Inter frame Space*), isto é, o menor tempo de espera, o que assegura às estações de transmissão e recepção envolvidas que não haverá quebra da sequência de transmissão por parte de uma terceira.

Já uma estação que queira acessar o canal deverá esperar (escutar) durante um período DIFS (*DCF Interframe Space*) que é maior do que SIFS e, portanto, as estações com SIFS terão precedência sobre uma estação DIFS. Um terceiro tempo de escuta foi definido, o PIFS (*PCF Interframe Space*), cujo valor deve ficar entre o SIFS e o DIFS, assim, um AP, por exemplo, consegue mandar um quadro de controle que tenha uma prioridade maior que o acesso normal por DIFS. A relação entre os três tempos de escuta é

$$SIFS < PIFS < DIFS \qquad (7.1)$$

Logo, podemos dizer que a prioridade das estações que estão em uma sequenciação de dados é maior que o pedido de acesso de um AP para enviar um quadro de controle (*beacon*), que sinaliza a mudança de fase de acesso DCF (*contention*) para uma fase de PCF (*polling*). Da mesma forma, a prioridade de acesso do AP para enviar um quadro de controle é maior que o acesso de uma estação ao canal durante a fase de contenção (DCF). Veja na Figura 7.24 a relação entre esses três tempos de espera (LAYLAND, 2004).

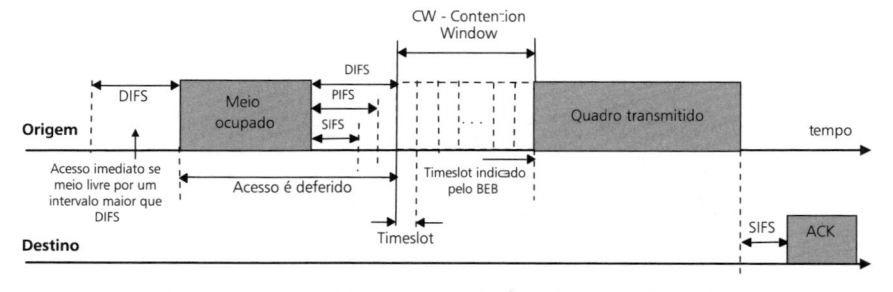

figura 7.24 Relação entre os tempos de espera (escuta) que definem a prioridade de uma estação em um acesso básico.

7.5.3 o acesso por DCF (*Distributed Coordination Function*) com contenção

A função DCF (*Distributed Coordination Function*) define um protocolo básico de acesso ao canal conhecido como CSMA/CA que deve ser implementado obrigatoriamente em todas as estações. A função DCF coordena a aplicação do algoritmo CSMA/CA e o procedimento de *backoff* (espera adicional) a ser realizado quando o canal estiver ocupado.

Durante o período de execução do DCF (também denominado período de contenção), uma estação deve ouvir o canal por um período DIFS para determinar se o canal está ocupado. Se estiver, a estação espera o final da transmissão e, em seguida, executa o procedimento de *backoff*, que define um tempo aleatório que a estação deverá esperar antes de tentar transmitir novamente. Se o canal estiver livre após esse tempo, a estação pode iniciar a transmissão pelo envio de um quadro RTS ou de um quadro de dados (Figura 7.25).

A condição de "canal livre" depende da correta detecção de portadora por ambas as estações. Para aumentar a confiabilidade deste processo, é utilizado um mecanismo físico e um mecanismo virtual. O **mecanismo físico** funciona somente quando a estação estiver em recepção. O **mecanismo de detecção virtual** é implementado por um temporizador-decrementador denominado NAV (*Net Allocation Vector*). Somente quando o valor do temporizador NAV for zero, a estação tem o direito de transmitir. O valor deste temporizador representa a duração da atual sequência de transmissão. Essa informação é disseminada pelos quadros: RTS, CTS e dados (PRANGE; ROCHOL, 1998a).

Supondo, por exemplo, uma transmissão de A para B (Figura 7.26), os quadros RTS e dados contêm a informação do NAV e a disseminam para as estações dentro do raio de alcance da estação transmissora A. Já o quadro CTS dissemina o parâmetro NAV para as estações dentro da área de transmissão da estação B. Desta forma podemos evitar que os terminais X, Y, S e T sejam prejudicados com a transmissão entre A e B.

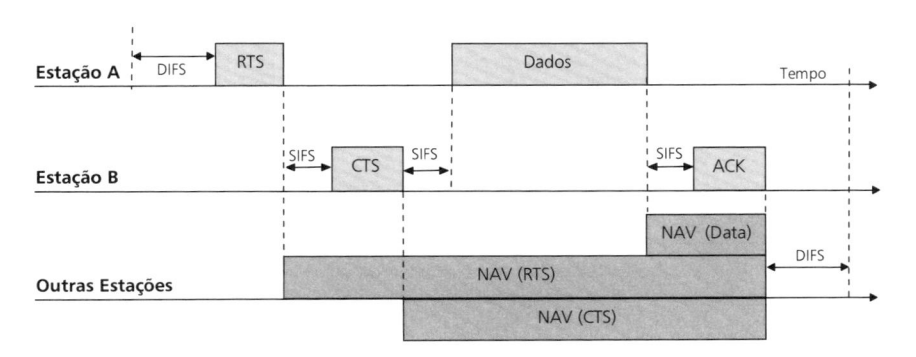

figura 7.25 Acesso por troca de RTS e CTS e indicação do parâmetro NAV por quadro.

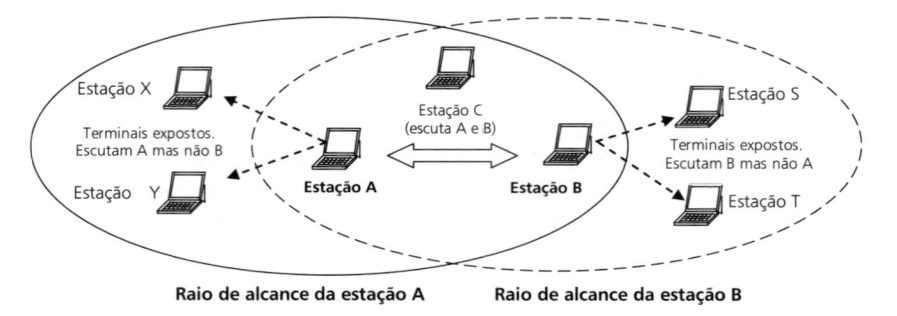

figura 7.26 Abrangência geográfica do alcance de uma transmissão entre duas estações, A e B.

Portanto, se uma estação possui seu temporizador NAV em zero e seus mecanismos físicos assinalam que o canal está livre por um período igual ou maior a DIFS, ela pode transmitir imediatamente. Se o destinatário receber o quadro de dados corretamente, ele transmite um quadro ACK após o intervalo de tempo SIFS (*Short Interframe Space*). Note que o quadro de confirmação é enviado sem o receptor escutar o canal. Se o quadro de confirmação não for recebido, o transmissor presume que o quadro de dados foi perdido e uma retransmissão é planejada.

Quando houver fragmentação de um quadro, os fragmentos de dados e o ACK informam o tempo de ocupação do canal até o f nal do próximo fragmento, conforme ilustrado na Figura 7.27.

Com a informação de duração da sequência, as estações atualizam o seu NAV. O NAV nunca deve ser ajustado para um valor inferior: se a estação possuir um valor menor do que o amostrado por NAV, ela deve ignorá-lo Os quadros que a estação ouve e dos

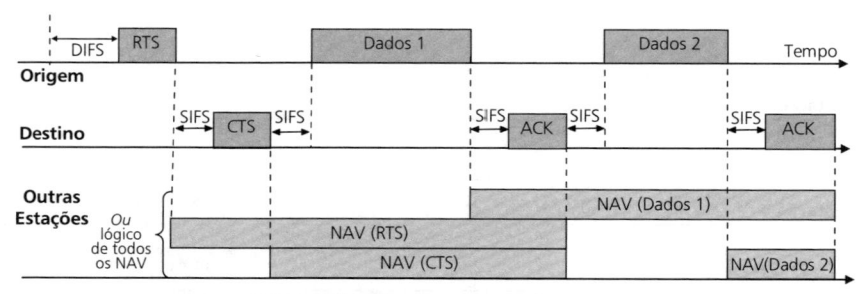

figura 7.27 Exemplo de atualização do NAV quando um quadro é dividido em dois fragmentos de dados.

quais colhe a duração da sequência de transmissão atual são diretamente endereçados para os participantes daquela transmissão, e não necessariamente para ela mesma. São quadros destinados a outras estações, divulgando por quanto tempo uma sequência de transmissão pretende ocupar o canal (LAYLAND, 2004).

Portanto, se uma estação possui seu temporizador NAV em zero e seus mecanismos físicos assinalam que o canal está livre por um período igual ou maior a DIFS, ela pode transmitir quadros. Se a estação deve reservar antes o canal por meio de uma troca RTS/CTS ou enviar o quadro de dados diretamente, é uma decisão a ser tomada com base no valor do objeto gerenciável da MIB - MAC *RTS_Threshold*. Caso decida enviar o quadro de dados diretamente (isto é, o tamanho do quadro de dados é menor que *RTS_Threshold*), a estação aplicará o modo de transmissão conhecido como acesso básico (BA – *Basic Access*)– confira a Figura 7.21(a). Se o destinatário receber o quadro de dados corretamente, ele transmite um quadro ACK após o intervalo de tempo SIFS (*Short Interframe Space*). Note que o quadro de confirmação é enviado sem o receptor escutar o canal. Se o quadro de confirmação não for recebido, o transmissor presume que o quadro de dados foi perdido e uma retransmissão é planejada.

7.5.4 algoritmo de *backoff* exponencial CSMA/CA

O algoritmo de *backoff* exponencial CSMA/CA disciplina o acesso de múltiplos usuários ao canal de comunicação de uma WLAN 802.11. O procedimento de *backoff* (tempo de espera aleatório) impede que as estações transmitam no momento de maior probabilidade de que haja uma colisão: o final de uma sequência de transmissão, isto é, ao término do envio do quadro ACK. A estação que deseje transmitir quadros, sejam eles de gerenciamento ou de dados, deve verificar primeiro se o canal está livre. Caso não esteja, ela deve aguardar o final da atual sequência de transmissão e mais um tempo fixo de DIFS. Após o tempo de DIFS, a estação precisa esperar mais um tempo aleatório, indicado pelo algoritmo de *backoff*. Veja na Figura 7.28 o seu funcionamento esquematizado em um fluxograma.

O tempo de espera aleatório de *backoff* é calculado em unidades de *time slots*. *Time slot* é um tempo fixo definido na MIB do AP e leva em conta a propagação máxima na rede. Os valores típicos estão entre 0,5 e 1μs, dependendo do alcance da rede. Definimos o tempo de espera como

$$\text{Tempo de espera ou backoff} = N_{aleatório} \text{ [time slots]} \quad (7.2)$$

Nesta expressão, $N_{Aleatório}$ é um número escolhido aleatoriamente no intervalo [0, *CW*], em que *CW* (*Contention Window*) é a janela de contenção, calculada a partir da seguinte expressão binária exponencial:

$$CW = 2^{3+i} - 1 \quad (7.3)$$

Nesta expressão, *i* representa o número de colisões já verificadas. O valor mínimo de *CW* corresponde à primeira transmissão, quando i = 0 e, portanto, $CW_{mín}$ = 7. Já o va-

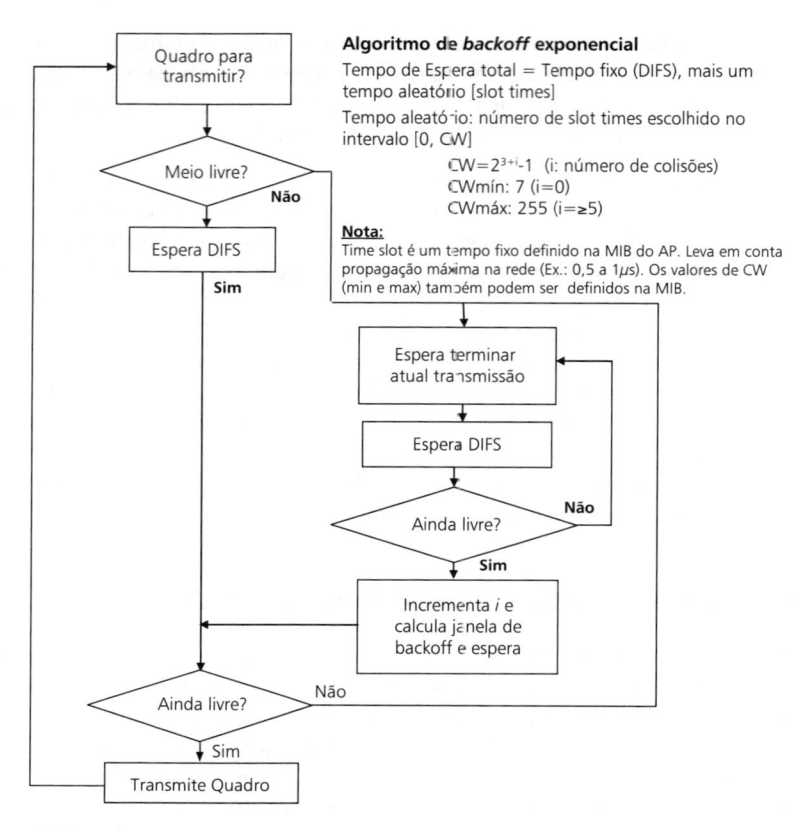

figura 7.28 Fluxograma para a transmissão de um quadro MAC no CSMA/CA.

Algoritmo de *backoff* exponencial
Tempo de Espera total = Tempo fixo (DIFS), mais um tempo aleatório [slot times]
Tempo aleatório: número de slot times escolhido no intervalo [0, CW]
$CW = 2^{3+i} - 1$ (i: número de colisões)
CWmín: 7 (i=0)
CWmáx: 255 (i≥5)

Nota:
Time slot é um tempo fixo definido na MIB do AP. Leva em conta propagação máxima na rede (Ex.: 0,5 a 1μs). Os valores de CW (min e max) também podem ser definidos na MIB.

lor máximo de CW corresponde a $i \geq 5$, ou seja, $CW_{máx} = 255$. Portanto, para qualquer transmissão após a quinta colisão, CW é fixado em 255. Os valores de CW (mínimo e máximo) também podem ser definidos na MIB do AP. Veja na Tabela 7.11 os valores de *i* em relação ao CW e aos limites do intervalo dentro do qual será escolhido de forma aleatória o valor do *backoff*, em unidades de *time slots* de espera (LAYLAND, 2004).

Na primeira vez em que a estação entrar no procedimento de *backoff*, ela determinará para CW o valor 7 e escolherá o valor de *backoff* no intervalo de [0 a 7]. Nas próximas tentativas, CW deverá ser calculado conforme a expressão (7.3) ou o valor da Tabela 7.11, que aproximadamente duplica o valor do CW anterior. No entanto, o valor de CW não cresce indefinidamente: a partir da quinta tentativa de retransmissão, o CW é fixo e igual a 255 (STALLINGS, 2005).

Uma estação deve entrar em um procedimento de *backoff* quando:

a Estiver pronta para transmitir e o canal estiver ocupado (tanto pelo mecanismo de detecção de ocupação física quanto virtual (NAV))

tabela 7.11 Parâmetros do algoritmo BEB (*Binary Exponencial Backoff*) do IEEE 802.11		
Número de colisões (i)	CW (*Contention Window*)	Intervalo [0, CW]
0	7 (mínimo)	[0, 7]
1	15	[0, 15]
2	31	[0, 31]
3	63	[0, 63]
4	127	[0, 127]
5	255 (máximo)	[0, 255]
6	255 (máximo)	[0, 255]
...	...	...
n	255 (máximo)	[0, 255]

b O tempo de *time-out* de recebimento do quadro CTS já tiver transcorrido

c Ao expirar o tempo de *time-out* de recebimento do quadro ACK

Este procedimento de *backoff* e o método de acesso CSMA/CA formam o protocolo DCF, política empregada para a transmissão de dados com contenção. O período de execução do DCF, porém, pode ser limitado em redes estruturadas e alternado com períodos livres de contenção, comandado pela função PCF, detalhada a seguir.

7.5.5 o acesso por PCF (*Point Coordination Function*) com polling

A função PCF (*Point Coordination Function*) do MAC executa os mecanismos que possibilitam a transmissão de dados livre de colisão. Durante o período de execução de PCF, surge o papel do ponto de acesso (AP – *Access Point*), que centralizará todas as ações, terá uma prioridade maior de acesso ao meio e aplicará uma rotina de *polling* para as estações com PCF de um BSA. O AP deve ser implementado somente junto a pontos de acesso de redes estruturadas. No entanto, nem sempre em redes estruturadas um período PCF vai ocorrer de fato: o AP deve estar configurado para comandar um PCF cuja duração não seja nula.

Nem todas as estações programam obrigatoriamente as regras de acesso ao canal por PCF. Entretanto, todas as estações são capazes de obedecer naturalmente às regras de acesso ao canal do PCF, porque estas regras estão baseadas em DCF. É uma opção de a estação ser capaz de responder a um quadro de *poll* recebido do AP. As estações que respondem a quadros de *poll* do AP são denominadas estações-PCF.

A primeira tarefa do AP consiste em adquirir o acesso ao canal pela utilização dos mecanismos de detecção virtual e físico, esperando um tempo menor (PIFS) que as

tabela 7.12 Subtipos de quadros MAC durante a execução de PCF

Tipo do quadro	Usado quando
Dados	há quadros de dados para o destino
CF_POLL	o destino é a próxima estação a ser convidada a transmitir
CF_ACK	o AP precisa confirmar o recebimento de um quadro
CF_END	o AP decide terminar com o período PCF

demais estações (DIFS) sem quebrar as sequências de transmissão. Após obter licença para transmitir, o AP deve enviar um quadro *beacon* que informará às estações do respectivo BSA qual será a duração máxima desse período livre de contenção e quando se iniciará o próximo período. Quadros *beacon* são gerados periodicamente e sempre conterão estas informações (confira a Figura 7.29).

Cada estação-PCF deverá ajustar o valor de NAV ao valor de duração do atual período livre de contenção. Portanto, durante o período livre de contenção, o mecanismo de detecção virtual de portadora das estações-PCF sempre indica que o meio está ocupado. Desta forma, as estações ignorarão o mecanismo virtual para transmitir, atendo-se apenas ao físico. Isso minimiza o risco de estações escondidas ouvirem o canal por um período DIFS e possivelmente corromper alguma transmissão.

Os quadros MAC poderão ser de vários subtipos (veja a Tabela 7.12). Com exceção dos quadros de dados, os demais são prefixados com "CF_" (de *Contention Free*), conforme definição do padrão (IEE97). Um quadro MAC típico do período livre de contenção é uma combinação dos três primeiros subtipos. Por exemplo, é possível que, em um mesmo quadro, o AP transmita dados para uma estação e inquira outra para enviar-lhe dados. Neste caso, o quadro MAC será do tipo Dados + CF_POLL. Esta combinação visa a otimizar a utilização de quadros nessa fase.

As estações só podem transmitir quando convidadas pelo recebimento de um quadro CF_POLL (com qualquer combinação). Uma estação sempre deve responder a um qua-

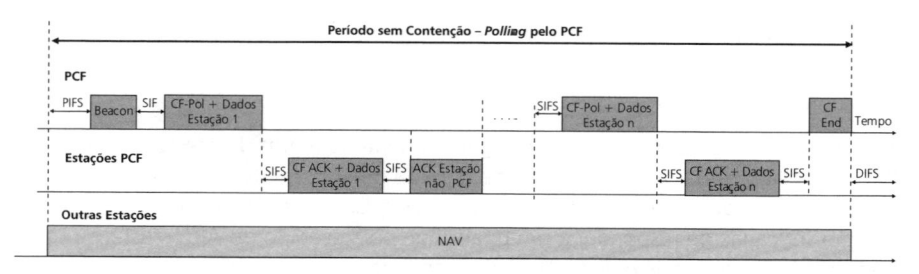

figura 7.29 Intervalo de transmissão PCF sem contenção e sem colisão.

dro CF_POLL. Caso a estação não tenha dados para transmitir, ela precisa responder com um quadro nulo (sem dados). Essa medida é necessária para o AP poder distinguir situações sem tráfego de uma colisão entre redes sobrepostas que estão momentaneamente no regime PCF.

Quando uma estação envia dados para o PC, ele pode confirmá-los por um quadro do subtipo CF_ACK que não precisa ser endereçado. Por economia de quadros, o AP confirma o quadro que recebeu e inquire a próxima estação com um mesmo quadro CF_ACK + CF_POLL. O quadro será endereçado para a estação que o AP está convidando a transmitir. A estação que espera a confirmação do AP deve ouvir o próximo quadro, independentemente do seu endereço de destino. Estes quadros MAC deverão ser enviados sempre após um intervalo SIFS (utilizando apenas mecanismo físico), exceto quando uma transmissão é esperada por parte de uma estação e ela não ocorre. Nestes casos, o AP aguarda um tempo PIFS para retomar o controle do canal.

Um quadro de dados não confirmado não pode ser retransmitido no período livre de contenção corrente. A estação PCF ou o AP decidirá se irá transmiti-lo no período seguinte ou não.

Qualquer estação pode receber dados durante o período livre de contenção e deverá confirmá-los pelo envio de um quadro ACK, conforme as regras estabelecidas para DCF. As estações não PCF não podem transmitir quadro algum, a não ser o quadro ACK para confirmar o recebimento de dados.

O período livre de contenção termina quando o AP envia um quadro CF_END. Esse quadro pode ocorrer antes do fim do tempo estipulado para aquele período pelo quadro *beacon* no início da execução de PCF e admite, ainda, que seja combinado com CF_ACK para confirmar o último quadro de dados que recebeu nesse período (confira a Figura 7.29).

7.5.6 qualidade de serviço em WLANs – IEEE 802.11e (2005)

O padrão original de WLANs, IEEE 802.11, não prevê o provisionamento de qualidade de serviço às aplicações. Os serviços são divididos, no máximo, em duas classes, e atendidos no nível MAC segundo as funções PCF e DCF. A função PCF atende principalmente serviços síncronos sensíveis a atraso do tipo VoIP, vídeo, etc., enquanto a função DCF atende principalmente serviços de *best-effort* do tipo assíncrono (não sensíveis a atraso).

O DCF não tem descritor de tráfego, nem especificações de QoS. Quanto ao PCF, cada estação só pode transmitir um quadro por CF-POLL, mesmo que esteja em rajada. O acesso PCF só pode ser feito no início do superquadro, e um quadro mal terminado do DCF pode atrasar a emissão do *beacon* para iniciar o PCF. Além disso, o PCF define uma fila única e que usa como política de escalonamento o FIFO (*First In First Out*).

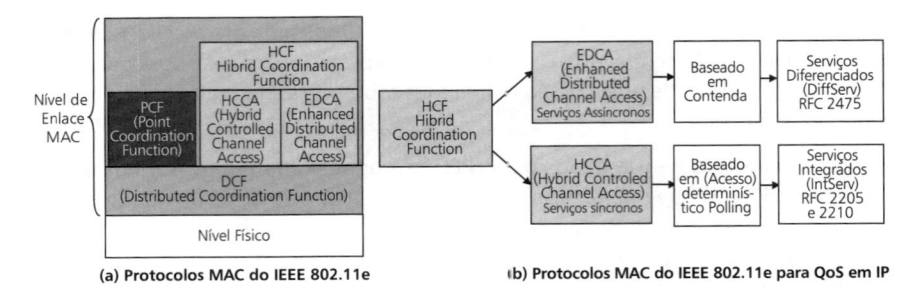

(a) Protocolos MAC do IEEE 802.11e   (b) Protocolos MAC do IEEE 802.11e para QoS em IP

figura 7.30 Modelo de protocolos do IEEE 802.11e: (a) nível MAC do IEEE 802.11e e (b) protocolo MAC do IEEE 802.11e QoS em IP.

A nova emenda 802.11e (IEEE 802. 11e, 2005) preconiza uma nova função de coordenação chamada HCF (*Hybrid Coordination Function*) que é dividida em duas funções:

- EDCA (*Enhanced Distributed Channel Function Access*) para acesso distribuído
- HCCA (HCF Controlled Channel Access) para acesso centralizado.

Assim, o DCF se torna um caso especial de EDCA, e o PCF, um caso especial de HCCA, garantindo a compatibilidade do acesso com as redes mais antigas – veja a Figura 7.30(a).

O QoS no 802.11e é definido por um conjunto de 4 classes de serviço designadas como categorias de acesso AC (*Access Category*). Para obter esta diferenciação, são definidos tempos de escuta diferenciados, o que introduz uma priorização em relação aos quadros (como mostrado na Seção 7.5.2). O tempo de espera de cada categoria de acesso (AC) é composto de uma parcela fixa e de uma parcela variável correspondente à janela de contenção, o que assegura a cada classe de serviço limites de tempo de espera diferenciados, ou seja, priorização (veja a Figura 7.31).

(a) Tempo total de espera por ACN (N=0,1,2,3)
TIFSN = AIFSN+ CWN

(b) Sistema de filas do IEEE 802.11e

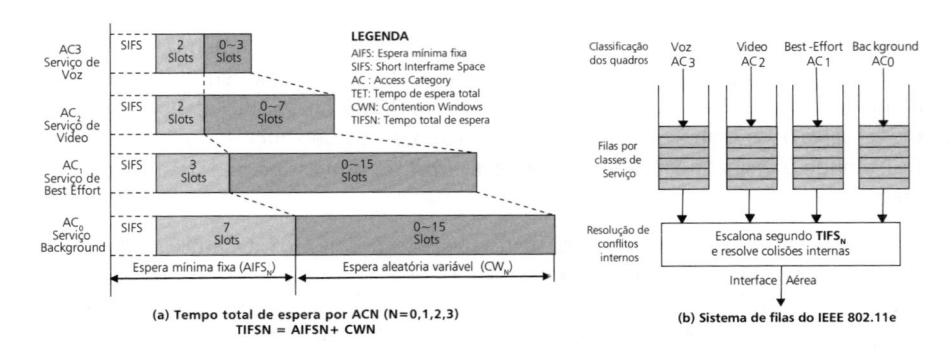

figura 7.31 Definição de classes de serviço por tempo de espera no 802.11e e escalonamento.

A cada classe de serviço está associada uma fila, e cada fila é atendida seguindo um critério de prioridade que varia de N = 0 a 3 (com 3 correspondendo à prioridade mais alta). O atendimento dos quadros de uma fila se dá por ordem de chegada (FIFO – First In, First Out) – veja a Figura 7.31(b).

Foram introduzidas outras extensões na emenda 802.11e a fim de melhorar o desempenho da rede, com destaque para as seguintes (XIAO, 2004):

- Novas políticas de confirmação de dados mais rápidas, como o ACK, No-ACK e Block-ACK. Além da política de reconhecimento tradicional por ACK e do não reconhecimento (No-ACK), é definido um mecanismo de reconhecimento de um agregado de quadros por meio de um Block-ACK.
- É definida uma função de *Contention Free Bursting* (CFB), baseada no conceito de *Transmission Opportunity* (TXOP). Enquanto durar TXOP, a estação pode transmitir uma rajada (mais de um quadro) sem ser interrompida.
- É introduzido o conceito de *Direct Link Protocol* (DLP) em que uma estação fala diretamente com outra sem passar pelo AP.
- O conceito de *Automatic Power Save Delivery* (APSD) é oferecido segundo dois mecanismos: o U-APSD e o S-APSD, o não escalonado e o escalonado. O U-APSD é mais eficiente em tráfego VBR (*Variable Bit Rate*), enquanto o S-APSD é melhor em tráfego pesado, mas previsível.
- O protocolo de acesso CAP (*Controlled Access Phase*), que consegue fazer um acesso em qualquer tempo de um superquadro, mesmo na fase de contenção.

Veja na Figura 7.32 um comparativo entre duas redes 802.11, uma sem CFB –Figura 7.32(a) – e outra com a função CFB – Figura 7.32(b) –, onde fica clara a vantagem do CFB, que permite a transmissão de 3 quadros em um intervalo TXOP sem que seja interrompido por uma fase de contenção.

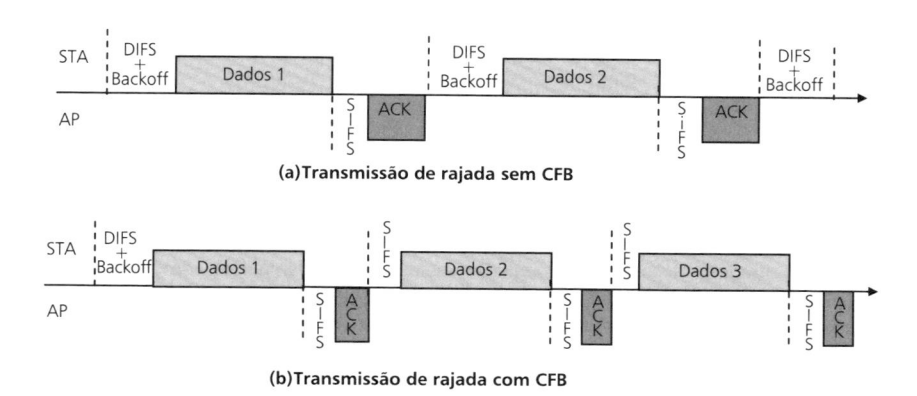

figura 7.32 Transmissão de rajadas com e sem CFB.

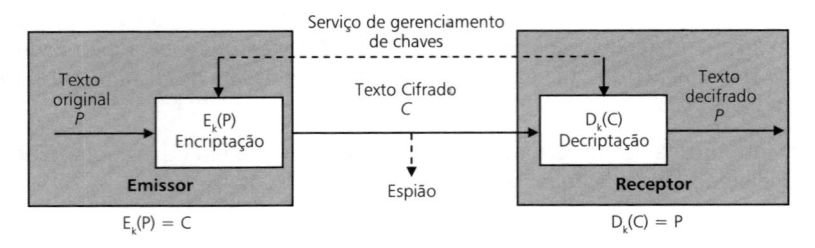

```
                    Serviço de gerenciamento
                           de chaves
    Texto            │                │              Texto
   original          ▼                ▼            decifrado
      P      ┌──────────────┐  Texto Cifrado  ┌──────────────┐    P
    ────────▶│    E_k(P)    │────────C───────▶│    D_k(C)    │────────▶
             │  Encriptação │                 │  Decriptação │
             └──────────────┘                 └──────────────┘
              Emissor               │              Receptor
                                    ▼
                                  Espião
             E_k(P) = C                             D_k(C) = P
```

figura 7.33 Privacidade (ou confidencialidade) em um canal de dados.

7.5.7 privacidade e autenticação em WLANs IEEE 802.11

Diante da grande vulnerabilidade da transmissão em RF, antes de qualquer troca de informação entre duas STAs, elas devem se identificar mutuamente (*autentication*). Uma vez identificados os parceiros, eles podem trocar informações de forma sigilosa (*privacy*) utilizando os serviços do WEP (*Wired Equivalent Privacy*) oferecidos pela entidade de gerenciamento da camada MAC do IEEE 802.11.

■ O algoritmo WEP (*Wireless Equivalent Privacy*)

A privacidade em redes é baseada principalmente em processos de encriptação como é mostrado de forma genérica na Figura 7.33. O bom funcionamento de um sistema de privacidade por encriptação depende do gerenciamento das chaves de encriptação, além do próprio processo de encriptação utilizado pelo sistema. Esse serviço no IEEE 802.11 é oferecido pela entidade de gerenciamento da camada MAC de acordo com o algoritmo WEP (*Wired Equivalence Privacy*), que visa a oferecer uma privacidade equivalente a WLANs cabeadas (EATON, 2002).

Para conferir privacidade e integridade aos dados, o WEP utiliza um algoritmo de encriptação baseado no RC4[6] (veja seu diagrama em blocos na Figura 7.34), e suas principais características são detalhadas a seguir.

O encriptador do transmissor (Figura 7.34a) inicialmente acrescenta ao quadro MAC o resto da divisão polinomial do bloco de texto por um polinômio CRC_{32}, chamado ICV (*Integrity Check value*). Por outro lado, uma chave secreta de 40 bits é partilhada e con-

---

[6] RC4 é um cifrador tipo contínuo (*streamed*) projetado pelo matemático e criptólogo norte-americano Ron Rivest. É um cifrador de chave variável com operação voltada a byte. O algoritmo é baseado em permutação aleatória. As análises mostram que o período do encriptador é maior que 10^{100}, e o algoritmo pode rodar rapidamente em software. Os analistas consideram o RC4 seguro.

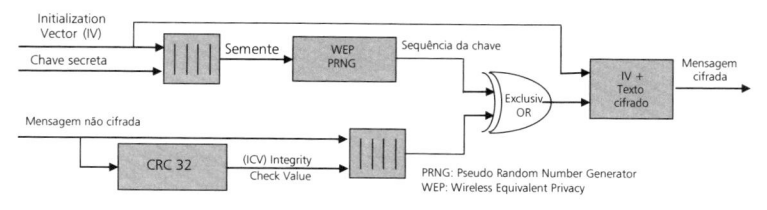

figura 7.34 O algoritmo WEP do IEEE 802.11 e diagrama em blocos (a) do encriptador e (b) do decriptador.

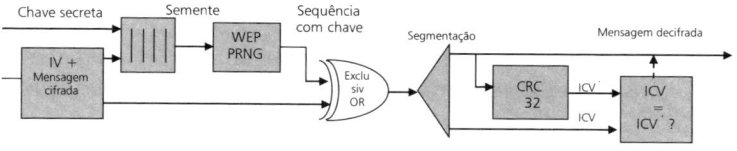

catenada a um vetor de inicialização (IV), que forma a semente do gerador de números pseudoaleatórios (PRNG) definido no RC4. Uma porta *OR-exclusiva* com duas entradas recebe os dois fluxos, gerando o texto cifrado. Ao texto cifrado é acrescentado o IV, e o bloco assim formado é transmitido. Para cada IV, o PRNG é alterado, o que complica o trabalho do espião.

No receptor (Figura 7.34b), é retirado o vetor de inicialização (IV) que, por sua vez, é concatenado com a chave secreta para gerar a mesma sequência pseudoaleatória (PRNG) utilizada no transmissor. Essa sequência é aplicada a uma porta *OR-exlusiva* junto com o bloco de texto, gerando na saída a mensagem decifrada. Note que é utilizada a propridade de portas do tipo *OR-exclusiva*, que estabelece

$$A \oplus B \oplus B = A$$

Por último, o receptor compara o ICV do CRC_{32} enviado com o ICV' calculado localmente para validar a integridade do bloco recebido.

■ Autenticação

O sistema IEEE 802.11 oferece dois processos de autenticação:

(1) Autenticação de sistema aberto
(2) Autenticação por chave partilhada.

Na autenticação de sistema aberto, a estação de origem (A) envia um quadro de controle MAC de autenticação à estação de destino (B). O próprio quadro indica que é pretendida uma autenticação de sistema aberto. A estação de destino responde com um quadro de autenticação, completando o processo. Esse tipo de autenticação é próprio para áreas de acesso públicas, como em auditórios, estações de trem, aeroportos, etc.

Na autenticação por chave partilhada, como o próprio nome indica, é partilhada uma chave secreta comum. Essa chave secreta permite que ambos os lados sejam autenticados um para o outro. O processo de autenticação, neste caso, envolve 4 etapas:

(1) A estação A envia um quadro de autenticação com um campo de algoritmo de autenticação *setado* para *shared key*.

(2) A estação B envia um quadro de autenticação que contém um texto-desafio de 128 octetos. O texto-desafio é codificado por WEP-PRNG + Key + IV (*Initialization Vector*).

(3) A estação A transmite de volta o texto-desafio recebido. O quadro inteiro é encriptado usando WEP.

(4) A estação B decripta o quadro usando WEP e a chave secreta partilhada com A. Se a decriptação tiver sucesso (CRC correto), então B compara o texto-desafio com o texto-desafio enviado. A estação B em seguida envia uma mensagem de autenticação indicando autenticação com sucesso ou falha.

Logo se verificou que a segurança oferecida pelo WEP não era suficiente para as exigências de segurança de empresas ou departamentos da administração pública. A segurança básica oferecida pelo WEP é apropriada, no máximo, para pequenas redes *wireless*, por exemplo, em residências ou pequenos negócios (consultórios, salas de espera, etc.). As chaves de encriptação do WEP, por serem pequenas (40 ou 128 bits), e a sua administração partilhada favoreceriam a sua fácil quebra.

O IEEE e a Wi-Fi Alliance foram em busca de novas soluções para o problema. O IEEE estabeleceu um grupo de trabalho (*task group*) que elaborou uma nova norma de segurança, conhecida como IEEE 802.11i (EDNEY, 2004), e com as seguintes características:

- Autenticação mútua dos participantes via IEEE 802.1x, que preconiza vários tipos de autenticação e utiliza uma base de dados centralizada.
- Chave de encriptação de sessão dinâmica (mudança de chave durante uma sessão)
- Verificação de mensagens pelo MIC (*Message Integrity Check*)
- Protocolo de segurança TKIP (*Temporal Key Integrity Protocol*)
- Utilização do AES (*Advanced Encryption Standard*), opcionalmente também do RC4 (*Ron's code # 4* ou *Rivest*).

Até que a nova norma IEEE 802.11i seja consolidada, a Wi-Fi Alliance estabeleceu que, a partir de agosto de 2003, os equipamentos chancelados por ela para interoperabilidade garantida dentro do padrão IEEE 802.11b deveriam oferecer uma segurança estendida por meio do WPA (*Wi-Fi Protected Access*), que confere uma segurança melhorada de acordo com alguns dos quesitos preconizados pela norma IEEE 802.11i (Tabela 7.13) (EATON, 2002).

tabela 7.13 Classificação dos esquemas de segurança em redes *wireless* IEEE 802.11

	Acesso aberto	Segurança básica	Segurança estendida
Grau de segurança	Nenhuma	WEP (*Wired Equivalent Privacy*)	WPA ou IEEE 802.11i
Aplicação	Áreas de circulação pública	Redes residenciais e pequenos negócios	Redes corporativas e dep. governo
Técnicas	Troca de quadro de identificação	Algoritmo WEP (RC4)	■ Algoritmo WPA, ■ Autenticação 802.1x TKIP, MIC e AES

7.6 ⇢ emendas recentes ao padrão IEEE 802.11 (após 2012)

Após a última consolidação do padrão IEEE 802.11, em 2012, nos últimos anos (mais precisamente, 2013 e 2014), surgiram importantes extensões ao padrão que afetam drasticamente o desempenho do nível físico das redes IEEE 802.11 e ainda não foram consolidadas. Destacamos as seguintes emendas:

- IEEE 802.11ac (2013), que introduz avanços significativos em relação ao MIMO
- IEEE 802.11ad (2013), uma nova interface física para a faixa de 60 GHz
- IEEE 802.11af (2014), que estende os conceitos de rádio cognitivo para redes 802.11

Você vai ver agora alguns detalhes sobre estas emendas.

7.6.1 WLANs de alta vazão com MIMO estendido – IEEE 802.11ac (2013)

A emenda IEEE 802.11ac, publicada em dezembro de 2013, apresenta diversas melhorias em relação à emenda IEEE 802.11n de 2009, que trata da tecnologia MIMO aplicada em redes 802.11. Nessa emenda, foi introduzido um novo conceito: o MU-MIMO (MultiUser MIMO), que, além da multiplexação espacial do MIMO, faz ainda uma multiplexação por STA (*Space Time Coding*) de múltiplos usuários de acordo com o número de antenas da estação (IEEE 802.11, 2013).

Os principais avanços introduzidos no IEEE 802.11ac se referem essencialmente a um aumento da largura de banda do canal, que passa de 20 MHz no 802.11n, para 80 MHz na emenda 802.11ac, podendo, opcionalmente, chegar a 160 MHz. Além disso, a ordem de modulação passou de 64 QAM para 256 QAM, e uma razão de código de

tabela 7.14 Principais características técnicas do MIMO e MU-MIMO do IEEE 802.11ac

Antenas por AP	Antenas por STA	Largura de banda do canal [MHz]	Tipo de MIMO	Form factor da antena por aplicação	Taxa por enlace físico [Mbit/s]	Taxa agregado [Mbit/s]
1	1	80	MIMO	Handheld	433	433
2	2	80	MIMO	Tablet Laptop	867	867
1	1	160	MIMO	Handheld	867	867
2	2	160	MIMO	Tablet Laptop	1.696	1.696
4	1	160	MIMO	Handheld	867	3.390
8	4	160	MU-MIMO	TV digital, Set-top Box, Tablet, Laptop, PC, Handheld	3,39 - 1STA (4A)*	3.390
8	2	160	MU-MIMO		1,69 - 2STA (2A)*	
8	1	160	MU-MIMO		867 - 4STA (1A)*	
8	2	160	MU-MIMO	TV digital, Tablet, Laptop, PC,	1,69 - 4STA (2A)*	6.770

*Taxa do enlace - Número de estações (Número de antenas por estação)

5/6 agora pode ser 3/4 e 5/6. Veja na Tabela 7.14 um resumo das principais características técnicas introduzidas pelo novo MIMO definido na emenda 802.11ac.

Outra diferença entre o MIMO 802.11n e o MIMO 802.11ac é a introdução de um novo conceito de múltiplos usuários MIMO ou MU-MIMO. No MIMO 802.11n, o relacionamento entre a STA e o AP é de uma estação de cada vez, ao passo que no MU-MIMO podemos ter mais de uma STA interagindo simultaneamente, com o AP.

No sentido *uplink*, o 802.11ac introduz uma nova técnica de modulação, denominada SC-FDMA (*Single Carrier Frequency Division Multiple Access*), que é uma variante do OFDMA (*Orthogonal FDMA*) desenvolvida para suportar altas taxas de comunicação no sentido *uplink* de redes celulares de última geração, como o LTE (*Long Term Evolution*). O SC-FDMA possui taxas de vazão e complexidade de circuito similares às do OFDMA. Você vai ver mais detalhes sobre a modulação SC-FDM no Capítulo 10, na Seção 10.3.2.

7.6.2 operação de WLANs na faixa de 60 GHz – IEEE 802.11ad (2013)

A partir de 2010, com o surgimento de novas aplicações sem fio que demandam taxas cada vez mais altas, como projeção e armazenamento de dados em grandes volumes, distribuição de sinais de HDTV (*High Definition TV*), HD sem fio, televisão 3D e necessidades de *upload* e *download* cada vez maiores, o IEEE criou, em 2008, um grupo de trabalho identificado como TGad (*Task Group 802.11ad*) para desenvolver projetos para sistemas de alta vazão (VHT-*Very High Throughput*), mais especificamente uma interface aérea para taxas ultra-altas na faixa de 60 GHz (IEEE 802.11, 2012).

A transmissão na faixa de 60 GHz apresenta menores distâncias de cobertura para uma mesma potência de sinal do que em 2,4 ou 5 GHz. Assim, a perda livre na faixa de 60 GHz para uma determinada potência de sinal é de 68 dB por metro, enquanto na faixa de 5 GHz é de apenas 21,6 dB por metro. Em parte, isso pode ser contornado por meio de um aumento no ganho da antena. A pequena dimensão geométrica dessas antenas permite isso coma utilização de novas e precisas tecnologias.

O grupo apresentou seus primeiros resultados em dezembro de 2012 com a emenda IEEE 802.11ad, que utiliza uma banda de 9 GHz na faixa ISM que vai de 57 a 66 GHz, na qual foram definidos até 4 canais com uma largura de banda B=2,16 GHz cada (Figura 7.35).

O nível físico do 802.11ad é capaz de oferecer taxas de 3,81 Gbit/s (V1.0) e 7,138 Gbit/s (V1.1) considerando um enlace único, podendo chegar a 4 x 7,138 = 28,552 Gbit/s quando, por exemplo, for utilizada uma multiplexação MIMO do tipo 4 x 4.

Em 2009, surgiu uma nova aliança de fabricantes de equipamentos baseados na IEEE 802.11ac, designada WiGig (*Wireless Gigabit Alliance*), independente da tradicional Wi-Fi Alliance e cujo objetivo é desenvolver especificações que definem a transmissão de áudio, vídeo e dados na faixa de comprimentos de ondas milimétricas em condições de LOS (*Line-of-Sight*) e NLOS (*Non-Line-of-Sight*) (AGILENT TECHNOLOGY, 2013).

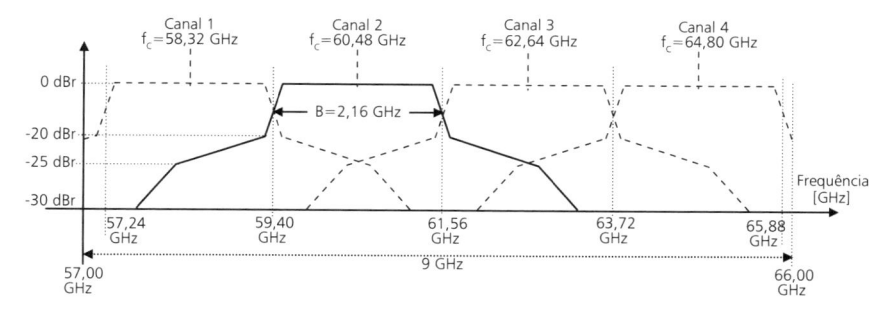

figura 7.35 Banda ISM na faixa de 60 GHz e canalização 802.11ac com banda B=2,16 GHz.

7.6.3 Operação de WLANs em canais de TV livres – IEEE 802.11af (2014)

As múltiplas aplicações sem fio surgidas nos últimos anos geraram um grave problema de escassez de espectro para as novas redes sem fio com suas diferentes aplicações. Há duas estratégias para resolver este problema: a primeira é avançar cada vez mais para as regiões de altas frequências que ainda estão relativamente desocupadas, o que exigirá um avanço da microeletrônica de alta frequência, que muitas vezes não consegue acompanhar esta demanda. A segunda estratégia, também conhecida como rádio cognitivo (RC), prevê a utilização cada vez mais racional do espectro, procurando ocupar, de forma dinâmica e inteligente, espaços vazios ou WS (*White Spaces*) no espectro, mesmo em faixas de frequências licenciadas. A racionalização no uso do espectro inicialmente foi direcionada às faixas de VHF e UHF (confira a Figura 2.1), nas quais se encontram os canais licenciados da televisão analógica (TVA) e da televisão digital (TVD).

Nestas duas faixas, foram definidos 69 canais de TV: 12 canais de TVA na faixa de VHF, e mais 56 canais de TVD na faixa de UHF, todos com uma largura de banda de 6 MHZ[7] (conforme a Figura 7.36).

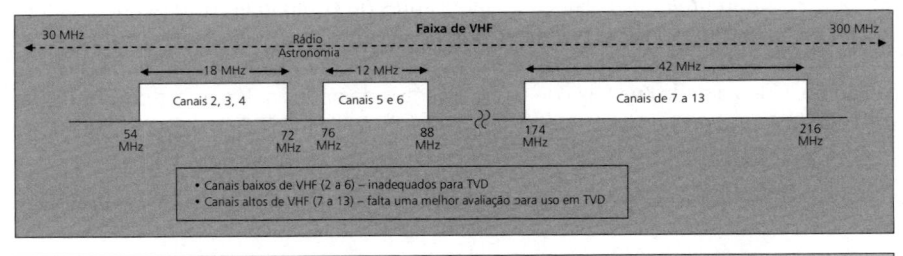

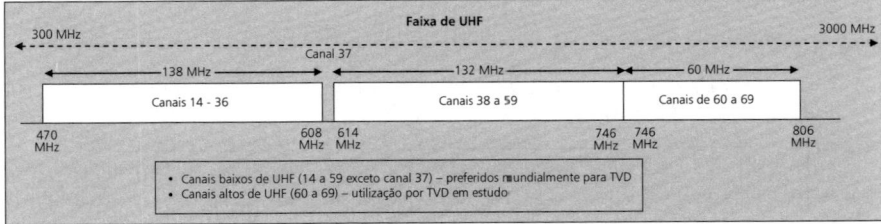

figura 7.36 Localização dos canais de TVD que podem ser ocupados quando estiverem vazios (*White Space*), de forma dinâmica, por rádios cognitivos de WRANs (redes regionais 802.22) ou WLANs (redes locais 802.11af).

---

[7] Nos Estados Unidos e no Brasil, o canal de TV é definido para 6 MHz, podendo ter também 7 ou 8 MHz de largura de banda. Na Europa, o canal de TVD tem uma largura de 8 MHz.

Em julho de 2011, o IEEE publicou uma nova norma, IEEE 802.22, para redes sem fio regionais, definindo uma rede de abrangência regional (WRAN-*Wireless Regional Area Networks*) que aproveita os espaços em branco (WS) dos canais de TV não utilizados em uma determinada região geográfica e em um determinado horário nas faixas de VHF e UHF. Este tipo de rede também é conhecido como rede cognitiva.

A partir de 2011, o IEEE começou a elaborar uma solução de aproveitamento de canais não utilizados na faixa de TV para a operação de WLANs tipo 802.11. Este esforço gerou um grupo tarefa que, em junho de 2013, publicou a quinta versão de uma emenda designada IEEE 802.11af – *TV White Space Operation* (IEEE 802.11af, 2012), que preconiza a utilização dos espaços em branco da faixa de TV por WLANs 802.11af de modo semelhante como é feito pelo padrão IEEE 802.22 (Seção 10.7.1). A emenda 802.11af também é referenciada como White-Fi, ou Super Wi-Fi e se assemelha operacionalmente a uma rede regional definida pelo padrão IEEE 802.22.

Veja na Figura 7.37 a nova arquitetura sugerida pela emenda 802.11af. Basicamente, é introduzida uma base de dados chamada TV-WS (TV-White Space) que fornece informações sobre a ocupação dos canais de TVD em função da localização geográfica e da data e hora atual do AP. O alcance típico desta rede é:

- *indoor* móvel: até algumas centenas de metros (40 mW); e
- *outdoor* fixo: até alguns quilômetros (4000 mW).

A localização é obtida por um GPS, que integra um bloco funcional de geolocalização do sistema. Com base na localização geográfica, o AP consulta a base de dados TV-WS para conseguir uma lista de canais vazios disponíveis e, assim, definir o canal a ser ocupado pelo enlace STA/AP.

Para o bom funcionamento desta estratégia, é necessário que os transceptores possam ser reconfigurados com rapidez com base somente em software. Este tipo de rádio é conhecido como SDR (*Software Defined Radio*). Veja mais detalhes sobre sensoriamento espectral, decisão espectral e mobilidade espectral na Seção 10.7, Redes sem fio avançadas, no Capítulo 10.

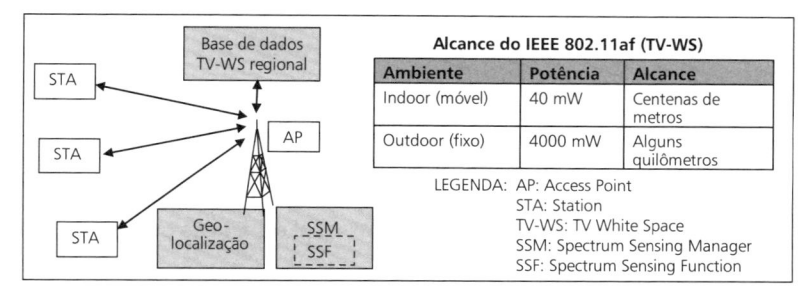

Alcance do IEEE 802.11af (TV-WS)		
Ambiente	Potência	Alcance
Indoor (móvel)	40 mW	Centenas de metros
Outdoor (fixo)	4000 mW	Alguns quilômetros
LEGENDA: AP: Access Point STA: Station TV-WS: TV White Space SSM: Spectrum Sensing Manager SSF: Spectrum Sensing Function		

figura 7.37 Arquitetura funcional do IEEE 802.11af e seu alcance.

7.7 ⋯→ exercícios

Exercício 7.1 No nível de enlace do IEEE 802.11, a subcamada LLC (*Logical Link Control*) não faz parte do escopo de WLAN. Pesquise em Carissimi, Rochol e Granville (2009) quais são as funcionalidades associadas ao subnível LLC de uma LPDU e por que não fazem parte do padrão 802.11.

Sugestão: Tome como base o campo de PCI (*Frotocol Control Information*) de uma LPDU, como mostrado na Figura 7.6. O campo PCI define dois parâmetros de um bit (T e P/F), além de duas variáveis de três bits (N_S e N_R). Explique o funcionamento do LLC a partir dessas funcionalidades do campo PCI.

Exercício 7.2 Descreva e justifique as principais funções associadas à subcamada superior do nível físico PLCP (*Physical Layer Convergence Protocol*).

Exercício 7.3 Faça um pequeno comparativo entre as características das três possíveis arquiteturas de uma rede WLAN do padrão IEEE 802.11 e cite alguns exemplos de aplicação típica para cada uma delas.

Exercício 7.4 A taxa de baud de um sistema GFSK é $R_{baud} = 2\ Mbaud$, e a cada símbolo estão associados dois bits. Responda:

a Qual é a taxa de bit máxima deste sistema?
b Qual deverá ser o desvio de frequência (Δf_4) para que este sistema atenda às exigências do FHSS do padrão 802.11?
c Qual é a banda total ocupada por esse sistema?

Resolução:

a A taxa de bits do sistema será $R_{bit} = 2\ R_{baud} = 2\ Mbit/s$
b O sistema GFSK considerado utiliza uma codificação de quatro níveis, aos quais correspondem quatro frequências sequenciais separadas de Δf_4. Neste caso, a norma estabelece que o fator de desvio de frequência Δf_4 deve obedecer à seguinte relação:

$$h_4 = \frac{\Delta f_4}{R_{baud}} \leq 1{,}44$$

Assim temos que $\Delta f_4 = 1{,}44 R_{baud} = 2{,}88\ MHz$.

c A banda total ocupada por este sistema será: $B = 4 \cdot \Delta f_4 = 4 \times 2{,}88 = 11{,}52\ MHz$.

Exercício 7.5 A MPDU (*MAC Protocol Data Unit*) do IEEE 802.11 termina com um CRC_{32}. A MPDU é encapsulada em uma PPDU (*PHY Protocol Data Unit*) que possui um cabeçalho que finaliza com um CRC_{16} (confira a Figura 7.9). Quais são os campos em que atua cada um dos CRC e com que finalidade? Qual é a função desses dois campos de CRC dentro de uma PPDU?

Exercício 7.6 Trace um paralelo entre as técnicas de espalhamento espectral FHSS e DSSS, apontando as principais vantagens e desvantagens de cada uma delas.

Exercício 7.7 No espalhamento espectral DSSS do IEEE 802.11 (1997), é utilizada a sequência de Barker, que consiste em 11 chips com os seguintes valores 10110111000 para o bit 1 e a sequência complementar desta para o bit 0 (confira a Figura 7.10). Na recepção é feita uma contabilidade para saber quantos chips estão corretos em relação às duas sequências. Responda: quantos chips devem estar corretos para decidir se a sequência corresponde a um bit 0 ou a um bit 1? É possível dar empate nesta votação majoritária?

Exercício 7.8 Um sistema OFDM seguindo o padrão IEEE 802.11a opera no nível PHY com as seguintes características: há um total de 48 subportadoras de transporte de dados, com cada uma modulada em 16QAM a uma taxa de 250 Kbauds por subportadora. Supondo que o codificador de canal utiliza uma razão de código $r = \frac{3}{4}$, responda: qual é a taxa de transmissão máxima deste sistema?

Resolução:

Pela Tabela 7.8 temos que $R = N_{subp} \cdot R_{baud} \cdot N_{bit/baud} \cdot r_{codigo}$

$$R = \frac{48 \cdot 250 \cdot 10^3 \cdot 4 \cdot 3}{4} = 36 Mbit/s$$

Exercício 7.9 Determine a eficiência espectral máxima de um sistema IEEE 802.11 (1997) legado e de um sistema IEEE 802.11b (1999).

A eficiência espectral $\eta_{espectral}$ [bit/s/B] pode ser calculada por: $\eta_{espectral} = \frac{R_{max}}{B_{canal}}$

Para o sistema legado IEEE 802.11 (1997) temos que: $R_{max} = 2$ Mbit/s e $B_{canal} = 22$ MHz

Portanto, $\eta_{espectral} = \frac{R_{max}}{B_{canal}} = \frac{2}{22} = 0,09 bit/s/Hz$

Para o sistema legado IEEE 802.11b (1997) temos que: $R_{max} = 10$ Mbit/s e $B_{canal} = 22$ MHz

Portanto, $\eta_{espectral} = \frac{R_{max}}{B_{canal}} = \frac{10}{22} = 0,45 bit/s/Hz$

Exercício 7.10 Determine a eficiência espectral máxima de um sistema IEEE 802.11a (1999) e um sistema IEEE 802.11g (2003). Comparando as respostas dos Exercícios 7.9 e 7.10, o que você pode concluir?

Resolução:

O sistema IEEE 802.11b (1997) e o sistema IEEE 802.11g (2003) possuem $R_{max} = 54$ Mbit/s e $B_{canal} = 20$ MHz

Portanto, $\eta_{espectral} = \frac{R_{max}}{B_{canal}} = \frac{54}{20} = 2,7 bit/s/Hz$

Exercício 7.11 Quando se justifica a utilização da transmissão por infravermelho difuso em uma rede local?

Exercício 7.12 O MCI (*Modulation and Coding Index*) no padrão IEEE 802.11n nada mais é que uma lista composta de 32 elementos, numerados de 0-31, em que cada elemento define, para um determinado arranjo de antenas, um determinado tipo de modulação e uma determinada razão de código, a taxa máxima associada ao sistema. Obtenha, a partir da Tabela 7.9 e considerando os seguintes MCIs (10, 15, 20 e 31), o número de fluxos espaciais (antenas), o tipo de modulação, a razão de código e a taxa máxima para cada MCI.

Resolução:

MCI = 10, duas antenas, modulação QPSK, razão de código ¾ e taxa de 90 Mbit/s

MCI = 15, duas antenas, modulação 64QAM e razão de código 5/6 e taxa de 300 Mbit/s

MCI = 20, três antenas, modulação 16QAM e razão de código ¾ e taxa de 270 Mbit/s

MCI = 31, três antenas, modulação 64QAM e razão de código 5/6 e taxa de 600 Mbit/s

Exercício 7.13 O padrão IEEE 802.11n (2009) introduziu o conceito de multiplexação espacial em WLANs, também denominado arranjos de múltiplas antenas ou MIMO. Qual é a eficiência espectral máxima que pode ser obtida em um sistema MIMO 4x4, de acordo com os dados da Tabela 7.9, e em que condições esta taxa é viável?

Para o sistema MIMO 4x4 (IEEE 802.11n – (2009), temos que R_{max} = *600 Mbit/s*, razão de código 5/6 e B_{canal} = *40 MHz*

Portanto, $\eta_{espectral} = \dfrac{R_{max}}{B_{canal}} = \dfrac{600}{40} = 15 \, bit/s/Hz$

Exercício 7.14 Por que o algoritmo de acesso CSMA-CD utilizado em redes ethernet do padrão IEEE 802.3 não pode ser utilizado em redes 802.11? O algoritmo teve que ser adaptado e foi denominado CSMA-CA (*CSMA Collision Avoidance*):

[a] Explique em poucas palavras em que consiste esta adaptação do algoritmo CSMA-CA para redes sem fio IEEE 802.11.

[b] Qual é a função da variável NAV (*Network Allocation Vector*) no algoritmo CSMA-CA?

Exercício 7.15 Em redes 802.11, é possível ter dois métodos de acesso: um assíncrono, associado à função DCF (*Distributed Control Function*) da subcamada MAC, e outro de acesso determinístico, associado à função PCF (*Point Control Function*) que é suportada pela função DCF. Mostre quais são as diferenças entre as duas funções de acesso.

Exercício 7.16 O padrão IEEE 802.11 definiu um algoritmo de acesso não determinístico, ou assíncrono, ao canal chamado CSMA-CA (*CSMA Collision Avoidance*). Este algoritmo é baseado em tempos de espera fixos, mais uma parcela aleatória do usuário, como mostrado na Figura 7.24. Explique qual é a relação entre o tempo de SIF (*Short Interframe Space*), DIFS (*DCF Interframe Space*) e PIFS (*PCF Interframe Space*).

Exercício 7.17 O padrão IEEE 802.11n (2009) introduziu o conceito de multiplexação espacial em WLANS, também denominado de arranjos de múltiplas antenas ou MIMO. Qual a eficiência espectral máxima que pode ser obtida supondo um sistema MIMO 4x4.

Exercício 7.18 Determine o intervalo de contenção (CW) de um usuário, supondo que ele já realizou duas tentativas de acesso que sofreram colisões.

Exercício 7.19 No exercício anterior, qual é a probabilidade de que na terceira tentativa possa ocorrer uma nova colisão?

Exercício 7.20 Até 2005, os sistemas IEEE 802.11 legados apresentavam uma classificação dos serviços em duas grandes categorias: os serviços de acesso por contenção pela função DFC e os serviços de acesso por *polling* pela função PCF. Qual é o critério utilizado para a divisão dos serviços nestas duas categorias? Dê alguns exemplos de serviços para cada categoria.

Exercício 7.21 O conceito de qualidade de serviço (QoS) foi introduzido nos sistemas IEEE 802.11 com a emenda IEEE 802.11e de 2005. Explique o critério de priorização utilizado para a obtenção das quatro classes ou categorias de acesso (AC) do IEEE 802.11e (2005) e como ele funciona.

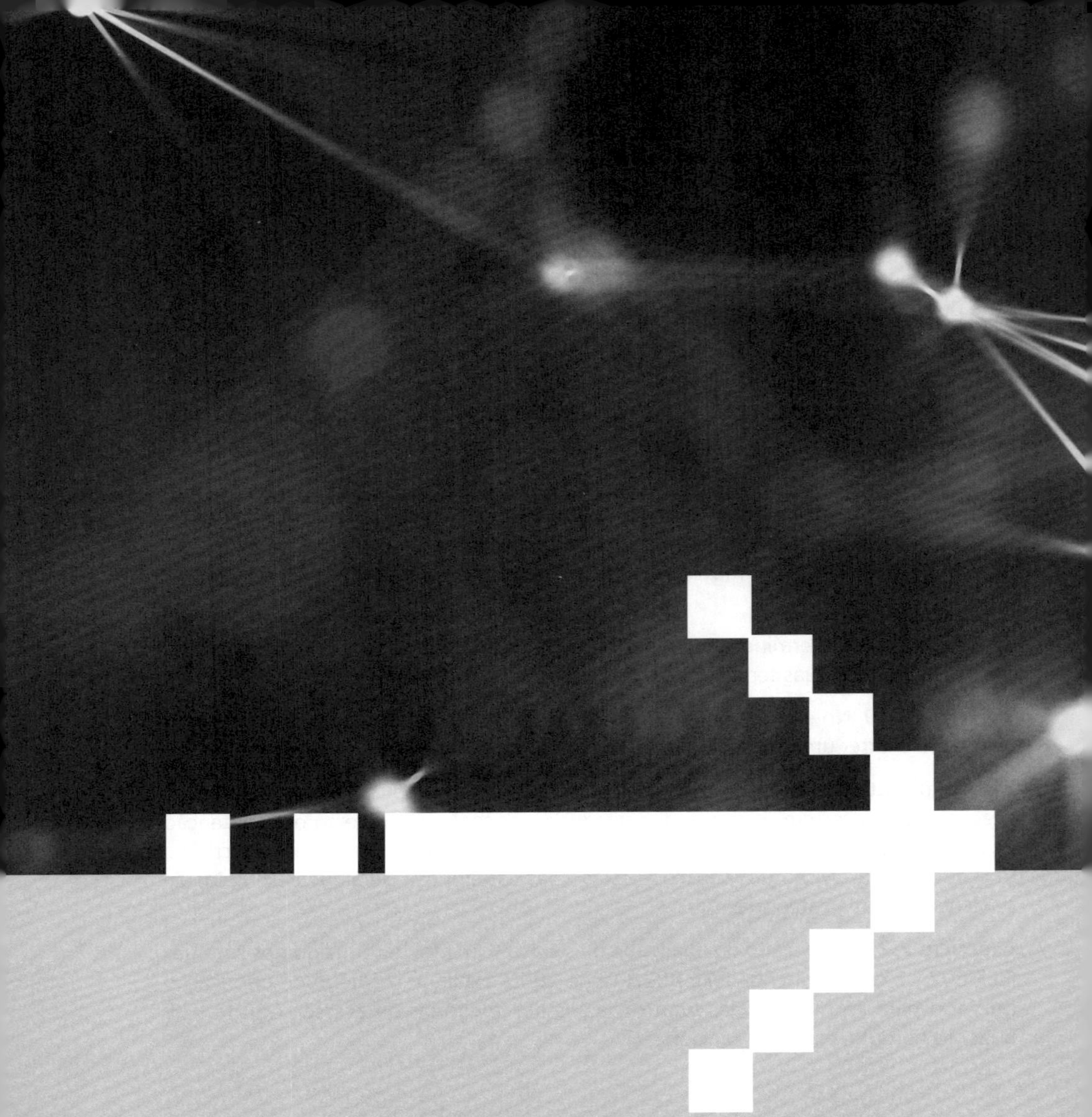

capítulo 4

redes celulares

■ ■ Com o surgimento, no final da década de 1990, das primeiras redes de telefonia celulares, teve início uma nova era das telecomunicações. Neste capítulo você verá os conceitos fundamentais que estão por trás de uma rede de acesso sem fio e como pode ser conseguida a extensão da cobertura geográfica dessas redes com o conceito celular. O capítulo finaliza com as principais características técnicas dos sistemas celulares de primeira geração, analógicos, que rapidamente foram substituídos pelos sistemas de segunda geração, totalmente digitais, na década de 1990.

8.1 introdução

Estamos vivenciando nesta década um fenômeno tecnológico que pode ser identificado como a revolução mundial da tecnologia *wireless*. Prevê-se que essa nova tecnologia deverá provocar ainda muitas mudanças socioeconômicas, em nível mundial, comparáveis a um gigantesco *tsunami*[1], de proporções ainda não bem delineadas.

A tecnologia *wireless* está impactando fortemente a Internet, que deverá passar por uma nova e importante revolução. Nos seus primeiros 40 anos a Internet pode ser caracterizada como uma rede global de computadores interligados por enlaces fixos e *backbones* de banda larga. Este paradigma mudou drasticamente na última década. A tecnologia *wireless*, que alavancou o desenvolvimento das redes celulares, é a grande responsável por esta mudança. As redes celulares viabilizam um novo perfil de uso da Internet baseado no conceito da ubiquidade da informação. Segundo este conceito, o usuário estará conectado de forma permanente à Internet e terá acesso a qualquer informação, em qualquer hora e lugar (GOODMAN, 1997).

Esta revolução pode ser identificada a partir de dois aspectos importantes:

1. Observa-se no início deste milênio uma rápida maturação das novas gerações de redes celulares e dos dispositivos de acesso do tipo *smartphones*, cada vez mais sofisticados. Para ilustrar, lembramos que as redes celulares de primeira geração (1G) do fim do século XX, possuíam taxas de dados da ordem de 10kbit/s. Atualmente, os sistemas 4G (quarta geração) oferecem taxas da ordem de 100 Mbit/s (1000 vezes superior), a custos proporcionalmente mais reduzidos.
2. O novo paradigma da Internet, que de acessos predominantemente fixos por meio de PCs (*wirelined*), passou a ter um acesso majoritariamente por *smartphones* e dispositivos M2M[2], com interfaces *wireless* capazes de fornecer a maioria dos atuais serviços da Internet, além de muitos serviços novos, a custos muito reduzidos.

Estas mudanças tiveram consequências profundas no perfil típico do usuário da Internet, antes composto predominantemente por pessoas jovens, abastadas e do sexo masculino. Atualmente este perfil se estende para pessoas de média a baixa renda, de ambos os sexos e de qualquer idade. A mola propulsora dessa revolução é um gigantesco mercado, envolvendo bilhões de dólares, que vai desde usuários, fornecedores de equipamentos, concessionárias de telecomunicação e prestadoras de serviço. A Internet passou a ser uma rede global com mecanismos de acesso à informação de forma realmente democrática

A importância dos sistemas celulares no contexto do Brasil pode ser avaliada pelos dados da Anatel, que indicam que o Brasil, em julho de 2015, possuía em torno de 281

---

[1] Tsunami: do japonês, uma onda gigantesca provocada por um maremoto.
[2] Dispositivo M2M (dispositivo *machine-to-machine*): leitora de cartão de crédito ou terminal de venda, por exemplo.

tabela 8.1 Composição do mercado de redes celulares do Brasil em julho de 2015

Tecnologia	Geração	Nº celulares Número	Percentual	Cresc. mês	Cresc. ano
GSM	2,5 a 3G	88.717.235	31,52%	(2,9%)*	(44,4%)*
CDMA	2,5 a 3G	2.729	–	(49,7%)*	(87,4%)*
WCDMA)	3G	161.965.094	57,55%	0,1%	70,9%
LTE	4G	14.650.370	5,21%	11,3%	1.018,5%
Terminais de dados e M2M	–	16.114.790	5,73%	0,2%	5,1%
	TOTAL:	281.450.221	100%	(0,4%)*	3,8%

*Valores entre parênteses são negativos

milhões de celulares, que corresponde a uma densidade de 137,65 celulares/100habitantes. Estima-se que mais da metade destes celulares são do tipo *smartphones*, com acesso à Internet (Taylor, 1997) e 74,61% correspondem à modalidade pré-pago.

Na Tabela 8.1 vemos a composição do mercado de celulares e terminais de dados M2M em relação às diferentes gerações tecnológicas dos sistemas celulares do Brasil, conforme dados publicados pela Anatel (Agência Nacional de Telecomunicações) de julho de 2015.

8.2 ⋯→ fundamentos de redes de telefonia celular

Uma rede celular é basicamente composta de duas estruturas; a rede de acesso sem fio celular e a rede núcleo fixa cabeada. O usuário, ou estação móvel (EM), ao fazer uma conexão, se comunica com a estação rádio base (ERB) da célula em que se encontra. A ERB por sua vez, se comunica com o centro de comutação móvel (CCM), onde são verificadas as informações de autenticidade e mobilidade do usuário e a seguir completa a conexão.

Na Figura 8.1 vemos os principais blocos funcionais da arquitetura de um sistema de comunicação celular, com os seguintes componentes:

- [a] Estação Móvel (EM)
- [b] Estação rádio base (ERB) da célula
- [c] Interface aérea
- [d] Célula
- [e] Centro de comutação móvel
- [f] Base de dados de mobilidade
- [g] Centro de autenticação

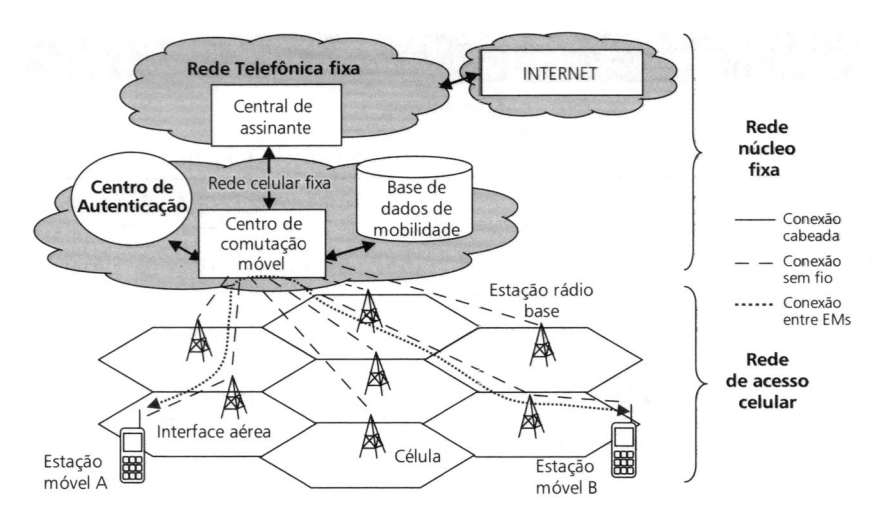

figura 8.1 Elementos estruturais básicos de um sistema celular e exemplo de uma conexão entre duas estações móveis, A e B.

Inicialmente as primeiras gerações de redes celulares ofereciam basicamente dois serviços, ambos baseados em comutação de circuitos: (1.) o serviço de voz (telefonia) e (2.) serviço de comunicação de dados. Os sistemas celulares de terceira geração, como veremos, são parcialmente baseados em um serviço de comutação de pacotes de dados, intensivamente utilizado no acesso à Internet, e parcialmente em comutação de circuitos telefônicos de voz.

A seguir veremos algumas características importantes de redes celulares que permitem entender melhor o seu perfil operacional e avaliar os seus principais parâmetros de desempenho (LIN; CHLAMTAC, 2001).

8.2.1 técnicas de acesso de múltiplos usuários em redes celulares

Em vista da popularização cada vez maior dos sistemas celulares, o espectro de frequências disponível para estes sistemas tornou-se cada vez mais escasso. Sistemas celulares são essencialmente sistemas do tipo ponto a multiponto. Para otimizar estes sistemas foram desenvolvidas diversas técnicas de acesso múltiplo visando a uma utilização cada vez mais eficiente das bandas de frequência alocadas para estes sistemas. O problema pode ser formulado como: dada uma determinada banda como posso partilhar com o maior número possível de usuários nesta banda, oferecendo a maior taxa de transmissão possível por usuário.

Este problema deu origem ao desenvolvimento de diferentes técnicas de acesso múltiplo visando o melhor aproveitamento desta banda. Estas técnicas estão baseadas em diferentes maneiras de fazer a divisão do espaço de comunicação formado pelas três dimensões: tempo, frequência e potência, como podemos ver na Figura 8.2.

O parâmetro que permite avaliar as diferentes técnicas de fatiamento do espaço de comunicação é a eficiência espectral do sistema, que mede o número de bits que o sistema consegue transmitir por hertz de frequência. São cinco as técnicas de acesso múltiplo em sistemas celulares, como vemos a seguir:

1. FDMA (*Frequency Division Multiple Access*), acesso múltiplo por multiplexação de frequência.
2. TDMA (*Time Division Multiple Access*), acesso múltiplo por fatias de tempo.
3. CDMA (*Code Division Multiple Access*), acesso múltiplo por códigos.
4. OFDMA (*Ortogonal Frequency Division Multiple Access*), acesso múltiplo por conjuntos de subportadoras ortogonais.
5. SDMA (*Space Division Multiple Access*), acesso múltiplo por multiplexação espacial.

Vamos ver agora as principais características de cada uma destas técnicas (Rapaport, 1996).

1. **FDMA (*Frequency Division Multiple Access*)**
   Neste método a banda total do sistema é dividida em canais individuais de RF com uma largura de banda de 30 kHZ. A técnica é conhecida como FDM (*Frequency Division Multiplex*), largamente utilizada na telefonia fixa. Cada usuário ao acessar o sistema ocupa um canal de 30 kHZ. É o método mais antigo e simples e também o menos eficiente. Foi utilizado no sistema AMPS (*Advanced Mobile Phone System*) americano, primeiro grande sucesso mundial da telefonia celular. O sistema AMPS é considerado a primeira geração tecnológica de sistemas celulares e era totalmente analógico. Está em desuso. Na Figura 8.2 fazemos um comparativo entre as diferentes técnicas de acesso múltiplo relacionadas com as diferentes gerações tecnológicas dos sistemas celulares.

2. **TDMA (*Time Division Multiple Access*)**
   O TDMA surgiu como uma atualização tecnológica do FDMA, que passou de um sistema analógico para um sistema totalmente digital, mantendo, porém, a estrutura dos canais de RF básicos de 30 kHz. Em um sistema TDMA o canal de RF transmite sinais digitais a uma taxa de 48,6 kbit/s. Esta taxa pode ser dividida em diversas fatias de tempo (time slots) que, por sua vez, podem ser associadas, uma a cada usuário: daí o nome TDMA (*Time Division Multiple Access*). O novo sistema também era conhecido como DAMPS (Digital AMPS) e tinha capacidade n vezes superior ao AMPS, em que n é o número de usuários que partilham o mesmo canal de RF. Desta forma a capacidade do sistema DAMPS pode ser aumentada de um fator da ordem de três ($n=3$), utilizando as mesmas bandas de frequência do sistema AMPS. A tecnologia TDMA caracteriza os sistemas celulares de segunda geração (2G), como pode ser observada na Figura 8.2

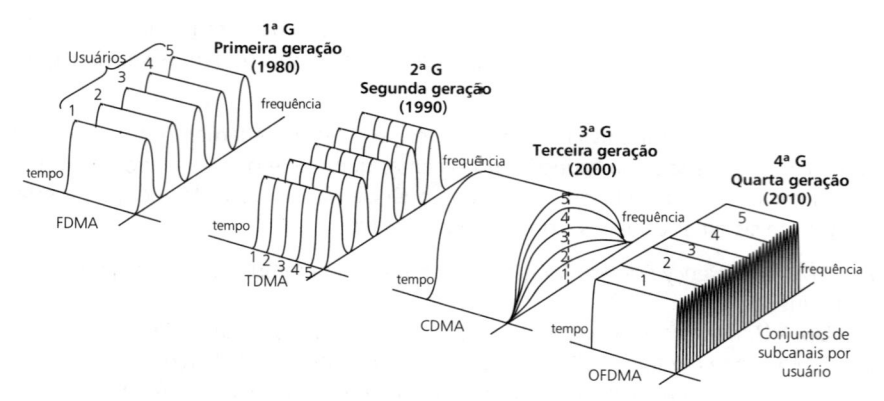

figura 8.2 Evolução das técnicas de acesso múltiplo em sistemas celulares.

3. CDMA (*Code Division Multiple Access*)

Nesta tecnologia diversos usuários transmitem num mesmo canal, modulando uma mesma portadora analógica (ver Figura 8.2). Cada usuário transmite um sinal digital que é resultante da multiplicação digital do sinal de informação por um código individual. A multiplicação do sinal de informação pelo código ortogonal caracteriza uma modulação digital em que o código pode ser considerado uma portadora digital e a informação, o sinal modulante.

Os diferentes códigos utilizados pelos usuários, além de serem ortogonais entre si, também são de banda muito mais larga do que o sinal de informação. Desta forma, o CDMA é também uma técnica de espalhamento espectral, pois utiliza um conjunto de portadoras digitais de banda larga, ortogonais entre si, moduladas digitalmente pelo sinal de informação de banda estreita de cada usuário. O sinal resultante dessas múltiplas modulações é enviado por um canal de RF de banda larga

No receptor, o sinal é correlacionado com os diferentes códigos ortogonais e, desta forma, consegue-se recuperar a informação individual de cada usuário. A fundamentação teórica da transmissão CDMA pode ser conferida na Seção 2.6.3.

O CDMA foi desenvolvido originalmente pela empresa americana Qualcomm, que por muitos anos deteve a patente exclusiva da tecnologia. A tecnologia da Qualcomm pode ser considerada equivalente, em termos de importância para as redes celulares, como foi a Microsoft para os PCs. O CDMA é considerado uma das tecnologias de múltiplo acesso de maior sucesso e é empregada hoje tanto em sistemas celulares como em redes sem fio.

O CDMA é o grande diferencial entre os sistemas celulares de segunda geração que utilizam o TDMA e os sistemas celulares de terceira geração, que utilizam o CDMA. O CDMA está presente em todas as padronizações de sistemas celulares de terceira geração, seja ele o padrão americano (cdma200) ou o sistema europeu (WCDMA).

4. **OFDMA (*Orthogonal Frequency Division Multiple Access*)**
Na técnica OFDM é definido, em uma determinada banda, um conjunto de subportadoras ortogonais entre si. A cada usuário é associado um conjunto de subportadoras, de acordo com suas necessidades de banda para transmitir informação. Desta forma consegue-se ajustar dinamicamente a banda por usuário, evitando-se desperdício.

Tendo em vista a ortogonalidade entre as subportadoras, consegue-se definir de forma muito eficiente um número muito grande de subportadoras numa mesma banda, tendo em vista que não há necessidade de respeitar uma banda de resguardo entre as subportadoras, já que a interferência entre duas subportadoras se cancela mutuamente.

A técnica OFDM é a técnica com maior eficiência espectral e, por isso, é adotada nos padrões de redes celulares de quarta e quinta geração, como o LTE (*Long Term Evolution*) e o LTE-A (*LTE-Advanced*). Sugerimos conferir na Seção 2.7 os fundamentos teóricos da transmissão OFDM.

5. **SDMA (*Space Division Multiple Access*)**
Utiliza a direcionalidade das antenas para permitir acessos diferenciados segundo áreas de cobertura predefinidas. A técnica SDMA, considerada recentemente, consiste em um arranjo de múltiplas antenas direcionais com capacidade de se direcionarem de forma inteligente em relação ao receptor móvel ao qual estão associados. Esta técnica ainda é experimental, mas promete revolucionar o acesso múltiplo dentro de uma célula (Figura 8.3).

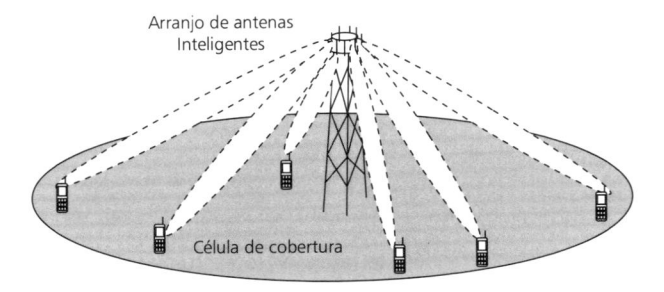

figura 8.3 Técnica SDMA utiliza arranjos de antenas inteligentes para acesso espacial de cada usuário.

8.2.2 bandas de frequência para sistemas celulares

Na Figura 8.4 vemos o espectro de frequências eletromagnéticas e algumas bandas do espectro, que foram reservadas para os serviços de comunicação de dados sem fio, pessoais

As redes sem fio como as WLANs (IEEE 802.11), as redes sem fio pessoais, ou WPANs (*Wireless Personal Area Networks*), ocupam as bandas de frequência conhecidas como ISM (*Industrial Scientific and Medical*), e se situam na faixa de 902-928 MHz, e 2,4-2,5 GHz[3]. Estas redes, para operar nestas faixas, não necessitam de licença especial por parte dos organismos governamentais e se destinam prioritariamente às aplicações nas áreas de medicina, ciência e indústria (ROCHOL, 2006).

No Brasil foram inicialmente definidas duas bandas para os serviços de telefonia celular dos sistemas de primeira geração, conhecidas como banda A e banda B. Estas bandas estão localizadas na faixa de 800 a 900 MHZ e possuem uma largura de banda total de 25 MHz, sendo que 12,5 MHz para canais diretos (*downlink* ou *forward*); e 12,5 MHz para os canais reversos (*reverse* ou *uplink*), como pode ser observado na Figura 8.5. A

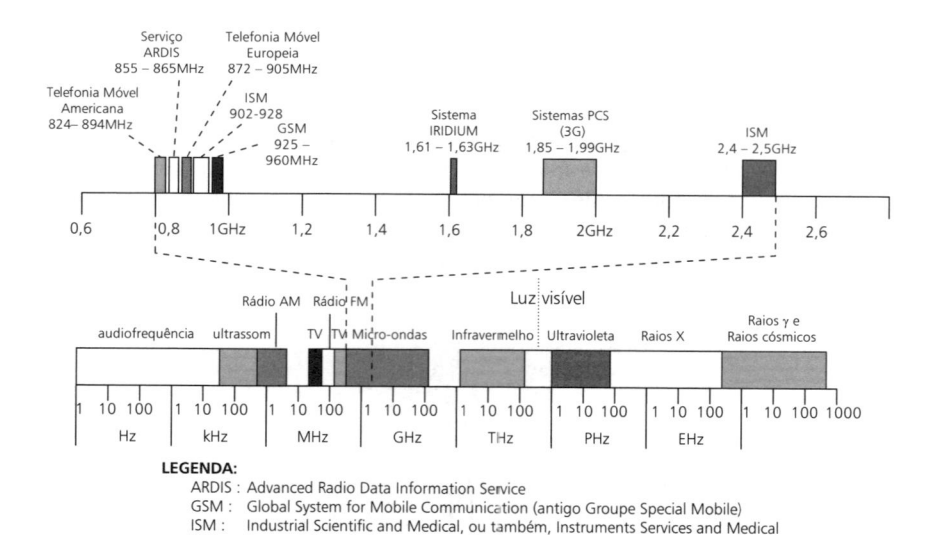

LEGENDA:
ARDIS : Advanced Radio Data Information Service
GSM : Global System for Mobile Communication (antigo Groupe Special Mobile)
ISM : Industrial Scientific and Medical, ou também, Instruments Services and Medical
PCS : Personal Communication System (PCS), ou Serviços Móveis Pessoais (SMP)

figura 8.4 Localização das frequências no espectro eletromagnético reservadas para os sistemas PCS (*Personal Communication Service*).

---

[3] No Brasil, além destas faixas para ISM, existem ainda as faixas de 6,765-6,795 GHz, 13,563-13,567 GHZ, 26,957-27,283 GHz, 40,66-40,7 GHz, 61-61,5 GHz e 122-123 GHz (Confira Tabela 3.1)

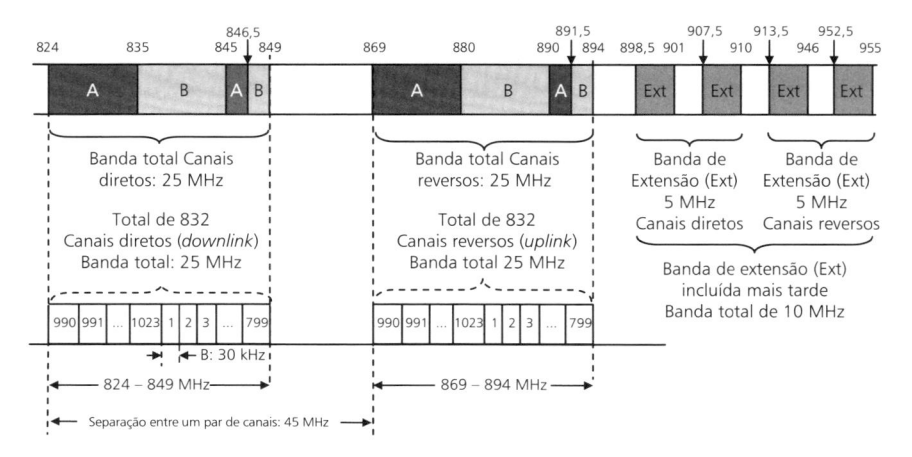

figura 8.5 Localização dos blocos de frequência A, B e C (banda extra) alocado inicialmente para sistemas celulares de telefonia na faixa de 800 a 955 MHz e numeração dos canais de RF de 30 kHz.

ideia inicial do governo era que a banda A fosse licitada para prestadoras de serviço de telefonia celular privativa, enquanto a banda B fosse assegurada às empresas de telefonia públicas. Atualmente, ambas as bandas estão nas mãos das empresas prestadoras de serviço móvel celular (SMC) privativo.

Banda A: Companhias de telefonia celular independentes

Canais diretos (*Forward* ou *Uplink*):   824-835 e 845-848.5 Total: 12,5 MHz

Canais reversos (*Reverse* ou *Downlink*):   869-880 e 890-891,5 Total: 12,5 MHz

Total da Banda A: 25,0 MHz

Banda B: Concessionárias de serviço telefônico públicas

Canais diretos (*Forward* ou *Uplink*):   835-845 e 843.5-849 Total: 12,5 MHz

Canais reversos (*Reverse* ou *Downlink*):   880-890 e 891,5-894 Total: 12,5 MHz

Total da Banda B: 25,0 MHz

Banda total (A + B) para SMC: 50,0 MHz

A banda total disponibilizada no Brasil para os serviços de telefonia celular de primeira geração tem largura de 50 MHz. Na Figura 8.5 mostramos em detalhes a localização dos blocos de frequência A e B com a respectiva numeração dos diversos canais diretos e reversos utilizados. Com o rápido crescimento dos sistemas celulares houve a necessidade de aumentar a capacidade do sistema, introduzindo-se um bloco de frequência de extensão, às vezes também designado de bloco C, com uma largura de banda total de 10 MHz, como mostra a Figura 8.5.

tabela 8.2 Novas bandas de frequências que foram alocadas no Brasil para os sistemas celulares de terceira geração (3G)

Banda	Frequências de uplink [MHz]	Banda total de uplink [MHz]	Frequências de downlink [MHz]	Banda total de downlink [MHz]	Tecnologia
C	1725 a 1740	15	1820 a 1835	15	GSM
D	1710 a 1725	15	1805 a 1820	15	GSM
E	1740 a 1755	15	1835 a 1850	15	GSM

Banda de extensão para os sistemas celulares 1G e 2G

Canais diretos (*Forward* ou *Uplink*): 898,5-901 e 907,5-910 Total: 2,5 MHz

Canais reversos (*Reverse* ou *Downlink*): 943,5-946 952,5,5-955 Total: 2,5 MHz

Total da Banda A: 5,0 MHz

Os canais de RF definidos nestas bandas para os sistemas celulares de primeira e segunda gerações tecnológicas possuem uma largura de banda nominal de 30 KHz e são multiplexados em frequência (FDM) nestes blocos de frequência.

A medida que as taxas de dados dos novos serviços celulares aumentam é previsto um aumento na largura de banda dos canais de RF a serem utilizados. Novas bandas, situadas inicialmente em 1,7 a 1,9 GHZ e futuramente também em 2,5 GHz e 5 GHz, estão previstas para os chamados sistemas PCS (*Personal Communication Service*), ou SMP (Serviço Móvel Pessoal) que atendem os serviços celulares de terceira geração (3G).

Na Tabela 8.2 apresentam-se as faixas de frequência dos novos blocos de frequência (C, D e E), que foram alocadas no Brasil pela Anatel para expansão dos serviços SMP, segundo uma nova geração tecnológica designada 3G.

8.2.3 o enlace de rádio em sistemas celulares

Um sistema celular transmite em uma área de cobertura limitada chamada célula. Uma estação móvel (EM) dentro de uma célula comunica-se com a estação rádio base (ERB) da célula, por meio de um enlace de rádio, também chamado de interface aérea (*air-link*) ou interface de rádio, como mostra a Figura 8. 6.

O enlace de rádio é bidirecional ou duplex; isto é, transmite e recebe simultaneamente. Pode ser realizado segundo duas tecnologias: FDD e TDD, que serão detalhadas na próxima seção. O canal de comunicação no sentido ERB para EM é definido como canal direto ou *downlink*, enquanto o canal no sentido EM para ERB é definido como o canal reverso, ou *uplink*, como pode ser observado na Figura 8.6.

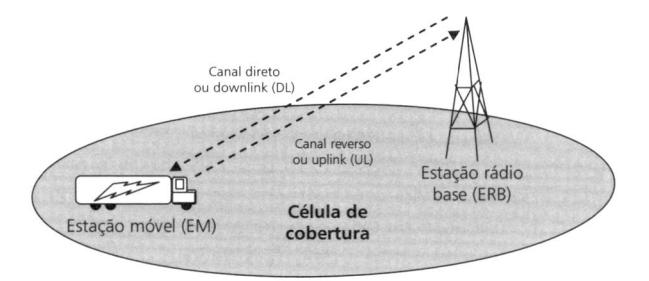

figura 8.6 Rádio enlace em um sistema celular básico.

Em sistemas celulares há a necessidade de uma comunicação bilateral efetiva e simultânea, tanto para os serviços de voz como para os de dados. Existem duas tecnologias disponíveis:

FDD (*Frequency Division Duplex*)

Tecnologia tradicional em sistemas celulares. Utiliza dois canais com frequências distintas, um chamado de canal *uplink* e outro de *downlink*. A Estação Móvel (EM) transmite na frequência do canal *uplink*, enquanto a Estação Rádio Base (ERB) transmite na frequência do canal *downlink*. A técnica também é conhecida como multiplexação em pares de canais simétricos, isto é, de mesma largura de banda. É ideal para comunicação de voz, mas não para Internet, que demanda acesso tipicamente assimétrico.

TDD (*Time Division Duplex*)

Esta tecnologia utiliza somente um canal de RF e faz a alternação entre transmissão e recepção neste canal em instantes predefinidos. A sua grande vantagem é que a banda associada a cada sentido de transmissão (*uplink* ou *downlink*), pode ser alocada de forma dinâmica e simples. A técnica é muito usada também em sistemas de redes locais de curto alcance.

8.3 ⇢ reúso espacial de frequências em redes celulares

Para reutilizar frequências em uma rede celular e assim conseguir a cobertura de uma área geográfica maior, define-se um esquema de repetição de diferentes conjuntos de canais de RF, de tal forma que as células adjacentes a uma célula contenham sempre conjuntos de frequências de canais diferentes. Desta forma, procura-se minimizar a interferência dos sinais das células adjacentes sobre as frequências desta célula. Para conseguir isto, divide-se o total T de canais disponíveis para o sistema, em N conjuntos, cada conjunto com C canais, ou seja:

$$C = \frac{T}{N} \text{ ou } N = \frac{T}{C} \tag{8.1}$$

Estes N conjuntos de frequências básicas do sistema podem ser associados a um conjunto de células que formam um padrão que pode ser repetido ao longo da área de cobertura geográfica do sistema. Neste caso o parâmetro N é definido como *fator de reutilização das frequências* do sistema e corresponde ao número de células que compõem o padrão de repetição da extensão geográfica do sistema. Cada uma das N células do padrão possui um conjunto C de canais de RF distintos e únicos.

Utilizando-se uma célula hexagonal, pode-se mostrar que N pode assumir somente valores definidos pela seguinte expressão (STALLINGS, 2005):

$$N = j^2 + k^2 + (j.k) \text{ com } j,k = 0,1,2,3,... \tag{8.2}$$

Desta forma se obtém para N os seguintes valores: N = 1, 3, 4, 7, 9, 12, 13, 16, 19,..., e assim por diante. Além disso, supondo células hexagonais, podemos definir também uma distância d entre os centros de duas células adjacentes, que será dado por $d = R\sqrt{3}$, em que R é o raio da célula. Pode-se definir também uma distância mínima D entre duas células com as mesmas frequências para um determinado padrão de repetição N. Valem também as seguintes relações geométricas:

$$\frac{D}{R} = \sqrt{3N} \text{ ou } \frac{D}{d} = \sqrt{N} \text{ ou } D = R\sqrt{3N} \tag{8.3}$$

Na Tabela 8.3 observa-se a variação da distância mínima D entre células com o mesmo conjunto de frequências, em função do fator de reutilização de frequência N. Observa-

tabela 8.3 Fatores de reuso de frequências N e distância mínima D entre células com mesmas frequências

Fator de reuso de frequências: N	Distância mínima entre células com mesmas frequências será: $D = R\sqrt{3N}$	Distância mínima D normalizada para R=1
1	$D = R\sqrt{3}$	1,732
3	$D = R\sqrt{9}$	3,00
4	$D = R\sqrt{12}$	3,46
7	$D = R\sqrt{21}$	4,58
9	$D = R\sqrt{27}$	5,19
12	$D = R\sqrt{36}$	6,00
13	$D = R\sqrt{39}$	6,24
16	$D = R\sqrt{48}$	7,00
19	$D = R\sqrt{27}$	7,54

se que quanto maior *N*, maior será a distância entre células com o mesmo conjunto de frequência e, portanto, menor será a interferência mútua, porém, maior será o número de conjuntos de frequências (*N*) necessárias

Na Figura 8.7 vemos um esquema de reutilização de frequências em que a banda total do sistema foi dividida em $N = 4$ conjuntos de canais de RF. Observa-se que o conjunto de frequências $n=4$, por exemplo, conforme assinalado com um círculo na figura, se repete geograficamente com uma distância mínima dada por: $D = d\sqrt{N} = R\sqrt{3N} = R\sqrt{12}$.

Nas Figuras 8.8 e 8.9 vemos mais dois esquemas de reutilização geográfica de frequências, com fatores de reúso $N = 7$ e $N = 19$ respectivamente.

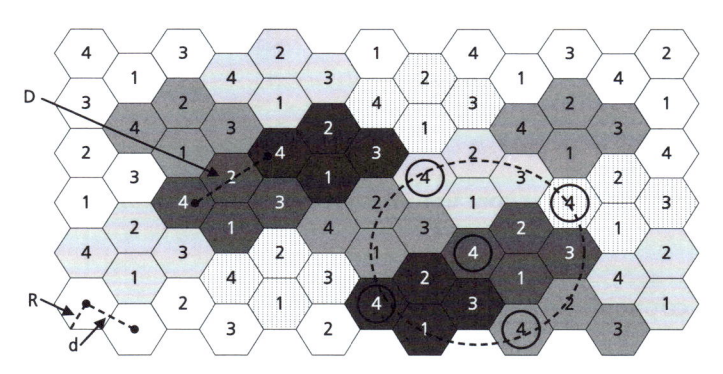

figura 8.7 Esquemas de reutilização geográfica de frequências segundo um padrão hexagonal com $N = 4$, $d = R\sqrt{3}$ e $D = 2R\sqrt{3} = 2d = R\sqrt{12}$.

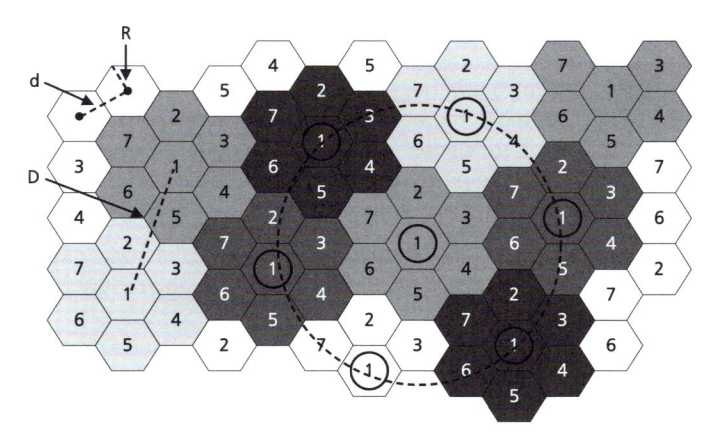

figura 8.8 Exemplo de extensão geográfica de frequência com um fator de reutilização $N=7$.

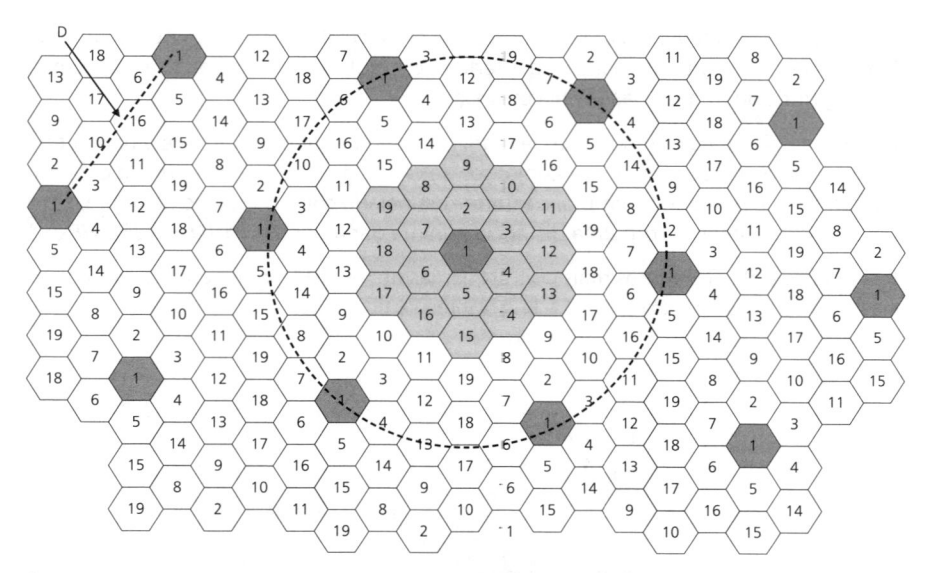

figura 8.9 – **Rede celular com um fator de reutilização de frequências** $N = 19$.

8.3.1 capacidade máxima de usuários por célula

Os esquemas de reutilização de frequências que foram examinados têm como premissa que o tamanho das células é igual, o que implica em homogeneidade de usuários por célula também igual, isto é, capacidade por célula igual. Estas condições nem sempre correspondem à realidade. Se considerarmos que a capacidade de uma célula varia em função da densidade de usuários por área de cobertura, o tamanho das células varia com a densidade de usuários.

Em sistemas reais, um centro urbano, por exemplo, em alguns períodos do dia o tráfego em uma célula tende a aumentar e pode chegar um momento em que não há mais bandas de frequência suficientes disponíveis para que a ERB atende à demanda. Para enfrentar este problema é necessário aumentar a capacidade da célula. Há cinco maneiras de aumentar a capacidade de uma célula, conforme Stallings (2005):

- **Adicionar novas bandas de frequência:** neste caso, se houver frequências disponíveis que não apresentem interferência para células adjacentes, acrescentam-se novas frequências à ERB da célula.
- **Empréstimo de frequências:** em um momento de pico de demanda em uma célula, esta poderá se socorrer de um empréstimo de frequências ociosas de células adjacentes.

- **Segmentação da célula:** Na prática, o tamanho das células varia entre 6 a 13 km de raio. Quanto maior a densidade de usuários, menor deve ser a célula, e vice-versa. A maneira mais eficaz de lidar com o aumento de tráfego na célula é a sua segmentação em células menores, podendo chegar a um limite inferior para o raio da célula da ordem de 1,5 km. Este limite se impõe pelo fato de que quanto menor a célula, maior o tráfego de controle de mobilidade da rede.
- **Setorização da célula:** São definidos de três a seis setores na célula, e a transmissão em cada setor se dá por uma antena direcional específica. Assim se consegue minimizar a interferência de setores adjacentes, como mostra a Figura 8.10(a). A cada setor é alocado um conjunto de frequências de acesso distinto.
- **Microcélulas e picocélulas:** Quando a capacidade de usuários de uma célula está esgotada, pode-se recorrer à segmentação da célula original (macrocélula) em células menores, aumentando o número de acessos nessa área geográfica, como mostra a Figura 8.10(b). À medida que diminuímos uma célula, a altura da antena diminui e a potência de transmissão, tanto da ERB como das EMs, diminui. Esta técnica é empregada principalmente em áreas urbanas muito densas, como edifícios, salas de espera de aeroportos e estádios esportivos.

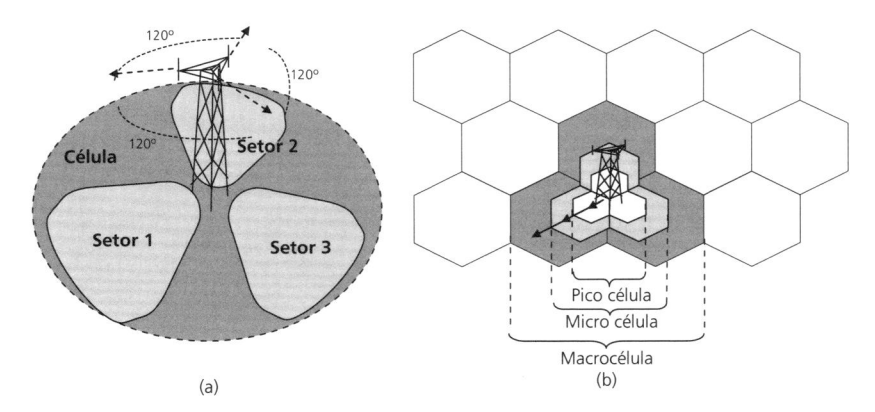

figura 8.10 Aumento de capacidade em uma célula segundo dois processos: (a) processo de setorização de uma célula; (b) processo de subdivisão de uma macrocélula em microcélulas e picocélulas

Na Figura 8.11 vemos um padrão de repetição geográfica com N=3, em que a cada antena correspondem três setores de 120°. A distância mínima d entre duas antenas adjacentes é dada por $d = R\sqrt{5}$, enquanto a distância mínima D entre setores com mesmo conjunto de frequências é dada por $D = R\sqrt{3N} = 3R$, onde R é o raio do setor hexagonal, como pode ser observado na Figura 8.11.

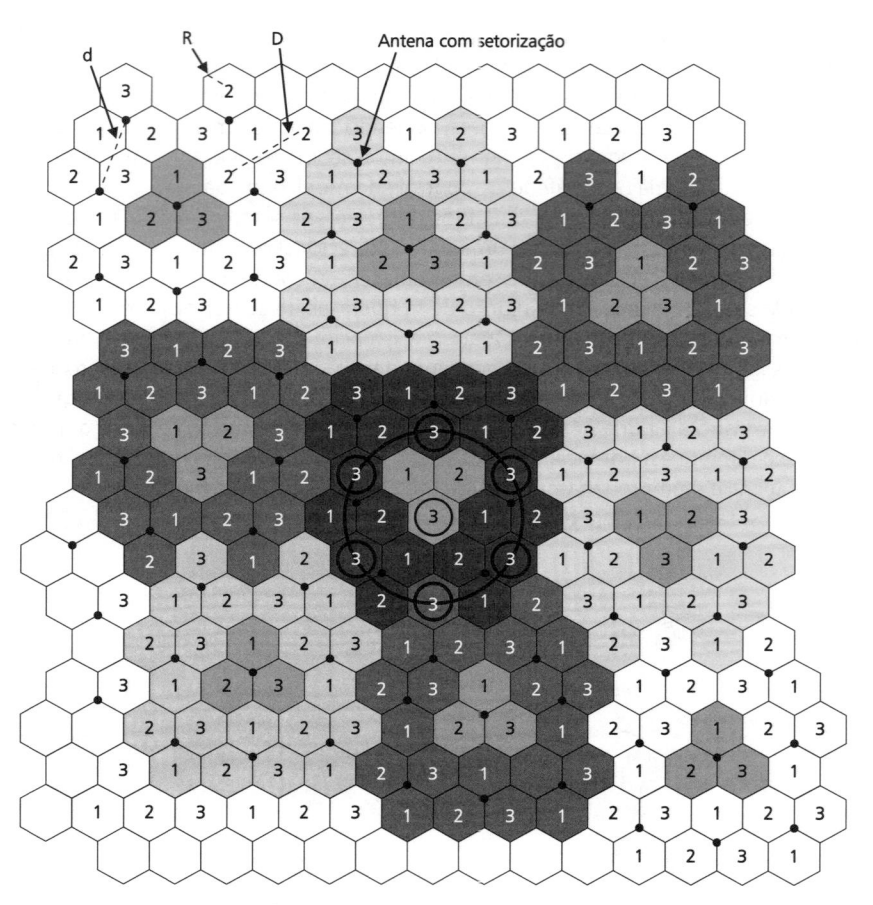

figura 8.11 Reutilização geográfica de frequências N=3 com setorização de 120° em cada antena.

■ exemplo de aplicação

Vamos supor uma rede celular formada por 32 células hexagonais, cada uma com um raio de célula R = 1,5 km e uma largura de banda total da rede de 336 canais de tráfego e um fator de reúso das frequências com N = 7. Responda: qual a área geográfica total coberta por esta rede? Quantos canais por célula e qual o número total de chamadas simultâneas que a rede suporta?

resolução: Vamos supor uma área retangular formada pelas 32 células (Figura 8.12). A área total deste arranjo será 32 vezes a área de um hexágono e, portanto, teremos:

Capítulo 8 ⇾ Redes celulares **349**

Área Total (A_{Tot}) = 32 Área hexágono (A_{Hex})

$$A_{Hex} = \frac{3R^2 \sqrt{3}}{2} = 6{,}651 \text{ km}^2$$

$A_{Tot} = 32 \cdot A_{Hex} = 32 \times 6{,}651 = 212{,}8 \text{ km}^2$

figura 8.12 Área total de uma rede celular com 32 células hexagonais com R=1,6 km

Além disso, o número de canais por célula (C) será dado por: *C= 336/N = 336/7 = 48* canais por célula. A capacidade total de canais da rede será então $n_t = 32{\cdot}48 = 1536$ canais simultâneos.

8.4 ⇾ plano de sinalização e controle em redes celulares

A arquitetura de uma rede celular pode ser representada segundo três planos operacionais: o plano de dados, o plano de sinalização e controle e o plano de gerência e supervisão do sistema (Figura 8.13). O plano de dados e o plano de sinalização e controle interagem de forma conjunta para oferecer ao usuário os diferentes serviços de rede. Já o plano de gerência e supervisão elabora as diversas funções de OAM (*Operation Administration Management*) da rede (ROCHOL, 2006).

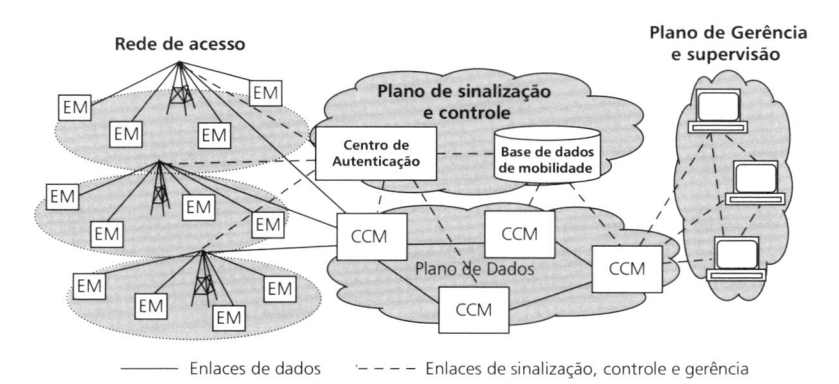

figura 8.13 Modelo de arquitetura de rede celular em três planos: plano de dados, plano de sinalização e controle e plano de supervisão e gerência da rede.

O tráfego de controle em uma rede celular executa funções como: estabelecimento e terminação de uma conexão, o gerenciamento da mobilidade de uma conexão além das atividades de OAM da rede, representam um percentual significativo do tráfego total de uma rede celular. Para atender de forma adequada as demandas do tráfego de usuário e do tráfego de controle, as redes celulares definem dois planos de rede sobrepostos: o plano de dados e o plano de controle. A cada plano está associado um conjunto de canais específicos e independentes; os canais de tráfego do usuário e os canais de controle. A alocação de tráfego nestes canais pode ser feita de forma fixa ou dinâmica, como você vai ver no estudo das redes celulares padronizadas.

8.4.1 sinalização e controle em sistemas celulares

Um dos aspectos relevantes em sistemas celulares são os procedimentos de sinalização pela rede para executar as tarefas de abertura e fechamento dos circuitos para estabelecer uma conversação telefônica. Igualmente importantes são os procedimentos de operação, administração, gerenciamento e manutenção do sistema. Estes procedimentos são feitos através de trocas de mensagens curtas (*paging*) para executar e supervisionar as diversas tarefas (ROCHOL, 2006).

Sistemas celulares são particularmente onerados com tráfego de sinalização e controle tendo em vista principalmente o controle de mobilidade das estações. Uma capacidade significativa em redes celulares é consumida por este tipo de tráfego o que acarretou a necessidade de se alocar canais e bandas específicas para este tráfego. Na análise de desempenho de um sistema celular deverão ser levados em conta estes aspectos.

A Figura 8.14 apresenta de forma simplificada a sinalização para a abertura de um canal de voz em uma rede de telefonia fixa.

Já na Figura 8.15 você vê, de forma simplificada, a sinalização necessária para oferecer um serviço de voz equivalente em um sistema celular. Observa-se claramente um subs-

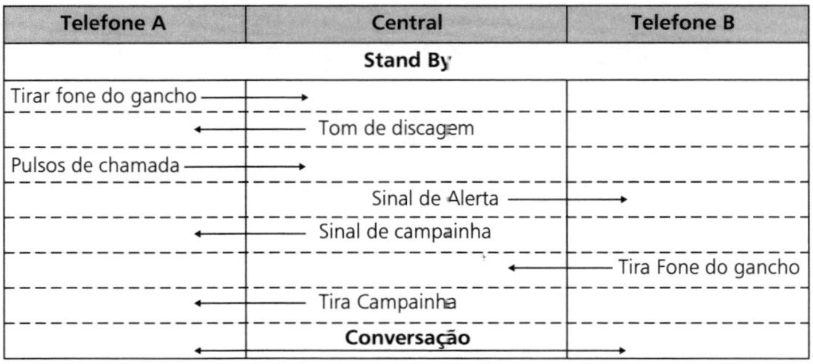

Telefone A	Central	Telefone B
	Stand By	
Tirar fone do gancho →		
← Tom de discagem		
Pulsos de chamada →		
	Sinal de Alerta →	
	← Sinal de campainha	
		← Tira Fone do gancho
	← Tira Campainha	
	Conversação	

figura 8.14 Sinalização para o estabelecimento de um canal de voz em uma chamada telefônica convencional.

Capítulo 8 → Redes celulares

Estação Móvel A	Estação Base X	Centro de Comutação	Estação Base Y	Estação Móvel B
Informação do Sistema (Piloto) ←				Informação do Sistema (Piloto) →
		Stand By		
	← Requisição de Serviço			
		← Requisição de Serviço		
	Ativa Sinal de chamando →			
Ativa Sinal de chamando ←				
		Requisição de Sinalização (paging) →		
	← Manda Sinalização de paging		Manda Sinalização de paging →	
Recebe Broadcast de sinalização ←				Broadcast de sinalização (paging) →
		Autenticação e Registro		
				Resposta do paging ←
			← Notificação de paging	
		Define Canal 63 para A e Canal 114 para B		
	Sintoniza para canal 63 ←		Sintoniza para canal 114 →	
Sintoniza para canal 63 ←				Sintoniza para canal 114 →
				Aplica o tom de alerta →
				Manda Resposta de confirmação ←
		← Manda Resposta de confirmação		
	← Pare o tom de chamada			
←				
		Conversação		

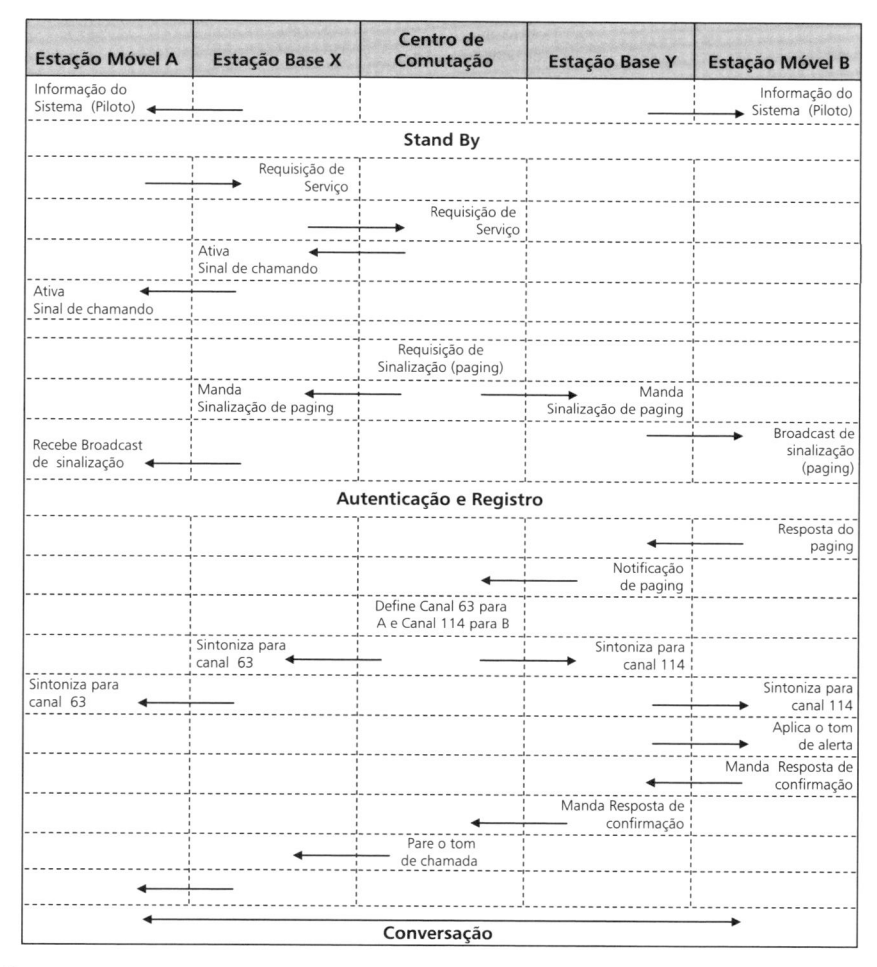

figura 8.15 Sinalização em telefonia celular para ativar uma conversação.

tancial aumento nas funções de sinalização devido às características de mobilidade da EM (Estação Móvel).

8.4.2 gerência de mobilidade em redes celulares

Uma das atividades mais importantes no plano de sinalização e controle é a chamada gerência da mobilidade de uma conexão. Podemos ter dois níveis de gerenciamento da mobilidade de um usuário – o processo de *handoff* (ou também *handover*), que

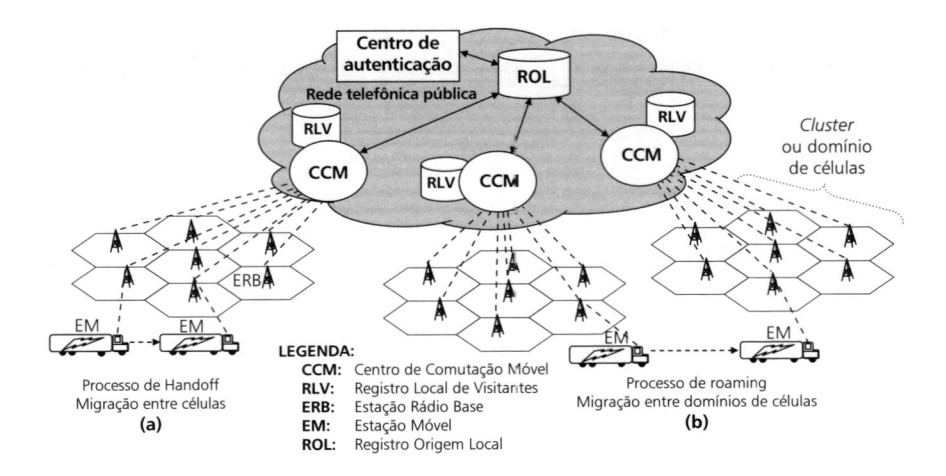

figura 8.16 Gerência de mobilidade em sistemas celulares.

corresponde ao deslocamento da estação móvel entre células adjacentes e pode ser feito de duas maneiras:

- *Hard-handoff* – quando há interrupção momentânea na conexão, ou
- *Soft-handoff* – quando não há interrupção na conexão.

Já a migração entre dois domínios de células (ou *clusters* de células) distintos, é chamada de *roaming*. Corresponde à mobilidade do usuário entre domínios celulares distintos. Por exemplo, entre uma cidade e outra cidade (ou país). O primeiro protocolo de *roaming* foi o IS.45 da EIA-TIA, muito utilizado também no Brasil.

Na Figura 8.16 vemos essas duas situações de gerência de mobilidade: o *handoff* entre células (a) e o *roaming* entre clusters de células (b).

■ exemplo ilustrativo

Veja na Figura 8.17, como exemplo, o deslocamento de uma EM (caminhão) ao longo de uma rede celular, indicando onde se realizam os processos de *handoff* e *roaming*. Os processos são controlados pela gerência de mobilidade do *cluster* de células ao qual está ligada a estação móvel em um determinado instante. As diversas etapas executadas são descritas na Tabela 8.4.

Note que o gerenciamento da mobilidade da estação móvel deve ser completamente transparente ao usuário. Desta maneira é possível entender facilmente que a velocidade de deslocamento do usuário é crítica em relação aos tempos de processamento

tabela 8.4 Etapas de execução de um processo de *handoff* seguido de um processo de *roaming* em uma rede celular

	Localização na rede de RF	Domínio do CCM	Célula da ERB	RLV	ROL
1	Inicialmente na zona de cobertura de célula1	A	1	A	POA
2	Fronteira entre duas células de mesmo domínio (1 e 2)	A	*handoff* 1 para 2	A	POA
3	Dentro da área de cobertura da célula 2	A	2	A	POA
4	Fronteira entre células de domínios diferentes (2 com 4)	*roaming* A para B	*handoff* 2 para 4	*roaming* A para B	POA
5	Dentro da área de cobertura da célula 4, em domínio novo	B	4	B	POA

dos algoritmos de *handoff* e/ou de *roaming*. Assim, quanto maior for a velocidade de deslocamento, menor deve ser o tempo gasto no processamento dos protocolos de gerenciamento da mobilidade deste usuário.

Esse limite está em torno de 350 km/hora, que corresponde à velocidade de um trem rápido (trem bala). Espera-se que em futuro próximo este limite chegue a 850 km/hora, que corresponde à velocidade típica de um avião comercial (Lin; Chlamtag, 2001).

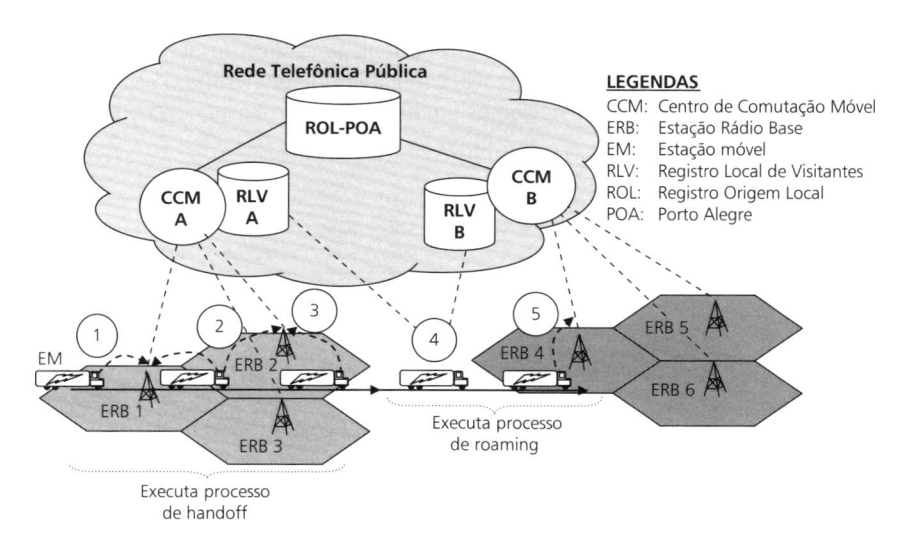

figura 8.17 As diferentes etapas em um processo de *handoff* seguido de *roaming*.

8.5 técnicas de transmissão em redes celulares

Atualmente são utilizadas três tipos de técnicas de transmissão em sistemas celulares;

1. TDMA (*Time Division Multiple Access*)
2. CDMA (*Code Division Multiple Access*)
3. OFDM (*Orthogonal Frequency Division Multiple Access*)

As técnicas de espalhamento espectral, na realidade, compreendem sempre duas etapas: um processo de espalhamento espectral do fluxo de informação NRZ seguido de um processo de modulação de uma portadora. Na Seção 2.6.2 é feita uma revisão detalhada dos diferentes processos de espalhamento espectral de um sinal de informação.

A técnica de espalhamento espectral hoje é muito empregada nos sistemas wireless devido à sua eficiência e grande imunidade a interferências e ruído.

A técnica de OFDM surgiu na década de 1990 como um novo avanço tecnológico na engenharia de transmissão, oferecendo uma alta eficiência na utilização da banda de um canal (DORNAN, 2002).

8.5.1 técnica de transmissão TDMA (*Time Division Multiple Access*)

Em sistemas TDMA a capacidade de um canal digital de RF é dividida em diversas fatias de tempo (*time-slots*) que formam um quadro básico que se repete ciclicamente ao longo do tempo (confira Figura 8.18). Um ou mais *time-slots* do quadro correspondem a um canal de usuário que, portanto, é multiplexado em tempo (TDM) dentro do canal de RF. Se, por exemplo, associamos um *time-slot* a cada usuário, o número total

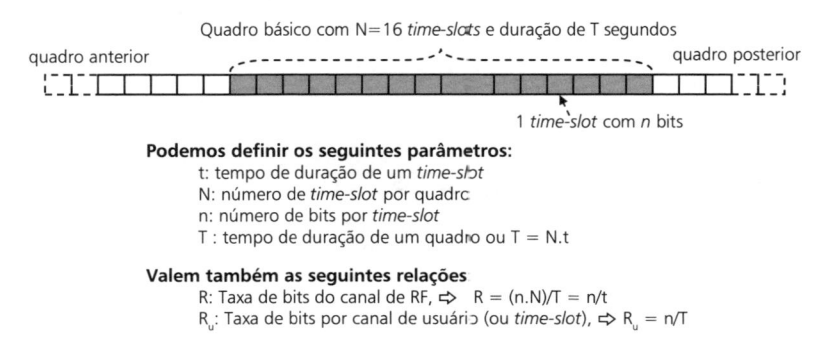

Quadro básico com N=16 *time-slots* e duração de T segundos
quadro anterior — quadro posterior
1 *time-slot* com n bits

Podemos definir os seguintes parâmetros:
t: tempo de duração de um *time-slot*
N: número de *time-slot* por quadro
n: número de bits por *time-slot*
T : tempo de duração de um quadro ou T = N.t

Valem também as seguintes relações
R: Taxa de bits do canal de RF, ⇨ R = (n.N)/T = n/t
R_u: Taxa de bits por canal de usuário (ou *time-slot*), ⇨ R_u = n/T

figura 8.18 Exemplo de um quadro básico de um sistema TDM com multiplexação de 16 fatias de tempo (*time-slots*) em um canal de RF e as principais relações entre os seus parâmetros.

de usuários multiplexados em um canal de RF será igual ao número de *time-slots* que formam o quadro básico. O número de *time-slot*s por quadro, a duração do quadro, a repetição do quadro no tempo e a taxa de bits (capacidade) do canal de RF, variam de sistema para sistema. O sistema DAMPS (Digital AMPS ou TDMA) americano, o GSM europeu, e o PDC (*Personal Digital Cellular*) japonês, utilizaram a tecnologia TDMA nos seus sistemas celulares de segunda geração.

8.5.2 técnica de transmissão CDMA (*Code Division Multiplex*)

Os sistemas de transmissão que utilizam técnicas de espalhamento espectral tipo DSSS também são conhecidos como CDMA (*Code Division Multiple Access*). Em um sistema CDMA a sequência de espalhamento DS é definida como um código PN próprio de cada usuário. Desta forma é possível o partilhamento da banda por mais de um usuário. Em sistemas celulares esta característica é particularmente interessante.

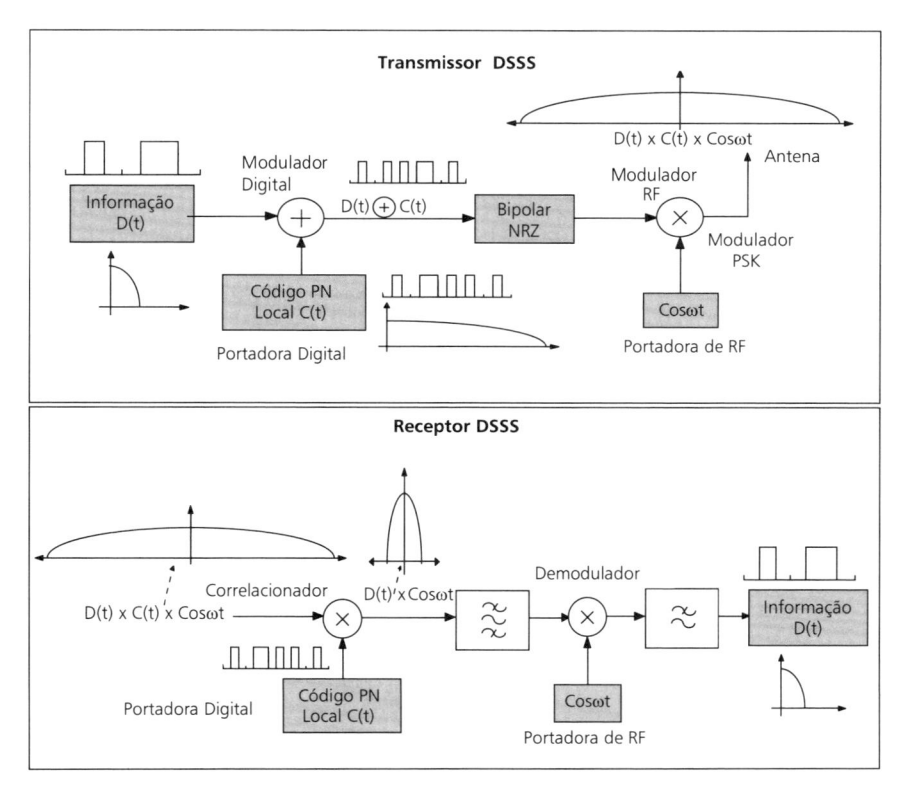

figura 8.19 O processo de transmissão e recepção em um sistema de transmissão do tipo *Direct Sequence – Spread Spectrum* (DSSS).

Veja na Figura 8.19 um diagrama em blocos de um sistema de transmissão e recepção baseado em DSSS, descrito a seguir. Inicialmente no transmissor o sinal de informação é modulado digitalmente segundo uma portadora digital PN (código de espalhamento) que corresponde ao processo de espalhamento espectral de um determinado usuário. O sinal espalhado gerado pode ser aplicado a uma portadora de RF segundo um processo de modulação RF. Veja mais detalhes sobre a técnica CDMA na Seção 2.6.3.

Já no receptor o sinal de informação é recuperado segundo um processo, também em duas etapas. Inicialmente o sinal captado pela antena do receptor é amplificado e filtrado e passa por um processo inverso do espalhamento, o *despreading*, também conhecido como correlacionamento. O sinal é multiplicado pela mesma sequência de espalhamento (código PN), o que resulta na saída de um sinal cujo espectro contém de forma predominante o sinal da informação (confira Figura 8.19). Após uma filtragem por um filtro passa banda o sinal resultante é demodulado a partir da portadora recuperada localmente. O sinal resultante passa por uma nova filtragem (filtro passa baixas) e em seguida por um conformador que finalmente resulta no fluxo de bits da informação original (ROCHOL, 2006).

Uma das características mais importantes em um sistema CDMA é o número de usuários que podem ocupar simultaneamente um canal de RF do sistema. Para um cálculo aproximado desta capacidade vamos considerar o sistema da Figura 8.20.

Supondo que a probabilidade de erro (BER) do sistema seja dada por E_b/N_o, em que E_b é a energia por bit e N_o a densidade espectral da potência do ruído por Hz de banda. Esta relação é equivalente à relação de potências dada por E_{b1}/NE_o, em que E_{b1} é a potência do sinal de um usuário e NE_o é a potência total dos N usuários que transmitem, cada um com uma potência E_o, na mesma banda. Temos então que:

$\dfrac{E_b}{N_0} = \dfrac{E_{b1}}{NE_0}$, e também que $\dfrac{E_{b1}}{NE_0} = \dfrac{B_E}{Nf_{b1}}$ em que f_b, corresponde à banda do sinal de informação de um usuário. Lembrando que o ganho de processamento G é dado por $G = \dfrac{B_E}{f_{b1}}$ resulta que;

$$N = \dfrac{G}{\left(\dfrac{E_b}{N_0}\right)} \text{ (usuários por canal de RF)} \quad (8.5)$$

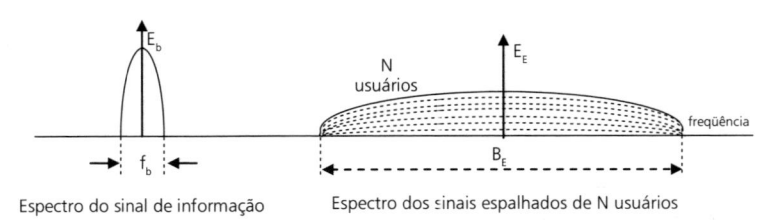

figura 8.20 Relações entre o espectro do sinal de informação e o espectro espalhado.

exemplo de aplicação

Vamos considerar o cálculo do número máximo N de usuários em um canal de RF com $B_E = 1,9 MHz$ e $f_{b1} = 8 kHz$, de um sistema CDMA que apresenta uma probabilidade de erro $BER = 10^{-6}$. Nestas condições podemos estabelecer as seguintes relações:

$$10\log_{10}\left(\frac{E_b}{N_o}\right) = 10\log_{10}(10^{-6}) \cong 9dB \quad ou\ seja \quad \left(\frac{E_b}{N_o}\right) = 10^{9/10} = 8$$

O ganho de processamento será dado por $G = 1,9.10^6/8.10^3 = 237,5$. Substituindo os valores calculados na equação (8.5) resulta;

$$N = \frac{G}{\left(E_b/N_o\right)} = \frac{237,5}{8} \cong 29$$

Portanto, poderíamos ter, simultaneamente, até 29 usuários num mesmo canal de 1,9 MHz deste sistema CDMA.

8.5.3 técnica de transmissão OFDM (*Orthogonal Frequency Division Multiplex*)

Uma nova técnica de acesso múltiplo surgiu, baseada na propriedade da ortogonalidade entre sinais. Dois sinais são ditos ortogonais, quando a multiplicação de um pelo outro resulta em zero. A tecnologia é complexa e exige processamento digital de sinais múltiplos. Foi projetada para resolver principalmente o problema das múltiplas reflexões. A técnica OFDM divide um fluxo de bits de alta velocidade em diversos fluxos de menor taxa, que são transmitidos em diversos subcanais de bandas menores.

Nesse sentido podemos dizer que OFDM é o oposto do CDMA e TDMA. Enquanto essas tecnologias dividem uma porção de banda entre múltiplos usuários, na tecnologia

(a) Multiplexação FDM (b) Multiplexação OFDM

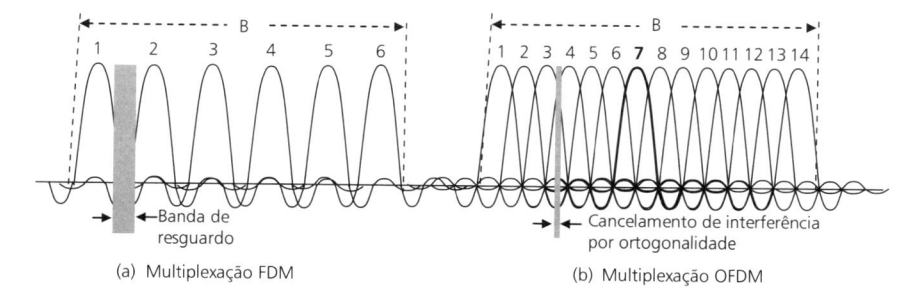

figura 8.21 Técnicas de multiplexação FDM: (a) multiplexação FDM com banda de resguardo – pouco eficiente e (b) multiplexação OFDM com cancelamento de interferência devido à ortogonalidade entre as subportadoras – muito eficiente.

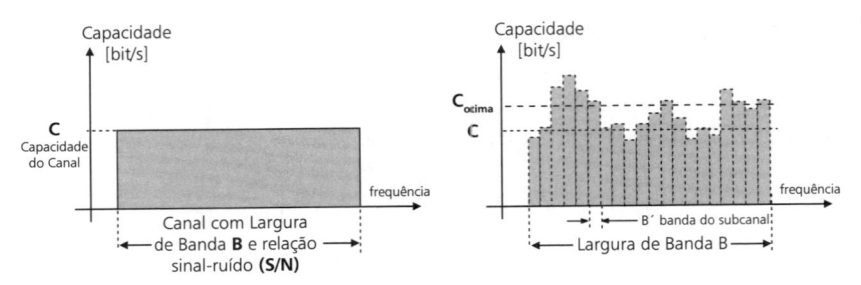

figura 8.22 Otimização da capacidade de um canal por OFDM.

OFDM o fluxo de bits de alta velocidade do usuário é dividido em múltiplos canais de diferentes frequências. No entanto, para evitar o desperdício de banda de resguardo (*guard-band*) do FDM, a tecnologia OFDM elimina esse desperdício, permitindo uma pequena sobreposição entre as bandas de canais adjacentes. Para evitar a interferência entre as bandas adjacentes são utilizadas portadoras ortogonais, de modo que as interferências se cancelem mutuamente, como pode ser observado na Figura 8.21(b).

O OFDM, é antes de tudo, uma técnica de transmissão fortemente suportada por processamento digital de sinais (DSP), que visa a otimização da capacidade (C) de um canal, com uma largura de banda B e uma relação sinal ruído (S/N). O OFDM divide a banda em n subcanais, cada um com uma largura de banda B/n e uma relação sinal ruído (S/N_i), em que i varia de 1 a n. Desta forma podemos otimizar a capacidade (c_i) de cada subcanal em relação ao ruído próprio de sua banda. A capacidade total otimizada (C_{otima}) do canal será então a soma das capacidades otimizadas de cada subcanal, ou seja;

$$C_{otimo} = \sum_{i=1}^{n} c_i \quad e \quad C_{otimo} > C \qquad (8.6)$$

Hoje esta técnica é utilizada em sistemas celulares de quarta e de quinta gerações, em redes sem fio locais (WLAN) do padrão IEEE 802.11a,g. e em modems de linha de assinante, HDSL (*High Speed Digital Subscriber Line*), nos quais se conseguem taxas de transmissão da ordem de 5 Mbit/s pela linha de assinante. A Figura 8.22 fornece um comparativo entre a capacidade convencional de um canal e a técnica de otimização por OFDM, também conhecida como *Multitone*.

Para mais detalhes sobre a técnica de transmissão OFDM confira também a Seção 2.7.

8.6 sistemas celulares de segunda geração

O sistema de telefonia celular analógico AMPS alcançou em poucos anos um grande sucesso em nível mundial. Na América Latina foi adotado praticamente por todos os países sul-americanos, com grande sucesso. A partir do início da década de 1990 começaram a surgir propostas para um novo conceito de telefonia celular totalmente di-

Capítulo 8 ⟶ Redes celulares

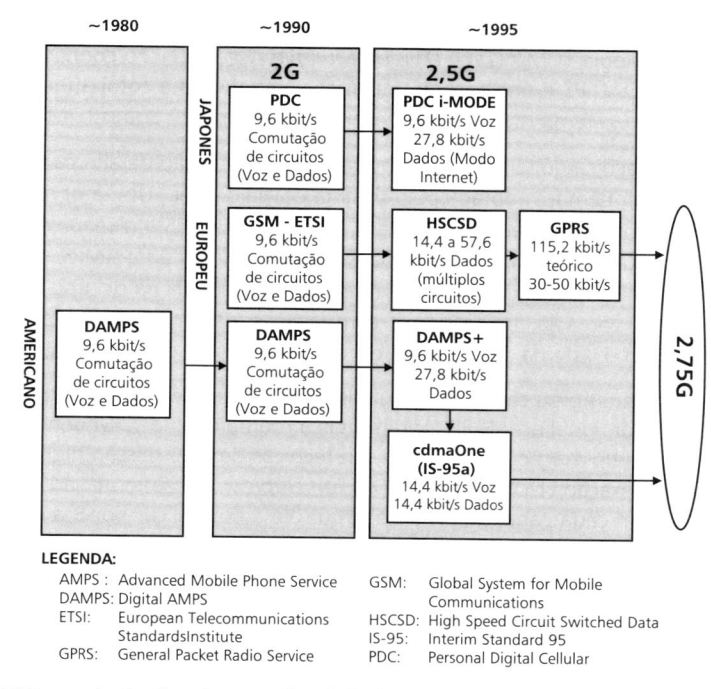

```
              ~1980        ~1990          ~1995
                            2G             2,5G
                          ┌──────┐      ┌──────────┐
                          │ PDC  │      │PDC i-MODE│
              J           │9,6   │      │9,6 kbit/s│
              A           │kbit/s│──────│   Voz    │
              P           │Comut.│      │27,8 kbit/s│
              O           │ de   │      │Dados (Modo│
              N           │circui│      │ Internet)│
              E           │tos   │      └──────────┘
              S           │(Voz e│
                          │Dados)│
                          └──────┘
                          ┌──────┐    ┌───────┐   ┌────────┐
                          │GSM-  │    │ HSCSD │   │ GPRS   │
              E           │ ETSI │    │14,4 a │   │115,2   │
              U           │9,6   │────│57,6   │───│kbit/s  │──┐
              R           │kbit/s│    │kbit/s │   │teórico │  │
              O           │Comut.│    │Dados  │   │30-50   │  │
              P           │ de   │    │(múlti-│   │kbit/s  │  │
              E           │circui│    │plos   │   └────────┘  │
              U           │tos   │    │circui-│              ╱ ╲
                          │(Voz e│    │tos)   │             │   │
                          │Dados)│    └───────┘             │ 2,│
                          └──────┘                          │ 7 │
             ┌──────┐    ┌──────┐    ┌──────────┐           │ 5 │
      A      │DAMPS │    │DAMPS │    │ DAMPS+   │           │ G │
      M      │9,6   │    │9,6   │    │9,6 kbit/s│           │   │
      E      │kbit/s│────│kbit/s│────│   Voz    │           │   │
      R      │Comut.│    │Comut.│    │27,8kbit/s│           ╲  ╱
      I      │ de   │    │ de   │    │  Dados   │            ─
      C      │circui│    │circui│    └──────────┘            │
      A      │tos   │    │tos   │                            │
      N      │(Voz e│    │(Voz e│                            │
      O      │Dados)│    │Dados)│                            │
             └──────┘    └──────┘    ┌──────────┐            │
                                     │ cdmaOne  │            │
                                     │ (IS-95a) │────────────┘
                                     │14,4 kbit/s Voz│
                                     │14,4 kbit/s Dados│
                                     └──────────┘
```

LEGENDA:
AMPS : Advanced Mobile Phone Service
DAMPS: Digital AMPS
ETSI: European Telecommunications StandardsInstitute
GPRS: General Packet Radio Service
GSM: Global System for Mobile Communications
HSCSD: High Speed Circuit Switched Data
IS-95: Interim Standard 95
PDC: Personal Digital Cellular

figura 8.23 evolução dos sistemas de telefonia celular de segunda geração para sistemas 2,5G e 2,75G (pré 3G).

gital. Estes sistemas foram chamados genericamente de sistemas de segunda geração, ou simplesmente 2G.

Por volta de 1990 despontaram, em três diferentes continentes, propostas para sistemas celulares totalmente digitais. Assim, no Japão houve o sistema PDC (*Personal Data Communication*), na América o sistema DAMPS (Digital AMPS) e na Europa, o sistema GSM (Global System for Mobile Communication). Por volta de 1995 foi lançado um sistema celular extremamente inovador da empresa americana Qualcomm, designado pela TIA/EIA de IS-95a, ou simplesmente de *cdmaOne*. Na Figura 8.23 vemos os quatro sistemas celulares de segunda geração com suas características de desempenho relacionadas com a taxa de bits em relação ao serviço de voz e a comunicação de dados. A seguir, apresentamos as principais características de cada um desses sistemas e a sua evolução para sistemas 2,5G.

8.6.1 o sistema DAMPS – (TDMA/IS-136)

Os avanços das técnicas digitais e a rápida disseminação e popularização da telefonia celular, propiciaram o desenvolvimento dos primeiros sistemas totalmente digitais.

Em 1990 surgiu nos Estados Unidos o primeiro sistema celular totalmente digital, baseado na tecnologia TDMA (*Time Division Multiple Access*). Ficou conhecido comercialmente como DAMPS e tinha como principal característica a compatibilidade com os canais de RF do sistema AMPS. Foi padronizado pelo TIA/EIA como TDMA/IS-136.

O TDMA é uma técnica de telefonia celular de segunda geração de alta capacidade. A mesma técnica também foi adotada pelo sistema GSM Europeu. Um fator decisivo que favorece a mudança do sistema AMPS para o sistema DAMPS é o reaproveitamento neste da infraestrutura de rádio já montada e utilizada pelo sistema AMPS. A migração pode ser feita em duas etapas: na primeira etapa o sistema seria do tipo *dual-mode* (AMPS e DAMPS), ou seja, teria que ser compatível tanto com o sistema analógico FDM, quanto com o sistema TDM digital, e, na etapa subsequente, somente DAMPS.

O DAMPS utiliza multiplexação FDM de canais de RF dentro do espectro de frequência da telefonia celular, igual ao AMPS, porém utiliza multiplexação TDM dentro de cada canal de RF. A multiplexação TDM implica em técnicas de transmissão digitais nos canais de RF e duplexação FDD (*Frequency Division Duplex*). Atualmente são multiplexados três canais em cada canal de RF, o que equivale a multiplicar por 3 a capacidade do sistema AMPS.

A estrutura básica do quadro DAMPS é especificada na IS-136 da EIA/TIA e pode ser observada na figura 8.24. O DAMPS define um quadro com 1944 bits e 40 ms de duração. Cada quadro contém 6 fatias de tempo (*time-slots*) de 324 bits. A taxa de transmissão do agregado TDM é:

$$\frac{1944\ bit}{40\ ms} = 48{,}6\ \ kbit/s \qquad (8.7)$$

A taxa de cada canal é de 8,1 kbit/s, sendo que 6,5 kbit/s correspondem a voz digitalizada e 1,6 kbit/s corresponde a sinais de controle. Lembrando que é necessário alocar dois "*time-slots*" para cada canal, a taxa total efetiva da voz digitalizada de um canal

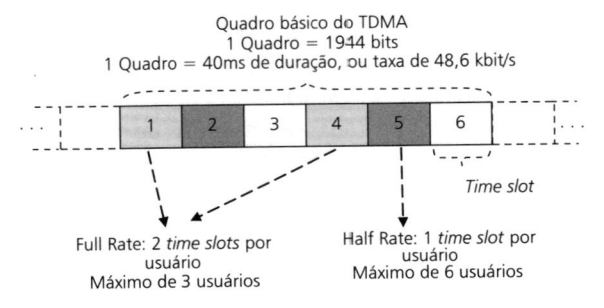

figura 8.24 Estrutura de um quadro do TDMA.

telefônico será de 13 kbit/s. Hoje, graças a técnicas de compressão de voz, já são possíveis sistemas com a metade desta taxa (*half rate*), ou seja, 6,5 kbit/s de taxa de voz total, aumentando desta forma a capacidade do sistema de um fator de 6 em relação ao AMPS analógico. Na Tabela 8.5 foram resumidas as principais características deste sistema celular.

O sistema DAMPS, por ser digital, permite também a implementação de poderosos algoritmos de detecção e correção de erros por meio de códigos convolucionais, o que melhora a qualidade do serviço. Além disso, o sistema utiliza técnicas de entrelaçamento dos bits (*interleaving*). O entrelaçamento dos bits no tempo se dá segundo uma sequência conhecida e provoca uma descontinuidade no fluxo de bits da mensagem original. Esta técnica é útil contra erros em rajada devido a ruídos impulsivos, uma vez que, eventuais bits errados, não serão contíguos, facilitando a recuperação da mensagem pelo FEC.

Atualmente o sistema suporta serviços de comutação de circuitos quanto de pacotes. O serviço de comutação de circuitos suporta transferência de arquivos, fax e serviços especiais como linhas síncronas dedicadas. A transferência de arquivos pode ser de duas maneiras. A primeira maneira é não transparente, baseada no protocolo RLP (*Radio Link Protocol*), com facilidades de ARQ, FEC, controle de fluxo e retransmissão de blocos. O segundo modo de transferência é transparente, com facilidades de FEC, na qual o usuário define a taxa de transmissão, ficando o atendimento na dependência da qualidade do canal de RF.

tabela 8.5 Características estruturais do TDMA

Quadro/*Time-slot*		Taxas e tempos	
Taxa de quadros	25 quadros/s	Duração de um bit	25,576 µs
Duração do quadro	1/25 = 40ms	Duração de um símbolo	41,152 µs
Bits/*Time-slot*	324 bits	Taxa de bits do canal	$1944/(40.10^{-3}) =$ 48,6 kbit/s
Símbolos/quadro	972 símbolos	Taxa de símbolos canal	24,3 kbaud
Bits/quadro	1944 bits (6x324)	Taxa de usuário (voz) (full rate)	13 kbit/s
Símbolos por *Time-slot*	162 símbolos	Taxa de usuário (voz) (half rate)	6,5 kbit/s
Duração de um *Time-slot*	6,666ms	Usuários por canal	Half Rate: 6 usuários/canal Full Rate: 3 usuários/canal

8.6.2 o sistema GSM europeu (ETSI)

O sistema GSM (*Global System for Mobile communications*) surgiu na década de 1990 e rapidamente alcançou grande sucesso, não somente na Europa mas no mundo todo, chegando a ter mais de 80% do mercado global (REDL; WEBER; OLIPHANT, 1995).

- É um sistema elaborado pelo ETSI (*European Telecommunications Standards Institute*). Originalmente a sigla GSM estava associado com *Groupe Spéciale Mobile*, que elaborou o sistema; hoje está associaco a *Global System for Mobile Communication*.
- A alocação de bandas de frequência depende do tipo de sistema GSM, como pode ser observado na Tabela 8.6.
- É o sistema mais usado no mundo, com mais de 60% dos usuários e com uma taxa de expansão de mais de 1 milhão de rovos usuários por semana.

principais características técnicas do sistema GSM:

- O sistema é baseado em um multiquadro com 120ms de duração, que contém 26 quadros de 4,615ms cada, que correspondem a um total de 26 canais de RF. Destes, um é reservado para sinalização e um para troca de mensagens curtas (*paging*), sobrando um total de 24 canais de voz.
- A cada canal de radiofrequência corresponde uma largura de banda de 200kHz, e em cada canal de RF são multiplexados em tempo (TDMA) até oito usuários; o *time slot* por usuário é de $4,615/8 = 577\mu s$.

tabela 8.6 Alocação das bandas de frequência de *uplink* e *downlink* em diferentes sistemas GSM

Tipo de GSM	Uplink [MHz]	Downlink [MHz]	Largura de banda [MHz]	Tamanho da célula
GSM 450	450,4 a 457,6 ou 478 a 486	460,4 a 467,6 ou 488,8 a 496	7,2 ou 8	Muito grande
GSM 900 (original)	880 a 915	925 a 960	35	Grande
DCN 1800 (USA)	1710 a 1785	1805 a 1880	75	Pequena
PCS 1900 (USA)	1850 a 1910	1930 a 1990	60	Muito pequena

DCN: Digital Communications Network
PCS: Perrsonal Communications Services

tabela 8.7 Capacidade em bit/s associada às funcionalidades de um sistema GSM

	Tráfego de voz			Tráfego de dados		
Tipo serviço	Full Rate	Half Rate	Enhanced	Regular	Enhanced	Bruto
Payload	13 kbit/s	6,5 kbit/s	13 kbit/s	9,6 kbit/s	14,4 kbit/s	21,4 kbit/s
FEC	8 kbit/s	4,0 kbit/s	8 kbit/s	11,1 kbit/s	6,6 kbit/s	–
Encriptação	1,4 kbit/s	0,7 kbit/s	1,4 kbit/s	1,4 kbit/s	1,4 kbit/s	1,4 kbit/s
TOTAL	22,4 kbit/s	11,2 kbit/s	22,4 kbit/s	22.1 kbit/s	22,4 kbit/s	22,8 kbit/s

- A taxa bruta em cada canal é de 270,8 kbit/s e são utilizados canais pares separados, para transmissão e recepção, segundo a técnica de TDD (*Time Division Duplexing*).
- A taxa efetiva alocada a cada usuário é uma fração dos 270,8 kbit/s, ou seja, cada usuário recebe apenas um time slot de 577µs da taxa do agregado de 270,8 kbit/s, que corresponde a 270,8/8 = 33,9 kbit/s.
- Para compensar os efeitos do atraso de propagação é perdida uma banda que corresponde a um atraso máximo de ~100µs (distância máxima de 30 km) o que faz com que 27% do time slot não seja utilizável, reduzindo a taxa útil para algo em torno de ~24,74 kbit/s. A sinalização telefônica, além disso, reduz esta taxa para 22,4 kbit/s. Funções como encriptação e FEC (*Forward Error Correction*) reduzem esta taxa em mais 1/3, sobrando cerca de 13 kbit/s para a codificação de voz.

Com os avanços nas tecnologias de *codecs*[4], esta banda pode ser reduzida para a metade (*Half Rate Codec* – 6,5 kbit/s), com qualidade um pouco inferior, o que significa que a capacidade do sistema nestas condições dobra. Também foram desenvolvidos novos *codecs*, com taxa nominal 13 kbit/s e qualidade muito melhor: são os chamados *enhanced codecs* (confira Tabela 8.7).

■ estrutura básica do GSM e fatores de desempenho

Na Figura 8.25 vemos a estrutura básica do sistema GSM, e na Tabela 8.8, alguns parâmetros de desempenho frente a outros sistemas celulares. Observe que, mesmo não sendo o sistema mais eficiente, a sua grande vantagem está no fato de que é possível fazer rapidamente seu *upgrade* sem mudanças muito significativas e traumáticas (REDL; WEBER; OLIPHANT, 1995).

Veja na Tabela 8.8 um comparativo das principais características de arquitetura entre os sistemas GSM, DAMPS (IS-136), cdmaOne (IS-95) e o sistema PDC japonês. Se considerarmos o critério de Hz/bit, vemos que o cdmaOne (IS-95) tem o menor gasto de Hz/bit – cinco ao todo, o que torna este sistema o mais eficiente, segundo este critério.

---

[4] Vocoder: codificador de voz.

364 ⋯→ Redes de comunicação sem fio

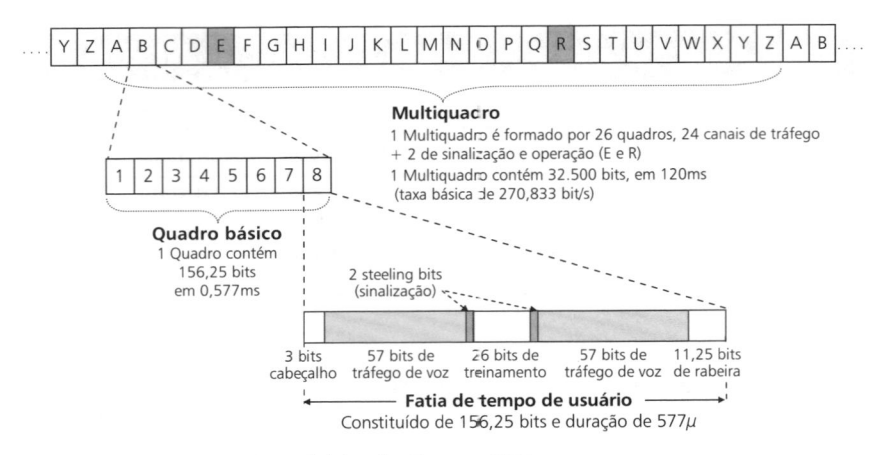

figura 8.25 Estrutura TDMA básica do Sistema GSM.

tabela 8.8 Comparativo do GSM com outros sistemas de telefonia celular de segunda geração

Sistema	Largura de banda (B) do canal de RF	Ligações por canal	Células por canal	kHz por conexão	Bits/s por conexão	Hz por bit
GSM europeu	200 kHz	8	~4	100	14,4	7
DAMPS americano	30 kHz	3	~7	70	9,6	7
cdmaOne americano	1,25 MHz	~15	1	83	16	5
PDC-japonês	25 kHz	3	~7	58	9,6	6

■ HSCSD (*High Speed Circuit Switched Data*) do GSM

O HSCSD é uma atualização (*upgrade*) relativamente simples do sistema GSM, para permitir ao usuário a transmissão de dados em alta velocidade. Consiste basicamente em alocar o usuário dentro do quadro básico mais de um *time slot*. A cada *time slot* corresponde uma taxa de 14,4 kbit/s, ou seja, se forem alocados os oito *time slots* do quadro básico a um único usuário, teremos uma taxa máxima de 8 x 14,4 = 115, 2 kbit/s. Na verdade, este procedimento equivale a uma associação de mais de um canal telefônico ao usuário (oito canais no máximo).

O padrão do HSCSD, estabelecido pelo ETSI em 1997, oferecido comercialmente a partir de 2000, permite a aglutinação de, no máximo quatro canais básicos. Desta forma podemos obter taxas de 14,4 kbit/s, 28,8 kbit/s, 43,2 kbit/s e 57,6 kbit/s, o que se deve principalmente a dois fatores restritivos:

1) A agregação é de no máximo quatro *time slots*, pois assim um terminal nunca precisará transmitir e receber simultaneamente durante um *time slot*, tendo em vista a estrutura do pareamento dos canais no GSM;
2) O problema do consumo de potência e a capacidade reduzida do sistema restringem a aglutinação de mais de 4 *time slots*.

Na Tabela 8.8 vemos um resumo comparativo entre os três sistemas celulares digitais de segunda geração em relação ao sistema GSM.

8.6.3 GPRS – *General Packet Radio Service*

O GPRS é uma extensão do GSM que define uma rede de pacotes para o tráfego unicamente de dados. É o esquema mais difundido entre as operadoras de telefonia celular, para viabilizar o acesso à Internet por meio de sistemas celulares. Projetado especialmente para tráfego de dados, capaz de oferecer ao usuário uma conexão permanente de alta capacidade com a Internet, o GPRS é um avanço tecnológico que, teoricamente, pode ser integrado a qualquer sistema celular baseado em TDMA. Na prática, porém, só funciona bem no GSM.

O GPRS representa uma mudança radical no paradigma celular, passando da tradicional comutação de circuitos para comutação de pacotes, que sem dúvida, é bem mais eficiente em comunicação de dados. A comutação de pacotes utiliza banda somente quando precisa, deixando disponível os recursos não utilizados a outros usuários, ao contrário da comutação de circuitos (BATES, 2002).

Com o GPRS, um *time slot* único de 14,4 kbit/s, pode ser utilizado rapidamente por centenas de usuários, desde que não ao mesmo tempo. Cada usuário possui uma conexão permanente de 100 bits/s, ou menos, que logo passa para taxas maiores no momento que a aplicação do usuário demanda por mais banda.

No futuro, o GPRS deve transportar também voz sobre pacotes, utilizando *codecs* de taxa variável de modo que os dados possam ser transmitidos durante as pausas da conversação.

Veja na Figura 8.26 os principais blocos funcionais de uma arquitetura de rede GSM/GPRS. O fluxo de dados (pacotes GPRS ou voz) se dá essencialmente a partir da estação móvel (MS) que se conecta por meio da interface de rádio à estação base (BSS), que por sua vez se conecta diretamente a um controlador BSC. O BSC, se o tráfego for de dados (pacotes), se conecta pelo SGSN à rede GPRS – se for voz ou mensagem, se conecta ao MSC/SMS da rede GSM.

O domínio regional desta rede GSM possui duas bases de dados, uma com os registros dos usuários locais (HLR) e outra dos visitantes (VLR). Além disso, uma ou mais centrais

366 ···→ Redes de comunicação sem fio

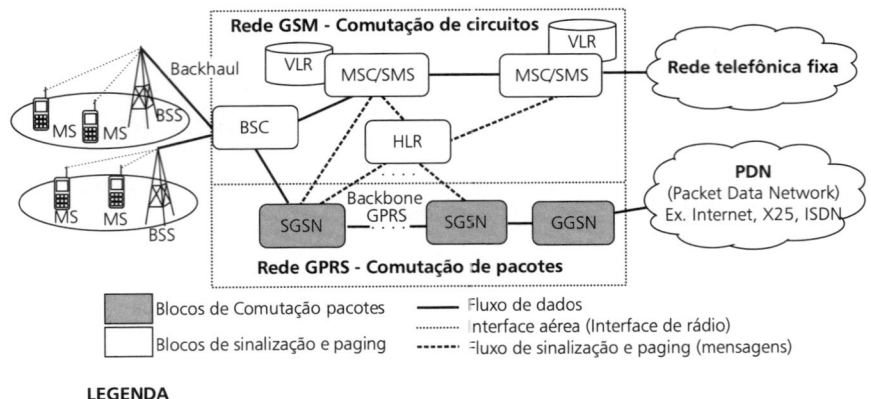

figura 8.26 Arquitetura geral simplificada de uma rede núcleo GSM/GPRS segundo blocos funcionais.

de comutação móvel e de mensagens curtas (MSC/SMS) controlam o tráfego de comutação de circuitos de voz e mensagens dentro do domínio regional desta rede GSM. Um nó especial com funções de *gateway* (GGSN) permite estabelecer conexões com outras redes de pacotes (PDNs), fixos ou móveis.

Veja na Figura 8.27 a pilha de protocolos típica desta arquitetura. A conexão dos BSS aos nós SGSN se dá por Frame Relay, o que assegura bandas fixas independentes para voz e dados em uma mesma conexão. Já o *backbone* formado pela interconexão dos nós SGSN é feito por IP segundo uma Intranet regional. O acesso à Internet ocorre principalmente por GGSN, enquanto a troca de informação por protocolos de sinalização garante a atualização dos bancos de dados VLR e HLR e o controle e manutenção tanto dos circuitos comutados quanto do tráfego de dados do usuário.

A interface aérea (ou interface de rádio) é um dos aspectos específicos de uma rede celular GPRS. Lembre que a transmissão de sinais em alta frequência apresenta problemas de propagação peculiares, conforme abordado na Seção 2.3. O sinal nestas frequências altas sofre reflexão e difração em obstáculos físicos ao longo de seu caminho de propagação, o que faz diversas amostras do sinal alcançarem o receptor com diferentes atrasos, caracterizando o problema dos múltiplos caminhos. No receptor os vários sinais com diferentes atrasos (ou fases) podem causar o fenômeno do desvanecimento (*fading*) do sinal na entrada do receptor, devido à soma destrutiva desses sinais. Lembre que dois sinais de mesma amplitude e defasados entre si em 180 graus (ou próximos) se cancelam.

Capítulo 8 → Redes celulares

MS Mobile Station	BSS Base Station Subsystem	SGSN Serving GPRS Support Node	GGSN Gateway GPRS Support Node
Aplicação			
IP/X.25			IP/X.25
SNDCP		SNDCP — Relay — GTP	GTP
LLC		LLC — UDP/TCP	UDP/TCP
RLC	RLC — Relay — BSSGP	BSSGP — IP	IP
MAC	MAC	Protocolos específicos Nível 1 e 2	Protocolos específicos Nível 1 e 2
RF	RF — Frame Relay	Frame Relay	

Interface Aérea

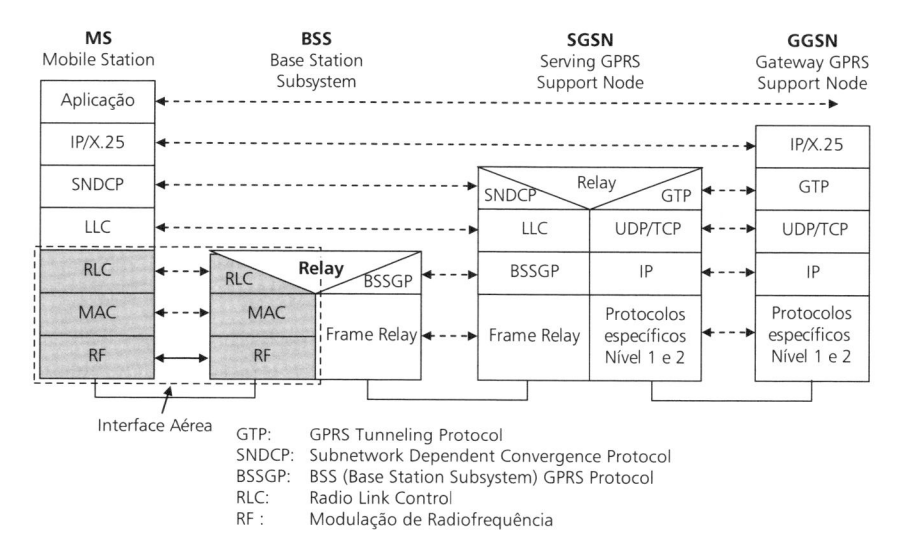

- GTP: GPRS Tunneling Protocol
- SNDCP: Subnetwork Dependent Convergence Protocol
- BSSGP: BSS (Base Station Subsystem) GPRS Protocol
- RLC: Radio Link Control
- RF : Modulação de Radiofrequência

figura 8.27 Modelo de referência de protocolos para o suporte GPRS.

Isso estimulou o desenvolvimento de diferentes técnicas e protocolos para tentar minimizar o problema dos múltiplos caminhos. Uma dessas técnicas consiste na introdução de um *tempo de resguardo* entre os quadros de dados na transmissão, de tal forma que este tempo de resguardo seja da ordem do defasamento máximo entre os sinais, que por sua vez depende do tempo de duração dos quadros.

Na Figura 8.27 os blocos funcionais em cinza identificam a interface de rádio do usuário. A interação entre a MS e a BSS se dá segundo três protocolos hierarquizados que atuam na interface aérea: (1) o nível físico que define a técnica de modulação da portadora de radiofrequência, (2) o método de acesso (MAC) que define a maneira do acesso aos recursos (*time slots*) de um canal, e (3) o protocolo RLC que tem como principal função oferecer um enlace de rádio em que os dados são depurados de erros e interrupções, típicas de uma interface de rádio (STALLINGS, 2005).

8.6.4   o sistema CDMA IS-95a do TIA/EIA

Em 1992, a EIA (*Electronic Industries Association*) encaminhou à TIA (*Telecommunications Industries Association*) uma proposta da Qualcomm Incorporated, para um novo e revolucionário sistema de telefonia celular digital baseado em DSSS (*Direct Sequence Spread Spectrum*), também designado CDMA (*Code Division Multiple Access*). O CDMA se apresenta como um sistema de telefonia celular digital de segunda geração e, portanto, como uma alternativa ao padrão TDMA.

Em 1994 a TIA/EIA acolheu a proposta da Qualcomm como um dos padrões industriais para telefonia celular com o número IS-95 (*Interim Standard*). O padrão novo se apresenta como um *Dual-Mode Wideband Spread Spectrum Cellular System*, ou seja, permite a operação tanto no modo AMPS analógico como no modo digital segundo a proposta CDMA da Qualcomm. Desta maneira, é garantida a convivência entre o sistema AMPS com o novo sistema celular digital CDMA.

No CDMA um transmissor DSSS espalha ou difunde o espectro do sinal de informação sobre uma ampla gama de frequências, segundo uma sequência fixa. No lado da recepção o sinal só pode ser detectado por receptores de faixa larga e que conheçam a sequência de espalhamento. Este código ou sequência de espalhamento deu origem ao nome de DSSS CDMA (confira a fundamentação teórica da técnica de transmissão CDMA na Seção 2.6.3.

O CDMA IS-95a divide a banda de 25 MHz em 10 canais de RF duplex com 1,25 MHz de largura de banda cada. Cada macrocélula pode utilizar a banda celular inteira, o que significa um fator de reutilização da frequência igual a um. Em cada canal de RF são transmitidos simultaneamente 64 canais digitais de 9600 bit/s, diferenciados por códigos de modulação e sequências de espalhamento próprios. Destes, 55 são de telefonia, sete para o serviço de mensagens ou *paging* e dois são reservados para controle de acesso e sincronismo (STALLINGS, 2005).

O sistema tem como desvantagem a necessidade de um rígido controle da potência de transmissão por parte de cada usuário. Este controle é necessário para minimizar o problema de interferência, tendo em vista que na recepção, além do ruído próprio da banda larga (1,25 MHz), todos os usuários de um determinado canal RF dentro da célula, interferem entre si, pois ocupam todos a mesma banda. Além desta interferência temos ainda, em grau menor, a interferência causada pelos usuários das células adjacentes no mesmo canal de RF.

O número de canais por canal de RF do sistema CDMA é de 64 canais de 9600 bit/s, por banda de 1,25 MHz. Utilizando, porém, técnicas de setorização e técnicas altamente eficientes de codificação de voz, pode-se chegar a um valor de 98 usuários por banda de 1,25 MHz.

8.7 ⋯→ evolução dos sistemas celulares 2G para 3G

Em vista do enorme sucesso comercial que os sistemas celulares 2G apresentaram, estima-se que por trás dos novos serviços das redes 3G, como voz, multimídia e acesso à Internet, está associado um mercado de bilhões de dólares. Isso disparou uma corrida sem precedentes das empresas de telecomunicações para ocupar este mercado.

Os incipientes sistemas 2G da década de 1990 como o PDC, DAMPS, CDMA e GSM, evoluem para sistemas mais avançados (ver Figura 8 28) e são identificados por outros nomes de apelo comercial. No final da década de noventa, havia em nível mundial, uma polarização em torno de duas tecnologias; o EDGE (europeu) e o *cdmaTwo* IS-95c (americano).

Assim, o sistema PDC japonês evolui principalmente para o sistema cdmaTwo (americano) e se dissemina principalmente pela Coréia do Sul e Japão. O DAMPS (TDMA IS-136) segue principalmente o sistema cdmaTwo e no início da década de 2000 é capaz de oferecer a seus usuários uma taxa de dados de 64 kbit/s em um canal de 1,25 MHz (SMITH; COLLINS, 2002).

O padrão europeu GSM evoluiu, adotando tecnologias como o HSCSD e GPRS e no final da década de 1990 oferecia uma taxa máxima de pacotes de 115,2 kbit/s DL. A partir da década 2000, passou a ser designado sistema EDGE (*Enhanced Data rate for GSM Evolution*) e por volta de 2005 era capaz de oferecer uma taxa de 384 kbit/s aos seus usuários, em um canal de 5 MHz.

Preocupado com a interoperabilidade entre os diferentes sistemas celulares, a ITU (*International Telecommunications Union*), no final da década de 1990, cria o grupo de estudos IMT-2000 (*International Mobile Telecommunications* 2000), com o objetivo de regulamentar amplamente os diferentes setores das comunicações móveis, incluindo os sistemas celulares. Este esforço pretendia que os sistemas celulares de terceira geração (3G), seguissem diretrizes de padronização de abrangência internacional. Assim, os esforços dos europeus e americanos para atender estas diretrizes no desenvolvimento dos sistemas 3G foram unificados no grupo de trabalho 3GPP (3G *Partnership Project*) a fim de definir as características mínimas que um sistema celular deveria apresentar para que pudesse ser chamado de 3G.

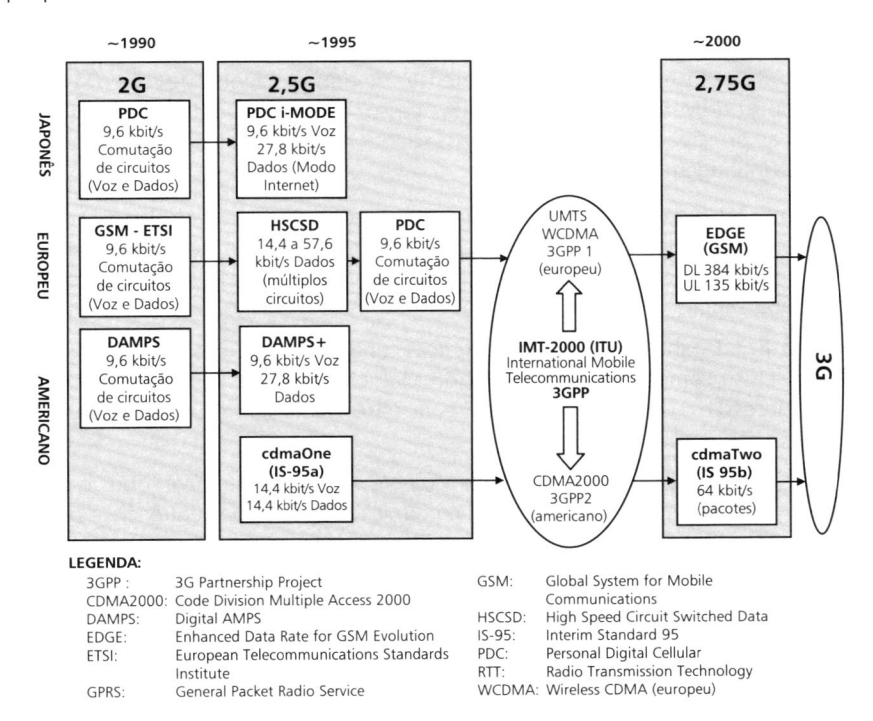

figura 8.28 Transição dos sistemas de telefonia celular 2G para os sistemas 2,75G, também chamados de pré 3G.

Este entendimento resultou em dois grupos de trabalho:

1. O grupo de trabalho 3GPP europeu, que definiu, pelo UMTS (*Universal Mobile Telecommunications Services*) o projeto WCDMA (*Wideband CDMA*) que resultou nos sistemas EDGE (*Enhanced Data for GSM Evolution*) e que depois deu origem ao sistema 3G definido como HSPA (*High Speed Packet Access*).
2. O grupo 3GPP americano, também chamado de 3GPP2, definiu um projeto chamado CDMA2000 que deu origem aos sistemas cdmaTwo (IS 95b), que por sua vez deu origem ao EV-DO (*Evolution-Data Optimized*) de 3G.

Nas especificações do sistema EDGE (3GPP) e do sistema cdmaTwo (3GPP2), já são levados, parcialmente, em consideração, as diretrizes do grupo IMT-2000 do ITU e por isso são considerados sistemas pré 3G ou sistemas 2,75 G (HARTE; KIKTA; LEVINE, 2002).

Na Figura 8.28 você vê as diferentes etapas do desenvolvimento cronológico destes sistemas, que formarão a base para os sistemas 3G. No próximo capítulo abordaremos de forma detalhada os sistemas 3G e suas diversas plataformas tecnológicas que começaram a surgir a partir da década de 2000.

8.8 exercícios

exercício 8.1 Um sistema celular é composto de dois ambientes de rede: (a) a rede núcleo, ou *Core Network* e (b) a rede de acesso, ou RAN (*Radio Access Network*). Descreva as principais funcionalidades associadas a cada ambiente e como os dois ambientes interagem.

exercício 8.2 Uma das funções mais importantes de um sistema celular é o método de acesso múltiplo dos usuários ao canal de comunicação físico do sistema. Explique de forma sucinta as características do acesso FDMA e por que este método é considerado ultrapassado.

exercício 8.3 Estabeleça algumas diferenças fundamentais entre as tecnologias de múltiplo acesso como TDMA (Time Division Multiple Access, o CDMA (*Code Division Multiple Access*) e o OFDM (*Orthogonal Frequency Division Multiplex*). Em que geração tecnológica são dominantes?

exercício 8.4 No SDMA (*Space Division Multiple Access*) o sistema é robusto em relação aos três parâmetros do espaço de comunicações: tempo, frequência e espaço. Explique como se dá isto em cada dimensão?

exercício 8.5 Um sistema TDMA com TDD (*Time Division Duplex*) tem as seguintes características: 32 *time-slots* por ciclo básico sendo que 2 são utilizados para controle e gerenciamento do sistema e 30 para tráfego de usuários; a largura de banda do canal é de $B = 15$ kHz e a eficiência espectral do sistema é de $\eta_{esp} = 0,5$ bit/s /Hz. Responda: qual é a vazão máxima do canal de usuário, qual é a duração de um time slot e qual é a duração do quadro básico deste sistema, supondo um tempo de guarda de 5 ms.

exercício 8.6 No exercício anterior, supondo que a relação sinal ruído do sistema seja S/N=99; qual é a taxa de Shannon deste sistema e qual é a eficiência de transmissão do sistema?

exercício 8.7 Nas condições do exercício 8.5, Como se poderia proceder para associar uma banda maior a um determinado usuário deste sistema?

exercício 8.8 A área de cobertura de uma estação base varia segundo diversas características geográficas que se encontram nesta área. Cite algumas. Sugestão: confira a Seção 2.3.

exercício 8.9 Por que no modelo de reutilização de frequência em sistemas celulares são utilizados hexágonos para representar a cobertura de uma área? Até que ponto este modelo corresponde à realidade? Como poderia ser melhorado este modelo?

exercício 8.10 Cite algumas vantagens e desvantagens na utilização da técnica de duplexagem TDD e FDD em sistemas celulares.

exercício 8.11 Um sistema celular é definido por um conjunto de $T=60$ canais (ou frequências, sendo que a cada conjunto correspondem $C=5$ canais. Responda:

- **a** Quantos conjuntos de frequências distintas (N) podem ser formados?
- **b** Demonstre que nestas condições a distância mínima entre células de mesmas frequências (D) será dado por $D = R\sqrt{3N}$.
- **c** Supondo um raio de R=1,6 km, qual a distância mínima entre células com as mesmas frequências?

exercício 8.12 Nas condições do exercício 8.11, quantas células seriam necessárias para cobrir uma área de 45 km²? Quantas chamadas simultâneas o sistema suporta?

exercício 8.13 Na Seção 8.3.1 são apresentadas cinco maneiras de aumentar a capacidade de usuários por célula de um sistema celular. As três primeiras técnicas são de realização direta a partir de uma redefinição do sistema. Já as duas últimas mantêm a rede legada e introduzem técnicas adicionais na estação base de uma célula para aumentar sua capacidade. Comente quanto à eficácia e aplicabilidade dessas duas técnicas para aumentar a capacidade de uma célula.

exercício 8.14 A evolução dos sistemas celulares está fortemente associada ao desenvolvimento de novas técnicas de transmissão, multiplexação e acesso.

- **a** O que caracteriza uma nova geração tecnológica em sistemas celulares.
- **b** Cite as principais diferenças tecnológicas entre o sistema AMPS (1G) e o sistema TDMA (2G).

exercício 8.15 O sistema celular americano IS-136 e o sistema europeu GSM são de segunda geração; no entanto, quem se impôs em nível mundial foi o sistema GSM. Aponte algumas causas e algumas consequências deste fato.

exercício 8.16 A introdução do GPRS (*General Packet Radio Service*) em sistemas celulares de segunda geração trouxe mudanças profundas, tanto na concepção como nas aplicações destes sistemas. Trace um paralelo do tipo "antes e depois" da introdução do GPRS nos sistemas celulares.

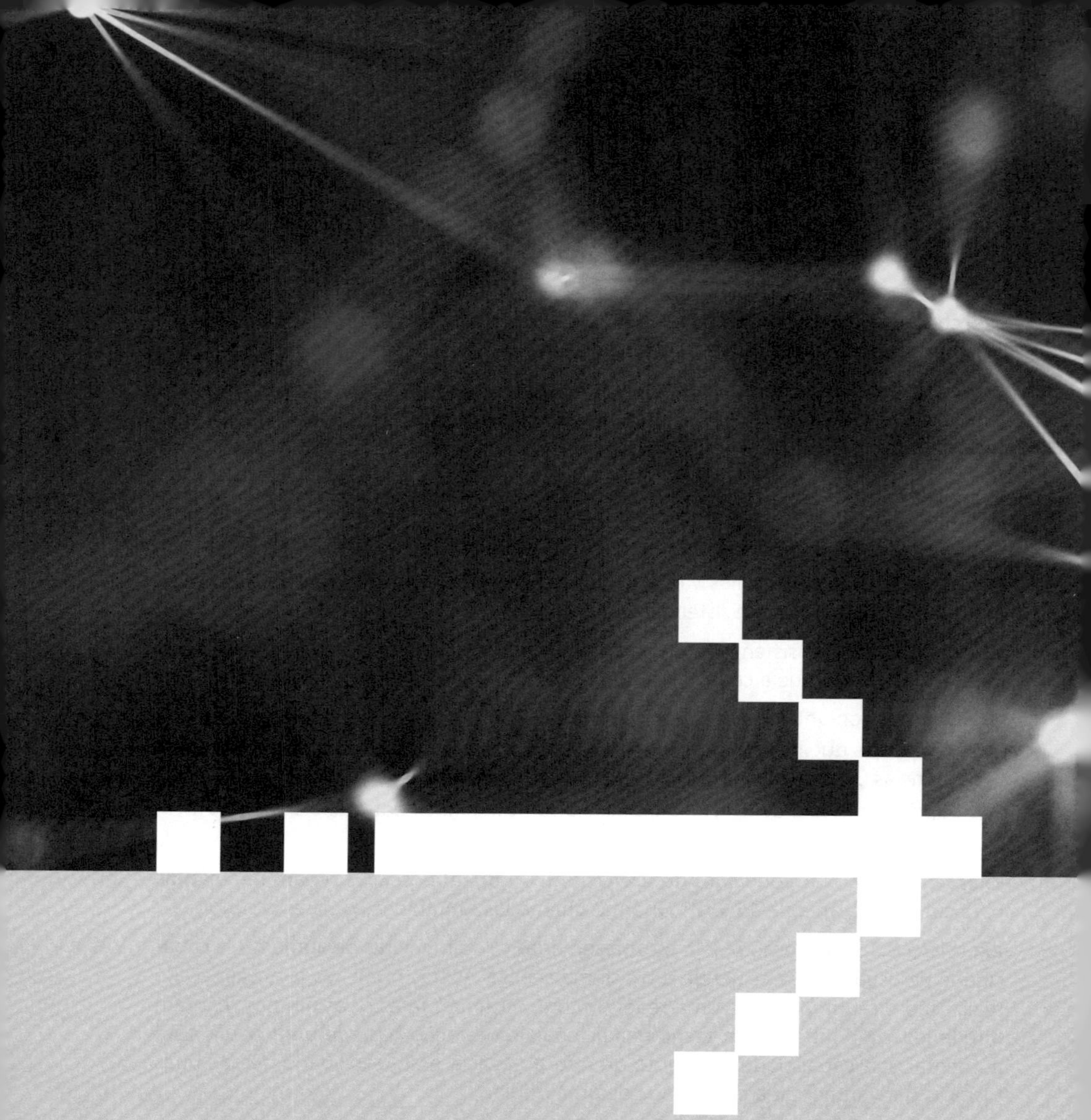

capítulo 9

redes celulares de terceira geração

As redes celulares de terceira geração surgiram com estrondoso sucesso tecnológico e comercial, no começo deste milênio. A rápida popularização desse novo paradigma de acesso à Internet abriu um vasto cenário de serviços e aplicações que podem ser disponibilizados aos usuários, de forma simples e barata. A rede de telecomunicações mundial passou de rede de telefonia a rede de dados, integrando todos os serviços: voz, vídeo e dados. Este capítulo trata dos principais impactos tecnológicos associados às redes celulares de terceira geração que dão suporte a este novo paradigma.

374 Redes de comunicação sem fio

9.1 introdução

No final da década de 1990, os sistemas celulares 2G, 2,5G e 2,75G se alastraram pelo mundo, tendo um sucesso sem precedentes tanto comercial como tecnicamente. Os *smartphones* se tornaram uma poderosa ferramenta cada vez mais indispensável na vida cotidiana do cidadão comum. Os novos sistemas celulares oferecem conexão permanente à Internet, além de um leque de aplicações que cresce dia a dia (BEREZDIVI; BEINING; TOPP, 2002).

O crescimento vertiginoso deste mercado em nível mundial exige que os órgãos normalizadores elaborem padrões e normas que permitam disciplinar o mercado no interesse das operadoras quanto dos usuários. O novo milênio seria o marco para os novos sistemas celulares designados genericamente como sistemas 3G.

A grande alavanca para a rápida implantação e disseminação dos sistemas 3G foi principalmente de ordem econômica e técnica. A popularização destas novas facilidades e serviços só se tornou possível graças a uma drástica redução dos custos associados ao serviço de comunicação de dados observado no início deste século.

A tecnologia celular 3G proporciona uma nova plataforma de acesso à Internet com volumes de dados cada vez maiores e a custos cada vez menores (ver Figura 9.1). Estima-se que o custo, que já esteve em torno de US$ 50,00 para 15 MB por mês nos

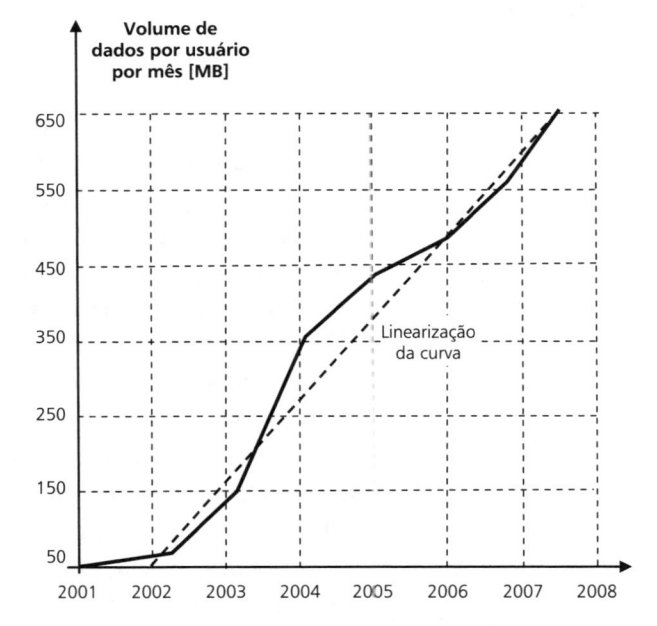

figura 9.1 Previsão do crescimento do volume de dados trafegados por mês, por usuário.

tabela 9.1 Previsão de custo para os sistemas 2G, 2,5G e 2,75G

Geração	Tecnologia	Custo por MB de tráfego (US$)	Evolução do custo de 350Mb/mês (US$)
2G	PDC	23,00	8050,00
2G	GPRS	0,415	145,25
2,5G	X-CDMA	0,069	24,15
2,5G	CDMA 1x	0,059	20,65
2,75G	EDGE (GSM)	0,041	14,35
2,75G	CDMA 1xEV	0,032	11,2

anos de 1990, nos sistemas 2,75G, passe para menos de US$ 10,00 para 500 MB nos sistemas celulares 3G. Veja na Tabela 9.1 a evolução da redução do custo dos serviços de dados oferecidos pelas concessionárias de alguns dos sistemas wireless 2G, 2,5G e 2,75G.

Para a rápida disseminação dos serviços dos sistemas celulares 3G os desafios são de ordem tecnológica. O principal deles é como conseguir taxas de transferência bem maiores do que as taxas dos sistemas 2,75G, que não passam dos 144 kbit/s? De fato, os novos serviços 3G necessitam, no mínimo, de taxas da ordem de 10 a 20 vezes maiores para a sua implantação

Veja na Figura 9.2 a evolução das taxas de acesso de sistemas *wired* e sistemas *wireless*. Observe que os sistemas *wireless* deverão alcançar taxas equivalentes aos sistemas fixos (*wired*). Com relação à padronização dos sistemas 3G, destacam-se as atividades do organismo IMT-2000 do ITU, que coordenou este esforço em nível mundial, visando ao desenvolvimento e implantação dos sistemas 3G.

Ao final da década de 1990, havia dois blocos geopolíticos concorrentes na área de sistemas celulares 3G – o bloco americano e o bloco europeu. Diante dos interesses hegemônicos comuns destes dois blocos, o ITU promoveu negociações que resultaram na criação de um fórum de desenvolvimento para os sistemas 3G que ficou conhecido como 3GPP (3G *Partnership Project*). Esta parceria foi fundamental no desenvolvimento harmonioso dos sistemas 3G. Pelo lado europeu é conhecido como 3GPP1 e, pelo lado americano, como 3GPP2. Pelo lado europeu, o projeto é definido como UMTS (*Universal Mobile Telecommunications System*) e busca desenvolver novas interfaces de rádio 3G, dentro de um projeto global chamado WCDMA (*Wideband CDMA*). Já pelo lado americano o 3GPP2 define o projeto CDMA2000, com objetivos idênticos, como pode ser conferido na Figura 9.3.

Neste capítulo veremos as diferentes etapas do desenvolvimento dos sistemas 3G dentro desses dois projetos; WCDMA (europeu) e CDMA2000 (americano). Também será possível observar os diferentes esforços de organismos internacionais e regionais para

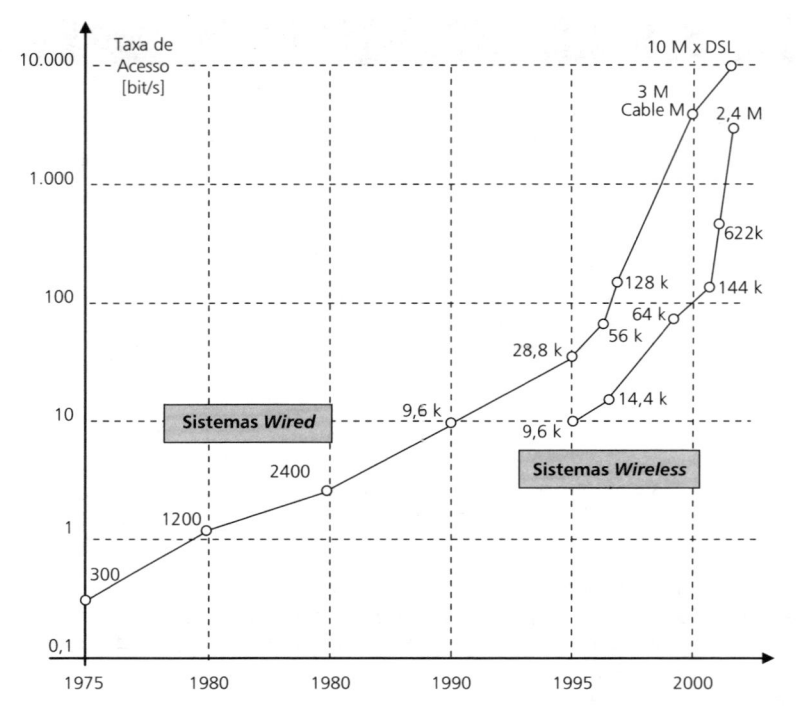

figura 9.2 O crescimento das taxas de transmissão máxima em sistemas *wired* e *wireless*.

padronizar os sistemas 3G em termos de tecnologia e serviços. Falaremos ainda da evolução dos sistemas 3G para 4G.

9.1.1 os sistemas celulares do início do milênio

As tecnologias móveis sem fio, desenvolvidas na década de 1990, são conhecidas coletivamente como sistemas PCS (*Personal Communication Services*). Originalmente o termo foi usado pelo FCC para designar um grupo especial de aplicações licenciadas na banda de 1900 Mhz (1,9 GHz), mas hoje é usado para designar qualquer sistema celular de comunicação de voz com alta qualidade e dados com elevadas taxas. Em uma taxonomia mais ampla, os sistemas PCS correspondem atualmente aos sistemas celulares digitais 2G (segunda geração), incluindo os sistemas 2,5G. Em geral, podemos dizer que um sistema PCS, além do serviço básico de voz, oferece um serviço de dados, inclusive com acesso à Internet. A Tabela 9.2 lista os principais sistemas 2G e as respectivas taxas dos serviços de voz e dados, no final da década de 1990 (NILSSON, 1999).

tabela 9.2 Características dos serviços de dados e voz dos sistemas PCS de segunda geração durante a década de 1990

Sistema padrão	Largura de banda do canal	Taxa de dados [kbit/s]	Taxa de voz [kbit/s]
GSM	200 kHz	14,4	14,4
HSCSD (comutação circuitos)	200 kHz	57,6	14,4
GPRS (comutação de pacotes)	200 kHz	115,2 kbit/s	–
TDMA (IS-136)	30 kHz	9,6 kbit/s	13 ou 6,5 Kbi
PDC (japonês)	25 kHz	14,4 kbit/s	11,2
cdmaOne (IS-95a)	1250 kHz	64 kbit/s	9,6

Fonte: Elaborada com base em Teleco (c2017).

A maioria dos sistemas PCS desta época está baseada na tecnologia TDMA, com exceção do *cdmaOne* (IS-95a), que, conforme indica o próprio nome, utiliza a tecnologia de acesso CDMA.

Veremos que os sistemas PCS de terceira geração usam exclusivamente técnicas de acesso múltiplo do tipo CDMA. Um dos motivos é que está comprovado que esta tecnologia possui desempenho melhor e uma maior eficiência, em comparação aos sistemas com acesso TDMA.

9.1.2 os serviços 3G e suas exigências

Quanto aos serviços a serem oferecidos pelos sistemas 3G, o ITU, por meio do IMT-2000 sugeriu um grupo de seis grandes classes de serviços, que abrangem os serviços oferecidos atualmente e os serviços projetados para estes sistemas e que listamos a seguir:

- Serviço de voz.
  Telefonia com qualidade igual ou superior da telefonia fixa.

- Serviço de mensagens:
  Este serviço é uma extensão do atual serviço de *pager* ou SMS, combinado com o serviço de e-mail.

- Dados via circuitos comutados.
  Aplicações de serviço de fax, acesso à rede corporativa ou acesso a provedor de Internet.

- Serviços multimídia de média velocidade.
  Aplicações como navegação pela Web, jogos, trabalhos colaborativos, mapas de localização atual, etc.

- Serviços multimídia de alta velocidade.
Aplicações como música e vídeo de alta qualidade em demanda, compra em tempo real de vídeos e filmes (*Pay-per-View*), etc.
- Serviço multimídia interativo.
Possíveis aplicações como videoconferência interativa e telepresença – uma combinação de videoconferência com trabalho colaborativo, etc.

Taxas típicas associadas a estas classes de serviço são apresentadas na Tabela 9.3, junto com o tipo de comutação mais adequada e o fator de assimetria em relação ao canal direto e reverso. Observe que, mesmo que três classes sejam tradicionalmente oferecidas por comutação de circuitos, estas classes também podem ser implementadas com facilidade por meio de comutação de circuitos virtuais em um ambiente essencialmente de comutação de pacotes. Com circuitos virtuais, também se consegue uma otimização muito maior na utilização da banda do canal.

Os sistemas celulares de terceira geração (3G) têm condições de oferecer os serviços da Internet em um ambiente móvel sem fio, permitindo acesso permanente à Web, vídeo interativo e serviço de voz. Embora ainda não sejam bem conhecidas muitas de suas aplicações, novas deverão surgir à medida que estes sistemas forem aperfeiçoados, visando principalmente uma maior vazão e uma menor latência (Smith; Collins, 2002).

O termo 3G, hoje em uso na literatura especializada, se tornou um pouco vago, porém originalmente definia um sistema padronizado capaz de proporcionar aos usuários móveis um desempenho equivalente à ISDN[1] – portanto uma taxa de acesso da ordem

tabela 9.3 Tipos de serviço a serem oferecidos em sistemas 3G segundo o ITU

Tipo de serviço	Taxa de UL	Taxa de DL	Fator de assimetria	Exemplo de serviço	Tipo de comutação
Multimídia interativa	256 kbit/s	256 kbit/s	simétrico	Videoconferência	Circuito
Multimídia taxa alta	20 kbit/s	2 Mbit/s	100	Televisão	Pacote
Multimídia taxa média	19,2 kbit/s	768 kbit/s	40	Navegação pela Web	Pacote
Switched Data	43,2 kbit/s	43,2 kbit/s	simétrico	FAX	Circuito
Serviço de mensagens	28,8 kbit/s	28,8 kbit/s	simétrico	E-mail	Pacote
Serviço de voz (telefonia)	28,8 kbit/s	28,8 kbit/s	simétrico	Telefonia	Circuito

---

[1] ISDN (*Integrated Service Data Network*) – Rede pública de dados fixa da década de 1990 com taxa de acesso de usuário de 144 kbit/s

de 144 kbit/s. Alguns dos sistemas 2,5G, como o GPRS e o CDMA IS-95b, até são capazes de oferecer estas taxas, mas somente em condições muito especiais. Os sistemas 3G têm de disponibilizar taxas de dados equivalentes à ISDN, ou até superiores, a qualquer usuário comum, e não só àquele que tiver o *smartphone* mais caro e, além disso, estiver muito próximo à estação base.

9.1.3 pré-requisitos para os sistemas celulares de terceira geração (3G)

Para que os sistemas 3G atinjam esta performance, há a necessidade de contemplar três fatores cruciais:

1. Aumentar o espectro de frequências eletromagnéticas a serem utilizadas pelos sistemas 3G para atender a demanda mundial crescente desses sistemas.
2. Aumentar a banda do canal de usuário para atender as exigências de taxas cada vez maiores pelos novos serviços e aplicações
3. Desenvolver novas e eficientes técnicas de modulação que permitam taxas maiores por banda de frequência e menor latência.

No primeiro caso, alocação de novas bandas de frequência para estes sistemas permanece uma indefinição na própria ITU, o que, na realidade, reflete tendências conflitantes entre os países mais interessados nesta definição como Estados Unidos, a União Europeia e os países asiáticos como China, Japão e Coreia do Sul.

Quanto à largura de bandas do canal de usuário, lembramos que, pela Tabela 9.2, a largura máxima de uma portadora de rádio em sistemas 2G é de 1,25 MHz (cdmaOne). Em sistemas 3G, além da largura de 1,25 MHz (americano), teremos portadoras com largura de 5 MHz (europeu) e, utilizando um conceito de agregação de múltiplas portadoras, é possível chegar a bandas de 3,75 MHz, 10 MHz e até 20 MHz, o que garante taxas de usuário que podem atingir alguns Mbit/s em operação DL (SMITH; COLLINS, 2002).

Quanto ao terceiro aspecto, as tendências estão mais bem definidas. Em vez do TDMA (*Time Division Multiple Access*) utilizado nos sistemas 2G (GSM e DAMPS), é consenso que a tecnologia de modulação baseada em DSSS (*Spread Spectrum Direct Sequence*), conhecida como CDMA (*Code Division Multiple Access*), será adotada pelos sistemas 3G. Todas as alternativas de padronização 3G preconizam a técnica de modulação CDMA porque ela tem mostrado alta capacidade, tanto para voz como para dados, além de comprovada maturidade tecnológica e, principalmente, baixo custo.

Os especialistas concordam em um ponto – a evolução para um sistema com taxas maiores e novos serviços será gradativa, como mostrado na Figura 9.3. Os padrões novos devem manter uma compatibilidade com os padrões antigos, de tal forma que os antigos telefones celulares de voz possam manter a conexão enquanto o usuário se movimenta através das células dos novos sistemas. Alguns especialistas mais pessimistas preveem que o *global roaming* talvez não se concretize, a não ser por meio de

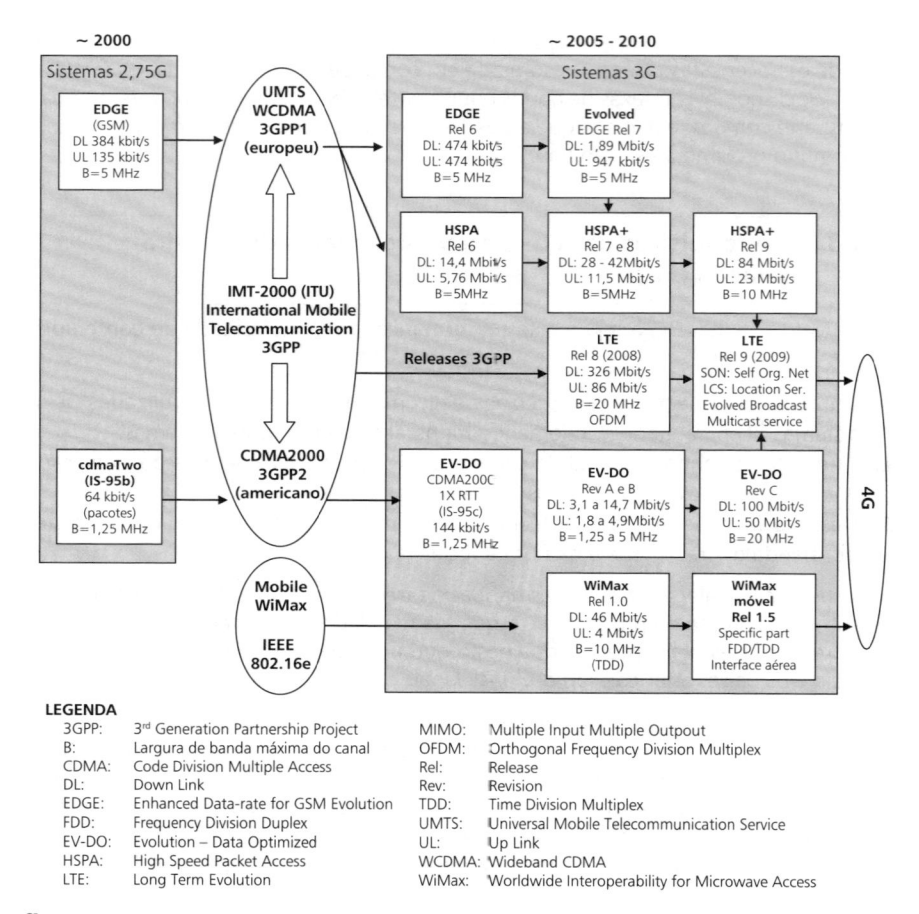

figura 9.3 Evolução das plataformas tecnológicas 2,75G para sistemas 3G.

LEGENDA
- 3GPP: 3rd Generation Partnership Project
- B: Largura de banda máxima do canal
- CDMA: Code Division Multiple Access
- DL: Down Link
- EDGE: Enhanced Data-rate for GSM Evolution
- FDD: Frequency Division Duplex
- EV-DO: Evolution – Data Optimized
- HSPA: High Speed Packet Access
- LTE: Long Term Evolution
- MIMO: Multiple Input Multiple Output
- OFDM: Orthogonal Frequency Division Multiplex
- Rel: Release
- Rev: Revision
- TDD: Time Division Multiplex
- UMTS: Universal Mobile Telecommunication Service
- UL: Up Link
- WCDMA: Wideband CDMA
- WiMax: Worldwide Interoperability for Microwave Access

smartphones[2] especiais e dispendiosos e com múltiplos modos de operação. No final da década de 1990, dois fatos foram decisivos no desenvolvimento dos sistemas 3G:

1. A ITU, por meio de um grupo de trabalho conhecido como IMT-2000, definiu um conjunto de diretrizes e recomendações visando um desenvolvimento harmonioso dos sistemas sem fio em nível mundial, incluindo os sistemas celulares 3G.

---

[2] *Smartphone* – telefone celular inteligente, com processador e memória, capaz de rodar sofisticadas aplicações, tanto locais quanto pela Internet.

2. A atuação efetiva, a partir de 2000, de um grupo de cooperação e consulta técnica internacional conhecido como 3GPP (*3G Partnership Project*) que visa à aproximação e um trabalho em conjunto dos grupos europeus e americanos envolvidos no desenvolvimento de sistemas 3G. Esta aproximação resultou na criação de dois subgrupos: o grupo 3GPP1 europeu e o grupo 3GPP2 americano. Estes dois grupos trabalham de forma cooperativa no desenvolvimento de sistemas 3G segundo as diretrizes do IMT-2000(*Universal Mobile Telecommunications Services*), cada grupo voltado para a realidade de sua região específica.

No início do milênio, duas plataformas tecnológicas ganharam destaque pela oferta de serviços 3G:

- A plataforma europeia EDGE (*Enhanced Data Rate for GSM Evolution*), do grupo 3GPP1, que segue as diretrizes do UMTS/ETSI e do IMT-2000 do ITU. O projeto da interface de rádio desta plataforma é conhecido como WCDMA (*Wideband CDMA*).
- A plataforma americana cdma2000, que segue as normas IS-95c da TIA/EIA e recebe o apoio do grupo 3GPP2 ligado ao IMT-2000 do ITU. O projeto da interface de rádio desta plataforma é conhecido como CDMA2000 (Nilsson, 1999).

Ambas as plataformas são consideradas pré-3G (ou 2,75G). A partir da adoção do Release 6 do 3GPP as plataformas passaram a se chamar HSPA (ou EDGE Rel 6) e EV-DO/CDMA2000, respectivamente, sendo consideradas sistemas 3G. Confira essa evolução na Figura 9.3 (BI et al., 2003).

9.1.4 necessidades de banda para os sistemas 3G

Os especialistas e o próprio ITU preveem um aumento adicional de banda para os futuros serviços previstos para os sistemas 3G da ordem de 160 MHz. Conseguir esta banda não é tão problemático, mas em que região do espectro eletromagnético deverá ser alocada esta banda varia de país para país.

Em 1992, o ITU recomendava que todos os países adotassem as mesmas bandas de frequência para os serviços 3G, com o objetivo facilitar o *roaming* global, especialmente quando estivesse em uso o mesmo padrão internacional do IMT-2000: independentemente de sua localização, o usuário sempre estaria seguro de que o seu dispositivo celular funcionaria. Infelizmente, o único país grande e de expressão que realmente as recomendações do ITU é a China (PATIL; KARHE; AHER, 2012).

Observe na Figura 9.6 que tanto os europeus como os japoneses utilizam parte da banda prevista para serviço de telefone sem fio (*cordless*) e GSM, enquanto os norte-americanos já utilizaram toda a banda destinada aos serviços PCS. A consequência disso será que os Estados Unidos necessitarão desenvolver uma rede 3G de forma gradual para substituir a atual infraestrutura.

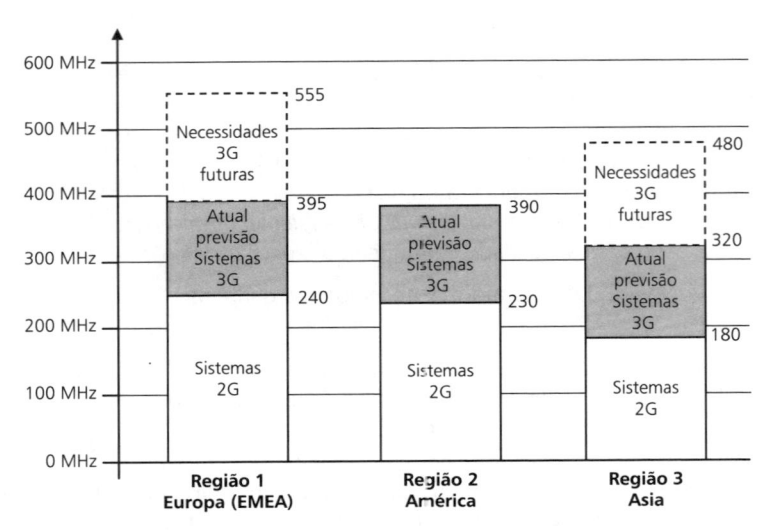

figura 9.4 Previsão de necessidade de banda para serviços 3G em algumas regiões importantes do mundo segundo o ITU 2000.

Fonte: Elaborada com base em ITU.IMT-2000 (2001-2002).

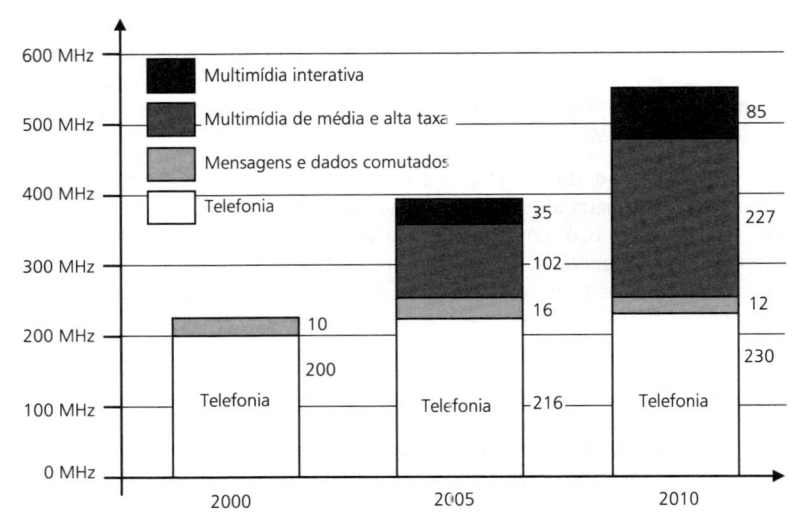

figura 9.5 Previsão de necessidades de banda para os serviços 3G.

Fonte: Elaborada com base em ITU.IMT-2000 (2001-2002).

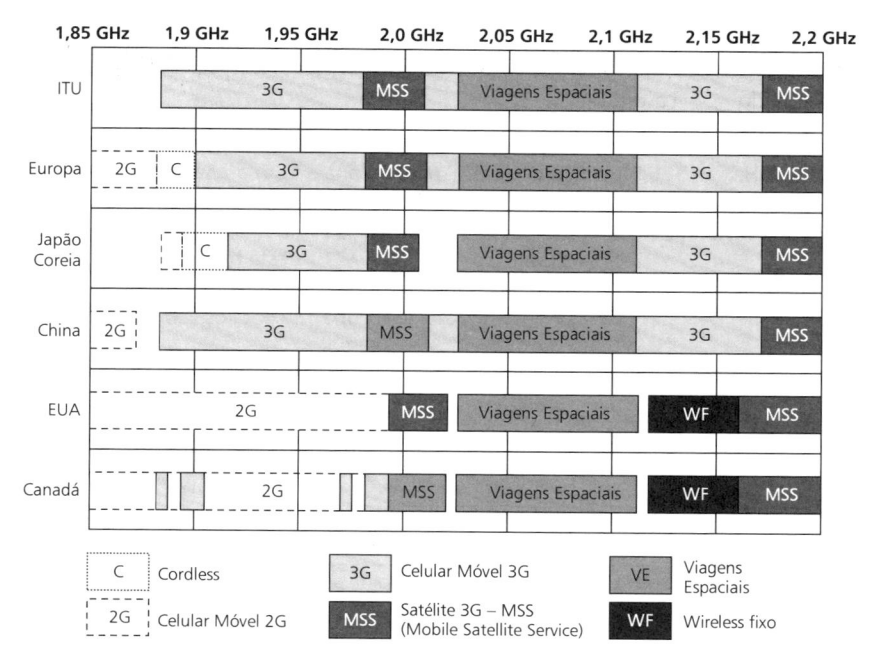

Capítulo 9 — Redes celulares de terceira geração

figura 9.6 Alocação de banda para os serviços 3G e MSS nas maiores economias do mundo.

Fonte: Elaborada com base em ITU. IMT-2000 (2001-2002).

Pode-se concluir da Figura 9.6 que:

1. A única banda do espectro disponível é do serviço móvel via satélite (MSS). Muitos analistas, no entanto, acham que essa banda tão cedo (ou nunca) será usada com a finalidade prevista.
2. Os satélites para difusão de sinais necessitam de frequências bem maiores, e por isso essa banda deveria ser deixada livre para os serviços celulares IMT-2000.
3. Os cronogramas de oferecimento dos serviços 3G estão atrasados na grande maioria dos países por falta de uma definição clara da banda a ser utilizada.
4. Se as previsões dos analistas em relação ao crescimento dos serviços 3G estiverem corretas haverá necessidade de banda extra para estes sistemas. O ITU projeta que esta banda extra para as três regiões globais do universo seria como mostra a Figura 9.4.
5. O ITU projeta que, mesmo que se suponha que a banda dos serviços 2G seja reaproveitada pelos sistemas 3G, seriam necessários em torno de 160 MHz a mais em cada uma destas regiões.
6. Embora ainda não se saiba de que parte do espectro eletromagnético serão obtidos estes 160 MHz, existem diferentes propostas para obter esta banda extra para os serviços 3G. Na Tabela 9.4 são mostradas algumas das possibilidades sugeridas pelo ITU (PATIL; KARHE; AHER, 2012).

tabela 9.4 Sugestões de bandas extras para os serviços 3G

Banda do espectro	Largura de banda	Utilização atual	Observação
420-806 MHz	386 MHz	Faixa de UHF para TV analógica	Com o advento da TV digital a banda seria desocupada
1429-1501 MHz	72 MHz	Cordless, wireless fixo, radiodifusão	Pouco utilizado. A maior parte desta banda está vazia
1710-1885 MHz	175 MHz	Telefonia celular em alguns países da Ásia e Europa, controle de tráfego aéreo.	Poderia ser uma opção somente para os Estados Unidos
2290-2300 MHz	10 MHz	Wireless fixo e radioastronomia	Relativamente pequeno
2300-2400 MHz	100 MHz	Telemetria e wireless fixo	Está bastante próximo ao espectro atualmente previsto pelo IMT-2000
2520-2670 MHz	150 MHz	Wireless fixo e radiodifusão	Esta é a banda que o UMTS fórum sugere como extensão
2700-3400 MHz	700 MHz	Radar, comunicação de satélite, radioastronomia	Esta banda é importante para radioastronomia, pois corresponde a radiações importantes de estrelas

Você vai ver a seguir os principais aspectos técnicos das diferentes tendências de padronização, bem como os recursos, em termos de banda e qualidade de serviço, que cada padrão oferece para as diferentes classes de serviço definidas.

9.1.5 o IP móvel do IETF

O IETF (*Internet Engineering Task Force*), organização responsável pela padronização na Internet, instituiu em 1996 um Grupo de Trabalho denominado *Mobile IP Working Group*, que em outubro daquele ano, já lançava a RFC 2002, especificando suporte para roteamento IP em um ambiente móvel. De lá para cá já foram elaboradas 14 novas RFCs, cobrindo os mais diversos aspectos do IP-móvel. Para você ter uma ideia da intensidade do trabalho de um grupo, só no ano 2002 foram elaborados 14 novos *Draft Proposals*. Em janeiro de 2002 foi lançada a RFC 3220, em substituição à RFC 2002 e intitulada *"IP-Mobility Support for Ipv4"*, apresentando o mais recente modelo para o roteamento do IP-móvel. Você vai ver a seguir algumas características deste modelo baseado na RFC 3220 (ROCHOL, 2006).

O principal objetivo do IP Móvel é garantir que os usuários móveis continuem as suas comunicações enquanto se deslocam de um ponto de acesso para outro na Internet. O IP-Móvel define duas entidades para prover o suporte à mobilidade: o *Home Agent*

(HA) e um *Foreign Agent* (FA). O agente HA é atribuído estaticamente à estação móvel (MS-*Mobile Station*) e baseia-se no endereço IP Home permanente da estação móvel. Já o agente FA é atribuído à estação móvel com base na localização atual da MS. O FA está associado a um endereço IP chamado *Care-of-Address* (CA). Os pacotes destinados à estação móvel (MS) são interceptados pelo HA, encapsulados e enviados para o FA usando o CA. O FA desencapsula os pacotes e encaminha-os diretamente para a MS. O FA é portanto a entidade IP mais próxima da MS.

Veja na Figura 9.7 as diferentes entidades envolvidas em uma operação de IP móvel, ilustrando o roteamento de datagramas de um Hospedeiro IP fixo (HF), destinados a uma estação móvel (MS) que se deslocou e não se encontra mais em sua *Home Network* (HN). Estamos supondo que a estação móvel (MS) já tenha feito o seu registro na FN (*Foreign Network*), obtido um CA (*Care-of-Address*) e enviado este CA para o seu *Home Agente* (HA).

Na comunicação do MS com o hospedeiro fixo (HF), há quatro passos importantes, ilustrados na Figura 9.7:

1. O hospedeiro fixo (HF) envia o pacote da forma usual para a *Home Network* (HN) da estação móvel.
2. O *Home Agent* (HA) intercepta este pacote e, sabendo que a estação móvel (MS) não está mais presente na *Home Network* (HN) envia o pacote para o *Care of Address* (CA) cedido à estação móvel pela *Foreign Network* (FN).
3. O pacote é encaminhado para a estação móvel (MS).
4. Quando a estação móvel (MS) quer enviar um pacote utiliza seu próprio endereço IP da HN no campo de origem do cabeçalho IP e no campo de endereço de destino o endereço do HF. O roteador no qual FA está presente, age normalmente e encaminha o pacote da mesma forma que faria com qualquer outra estação pertencente a FN.

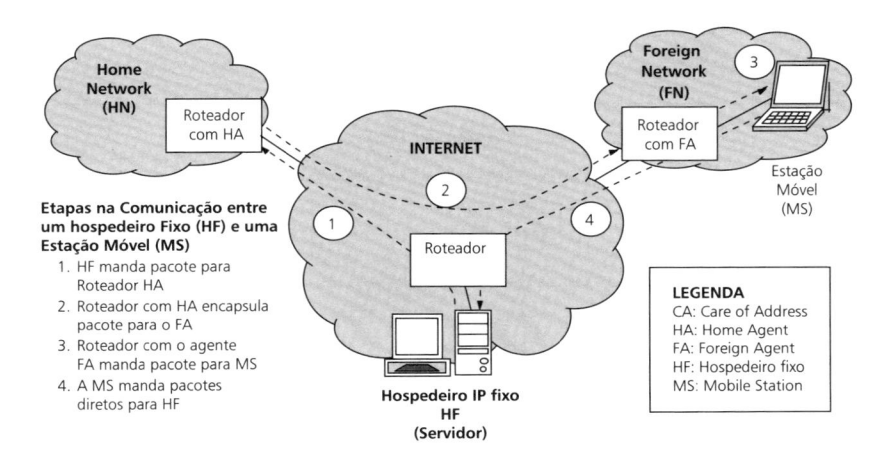

figura 9.7 Modelo para IP-Móvel segundo a RFC 3220 do IETF.

Mesmo que não detalhado na Figura 9.7, após o passo 2 o HA pode informar ao hospedeiro fixo (HF) como enviar pacotes diretamente à estação móvel. Desta forma, caso o HF desejasse enviar mais pacotes, poderia enviá-los diretamente à estação móvel por meio do FA e do endereço CA.

9.2 ⋯→ a tecnologia CDMA em sistemas 3G

Como todas as plataformas tecnológicas dos sistemas 3G utilizam espalhamento espectral DSSS/CDMA, você vai ver a seguir as principais características técnicas deste sistema. Originalmente desenvolvido pela Qualcomm Inc. e homologado no final da década de 1990 como o padrão TIA/EIA IS-95a, o sistema foi simplesmente designado como CDMA (*Code Division Multiple Access*) pela Qualcomm (Tutorialspoint, 2015). O CDMA surgiu então como uma tecnologia revolucionária, completamente distinta dos tradicionais sistemas TDMA de 2G. Após alguns anos de muita disputa entre o TDMA e o CDMA, foi finalmente reconhecido que a tecnologia CDMA era superior, sendo assim adotada em todas as plataformas 3G que surgiam. Para ilustrar o estudo sobre o CDMA, o sistema básico sugerido pela norma IS-95a (TIA/EIA) será utilizado como caso prático. (Confira novamente os fundamentos teóricos básicos do CDMA na Seção 2.6.3).

Você vai ver inicialmente os princípios teóricos básicos que fundamentam o sistema a partir do funcionamento dos principais blocos funcionais de um transmissor e receptor CDMA. Por fim, você vai conferir uma análise simplificada de sua capacidade, eficiência e desempenho, no contexto dos sistemas celulares.

9.2.1 diagrama em blocos simplificado de um transmissor DSSS/CDMA

Veja na Figura 9.8 o diagrama em blocos de um transmissor CDMA e os respectivos sinais associados a cada bloco nos domínios tempo e frequência. (ROCHOL, 2006).

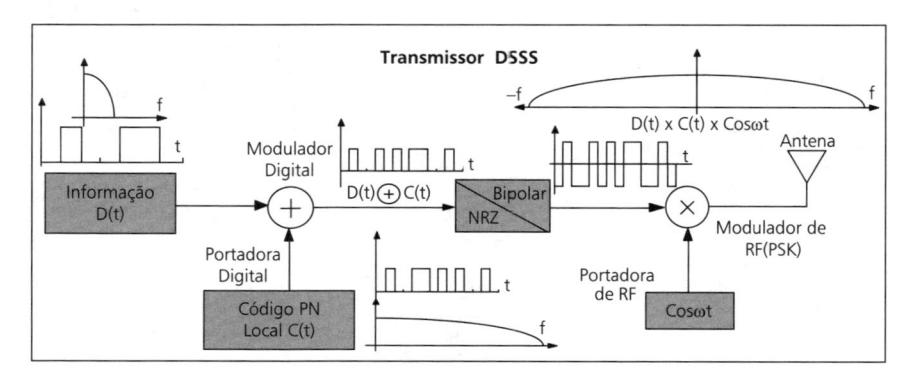

figura 9.8 Diagrama em blocos de um transmissor CDMA.

O primeiro estágio do transmissor é constituído pelo bloco de espalhamento espectral. O sinal de dados da entrada é modulado digitalmente por uma portadora digital de alta frequência, também conhecida como código PN (*Pseudo Noise*) ou sequência direta (DS), que tem como propriedade a ortogonalidade em relação aos códigos PN dos outros usuários que espalham seu espectro no mesmo canal de RF, daí o nome CDMA dessa técnica.

Para que haja espalhamento dentro de uma região espectral é necessário que a taxa de bits de informação R [bit/s] seja baixa em relação à taxa de chips R_c [ch/s] da portadora digital. A relação entre as duas taxas é definida como ganho de processamento;

$$G = \frac{R_c}{R} \text{ [ch/bit] sendo que } G >> 1 \quad (9.1)$$

O sinal resultante do espalhamento é transformado em um sinal bipolar que, em seguida, é submetido a uma modulação PSK e aplicado à antena.

Lembramos que a operação de modulação digital, ou soma módulo dois é equivalente à operação de multiplicação de um sinal bipolar (-1 e +1).

Operação $\oplus$			Operação $\otimes$		
P	Q	R	P	Q	R
1	1	1	-1	-1	-1
1	0	0	-1	+1	+1
0	1	0	+1	-1	+1
0	0	1	+1	+1	-1

Para demonstrar isso, basta trocar os sinais binários 0 e 1 (NRZ) pelos sinais binários +1 e -1 (bipolares) nas tabelas de verdade e se conclui facilmente que P $\oplus$ Q e P x Q são operações equivalentes.

9.2.2 a matriz de Walsh-Hadamard

Vamos definir uma matriz binária quadrada L x L, denominada de Hadamard/Walsh, que representaremos por W_L, em que L é uma potência de 2. Os elementos binários dessa matriz podem ser do tipo 0 e 1 ou $+1$ e -1. Vamos nos restringir no momento aos elementos +1 (zero) e -1 (um), mais convenientes para demonstrar como a matriz pode ser utilizada como um código de blocos, como uma sequência PN. A matriz W_L é gerada da seguinte forma:

$$W_1 = [+1] \quad W_2 = \begin{bmatrix} +1 & +1 \\ +1 & -1 \end{bmatrix} \quad W_4 = \begin{bmatrix} +1 & +1 & +1 & +1 \\ +1 & -1 & +1 & -1 \\ +1 & +1 & -1 & -1 \\ +1 & -1 & -1 & +1 \end{bmatrix} \text{ etc.... } W_L = \begin{bmatrix} W_{L/2} & W_{L/2} \\ W_{L/2} & \overline{W_{L/2}} \end{bmatrix}$$

Algumas propriedades interessantes desta matriz são:

a A primeira coluna contém somente zeros enquanto cada uma das colunas restantes contém L/2 zeros e L/2 uns.

b A distância mínima (d_{min}) entre qualquer coluna com qualquer uma das colunas restantes é constante e igual a $d_{min} = L/2$.

c Todas as colunas são mutuamente ortogonais.

d A soma algébrica (S) do produto de uma coluna por ela mesma é sempre diferente de zero (S=L)

Esta última propriedade é demonstrada ao multiplicar, por exemplo, na matriz W_4, a coluna 2 pela coluna 3, quando obtemos (+1, -1, -1, +1), ou seja, $S=0$. Da mesma forma multiplicando-se uma coluna por ela mesma teremos que $S=L$. Podemos afirmar então que para qualquer par de colunas (i, j) teremos;

$$\text{se } i \neq j \text{ então } S = \sum_{k=0}^{L} w_{ik} w_{jk} = 0 \quad \text{e se} \quad i=j \quad \text{então } S = \sum_{k=0}^{L} w_{ik} w_{jk} \neq 0 \tag{9.2}$$

Isso significa que, multiplicando qualquer par de colunas distintas e somando-se os produtos, sempre resultará $S=0$ (são ortogonais). Da mesma forma se as colunas são iguais teremos que $S \neq 0$

O sistema CDMA IS-95 usa uma matriz de Walsh/Hadamard com L=64 e, portanto uma matriz W_{64}, ganho de processamento G=64 e $S_{max}=64$. Esta matriz é usada de duas maneiras;

1. Em transmissões *uplink* (móvel para estação base), como um código de correção de erros por bloco (n, k; d_{min}) = (6, 64; 32), em que n é a potência de dois, $k=2^6$ =64 e $d_{min}=L/2 = 32$
2. Em transmissão *downlink*, cada coluna da matriz é utilizada como um código PN (ou portadora digital) por um determinado usuário do canal RF. Assim numa matriz 64 x 64 podemos ter até 63 portadoras digitais, ou seja, 63 códigos de usuário distintos por canal de RF.

9.2.3 o processo de demodulação DSSS-CDMA

O bloco principal do demodulador DSSS digital é o correlacionador, assinalado na Figura 9.9. As principais etapas do seu funcionamento são demonstradas a seguir. Inicialmente vamos considerar a recepção de um único sinal, cujas principais etapas identificadas no receptor são as seguintes (ROCHOL, 2006):

1. O sinal recebido é multiplicado pela portadora digital (correlacionamento)
2. É feita a soma de todos os produtos, chip a chip, correspondentes a um intervalo de bit.
3. A soma será +S se foi transmitido o bit de informação +1, e –G se foi transmitido o bit de informação –1.

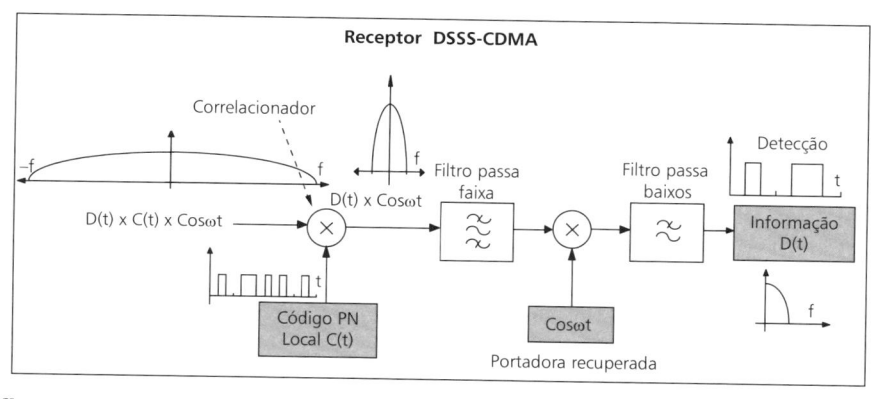

figura 9.9 Diagrama em blocos de um receptor DSSS-CDMA.

Em um sistema CDMA real, o receptor deve processar o sinal combinado de muitos transmissores (usuários). Vamos supor que no canal considerado estejam K transmissores, denominados $k = 0, 1, 2, ..., K-1$. Vamos examinar a saída do correlacionador quando o transmissor k manda um bit com o valor $b_k = \pm 1$. Se o bit for igual a +1, então o transmissor manda a sequência de G chips c_{nk}, com $n = 0, 1, 2, ..., G-1$. Se o bit for igual a –1, então o transmissor manda a sequência de G chips $-c_{nk}$, com $n = 0, 1, 2, ..., G-1$.

Na saída do demodulador teremos o valor ideal $\pm G$ se não houver outros usuários. Em sistemas reais, porém, temos também componentes de interferência (I_o) devido à presença de outros usuários no canal. Assim, para um transmissor k qualquer, além da componente $\pm G$, existe uma componente de correlacionamento causada pelos outros usuários do canal.

Por exemplo, a correlação cruzada das sequências de *chip* do transmissor 0 e do transmissor k pode ser dada por $\pm r_{0k}$. Matematicamente, teremos então na saída do correlacionador (demodulador) o sinal do transmissor 0 dado por:

$$R_0 = Gb_0 + \sum_{k=1}^{K-1} b_k r_{0k} = \pm G + I_o \quad (9.3)$$

Nesta expressão, r_{0k} é a correlação cruzada das portadoras digitais do transmissor k e do transmissor 0 dada por:

$$r_{0k} = \sum_{n=1}^{G} c_{0n} c_{kn} \quad (9.4)$$

O demodulador do transmissor 0 decide que $b_o = -1$ se $R_0 < 0$, ou que $b_o = +1$ se $R_0 \geq 0$.

Pela equação (9.3), na condição de transmissão do bit $b_o = +1$, ocorrerá erro se $R_0 < 0$, o que acontece quando $I_o < -G$. Da mesma forma, na condição de transmissão do

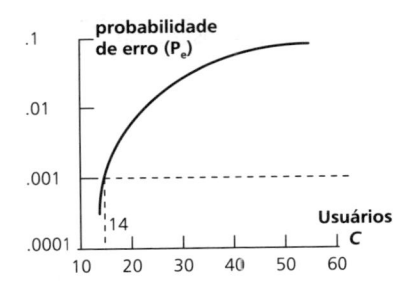

figura 9.10 Probabilidade de erro em um sistema CDMA em função do número de usuários (C).

bit $b_o = -1$, ocorrerá erro se $R_0 \geq 0$, o que acontecerá quando $I_0 \geq G$. Portanto, a condição necessária para a ocorrência de erro em um sistema CDMA será $|I_0| \geq G$.

A probabilidade de ocorrência de erro depende, portanto, de I_0 que, neste exemplo simplificado, é uma variável binomial com valor médio zero e variância $G(K-1)$.

9.2.4 capacidade de um sistema CDMA e probabilidade de erro

A probabilidade de erro de um sistema CDMA é uma função crescente com o número de usuários ativos em um mesmo canal de RF. Vamos definir este número como C_t, a capacidade total do sistema. Veja na Figura 9.10 a probabilidade de erro em função de C_t em um sistema com $G=128$. Se, por exemplo, o objetivo de um sistema é uma probabilidade de erro $P_e < 0,001$, então, pelo gráfico da Figura 9.10, a capacidade do sistema deve ser limitada a $C = 14$.

Se a capacidade for aumentada para $C=15$ teremos uma probabilidade de erro ligeiramente maior ($P_e = 0,0013$), portanto acima dos objetivos ($P_e = 0,001$). No entanto este aumento da capacidade pode ser absorvido pelo sistema baixando um pouco a potência de transmissão dos demais usuários, o que aumentará a capacidade do sistema (*soft capacity*). Isto é, diferente dos sistemas AMPS, TDMA e GSM que possuem limite de capacidade rígida (*hard capacity*).

Para determinar a capacidade de um sistema CDMA vamos considerar as seguintes hipóteses (ROCHOL, 2006);

1. Devemos dispor da relação entre a probabilidade de erro P_e e a razão E_b/N_0 do sistema. Nesta razão, E_b é a energia de um símbolo de bit enquanto N_0 é a densidade espectral da potência do ruído (incluindo a interferência I_0). Vamos considerar um valor mínimo de E_b/N_0, abaixo do qual a probabilidade de erro do sistema será maior que a especificação

2. Vamos também supor que:

$$\frac{E_b}{N_0} \propto G \quad \text{e que} \quad C\frac{E_b}{N_0} \approx G \qquad (9.5)$$

Nesta expressão C é a capacidade do sistema e G é o ganho de processamento do sistema CDMA, definido pela expressão (9.1).

3. A capacidade estimada de uma célula, com controle de potência perfeito, será obtida pela seguinte relação:

$$C \approx \frac{G}{E_b/N_0} = \frac{R_c/R}{E_b/N_0} \text{ [usuários/estação base]} \quad (9.6)$$

Para esta expressão admitimos que E_b/N_0 atende os requisitos da hipótese 1. Segundo Viterbi (1995), a expressão (9.6) é uma estimativa por baixo do número de usuários ativos em uma célula. A expressão deve ser ajustada segundo uma constante que leva em conta cinco fatores:

- Antenas direcionais da estação base ($F_{setores}$) – aumenta capacidade. C_t
- Taxa de bit variável da voz e pausas (F_{voz}) – aumenta capacidade.
- Interferência de células adjacentes ($F_{células}$) – diminui a capacidade.
- Controle de potência imperfeito ($F_{potência}$) – diminui a capacidade.
- Margem de tolerância na qualidade do sistema (F_{margem}) – diminui a capacidade.

Valores típicos para os fatores sugeridos por Viterbi são:

F_{voz}: 2,67
$F_{setores}$: 2,4
$F_{celulas}$: 1,6
$F_{potência}$: 1,05 a 3,3
F_{margem} : 1,1 a 1,3

A capacidade real de um sistema CDMA é calculada então por:

$$C = \left(\frac{R_c/R}{E_b/N_0}\right)\left(\frac{F_{setores}F_{voz}}{F_{células}F_{potência}F_{margem}}\right) \text{ ou}$$

$$C = \left(\frac{R_c/R}{E_b/N_0}\right)k \approx \left(\frac{G}{E_b/N_0}\right).1{,}6 \text{ [usuários/estação base]} \quad (9.7)$$

Viterbi com base em estimativas heurísticas concluiu que a capacidade real de um sistema CDMA tem uma incerteza que se situa no intervalo entre $29{,}8 \leq C \leq 111$, mas para o caso do CDMA IS-95a sugere uma capacidade em torno de $C \approx 97{,}1$ conversações/estação base.

9.3 ⇢ fatores de desempenho em sistemas 3G

Ao final da década de 1990 houve uma acirrada disputa entre as concessionárias de serviços celulares de segunda geração, cada uma procurando impor sua plataforma tecnológica em nível mundial e demonstrar sua excelência tecnológica frente às outras.

Não era para menos: estava em jogo o promissor mercado mundial de comunicação celular, avaliado em centenas de bilhões de dólares.

É urgente encontrar uma maneira objetiva de avaliar o desempenho de cada sistema, visando à escolha da tecnologia mais eficiente e promissora para os sistemas celulares de terceira geração (3G). Existem vários critérios para avaliar um sistema celular em relação a diferentes aspectos, entre os quais destacamos a eficiência espectral, a eficiência de modulação e a eficiência celular. Você vai ver a seguir mais detalhes sobre cada um desses parâmetros de desempenho de um sistema PCS. (ROCHOL, 2006).

9.3.1 eficiência de modulação de um sistema

A eficiência de modulação de um enlace de comunicação de dados é uma medida para avaliar a eficiência do método de modulação (ou codificação) do canal, sendo definida pela razão entre a vazão total bruta do canal e a largura de banda desse canal. A vazão bruta do canal é constituída pela soma das taxas de dados dos usuários, incluindo todas as redundâncias de informação introduzidas pelos mecanismos de controle e/ou correção de erros do canal. Analiticamente a eficiência de modulação do canal é expressa pela razão entre a taxa bruta do canal (R_{bruta}), em bit/s, e a banda B do canal, medida em Hz (ROCHOL, 2006).

$$\eta_{mod} = \frac{R_{bruta}}{B} \ [bit/s/Hz] \quad (9.8)$$

Assim, por exemplo, um enlace de dados que utiliza uma largura de banda de 500 kHz e a vazão bruta do canal é de 500 kbit/s terá uma eficiência de modulação de 1 bit/s/Hz.

9.3.2 eficiência máxima de modulação de um sistema

A expressão 9.8 está sujeita a um limite superior estabelecida pela lei de Nyquist/Hartley dada por (ROCHOL, 2012, p. 22):

$$C = 2B \ [simb/s] \ \therefore \ \frac{C}{B} = 2 \ [simb/s/Hz] \quad (9.9)$$

Nesta expressão, C representa a capacidade teórica máxima do canal em [$simb/s$]. Esta fórmula estabelece que, na prática, nunca podemos ter mais de 2 símbolos por segundo por Hz de frequência. Lembrando que, pela teoria de informação (ROCHOL, 2012, p. 22), temos que:

$$m = \log_2 N \ [bits/simb] \quad (9.10)$$

Nesta expressão, N representa o número total de símbolos de modulação, e m, o número total de bits associados a cada símbolo de modulação, também chamado índice de modulação. A expressão (9.9), portanto, pode ser reescrita como:

$$\frac{C}{B} = 2m = 2\log_2 N \ [bit/s/Hz] \quad (9.11)$$

Estabelecemos um limite teórico superior da eficiência de modulação de um sistema ao levar em conta que existem valores máximos m_{max} e N_{max} que dependem da relação sinal-ruído do canal e que podem ser derivados da expressão de Shannon (Confira a Seção 2.5.2). A eficiência de modulação teórica máxima do sistema será então:

$$\eta_{modmax} = 2m_{max} \quad ou \quad \eta_{modmax} = 2\log_2 N_{max} \qquad (9.12)$$

Lembramos que a eficiência de modulação máxima é um limite teórico máximo que nos permite avaliar o quanto a eficiência de modulação do sistema se aproxima deste limite teórico máximo. Portanto o índice de modulação de um sistema real sempre será menor que este limite e sempre teremos que:

$$\eta_{mod} < \eta_{modmax} \qquad (9.13)$$

9.3.3 eficiência espectral de um enlace de dados

A eficiência espectral representa o quanto da capacidade máxima do sistema (em bit/s) está associado a um Hz da banda do sistema. Como cada operadora de serviço celular possui apenas uma fatia muito pequena de banda, é de interesse da operadora que a tecnologia adotada utilize esta banda da maneira mais eficiente possível. A eficiência espectral de um enlace de dados fornece uma medida de quão eficiente está sendo utilizado o espectro do enlace. A eficiência espectral de um sistema celular é definida pela razão entre a taxa líquida máxima de informação útil do canal ($R_{liquida}$), em bit/s e a banda B do enlace medida em Hz, ou seja;

$$\eta_{esp} = \frac{R_{liquida}}{B} \; [\text{bit/s/Hz}] \qquad (9.14)$$

A eficiência espectral do sistema, portanto, é uma medida de quantos bits úteis (dados de usuários) estão associados à cada Hz de banda do canal. Se o canal é multiusuário a taxa líquida corresponde à soma das taxas úteis de todos os usuários, excluídos os dados de controle e redundância do FEC.

Finalmente, a partir do que foi descrito, estabelecemos a seguinte relação entre as diferentes eficiências de um enlace (ROCHOL, 2006):

$$\eta_{esp} \leq \eta_{mod} < \eta_{modmax} \qquad (9.15)$$

exemplo de aplicação

Vamos aplicar os conceitos anteriormente definidos a um sistema TDMA (IS-136). Este sistema é caracterizado pelos seguintes parâmetros:

- Taxa bruta do canal (R_{bruta}): 48,6 kbit/s
- Largura de banda do canal (B): 30 kHZ
- Número de usuários por canal (K): 3
- Taxa de dados por usuário (R): *13 kbit/s*
- Número de bits por símbolo (m): 2

394 ---> Redes de comunicação sem fio

Vamos determinar os diferentes parâmetros de eficiência deste sistema.

Eficiência de modulação: $\eta_{mod} = \frac{R_{bruta}}{B} = \frac{48,6}{30} = 1,62 \ [bit/s/Hz]$

Eficiência de modulação teórica máxima: $\eta_{modmax} = 2m = 4$ [bit/s/Hz]

Eficiência espectral: $\eta_{esp} = \frac{K.R}{B} = \frac{3.13}{30} = 1,3 \ [bit/s/Hz]$

Observe que a relação (9.15), $\eta_{esp} \leq \eta_{mod} < \eta_{modmax}$ é satisfeita, pois: 1,3<1,62<4

9.3.4 eficiência celular de um sistema PCS

Definimos também uma eficiência celular, medida em unidades de [conversações/célula/MHz]. O número de conversações simultâneas por célula de um sistema PCS é função da cobertura geográfica da ERB e de sua capacidade de setorização dentro da célula (ROCHOL, 2006).

O cômputo da eficiência celular é complexo e leva em conta as características de interferência mútua, tanto internas quanto externas à célula. Pela importância da tecnologia CDMA para os sistemas 3G, veja na Seção 9.3.6 uma análise simplificada para a obtenção deste parâmetro.

9.3.5 fatores de desempenho de alguns sistemas celulares

Veja na Tabela 9.5 um resumo dos principais fatores de desempenho de alguns sistemas celulares básicos. Observe que dos quatro sistemas mostrados na tabela, o sistema CDMA (IS-95a) possui uma eficiência espectral de 0,98 bit/s/Hz, comparável com a dos demais sistemas, que é em torno de 1 bit/s/Hz. No entanto, é no quesito de eficiência celular [conversações/célula/MHz] que o CDMA apresenta um desempenho significativamente superior em relação aos demais sistemas, o que justificou a adoção da tecnologia CDMA em todos os sistemas 3G. Devemos lembrar, porém, que o siste-

tabela 9.5 Comparativo de fatores de desempenho de alguns sistemas PCS

Sistema	Largura Banda B [kHz]	Taxa bruta do canal R_{bruta} [kbit/s]	Eficiência de modulação η_{mod}	Eficiência espectral η_{esp}	Eficiência celular [conversações/célula/MHz]
GSM	200	270,8	1,35	0,56	5 – 6,6
TDMA (IS-1360)	30	48,6	1,62	1,3	7
PDC	25	33,6	1,34	1,3	6
CDMA (IS-95a)	1250	1228,0	0,98	0,49	12,1 – 45,1

ma cdmaOne foi desenvolvido uma década depois do GSM, aproveitando o patamar tecnológico mais avançado que havia na época (ROCHOL, 2006).

■ exemplo de cálculo de desempenho

Vamos aplicar o conceito de eficiência de modulação ao sistema GSM. Este sistema utiliza uma banda B=200 kHz e uma taxa de bit bruta R igual a 270,833 kbit/s.

Responda: qual a eficiência de modulação do sistema, e como poderia ser aumentada?

Pela equação (9.8) temos que:

$$\eta_{mod} = \frac{1}{BT} = \frac{R}{B} = \frac{mR_s}{B} \text{ [bit/s/Hz]} \quad (9.16)$$

Substituindo os valores dados teremos:

$$\eta_{mod} = \frac{R}{B} = \frac{270,833}{200,00} = 1,35 \text{ [bit/s/Hz]}$$

Para aumentar a eficiência de modulação do sistema, vamos considerar que pela equação 9.16 temos também que $\eta_{mod} = \frac{mR_s}{B}$ [bit/s/Hz]. Nesta expressão m representa o número de bits associados a cada símbolo de modulação e R_s a taxa de símbolos. Uma maneira de incrementar a eficiência espectral é aumentar o índice de modulação m (bit/símbolo). Lembramos que m se relaciona com o número total N de símbolos do alfabeto de modulação por:

$$N = 2^m, \text{ ou seja, } m = \log_2 N$$

No sistema GSM original temos que $m=1$ [bit por símbolo], logo, $N=2$ símbolos. Se fizermos $m=2$, portanto $N=4$ e se mantivermos a taxa de símbolos igual à taxa de bit, então a eficiência de modulação será duas vezes maior

$$\eta_{mod} = \frac{mR_s}{B} = 2,70 \text{ [bit/s/Hz]}$$

Este sistema, no entanto, exige para funcionar com o mesmo desempenho anterior, uma relação sinal ruído no canal bem maior.

9.3.6 fatores de desempenho de um sistema CDMA

Pela importância do CDMA para os sistemas PCS de terceira geração, vamos calcular os fatores de desempenho para o sistema CDMA IS-95a do TIA/EIA que possui as seguintes características:

$R_c = 1.228,8$ kch/s
$R = 9600$ bit/s (taxa nominal de um canal de tráfego)
$P_e = 0,001$ (desejada), exige então uma $E_b/N_0 = 4$ (6dB)

Vamos calcular a eficiência de modulação, a eficiência espectral e a capacidade máxima deste sistema para uma probabilidade de erro dada, segundo a análise de Viterbi (ROCHOL, 2006).

- eficiência de modulação no CDMA
A eficiência de modulação do CDMA, conforme definida pela relação (9.8), será dada por:

$$\eta_{mod} = \frac{R_{bruta}}{B} = \frac{R_{bruta}}{B} = \frac{1228300}{1250000} = 0,98 \text{ [bit/s/Hz]}$$

Nesta expressão R_{bruta} é a taxa bruta de chips/s do canal, o qual possui uma largura de banda B = 1,25 Mhz (padrão americano).

- capacidade máxima por célula no CDMA
A capacidade do sistema será dada pela expressão (9.11); $C = \frac{R_c/R}{E_b/N_0} k$

Substituindo-se nessa expressão os valores dados resulta:

$$C \approx \frac{1228800/9600}{4} \cdot 1,6 = 51,2 \text{ (conversações/estação base)}$$

Este valor está dentro dos limites obtidos por Viterbi com base na expressão (9.11) e o intervalo de variação estabelecido:

$$29,8 \leq C \leq 111$$

No entanto, a estimativa real de Viterbi em relação a este sistema, com base na constante de ajuste, é em torno de $C \approx 97,1$ conversações/estação base.

- eficiência celular de um sistema CDMA
Definimos também uma eficiência celular para um sistema CDMA como $\eta_{CDMA} = \frac{C}{B_t}$, onde C é a capacidade do sistema e B_t é a banda total utilizada pelo sistema CDMA. Considerando que o CDMA (IS-95a) utiliza um canal de RF com uma largura de banda de 1,25 MHz por direção (Up-Down FDD), portanto B_t = 2,5 MHz e C é a capacidade de Viterbi, assim, a eficiência celular do sistema é calculada como;

$$\eta_{CDMA} = \frac{C}{B_t} \approx \frac{97,1}{2,5} = 38,8 \text{ (conversações/célula/MHz)}$$

A determinação precisa da eficiência celular de um sistema CDMA, devido a sua complexidade, ainda deverá ter outros desdobramentos. A nossa análise está fortemente baseada nas análises de Viterbi, mas existem análises de outros autores com resultados parecidos.

- **eficiência espectral de um sistema CDMA**

Outro parâmetro de desempenho utilizado em sistemas sem fio é a eficiência espectral (confira Seção 9.3.3). A eficiência espectral é definida pela relação (9.14) como:

$$\eta_{esp} = \frac{R}{B} \text{ [bit/s/Hz]} \qquad (9.17)$$

Nesta expressão R é a taxa líquida total do canal e B a banda do canal. Para o sistema CDMA IS-95a, temos que $R=(R_{max}.W)$, onde W é o número de usuários por canal, R_{max} a taxa máxima por usuário e B=1.250.000 Hz. Substituindo esses valores em (9.17), obtemos:

$$\eta_{esp} = \frac{R}{B} = \frac{19200.64}{1250000} \approx 1 \text{ [bit/s/Hz]}$$

Este valor é relativamente um pouco menor do que o encontrado em sistemas TDMA e GSM, que têm uma eficiência espectral de ~1,3 [bit/s/Hz]. No entanto, a eficiência celular do sistema CDMA é relativamente muito superior aos sistemas TDMA e GSM, conforme mostrado na Tabela 9.5.

9.4 padronização em sistemas 3G

As discussões sobre a padronização dos sistemas celulares continuam muito acaloradas e muitas vezes assumem características de fanatismo de uma verdadeira guerra santa entre fornecedores, operadoras e agências reguladoras de cada país. Esses conflitos se justificam porque está em jogo o modelo do futuro sistema global de comunicações que será utilizado por todos os países, o que equivale a um mercado mundial de cifras astronômicas nunca antes imaginadas.

Quanto à padronização de sistemas 3G *wireless*, ressaltamos, em primeiro lugar, os esforços sendo feitos pela ITU, a entidade internacional de padronização de direito nesta área. Além disso, diferentes grupos de interesse regionais, organizados em fóruns de fabricantes de equipamentos, tanto dos Estados Unidos como da Europa, tentam oferecer rapidamente sistemas 3G *wireless* dentro das especificações do ITU. Há três grupos regionais com tendências distintas neste esforço de padronização.

- Os grupos de trabalho (GTs) do ITU que desenvolveram um conjunto de diretrizes e recomendações visando a sua utilização como normas que facilitassem a especificação dos novos sistemas 3G. O conjunto destas recomendações foi denominado de IMT-2000 (*International Mobile Telecommunications*). A maioria dos novos sistemas 3G que estão sendo propostos e desenvolvidos nos diferentes países procuram atender estas diretrizes (HARTE; KIKTA; LEVINE, 2002).
- Na América existem dois grupos que tentam impor um padrão hegemônico. O primeiro grupo tenta um padrão tecnológico que pode ser coletivamente caracterizado como o *cdma2000*, que visa, principalmente, dar continuidade ao cdmaOne (IS-95a) e cdmaTwo (IS-95b). No entanto, outras operadoras americanas que

utilizam a tecnologia TDMA e GSM, gostariam de ter uma continuidade segundo o enfoque do TDMA e não CDMA, e perseguem um padrão conhecido como EDGE (*Enhanced Data Rates for GSM Evolution*).
- Na Europa o padrão mais discutido é conhecido como WCDMA (*Wideband CDMA*), e que visa principalmente garantir uma interoperabilidade do padrão GSM com CDMA e também com o atual padrão PDC japonês.

A Figura 9.3 dá uma ideia de como poderá ser a transição dos atuais sistemas 2G e 2½G para os sistemas 3G padronizados. Você vai ver a seguir um resumo das principais características de cada um destes diferentes padrões visando à implementação dos serviços 3G (ITU, 2001).

9.4.1 as recomendações IMT-2000 do ITU

As atividades de planejamento dos serviços 3G por parte do ITU começaram por volta de 1992, quando foi detectada a importância destes serviços para os próximos anos. Inicialmente o projeto se chamava FPLMTS (*Future Public Land Mobile Telecommunications Systems*). Este grupo de estudos previu que no máximo em 10 anos o acesso móvel suplantaria o aceso fixo. Em alguns países isto realmente aconteceu até antes do previsto (ITU, 2001).

Os serviços 3G, e tudo o que se relaciona com os sistemas capazes de oferecer estes serviços, foram designados genericamente pelos grupos de estudo do ITU IMT-2000 (*International Mobile Telecommunications-2000*), uma sigla mais moderna, amigável e significativa do que o acrônimo FPLMTS. O número 2000 mil no acrônimo tem três razões:

- 2000 seria o ano em que o ITU esperava colocá-lo em operação;
- eram esperadas taxas de 2000 kbit/s para o usuário;
- utilização universal da banda de frequência na região dos 2000 kHz, que o ITU esperava que fosse reservada globalmente para a nova tecnologia.

Apesar de nenhumas destas aspirações do ITU terem sido inteiramente cumpridas, os sistemas comerciais 3G começaram a surgir a partir de 2002, e a taxa de 2000 kbit/s foi alcançada por volta de 2005. Já a reserva da banda de 2000 kHz (2 GHz) em nível mundial para os novos serviços, o elemento mais importante, não se concretizou, comprometendo o sonho do *roaming internacional* por meio de um sistema único e de forma simples. Muitos países da Ásia e Europa seguiram a recomendação do ITU, porém os Estados Unidos não.

Inicialmente a intenção do IMT-2000 era oferecer um padrão único e abrangente (ver Figura 9.11), que se aplicasse a qualquer tipo de sistema sem fio, móvel ou portátil, como:

- IMT-2000 para redes celulares móveis tipo WWAN (*Wireless Wide Area Network*);
- IMT-2000 para redes sem fio tipo WLAN (*Wireless Local Area Network*);
- IMT-2000 para sistemas sem fio em comunicação via satélite;
- IMT-2000 para redes sem fio tipo WPAN (*Wireless Private Area Networks*).

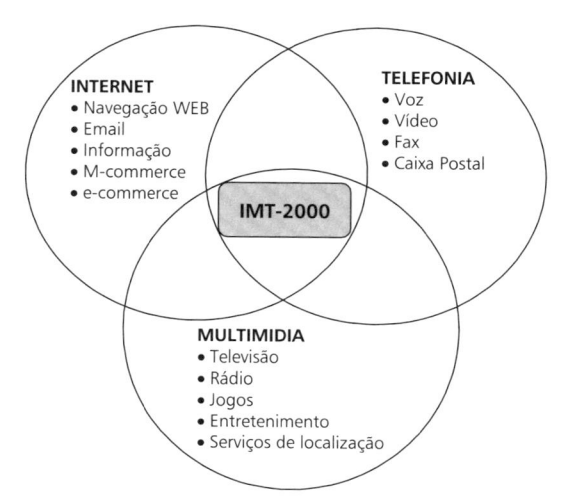

Capítulo 9 → Redes celulares de terceira geração **399**

INTERNET
- Navegação WEB
- Email
- Informação
- M-commerce
- e-commerce

TELEFONIA
- Voz
- Vídeo
- Fax
- Caixa Postal

IMT-2000

MULTIMÍDIA
- Televisão
- Rádio
- Jogos
- Entretenimento
- Serviços de localização

figura 9.11 Convergência dos serviços 3G no IMT-2000.

Logo foi constatado que isso não era possível politicamente, muito menos tecnicamente. Desta forma, o IMT-2000 voltou para o seu objetivo original já delineado no projeto FPLMTS: *"uma rede celular para dados de alta velocidade"*. Hoje o IMT-2000 tem como mérito maior ser uma especificação unificadora que permite serviços móveis e portáteis de alta velocidade, utilizando um ou vários canais de RF, interoperando com plataformas de dados fixas, na obtenção destes serviços (HARTE; KIKTA; LEVINE, 2002). As principais características e pretensões atuais do IMT-2000 são:

- Padrão global
- Compatibilidade dos serviços IMT-2000 entre si e com outros serviços de redes fixas.
- Alta qualidade dos serviços
- Banda de frequência comum em nível mundial
- Terminais pequenos e de uso com abrangência mundial
- Capacidade de *roaming* mundial
- Terminais multimídia e serviços multimídia
- Alta eficiência espectral dos sistemas móveis
- Flexibilidade de evolução dos sistemas para próxima geração tecnológica (4G)
- Alta taxa de dados e comutação de pacotes
  2 Mbits/s para ambientes fixos
  384 kbit/s para pedestre (baixa mobilidade)
  144 kbit/s para mobilidade de veículos

O que uma plataforma 3G compreende exatamente ficou muito nebuloso e muitas vezes é mascarado por termos comerciais. A razão desta falta de precisão na definição do que seria um verdadeiro sistema 3G se deve ao fato de que ele envolve tanto uma

400 ⟶ Redes de comunicação sem fio

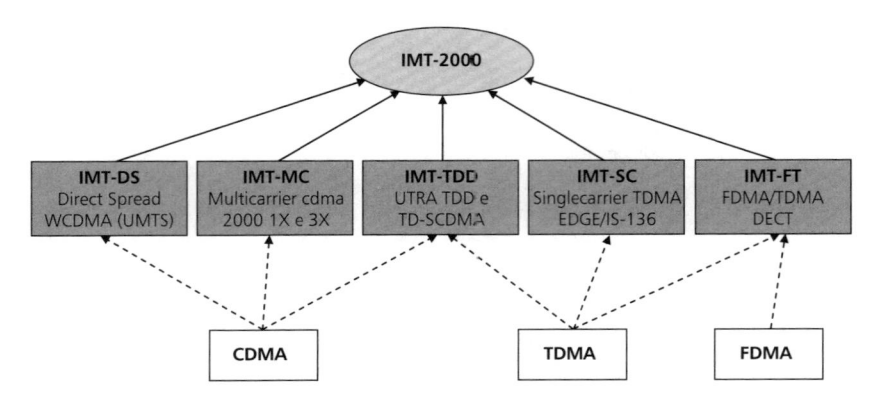

figura 9.12 Plataformas para sistemas 3G segundo o referencial IMT-2000 do ITU.

plataforma de acesso por rádio quanto uma plataforma de rede. Nunca houve um sistema tecnológico contemplando estas duas plataformas e que fosse de aceitação universal. Veja na Figura 9.12 que as especificações do IMT-2000 cobrem vários tipos de plataformas tecnológicas.

O escopo atual das recomendações do IMT-2000 ITU para os sistemas celulares 3G envolve os seguintes itens:

- É essencialmente um referencial para um grande conjunto de plataformas tecnológicas, cobrindo aspectos como: banda de frequência, largura de banda de canais de RF e técnicas de modulação.
- Não existe aquilo que seria uma plataforma de serviços, ou infraestrutura 3G única desenvolvida segundo a chancela do IMT-2000 do ITU.
- Segundo o IMT-2000, a designação de sistema 3G se refere a aplicações móveis ou portáteis envolvendo altas taxas, ou seja, no mínimo 144 kbit/s para mobilidade de veículo, 384 kbit/s para mobilidade de pedestres em ambientes fixos externos e 2 Mbit/s para ambientes fechados.

9.4.2 UMTS – *Universal Mobile Telecommunications Systems*

Os esforços europeus no desenvolvimento de sistemas baseados no IMT-2000 se concentraram no ETESI (*European Telecommunications Standard Institute*) no projeto WCDMA (*Wideband* CDMA).

A partir de 1996 este projeto tornou-se mais abrangente ao ter sido encabeçado por um organismo formado por fabricantes e governo denominado UMTS Forum. A constatação de que havia diversos grupos (principalmente americanos e europeus) trabalhando em tecnologias muito semelhantes deixou claro que seria mais eficaz um compartilhamento de recursos e resultados. Isto levou a criação do *Third Generation Partership Project* (3GPP), que trabalha com enfoque no WCDMA/UMTS. A ele se se-

Capítulo 9 → Redes celulares de terceira geração

```
           ETSI– Eurpean Telecommunications Standards Institute
                                    |
                              ( UMTS/3GPP )
                                    |
                                  WCDMA
                              ↙          ↘
         Interface de Acesso de Rádio          Rede de Acesso
                    UTRA                              RAN
         (Universal Terrestrial Radio Access)   (Radio Access Network)
         Prevê tanto operação FDD como TDD    Prevê interoperação com GSM,GPRS e EDGE

         Os principais releases das especificações do UMTS/WCDMA
    WCDMA 3GPP Release 1999,  inclui os releases 0, 1, 2 e 3, desde 1996
    WCDMA Release 4 (2001),   introduz a rede núcleo totalmente baseada em IP
    WCDMA Release 5 (2002),   introduz IMS (Integrated Management System) e HSDPA
    WCDMA Release 6 (2004),   integração com WLAN e introduz o HSUPA e o HSDPA
    WCDMA Release 7 (2007),   introduz HSPA+ e QoS para serviços em tempo real como VoIP
    WCDMA Release 8 (2008),   Primeiro release do LTE e nova interface de rádio com OFDM
                              e MIMO. Não é mais compatível com os sistemas anteriores
    WCDMA Release 9 (2009),   Melhorias no SAES. Interoperação entre WiMax
                              e LTE/UMTS. HSDPA/HSUPA com duas células e MIMO
    WCDMA Release 10 (2011),  LTE Advanced atende às especificações
                              do IMT Advanced 4G
```

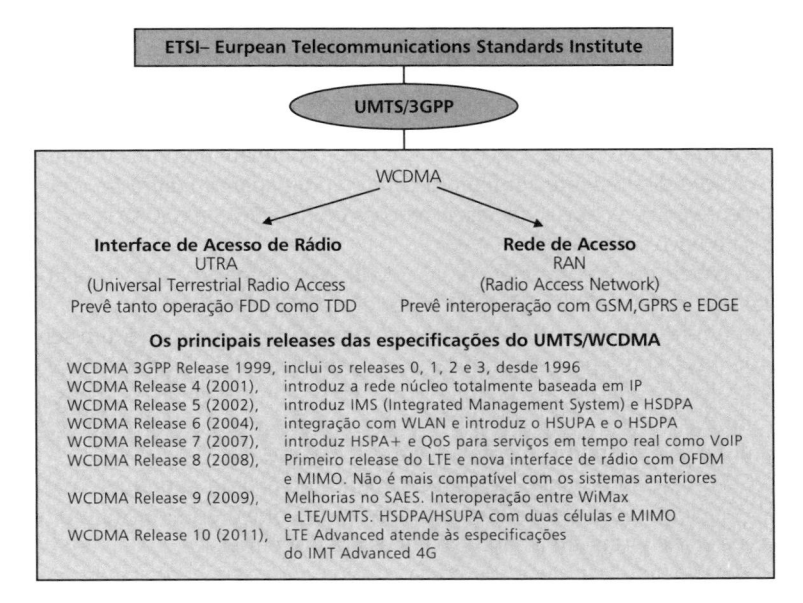

figura 9.13 Inserção do WCDMA no UMTS/3GPP e sua evolução tecnológica.

guiu o 3GPP2, que trabalha com enfoque especial no CDMA2000/americano (CHOW, 2015).

O principal objetivo do UMTS continua sendo a especificação de um sistema 3G consistente, que permita a interoperabilidade com o GSM. Assim como o GSM publica anualmente um novo *release*[3] com as últimas alterações do GSM, o projeto UMTS/WCDMA/3GPP também é atualizado por meio de *releases* anuais. No período de 1997 – ano da primeira publicação do projeto WCDMA, até 2000, foram elaborados os *releases* de 0 a 3, referentes a avanços técnicos como o GPRS, o EDGE e a interface de rádio baseada na tecnologia DSSS/CDMA. Em 2001 foi publicado o release 4, originalmente chamado *release* 2000, que lança as bases para uma rede GSM 3G e seus serviços e inclui a definição de uma rede núcleo baseada totalmente em IP.

No período de 2002 até 2011, saíram os *releases* de 5 a 11, que consolidam definitivamente a rede UMTS/WCDM como uma rede 3G. Veja na Figura 9.13 as principais inovações tecnológicas introduzidas na rede celular UMTS/WCDMA por meio desses *releases* e seus respectivos anos de publicação.

---

[3] *Release:* publicação de atualização tecnológica

9.4.3 O sistema WCDMA (UMTS) europeu

Algumas características técnicas marcantes do WCDMA são (MARTINEZ, 2015):

- Sistema ideal para operadoras de GSM e que disponham de novas bandas espectrais. Não é diretamente compatível com o GSM, apenas realiza *handover* mais facilmente entre os dois sistemas. Extensões do tipo GPRS e HSCSD são reaproveitáveis no novo sistema.
- Utiliza canais de radiofrequência de 5 MHz para assegurar altas taxas (4 vezes maior que do cdmaOne e 25 vezes maior que do GSM original.
- Utiliza um taxa de chip de 3,84 Mchip/s. Desta forma, em teoria, um serviço de voz de 12,2 kbit/s pode ter um fator de espalhamento: $3,84 \times 10^6 / 12,2 \times 10^3 = 314,79$. Isto é equivalente a um ganho de processamento de 25 dB, o que é muito elevado. Na realidade não se levou em conta a taxa extra de codificação associada a controle de erro (normalmente a metade – *half rate*).
- O WCDMA ajusta o ganho de processamento de acordo com a intensidade do sinal recebido. Cada bit de informação é enviado entre 4 a 128 vezes, ou seja, em áreas de sinais fortes, uma banda maior estará disponível.
- WCDMA usa uma técnica de codificação (*Gold Codes*) sem necessidade de sinal de sincronismo externo. O cdma2000 utiliza como base de tempo para sincronismo um sinal de tempo do GPS (*Global Position System*).
- O WCDMA utiliza ao todo 12 canais de 5 MHz, em pares (FDD) e 7 canais de 5 MHz não pareados (TDD). Veja na Figura 9.14 as bandas de frequência inicialmente utilizadas para estes canais.

tabela 9.6 Resumo das principais características do sistema WCDMA

	Downlink				Uplink		
Fator de espalha-mento	Taxa de bit bruta (kbit/s) (Air link)	Taxa de bit bruta (kbit/s) (com FEC)	Taxa de usuário Liquida (kbit/s) (half-rate FEC)	Fator de espalha-mento	Taxa de bit bruta	Taxa de usuário (half-rate, FEC)
512	15	3-6	1-3	256	15	7,5
256	30	12-24	6-12	128	30	15
128	60	42-512	21-25	64	60	30
64	120	90	45	32	120	60
32	240	210	105	16	240	120
16	480	432	216	8	480	240
8	960	912	456	4	960	480
4	1920	1872	936	–	–	–

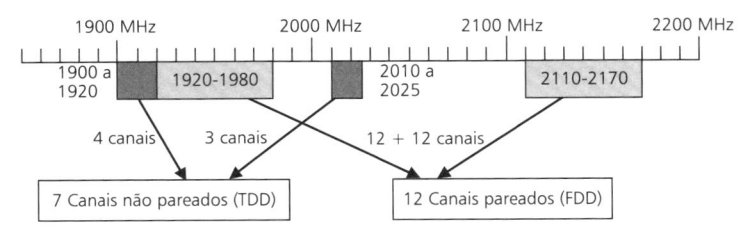

Capítulo 9 → Redes celulares de terceira geração

```
1900 MHz        2000 MHz        2100 MHz        2200 MHz
|1900 a| 1920-1980 |   |2010 a|   | 2110-2170 |
| 1920 |           |   | 2025 |   |           |
 4 canais  3 canais    12 + 12 canais

7 Canais não pareados (TDD)    12 Canais pareados (FDD)
```

figura 9.14 Bandas de frequência utilizadas pelo WCDMA/IMT-2000.

- Uma característica importante do WCDMA é que a taxa de usuário não precisa ser constante. Os quadros do WCDMA são transmitidos segundo uma estrutura de quadro com uma duração de 10 ms. É possível alterar o fator de espalhamento em uma base de quadro para quadro. Dentro de um quadro, a taxa de usuário é fixa, mas pode variar de quadro para quadro, ou seja, o WCDMA oferece banda por demanda (ver Tabela 9.6).

9.4.4 o sistema CDMA 2000 americano

Dos sistemas norte-americanos 2G e 2½G, somente os sistemas IS-95a (*cdmaOne*) e o sistema IS-95b (*cdmaTwo*) utilizam técnicas de espalhamento baseadas em CDMA e, portanto, somente estas operadoras têm condições de atualizar estes sistemas para 3G sem que seja necessário mudar toda a infraestrutura de rádio existente. Esta atualização é conhecida coletivamente como cdma2000, e todas são compatíveis com o sistema IS-95 anterior (TELECO DO BRASIL (2004)).

tabela 9.7 Comparativo entre os diversos sistemas CDMA para oferecimento de serviços 3G

Sistema CDMA	Largura de banda do canal	Taxa de chips [chip/seg]	Capacidade máxima	Capacidade real
cdmaOne IS-95a	1,25 MHz	1,2288 chip/s	96 kbit/s	14,4 kbit/s
cdmaTwo IS-95b	1,25 MHz	1,2288 chip/s	115,2 kbit/s	64 kbit/s
cdma2000 1XMC (IS-95c)	1,25 MHz	1,2288 chip/s	384 kbit/s	144 kbit/s
cdma2000 1Xtreme	1,25 MHz	1,2288 chip/s	5,2 Mbit/s	1,2 Mbit/s
cdma2000 HDR	1,25 MHz	1,2288 chip/s	2,4 Mbit/s	621 kbit/s
cdma2000 3XMC	3,75 MHz	3,6864 chip/s	4 Mbit/s	1,117 Mbit/s
WCDMA (UMTS)	5 MHz	4,096 chip/s	4 Mbit/s	1,126 Mbit/s

O caminho de atualização de sistemas cdmaOne (IS-95a) têm como resultado final um sistema conhecido como cdma2000 3xMC, em que MC significa *multi carrier* porque combina três canais básicos (3x1,25 MHz), resultando em uma banda de canal de 3,75 MHz. Infelizmente, esse sistema não é compatível com o sistema japonês e o europeu WCDMA, principalmente pela diferença na taxa de chip (ZIEMER, 2001) (confira Tabela 9.7)

Em 2000, a Motorola e a Nokia juntas apresentaram um novo sistema chamado *cdma2000 1Xtreme*, que, segundo elas, alcança taxas semelhantes às do sistema 3xMC, utilizando, porém, somente um canal de 1,25 MHz e, portanto, 1/3 do espectro. O sistema até agora não foi comprovado, e alguns acham que a Motorola e a Nokia estavam apenas tentando escapar das patentes que a rival Qualcomm tinha sobre o CDMA. Se as afirmações forem de fato corretas, as operadoras de cdmaOne terão uma chance de aumentar a sua capacidade além de qualquer sistema rival.

9.4.5 evolução dos sistemas celulares 3G para 4G

No início da década de 2000, havia em nível mundial cinco plataformas tecnológicas capazes de oferecer os serviços 3G (confira a Figura 9.15).

1. O EDGE, com base no *release* 6 do 3GPP, oferece uma taxa de pico de 474 kbit/s em um canal com B=5 MHz
2. O HSPA (*High Speed Packet Access*), uma nova plataforma baseada no *release* 6 do 3GPPP, capaz de oferecer uma taxa DL de 14,4 Mbit/s em um canal com B=5 MHz (QUALCOMM, 2006).
3. O novo release 8 do 3GPP, chamado LTE, sugeriu uma nova implementação que utiliza a modulação OFDM e atinge uma taxa DL de 326 Mbit/s em um canal com B=20 MHz
4. O sistema americano EV-DO (*EVolution Data Optimized*) 1x RTT do 3GPP2 com interface de rádio CDMA2000 oferece uma taxa DL de 144 kbit/s, em um canal com B=1,25 MHz
5. Em 2008 entrou em cena um novo *player*, o fórum WiMax (*Worldwide Interoperability for Microwave Access*), que oferece uma nova plataforma tecnológica móvel baseada no IEEE 802.16e do EIA/TIA com uma taxa DL de 46 Mbit/s em um canal com B=10 MHz.

No início da década de 2010, algumas destas plataformas aderiram aos novos *releases* do 3GPP. Assim, o Evolved EDGE, baseado no *release* 7 do 3GPP, adotou o nome comercial de HSPA+ ao incorporar as especificações do *release* 8 do 3GPP. A plataforma HSPA+, por sua vez, a partir do *release* 9 do 3GPP, passou a se chamar LTE (*Long Term Evolution* (BI et al., 2003).

Também a plataforma EV-DO, que integra o projeto CDMA2000 (norte-americano), a partir da revisão C, passou a adotar o *release* 9 (2009) do 3GPP. Desta forma, em 2011, o 3GPP, em um esforço conjunto de europeus e norte-americanos, lançou o *release* 10 do 3GPP, que apresentou as bases de uma nova plataforma tecnológica avançada, o LTE-A (LTE Advanced), que se tornou a principal candidata para oferecer a tecnologia para uma rede celular avançada de quarta geração (4G).

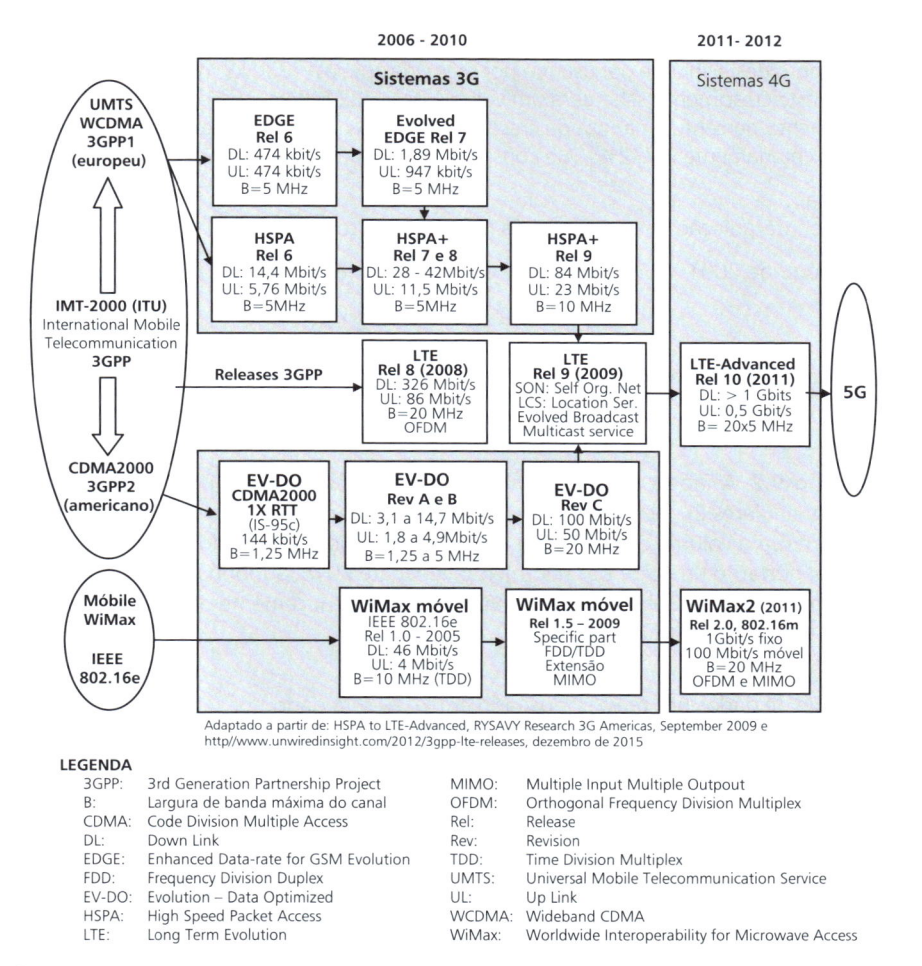

Capítulo 9 ⋯→ Redes celulares de terceira geração

figura 9.15 Evolução dos sistemas 3G para 4G.

A plataforma WiMax, por sua vez, trilhou um caminho próprio e no release 1.5, de 2010, passou a ter condições de oferecer serviços 4G avançados, segundo os critérios do IMT-2000. O próximo capítulo trata das principais características técnicas destas duas plataformas de redes celulares avançadas 4G (BI et al., 2003).

9.5 ⋯→ exercícios

A Figura 9.1 mostra o crescimento do volume de dados por usuário por mês no período de 2001 a 2007, segundo um estudo da Qualcomm Inc. americana. Utilizando interpolação linear no gráfico da figura, demonstre que enquanto no período de 2001 a 2002 o crescimento deste volume por usuário por mês é de apenas ~330 kB, no período de 2001 a 2007 este crescimento salta para um volume de ~ 9,2 MB/usuário/mês, o que significa um aumento percentual na taxa de crescimento mensal do volume de dados por usuário de aproximadamente 2.772%. Que consequências podem ser tiradas deste fato?

Resolução:
Fazendo interpolação linear a partir da Figura 9.1 obtemos:

No período de 2001 a 2002 a taxa de crescimento mensal será:

$$r_{2002} = \frac{V_{total}}{t} = \frac{55-50}{12} = 330 kB$$

No período de 2002 a 2007 e mais cinco meses, a taxa de crescimento mensal será:

$$r_{2007} = \frac{V_{total}}{t} = \frac{600}{65} = 9,2 MB$$

exercício 9.2 A Tabela 9.1 mostra a evolução do custo por MB, por mês, de alguns sistemas celulares 2G nos Estados Unidos. Projete o custo para um usuário em 2015, supondo que o volume de dados por usuário seja obtido a partir do Exercício 9.1, admitindo, portanto um fator de crescimento linear até 2015. Suponha o custo da Tabela 9.1 para um sistema 2,75G utilizando CDMA. Analise criticamente os resultados; volume por usuário e custo, assim obtidos.

Resolução:
O volume de dados por mês, por usuário em 2015 será dado por

$$V_{2015} = r.N_{meses}$$

Vamos supor uma razão de crescimento constante de $r=9,2$ MB no período de 2002 a 2015, que corresponde a $N_{meses}=156$ meses. Temos então que:

$$V_{2015} = 9,2MB.13.12 = 1,435 GB$$

O custo total em dólares, de acordo com a Tabela 9.1 será então dado por:

$$C_{total} = V_{2015}.c_p = 1435MB.0,032 = 45,92 \text{ dolares}$$

exercício 9.3 Os sistemas 2G (TDMA) se restringiam somente a dois tipos de serviços: serviço de voz (telefonia) e serviço de dados até no máximo 30-50 kbit/s. Comente as principais mudanças deste modelo de serviço simples com o advento dos sistemas 3G.

exercício 9.4 No final da década de 1990 o ITU publicou um documento elaborado por um grupo de estudos denominado IMT-2000 (*International Mobile Telecommunications 2000*) visando regulamentar o setor de comunicações móveis, principalmente os sistemas de comunicação celulares 3G. Cite as principais áreas e diretrizes sugeridas pelo IMT-2000 do ITU para os sistemas celulares 3G

exercício 9.5 Comente qual a importância do grupo de estudos 3GPP (3G *Partnership Project*) na elaboração do sistema UMTS (*Universal Mobile Telecommunications System*) WCDMA (*Wireless CDMA*) europeu e o projeto cdmaTwo (IS 95b) 3G americano.

exercício 9.6 Conforme mostrado na Figura 9.3, dois sistemas 2,75G formam a base para o desenvolvimento dos sistemas 3G no início deste milênio: o Sistema EDGE (GSM) europeu e o sistema cdmaTwo (IS-95b) americano. Faça um comparativo entre estes dois sistemas quanto aos seus enfoques técnicos e como foram influenciados pelo IMT-2000 do ITU na sua reformulação para se tornarem sistemas 3G.

exercício 9.7 O grupo de interesse 3GPP (*3G Partnership Project*) teve um desdobramento segundo dois grupos de interesse específicos: o 3GPP1 europeu e o 3GPP2 americano. O grupo 3GPP1 definiu um projeto conhecido como UMTS WCDMA, enquanto o grupo 3GPP2 definiu um projeto denominado CDMA2000. Comente os principais pontos comuns e os principais pontos divergentes entre estes dois projetos.

exercício 9.8 Um sistema CDMA utiliza como códigos PN as colunas de uma matriz de Walsh-Hadamard com L=8. As colunas 3 e 5 desta matriz valem respectivamente (+1+1-1-1+1+1-1-1) e (+1+1+1+1-1-1-1-1) e são ortogonais entre si.

a Mostre que a soma dos produtos da multiplicação dessas duas colunas é igual a zero (S=0)

b Mostre também que a soma dos produtos da coluna 5 por ela mesma é igual a 8 (S=L=8)

exercício 9.9 Supondo um sistema CDMA nas condições do Exercício 9.8, responda:

a Qual o número máximo de usuários que podem partilhar simultaneamente um mesmo canal deste sistema?

b Sugira alguns mecanismos que permitem aumentar a capacidade deste sistema CDMA.

exercício 9.10 Ao sentido de transmissão *uplink* do sistema definido no Exercício 9.8 corresponde um mecanismo de correção de erros em bloco (chips) definido por ($n, k; d_{min}$), onde $n=$ potência de dois (2^n) do bloco de chips, $k=$ tamanho do bloco e $d_{min} = L/2$ é a distância mínima de Hemming, responda:

a Qual é o valor de cada parâmetro deste mecanismo FEC?

b Qual o significado de d_{min}?

exercício 9.11 Suponha que com o sistema CDMA do Exercício 9.8 queremos transmitir a uma taxa de informação de 1 Mbit/s com um ganho de processamento G=8. Responda:

a Qual a taxa de chips/s necessária nestas condições?

b Qual a largura de banda exigida pelo canal neste caso?

c Qual a eficiência espectral deste sistema?

Resolução:

Por definição temos que $G = R_{chip}/R$, logo, $R_{chip} = R.G = 8 \times 1 = 8$ Mchip/s

Também por definição temos que $B = 2/T$. Lembrando que $T = 1/R$, logo, $B = 2R = 2$ MHz.

Por definição $\eta_{espectral} = \dfrac{R}{B} = \dfrac{1}{2} = 0,5 \ [bit/s/Hz]$

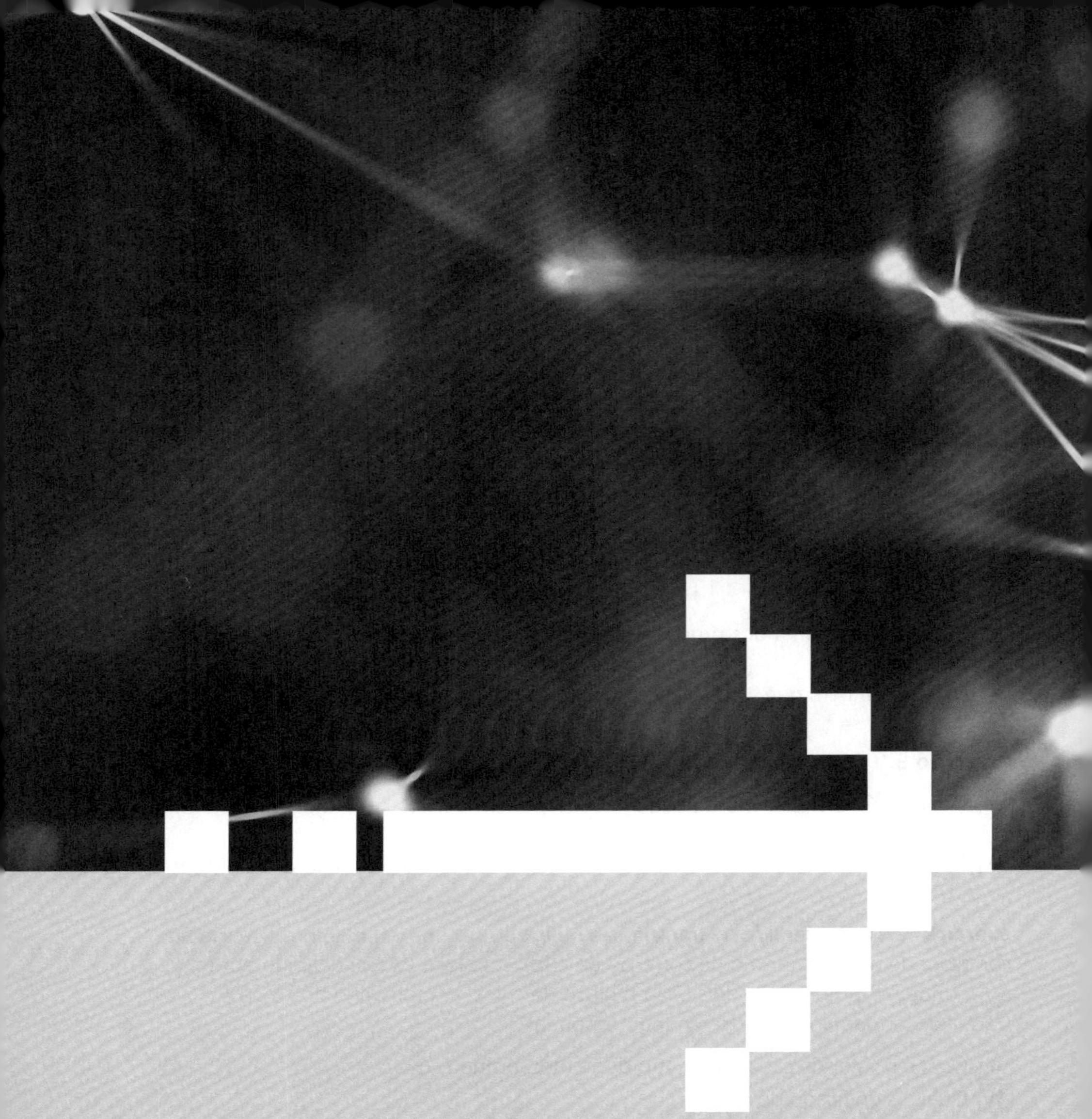

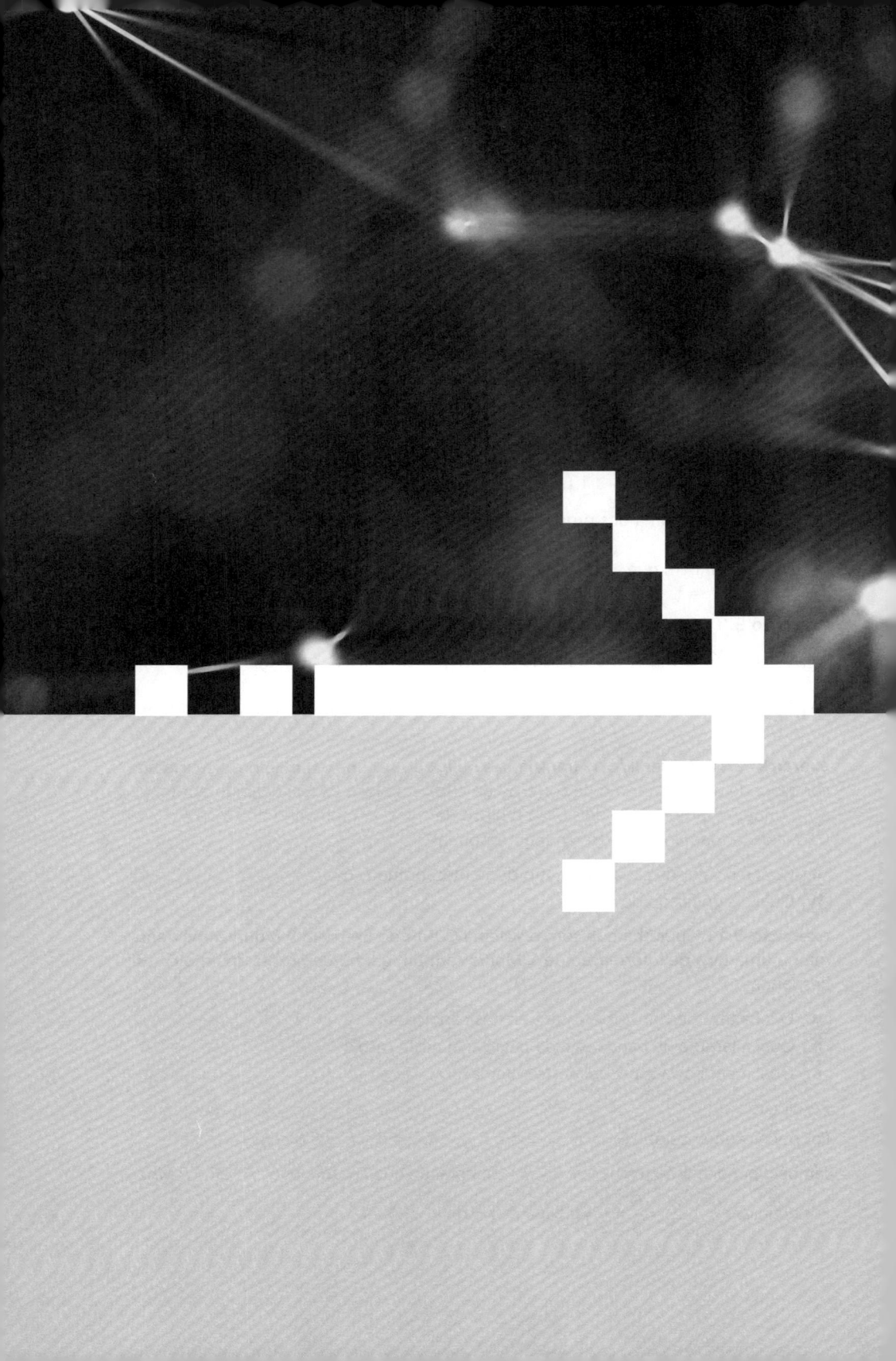

capítulo 10

redes celulares de quarta geração

Com a crescente demanda de serviços e aplicações e a necessidade de atender à mobilidade do usuário em velocidades de deslocamento cada vez maiores, surgiram os sistemas celulares de quarta geração. Os *smartphones* aos poucos se tornaram uma extensão imprescindível do corpo humano. Neste capítulo você verá como uma nova concepção de transmissão (OFDM), que caracteriza uma quarta geração de rede de acesso, é capaz de oferecer taxas de até 1 Gbit/s e mobilidade que pode chegar a 350 km/h. No final do capítulo veremos algumas características e inovações tecnológicas que devem caracterizar as redes de acesso de quinta geração, esperadas para 2020.

10.1 introdução

Com os espetaculares avanços tecnológicos proporcionados pelos sistemas 3G, o acesso à Internet em banda larga tornou-se popular, simples, barato e ubíquo –sempre conectado (*always-on*) em qualquer lugar. Além de ser acessível para a grande massa da população mundial, os sistemas 3G tornaram-se um estrondoso sucesso comercial. Sua utilização por centenas de milhões de pessoas no acesso móvel de banda larga à Internet tem provocado uma revolução comportamental na sociedade, cujas consequências ainda não foram bem avaliadas pelos especialistas.

O enorme e espetacular sucesso dos sistemas 3G provoca também um desenvolvimento expressivo de novos processos industriais na geração de dispositivos inovadores, que dão suporte a novas aplicações, novos modelos de integração com a Internet e novos modelos de negócios e serviços.

Diante do grande sucesso comercial e técnico dos sistemas 3G, em 2008, o IMT-2000 do ITU-R inicia estudos formais para estabelecer requisitos e critérios para um sistema celular revolucionário de quarta geração (4G). Estes requisitos, elaborados pelo ITU-R (*ITU-Radiocommunication sector*) e chancelados pelo IMT-Advanced, definem se um sistema pode ser considerado 4G. Paralelamente, no mesmo ano, o 3GPP (*3G Partnership Project*), publica o seu *Release 8*, que traça as principais diretrizes técnicas, além de perfis de serviços, para um sistema celular de quarta geração, designado como LTE (*Long Term Evolution*).

Em sistemas celulares, uma nova geração tecnológica é caracterizada ou pela mudança do paradigma do acesso múltiplo ao canal e/ou por uma nova técnica de transmissão. A nova geração tecnológica geralmente representa uma ruptura, que torna o sistema de nova geração incompatível (para trás) com a geração tecnológica anterior.

Assim, os sistemas 1G, analógicos, do tipo FDMA, são incompatíveis com os sistemas 2G, que são digitais e têm acesso do tipo TDMA. Da mesma forma os sistemas TDMA 2G são incompatíveis com os sistemas 3G que adotam CDMA. Os sistemas 3G que utilizam CDMA, são incompatíveis com os sistemas 4G que usam a técnica de transmissão OFDM. Assim, todo o sistema de nova geração é incompatível para trás (*backward incompatible*) e é isso que caracteriza uma nova geração tecnológica.

A tecnologia de transmissão característica dos sistemas 4G é o OFDM (*Orthogonal Frequency Division Multiplex*), que utiliza a OFDMA (*Orthogonal Frequency Division Multiple Access*) como técnica de acesso de múltiplos usuários ao canal. No sistema LTE do 3GPP, é adotada a técnica de transmissão OFDM no sentido DL (*downlink*) do canal. No sentido UL (*uplink*), o LTE emprega uma variante desta técnica, chamada SC-FDM (*Single Carrier Frequency Division Multiplex*), que adota o SC-FDMA (*SC Frequency Division Multiple Access*) como técnica de acesso de múltiplos usuários ao canal.

Para entender melhor as tecnologias OFDM/SC-FDM, veja novamente a fundamentação teórica básica do OFDM na Seção 7.4.5. Estas duas tecnologias substituem a tecnologia CDMA dos sistemas 3G, tornando-se, assim, o principal diferencial tecnológico dos sistemas 4G.

tabela 10.1 Convergência dos sistemas 3G para o sistema LTE-Advanced 4G segundo o 3GPP

	3G (2000 – 2008)			4G (2008 – 2012)	
	WCDMA (UMTS)	HSPA (HSDPA/ HSUPA)	HSPA+	LTE (Pré 4G)	LTE-Advanced (4G)
Ano de oferecimento do serviço	2003/2004	2005/6 HSDPA 2007/8 HSUPA	2008/2009	2009/2010	2011
Release 3GPP	Rel. 99/4	Rel. 5/6	Rel. 7	Rel. 8/9	Rel. 10
Taxa máxima de DL	384 kbit/s	14 Mbit/s	28 Mbit/s	100 Mbit/s	1,5 Gbit/s
Taxa máxima de UL	128 kbit/s	5,7 Mbit/s	11 Mbit/s	50 Mbit/s	500 Mbit/s
Latência de *round trip time* (aproxm.)	150 ms	100 ms	25ms	~20 ms	~14 ms
Metodologia de Acesso	CDMA	CDMA	CDMA	OFDMA SC-FDMA	OFDMA SC-FDMA

Veja na Tabela 10.1 um resumo da evolução histórica dos sistemas celulares 3GPP até chegar ao Release 8 (2008), o qual lança as bases de um futuro e inovador sistema 4G denominado LTE (*Long Term Evolution*). Em seguida, por meio do *Release* 10 de 2011, o UMTS/3GPP lança o LTE-Advanced, que adere às recomendações do *IMT-Advanced* do ITU, tornando-se, assim, o primeiro sistema 4G oferecido comercialmente a partir de 2013.

O grupo 3GPP2 norte-americano, associado ao grupo 3GPP/UMTS europeu, responsável pelo projeto CDMA2000, propõe uma nova plataforma de RAN denominada EV-DO (*EVolution Data Only*) que, a partir de sua revisão C, adota as especificações do LTE do *Release* 9 de 2009 do 3GPP/UMTS. Observe na Figura 9.15 do capítulo anterior as principais etapas desta migração do EV-DO para a plataforma LTE.

Simultaneamente, por volta de 2006, surge nos Estados Unidos um fórum de empresas, denominado WiMax Forum, que propõe uma nova plataforma celular móvel baseada no padrão IEEE 802.16e (2005) - *Mobile Broadband Wireless Access System*. Em 2011 o WiMax Forum lança o WiMax 2, que também atende os requisitos exigidos pelo IMT-Advanced do ITU-R para sistemas 4G, tornando-se outro candidato potencial a ser considerado em sistema 4G (MYUNG, 2013).

O Capítulo 10 está assim organizado:

Na Seção 10.2, há uma breve descrição da tecnologia da plataforma de transmissão LTE/3GPP, considerando aspectos relevantes de sua arquitetura e funcionalidades, bem como as principais inovações tecnológicas introduzidas pelo *Release* 10 do ITM-Advanced/UMTS, que resultou na primeira plataforma tecnológica *full-4G*, denominada LTE-Advanced, ou simplesmente LTE-A.

Na Seção 10.3 há uma análise detalhada das características inovadoras do nível físico do LTE quanto à transmissão e à estrutura dos quadros

Na Seção 10.4 são analisados os principais avanços tecnológicos incorporados ao LTE-A no que se refere à técnica MIMO (*Multiple Input Multiple Output*) e os arranjos de antenas inteligentes, principais responsáveis pelas taxas de vazão da ordem de 1Gbit/s do sistema LTE-A.

Na Seção 10.5 apresenta-se de forma resumida as principais características técnicas do sistema WiMax (IEEE 802.16m) e se traça um comparativo com o LTE-A. Também são apontados alguns motivos que relegaram o WiMax a um segundo plano em nível mundial.

Na Seção 10.6 aborda-se as características principais da rede 4G brasileira, no que tange aos aspectos das suas faixas de frequência alocadas e alguns parâmetros de desempenho.

O capítulo termina com uma análise resumida, na Seção 10.7, dos avanços técnicos dos últimos anos incorporados nos atuais sistemas 4G. Além disso, são comentadas algumas inovações tecnológicas recentes que, espera-se, serão adotadas nos futuros sistemas 5G.

10.1.1 comparativo CDMA x OFDM

Como mencionado na introdução deste capítulo, o grande diferencial tecnológico dos sistemas 4G em relação aos sistemas 3G é a mudança da técnica de transmissão CDMA, característica dos sistemas 3G, para a técnica de transmissão OFDM, típica dos sistemas 4G. Confira na Tabela 10.2 as principais mudanças tecnológicas que ocorrem quando passamos de um sistema CDMA (3G) para um sistema OFDM (4G).

As inovações particularmente decisivas em sistemas OFDM/4G são situadas em relação a três aspectos fundamentais:

1. O OFDM utiliza o conceito de multiplexação em frequência de subportadoras ortogonais, o que confere ao OFDM uma alta eficiência espectral e lhe assegura uma altíssima vazão.
2. O OFDM utiliza a transformada de Fourier e com isso realiza processamento do sinal no domínio frequência, mais simples e rápido em termos de resposta do canal a impulso (*CIR-Channel Impulse Response*) e equalização do canal.
3. Com uma técnica de inserção cíclica de um segmento redundante do sinal de um símbolo OFDM, o prefixo cíclico (CP), permite um perfeito controle do espalhamento de atraso do sinal que chega ao receptor, também chamado fenômeno dos múltiplos caminhos (*multi-path*).

Na Figura 10.1 mostra um diagrama em blocos das principais funcionalidades do nível físico: (a) do CDMA e (b) do OFDM. Observe que, em relação à codificação de canal, os dois sistemas são praticamente idênticos, ou seja, utilizam um embaralhador na entrada seguido de um codificador FEC. Por último, é usado um codificador de entre-

tabela 10.2 Comparativo entre a tecnologia CDMA (3G) e OFDM (4G)

Atributo	CDMA (3G)	OFDM (4G)
Banda de Transmissão	Utiliza a banda completa sempre	Banda variável, até banda total do sistema
Escalonamento seletivo de frequência	Não é possível	Uma vantagem chave de OFDM. No entanto para isso precisa de realimentação precisa das condições do canal (receptor -> transmissor) em tempo real
Período de Símbolo	Muito curto – inverso da largura de banda do sistema	Muito longo – definido pelo espaçamento das subportadoras e independente da largura de banda do sistema
Equalização	Difícil acima de 5 MHz	Fácil para qualquer largura de banda tendo em vista representação do sinal no domínio frequência.
Robustez contra caminhos múltiplos	Difícil acima de 5 MHz	Completamente livre de distorção de multipath até o comprimento do CP
Facilidade para MIMO	Necessita poder de computação significativa devido a que o sinal é definido no domínio tempo	Ideal para MIMO já que o sinal definido no domínio frequência e possibilidade de alocação em banda estreita para seguir variações do canal em tempo real
Sensibilidade a distorções no domínio frequência e interferências	Faz uma média do canal tendo em vista o processo de espalhamento.	Vulnerável a distorções de banda estreita e interferência
Separação dos usuários	Por embaralhamento dos dados e códigos ortogonais de espalhamento.	Por frequência e tempo, mas também podem ser adicionados scrambling e espalhamento espectral

laçamento por blocos, para tornar mais eficiente o código FEC no controle de erros em rajada. Para mais detalhes sobre estes tópicos, revise a Seção 2.8 do Capítulo 2.

A diferença fundamental entre os sistemas 3G (CDMA) e 4G (OFDM) é a tecnologia de transmissão e recepção do nível físico, ou seja, a tecnologia adotada pelos transceptores destes sistemas (GHOSH et al., 2010).

O transceptor CDMA é menos complexo e se resume praticamente a dois blocos funcionais, como é mostrado na Figura 10.1 (a). O primeiro bloco é do espalhamento espectral. Os dados são digitalmente multiplicados por uma sequência pseudoaleatória de chips (PN) de alta taxa. Para que haja espalhamento espectral é necessário que a taxa de informação R_b (bit/s) e a taxa R_c (chips/s)[1] da sequência PN, obedeçam à condição de $R_c >> R_b$.

---

[1] A sequência PN é um sinal binário aleatório em que os símbolos binários são bits, mas, para não serem confundidos com os bits de informação, são denominados chips.

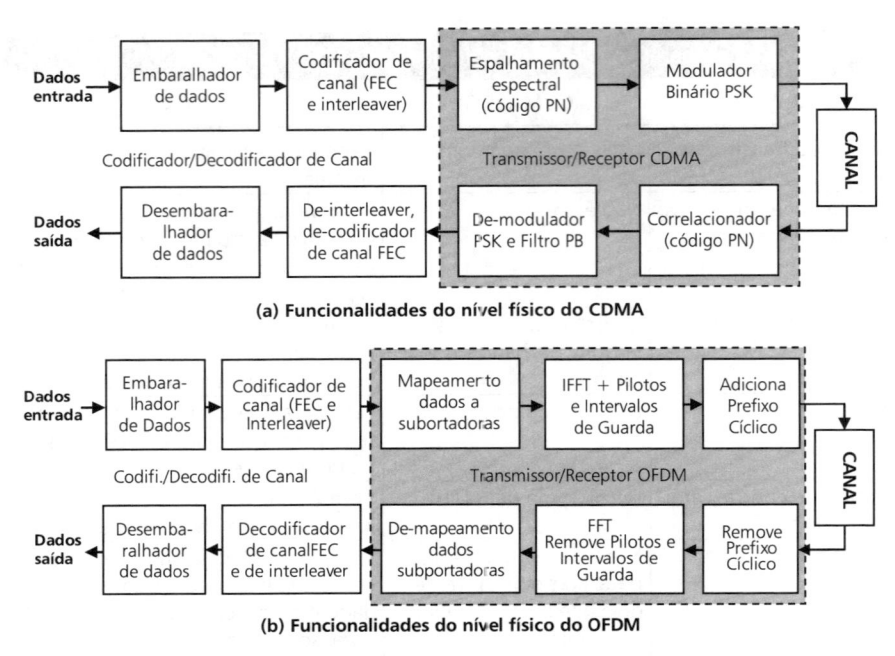

figura 10.1 Funcionalidade do nível físico - (a) sistema OFDM, (b) sistema CDMA.

Definimos a razão $G_p = R_c/R_b$ ($G_p \gg 1$) como o fator de espalhamento ou o ganho de processamento (G_p) do CDMA (confira a expressão 9.1). A cada usuário é associada uma sequência PN, sendo que as diferentes sequências PN são ortogonais entre si. O espalhamento espectral consiste na multiplicação lógica do sinal de dados (bit/s) pela sequência aleatória PN (chip/s). O sinal resultante desta multiplicação modula uma portadora segundo uma técnica QAM e o sinal resultante é transmitido pelo canal. Os blocos funcionais tanto do transmissor quanto do receptor são executados no domínio tempo. Veja mais detalhes sobre o espalhamento espectral CDMA na Seção 2.6.3.

O transceptor OFDM é mais complexo, sendo representado por três blocos funcionais essenciais na Figura 10.1 (b). O primeiro bloco paraleliza os dados e, em seguida, os mapeia às diferentes subportadoras ortogonais seguindo um esquema de modulação QAM. São definidos também neste bloco as bandas de resguardo do canal e os pilotos de sincronização. No segundo bloco é aplicada aos símbolos OFDM assim obtidos uma IFFT, o que os remete de volta ao domínio tempo. No último bloco é adicionado um prefixo cíclico a cada símbolo OFDM e, em seguida, o sinal é transmitido pelo canal.

10.1.2 critérios do *IMT-Advanced* para sistemas 4G

Em 2005, a ITU havia especificado alguns requisitos de desempenho mínimos que um sistema móvel sem fio deveria atender para que pudesse ser considerado um sistema

4G. Em 2009, o ITU-R publicou a recomendação *IMT-Advanced* (2008), que especifica os requisitos mínimos para os sistemas 4G. Veja a seguir as principais recomendações (AGILENT TECHNOLOGY, 2013):

- o sistema deve ter um alto grau de funcionalidades que sejam comuns em nível mundial, para suportar um grande leque de aplicações e serviços a um custo atrativo;
- deve apresentar compatibilidade dos serviços dentro do contexto IMT e os serviços das redes fixas;
- deve contar com capacidade para interoperar com outros sistemas RAN (*Radio Access Networks*);
- oferecer serviços com alta qualidade (QoS) em ambiente móvel;
- dispor de equipamentos de usuário (*smartphones*) capazes de operar em nível mundial;dispor de equipamentos, aplicações e serviços amigáveis ao usuário;
- oferecer cpacidade de *roaming* internacional (compatibilidade internacional);
- taxas de pico de DL (*downlink*) para suportar serviços e aplicações avançadas. O alvo seriam taxas de 100 Mbit/s para alta mobilidade (350 km/h) e 1 Gbit/s para baixa mobilidade (<15 km/h);
- alocação dinâmica otimizada de blocos de recurso de rádio por usuário e por aplicação, que permite assegurar QoS aos serviços.

A seguir você vai saber mais sobre as principais tecnologias inovadoras que viabilizaram os sistemas 4G.

10.1.3 inovações tecnológicas que viabilizam os sistemas 4G

Entre as técnicas inovadoras surgidas na última década, que viabilizaram o desenvolvimento de sistemas 4G estão:

- a utilização de canais com uma largura de banda que varia desde 1,4 MHz até 100 MHz (confira Tabela 10.3);
- a agregação de canais ou *Carrier Aggregation* para aumentar a vazão;
- a alta eficiência espectral que, no pico, pode chegar a mais de 15 bits/s/Hz, o que resulta em uma vazão teórica máxima de 1,5 Gbit/s;
- a técnica de transmissão tipo OFDM e SC-FDM;
- o controle do espalhamento de atraso, provocado por caminhos múltiplos dos sinais que chegam ao receptor, por meio de um mecanismo do prefixo cíclico.
- a técnica de acesso do tipo OFDMA e SC-FDMA;
- o funcionamento duplex tipo TDD e FDD (preferencialmente FDD);
- as técnicas de modulação e codificação adaptativas;
- a modulação QPSK, 16QAM e 64QAM;
- MIMO tipo 1x2, 1x4, 2x2, 2x4 e 4x4
- o compartilhamento de recursos em nível da E-UTRAN (*Evolved Universal Terrestrial Radio Access Network*) bem como de recursos da infraestrutura da rede núcleo (*Core Network*).

416 ⋯→ Redes de comunicação sem fio

Duas implementações estão próximas de atender estes requisitos: o LTE-Advanced do 3GPP e o WiMax baseado no padrão IEEE 802.16m da TIA (*Telecommunications Industries Association*). Você vai ver nas Seções 10 2 e 10.5, respectivamente, as principais características técnicas do LTE-A e do padrão WiMax, hoje os únicos sistemas celulares considerados como 4G (IEEE 802.15, 2017).

10.1.4 algumas fraquezas do OFDM

Como as subportadoras em OFDM estão definidas muito próximas umas em relação às outras, a técnica é sensível a pequenos desvios de frequência (*frequency offset*) do oscilador local e do ruído de fase. Estes pequenos desvios de frequência deslocam os espectros das subportadoras do ponto de interferência entre símbolos (ISI), nulo– Figura 10.2 (a)– para pontos onde a ISI ≠ zero– Figura 10.2 (b). Pela mesma razão, o OFDM é sensível a deslocamentos Doppler[2], que também causam interferências entre as subportadoras (SATRC, 2012).

Por último, a transmissão OFDM cria sinais com energia de pico relativamente alto em relação ao valor médio do sinal, o que causa uma maior interferência entre as subportadoras. A avaliação desta interferência pode ser feita por meio do fator C (crista/*crest*), também denominado PAR (*Peak-to-Average Ratio*) ou PAPR (*Peak-to-Average Power Ratio*). Matematicamente, o parâmetro C de um sinal *s(t)* é avaliado ao dividir o valor de pico deste sinal pelo valor RMS do sinal, ou seja:

$$C = \frac{|X|_{pico}}{X_{RMS}} \qquad (10.1)$$

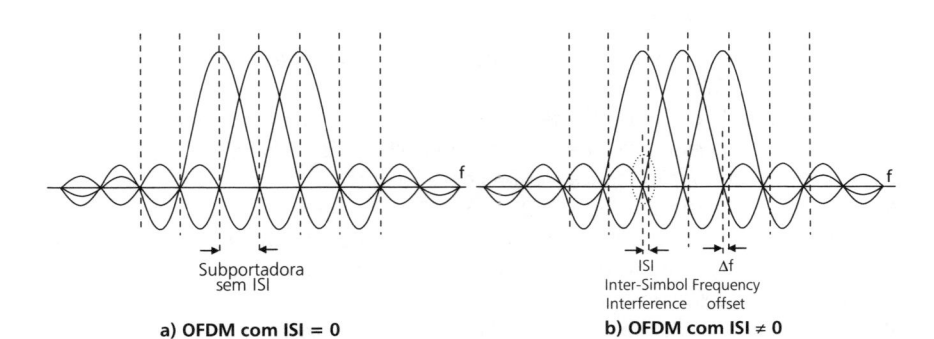

a) OFDM com ISI = 0

b) OFDM com ISI ≠ 0

figura 10.2 Interferência entre símbolos (ISI) em OFDM devido a desvios de Δ*f* da portadora (*frequency* offset) ou ruído de fase.

---

[2] Confira a Seção 2.4.6 (O espalhamento Doppler) no Capítulo 2.

10.2 a arquitetura da plataforma LTE-A/3GPP

Em 2006, o 3GPP já havia iniciado estudos para estabelecer as bases para um inovador sistema de comunicação móvel de banda larga, designado LTE (*Long Term Evolution*). Em 2008, com a publicação do *Release* 8 do 3GPP/UMTS, foram lançadas as primeiras especificações deste sistema que, no entanto, ainda não atende todas as exigências do IMT-Advanced do ITU-R para ser considerado 4G.

O *Release* 8 do 3GPP/UMTS introduziu na rede de acesso móvel a tecnologia de transmissão OFDM e SC-FDM. Estas duas tecnologias definem uma nova RAN (*Radio Access Network*) com um novo nível físico baseado em transmissão OFDM, mais complexo, mas com características inovadoras e de alto desempenho, capaz de atender os requisitos 4G especificados no IMT-Advanced (confira a Seção 10.1.1).

A tecnologia de transmissão OFDM já era conhecida e utilizada desde a década de 1990, principalmente em redes locais (WLAN) por meio do padrão IEEE 802.11a de 1999 (confira a Seção 7.4.5). Reveja a fundamentação teórica do OFDM na Seção 2.7.

Em 2009, o 3GPP/UMTS lançou o *Release* 9 do LTE que incluiu, entre outras inovações tecnológicas, um avançado sistema MIMO, bem como novos serviços evoluídos de *broadcast* e *multicast*. No entanto, a taxa DL de pico, em torno de 400 Mbit/s, ainda está muito abaixo do patamar mínimo (1Gbit/s) estabelecido para 4G. Somente em 2010, com o lançamento do *Release* 10 do LTE/3GPP, surgiu o primeiro sistema 4G, designado LTE-Advanced, ou simplesmente LTE-A, que de fato atende, e em alguns aspectos até excede, as especificações 4G do IMT-Advanced.

Desde então, o padrão LTE-A recebeu consolidações tecnológicas do UMTS/3GPP por meio do *Release* 11 de 2012 e sua última consolidação aconteceu em 2014, como *Release* 12 do 3GPP/UMTS. Você vai ver agora os aspectos inovadores da arquitetura LTE-A e, em seguida, um breve resumo das principais funcionalidades adicionadas ao padrão LTE-Advanced desde o seu lançamento, até o *Release* 12 de 2014 (RYSAVY, 2009).

Lembramos que a arquitetura de uma rede celular móvel pode ser dividida em dois grandes domínios funcionais: a rede móvel de acesso dos usuários ou RAN (*Radio Access Network*), e a rede núcleo fixa ou a *core network* da concessionária. A seguir vamos abordar cada um desses domínios.

Veja na Figura 10.3 uma topologia típica de uma rede LTE-A, com destaque para os dois domínios: a rede de acesso ou E-UTRAN (*Evolved Universal Terrestrial Radio Access Network*), e a rede núcleo, também chamada EPC (*Evolved Packet Core*) pelo LTE/3GPP. Ambos os domínios se conectam por um *backhaul*, também mostrado na Figura 10.3.

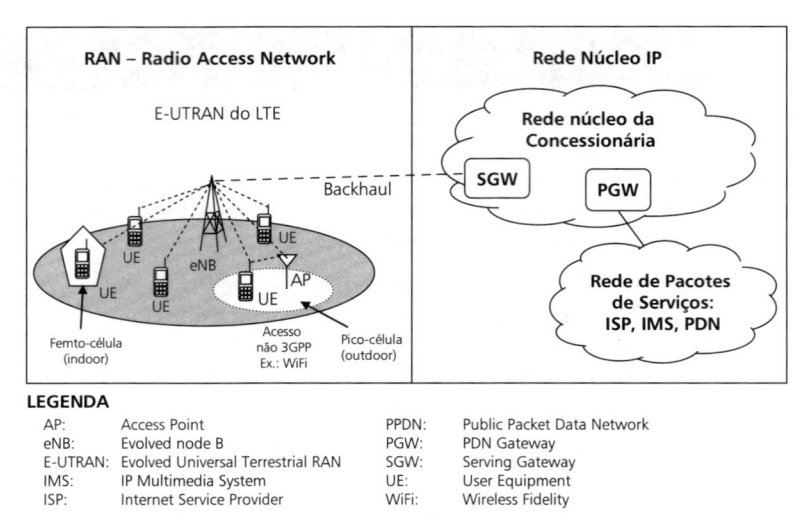

figura 10.3 Arquitetura simplificada de uma rede LTE-A/3GPP.

10.2.1 arquitetura da rede de acesso de rádio (RAN) do LTE-A

Veja na Figura 10.4 mais detalhes da rede de acesso do LTE-A, designada E-UTRAN (*Evolved* UTRAN). Nesta arquitetura, se destaca um novo conceito de picocélula (*picocell*) ou femtocélula (*Phantom cell*),[3] que é introduzido no interior de uma macrocélula LTE. Com este conceito, separamos os dados do plano de controle (*C-plane*) dos dados do plano de usuário (*U-plane*), de tal forma que os dados de controle passam, por exemplo, através de um nó de acesso de uma WLAN 802.11, que se conecta diretamente ao eNB, enquanto os dados da Internet são repassados diretamente entre o AP (*Access Point*) e o UE (*User Equipment*). Assim, conseguimos separar, na conexão UE com eNB (*Evolved Node B*), os dados do plano de controle dos dados de usuário.

Os conceitos de pico e femtocélulas no LTE permitem um aumento significativo da capacidade de usuário em uma macrocélula, principalmente em áreas geográficas restritas, como estádios de futebol, *shoppings*, estações de trem, aeroportos, etc.

Pelos conceitos de pico ou femtocélulas, a RAN assegura ao usuário (UE) uma alta vazão pelo AP (*Access Point*). Esta vazão se deve principalmente pelo aumento da largura de banda do canal por meio de uma técnica de agregação de portadoras (*Carrier Aggregation*), que permite a obtenção de bandas até 100 MHz (5x20=100). Outro fator de impacto no aumento da vazão da RAN são as modernas tecnologias de antenas MIMO e os arranjos de antenas inteligentes adaptativos, que você vai conhecer na Seção 10.4.

---

[3] Pequenas células dentro de uma macrocélula, que em ambientes internos, ou *indoor*, são chamadas femtocélulas e, em ambientes externos (ou *outdoor*), são chamadas picocélulas.

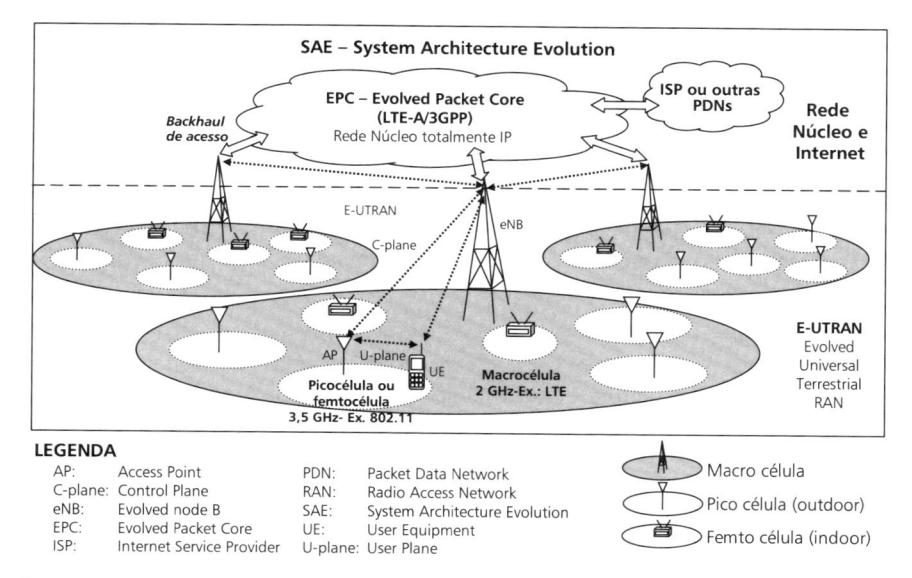

figura 10.4 Topologia de uma rede do tipo LTE-A com os seus principais elementos estruturais.

Lembramos que os ambientes tanto da E-UTRAN (Rede de acesso) quanto da rede núcleo até a Internet são totalmente baseados em IP, ou seja, formam uma rede plana de comutação de pacotes IP fim-a-fim (E2E).

10.2.2 SAE – *System Architecture Evolution* do LTE-Advanced

O EPC integra *gateways* e, desta forma, pode se conectar a qualquer tipo de rede PDN (*Packet Data Network*), por exemplo, Internet, ISDN, PDN, etc. Veja na Figura 10.4 uma topologia simplificada de uma rede LTE-Advanced, que servirá de base para ilustrar o contexto na descrição da arquitetura do LTE-Advanced. Há quatro blocos de arquitetura funcionais:

1. Equipamento de usuário, ou UE (*User Equipment*)
2. Rede de Acesso de Rádio, ou E-UTRAN (*Evolved Universal Terrestrial Radio Access Network*)
3. Rede de pacotes da rede núcleo ou EPC (*Evolved Packet Core*)
4. Diferentes redes de pacotes servidores ou PDNs (*Packet Data Networks*). Exemplo ISP (*Internet Service Provider*), WLAN, WiMax, etc.

Os itens um e dois, formados pelos equipamentos de usuário e pela rede de acesso de rádio (RAN), constituem praticamente o nível físico e o nível de acesso do LTE, que serão abordados na Seção 10.3.

O SAE forma uma arquitetura da rede núcleo do LTE-Advanced que suporta a rede de acesso E-UTRAN do LTE e viabiliza o acesso a redes de pacotes heterogêneas, como Internet, IMS, WiFi, WiMax, entre outras (veja a Figura 10.4). Além disso, ele possui uma arquitetura plana, totalmente baseada em IP. Basicamente distinguimos no SAE dois planos distintos de tráfego de dados; o plano dos dados de controle (*C-plane*) e o plano dos dados do usuário (*U-plane*).

O SAE é formado essencialmente por dois núcleos de arquitetura: o núcleo EPC (*Evolved Packet Core*) e o núcleo GPRS, que viabiliza a compatibilidade com os sistemas 3G baseados em GPRS.

O núcleo EPC está centrado no SGW (*Serving Gateway*) que controla o acesso às diferentes PDN (*Packet Data Network*) Com base no conceito de separação do plano de dados de usuário e de dados de controle, os blocos funcionais do EPC, ou executam somente funções de controle, ou simultaneamente funções de controle e repassamento de dados. No primeiro caso temos os blocos de controle como o HSS (*Home Subscriber Server*), o MSS (*Mobility Management Server*) e o AAA (*Authentication Authorization Accounting*). No segundo caso vamos encontrar os diferentes gateways e servidores como o SGW (*Serving Gateway*), o PGW (*PDN Gateway*) e o SGSN (*Serving GPRS Support Node*) (Nokia, 2014).

Veja na Figura 10.5 o núcleo GPRS *Core*, o qual suporta o bloco funcional SGSN (*Serving GPRS Support Node*) que tem como principal função viabilizar a interoperabilidade dos sistemas 3G GSM/GPRS, como o EDGE e o WCDMA, com a plataforma LTE.

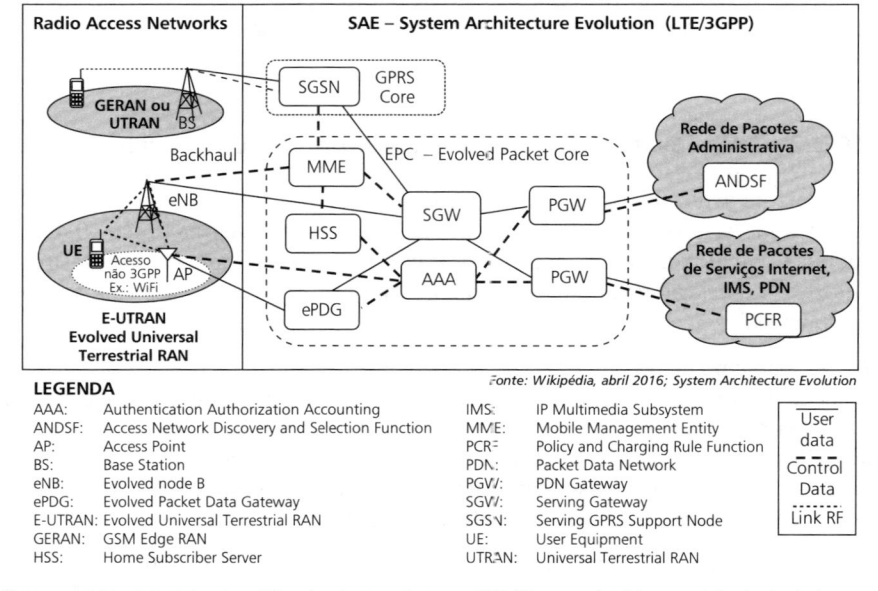

figura 10.5 Modelo simplificado da arquitetura SAE (*System Architecture Evolution*) de uma rede LTE-A com seus dois núcleos funcionais: (a) GPRS core e (b) EPC (*Evolved Packet Core*).

10.3 → o nível físico do LTE/3GPP

Vamos revisar agora a fundamentação teórica da tecnologia de transmissão OFDM, mas enfocando os aspectos relevantes em relação à plataforma LTE. Para compreender melhor o restante deste capítulo, dê mais uma olhada nos fundamentos teóricos da tecnologia de transmissão OFDM na Seção 2.7. Lembramos que o nível físico do LTE é composto por dois blocos funcionais: o codificador de canal e o transceptor. Aqui vamos nos ater ao bloco funcional do transceptor, já que o bloco codificador foi visto na Seção 2.8.

10.3.1 a tecnologia de transmissão DL OFDM do LTE 3GPP

A plataforma LTE/3GPP prevê duas técnicas para realizar a função de duplexagem do canal: a TDD (*Time Division Duplexing*) e a FDD (*Frequency Division Duplexing*). Como nas realizações práticas é privilegiada a técnica FDD, vamos adotá-la para ilustrar nossos exemplos. Outra característica peculiar da plataforma LTE/3GPP é que ela adota no sentido de transmissão DL (*Downlink*) a tecnologia OFDM e, no sentido UL (*Uplink*), uma variante desta tecnologia chamada SC-FDM (abordada na Seção 10.3.2).

Antes de vermos de forma resumida a tecnologia de transmissão DL (*Downlink*) OFDM do LTE/3GPP, recomendamos novamente a leitura da Seção 2.7, onde podem ser revisados os fundamentos teóricos e conceituais da técnica OFDM.

A técnica de transmissão OFDM é considerada uma forma de multiplexação por divisão de frequência ou FDM (*Frequency Division Multiplex*). Um canal de banda larga é dividido em uma série de subportadoras ou tons igualmente espaçadas e ortogonais entre si. O fluxo de informação do canal é dividido em fluxos paralelos menores, e a cada fluxo é associada uma subportadora ortogonal que, desta forma, pode ser modulada em QAM para transportar símbolos individuais de informação. Um símbolo OFDM será formado pelo conjunto dos sinais de todas as subportadoras do canal em um determinado instante. A ortogonalidade das subportadoras torna o OFDM, em termos de ocupação de espectro, extremamente eficiente (TELESYSTEMS, 2010).

Outra vantagem do OFDM é que a largura de banda de cada subportadora é muito menor do que a largura de banda total do canal, assim, cada subportadora percebe uma característica de *fading* praticamente plana em seu espectro, conforme mostrado na Figura 10.6 (b).

Veja na Figura 10.7 um transceptor OFDM e SC-FDM com seus principais blocos funcionais. Observe que o transceptor OFDM é mais simples, pois não utiliza os dois blocos de entrada (saída) assinalados em cinza. Estes dois blocos realizam uma espécie de pré-codificação que é usada somente na transmissão UL SC-FDM (abordada na Seção 10.3.2).

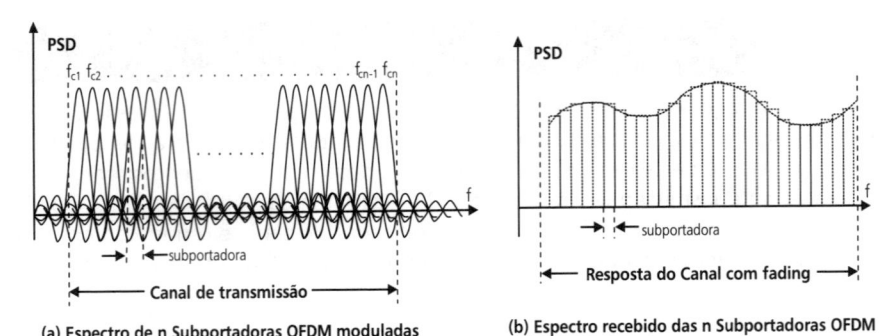

(a) Espectro de n Subportadoras OFDM moduladas

(b) Espectro recebido das n Subportadoras OFDM

figura 10.6 Os espectros das subportadoras, na entrada do receptor, possuem respostas praticamente planas dentro do intervalo de banda de uma subportadora.

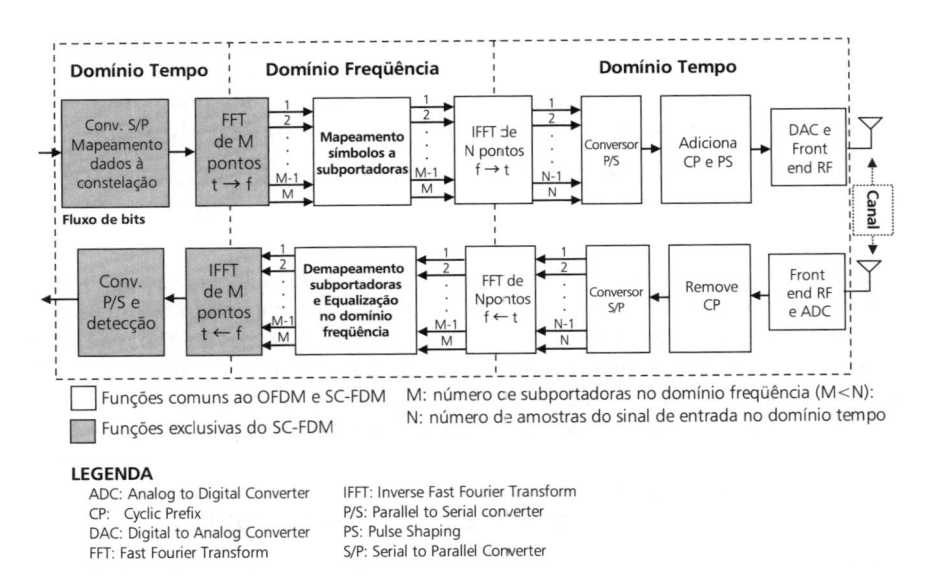

M: número de subportadoras no domínio freqüência (M<N):
N: número de amostras do sinal de entrada no domínio tempo

LEGENDA
ADC: Analog to Digital Converter
CP: Cyclic Prefix
DAC: Digital to Analog Converter
FFT: Fast Fourier Transform
IFFT: Inverse Fast Fourier Transform
P/S: Parallel to Serial converter
PS: Pulse Shaping
S/P: Serial to Parallel Converter

figura 10.7 Diagrama em blocos das principais funcionalidades de um transceptor OFDM/SC-FDM genérico.

No transmissor OFDM, os dados de entrada passam por um conversor PS (*Parallel to Serial*) e, em seguida, é feito um mapeamento de símbolos de dados para símbolos de modulação em cada subportadora (domínio freqüência). Algumas subportadoras são reservadas para sinais de sincronismo, controle e resguardo. O *array* assim obtido é convertido por meio de uma IFFT para o domínio tempo. Os dados na saída são serializados e, posteriormente, é acrescentado um prefixo cíclico CP (*Cyclic Prefix*) ao sinal de todas as subportadoras.

Capítulo 10 → Redes celulares de quarta geração   **423**

O prefixo cíclico é obtido a partir da repetição, no início do símbolo, de uma parte do sinal de cada subportadora. Como você vai ver na Seção 10.3.5, o CP é utilizado para manter a ortogonalidade entre as subportadoras no receptor, mesmo com a presença de múltiplos caminhos na entrada do receptor. A duração do CP é definida de tal forma, que corresponda, aproximadamente, ao máximo de espalhamento de atraso do sinal na entrada do receptor, que se queira tolerar.

O sinal OFDM assim gerado apresenta características de razão de potência de pico para potência média – PAPR (*Peak to Average Power Ratio*) – relativamente alta, o que causa problemas de interferência entre as subportadoras. Além disso, o sinal OFDM é sensível a pequenos desvios de frequência (*frequency offset*) que causam quebra de ortogonalidade, o que, por sua vez, gera a ISI (*Intersymbol Interference*). Diante destas deficiências, o OFDM exige esquemas de codificação que sejam adaptativos às características do canal.

Finalmente, após uma conversão DAC (*Digital to Analog Converter*), o sinal é aplicado à antena por meio de um *front-end* de RF e é transmitido pelo canal. O receptor, ao receber o sinal, processa-o no sentido inverso, até a recuperação dos dados (veja a Figura 10.7).

Quanto ao acesso dos usuários ao canal, o OFDM utiliza um esquema de acesso multiusuário denominado OFDMA (*Orthogonal Frequency Division Multiple Access*). Neste esquema, cada usuário ocupa dinamicamente um conjunto distinto e variável de subportadoras. Por meio de um escalonador com priorização, é possível oferecer QoS (*Quality of Service*) aos serviços do usuário, além de diversidade de frequência. Veja na Figura 10.8 dois esquemas de acesso OFDMA simples: cada usuário ativo recebe igualmente durante um ciclo de acesso uma subportadora de forma distribuída– Figura 10.8 (a) – e cada usuário recebe um conjunto variável de subportadoras de acordo com a demanda e exigências de QoS do usuário – Figura 10.8 (b).

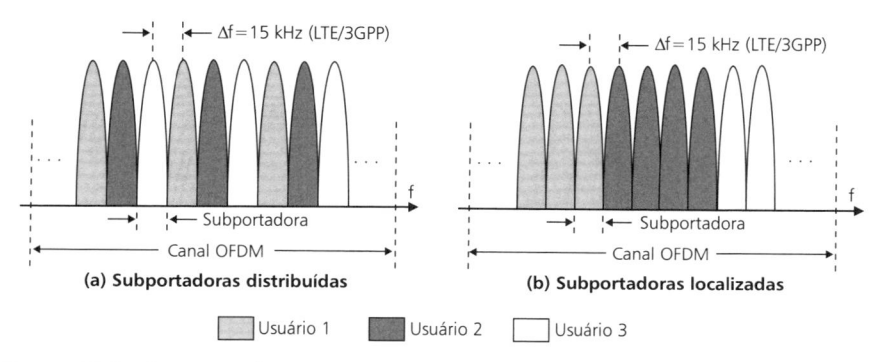

figura 10.8 Esquemas de mapeamento de subportadoras no acesso DL OFDMA do LTE/3GPP: (a) subportadoras distribuídas e (b) subportadoras localizadas.

10.3.2 a tecnologia de transmissão UL SC-FDM do LTE/3GPP

O LTE/3GPP define no sentido UL do LTE uma nova técnica de transmissão denominada SC-OFD (*Single Carrier–Frequency Division Multiplex*). A técnica SC-FDM é uma variante da transmissão OFDM e utiliza como técnica de acesso ao canal o SC-FDMA (*Single Carrier–Frequency Division Multiple Access*). A característica básica do SC-FDM consiste na definição de uma única portadora para um intervalo de transmissão (*slot*), dividido em pequenas fatias de tempo. Estas fatias de transmissão (*slots*) podem ser acessadas por diferentes usuários, segundo um esquema de escalonamento de acesso. O estado da portadora única durante um determinado tempo (T_s) e o conjunto de fatias de transmissão a ela associadas, constituem um símbolo SC-FDM (AGILENT TECHNOLOGY, 2013).

Entre cada símbolo SC-FDM é inserido um prefixo cíclico na forma de uma repetição (de parte do final do sinal) no início do símbolo. Com este mecanismo é possível contornar o problema dos múltiplos caminhos, que provocam o espalhamento de atraso do sinal na entrada do receptor. Você vai ver em detalhes na Seção 10.3.5 como a técnica do prefixo cíclico resolve este problema.

A diferença fundamental entre o OFDM e SC-FDM é que no OFDM os símbolos QAM de modulação das subportadoras para cada símbolo de dados, são transmitidos em paralelo, simultaneamente, um símbolo de modulação de cada subportadora. Já no SC-FDM os símbolos de modulação QAM dos dados da portadora única, são transmitidos em série, com uma taxa de modulação N_{BW} (número de subportadoras por canal) vezes maior, o que corresponde a uma largura de banda B = N_{BW} x 15 kHz da portadora única.

Observe na Figura 10.9 a estrutura de um *slot* de transmissão do OFDM e do SC-FDM. O nome SC (*Single Carrier*) deve ser entendido no sentido de que há uma única portadora para cada *slot* de transmissão. No caso do UL-LTE e considerando um canal de 1,4 MHz, à portadora única corresponde uma banda de 180 kHz. Já no caso do DL-OFDM,

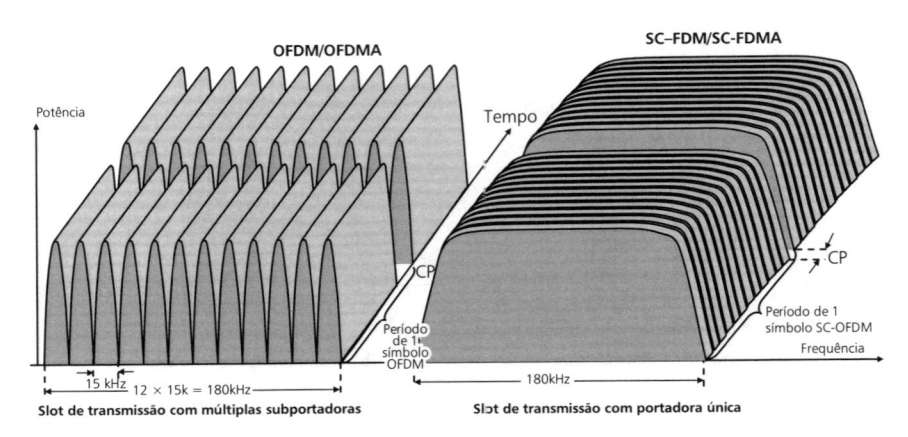

figura 10.9 Comparativo entre a técnica OFDM utilizada no DL e a técnica SC-FDM utilizada no UL do LTE.

para cada *slot* de transmissão são definidas 12 subportadoras de 15 kHz, que ocupam 12 x 15 kHz = 180 kHz, ou seja, a mesma banda do DL-OFDM.

SC-FDM possui similaridades com OFDM entre as quais destacamos:

A modulação é baseada em blocos de dados e utilização de prefixo cíclicoHá a banda de transmissão de banda larga em portadoras com largura de banda menor.

A equalização do canal é feita no domínio frequência.

O SC-FDM pode ser considerado um esquema de pré-codificação por FFT, ou um caso especial de espalhamento espectral OFDM.

Entre as diferenças entre o SC-FDM e OFDM estão:

O SC-FDM possui potência de pico menor, portanto um coeficiente PAPR (*Peak to Average Power Ratio*) menor.

Há um desempenho de equalização melhorSC-FDM é capaz de executar um algoritmo de recepção MIMO baseado em múltiplas portadoras simultâneas, como será visto na Seção 10.4.

Veja um resumo dos principais parâmetros do nível físico na transmissão DL OFDM do LTE/3GPP na Tabela 10.3. Observe que a duração do quadro de rádio é fixa e igual a 10 ms, independentemente da largura de banda do canal. Da mesma forma, a duração de um subquadro é de 1 ms, e um *slot* de transmissão corresponde a 0,5 ms. O espaçamento entre as subportadoras é fixo e de 15 kHz. Além disso, a largura de banda do canal DL OFDM pode variar de 1,4 até 20 MHz, enquanto o número de subportadoras por canal varia de 72 a 1200.

tabela 10.3 – Principais parâmetros do nível físicos do LTE-DL						
Duração do quadro de rádio	10 ms					
Duração do subquadro	1 ms					
Duração de um *slot* de transmissão	0,5 ms					
Espaçamento entre subportadoras	15 kHz					
Largura de banda do canal [MHz]	1,4	3,0	5	10	15	20
Largura de banda ocupada [MHz]	1,08	2,71	4,515	9,015	13,515	18,015
Eficiência de banda DL	77,1%	90%	90%	90%	90%	90%
Número de pontos do FFT [N_{FFT}]	128	256	512	1024	1536	2048
Subportadoras utilizáveis	72	180	300	600	900	1200
Numero de RB por slot de transm.	6	15	25	50	75	100
Símbolos OFDM/ por slot de transm.	7/6 (CP curto/estendido)					
Comprimento CP curto [μs]	5,2 (primeiro símbolo) e 4,68 (nos seis símbolos subseqüentes)					
Comprimento CP estendido [μs]	16,67					

O prefixo cíclico no LTE-DL pode ser do tipo curto (4,68 μs) e sete símbolos de transmissão por *slot*, ou do tipo estendido (16,67 μs) e somente 6 símbolos por *slot* de transmissão (Figura 10.11).

10.3.3 Estrutura do quadro de rádio DL do LTE/3GPP

Para um melhor entendimento do acesso múltiplo do OFDMA, além do funcionamento do prefixo cíclico, torna-se necessário um estudo detalhado da estrutura do quadro de rádio do LTE-DL com FDD. O quadro de rádio básico do LTE tem uma duração fixa de 10 ms e corresponde a uma área frequência x tempo, em que a frequência corresponde a um número fixo de subportadoras associadas a uma determinada largura de banda do canal, como mostrado na Figura 10.10. A figura mostra o quadro de rádio de duração de 10 ms correspondente a um canal de 1,4 MHz, com um total de 72 subportadoras. Além disso, um quadro de rádio pode ser subdividido em segmentos menores, como a seguir:

- 1 quadro de rádio: 10 ms x N_{BW} (total de subportadoras do canal)
- 1 subquadro: 1 ms x N_{BW} (total de subportadoras do canal)
- 1 slot de transmissão: Pode ser de dois tipos: (a) 0,5 ms x 7 símbolos OFDM e prefixo cíclico curto; (b) 0,5 ms x 6 símbolos OFDM e prefixo cíclico estendido (conferir Figura 10.9).
- 1 símbolo OFDM: 0,5 ms x N_{BW} (total de subportadoras do canal)
- 1 PRB (*Physical Resource Block*):   0,5 ms x 12 subportadoras. O PRB é a menor unidade de recurso que pode ser alocada a um usuário.
- 1 RE (*Resource Element*):   menor unidade de recurso, formado por uma subportadora e o tempo de um símbolo (T_s).

Os diferentes intervalos de tempo do LTE são expressos como múltiplos de uma unidade de tempo básica, definida como:

$$T_S = \frac{1}{15kHz * N_{FFTmax}} = \frac{1}{15000 * 2048} = \frac{1}{30720000} = 32,55 \, ns \qquad (10.1)$$

Esta unidade de tempo básica, ou *standard*, T_S[4] corresponde à menor resolução temporal do LTE que acontece com uma FFT de 2048 pontos em um canal de 20 MHz (confira Tabela 10.3). Assim, por exemplo, para o quadro de rádio que estamos considerando podemos estabelecer as seguintes relações:

$T_{frame} = 307200.T_S = 10$ ms.
$T_{subframe} = 30720.T_S = 1$ ms.
$T_{slot} = 15360.T_S = 0,5$ ms

---

[4] Note que o índice em T_S é maiúsculo para não confundir com T_s (minúsculo) que corresponde ao tempo de um símbolo.

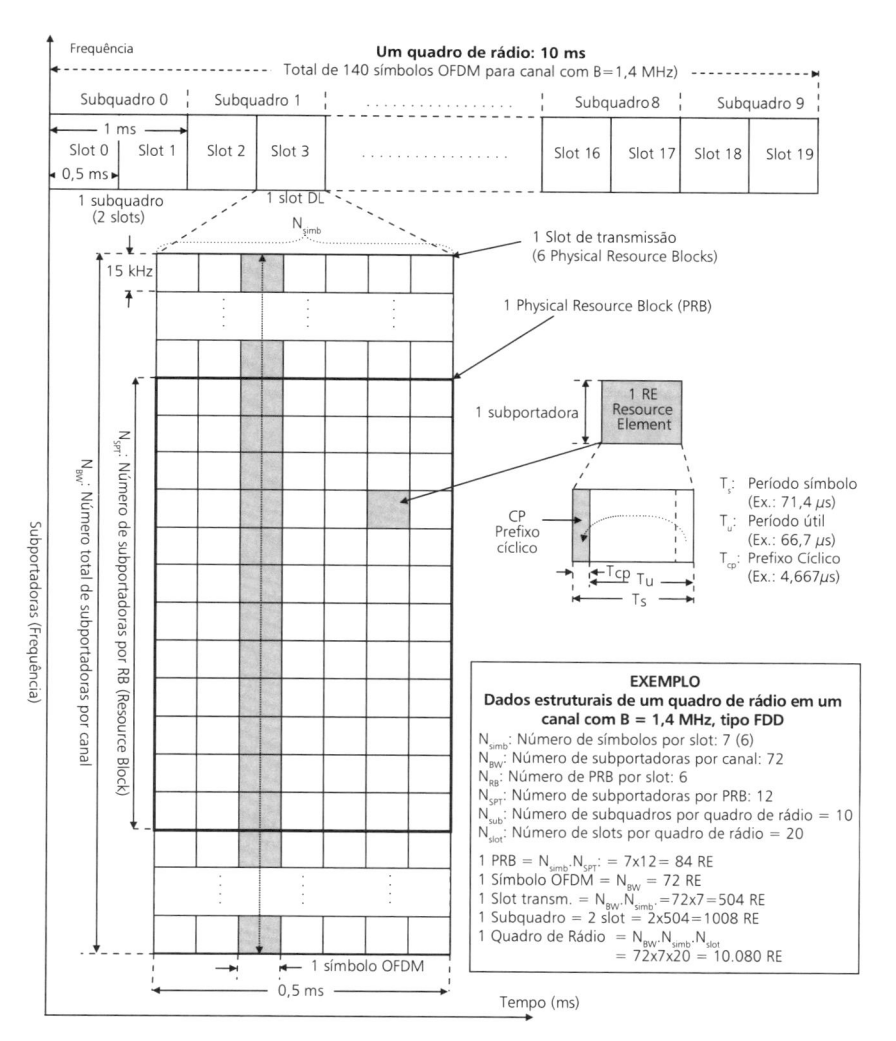

figura 10.10 Estrutura geral de um quadro de rádio LTE-DL tipo FDD em um canal de 1,4 MHz.

Veja na Figura 10.10 a estrutura geral de um quadro de rádio que corresponde a um sistema LTE que utiliza FDD e um canal de 1,4 MHz. Você pode ver também a estrutura de um *slot* de transmissão que tem a duração de 0,5 ms e possui 72 subportadoras que formam 6 PRBs (*Physical Resource Blocks*), ou 7 símbolos OFDM, ou 504 REs (*Resource Element*). Veja na Tabela 10.4 um resumo das relações entre os diferentes segmentos de recursos que encontramos em um quadro de rádio LTE-DL em um canal com largura de banda de 1,4 MHz, 72 subportadoras e portanto um total de 140 símbolos OFDM.

tabela 10.4 Estrutura de um quadro de rádio de 10 ms supondo um canal com B=1,4 MHz e um total de 72 subportadoras, que corresponde a 140 símbolos OFDM, em um sistema LTE-DL e FDD

	Quadro de rádio	Subquadros	Slots de transm.	Resource Blocks (PRB)	OFDM simbols	Resource elements (RE)
1 Quadro de rádio	1	2	20	120	140	10.080
1 Subquadro	–	1	2	12	14	1008
1 Slot de transm.	–	–	1	6	7	504
1 Resource Block (PRB)	–	–	–	1	–	84
1 símbolo OFDM	–	–	–	–	1	72
1 Resource Element	–	–	–	–	–	1

A cada canal OFDM está associada uma determinada largura de banda, que varia entre 1,4 e 20 MHz (Tabela 10.3). É possível obter uma tabela de partição equivalente à Tabela 10.4 para cada largura de banda do canal, o que demonstra a grande flexibilidade da alocação de recursos aos usuários pela técnica OFDMA. Salientamos, porém, que a menor porção de recursos que pode ser alocada a um usuário corresponde a um PRB.

O quadro de rádio do LTE-DL utiliza como menor unidade de transmissão o *transmission slot*, que tem uma duração de 0,5 ms. O *slot* de transmissão é composto de um número inteiro de PRBs e que varia de acordo com a largura de banda do canal utilizado. No exemplo da Figura 10.10, se considera um canal de 1,4 MHz e a cada *slot* estão associados seis PRBs e cada PRB é composto de 12 subportadoras (confira Tabela 10.3).

O *slot* de transmissão por sua vez, pode ter dois tipos de símbolos OFDM. No primeiro caso o *slot* é composto de sete símbolos e cada símbolo utiliza um prefixo cíclico normal. No segundo caso, o *slot* é composto de 6 símbolos que utilizam um prefixo cíclico estendido (confira Figura 10.11).

Normalmente o LTE utiliza o esquema com sete símbolos OFDM por slot e neste caso valem os seguintes parâmetros de tempo:

Prefixo cíclico do primeiro símbolo: $T_{cp1} = 160\ T_s \approx 5{,}20\ \mu s$.
Prefixo cíclico dos seis símbolos restantes: $T_{cp6} = 144\ T_s \approx 4{,}68\ \mu s$.
Período útil de um símbolo: $T_u = 2048\ T_s \approx 66{,}67\ \mu s$.

No caso de seis símbolos OFDM por *slot*, é utilizado um prefixo cíclico estendido visando atender situações em que o espalhamento de atraso é excepcionalmente alto (confira figura 10.11). Neste caso teremos:

Capítulo 10 → Redes celulares de quarta geração

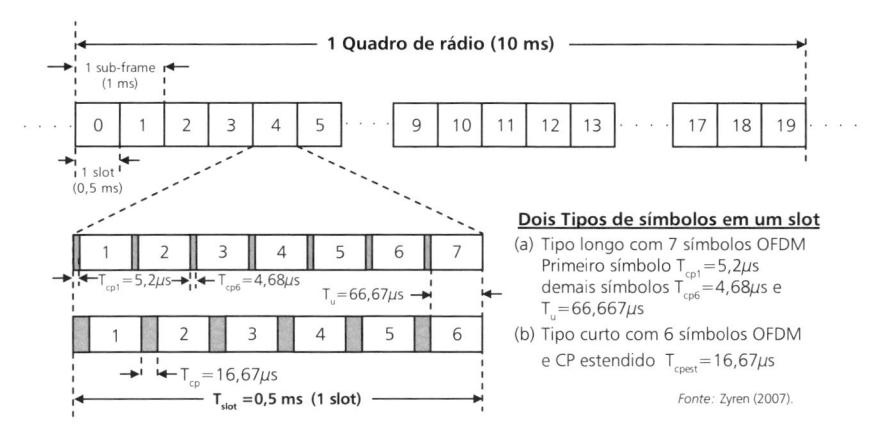

figura 10.11 Dois tipos de slots de transmissão do LTE: (a) tipo longo, com 7 símbolos OFDM ($T_{cp1}=5,20\mu s$, $T_{cp6}=4,68\mu s$ e $T_u=66,667\mu s$) e (b) tipo curto, com 6 símbolos OFDM e CP estendido ($T_{cpest}=16,67\mu s$).

Prefixo cíclico estendido, igual para os seis símbolos: $T_{cpest}=512\,T_s \approx 16,67\,\mu s$.
Período útil do símbolo $T_u = 2048\,T_s \approx 66,67\,\mu s$.

Em ambos os casos o slot de transmissão tem uma duração de $T_{slot}=0,5$ ms.

Nem toda área da grade de recursos de um PRB está disponível para o tráfego efetivo de dados do usuário (plano do usuário), existem espaços de recursos que são reservados de forma permanente aos dados de controle e sinalização interna do sistema (plano de controle).

A menor área da grade de recurso de um PRB que pode ser reservada para informações de controle e sinalização é um RE (*Resource Element*), que corresponde a uma subportadora e um tempo de duração de um símbolo OFDM, ou seja, $T_s = T_{cp} + T_u$. Cada RE (Resource Element) repete no início do símbolo uma porção do final do sinal conhecido como prefixo cíclico. Este prefixo é essencial para resolver o problema do espalhamento de atraso do sinal no receptor devido aos múltiplos caminhos de propagação (*multi-path*). Quanto maior o prefixo cíclico, maior é a tolerância a este atraso, mas menos efetiva será a transmissão de dados no canal.

O LTE, como mostra a Figura 10.11, usa preferencialmente um prefixo cíclico da ordem de $T_{cp} \approx 4,68\,\mu s$, para um período útil do sinal da ordem de $T_u \approx 67\mu s$, o que equivale a uma eficiência de aproveitamento do RE da ordem de $\eta = 67/(4,68+67) \approx 93\%$. Utilizando-se a opção de prefixo cíclico estendido, a eficiência de transmissão do RE baixa para:

$$\eta_{est} = 67,6/(16,6+67,6) \approx 80\%. \qquad (10.3)$$

Dada a pouca eficiência na transmissão associada ao prefixo cíclico estendido, este somente deve ser usado em condições extremas de espalhamento de atraso, por exemplo, em células muito grandes.

10.3.4 sinais e canais de transporte de dados do nível físico do LTE/3GPP

Consideramos o quadro de rádio de 10 ms do LTE como uma área no espaço tempo-frequência que possui uma determinada capacidade de comunicação. O quadro de rádio, portanto, representa uma grade de recursos que pode ser dividida segundo diferentes resoluções. Por exemplo, pela Tabela 10.4, um quadro de rádio DL-LTE em um canal com B=1,4 MHz corresponde a uma grade de recursos tempo-frequência que pode ter as seguintes resoluções:

$$\begin{aligned}
1 \text{ quadro de rádio} &= 2 \text{ subquadros} \\
&= 20 \text{ } slots \text{ de transmissão} \\
&= 120 \text{ PRBs } (Physical\ Resource\ Blocks) \\
&= 140 \text{ símbolos OFDM} \\
&= 10.080 \text{ RE } (Resource\ Elements)
\end{aligned}$$

Os recursos do nível físico devem ser partilhados entre dois tipos de clientes; sinais do nível físico (plano de sinalização e controle) e canais lógicos de dados para diferentes aplicações e usuários (plano de dados). Inicialmente vamos considerar a reserva de recursos para os sinais de controle do nível físico conforme listados na Tabela 10.5. A resolução da reserva de recursos para sinais do nível físico se dá em unidades múltiplas de RE, que é a menor unidade de recurso do LTE (SRIKANTH; PANDIAN, 2010).

Veja na Tabela 10.5 os três tipos de sinais utilizados pelo nível físico nos sentidos UL e DL e que são: RS – *Reference Signal*, PSS – *Primary Synchronization Signal* e SSS – *Secondary Synchronization Signal*, analisados a seguir.

tabela 10.5 Sinais de controle utilizados no nível físico do LTE

Sinais DL	Nome	Finalidade
PSS	Primary Synchronization Signal	Obtenção do sincronismo de tempo e frequência pelo UE (User Equipment). Fornecimento do identificador de célula para o UE.
SSS	Secondary Synchronization Signal)	Detecção e temporização do quadro de rádio. Identificador de célula. Detecção do prefixo cíclico e do modo de duplexagem (FDD/TDD)
RS	Reference Signal	Sinal utilizado para estimação do canal no sentido DL a partir de uma sequência direta do ID da célula
Sinais UL	Nome	Finalidade
RS	Reference Signal	Utilizado para sincronismo do UE na demodulação e também para estimar o canal UL

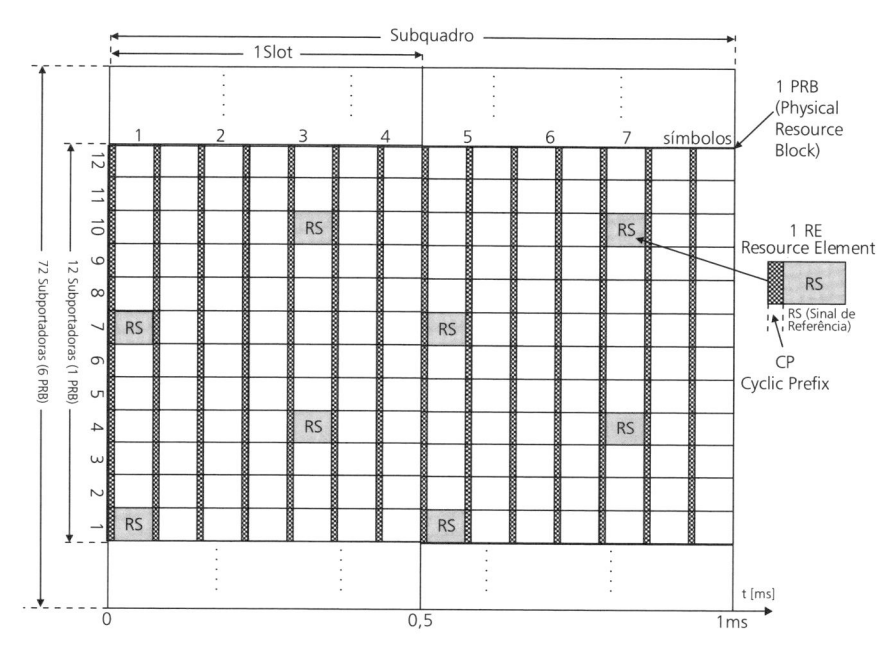

figura 10.12 Exemplo de alocação do sinal de referência RS em quatro REs (*Resource Elements*) dentro de um PRB (*Physical Resource Block*) do LTE-DL.

■ Sinal de referência (RS

O sinal RS, também chamado sinal piloto, tem como principal finalidade (nos sentidos UL e DL), obter uma estimativa das condições do canal e facilitar a obtenção do sincronismo no sentido UL do canal. O sinal RS ocupa quatro REs (*Resource Elements*) em todos os PRBs que constituem o quadro de rádio LTE, A alocação é feita de forma permanente e corresponde ao 1º e 7º RE do símbolo #1 e ao 4º e 10º REs do símbolo #3, como você pode observar na Figura 10.12.

■ PSS (*Primary Synchronization Signal*) e SSS (*Secondary Synchronization Signal*).

Estes dois sinais são utilizados nos procedimentos de sincronismo iniciais na conexão de uma UE à rede e são difundidos em cada célula. A detecção desses dois sinais fornece não somente o sincronismo no tempo e frequência em nível de *slot*, mas também ao UE (*User Equipment*) o identificador do nível físico da célula, o comprimento do prefixo cíclico, além de informar ao UE se a célula utiliza duplexagem do tipo FDD ou TDD.

Veja na Figura 10.13 um quadro de rádio completo, com resolução em nível de RE, no qual estão assinaladas as reservas dos três tipos de sinais do LTE: RS, PSS e SSS. Observe

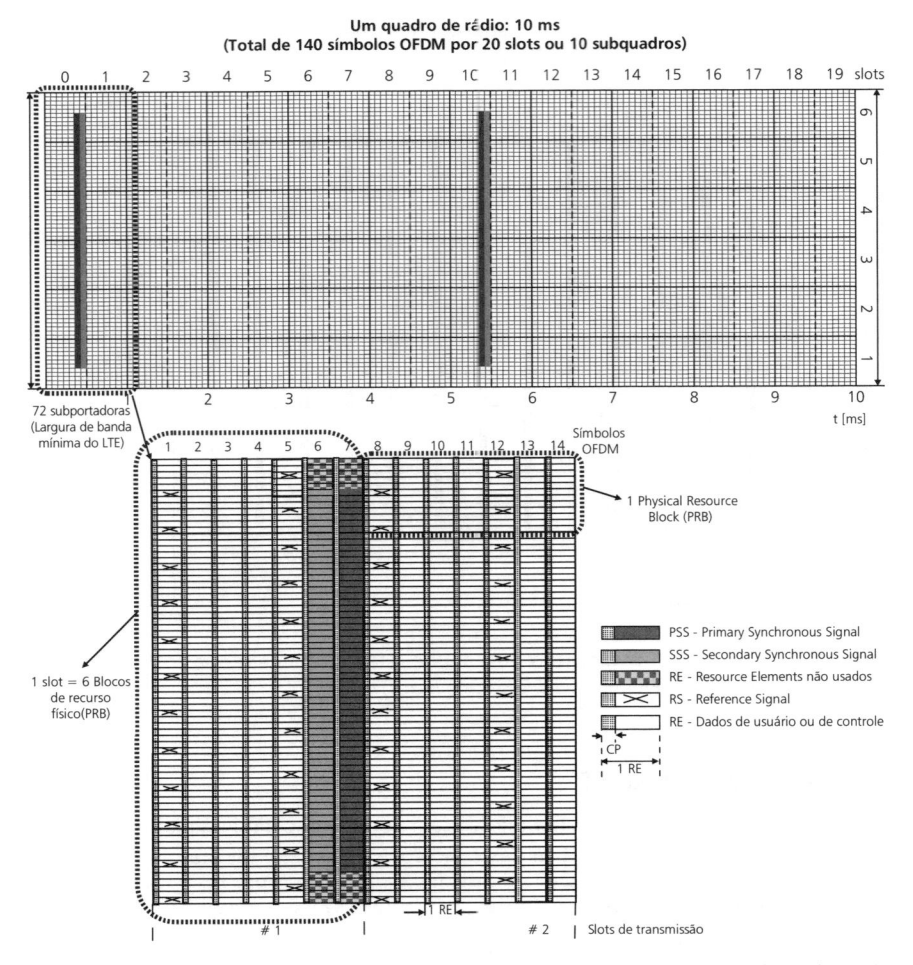

figura 10.13 Detalhes de alocação dos diferentes sinais de dados do nível físico (usuário, controle, referência e sincronismo), em um quadro LTE-DL de 10 ms e B=1,4 MHz.

que a reserva de recurso para o sinal RS se dá em todos os PRBs, ocupando sempre quatro REs: dois REs no primeiro símbolo OFDM e dois REs no quinto símbolo OFDM.

Os sinais PSS e SSS, por sua vez, estão inseridos no *slot* #0 (início do quadro) e no *slot* #10 (meio do quadro). A figura mostra em destaque os detalhes de ocupação dos *slots* #0 e #1. O *slot* #0 é idêntico ao *slot* #10. Já o *slot* #1, é idêntico aos demais *slots*, com exceção dos *slot* #0 e #10. Em todos os REs é mostrado também o espaço ocupado pelo CP (prefixo cíclico), além do tipo de dados transportados pela RE.

■ Os canais lógicos de dados do nível físico do LTE

O quadro de rádio do LTE é formado por 20 *slots* de transmissão, sendo que cada *slot* possui um número variável de PRBs que depende da largura de banda do canal. Para um canal com B=1,4 MHz, temos, pela Tabela 10.3, um total de 6 PRBs por *slot*. Neste caso, cada *slot* é composto por 504 REs, sendo que, desse total, 24 REs são reservados ao sinal RS, e os demais 480 REs estão disponíveis para o transporte de dados.

A exceção desta regra é em relação aos *slots* #0 e #10, em que, além do sinal RS, são reservados integralmente os símbolos #6 e #7 para os sinais PSS e SSS, o que resulta em mais 144 REs reservados, o que dá um total de 168 REs reservados nestes *slots* e, portanto, teremos somente 336 REs disponíveis para o tráfego de dados nestes dois *slots*. No destaque da Figura 10.13 observe de forma detalhada esta alocação. Todos os REs não reservados em um *slot* de transmissão (representados em branco na Figura 10.13) estão disponíveis para a comunicação de dados do plano de dados do usuário ou de dados do plano de controle do sistema.

O sistema LTE define também diversos canais lógicos de dados, com diferentes funções e capacidades variáveis. Quanto ao sentido de transmissão, classificamos esses canais lógicos em UL e DL. Já quanto ao conteúdo dos dados do canal, podemos ter canais de dados de usuário e canais de dados de controle do sistema. Veja na Tabela 10.6 os diferentes canais do nível físico, a principal função de cada um e o seu sentido de transmissão.

tabela 10.6 Canais de transporte de dados no nível físico DL/UL do LTE

Canais DL	Nome	Finalidade
PBCH	Physical Broadcast Channel	Informações específicas da célula
PMCH	Physical Multicast Channel	Transporta dados do canal de multicast
PDCCH	Physical DL Control Channel	Escalonamento Ack/Nack
PDSCH	Physical DL Shared Channel	Payload (dados do usuário)
PCFICH	Physical Control Format Indicator Channel	Define o número de símbolos OFDM por subframe (1, 2, 3, ou 4)
PHICH	Physical Hybrid ARQ Indicator Channel	Transporta HARQ ACK/NACK
Canais UL	**Nome**	**Finalidade**
PRACH	Physical Random Access Channel	Estabelecimento de chamada
PUCCH	Physical UL Control Channel	Escalonamento ACK/NACK
PUSH	Physical UL Shared Channel	*Payload* (dados do usuário)

10.3.5 O espalhamento de atraso e o prefixo cíclico no LTE/3GPP

Um sinal ao ser transmitido por um canal sem fio sofre distorções devido a múltiplas trajetórias percorridas pelo sinal. Muitas vezes temos um caminho direto (visada direta), além de outras trajetórias de propagação causadas por reflexões do sinal em edificações, veículos ou outros obstáculos. Estes sinais refletidos chegam no receptor em tempos diferentes tendo em vista distâncas diferentes percorridas. O fenômeno é conhecido como distorção de espalhamento de atraso ou simplesmente como distorção de múltiplos caminhos do sinal (ZYREN, 2007).

Em sistemas celulares, o espalhamento de atraso pode chegar a alguns microssegundos. É possível que este atraso faça um símbolo recebido por um percurso mais longo (maior atraso) interferir em símbolos que chegam por caminhos mais curtos (com menos atraso), causando, assim, a chamada interferência entre símbolos ou ISI (*Intersymbol Interference*).

Em um sistema de portadora única, como os sistemas 3G CDMA, a duração dos símbolos decresce quando a taxa de dados aumenta. Desta forma, para taxas muito altas (que correspondem a períodos de símbolos muito curtos) é muito provável que o atraso possa exceder um período inteiro de símbolo, causando, assim, uma ISI em símbolos subsequentes.

Considerando os efeitos da distorção de múltiplos caminhos no domínio tempo, pode-se dizer que cada caminho de reflexão corresponde a um determinado atraso que, no domínio frequência, equivale a um atraso de fase do sinal. Como todos os sinais são somados na entrada do receptor, algumas frequências resultarão em interferência construtiva (soma linear de sinais em fase), enquanto outras sofrerão interferência destrutiva. Assim, o sinal resultante destas somas será afetado por desvanecimento seletivo (*fading*) de frequência.

Para corrigir as distorções devido a múltiplos caminhos em sistemas de portadora única, como o CDMA, são utilizados equalizadores adaptativos baseados em inversão de canal, ou então receptores do tipo "ancinho" (*rake receivers*), em que cada caminho é equalizado distintamente. Em ambos os casos, a implementação desses equalizadores adaptativos ao canal se torna extremamente complexa à medida que as taxas de transferência aumentam.

Diferentemente dos sistemas de portadora única, como o CDMA, o OFDM não usa uma taxa de dados única de alta velocidade, mas diversas subportadoras com taxas de dados relativamente baixas. Com isso, a tarefa de controlar a ISI devido a múltiplos caminhos se torna uma tarefa bem mais simples. Cada subportadora é modulada individualmente segundo símbolos QAM de vários níveis, como BPSK, QPSK, 16QAM e 64QAM. Cada símbolo OFDM, portanto, é uma combinação linear do valor instantâneo do sinal de cada subportadora do canal.

Há duas técnicas de destaque para fazer o controle efetivo da ISI em OFDM. Na primeira, os símbolos OFDM são precedidos do prefixo cíclico (CP) que é usado para efetivamente eliminar a ISI. Na segunda, as subportadoras apresentam um espaçamento muito pequeno entre si, aproveitando, assim, de forma muito eficiente, a largura de

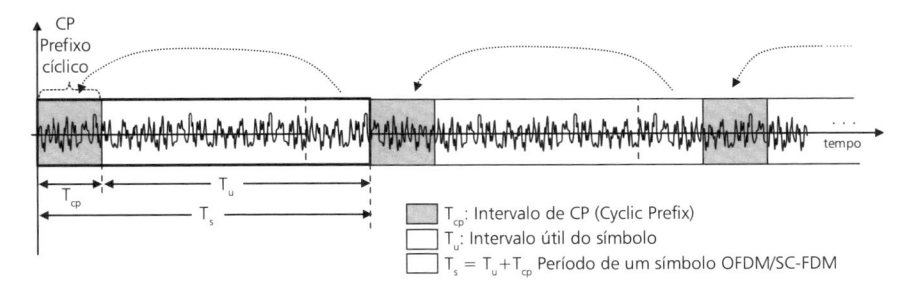

figura 10.14 Mecanismo de geração do prefixo cíclico (CP) em uma transmissão OFDM/SC-FDM.

banda do canal. Apesar deste espaçamento apertado, quase não há ISI entre os símbolos adjacentes, graças à propriedade ortogonal das subportadoras. Estes dois aspectos são, na realidade, fortemente inter-relacionados.

Veja na Figura 10.14 uma sequência de símbolos OFDM no domínio tempo precedidos de um prefixo cíclico. Desta forma, estabelecemos que o novo período de um símbolo (T_s) é composto pela soma do período cíclico (T_{cp}) mais a duração da porção útil do sinal de símbolo (T_u) e, portanto, temos a seguinte relação:

$$T_s = T_u + T_{cp} \qquad (10.4)$$

A inserção do CP nada mais é do que a repetição de uma porção do final do sinal de um símbolo OFDM no início do símbolo útil (Figura 10.14). Valores numéricos típicos de T_{cp} e T_u podem ser encontrados na Figura 10.11. Com base nesta nova estrutura do símbolo OFDM, vamos mostrar, a partir da Figura 10.15, como controlar o ISI do sistema.

A figura apresenta quatro sinais (S_1, S_2, S_3 e S_4) com diferentes atrasos (Δt_1, Δt_2, Δt_3, Δt_4) que geram quatro diferentes períodos úteis de símbolo OFDM no receptor (T_u = A, B, C, D). O sinal S_1 corresponde ao sinal de visada direta e será utilizado como referencial do atraso dos demais sinais. Em cada situação de atraso, a figura mostra os diferentes períodos úteis de símbolo (A, B, C e D), que são submetidos ao FFT para obter o valor das subportadoras no domínio frequência. Note que o conteúdo espectral de A, B e C é completo, ou seja, contém a informação de todas as subportadoras do símbolo OFDM. Já o segmento D não possui o espectro completo das subportadoras, por causa do atraso excessivo (JOVER, 2012).

Concluímos também a partir da Figura 10.15 que, se o atraso Δt dos sinais refletidos for menor que T_{cp} a transmissão não sofrerá ISI, já que todas as subportadoras serão recuperadas integralmente no período útil de cada símbolo pelo processo FFT no receptor.

O período do T_{cp} define, portanto, o valor máximo de atraso que os sinais refletidos podem sofrer para que ainda seja possível controlar a ISI. Este atraso máximo está relacionado diretamente com o tamanho máximo da macrocélula no LTE.

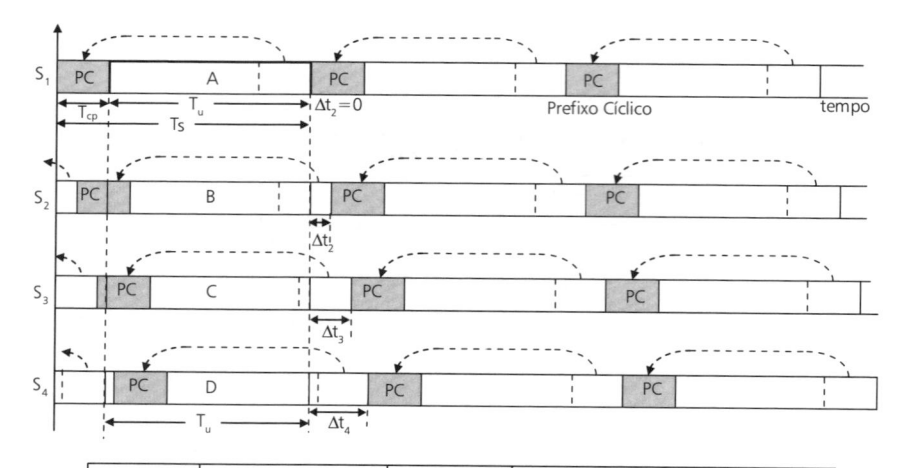

Sinais que chegam ao receptor	Espalhamento de atraso Δt (atraso)	Porção do sinal submetido ao FFT	Espectro de informação na saída do FFT
S_1	$\Delta t_1 = 0$ (referencial)	A	Todas subportadoras válidas são recuperadas
S_2	$\Delta t_2 < T_{cp}$	B	Todas subportadoras válidas são recuperadas
S_3	$\Delta t_3 < T_{cp}$	C	Todas subportadoras válidas são recuperadas
S_4	$\Delta t_4 > T_{cp}$	D	Espetro incompleto

figura 10.15 Sinais OFDM/SC-FDM que chegam ao receptor com diferentes atrasos - espalhamento de atraso, ou *multi-path*.

10.4 ⟶ MIMO e arranjos de antenas inteligentes no LTE/3GPP

No início da década de 2010, nos Estados Unidos houve um crescimento significativo do tráfego global dos sistemas celulares de banda larga e que praticamente dobra de um ano para outro. Assim, projeta-se para os próximos 5 anos que o tráfego global destes sistemas aumente de 11 a 13 vezes em relação ao tráfego global atual. Esta situação implica um desafio cada vez maior na busca de tecnologias cada vez mais sofisticadas para aumentar a capacidade e a vazão total dos sistemas de banda larga sem fio.

Para alcançar estes objetivos, um dos aspectos mais investigados neste contexto foi a otimização cada vez maior da interface de rádio destes sistemas. Além de técnicas mais eficientes de transmissão pelo canal, como o OFDM, procurou-se também aumentar a capacidade de usuários por célula, bem como aumentar a vazão total da célula por meio de uma maior diversidade espacial do canal. Assim, o sistema LTE, que, pela técnica de transmissão OFDM, já apresentava diversidade de tempo e frequência, agora

tabela 10.7 Duas estratégias para aumentar; a vazão, a capacidade de usuários por célula e a qualidade em sistema LTE/3GPP: a técnica MIMO e as antenas inteligentes

Estratégia	Técnica	Objetivo	Características
Sistemas MIMO ■ MISO, ■ SIMO, ■ MIMO.	Diversidade de antenas MISO e SIMO	Aumentar a qualidade do tráfego da célula	Diversidade de antenas
	MIMO e MRC (Maximal Ratio Combining)	Aumentar a robustez e qualidade do enlace de RF	Diversidade de antenas e canais
Antenas inteligentes, ou SA (Smart Antenna)	Switched Beam Smart Antenna	Aumentar a capacidade de acesso à célula	Aumento fixo da capacidade da célula
	Adaptative Smart Antenna Array	Aumentar a qualidade e capacidade de acesso à célula	Capacidade adaptativa à célula

ganha também uma diversidade espacial pela otimização do seu sistema irradiante (antenas).

No primeiro caso, para aumentar a vazão da célula, foi desenvolvida a técnica chamada MIMO (*Multiple Input Multiple Output*) que, como o próprio nome indica, define mais de uma interface física de rádio (canal de rádio) e, assim, consegue aumentar a vazão total pela interface de rádio.(AGILENT TECHNOLOGY, 2013).

No segundo caso, para aumentar a capacidade de usuários por célula, a estratégia foi centrada no sistema de antenas, visando a torná-lo adaptativo, direcional e inteligente. O conjunto destas técnicas recebeu o nome genérico de *Smart Antenna*, ou Antenas Inteligentes.

Para o estudo abrangente do sistema irradiante do LTE visando uma maior vazão, qualidade do canal e maior capacidade de usuários por célula, vamos adotar a taxionomia mostrada na tabela 10.7

Uma fundamentação teórica básica sobre a tecnologia MIMO é *apresentada* na Seção 2.2.5 e cuja leitura recomendamos. Uma aplicação típica desta técnica em redes WLAN pode ser conferida também na Seção 7.4.7.

10.4.1 Sistemas MIMO no LTE/3GPP

O MIMO como um framework de tecnologias de diversidade espacial aplicado a enlaces de RF que podem ser tanto fixos como móveis, para obter uma maior eficiência espectral e/ou uma maior capacidade do enlace sem fio.

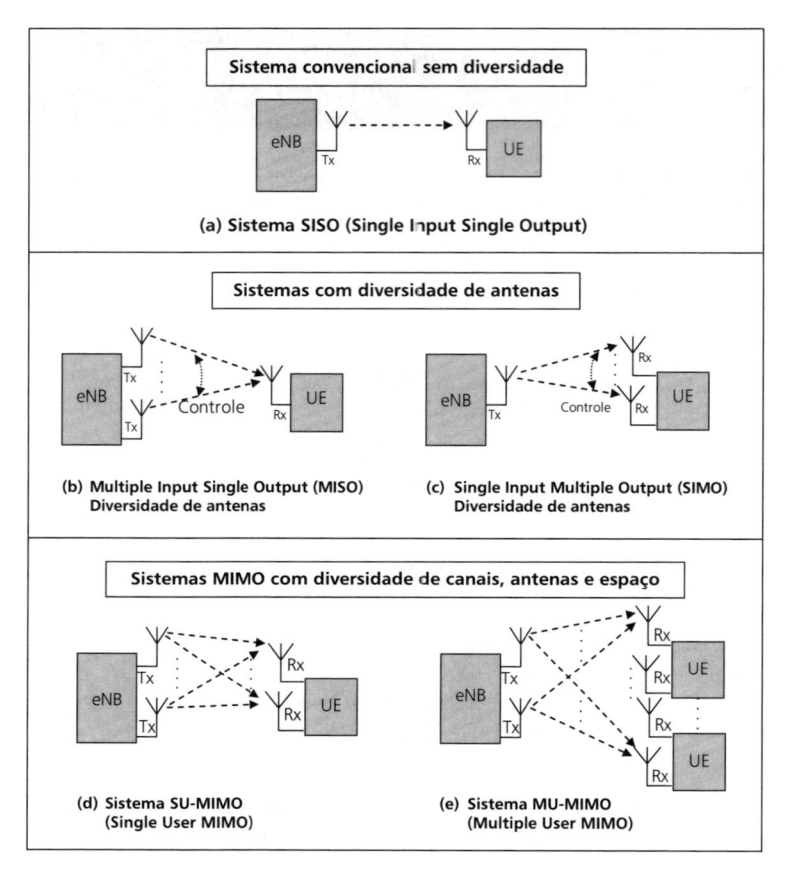

figura 10.16 Diversidade de antenas e de canais em sistemas LTE-DL: (a) SISO (*Single Input Single Output*), (b) SIMO (*Single Input Multiple Output*), (c) MISO (*Multiple Input Single Output*), (d) SU-MIMO (*Single User MIMO*) e (e) MU-MIMO (Multi User MIMO).

A característica fundamental de um sistema MIMO-LTE é o fato de ele viabilizar simultaneamente ganho de diversidade de canal e ganho de diversidade de antenas. Um sistema MIMO, portanto, além da diversidade de antenas, possui dois ou mais enlaces de RF independentes, entre o eNB (*evolved Node B*) e o UE (*User Equipment*) da interface de rádio. No estágio atual de desenvolvimento do LTE, são possíveis as seguintes configurações de MIMO: 2x2, 3x2, 2x3 e, possivelmente, 4x4 em breve.

- Sistemas com diversidade de antenas do tipo MISO (*Multiple Input Single Output*) ou SIMO (Figura 10.16 b e c). Estes sistemas possuem um canal único, mas diferentes antenas de transmissão ou de recepção. Por meio de um algoritmo de controle, o sistema escolhe o melhor par de antenas visando uma melhoria do sinal de dados pelo canal.

- O sistema MIMO, que além de diversidade de canais e antenas, oferece multiplexação em tempo e espaço. Com as técnicas MIMO, é possível obter um aumento significativo da capacidade de usuários e da vazão total na célula. Na Figura 10.16 (d) e (e) vemos dois tipos de sistemas MIMO; SU-MIMO (*Single User MIMO*) e MU-MIMO (*Multiple User MIMO*).

Vários fatores contribuíram para o desenvolvimento espetacular, nos últimos anos, das técnicas MIMO, entre os quais destacamos (AGILENT TECHNOLOGY, 2013):

a O desenvolvimento das técnicas de processamento digital de sinais (DSP) que atingiu altíssimos níveis de sofisticação e eficiência a custos cada vez mais baixos. É o DSP que confere inteligência cada vez maior às antenas que suportam os sistemas MIMO.

b Os ganhos cada vez maiores dos sistemas LTE com relação à diversidade de frequência, diversidade de canais, diversidade de antenas, arranjos de antenas inteligentes e ganhos de multiplexação espacial. Todos estes ganhos de diversidade atuam no sentido de mitigar os efeitos de múltiplos caminhos além de minimizar a interferência entre subportadoras dentro do canal.

c O aumento significativo da capacidade de usuários por célula tendo em vista técnicas adaptativas de formação de feixes de RF (*Beam Forming*) que são a base da multiplexação espacial dos sinais de RF na célula.

Nesta seção vamos considerar apenas a técnica MIMO, pois os sistemas MISO e SIMO (Figura 10.16 b e c) se reduzem essencialmente a sistemas com diversidade de antenas, ou seja, o canal é sempre o mesmo, com o mesmo transmissor e receptor nas pontas, apenas um sinal de controle escolhe o melhor par de antenas para uma determinada situação do canal.

10.4.2 funcionamento de um sistema MIMO

Veja na Figura 10.17 um sistema MIMO tipo 2x2 cujo funcionamento básico é apresentado a seguir de forma analítica e simplificada. O sistema é constituído de 2x2 canais e possui duas antenas de transmissão, A e B, e duas antenas de recepção, C e D. O funcionamento do sistema MIMO é descrito segundo três fases de operação.

1. Fase de treinamento para determinar a função de transferência CH_{AC} e CH_{AD} dos canais AC e AD respectivamente (Figura 10.17a). Para isso, é enviado um sinal de referência conhecido (REF_A) e assim podemos escrever as seguintes equações para os sinais S_c e $S_{c'}$ que chegam respectivamente nas antenas C e D.

$$S_C = REF_A . CH_{AC}$$
$$S_D = REF_A . CH_{AD}$$
(10.5)

A partir deste sistema de equações obtemos as funções de transferência CH_{AC} e CH_{AD} dos canais AC e AD respectivamente.

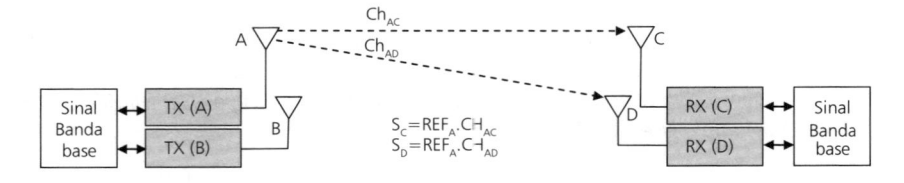

a) Sinal de Referência transmitido pela antena A

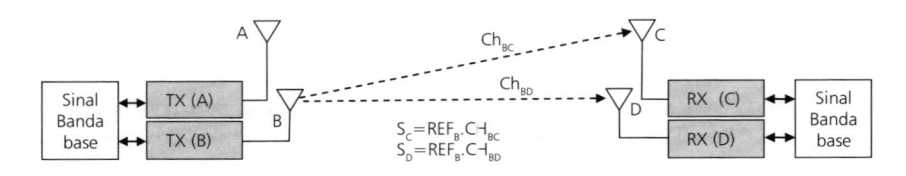

$S_C = REF_A \cdot CH_{AC}$
$S_D = REF_A \cdot CH_{AD}$

b) Sinal de Referência transmitido pela antena B

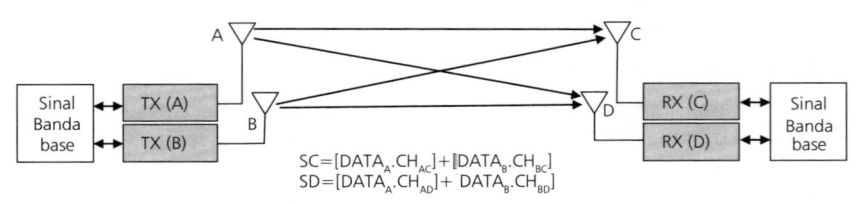

$S_C = REF_B \cdot CH_{BC}$
$S_D = REF_B \cdot CH_{BD}$

c) Dados são transmitidos simultaneamente pelas duas antenas

$SC = [DATA_A \cdot CH_{AC}] + [DATA_B \cdot CH_{BC}]$
$SD = [DATA_A \cdot CH_{AD}] + DATA_B \cdot CH_{BD}]$

Fonte: (Zyren, 2007)

figura 10.17 Exemplo de fluxo de informação em um sistema MIMO do tipo 2x2.

2. Fase de treinamento para determinar a função de transferência CH_{BC} e CH_{BD} dos canais BC e BD respectivamente (Figura 10.17b). Para isso, é enviado um sinal de referência conhecido (REF_B) e assim podemos escrever as seguintes equações para os sinais S_C e S_D, que chegam às antenas C e D respectivamente.

$$S_C = REF_B \cdot CH_{BC}$$
$$S_D = REF_B \cdot CH_{BD} \qquad (10.6)$$

A partir deste sistema de equações obtemos as funções de transferência CH_{BC} e CH_{BD} dos canais BC e BD respectivamente.

3. Uma vez obtidas as funções de transferência dos canais AC, AD, BC e BD, o sistema entra na fase de troca de informações (Figura 10.17c). Podemos estabelecer as seguintes equações:

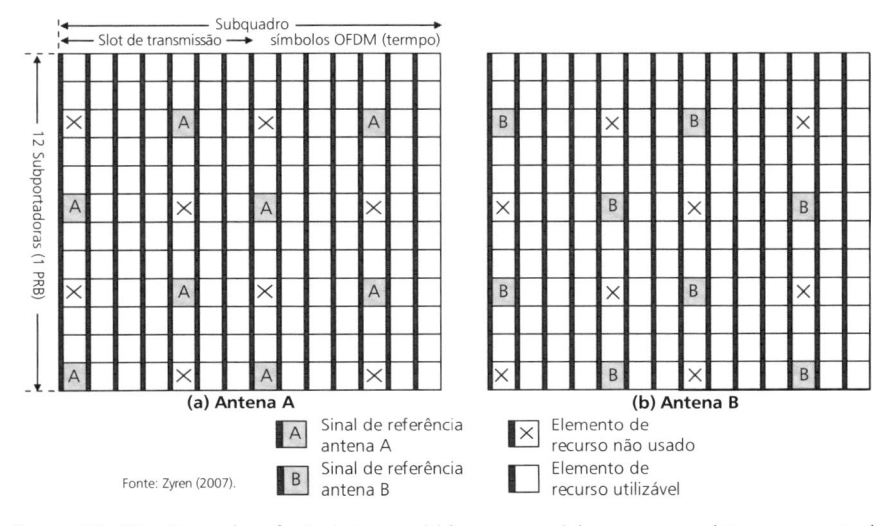

figura 10.18 Sinais de referência transmitidos sequencialmente para obter a resposta do canal para operação MIMO 2x2.
Fonte: Zyren (2007).

$$S_C = [DATA_A.CH_{AC}] + [DATA_B.CH_{BC}]$$
$$S_D = [DATA_A.CH_{AD}] + [DATA_B.CH_{BD}]$$
(10.7)

Neste sistema de equações S_C e S_D são os sinais recebidos nas antenas C e D. Como as funções de transferência já são conhecidas, conseguimos determinar os dados transferidos; $DATA_A$ e $DATA_B$ respectivamente.

Neste exemplo a transmissão se dá no sentido AC, AD, BC e BD respectivamente. Mudando-se o sentido para CA, DA, CB e DB a análise é semelhante.

Para dar início a uma bem-sucedida transmissão MIMO, o receptor, antes de tudo, precisa determinar a resposta a impulso do canal[5], para cada antena de transmissão. No LTE, a resposta a impulso de cada canal é obtida transmitindo sequencialmente sinais de referência conhecidos a priori pelo receptor, como é mostrado na Figura 10.17 (a) e (b). A partir das equações 10.5 e 10.6, obtidas por meio deste treinamento, determinamos as características de cada canal. No exemplo que analisamos estamos diante de um sistema MIMO 2x2 do LTE. Neste caso o sinal de referência para treinamento do canal é inserido em posições de RE bem definidas dentro do *time slot* de transmissão como mostrado na Figura 10.18.

---

[5] Também chamada de função de transferência do canal ou CSI (*Channel Status Information*)

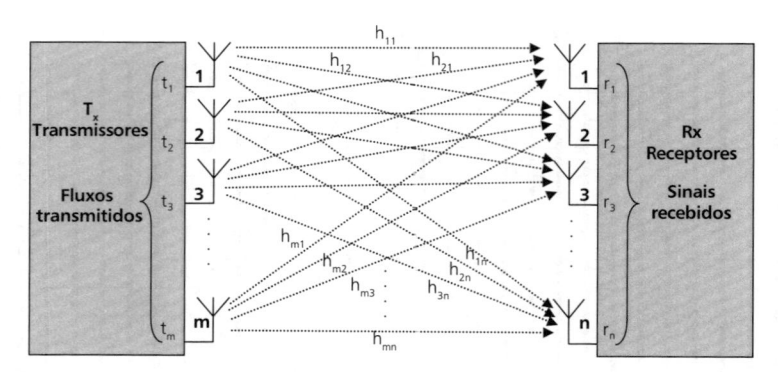

figura 10.19 Sistema MIMO genérico tipo m x n (m antenas de transmissão por n antenas de recepção).

O conceito de MIMO pode ser generalizado para sistemas com arranjos de antenas quaisquer m x n, em que m e n são dois números inteiros que representam o número de antenas de transmissão e de recepção respectivamente do sistema MIMO.

A Figura 10.19 apresenta um sistema MIMO genérico com m antenas de transmissão e n antenas de recepção. O sistema utiliza t_m fluxos de dados de transmissão e, nas n antenas de recepção chegam r_n sinais distintos.

Portanto, escrevemos o seguinte sistema de m equações com m incógnitas:

$$r_1 = h_{11}.t_1 + h_{21}.t_2 + \ldots + h_{n1}.t_m$$
$$r_2 = h_{12}.t_1 + h_{22}.t_2 + \ldots + h_{n2}.t_m$$
$$\vdots \quad \vdots \quad \vdots \quad \ldots \quad \vdots$$
$$r_m = h_{1m}.t_1 + h_{2m}.t_2 + \ldots + h_{nm}.t_m$$

(10.8)

Estas expressões são simplificadas utilizando-se notação matricial. Desta forma o conjunto de equações da expressão (10.8) é reescrito simplesmente como:

$$[R_m] = [H_{mn}] \times [T_m] \quad (10.9)$$

Nesta expressão $[R_m]$ é a matriz dos dados recebidos, $[H_{mn}]$ a matriz que descreve os canais e $[T_m]$ a matriz dos dados transmitidos que queremos calcular. Resolvendo este sistema de equações em relação aos dados transmitidos temos que:

$$[T_m] = [H_{mn}]^{-1} \times [R_m] \quad (10.10)$$

Note que o cálculo matricial é todo feito utilizando processamento digital de sinais. A matriz de transferência, como vimos, é obtida a partir de treinamento dos m x n canais do sistema. À medida que aumenta o número de antenas aumenta o tempo de processamento, o que limita os sistemas MIMO, que atualmente utilizam no máximo 4x4 antenas.

10.4.3 a técnica MIMO/MRC no LTE-DL

Uma das técnicas MIMO pioneiras do LTE/3GPP foi a MIMO/MRC (MIMO *Maximal Ratio Combining*), que visa principalmente a melhoria da qualidade do sinal de dados do nível físico em relação a distorções de ruído AWGN (*Additive Wythe Gaussian Noise*) e o desvanecimento seletivo de frequência do sinal devido a múltiplos caminhos de propagação (*Multi-path*).

O MRC consiste basicamente em dois ou mais canais de comunicação física que cooperam entre si na obtenção de um sinal de melhor qualidade e robustez. Como os canais não estão correlacionados (nem quanto ao ruído, nem quanto a múltiplos caminhos), é possível obter desta maneira um ganho real da ordem de 3 dB na robustez do sinal em relação a estas distorções (AGILENT TECHNOLOGY, 2013).

Na Figura 10.20 vemos o funcionamento do algoritmo MRC considerando, por exemplo, o caso de duas antenas e dois canais (MIMO 2x2). Os sinais recebidos de forma independente pelas antenas de recepção são combinados segundo um algoritmo de maximização da razão entre os dois sinais. Observe na Figura 10.20 (c) que o sinal resultante apresenta um ganho significativo de qualidade em relação aos dois sinais de cada canal.

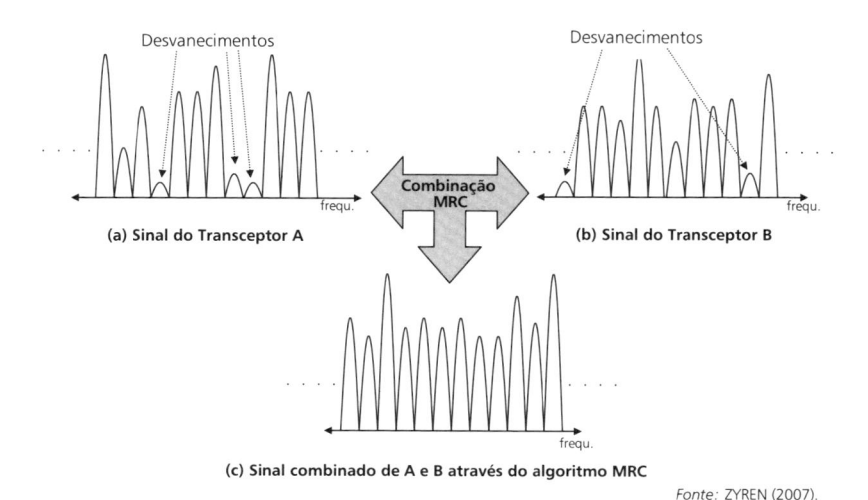

Fonte: ZYREN (2007).

figura 10.20 Melhoria de um sinal pela técnica MRC (*Maximal Ratio Combining*) na presença de ruído AWGN e desvanecimento seletivo de frequências.

10.4.4 arranjos de antenas inteligentes no LTE/3GPP

Arranjos de antenas inteligentes com o intuito de melhorar o desempenho de sistemas de comunicação sem fio remontam à década de 1960, principalmente na área militar. Em sistemas celulares comerciais, os arranjos de antenas inteligentes começaram a ser realidade a partir da década de 1990, em sistemas celulares CDMA e OFDM.

Os principais fatores que contribuíram para este desenvolvimento foram os progressos alcançados na teoria de informação e os incríveis avanços verificados nas técnicas de processamento digital de sinais. Foi decisivo também no desenvolvimento dos sistemas de antenas inteligentes o surgimento de tecnologias como o SDR (*Software-Defined Radio*), o RC (*Rádio Cognitivo*) e a técnica MIMO (*Multi-Input Multi-Output*), entre outras.

A tecnologia SA (*Smart Antena*), também conhecida como arranjos de antenas adaptativas, visa a melhorar a performance da antena em função de condições fixas ou variáveis do canal. As antenas inteligentes utilizam o processamento digital de sinais para obter a direção do sinal e, a partir desta informação, configurar a antena para formar um feixe de radiação adaptado a esta direção. Uma antena inteligente, portanto, além das funções básicas de transmitir e receber sinais, possui duas funções básicas adicionais:

1. Estimar a direção do sinal de entrada
2. Formar um feixe direcional adaptado a esta direção.

Na Figura 10.21 vemos um arranjo de antenas inteligentes utilizado na cobertura de uma macrocélula LTE. Na figura também são destacados os detalhes da estrutura de uma antena inteligente. Uma antena inteligente é formada por um conjunto de elementos irradiantes e respectivos refletores, que são controlados por meio de um módulo de processamento digital de sinais integrado à antena inteligente. Fazendo arranjos variados de conjuntos de antenas inteligentes, obtemos diferentes áreas (setores) de cobertura desta célula.

Entre os principais ganhos obtidos a partir de arranjos de antenas inteligentes em sistemas celulares, destacamos:

- aumento significativo da capacidade de usuários por célula
- diversidade espacial por meio de SDMA (*Space Division Multiple Access*)
- drástica diminuição da CI (*Co-channel Interference*)
- menor ISI (*Intersymbol Interference*)
- maior robustez em relação aos efeitos de múltiplos caminhos.

Todas estas melhorias são obtidas essencialmente porque, em vez de espalhar o sinal de forma multidirecional na célula, os arranjos de antena utilizam técnicas de formação de feixes de radiação de RF focados a partir da informação da direção obtida pelo sistema. Veja mais detalhes sobre as antenas direcionais, também chamadas antenas anisotrópicas, na Seção 2.2.2.

As estratégias de implementação dos sistemas de antenas inteligentes são classificadas em duas classes (mostradas na Figura 10.22):

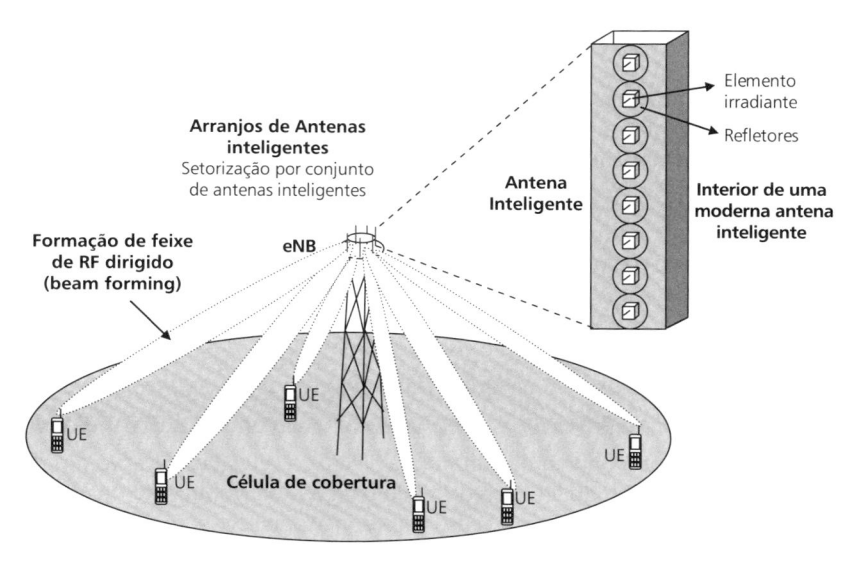

figura 10.21 Estrutura de uma célula de cobertura de rádio do LTE mostrando também detalhes da estrutura interior de uma antena inteligente típica.

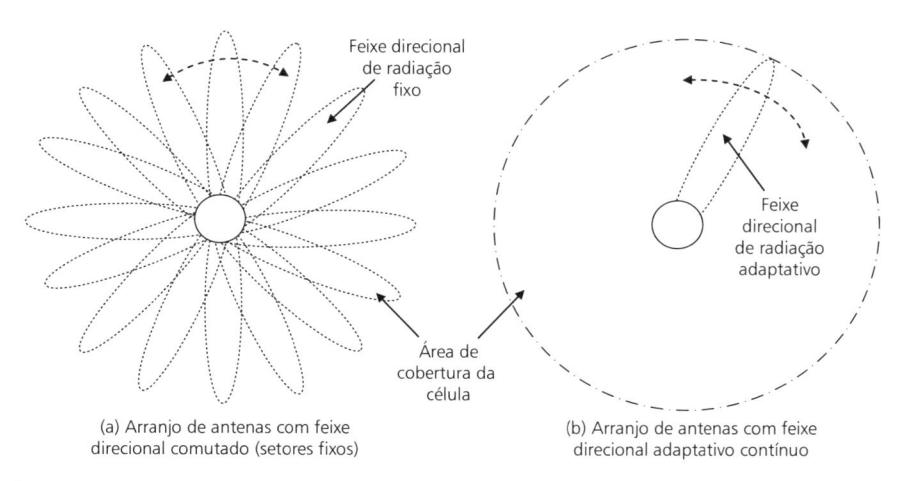

figura 10.22 Arranjos de antena inteligentes: (a) comutação dentro de um conjunto feixes direcionais fixo e (b) feixe direcional adaptativo contínuo.

I. **Sistemas de antenas inteligentes com comutação de feixes.** Nestes sistemas temos um conjunto de feixes distribuídos espacialmente de tal forma que a antena comuta sempre para usar o melhor feixe baseado em diferentes critérios. Apesar de esta abordagem não oferecer uma flexibilidade total, a sua implementação é simples e em muitas aplicações fornece um grau de adaptabilidade suficiente.

II. **Arranjo de antenas inteligentes adaptativo**. Nesta estratégia o arranjo de antenas se adapta continuamente à direção e assim oferece sempre o máximo de sinal com o mínimo de interferência.

Ambos os tipos de arranjos de antenas inteligentes oferecem direcionalidade e, portanto a decisão entre qual tipo utilizar deve levar em conta fatores como custo, complexidade e exigências de performance.

10.5 ⟶ a plataforma WiMax2 baseada no padrão IEEE 802.16m (2011)

Para entender melhor a origem da plataforma WiMax, vamos descrever as atividades de um grupo de trabalho do IEEE, preocupado com o desenvolvimento de uma interface de rádio de banda larga para redes locais e metropolitanas. Criado em julho de 1999, o Grupo de Trabalho IEEE 802.16 tinha como principal objetivo a elaboração de um padrão de acesso sem fio para a faixa de 10 a 66 GHz, com taxas da ordem de 30 a 40 Mbit/s e alcance da ordem de 6 a 9 km (WiMax, 2012).

Em dezembro de 2001 foi aprovado e publicado o primeiro padrão de uma interface aérea fixa para acesso de banda larga a redes locais e metropolitanas, denominado IEEE Standard. 802.16 - 2001. Em junho de 2001 também foi formado um fórum de fornecedores de equipamentos para redes sem fio denominado WiMax (*Worldwide Interoperability for Microwave Access*). O principal objetivo do WiMax é o desenvolvimento de uma família de padrões industriais de comunicação sem fio baseados no padrão IEEE 802.16 de 2001.

O WiMax, mesmo sendo originalmente uma tecnologia de acesso sem fio para usuários fixos, em distâncias da ordem de alguns km, a partir do Release 1.5 de 2005 oferece também acesso móvel e, portanto torna-se um concorrente do LTE/3GPP do UMTS. A rapidez do desenvolvimento do WiMax nos anos de 2005 a 2011 fazia crer que o WiMax se imporia rapidamente no mercado internacional, o que, como veremos, não se confirmou.

Em 2005 teve início uma disputa ferrenha de mercado entre LTE e o WiMax, envolvendo empresas fornecedoras de equipamentos e concessionárias de serviços celulares dos Estados Unidos. Lembramos que as principais operadoras de celulares e fornecedores como NSN, Ericson, Alcatel-Lucent, entre outras, ofereciam apoio ao LTE, enquanto Intel, Samsung, Cisco, estavam ao lado do WiMax. O LTE, mesmo tendo largado atrás nesta corrida, a partir de 2011 começou a se impor em nível mundial devido a diversas circunstâncias de ordem política e de mercado. Certamente um dos fatos decisivos nesta virada ocorreu quando a AT&T decidiu a favor do LTE e anunciou a incorporação da T-Mobile, o que representou um aumento de usuários para a AT&T de 95,5 milhões para mais de 129 milhões de usuários LTE.

Capítulo 10 → Redes celulares de quarta geração

tabela 10.8 Etapas de evolução do WiMax e suas principais características

	WiMax fixo	WiMax (móvel)	WiMax2 (4G)
Release	Release 1.0	Release 1.5	Release 2.0
Padrão IEEE	IEEE 802.16	IEEE 802.16e	IEEE 802.16m
Ano lançamento	2001	2005	2011
Taxa máxima DL	25 – 30 Mbit/s	36 – 48 Mbit/s	Móvel: 100 Mbit/s Fixo: 1Gbit/s
Velocidade usuário	Fixo e portátil	100 km/h	500 km/h
Arranjos de antenas	DL SISO AL SISO	DL MIMO 2x2 UL SIMO 1x2	DL MIMO 2x2, 4x4 UL MIMO 2x2

Fonte: Gray (2009).

Em 2009, havia duas propostas tecnológicas com condições de oferecer serviços avançados suportados por plataformas de redes sem fio de quarta geração: o sistema LTE, *Release* 9 de 2009 do 3GPP, e a rede do WiMax Fórum, baseada no padrão IEEE 802.16e (2005)– confira a Tabela 10.8. Muitos consideram que, na época de seu lançamento, essas duas versões ainda não preenchiam todos os requisitos de sistemas 4G e, por isso, seriam preferencialmente designadas como pré-4G.

Com o lançamento, em 2011, do WiMax2 (*Release* 2), baseado no padrão IEEE 802.16m, e do LTE-Advanced (*Release* 10), ambas as plataformas começaram a ter condições de atender as exigências do IMT-Advanced do ITU-R para 4G, isto é, oferecer taxas da ordem de 100 Mbit/s para estações móveis, podendo chegar a 1 Gbit/s em estações fixas. Este desempenho se deve principalmente à introdução de técnicas MIMO avançadas, além de técnicas de agregação de canais que permitem disponibilizar canais com largura de banda de 100 MHz (5x20 MHz).

10.5.1 vantagens e desvantagens do WiMax em relação ao LTE

Quando o grupo de trabalho 802 do IEEE iniciou as especificações para uma nova rede sem fio metropolitana (WMAN), designada IEEE 802.16, em 1999, ele tinha em mente que ela fosse uma alternativa ao padrão IEEE 802.11 (WLAN) no que se refere ao alcance. Em vez dos típicos 100 m de alcance do padrão de WLAN EEE 802.11 (WiFi), a nova rede teria um alcance de 6 a 9 km em áreas urbanas, podendo chegar a 30 km em áreas suburbanas. O WiMax na sua origem, portanto, era essencialmente uma rede sem fio fixa, no máximo com portabilidade de pedestre (GRAY, 2009).

A mobilidade foi incorporada ao WiMax somente em 2005, a partir da emenda IEEE 802.11e, o que o tornou semelhante a um sistema celular e capaz de concorrer com os demais. O WiMax, portanto, não registra no seu passado uma maior experiência em sistemas celulares como a que foi acumulada pelos grupos de trabalho 3GPP norte-americano e europeu na elaboração dos sistemas 3G. A partir desta realidade e das características técnicas intrínsecas de cada sistema, podemos destacar algumas vantagens e desvantagens do WiMax em relação ao LTE-A.

Entre as vantagens do WiMax sobre o LTE estão:

- A implantação de uma rede WiMax é muito mais econômica o que a torna uma opção atrativa, principalmente para países em desenvolvimento.
- O WiMax é a melhor opção para a implantação de uma rede privativa, móvel e de banda larga.

Entre as vantagens do LTE em relação ao WiMax estão:

- O LTE é compatível com as tecnologias celulares anteriores, como: GSM, GPRS, UMTS, EDGE, WCDMA, HSPA, CDMA-one, CDMA2000, EV-DO, EV-DV e SC-CDMA (*Synchronous* CDMA – padrão chinês).
- O LTE permite velocidades de deslocamento do usuário muito maiores, podendo chegar a 450 km/h (velocidade de trem).
- O LTE possui melhor desempenho em termos de consumo de energia dos terminais móveis. A utilização da tecnologia de modulação SC-FDMA no sentido UL assegura um consumo de energia bem menor aos terminais de usuário.
- O LTE-A é atualmente a tecnologia que melhor adere às especificações 4G do IMT-Advanced.

A seguir vamos apresentar um comparativo entre o LTE e o WiMax, com foco principalmente no desempenho de algumas de suas características tecnológicas mais importantes.

10.5.2 comparativo entre LTE-A (Release 11) e WiMax2 (Release 2.0)

Para fazer uma comparação entre as duas tecnologias vamos considerar o LTE-Advanced no seu estágio de desenvolvimento do Release 10 de 2011 e o WiMax do Release 2, também de 2011, em relação aos aspectos listados na Tabela 10.9.

Destes aspectos chamamos a atenção para a eficiência espectral das duas tecnologias, pois é este o fator de desempenho considerado fundamental hoje em dia na comparação entre os dois sistemas. Observe que LTE apresenta uma eficiência espectral de pico DL de 30 bit/s/Hz enquanto o WiMax apresenta uma eficiência significativamente menor, ou seja, DL de pico equivalente, da ordem de 15 bit/s/Hz (SATRC, 2012).

O LTE leva certa vantagem em relação ao WiMax em outros fatores, como taxa de pico, latência, capacidade de conexões de voz e compatibilidade com as versões anteriores (observe a Tabela 10.9). Este último quesito é extremamente importante, pois enquanto o LTE é nativamente compatível com os sistemas 3G o WiMax necessita fazer investimentos adicionais para viabilizar a interoperabilidade com os sistemas 3G. Também em relação à vazão de pico, tanto DL como UL, o LTE leva vantagem sobre o WiMax,

tabela 10.9 Comparativo entre as principais características técnicas do LTE-Advanced, Release 10 e o WiMax2, Release 2.0 (Bhandare, 2008)

	LTE-Advanced Release 10 (2011)	WiMax2 Rel.2 IEEE 802.16m (2011)
Nível físico	DL: OFDM UL: SC-OFDM	DL: OFDM UL: OFDM
Modo duplex	FDD e TDD	FDD e TDD
Mobilidade de usuário	350 km/h (trem)	120 km/h (carro)
Largura de banda do canal [MHz]	1,4; 3,0; 5; 10; 15; 20 (até 100 MHz com agregação de canais)	5; 10; 15; 20 (até 100 MHz com agregação de canais)
Duração do quadro de radio	10 ms	5 ms
Taxas de pico [Mbit/s]	DL: 1 Gbit/s UL: 300 Mbit/s	DL > 350 Mbit/s (Mimo 4x4) UL > 200 Mbit/s (Mimo 2x4)
Eficiência espectral de pico (SATRC 2012)	DL: 30 bit/s/Hz (MIMO 8x8) UL: 6,75 bit/s/Hz (MIMO 4x4)	DL: 15 bit/s/Hz (MIMO 4x4) UL: 6,75 bit/s/Hz (MIMO 2x4)
Latência (SATRC 2012)	Nível de enlace: <10ms Handoff: <50ms	Nível de enlace: <10ms Handoff: <100ms
Capacidade de VOIP	>80 usuários/setor/MHz (FDD)	>30 usuários/setor/MHz (TDD)
Rede núcleo	Arquitetura totalmente plana baseada em IP	Arquitetura totalmente plana baseada em IP
Compatibilidade para trás do sistema	GSM, GPRS, UMTS, WCDMA, CDMA2000 EV-DO	WiMax Rel.1.5 e WiMax Rel. 1.0
Custo de implantação	Alto	Baixo (Vantajoso para países em desenvolvimento)
Suporte a MIMO (SATRC 2012)	DL: 2x2, 2x4, 4x2, 4x4, 8x8 UL: 1x2, 1x4, 2x4, 4x4	DL: 2x2, 2x4, 4x2, 4x4, 8x8 UL: 1x2, 1x4, 2x4, 4x4
Tamanho da FFT (pontos)	64, 128, 256, 512, 1024, 2048	128, 256, 512, 1024, 2048

porque o LTE alcançou um alto grau de sofisticação em relação ao MIMO, o que ainda não foi obtido pelo WiMax (TELECO, 2015a).

As duas tecnologias também possuem grandes semelhanças em muitos aspectos, como a tecnologia de transmissão OFDM, a variabilidade da largura de banda do canal, o suporte a MIMO, o número de pontos FFT e a latência da rede.

A partir de 2012, a predominância do LTE em nível mundial se intensificou, a ponto de, atualmente, apresentar uma preferência em torno de 80% dos serviços 4G oferecidos mundialmente (GRAY, 2009). Podemos concluir que, atualmente, o LTE é a tecnologia 4G melhor, mais popular e com a maior cobertura em nível mundial em comparação ao WiMax. Além disso, uma das maiores vantagens do LTE é a sua compatibilidade com todas as tecnologias GSM anteriores como GPRS, UMTS, WCDMA, CDMA2000, EV-DO e HSPA.

10.6 redes 4G no Brasil

O órgão regulador dos serviços de telecomunicações no Brasil é a Anatel (Agência Nacional de Telecomunicações). O serviço de comunicação celular móvel no Brasil é designado pela Anatel como Serviço Móvel Pessoal (SMP).

Ao acessar o site www.anatel.gov.br, você vai encontrar informações pertinentes a este serviço em relação à regulamentação, às normas técnicas e às modalidades de operação. O serviço SMP de quarta geração é oferecido praticamente em todo o Brasil segundo o padrão LTE/3GPP. Você vai ver agora as principais diretrizes técnicas e operacionais que hoje caracterizam os serviços SMP de quarta geração no Brasil.

10.6.1 faixas de frequência alocadas para os serviços 4G no Brasil

Foram alocadas pela Anatel duas faixas de frequência para os serviços SMP de quarta geração no Brasil: a faixa de 2500 MHz e a faixa de 700 MHz. A faixa de 2500 MHz foi considerada inicialmente pela Anatel como a faixa preferencial para as redes celulares 4G brasileiras. No entanto, devido à demanda explosiva por banda dos serviços multimídia 4G, foi necessário, a partir de 2014, definir uma banda de extensão na faixa de 700 MHz para atender esta demanda. A seguir algumas considerações sobre a regulamentação da Anatel em relação à ocupação dessas duas faixas pelas redes celulares 4G no Brasil (TELECO, 2015b).

■ **A faixa de 2500 MHz**

Na faixa de 2500 MHz foi reservada pela Anatel uma banda de 70 MHz para operação FDD-UL e mais uma banda de 70 MHz para operação FDD-DL. As duas bandas estão separadas por uma banda de 50 MHz que foi reservada para operação TDD.

Tanto a banda FDD-UL quanto a banda FDD-DL foram segmentadas em cinco blocos de frequência com tamanhos de 5 ou 10 MHz, que foram designados P, W, V_1, V_2 e X, como você pode observar na Figura 10.23 (a).

Os blocos de frequência, assim caracterizados, foram licitados entre as operadoras dos serviços SMP de quarta geração do Brasil. Lembramos que a operação de duplex do tipo FDD (*Frequency Division Duplexing*) é a mais utilizada em redes LTE, mas também é possível a operação TDD (*Time Division Duplexing*) em LTE, utilizando, neste caso, um único canal, que ora transmite em um sentido, ora em sentido contrário.

Capítulo 10 ⋯→ Redes celulares de quarta geração

(a) Faixa de 2500 MHz

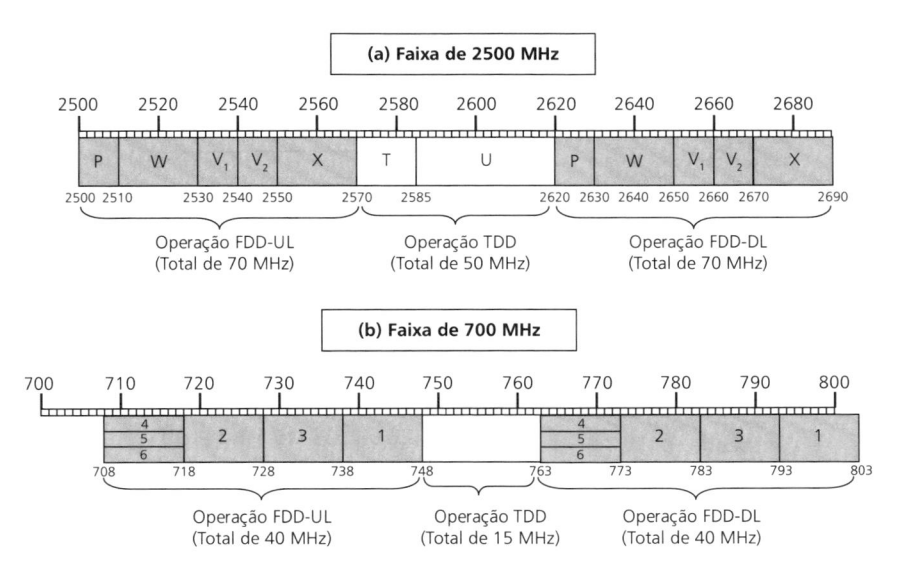

```
2500  2520  2540  2560  2580  2600  2620  2640  2660  2680
┌──┬────┬──┬──┬────┬──────────┬──────────┬──┬────┬──┬──┬────┐
│ P│ W  │V₁│V₂│ X  │    T     │    U     │ P│ W  │V₁│V₂│ X  │
└──┴────┴──┴──┴────┴──────────┴──────────┴──┴────┴──┴──┴────┘
2500 2510  2530 2540 2550  2570  2585  2620 2630 2640 2650 2660 2670  2690
```

Operação FDD-UL (Total de 70 MHz) — Operação TDD (Total de 50 MHz) — Operação FDD-DL (Total de 70 MHz)

(b) Faixa de 700 MHz

```
700  710  720  730  740  750  760  770  780  790  800
         ┌─4─┬──┬──┬──┬───┐         ┌─4─┬──┬──┬──┐
         │ 5 │ 2│ 3│ 1│   │         │ 5 │ 2│ 3│ 1│
         │ 6 │  │  │  │   │         │ 6 │  │  │  │
         └───┴──┴──┴──┴───┘         └───┴──┴──┴──┘
        708 718 728 738 748        763 773 783 793 803
```

Operação FDD-UL (Total de 40 MHz) — Operação TDD (Total de 15 MHz) — Operação FDD-DL (Total de 40 MHz)

figura 10.23 Alocação das faixas de frequência de 700 MHz e 2500 MHz para os serviços SPM de quarta geração no Brasil.

A licitação e a adjudicação das frequências da faixa dos 2500 MHz para os serviços de banda larga 4G no Brasil se deram em 2012. O objeto do leilão foram as bandas designadas P, W, V_1, V_2 e X para operação 4G no modo FDD em nível nacional, além das bandas U e P para operação TDD canal único em nível local. Veja na Tabela 10.10 os principais resultados desse leilão.

Para fins de cobertura dos serviços 4G no Brasil, as operadoras adjudicadas pela Anatel para os blocos de frequência X, W, V_1, V_2 pela licitação de 2012 deveriam oferecer cobertura 4G em todo território nacional. Para garantir uma cobertura em todos os Estados do território nacional, a Anatel responsabilizou cada concessionária de bloco de frequência pela cobertura de um conjunto de Estados, como a seguir:

- Banda W (Claro): Acre, Rondônia, Amazonas, Roraima, Pará, Amapá, Maranhão, Goiás e Bahia.
- Banda V_1 (TIM): Santa Catarina, Paraná, Espírito Santo, Rio de Janeiro
- Banda V_2 (Oi): Rio Grande do Sul, Mato Grosso do Sul, Mato Grosso, Goiás.
- Banda X (Vivo): São Paulo, Minas Gerais, Ceará, Piauí, Rio Grande do Norte, Paraíba, Pernambuco, Alagoas e Sergipe.

A operadora de cada bloco de frequência (X, W, V_1, V_2), além de assumir o compromisso de oferecer cobertura 4G nesses Estados, deve oferecer acessos rurais 4G na banda de 450 MHz, bem como cobertura 3G.

tabela 10.10 Resultado da licitação da Anatel das bandas de frequência na faixa de 2500 MHz (junho de 2012) (TELECO, 2016b)

Operadora	Blocos de frequência Anatel na faixa de 2500 MHz	Bandas de frequência FDD		Área de cobertura
		UL [MHz]	DL [MHz]	
Vivo	X – (20+20 MHz)	2550-2570	2670-2690	Brasil todo
Claro	W – (20+20 MHz)	2510-2530	2630-2650	Brasil todo
TIM	V_1 – (10+10 MHz)	2530-2540	2650-2660	Brasil todo
Oi	V_2 – (10+10 MHz)	2540-2550	2660-2670	Brasil todo
Sky	U – (12 lotes regionais)	Lotes regionais		Regional
Sunrise	U – (12 lotes regionais)	Banda P: 2500-2510 e 2620-2630, FDD		Regional
Diversas	Lotes regionais bandas P, U e T	Banda T: 2570-2585 (15 MHz), TDD Banda U: 2585-2620 (35 MHz), TDD		Regional

■ A faixa de 700 MHz

Na faixa de frequência dos 700 MHz, que está em vias de ser desocupada pela TV analógica aberta, foi feita em 2012 uma realocação de frequências pela Anatel de acordo com o plano de bandas da APT (Asia-Pacific Telecommunity), que prevê o uso de até 90 MHz (45 + 45 MHz) nesta faixa para os serviços 4G. Foram reservados pela Anatel 40 MHz para operação FDD-DL e mais 40 MHz para operação FDD-UL. Entre estas duas bandas, foi definida também uma banda de 15 MHz para operação de sistemas LTE-TDD, conforme mostra a Figura 10.23 (b). A banda FDD foi dividida em seis blocos de frequência, que seriam disponibilizados às operadoras de SMP de quarta geração por meio de um processo de licitação (TELECO, 2015b).

Em setembro de 2015, foi feita pela Anatel a licitação dos blocos de frequência da faixa dos 700 MHz. Adjudicaram-se para a operação nesta faixa as empresas Claro, Vivo e TIM, além de outras concessionárias regionais menores. Foram licitados os blocos de frequência numerados de 1 a 6, cada bloco com uma banda de 10 + 10 MHz, em um total de 80 MHz, para operação FDD (LTE). Veja na Tabela 10.11 os principais resultados desta licitação (TELECO, 2016a).

A faixa de 700 MHz tem como grande vantagem um alcance bem maior, ou seja, ela precisa de bem menos antenas do que a faixa de 2500 MHz. A desvantagem da faixa de 700 MHz é que ela era ocupada até 2015 pelo sinal da TV analógica aberta. Somente em 2016, com o encerramento definitivo das transmissões da TV analógica no Brasil, ela foi liberada para os serviços móveis de banda larga 4G no Brasil.

tabela 10.11 Bandas de frequência na faixa dos 700 MHz, por operadora e área de cobertura, conforme licitação Anatel de setembro de 2015

Operadora	Blocos de frequência Anatel	Blocos de frequência FDD (10+10 MHz)		Área de cobertura
		UL [MHz]	DL [MHz]	
Claro	1	738-748	793-803	Brasil
TIM	2	718-728	773-783	Brasil
Vivo	3	728-738	783-793	Brasil
Diversas	4, 5, 6	708-718	763-773	Regional

10.6.2 alguns parâmetros de desempenho da rede 4G brasileira em 2016

Para ilustrar a rápida expansão dos serviços móveis de banda larga 4G no Brasil, vamos destacar dois aspectos: a taxa de crescimento anual das redes 4G por concessionária, e alguns parâmetros de desempenho da rede global 4G brasileira. Quanto ao primeiro aspecto, note que o mercado brasileiro está nas mãos de quatro concessionárias: Vivo, TIM, Claro e Oi, que procuram oferecer cobertura global no Brasil. Além destas quatro concessionárias, atuam no mercado brasileiro diversas concessionárias com menor expressão e que disponibilizam cobertura regional.

Veja na Tabela 10.12 alguns parâmetros de desempenho das quatro concessionárias que atendem a cobertura 4G em todo o território nacional, considerando aspectos como:

- Total de *smartphones* 4G por concessionária
- Acréscimo de celulares 4G por mês (fevereiro de 2016) por concessionária

tabela 10.12 Alguns parâmetros de desempenho das redes móveis de banda larga 4G das operadoras do Brasil correspondente a 2016

Operadora	Número celulares 4G [Milhões]*	Aumento de celulares por mês [Fev 2016]*	Percentual do mercado 4G (LTE)**	Total de municípios com 4G**	Percentual população atendida**
Vivo	11,001	663	36,3%	183	46,6%
TIM	8,467	623	28,0%	421	51,7%
Claro	5,633	534	18,6%	190	48,2%
Oi	4,279	352	14,1%	147	45,7%
Nextel	0,884	32	2,92%	10	5,1%

* Dados referentes a fevereiro de 2016 – Anatel: http://www.anatel.gov.br/
** Dados referentes a abril de 2016 – Anatel: http://www.anatel.gov.br/
Fonte: Anatel (2005).

454 → Redes de comunicação sem fio

tabela 10.13 Parâmetros globais da rede 4G (LTE) brasileira em 2016, de acordo com dados da Anatel

Número de celulares 4G Brasil	Número de celulares 4G por 100 habit.	Crescimento anual de celulares 4G	Aumento de celulares por mês (Fev)	Total municípios com cobertura 4G	Percentual população atendida com 4G
30,265	14,73	18,9%	2.204	478	55,1%

- Percentual do mercado 4G brasileiro por concessionária
- Total de municípios brasileiros atendidos com 4G, por concessionária
- Percentual da população brasileira atendida com 4G, por concessionária

Considerando a rede 4G global brasileira, veja na Tabela 10.13 alguns dados de desempenho em relação ao ano de 2016, contemplando aspectos como:

- Número total de celulares
- Número de celulares 4G por 100 habitantes
- Crescimento anual de celulares 4G no Brasil
- Aumento mensal de celulares 4G no Brasil
- Total de municípios cobertos por rede 4G
- Percentual da população brasileira atendida com 4G

Estes dados revelam que, em 2016, os serviços 4G no Brasil estavam disponíveis a pouco mais da metade da população brasileira que vive principalmente nos grandes centros urbanos, o que corresponde a uma área de cobertura ínfima do nosso território.

10.7 → redes sem fio avançadas

Na década de 2010, avanços tecnológicos significativos nos mais diversos campos da engenharia e da computação que geraram impactos profundos na área de redes sem fio, aumentando muito o desempenho, a eficiência e as possibilidades de aplicação destas redes. Estes avanços se deram, principalmente nas áreas da engenharia de telecomunicações e da ciência da computação. A seguir, vamos destacar algumas inovações tecnológicas que estão sendo incorporadas às atuais redes sem fio.

1. Geolocalização; tanto da estação de usuário (CPE) como da estação base (BS). A localização pode ser obtida; ou por GPS (*General Position System*), ou por triangulação dos feixes direcionais das antenas.
2. Avaliação do espectro disponível, ou SR (*Spectrum Sensing*). Com esta função é possível a utilização mais eficiente de canais de uma determinada faixa espectral,

proporcionando desta forma uma utilização mais eficiente do espectro, além de evitar interferência.
3. Funções cognitivas que fornecem à rede, por meio de um aprendizado, conhecimentos sobre aspectos como; ocupação, utilização e características do canal, quanto a ruído e interferência. Desta forma, é possível escolher o canal mais adequado de um conjunto de canais disponíveis
4. Compartilhamento de recursos de rede – NRS (*Network Resource Sharing*). Os recursos que podem ser compartilhados em redes sem fio estão localizados em duas áreas de abrangência: na rede de acesso ou RAN (*Radio Access Network*) e na rede núcleo. Entre os recursos compartilhados na rede de acesso de rádio estão o espectro, as antenas e mesmo o rádio. Na rede núcleo é possível compartilhar os nós e a capacidade dos troncos de comunicação da rede. A partir do moderno conceito de NRS definimos também uma ou mais arquiteturas de redes virtuais de várias concessionárias, suportadas por uma única rede núcleo física. Para que isso seja possível, é necessário que a rede núcleo suporte o conceito de SDN (*Software-Defined Network*), e funções de NFV (*Network Function Virtualization*).
5. Utilização compartilhada do rádio. Para atender esta função é necessário que o rádio suporte o conceito de SDR (*Software Defined Radio*), isto é, que seja reconfigurável por software, permitindo seu uso compartilhado segundo vários padrões de transmissão/recepção.

Entre as redes pioneiras a utilizarem algumas destas modernas funcionalidades em sua arquitetura destacamos o padrão IEEE 802.22 – *Regional Area Network* (RAN), ou rede de abrangência regional, também conhecida como rede cognitiva, cujas principais características funcionais e operacionais você vai ver a seguir.

10.7.1 rede cognitiva de abrangência regional - IEEE 802.22

O padrão IEEE 802.22 define uma rede sem fio regional, WRAN (*Wireless Regional Area Network*), que utiliza os espaços em branco, WS (*White Space*), dentro das bandas de televisão na faixa de VHF (54-216 MHz) e na faixa de UHF (470-890 MHz) como é mostrado na Tabela 10.14. O padrão se destina especialmente às áreas rurais onde a ocupação destes canais de televisão é muito baixa (IEEE 802.22, 2011).

Para atender estes objetivos o padrão IEEE 802.22 utiliza tecnologia de rádio cognitivo para assegurar que não haja interferência indevida nos canais de televisão licenciados. Neste sentido o IEEE 802.22 é o primeiro padrão que incorpora de forma completa o conceito de rádio cognitivo para uma rede sem fio, com acesso em banda larga, utilizando para isso canais de TV ociosos (Figura 10.24).

Os rádios cognitivos (CRs) são vistos como a solução para o problema da baixa utilização do espectro de rádio em geral. CR (*Cognitive Radio*) é a tecnologia chave para viabilizar o uso flexível, eficiente e seguro do espectro, adaptando os rádios, em tempo real, às características ambientais. CR se tornou viável graças aos avanços significativos

Faixa de VHF

```
30 MHz ←---- Radioastronomia ----→ 300 MHz
        ← 18 MHz →   ← 12 MHz →           ← 42 MHz →
        Canais 2, 3, 4   Canais 5 e 6     Canais de 7 a 13
        54        72  76       88     174                216
        MHz       MHz MHz      MHz    MHz                MHz
```
- Canais baixos de VHF (2 a 6) – inadequados para TVD
- Canais altos de VHF (7 a 13) – falta uma melhor avaliação para uso em TVD

Faixa de UHF

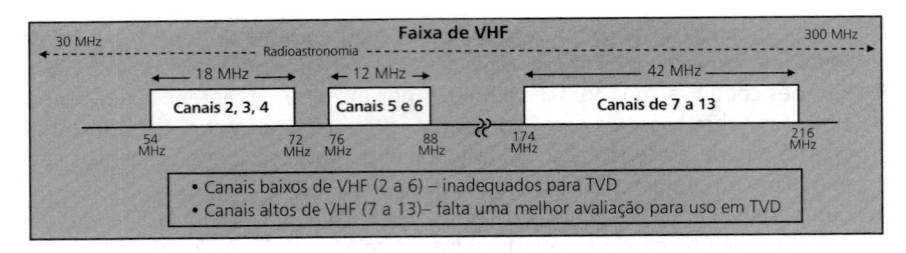

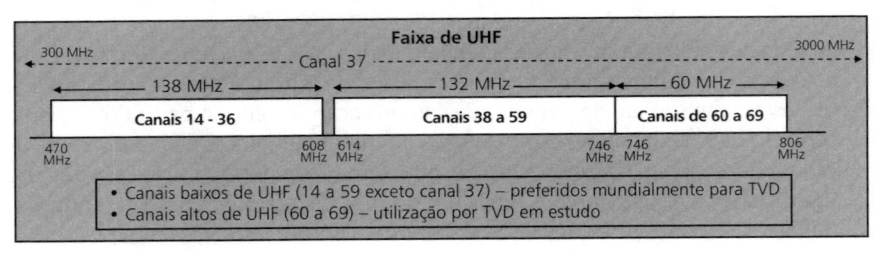

```
300 MHz ←---- Canal 37 ----→ 3000 MHz
        ← 138 MHz →        ← 132 MHz →     ← 60 MHz →
        Canais 14 - 36     Canais 38 a 59  Canais de 60 a 69
        470        608 614                 746 746        806
        MHz        MHz MHz                 MHz MHz        MHz
```
- Canais baixos de UHF (14 a 59 exceto canal 37) – preferidos mundialmente para TVD
- Canais altos de UHF (60 a 69) – utilização por TVD em estudo

figura 10.24 Canais de TV de incumbentes na banda VHF/UHF que podem ser aproveitados por rádios cognitivos por usuários não licenciados.

das tecnologias de rádio, como, por exemplo: o SDR (*Software Defined Radio*), reconfiguração de frequência de operação e controle de potência.

A ocupação dos canais de TV na faixa de VHF e UHF é bastante subutilizada, em áreas tanto urbanas quanto rurais. O aproveitamento dos canais de TV não ocupados (*White Space*) por parte de usuários oportunistas não somente proporciona uma utilização mais eficiente desses espectros, mas também atende à demanda por espectro das WBANs, por exemplo, a IEEE 802.22. Veja na Tabela 10.14 o plano de segmentação em canais de TV de 6 MHz na faixa VHF e UHF, que corresponde a aproximadamente 70 canais de TV com largura de banda de 6 MHz cada (STEVENSON, 2009).

Veja na Figura 10.25 uma topologia típica da RAN IEEE 802.22. Note que o destaque é a sua abrangência, que pode chegar a 33 km e, em condições especiais, até 100 km. Veja que ao usuário está associado o CPE (*Customer Premise Equipment*), que se comunica (sem mobilidade) por meio de um canal de rádio à estação base (BS), que controla a célula.

O padrão IEEE 802.22 define uma rede sem fio, de banda larga e acesso fixo, operando por meio de rádios cognitivos (CR) dentro de espaços em branco (WS) da faixa dos canais de TV, de forma oportunista, sem interferir nos serviços dos usuários licenciados (incumbentes). Em comparação com a rede WBAN IEEE 802.16 (WiMax), observamos que os dois padrões fornecem acesso sem fio de banda larga, mas somente o WiMax oferece este serviço de forma móvel, em distâncias curtas e em bandas licenciadas, enquanto o IEEE 802.22 oferece acesso em banda larga fixa ocupando canais de TV em branco (WS), de forma oportunista, em distâncias até 100 km em áreas rurais e

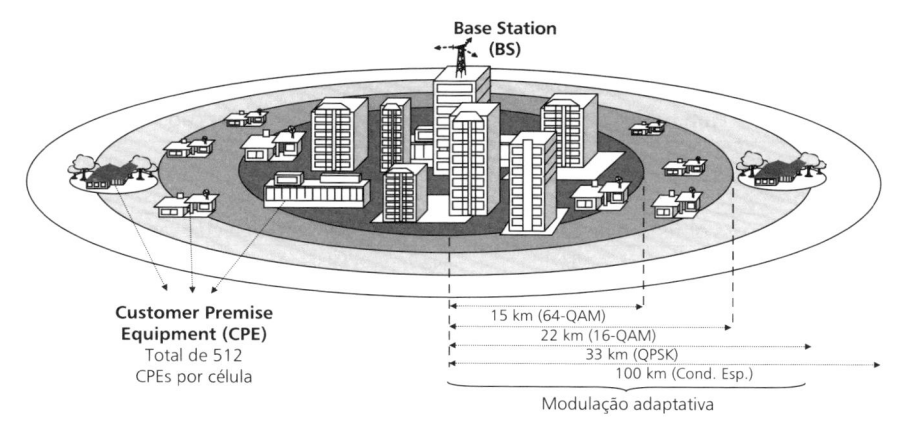

figura 10.25 Abrangência de uma célula da rede de acesso de rádio (RAN) do padrão IEEE 802.22 – Rádio Cognitivo.

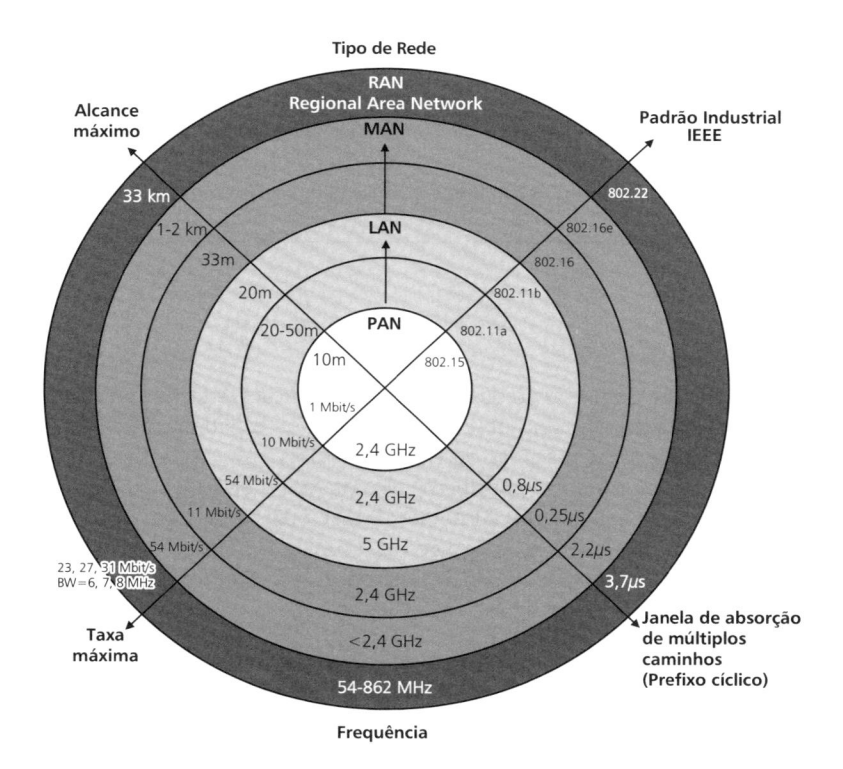

figura 10.26 Contextualização do padrão IEEE 802.22 dentro das redes sem fio padronizadas pelo IEEE.
Fonte: Stevenson (2009).

tabela 10.14 Resumo das principais características técnicas da WRAN IEEE 802.22 (Rádio Cognitivo) de julho de 2011

Parâmetro	Especificação
Raio típico da célula	33 – 100 km
Aplicação	Acesso WBA em zonas rurais
Metodologia para obtenção de canal	*Spectrum sensing* (detectar canais livres)
Faixa de frequência (54 – 862 MHz)	Na banda UHF e VHF de TV (30 MHz a 3 GHz)
Largura de banda do canal	Canal de TV de 6 MHz (ou 7 ou 8 MHz europeu)
Tipo de transmissão	OFDM com total de 2048 subportadoras
Modulação subportadoras de dados	QPSK, 16-QAM, 64-QAM
Taxa de dados	4,54 a 22,69 Mbit/s (BW: 6 MHz)
Eficiência espectral	0,76 a 3,78 bit/s/Hz (BW: 6 MHz e 1440 subportadoras)
Taxa de usuário (DL)	302 kbit/s a 1,5 Mbit/s
Taxa de usuário (UL)	74 kbit/s a 384 kbit/s
Número máximo de usuário/célula	≅15 usuários simultâneos/célula
Sobrealocação estatística típica de usuários	35:1, ou seja, em torno de ~ 512 usuários fixos
Janela de absorção de múltiplos caminhos	37µs (~1,1 km) em raio de cobertura de 33 km

urbanas. Veja na Figura 10.26 o contexto das redes WRAN (IEEE 802.22) em relação às WPANs (IEEE 802.15), WLANs (802.11) e WMANs (IEEE 802.16).

Veja na Tabela 10.14 um resumo das principais especificações técnicas do padrão IEEE 802.15, consolidadas em julho de 2011. Observe que o padrão utiliza transmissão OFDM e apresenta taxas máximas de DL de 1,5 Mbit/s e taxa de UL de 384 kbit/s, considerando usuários fixos. O principal serviço oferecido pelo IEEE 802.22 é o acesso fixo (ou portátil) em banda larga à Internet. O IEEE 802.22 também viabiliza serviços multimídia, como acesso à TV e tráfego de voz. Mesmo não oferecendo mobilidade (só portabilidade), a tecnologia IEEE 802.22, por outro lado, permite funções cognitivas, como geolocalização e sensoriamento espectral, o que lhe assegura um lugar único no contexto das redes de acesso sem fio.

Veja na Figura 10.27 o modelo de referência de arquitetura do IEEE Std. 802.22 (julho de 2011), que vale tanto para a *base station* (B) quanto para o *customer premise equipment* (C). Assim, um fluxo indicado como B/C corresponde ou à *base station* (B) ou ao *customer premise equipment* (C). O modelo é composto de três planos: o plano de dados, o plano de controle e gerenciamento e o plano cognitivo (IEEE 802.22, 2011).

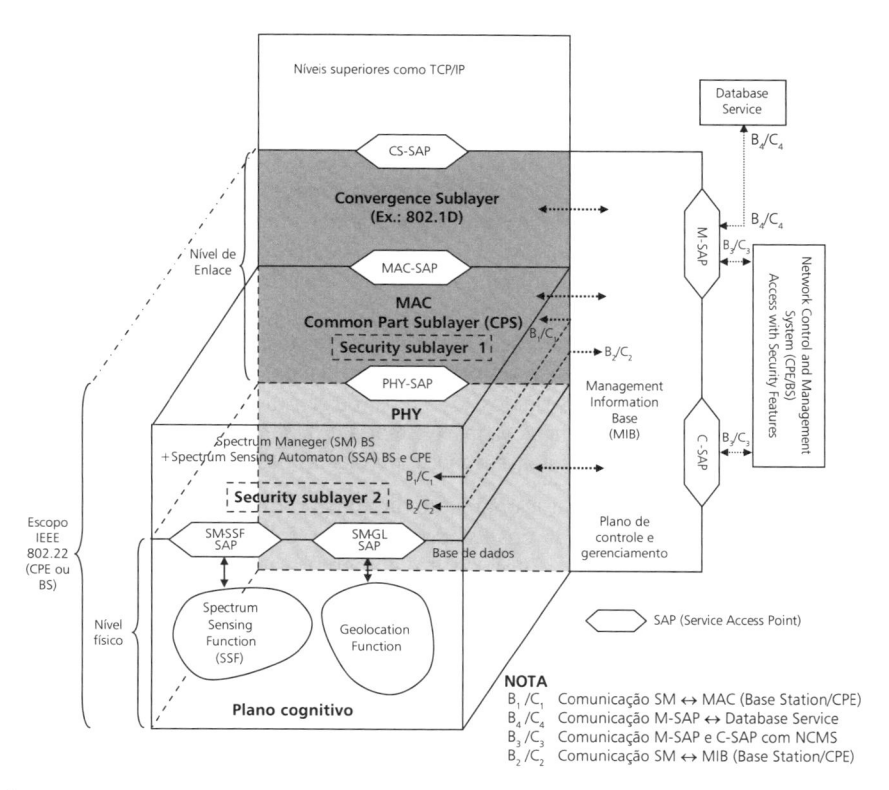

figura 10.27 Arquitetura de referência do padrão IEEE 802.22 de julho de 2011, válida tanto para a BS (*Base-Station*, ou B) quanto para o CPE (*Customer Premise Equipment*, ou C)

O plano de dados engloba as funcionalidades do nível físico e do nível de enlace. O nível de enlace é composto pelo subnível de convergência (CS), o subnível de acesso (MAC) e o subnível de segurança. O nível físico é composto de dois blocos funcionais; o transceiver de rádio que engloba o modulador e o *front-end* de RF que se acopla à antena, e o codificador de canal, que realiza principalmente tarefas de FEC.

O plano de gerenciamento e controle perpassa o plano de dados e se comunica, ou com a MIB da estação base (B), ou com a MIB do CPE (C), dependendo do que está sendo considerado; B ou C.

Finalmente, o plano cognitivo, que é responsável por elaborar as funções de sensoriamento do espectro (SSF) e de geolocalização próprias desta rede, se relaciona tanto com o plano de dados quanto com o plano de controle e gerenciamento. O plano cognitivo, que também define o canal a ser utilizado, é baseado nas seguintes funcionalidades:

- sensoriamento espectral, SS (*Spectrum Sensing*)

- classificação de possíveis canais, CA (*Channel Analyzing*)
- decisão pelo canal, CD (*Channel Decision*)

A função de geolocalização do plano cognitivo pode ser realizada a partir de um GPS ou por triangulação dos feixes de RF emitidos pelas antenas.

Para concluir, vamos apresentar alguns dados sobre a situação da viabilidade do uso da tecnologia IEEE 802.22 no Brasil. Lembramos que a ideia do IEEE 802.22 é ocupar os canais de TV, não utilizados pelas operadoras em uma determinada região. Na teoria os equipamentos 802.22 deveriam verificar com alto grau de certeza, quais os canais estão livres e ocupá-los, sem causar interferência nos canais em serviço pelas operadoras primárias licenciadas. A questão que se impõe é: existe alguma tecnologia que permita assegurar que não haverá interferência nos canais primários licenciados? O FCC, órgão que regula as telecomunicações nos Estados Unidos, já se mostrou favorável à ideia da liberalização desses canais livres, desde que seja provada a existência de alguma tecnologia que permita o uso desses canais de forma segura, sem causar problemas nos sistemas primários.

No Brasil, ainda não existe um posicionamento da Anatel sobre o assunto. Acreditamos que se a tecnologia for aprovada nos Estados Unidos e fizer sucesso, ela certamente será considerada pela Anatel no Brasil. Assim, aumentaria rapidamente o acesso em banda larga de uma parcela significativa da população brasileira, que vive no interior e ainda não tem acesso à Internet.

10.7.2 tendências para uma rede sem fio de quinta geração (5G)

Uma nova geração tecnológica de redes sem fio está sendo discutida desde 2008 em várias instâncias: por grupos de pesquisa, pelas alianças de interesses industriais, por fabricantes de equipamentos, pelos fóruns das operadoras de serviços e por órgãos de regulamentação nacionais e internacionais. A nova rede sem fio 5G, como é conhecida, deverá apresentar características inovadoras, que, embora ainda estejam indefinidas, já estão sendo consideradas.

Uma definição para as redes 5G é apresentada por NGMN (2015): "5G é um ecossistema fim-a-fim que oferece serviços para uma sociedade móvel e conectada, proporciona a criação de valores para clientes e parceiros por meio de modelos de utilização, existentes e vindouros, com experiência de usuário (User Experience – UE) consistentes e suportados por modelos de negócio sustentáveis".

A primeira iniciativa de destaque em direção a uma rede móvel 5G se deu em novembro de 2012 quando foi definido pela União Europeia o projeto METIS (*Mobile and Wireless Communications Enablers for the Twenty-twenty Information Society*) visando à definição e à caracterização de uma rede móvel 5G em um horizonte que se estendia além de 2020. O projeto METIS tem como um de seus objetivos orientar os trabalhos de desenvolvimento e normalização de fóruns internacionais, como ITU-R e órgãos reguladores nacionais e regionais.

A partir dos estudos do ITU-R publicados no IMT-2020 (2013), diversos projetos de pesquisa internacionais, além de propostas para normas reguladoras regionais e internacionais, se multiplicam pelo mundo afora.

Entre eles, destacamos a aliança NGMN (*Next Generation Mobile Networks*)(NGMN, 2015), formada por operadoras como AT&T (norte-americana), Vodafone (multinacional britânica), Telecom Italia - TIM (Itália), Telefónica (Espanha), NTT DOCOMO (Japão), Deutsche Telekom (Alemanha), entre outras operadoras. Em 2015, a NGMN produziu um informe técnico completo e abrangente (NGMN, 2015), que apresenta as principais tendências técnicas, operacionais e de serviço para a futura rede móvel de 5ª geração.

Na mesma época, 2015, surgiram outras iniciativas semelhantes como:

- Projeto Norma, 2015, do 5GPPP (5GPPP, 2015a).
- Projeto mmMagic, do consórcio Samsung e 5GPPP (5GPPP, 2015e).

Com base nos documentos mencionados, vamos apresentar a seguir um resumo condensado dos principais aspectos tecnológicos e de serviço que deverão caracterizar as redes 5G até 2020 e além.

■ provável arquitetura da uma rede 5G

A arquitetura tradicional de rede celular baseada em tecnologia de acesso de rádio única deverá dar lugar a uma rede de acesso de múltiplas tecnologias de rádio. Por isso, algumas técnicas de estado da arte de redes deverão ser introduzidas gradualmente na rede 5G, como computação em nuvem ou CC (*Cloud Computing*) e SDN (*Software-Defined Networks*) e NFV (*Network Function Virtualization*).

A computação em nuvem ou CC se refere essencialmente à noção de utilizarmos, em qualquer lugar e independentemente da plataforma, as mais variadas aplicações por meio da Internet, com a mesma facilidade de tê-las instaladas em dispositivos locais.

Já o SDN desacopla os dispositivos de controle das redes individuais para dispositivos de computação acessíveis, permitindo, desta forma, a abstração da infraestrutura da rede para os serviços de aplicação e de rede. A arquitetura SDN está estruturada em três camadas: camada de aplicação, camada de controle e uma camada de infraestrutura. Assim, a rede poderá ser tratada como uma entidade virtual ou lógica, e poderá responder rapidamente a mudanças em dispositivos de rede, necessidades de aplicação ou modelo de negócios.

As arquiteturas de rede 5G são baseadas nos conceitos de *cloud* RAN (C-RAN) e SDN e são objeto de pesquisa por parte da indústria e da academia. Assim, a arquitetura 5G consistirá basicamente de uma *nuvem* de aplicação, uma nuvem de controladores SDN, uma rede de transporte-núcleo baseada em SDN e uma C-RAN também baseada em nuvem (veja a Figura 10.28).

A C-RAN (*Cloud* RAN) será formada por RAPs (*Radio Access Points*) que poderão controlar o acesso de milhares de dispositivos associados a domínios de picocélulas ou conjuntos de dispositivos interligados em nuvem do tipo D2D (*Device to Device*) ou MTC (*Machine Type Devices*) utilizando uma arquitetura tipo *mesh* ou *ad hoc*.

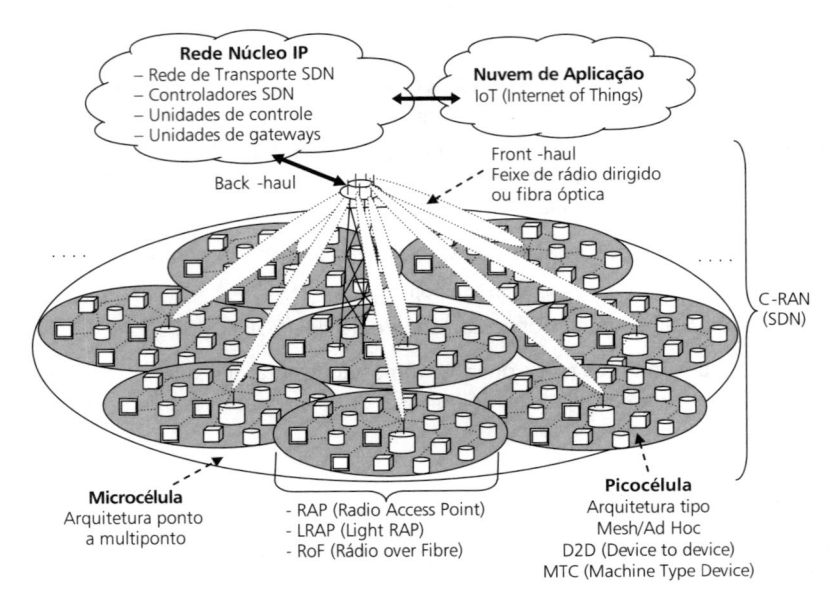

figura 10.28 Possível arquitetura de uma rede móvel 5G, conforme projeção de Zheng (2010).

■ algumas técnicas de acesso promissoras para redes 5G

Entre as novas técnicas de acesso para redes 5G destacamos a NOMA (*Non-Orthogonal Multiple Access*), a SCMA (*Sparse Code Multiple Access*) e a utilização maciça de técnicas MIMO (*Multiple Input Multiple Output*).

Tanto a NOMA quanto a SCMA deverão garantir significativos avanços em termos de eficiência espectral em comparação aos tradicionais métodos de acesso ortogonais.

Com a utilização intensiva de MIMO em redes 5G, espera-se obter um aumento significativo da capacidade de transporte da rede, além de uma diminuição significativa da latência da rede. Estes objetivos poderão ser alcançados graças a métodos mais eficientes e rápidos de processamento digital de sinais. Veja na Tabela 10.15 algumas metas em relação à capacidade e à latência da rede para assegurar uma boa experiência do usuário e diferentes opções de serviço.

tabela 10.15 Taxas de transferência e latências desejáveis em uma rede 5G para uma boa "experiência de usuário" por categorias de aplicação (MNGM 2015)

Categorias de aplicação	Taxa de "User Experience"	Latência fim-a-fim (E2E - End to End)	Mobilidade
Acesso de banda larga em áreas densas	DL: 300 Mbit/s UL: 50 Mbit/s	10 ms	0 – 100 km/h
Acesso ultra banda larga, *indoor*	DL: 1 Gbit/s UL: 500 Mbit/s	10 ms	Pedestre
Banda larga móvel em veículos (trens, carros)	DL: 50 Mbit/s UL: 25 Mbit/s	10 ms	Até 500 km/h (por demanda)
Conectividade em aeronaves	DL: 15 Mbit/s/user UL: 7,5 Mbit/s/user	10 ms	Até 1000 km/h
Aplicações com latência ultra-baixa	DL: 300 Mbit/s UL: 50 Mbit/s	<1 ms	Velocidade de pedestre
Latência Ultrabaixa e alta confiabilidade	DL: 50 Mbit/s UL: 25 Mbit/s	1 ms	Até 500 km/h (por demanda)
Serviços de *broadcast*	DL: até 200 Mbit/s UL: 500 kbit/s	< 100 ms	Até 500 km/h (por demanda)

▪ exigências de desempenho do IMT-2020 para redes 5G

Em fevereiro de 2013, o Working Party 5D (WP 5D) do ITU, responsável pelos IMT-Systems, como o IMT-2000 (3G) e o IMT-Advanced (4G), definiu o IMT-2020 *and beyond* (5G), que tem como objetivo uma melhor compreensão dos aspectos técnicos de comunicação móvel e dos modelos de serviço para uma futura rede 5G.

Mesmo considerando que atualmente as taxas de transmissão dos sistemas celulares móveis 3G foram multiplicadas por um fator de 1000, a demanda explosiva das novas aplicações por taxas de transmissão cada vez maiores representa um grande desafio para os sistemas 5G (NGMN, 2015).

Com a publicação em 2013 do IMT-2020 que é dedicado a 5G, dá-se início ao processo de definição das principais características técnicas e de desempenho destes sistemas, em comparação aos sistemas atuais, entre os quais destacamos:

- volume de dados por área 1000 vezes maior do que os sistemas atuais;
- taxa de transmissão de dados de 10-100 vezes maior;
- densidade de dispositivos conectados 100 vezes superior;
- vida útil da bateria 10 vezes maior;
- latência E2E (end to end) aproximadamente 10 vezes menor;
- eficiência espectral 3-8 vezes superior;
- modelo de serviço passa de modelo de comunicação centralizada em humanos para modelo de comunicação centralizada em dispositivos (IoT);
- faixa de espectro a ser utilizada da ordem de 10 GHZ

tabela 10.16 Densidade de usuários, mobilidade e taxas de transmissão por categoria de aplicação em redes 5G (NGMN 2015)

Categoria de aplicação	Densidade de conexões	Densidade de tráfego DL	Densidade de tráfego UL
Acesso de banda larga em áreas densas	200-2500/km²	DL: 750 Gbit/s/km²	UL: 125 Gbit/s/km²
Ultra high indoor access	75.000/km² (75/1000/m²)	DL: 15 Tbit/s/km²	UL: 2 Tbit/s/km²
Acesso em grandes multidões (p. ex., estádio)	150.000/km²	DL: 3,75 tbit/s/km²	UL: 7,5 Tbit/s/km²
Área suburbana	400/km²	DL: 20 Gbit/s/km²	UL: 10 Gbit/s/km²
Área rural	100/km²	DL: 5 Gbit/s/km²	UL: 2,5 Gbit/s/km²
Acesso móvel em trem	2000/km² (500 usuários por 4 trens)	DL: 100 Gbit/s/km² 25 Gbit/s por trem	UL: 50 Gbit/s/km² 12,5 gbit/s/trem
Acesso móvel em carro	2000/km² (1 usuário por carro)	DL: 100 Gbit/s/km² 50 Mbit/s/carro	UL: 50 Gbit/s/km² 25 Mbit/s/carro
Acesso móvel em avião	80/aeronave (60 aeronaves por 18.000/km²)	1,2 Gbit/s/aeronave	600 Mbit/s/aeronave

Veja na Tabela 10.16 alguns dados de desempenho 5G relativos a diferentes tipos de aplicações com diferentes mobilidades e áreas de abrangência.

Podemos nos perguntar a esta altura: que técnica atenderá a todas estas exigências imaginadas para as redes 5G? Certamente, a resposta a esta pergunta deverá ser não uma, mas um conjunto de técnicas inovadoras e revolucionárias, que deverão estar disponíveis em um horizonte que atualmente está fixado pelo ITU-R em 2020.

■ classes de serviço em uma rede móvel 5G

São inúmeras as aplicações que podem ser suportadas pelo acesso de banda larga móvel 5G e, a cada dia, surgem novas possibilidades. A aliança NGMN (NGMN,2015) agrupou estas aplicações em oito categorias:

- Acesso de banda larga em áreas de alta densidade de usuários. Exemplos: Acessos banda larga em escritórios, estádios de futebol, aeroportos e estações de trem. Os serviços nestes locais são de vídeo pervasivos (em qualquer lugar), serviços tridimensionais (3D), interação entre múltiplos usuários, escritório inteligente, aplicação em nuvem oferecido pelas operadoras, compartilhamento de fotos e vídeos HD, entre outros.
- Acesso de banda larga em qualquer lugar
  Exemplo: Acesso de banda larga de qualquer lugar com taxa de 50 Mbit/s, ou mais, redes de serviços com custos ultrabaixos.

- Usuário de alta mobilidade
  Exemplo: Acesso de banda larga em avião ou trem, computação remota, *hot-spots* móveis, comunicação tridimensional em avião.

- Aplicação maciça de *Internet das coisas* (IoT)
  Exemplo: Redes de sensores de supervisão e controle em casas, fábricas e meio ambiente, Internet das coisas (IoT), comunicação MTC (*Machine Type Communication*), roupas inteligentes com dezenas de sensores e sistemas móveis de supervisão e segurança.

- Comunicação extrema de tempo real (< 1 ms)
  Exemplo: Internet táctil, controle e interação robótica, condução autônoma de veículos, aplicações com *drones*.

- Comunicação de emergência e risco de vida
  Exemplo: Comunicações em áreas de desastres naturais, como terremotos, incêndios florestais e inundações. Necessidade de baixo consumo de energia para duração de alguns dias.

- Comunicações ultra confiáveis
  Exemplo: Serviços de monitoramento e supervisão de saúde em pacientes

- Serviços baseados em *broadcast*
  Exemplo: Serviços de difusão de TV e rádio.

Para cada categoria de aplicação existem diferentes exigências de taxas de transmissão, latência e confiabilidade. A rede 5G será a verdadeira rede ubíqua, isto é, englobará qualquer aplicação (atual ou futura), operará em qualquer lugar, a qualquer hora e oferecerá acesso a qualquer informação. A rede 5G proporciona interações usuário-usuário, usuário-dispositivo (*things*) e dispositivo-dispositivo. Estas interações envolvem diferentes sentidos humanos ou parâmetros físicos, podendo proporcionar uma experiência de realidade virtual 3D em tempo real.

10.8   ⇢ exercícios

exercício 10.1 A tecnologia de transmissão CDMA, que caracteriza os sistemas 3G e a tecnologia de transmissão OFDM, que caracteriza os sistemas 4G, apresentam diferenças marcantes. Responda:

[a] Quais as principais diferenças entre os dois sistemas?
[b] Como poderíamos proceder para que haja interoperabilidade entre os dois sistemas; CDMA e OFDM?

exercício 10.2 Cite e comente as principais exigências definidas pelo IMT-Advanced do ITU para que um sistema possa ser considerado 4G.

466 ···→ Redes de comunicação sem fio

exercício 10.3 Quais os principais sistemas 3G, europeus e americanos, que convergiram para o LTE UMTS/3GPP com o objetivo de oferecer serviços de rede 4G? Quais as principais inovações, em termos de serviços e tecnologia, introduzidas no LTE a partir das tecnologias 3G legadas?

exercício 10.4 Entre as tecnologias legadas que contribuíram para a definição do LTE mencionamos, pelo lado europeu o EDGE e o HSPA e pelo lado americano o EV-DO e WiMax. Quais as principais diferenças e semelhanças entre os sistemas legados europeus e americanos?

exercício 10.5 A tecnologia LTE 3GPP, e a rede sem fio metropolitana WiMax móvel (IEEE 802.16e) de 2005 se tornaram, a partir de 2008 os dois únicos candidatos em condições de evoluir para atender às exigências do *IMT- Advanced* e assim se transformarem em sistemas 4G.

[a] Comente por que atualmente mais de 95% do mercado mundial é dominado pela tecnologia LTE, tornando a participação do WiMax insignificante.

[b] Em que caso se torna justificável a utilização do WiMax?

exercício 10.6 Comente as três inovações tecnológicas associadas ao OFDM e que representam um diferencial em relação ao CDMA, como: ortogonalidade das subportadoras, processamento no domínio frequência e a utilização de um prefixo cíclico para cada símbolo OFDM.

exercício 10.7 Explique em poucas palavras quais as vantagens da inserção do prefixo cíclico no símbolo OFDM?

exercício 10.8 A arquitetura da rede de acesso (RAN) do LTE é formada pelos seguintes blocos funcionais: eNB (*Evolved Node B*), EU (*User Equipment*), femtocélulas e picocélulas. Comente as principais funcionalidades associadas a cada bloco e como eles se relacionam entre si?

exercício 10.9 Destaque as principais diferenças entre as técnicas de transmissão OFDM e SC-OFDM. Por que o LTE utiliza no sentido DL, a técnica OFDM e no sentido UL, a técnica SC-OFDM.

Exercício 10.10 A Tabela 10.3 apresenta os principais parâmetros do nível físico do LTE-DL. Considerando um canal com largura de banda de 15 MHz, determine os seguintes parâmetros:

[a] Número de *resource blocks* (RB) por *slot* de transmissão
[b] Número de símbolos OFDM por *slot* de transmissão
[c] Número total de subportadoras por RB
[d] Número total de subportadoras por canal
[e] Número total de RE por RB

exercício 10.11 O mecanismo do prefixo cíclico associado aos símbolos OFDM torna a transmissão mais robusta em relação ao espalhamento de atraso Δt. Demonstre que quanto maior for a duração do prefixo cíclico (T_{CP}) maior será a tolerância quanto ao atraso máximo (Δt), porém, menor será a eficiência de transporte de dados por símbolo (confira Seção 10.3.5).

Resolução:

A eficiência de transporte de dados por símbolo pode ser definida como, $\eta_s = \dfrac{T_u}{T_s}$, onde o período de um símbolo $T_s = T_u + T_{cp}$, é suposta constante. Assim, temos que $\eta_s = \dfrac{T_u}{T_u + T_{cp}}$, ou seja, quanto maior for T_{cp} menor será T_u e portanto menor a eficiência por símbolo.

Por outro lado, como $\Delta t_{max} = T_{cp}$, temos que quanto maior for T_{CP} maior será a tolerância em relação ao atraso. Portanto T_{CP} é um meio-termo entre a tolerância máxima ao atraso e a eficiência de transporte de dados por símbolo.

exercício 10.12 Esquematize e escreva as equações de um sistema MIMO do tipo 3x3 a partir das equações gerais (10.8). Como podem ser resolvidas usando matrizes e o que representa cada matriz.

exercício 10.13 Na Seção 2.2.5 do Capítulo 2 é feita uma abordagem geral sobre os sistemas de múltiplas antenas – MIMO. O fato de que nestes sistemas o acesso dos múltiplos usuários se dá segundo uma codificação em três dimensões: frequência, tempo e espaço. Os códigos com estas características são conhecidos como: *Diversity Coding* ou, *Space Time Block Codes* (STBC). Qual a vantagem destes códigos em comparação com os tradicionais códigos bidimensionais, tempo e frequência. Comente como pode-se dar a codificação espacial no caso de sistema LTE/3GPP

exercício 10.14 As duas propostas de sistemas 4G que disputaram a hegemonia do mercado mundial foram: LTE-A e WiMax 2.0. Comente por que atualmente predomina a tecnologia LTE-A em mais de 95% do mercado mundial.

exercício 10.15 A partir da Tabela 10.9 faça um comparativo crítico entre o LTE-Advanced e o WiMax2.No seu entender qual foi a causa determinante do mercado mundial em favor do LTE-A e não do WiMax.

exercício 10.16 Em que consistiu a estratégia da Anatel para a implantação da rede 4G no Brasil. Qual o objetivo dos blocos de frequência regionais definidos dentro da faixa de 700 MHz e 2500 MHz para a rede 4G brasileira.

exercício 10.17 Como poderia ser aplicado o conceito de rede cognitiva de abrangência regional – IEEE 802.22 em nível do Brasil. Qual seria o principal objetivo e aplicação desse tipo de rede no Brasil.

exercício 10.18 Quais os principais avanços tecnológicos que deverão ser incorporados nos sistemas 5G segundo o IMT 2020? Destaque alguns aspectos em relação à arquitetura, tecnologia de transmissão e novos serviços da futura rede 5G.

exercício 10.19 Liste e descreva brevemente os novos conceitos a serem introduzidos em redes 5G em relação a tópicos como SDN (*Software Defined Network*), RS (*Resources Sharing*), NS (*Network Sharing*), C-RAN (*Cloud RAN*) e novas técnicas de acesso múltiplo.

referências

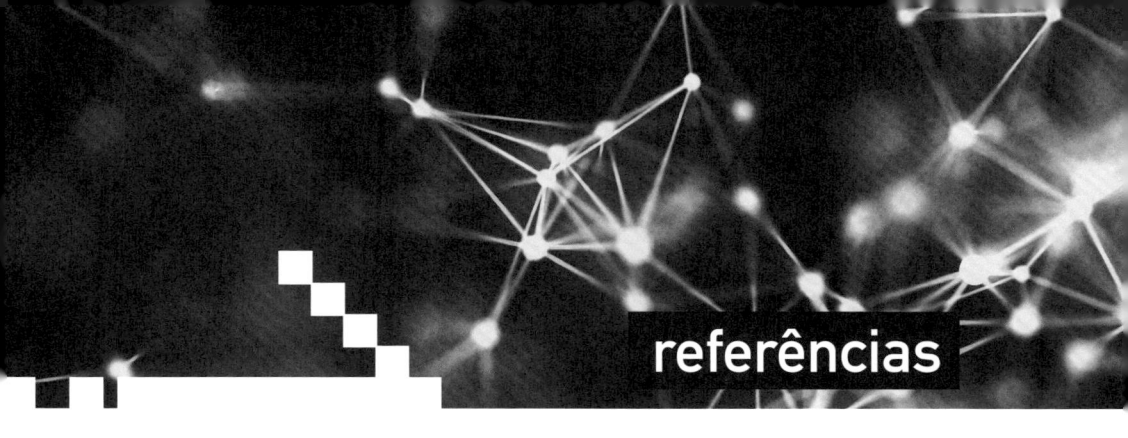

AGILENT TECHNOLOGY. *Wireless LAN at 60 GHz*: IEEE 802.11ad explained. Application Note, Agilent Technology, 2013. Disponível em: <http://www.cs.odu.edu/~cs752/papers/milli-008.pdf>. Acesso em: 10 ago. 2016.

AKYILDIZ, I. F. et al. Wireless sensor networks: a survey. *Computer Networks*, n. 38, p. 393-422, 2002.

AKYILDIZ, I. F.; VURAN, M. C. *Wireless sensor networks*. Singapore: Wiley, 2010.

AKIYLDIZ, I. F.; WANG, X.; WANG, W. Wireless mesh networks: a survey. *Computer Networks*, n. 47, p. 445-487, 2005. Disponível em: <http://citeseerx.ist.psu.edu/viewdoc/download?doi=10.1.1.93.9680&rep=rep1&type=pdf>. Acesso em: 10 ago. 2016.

ALENCAR, M. S.; LOPES, T. A.; ALENCAR, T. T. *O fantástico Padre Landell de Moura e a transmissão sem fio*. 2000. Disponível em: <http://landelldemoura.com.br/o%20fantastico%20padre%20landell%20de%20moura%20transmissoo%20sem%20fio.pdf>. Acesso em: 20 jun. 2016.

ALMEIDA, B. H. *O outro lado das telecomunicações*: a saga do Padre Landell. Porto Alegre: Sulina, 1983.

ANATEL. Agência Nacional de Telecomunicações. Plano de atribuição destinação e distribuição de frequências no Brasil. 2005. Disponível em: <http://www.anatel.gov.br/Portal/verificaDocumentos/documento.asp?numeroPublicacao=276624&assuntoPublicacao=null&caminhoRel=null&filtro=1&documentoPath=276624.pdf>. Acesso em: 10 ago. 2017.

BATES, R. J. *GPRS-General Packet Radio Service*. New York: McGraw-Hill, 2002. 380 p.

BEREZDIVI, R.; BEINING, R.; TOPP, R. Next-Generation Wireless Communications Concepts and Technologies. *IEEE Communications Magazine*, v. 40, n. 3, p. 108-116, mar. 2002.

BI, Q. et al. Performance of 1xEV-DO third-generation wireless high-speed data systems. *Bell Labs Technical Journal*, v. 7, n. 3, p. 97-107, mar. 2003.

BING, B. *Wireless local area networks:* the new wireless revolution. New York: Wiley, 2002.

BLÖCHER, H. L.; ROLLMANN, G.; GÄRTNER, S. Trends in automotive RF wireless applications and their electromagnetic spectrum requirements. In: MICROWAVE CONFERENCE, 2005, Ulm. *GeMiC 2005*. Ulm: University of Ulm, IEEE, 2005. GeMic, 2005. Disponível em: <https://duepublico.uni-duisburg-essen.de/servlets/DerivateServlet/Derivate-14581/Paper/5_4.pdf>. Acesso em: 10 mar. 2016.

Referências

BLUETOOTH. *Official Site*. Bluetooth SIG, c2017. Disponível em: <https://www.bluetooth.com>. Acesso em: 3 jul. 2016.

BLUETOOTH. In: WIKIPEDIA. [2016]. Disponível em: ≤http://en.wikipedia.org/wiki/Bluetooth>. Acesso: 7 jul. 2016.

BRIZZOLARA, E. 79 GHz high resolution short range automotive radar evolution. *Micro Wave Journal*, n. 13, sep. 2013. Disponível em: <http:// www.microwavejournal.com/articles/20473-ghz-high-resolution-short-range-automotive-radar-evolution>. Acesso em: 27 mai. 2016.

CALPOLY. *Center for global automatic identification technologies*. Poly Gait, 2016. Disponível em: <http://www.polygait.calpoly.edu/>. Acesso em: 10 jul. 2016.

CARISSIMI, A. S.; ROCHOL, J.; GRANVILLE, L. Z. *Redes de computadores*. Porto Alegre: Bookman, 2009, p. 63. (Livros didáticos Informática da UFRGS).

CHAVEZ-SANTIAGO, R; BALASINGHAM, I; BERGSLAND, J. Ultrawideband technology in medicine: a survey. *Journal of Electrical and Computer Engineering*, 2012. Disponível em: < https://www.hindawi.com/journals/jece/2012/716973/cta/> Acesso em: 10 ago. 2017.

CHEN, M. et al. Body area networks: a survey. *Mobile network applications*, v. 16, p. 171-193, 2011.

CHINCHANIKAR, A.; KAWITKAR, R. Overview: MB-OFDM UWB system. *VSRD-IJEECE*, v. 2, p. 314-321, jun. 2012.

CHOW, P. *CDMA2000 v.s. WCDMA*. Taiwan: Network Technology. Ásia Pacific Telecom Group, 2004. Disponível em: <http://www.wocc.org/wocc2004/2004program_doc/930309p-w8.pdf>. Acesso em: 6 set. 2016.

CICHON, D. J., KÜRNER T. *Propagation Prediction Models*. Channel Models:a tutorial. V1.0, February 21, 2007. Disponível em: em: <http://www2.it.lut.fi/kurssit/04-05/010651000/Luennot/Chapter4.pdf>. Acesso em: 3 jun. 2012.

COOKLEV, T. *Wireless communication standards*: a study of IEEE 802.11, 802.15, 802.16. New Jersey: Wiley, IEEE, 2004.

CORDEIRO, C. et al. IEEE 802.22: an introduction to the first wireless standard based on cognitive radios. *Journal of Communications,* v. 1, n. 1, apr. 2006.

COUCH, L. *Digital and analog communication systems*. 6. ed. Upper Saddle River: Prentice Hall, 2001.

DINAMIC C: an introduction to ZigBee. 2008. Disponível em: <http://ftp1.digi.com/support/documentation/html/manuals/ZigBee/Introduction/index.htm>. Acesso em: 10 ago. 2016

EATON, D. *Diving into the 802.11i spec: a tutorial*: communications system design, 2002. Disponível em: <http://www.commsdesign.com >. Acesso em: 10 ago. 2016.

EDNEY, J.; ARBAUGH, W. *Real 802.11 security:* wi-fi protected access and 802.11i. Reading: Adison-Wesley, 2004.

ERCEG, V., et al. A model for the multipath delay profile of fixed wireless channels, *IEEE Journal on Selected Areas in Communications*, v. 17, n.3, p.399-410, mar.1999a.

ERCEG, V., et al. An empirically based path loss model for wireless channels in suburban environments, *IEEE Journal on Selected Areas in Communications*, v. 17, n. 7, p. 1205-1211, jul.1999b.

ERCEG, V., et al. Channel models for fixed wireless applications, *IEEE 802.16 Broadband Wireless Access Working Group. (IEEE 802.16.3c-01/29r4)*, july 2001.Disponível em: <www.ieee802.org/16/tg3/contrib/802163c-01_29r4.pdf>. Acesso em: 10 abr. 2012.

ERCEG, V., et al. Channel models for fixed wireless applications. (IEEE 802.16a-03/01), june 2003. Disponível em: <ttp://wirelessman.org/tga/docs/80216a-03_01.pdf>. Acesso em: 3 abr. 2012.

ERIKSSON, L.; ELMUSRATI, M.; POHJOLA, M. (Eds.). *Introduction to wireless automation*, Espoo: Helsinki University of Technology Control Engineering, 2007. (Collected papers of postgraduate seminar 2007).

ETSI. Automotive Radar, 2013. European Telecommunication Standard Institute. Disponível em: <http://www.etsi.org/technologies-clusters/technologies/automotive-intelligent-transport/automotive-radar>. Acesso em: 12 ago. 2016

FCC. FEDERAL COMMUNICATIONS COMMISSION. First report and order. 2002. Disponível em: <https://transition.fcc.gov/Bureaus/Engineering_Technology/Orders/2002/fcc02048.pdf>. Acesso em: 10 ago. 2017.

FORNARI, E. *O incrível padre Landell de Moura.* Rio de Janeiro: Biblioteca do Exército, 1984.

GHOSH A. et al. LTE-Advanced: Next-Generation Wireless Broadband Technology. *IEEE Wireless Communications*, june 2010.

GOLDSMITH, A. Wireless communications. Cambridge: Cambridge University Press, 2005. 644 p.

GOODMAN, D. J. *Wireless personal communication systems.* Massachusetts: Addison Wesley Longman, 1997. 415 p.

GREENSTEIN, L. J., et al. Ricean K-factors in narrowband fixed wireless channels: theory, experiments, and statistical models. In: WPMC: INTERNATIONAL SYMPOSIUM ON WIRELESS PERSONAL MULTIMEDIA COMMUNICATIONS, 1999, Amsterdam. *Conference Proceedings...* Amsterdam: Yokosuka Research Park, 1999.

GUIMARÃES, D. A.; GOMES, G. G. R. Introduction to ultra-wideband impulse radio. *Revista de Telecomunicações*, v. 14, n. 1, jun. 2012.

GUNGOR, V. C.; HANCKE, G. P. Industrial wireless sensor networks: challenges, design principles,and technical approaches, *IEEE Transactions on Industrial Electronics*, v. 56, n.10, oct. 2009.

GRAY, D. Comparing Mobile WiMAX with HSPA+,LTE,and Meeting the Goals of IMT-Advanced. In: WIMAX FORUM, 2009, Orlando. *Presentation. Orlando: MWG F2F*, 2009.

HANSEN, M. *Maxwell's Equations,* may 2004. Disponível em: <http://pages.erau.edu/~andrewsa/Maxwell's%20Equations.pdf>.

Acesso em: 15 ago. 2016.

HART COMMUNICATION FUNDATION. *Wireless introduction,* 2010a.Disponível em: <http://www.hartcomm.org>. Acesso em: 20 jul. 2016.

Referências

HART COMMUNICATION FUNDATION. Wireless: hart security overview, 2010b. Hart Communication Foundation. Disponível em: <http://www.hartcomm.org> Acesso em: 20 jul. 2016.

HARTE, L.; KIKTA, R.; LEVINE, R. *3G wireless demystified*. New York: McGraw-Hill, 2002. 495 p.

HATA, M. Empirical formula for propagation loss in land mobile radio services. *IEEE Transactions on Vehicular Technology,* v. 29, p. 317-325, aug. 1980.

HAYKIN, S.; MOHER, M. *Sistemas modernos de comunicações wireless*. Porto Alegre: Bookman, 2008.

IDSI (Integrated Defense Staff India). Ultra-wideband for wireless communications. *Technical News Letter,* september 2009. Disponível em: <http://ids.nic.in/tnl_jces_mar_2010/uwb.htm> Acesso em: 20 ago. 2016.

IEEE 802.15. In: WIKIPEDIA. [2017]. Disponível em: <http://en.wikipedia.org/wiki/IEEE_802.15>. Acesso em: 8 jul. 2016.

IEEE 802.11ad, Amendment 3: enhancements for very high throughput in the 60 GHz band, 2012. Disponível em: <https://standards.ieee.org/findstds/standard/802.11ad-2012.html >. Acesso em: 20 ago. 2016.

IEEE 802.11af. Amendment 5: television white spaces, 2016. Disponível em: <http://standards.ieee.org/about/get/802/802.11.html>. Acesso em: 20 ago. 2016.

IEEE 802.11e. Amendment 8: Medium Access Control (MAC) Quality of Service Enhancements, 2005. Disponível em: <https://standards.ieee.org/findstds/standard/802.11e-2005.html>. Acesso em: 21 ago. 2016.

IEEE 802.15™: Wireless Personal Area Networks (PANs) 2005. Part 15.1: Wireless Medium Access Control (MAC) and Physical Layer (PHY) Specifications for Wireless Personal Area Networks (WPANs), 2005. Disponível em: <http://www.ieee802.org/15/>. Acesso em: 10 jul. 2016.

IEEE 802.15.3. *Part 15.3*: Wireless Medium Access Control (MAC) and Physical Layer (PHY) Specifications for High Rate Wireless Personal Area Networks (WPANs), 2003. Disponível em: <http://standards.ieee.org/getieee802/download/802.15.3-2003.pdf>. Acesso em: 10 ago. 2016.

IEEE 802.15.4 - 2011. *Part 15.4*: Low-Rate Wireless Personal Área Networks (LR-WPANs), 2011. Disponível em: <http://ecee.colorado.edu/~liue/teaching/comm_standards/2015S_zigbee/802.15.4-2011.pdf >. Acesso em: 10 ago. 2016.

IEEE Std 802.11-1997. *Part 11*: Wireless LAN Medium Access Control (MAC) and Physical Layer (PHY) Specification, *1997.* Disponível em: <http://ant.comm.ccu.edu.tw/course/92_WLAN/1_Papers/IEEE%20Std%20802.11-1997.pdf>. Acesso em: 20 ago. 2016.

IEEE Std 802.11- 2007. *Part 11*: Wireless LAN Medium Access Control (MAC) and Physical Layer (PHY) Specifications. 2007. Disponível em: <http://ieeexplore.ieee.org/stamp/stamp.jsp?arnumber=4248378>. Acesso em: 20 ago. 2016

IEEE Std 802.11 - 2012. *Part 11*: Wireless LAN Medium Access Control (MAC) and Physical Layer (PHY) Specification. 2012. Disponível em: <https://standards.ieee.org/findstds/standard/802.11-2012.html>. Acesso em: 20 ago. 2016.

IEEE Std 802.11ac - 2013. *Part 11*: Wireless LAN Medium Access Control (MAC) and Physical Layer (PHY) Specifications - Amendment 4: Enhancements for Very High Throughput for Operation in Bands below 6 GHz.2013. Disponível em: <http://standards.ieee.org/getieee802>. Acesso em: 20 ago. 2016.

IEEE Std 802.15.5-2009.*Standard for Local and metropolitan area networks*: part 15.5: mesh topology capability in WPANs. New York: IEEE, 2009.

IEEE STANDARDS ASSOCIATION. *Get standards for free*. [2016]. Disponível em: <http://standards.ieee.org/about/get/802/802.15.html>. Acesso em: 10 jul. 2016.

IEEE TG1 802.15, Task Group 1 for WPAN, 2016. Disponível em: <http://www.ieee802.org/15/pub/TG1.html>. Acesso em: 10 jul. 2016.

IEEE WG 802.15. *Home page do Working Group IEEE 802.15* – WPAN. [2016]. Disponível em: <http://www.ieee802.org/15/>. Acesso em: 5 jul. 2016.

IKEGAMI, F. et al. Propagation factors controlling mean field strength on urban streets. *IEEE Transactions on Antennas and Propagation,* v. 32, n. 8, p. 822-829, aug. 1984.

IKRAN, W.; THORNHILL, N. F. Wireless Communication in process automation: a survey of opportunities, requirements, concerns, and challenges. In: INTERNATIONAL CONFERENCE ON CONTROL, 2010, Convendry: UKACC, sep. 2010. Disponível em: <http://ieeexplore.ieee.org/document/6490786/metrics>. Acesso em: 8 jul. 2016.

ISA 100 WIRELESS COMPLIANCE INSTITUTE. The technology behind the ISA100.11a Standard – an exploration. 2012. Disponível em: <http://www.isa100wci.org/Documents/PDF/The-Technology-Behind-ISA100-11a-v-3_pptx.aspx>. Acesso em: 10 jul. 2016.

ITU. IMT-2000 Project. *What is IMT-2000*. Geneva, 2001-2002. Disponível em: <https://www.itu.int/osg/imt-project/docs/What_is_IMT2000-2.pdf>. Acesso em: 24 set. 2016.

JAIN, R. *Channel Models: a tutorial,* v.1.0, 2007. Disponível em: <http://www.cse.wustl.edu/~jain/cse574-08/ftp/channel_model_tutorial.pdf>. Acesso em: 23 abr. 2012.

JEON, H.; KIM, J. *An analysis of 802.15.4-based mesh network architecture*, advanced technology laboratory. Daejeon: IEEE, 2006.

JOVER, R. P. *LTE PHY Fundamentals. EE University of Columbia* 2012. Disponível em: <http://www.ee.columbia.edu/~roger/LTE_PHY_fundamentals.pdf>. Acesso em: 10 set. 2016.

KAMEN, E. W.; HECK, B. S. *Fundamentals of Signals and Systems using the web and the Matlab*. 3. ed. New York: Pearson, 2006.

KARAPISTOLI, E. et al. An overview of the IEEE 802.15. 4a Standard. *IEEE Communication Magazine,* v. 48, n. 1, jan. 2010. Disponível em: <http://ieeexplore.ieee.org/document/5394030/>. Acesso em: 23 ago. 2016.

KEYSIGHTS TECHNOLOGIES INC. *MB-OFDM modulation overview (MB-OFDM),* 2016. Disponível em: <http://rfmw.em.keysight.com/wireless/helpfiles/89600B/WebHelp/Subsystems/mbofdm/Content/mbofdm_modoverview.htm>. Acesso em: 8 jul. 2016.

LANGTON, C. *All about modulation*: part II. Complex2Real, c2002. Disponível em: <http://complextoreal.com/wp-content/uploads/2013/01/mod1.pdf >. Acesso em: 2 mar. 2011.

LAYLAND, R. Understanding wi-fi performance. *Business Communications Review*, 2004.

LEE, M. J. et al. IEEE 802.15.5 WPAN Mesch standard - low rate part: meshing the wireless sensor networks, *IEEE Journal on selected* Áreas *in Communications*, v.28, n. 7, sep. 2010.

LIN, Y. –B.; CHLAMTAC, I. *Wireless and mobile network architectures*. New York: Wiley, 2001. 532 p.

LOW, A. Evolution of Wireless Sensor Networks for Industrial Control, *Technology Innovation Management Review*, v.3, n.5, p. 5-12, may 2013.

LUZ, G. D. *Roteamento em Redes de Sensores*. 2004. Dissertação (Mestrado em Ciência da Computação) - Instituto de Matemática e Estatística, Universidade de São Paulo, São Paulo, 2004.

MARTINEZ, R. S. *3G Systems WCDMA (UMTS) & Cdma2000*. Barcelona: EPSC - Escola Politecnica Superior de Castelldefels, 2015. Disponível em: <http://upcommons.upc.edu/bitstream/handle/2099.1/3590/36412-2.pdf>. Acesso em: 11 set. 2016.

MUNDIM, K. C. *Apostila Curso de Química Quântica:* apêndice 1 - equações de Maxwell. Brasília: UNB; MINC, 2006.

MYUNG, H. G. *Towards 4G – Technical Overview of LTE and LTE-Advanced*. In: *IEEE GLOBECOM, 2011, Houston. Conference papers. Disponível em:* <https://pt.scribd.com/document/75394762/Towards-4G-Technical-Overview-of-LTE-LTE-Advanced>. Acesso em: 23 set. 2016.

NASCIMENTO, A.; REIS, M. S. *Subsídios para saldar uma dívida*. Porto: Tipografia Costa Carregal, 1982.

NGMN Alliance. *5G White Paper*. Washington: *NGMN-Next Generation Mobile Networks*, 2015. Disponível em: <https://www.ngmn.org/uploads/media/NGMN_5G_White_Paper_V1_0.pdf>. Acesso em: 10 set. 2016.

NILSSON, M. Third-generation radio access standards. *Ericson Review*, n. 3, 1999. Disponível em: <https://www.ericsson.com/ericsson/corpinfo/publications/review/1999_03/files/1999031.pdf >. Acesso em: 16 set. 2016.

NIXON, M. A *comparison of wirelesshart and ISA100.11a*. White Paper: HCF-SPEC, Emerson Process Management, Release, july 2012.

OKUMURA, T.; OHMORE, E.; FUKUDA, K. Field strength and is variability in VHF and UHF land mobile service. *Review of the Electrical Communication Laboratory*, p. 825-73, sept.-oct. 1968.

OLIVEIRA, L. M. L.; RODRIGUES J. J. P. C. *Wireless Sensor Networks*: a survey on environmental monitoring, *Journal Of Communications*, v. 6, n. 2, apr. 2011.

PAHLAVAN, K.; KRISHNAMURTHY, P. *Principles of wireless networks: a* unified approach. Upper Sadle River: Prentice Hall, 2002.

PAN, J. Medical Applications of Ultra-Wideband (UWB). *A survey paperwritten under guidance of Raj Jain*. 2008. Disponível em: <http://www.cse.wustl.edu/~jain/cse574-08/ftp/uwb/>. Acesso em: 10 ago. 2016.

PATIL, C. S.; KARHE, R. R.; AHER, M. A. Review on generations in mobile cellular technology. *International Journal of Emerging Technology and Advanced Engineering*, v. 2, n. 10, oct. 2012. Disponível em: <http://www.ijetae.com/files/Volume2Issue10/IJETAE_1012_106.pdf>. Acesso em: 11 ago. 2016.

PRANGE, C. R.; ROCHOL, J. Análise de Desempenho por Simulação da Subcamada MAC do Padrão IEEE 802.11 para Redes Locais sem fio. In: SIMPÓSIO BRASILEIRO DE REDES DE COMPUTADORES, 16., 1998. *Anais...* Rio de Janeiro: Sociedade Brasileira de Computação,1998a, p. 206-220. Disponível em: <http://ce-resd.facom.ufms.br/sbrc/1998/p12.pdf>. Acesso em: 11 ago. 2016.

PRANGE, C. R.; ROCHOL, J. *Análise de desempenho por simulação da subcamada mac do padrão IEEE 802.11 para redes locais sem fio*. 1998. Dissertação (Mestrado em Informática) - Instituto de Informática, Universidade Federal do Rio Grande do Sul, Porto Alegre, 1998b.

PRASAD, R.; OJANPERA, T. An overview of CDMA evolution toward wideband CDMA. *IEEE Communications Surveys*, v. 1, n. 1, p. 2-29, 1998. Disponível em: <http://wise.cm.nctu.edu.tw/wise_lab/course/data-com04/reading%20list/ Chapter9.pdf>. Acesso em: 2 fev. 2011.

QUALCOMM, University. *Understand HSPA*: high-speed packet access for UMTS. Telecom Israel, 2006. Disponível em: <http://systems.ihp-microelectronics.com/uploads/downloads/2008_MK2_Z08.pdf>. Acesso em: 25 set. 2016.

RADIO ELECTRONICS. DS UWB. *Direct Sequence ultra widwband*. 2013. Disponível em: <http://www.radio-electronics.com/info/wireless/uwb/ds-uwb.php>. Acesso em: 10 ago. 2016.

REDL, S. M.; WEBER, M. K.; OLIPHANT, M. W. *An introduction to GSM*. Norwood: Artech House, 1995. p. 379.

ROCHOL, J. *Comunicação de dados*. Porto Alegre: Bookman, 2012. (Livros Didáticos Informática UFRGS, v. 22).

ROCHOL, J. *Sistemas celulares e redes sem fio:* notas de aula. Londrina: Academia Cisco, Faculdade Metropolitana Londrinense, nov. 2006, p. 153. Curso de Especialização em Redes.

RYSAVY Research. *HSPA to LTE-Advanced*, 3GPP Broadband Evolution to IMT-Advanced (4G), 3G Americas, September 2009. Disponível em: <http://www.rysavy.com/Articles/2009_09_3G_Americas_RysavyResearch_HSPA-LTE_Advanced.pdf>. Acesso em: 3 ago. 2016.

SADOUGH, S. M. S. A tutorial on ultra wideband modulation and detecting schemes, april 2009. Disponível em: <https://pdfs.semanticscholar.org/7614/057dabab67553eeffdf116aab1a05d430d83.pdf>. Acesso em: 13 ago. 2016.

SARKAR, T. K. et al. A survey of various propagation models for mobile communication. *IEEE Antennas and Propagation Magazine*, v. 45, n. 3, p. 65-82, jun. 2003.

SATRC. South Asian Telecommunications Regulators' Council. Working Group on Spectrum. Efficient use of Spectrum using Long Term Evolution (LTE). In: MEETING OF SATRC, 13., 2012, Kathmandu. *Proceedings...* Kathmandu: SATRC, 2012.

SCHNEIDERS, L. A. Uma proposta de otimização no processo de integração entre redes infra-estruturadas e MANETs. 2006. Dissertação (Mestrado em Computação) – Universidade Federal do Rio Grande do Sul, Porto Alegre, 2006.

SIVIAK, K.; MCKEOWAN, D. *Ultra-Wideband radio tecnology*. 2004. Disponível em: <http://218.92.44.21:8088/book/book46/2009875557025.pdf>. Acesso em: 18 ago. 2013.

SMITH, C.; COLLINS, D. *3G Networks*. New York: McGraw-Hill, 2002. 620 p.

SNOW, C.; LAMPE, L.; SCHOBER, R. *Multiband OFDM for UWB communication*: analysis and extensions. Disponível em: <http://bul.ece.ubc.ca/chris_workshop_pres.pdf>. Acesso em: 3 ago. 2014.

SONG, J. et al. *Challenges of wireless control in process industry.* 2005. Disponível em: em:<http://moss.csc.ncsu.edu/~mueller/crtes06/papers/009-final.pdf>. Disponível em: 3 ago. 2016

SRIKANTH, S.; PANDIAN, P. A. M. Orthogonal Frequency Division Multiple Access in WiMAX and LTE - Comparision. In: IEEE CONFERENCE NCC, 2010, Bangalore. *Proceedings*...Bangalore: IEEE, 2010.

STALLINGS, W. *Wireless communications and networks*. 2. ed. Upper Saddle River: Pearson Prentice Hall, 2005.

STEVENSON, C. R, et al. IEEE 802.22: The First Cognitive Radio Wireless Regional Area Network Standard. *IEEE Communications Ma*gazine, jan. 2009.

STUTZMAN, W. L.; THIELE, G. A. *Antenna theory and design*. 2. ed. New York: Wiley, 1998. 941 p.

SVENSSON, A. Introduction to and some results on DS-UWB, multiband UWB,and multiband. 8WIP/BEATS/CUBAN WORKSHOP VISBY, August 2004. Disponível em: <http://www.signal.uu.se/Research/PCCWIP/Visbyrefs/Svensson_Visby04.pdf>. Acesso em: 10 ago. 2016

TAYLOR, M. S.; WAUNG, W.; BANAN, M. *Internetwork mobility:* the CDPD approach. Upper Saddle River: Prentice Hall PTR, 1997. 389 p.

TELECO. *Rádios Cognitivos II:* Padrão IEEE 802.16m. 2015a. Disponível em: <http://www.teleco.com.br/tutoriais/tutorialradioscognitivos2/pagina_5.asp>. Acesso em: 10 set. 2016.

TELECO. *4G:* frequências e licitações Anatel. 2015b. Disponível em: <http://www.teleco.com.br/4g_freq.asp>. Acesso em: 10 set. 2016.

TELECO. *Seção 4G, 4G (LTE) no Brasil*, 2016a. Disponível em: <http://www.teleco.com.br/4g_brasil.asp>. Acesso em: 10 set. 2016.

TELECO. *4G:* frequências e licitações, 2016b. Disponível em: <http://www.teleco.com.br/4g_brasil_lic.asp>. Acesso em: 10 set. 2016.

TELECO DO BRASIL. Tutorial: 1x EV-DO (cdma2000). 2004. Disponível em: <http://www.teleco.com.br/pdfs/tutorialcdma2000.pdf>. Acesso em: 10 ago. 2017.

TELECOM ABC. *Short Range Radar* (SRR). 2005. Disponível em: <http://www.telecomabc.com/s/srr.html>. Acesso em: 19 nov. 2013.

TELESYSTEMS INNOVATIONS. *LTE in a Nutshell:* the physical layer. Markham: TSI Wireless, 2010. Disponível em: <https://home.zhaw.ch/kunr/NTM1/literatur/LTE%20in%20a%20Nutshell%20-%20Physical%20Layer.pdf>. Acesso em: 10 set. 2016.

TIERNO, I. A. P. *Protocolos de Roteamento para RSSFs*. 2008 Trabalho de conclusão de Curso (Graduação em Ciência da Computação), n. 264, Universidade de Santa Maria, Santa Maria, 2008.

TSE, D.; VISWANATH, P. *Fundamentals of wireless communication*. Cambridge: Cambridge University Press, 2005.

URBAN transmission loss models for mobile radio in the 900- and 1.800 MHz bands (Revision 2). Nederlands: The Hange,1991. (COST 231, European Cooperation in the Field of Scientific and Technical Research, 91, 73).

VALADAS, R. T.; TAVARES, A. R.; DUARTE, A. M. O. The infrared physical layer of the IEEE 802.11 standard for wireless local area networks. *IEEE Communication Magazine*, p. 107-112, dec. 1998.

VERSO, B.; MCLAUGHLIN, M. (Deca Wave). *Draft text of BPM/BPSK UWB PHY for TG3*, Submission, IEEE P802.15 WPANs. May 2014.

VIITTALA, H.; HÄMÄLÄINEN, H.; LINATTI, J. *Performance comparison between MB-OFDM and DS-UWB in interfered multipath channels*. 2008. Disponível em: <http://www.ee.oulu.fi/~mattih/1866.pdf>. Acesso em: 10 ago.2016.

WAHARTE, S. et al. *Routing protocols in wireless mesh networks:* challenges and design considerations. New York: Springer Science Business Media, 2006.

WALFISCH, J.; BERTONI, H. L. A theoretical model of UHF propagation in urban environments, *IEEE Transactions on Antennas and Propagation,* v. 36, n. 12, p. 1788-1976, dec. 1988.

WANG, G. Comparison and evaluation of industrial wireless sensor network standards – ISA100.11a and wireless HART. 2011. 97 p. Thesis (Master of Science, Communication Engineering) - Chalmers University of Technology, Göteborg, 2011.

WANG, Y.; WEN-JUN, L. U.; HONG-BO, Z.H. An Empirical Path-Loss Model for Wireless Channels in Indoor Short-Range Office Environment. *International Journal of Antennas and Propagation*, p.1-8, 2012. Disponível em: < https://www.hindawi.com/journals/ijap/2012/636349/cta/>. Acesso em: 10 ago. 2017.

WIRELESS HART. In: WIKIPEDIA. [2017]. Disponível em: <http://en.wikipedia.org/wiki/WirelessHART>. Acesso em: 8 jul. 2016.

WIRELESS MESH NETWORK. In: WIKIPEDIA. [2017]. Disponível em: <http://en.wikipedia.org/wiki/Wireless_mesh_network>. Acesso em: 7 mar. 2014.

WIRELESS SENSOR NETWORK. In: WIKIPEDIA. [2017]. Disponível em: <http://en.wikipedia.org/wiki/Wireless_sensor_network>. Acesso em: 7 mar. 2014.

XIAO, Y. IEEE 802.11e: QoSProvisoning at the MAC Layer. *IEEE Communication Magazine*, jun. 2004.

YICK, J.; MUKHERJEE, B. ; GHOSAL, D. Wireless sensor network survey. *Computer Networks*, v.52, n.12, p. 2292-2330, aug. 2008.

ZHAO, F.; GUIBAS, L. *Wireless sensor networks*. Burlington: Elsevier, 2004. 358 p.

ZHENG, P.; et al. *Wireless networking complete*. Burlington: Elsevier, 2010. 445 p.

ZIEMER, R. E. 3G CDMA - WCDMA and CDMA2000. *IEEE Communications Society Distinguished Lecturer Program,* may-june, 2001. Disponível em: <www.ee.washington.edu/>. Acesso em: 9 set. 2016.

ZIGBEE ALLIANCE. *ZeegBee PRO with Green Power,* 2012. Disponível em: <http://www.zigbee.org/zigbee-for-developers/network-specifications/zigbeepro/>. Acesso em: 5 jul. 2016.

ZIGBEE AND ZIGBEE pro. In: WIKIPEDIA. [2017]. Disponível em: <http://en.wikipedia.org/wiki/ZigBee>. Acesso em: 8 jul. 2016.

ZYREN, J. *Overview of the 3GPP long term evolution physical layer:* white paper. Tempe: Freescale Semiconductor, 2007. Disponível em: <https://www.nxp.com/files/wireless_comm/doc/white_paper/3GPPEVOLUTIONWP.pdf>. Acesso em: 10 set. 2016.

LEITURAS RECOMENDADAS

AKIYLDIZ, I. F.; WANG, X.; WANG, W. Wireless mesh networks: a survey. *Computer Networks*, n. 47, p. 445-487, 2005. Disponível em: <http://citeseerx.ist.psu.edu/viewdoc/download?doi=10.1.1.93.9680&rep=rep1&type=pdf>. Acesso em: 10 ago. 2016.

ARAUJO, A. S.; VASCONCELOS, P. *Bluetooth Low Energy.* Universidade Federal do Rio de Janeiro (UFRJ), Departamento de Engenharia Eletrônica (DEL), Engenharia de Computação e Informação (ECI), 2012. Disponível em: <http://www.gta.ufrj.br/ensino/eel879/trabalhos_vf_2012_2/bluetooth/ble.htm>. Acesso em: 5 jul. 2016.

DORNAN, A. *The essential guide to wireless communications applications:* from cellular systems to WAP and M-Commerce. PTR. Upper Saddle River: Prentice Hall, 2001.

RAPAPORT, T. S. *Wireless Communications*: principles & practice. New York: IEEE; Prentice Hall, 1996. 638 p.

STALLINGS, W.; CASE, T. *Redes e sistemas de comunicação de dados.* 7. ed. Rio de Janeiro: Elsevier, 2016.

TUTORIALSPOINT. *CDMA - Code Division Multiple Access*, Tutorials Point (I) Pvt., 2015. Disponível em: <http://www.tutorialspoint.com/cdma/cdma_tutorial.pdf>. Acesso em: 5 set. 2016.

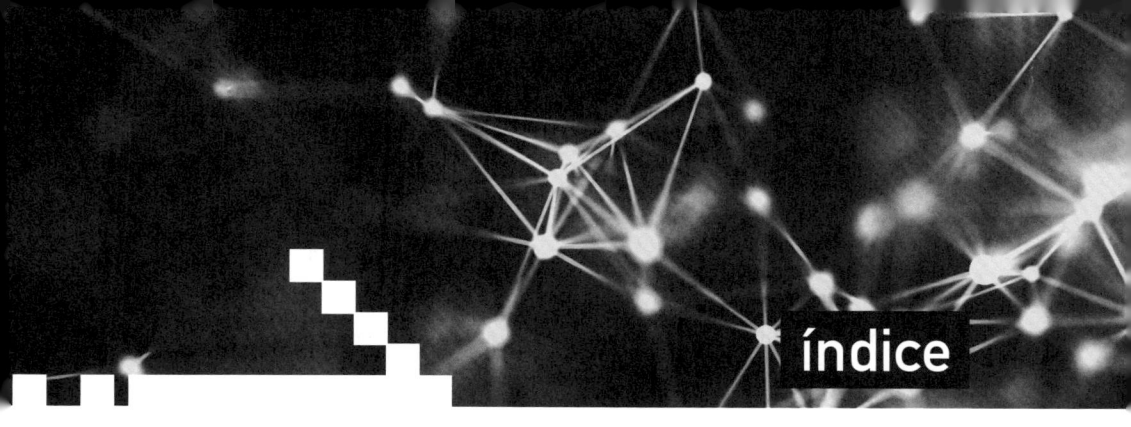

índice

A

Automação e controle industrial, 211
   arquiteturas de redes de sensores, 218
      padronização IEEE 802.15.5, 221
      topologia mesh, 220
   características, 216
   modelo ISA-95, 214
   padrão de automação americano
      ISA100.11a, 238
         arquitetura de protocolos, 239
         comparativo entre ZigBee, WHART e
            ISA100.11a, 242
         nível de aplicação, 242
         nível de enlace, 240
         nível de rede e de transporte, 241
         nível físico, 240
   padronização em redes de sensores, 222
   plataforma ZigBee, 223
      arquitetura de protocolos, 224
      funcionalidade do nível de aplicação,
         228
      funcionalidade do nível de rede, 226
         comparativo, 227
      funcionalidade do nível físico (PHY) e de
         acesso (MAC), 224
      perfil de aplicação e perfil de dispositivo
         no ZigBee, 229
   redes de automação industrial cabeadas,
      215
      protocolos significativos, 216
   wireless HART (WHART), 229
      arquitetura, 231
      nível de aplicação, 237
      nível de enlace de dados, 234
      nível físico, 233

C

Canal de radiofrequência, 43
   antenas, 46
      anisotrópicas, 48
      direcionais, 49
      omnidirecionais, 48
   ganho de uma antena, 50
   polarização, 52
   radiador isotrópico, 46
   sistema de múltiplas antenas, 53
      beamforming, 55
      diversity Coding, 56
      MIMO colaborativo (CO-MIMO), 56
      MIMO multiusuário (UM-MIMO), 56
      multiplexação Espacial
      Space Time Block Codes, 56
      Spatial Division Multiple Access
         (SDMA), 56
   codificador de canal, 107
      controle de erros, 109
      embaralhamento do fluxo de bits, 109
      entrelaçamento de bits ou interleaving,
         110
      funções de convergência de transmissão,
         109
   propagação de sinais, 57
      com difração, 65
      fenômenos físicos, 58
      geometrias de difração, 66
      zonas de Fresnel, 66
      modelo com reflexão na superfície
         terrestre, 62
      modelo de difração por canto agudo, 70
      modelo de perdas no espaço livre, 61
         equação de Friis, 61

modos básicos, 59
propagação estatísticos, 72
  caracterização dos diferentes tipos de células, 74
  fenômeno dos caminhos múltiplos, 80
    desvanecimento, 82
    distribuição de Rayleigh, 83
    distribuição de Rice, 82
    espelhamento Doppler, 86
    fator K de Rice, 84
    modelo para espelhamento do atraso, 84
  modelo COST-231 Hata, 75
  modelo COST-231 Walfisch-Ikegami, 76
    definição das constantes da expressão, 77
  modelo de canais Stanfor University Interim, 87
    características de canais, 87
    exemplo de parametrização, 89
  modelo de Erceg modificado, 79
  modelo de Erceg para ambiente suburbano, 78
    tipos de terrenos e seus parâmetros, 79
  modelo Okumura-Hata, 74
  principais características dos modelos, 81
ruído e interferência, 90
  avaliação de desempenho de um canal, 96
  canal de RF, 92
    interferência de cocanal, 93
    intermodulação ou cross-talk, 93
    ruído branco ou AWGN, 92
    ruído impulsivo, 92
  capacidade máxima de um canal, 94
  erro e probabilidade de erro de um canal, 95
técnicas de modulação, 98
  modulação QAM, 101
  técnicas de espalhamento espectral, 101
  transmissão CDMA, 104
transmissão OFDM, 105
  conformação LPF, 107
  conversão DAC, 107
  conversão IFFT, 107
  conversão série paralelo, 105
  estágio de saída do transmissor, 107
  geração dos coeficientes de modulação, 106
Comunicação sem fio, 4
  arquitetura OSI, 30
    baseada em células, 37
    enlace de um SCDSF, 32
      ponto a ponto, 32
      ponto-multiponto ou célula, 33
      vantagens e desvantagens, 36
    sistema de Shannon, 30
  fundamentação teórica da transmissão, 6
    equações de Maxwell, 11
      interpretação física, 13
      onda eletromagnética, 14
    evolução, etapas, 7
    leis do eletromagnetismo, 8
      lei de Ampère/Maxwell, 10
      lei de Faraday, 9
      lei de Gauss da eletrotástica, 8
      lei de Gauss da magnetostática, 8
    onda eletromagnética monocromática, 15
      representação simplificada, 15
  histórico do desenvolvimento, 4
  modelagem OSI, 16
    funções estendidas do nível físico, 20
    subnível de controle de acesso do nível de enlace, 18
    subnível de convergência de serviço do nível de enlace, 18
    subnível de convergência de transmissão do nível físico, 18
    subnível dependende do meio ou PMD, 19
  taxionomia dos sistema de transmissão, 21
    principais características técnicas, 30
    rádio enlaces ponto a ponto, 28
    redes celulares de telefonia e dados, 26
    redes de sensores, 24
    redes locais ou WLANs, 25
    redes metropolitanas ou WMAN, 27
    redes pessoais, 23
    redes regionais ou WRAN, 27
    sistemas de satélite, 27

I

Interconexão de dispositivo, 115
  alternativas tecnológicas para WPANs, 122
  bluetooth e IEEE 802.13.1, 128
    canal de radiofrequência, 132
      espalhamento espectral FHSS, 134
      modulação GFSK, 132
        classes de potência e alcances, 135
        parâmetros do canal físico, 136
    descrição geral da arquitetura, 129
      nível 1 ou nível de RF ou PHY, 130
      nível 2 ou nível de controle de enlace, 131
      nível 3 ou nível de transporte lógico, 131
      nível 4 ou nível L2CAP, 131
    estado atual da tecnologia WPAN, 144
    nível de enlace físico, 136
    nível de enlace lógico, 138
      controle de erros, 141
      enlaces SCO e ACL, 140
      protocolo LCP, 140
        significado dos campos, 141
    nível L2CAP, 142
    perfis de aplicação, 144
  bluetooth V4.0 ou bluetooth low energy, 146
    algoritmo FHA, 150
    arquitetura de protocolos, 147
      consumo típico, 147
    nível de enlace lógico, 152
    nível físico do BLE, 149
      comparativo, 149
    perfil de aplicação, 154
  classificação das redes WPAN, 118
    IWSN, 118
    UWB, 118
    WDI, 118
    WSN, 118
  conceito de WPAN, 117
  padronização do IEEE para WPANs, 125
  topologias básicas utilizadas em WPANs, 119
  utilização das faixas ISM do espectro de RF por WPANs, 123
    bandas definidas pela Anatel, 123
    WPANs com tecnologias diferenciadas, 155

RFID – radio frequency identification, 160
  comparativo entre diversas tecnologias, 162
  sistemas que utilizam luz visível, 159
  WPAN infravermelho da IrDA, 156
    middlewere e nível de aplicação, 159
    nível de enlace, 157
    nível físico do IrDA, 156

R

Redes de sensores sem fio (RSSF), 165
  algoritmos de roteamento, 185
    classificação dos protocolos, 186
      flooding (inundação), 187
      gossiping (boataria), 187
      híbridos, 187
      multicast, 187
      proativos, 187
      reativos, 187
      roteamento hierárquico, 187
      roteamento plano, 186
      unicast, 187
    métricas de protocolos, 187
    protocolos populares, 188
  aplicações, 178
    área da saúde, 180
    automação industrial e controle de processos, 182
    automotivas, 184
    edificações e residências, 180
    meio ambiente, 179
    militares, 179
  arquitetura e modelo de referência de protocolo, 168
  classificação, 169
    ad hoc (RSSFA), 171
    Mesh (RSSFM), 173
    nó sensor inteligente, 177
    redes móveis ad hoc (MANET), 174
  padrão IEEE 802.15.4 para WPANs de baixa taxa, 189
    aspectos de segurança, 197
    classes de transferência e método de controle, 194
    descrição funcional geral, 193
    frequências ISM lires para LR-WPAN, 191

mecanismos de controle de acesso, 196
  algoritmo Aloha, 196
  algoritmo CSMA-CA, 197
modelo de referência de protocolos, 191
nível físico, 197
nível MAC do IEEE 802.15.4, 195
principais emendas, 190
técnicas de modulação no nível físico, 198
  amplitude Shift Keying (ASK) do IEEE 802.15.4, 201
    principais parâmetros do espalhamento espectral, 202
  BPSK do IEEE 902.15.4, 200
    características do espalhamento espectral, 201
  Chirp Spread Spectrum (CSS) do IEEE 802.15.4, 203
    principais características do PHY-CSS, 204
  nível PHU-GFSK do IEEE 802.15.4, 207
  nível PHY-UWB do IEEE 802.15.4, 204
    características principais, 205
  O-QPSK do IEEE 802.15.4, 199
    características principais, 200
  tipos de modulação, 199
Redes celulares, 333
  evolução dos sistemas 2G para 3G, 368
  fundamentos, 335
    bandas de frequência, 340
      banda A, companhias independentes, 341
      banda B, concessionárias públicas, 341
      banda de extensão, 1G e 2 G, 342
      novas bandas, 342

    enlace de rádio em sistemas celulares, 342
      FDD (Frequency Division Duplex), 343
      TDD (Time Division Duplex), 343
    técnicas de acesso de múltiplos usuários, 336
      CDMA (Code Division Multiple Access), 338
      FDMA (Frequency Division Multiple Access), 337
      OFDMA (Orthogonal Frequency Division Multiple Access), 339
      SDMA (Space Division Multiple Access), 339
      TDMA (Time Division Multiple Access), 337
  mercado no Brasil, 335
  plano de sinalização e controle, 349
    gerência de mobilidade, 351
      etapas de execução, 353
      exemplo ilustrativo, 352
    sinalização e controle, 350
  quarta geração, 409
    arquitetura da plataforma LTE-A/3GPP, 417
      rádio (RAN) do LTE-A, 418
      SAE (System Architecture Evolution do LTE-Advanced), 419
    comparativo CDMA x OFDM, 412, 413
    convergência dos sistemas 3G para 4G, 411
    critérios do IMT-Advanced para 4G, 414
    fraquezas do OFDM, 416
    inovações tecnológicas, 415
    MIMO e arranjos de antenas inteligentes, 436
      arranjos no LTE/3GPP, 444446
        adaptativo,
        com comutação de feixes, 445
        funcionamento, 439
      sistema MIMO no LTE/3GPP, 437
      técnica MIMO/MR no LTD-DL, 443
    nível físico do LTE/3GPP, 421
      espelhamento de atraso e prefixo cíclico, 434
      estrutura do quadro de rádio DL do LTE/3GPP, 426, 428
      principais parâmetros, 425
      sinais e canais de transporte de dados, 430
        canais lógicos de dados do nível físico de LTE, 433
        PSS (Primary Synchronization Signal), 431
        sinal de referência, 431
        SSS (Secondary Synchronization Signal), 431

Índice

tecnologia de transmissão DL OFDM do LTE 3GPP, 421
tecnologia de transmissão UL-FDM do LTE/3GPP, 424
plataforma WiMax2 baseada no padrão IEEE 802.16m, 446
    etapas de evolução, 447
    comparativo entre LTE-A (Release 11) e WiMax2 (Release 2.0). 448
    vantagens e desvantagens em relação ao LTE, 447
redes 4G no Brasil, 450
    faixas de frequências, 450
        2500MHz, 450
        700MHz, 452
    licitação da Anatel, 452
    parâmetros de desempenho em 2016, 453
redes sem fio avançadas, 454
    densidade de usuários, 464
    rede cognitiva de abrangência regional – IEEE 802.22, 455
        características, 458
    tendências para quinta geração (5G), 460
        classes de serviço, 464
        exigências de desempenho do IMT-2020, 463
        provável arquitetura, 461
        técnicas promissoras, 462
reúso espacial de frequências, 343
    capacidade máxima de usuários por célula, 346
        adicionar novas bandas, 346
        empréstimo de frequências, 346
        exemplo de aplicação, 348
        microcélulas e picocélulas, 347
        segmentação da célula, 347
        setorização da célula, 347
    frequências N e distância mínima D, 344
sistemas de segunda geração, 358
    CDMA IS-95ª do TIA/EIA, 367
    DAMPS (TDMA/IS-136), 359
        características estruturais, 361
    GPRS (General Packet Radio Service), 365
    GSM europeu (ETSI), 362
        alocação das bandas, 362
        capacidade em bits, 363
        comparativo com outros sistemas, 364
        estrutura básica e fatores de desempenho, 363
        HSCSD (High Speed Circuit Switched Data), 365
        principais características técnicas, 362
técnicas de transmissão, 354
    CDMA (Code Division Multiplexi), 355
        exemplo de aplicação, 357
    OFDM (Orthogonal Frequency Division Multiplex), 357
    TDMA (Time Division Multiple Access), 354
terceira geração, 373
    bandas, 381
        bandas extras, 384
    custo para os sistemas 2G, 2,5G e 2,75G, 375
    fatores de desempenho, 391
        eficiência celular de um sistema PCS, 394
        eficiência de modulação, 392
        eficiência espectral de enlace de dados, 393
            exemplo de aplicação, 393
        eficiência máxima de modulação, 392
        fatores de desempenho, 394
            comparativo, 394
            exemplo de cálculo, 395
        sistema CDMA, 395
            eficiência espectral, 397
    início do milênio, 376
    IP móvel do IETF, 384
    padronização, 397
        evolução de 3G para 4G, 404
        recomendações IMT-2000 do ITU, 398
        sistema CDMA 2000 americano, 403
            comparativo, 403
        sistema WCDMA (UMTS) europeu, 402
            características, 402
        UMTS (Universal Mobile Telecommunication Systems), 400
    pré-requisitos, 379
    serviços 3G e exigências, 377
        tipos de serviço, 378
    tecnologia CDMA, 386

capacidade e probabilidade de erro, 390
diagrama em blocos simplificados, 386
matriz de Walsh-Hadamard, 387
processo de demodulação DSSS-CDMA, 388
Redes locais sem fio (WLANs), 277
arquitetura do IEEE 802.11, 281, 287
extensões e emendas, 282
modelo de referência de protocolos, 285
camada de enlace, 285
subcamada de controle lógico (LLC), 286
subcamada MAC, 285
camada física (PMD), 285
sistema de gerenciamento, 286
rede WLAN infraestruturada ou tipo mesh, 288
rede WLAN 802.11 básica de 1997, 288
serviços, 283
WLAN ad hoc ou MANET (Moabile Ad hoc NETwork), 289
emendas ao padrão IEEE 802.11, 323
operação de WLANs em canais de TV livres – IEEE 802.11af, 326
operação de WLANs na faixa de 60 GHz – IEEE 802.11ad, 324
WLANs de alta vazão com MIMO estendido – IEEE 802.11ac, 323
características, 324
nível físico do padrão IEEE 802.11, 289
padrão DSSS – IEEE 802.11b, 296
frequências centrais, 298
parâmetros de desempenho, 298
transmissão DSSS (Direct Sequence Spread Spectrum), 293
transmissão FHSS (Frequency Hopping Spread Spectrum), 290
transmissão MIMO em WLANs – IEEE 802.11n (2009), 303
transmissão OFDM em 5 GHz – IEEE 802.11ª, 297
banda UNII, 299
principais características, 300
vazão adaptativa, 302
transmissão OFDM em 2,4 GHZ – IEEE 802.11g, 302

transmissão por raios infravermelhos difusos, 295
nível MAC do IEEE 802.11, 304
acesso por DCF (Distributed Coordination Function) com contenção, 311
acesso por PCF (Point Coordination Function) com polling, 315
subtipos, 316
algoritmo de backoff exponencial CSMA/CA, 313
parâmetros do algoritmo BEB, 314
privacidade e autenticação, 320
algoritmo WEP (Wireless Equivalent Privacy), 320
autenticação, 321
classificação de segurança, 323
protocolo de acesso, 306
tipos e subtipos, 307
qualidade de serviços, 317
tempos de escuta de uma estação e prioridade, 310
padronização, 279
faixas do espectro de radiofrequência, 279
padrão de WLAN IEEE 802.11, 280

T

Tecnologia UWB em WPANs, 247
aplicações atuais e futuras da tecnologia UWB, 268
classes de aplicação e opção tecnológica, 269
IR-UWB em sistemas de imagens por radar de curta distância, 271
IR-UWB em sistemas de medição, localização e rastreamento de objetos, 270
redes de sensores sem fio, 270
sistemas de comunicação de altas taxas, 270
espectro UWB segundo o FCC, 252
estágio atual da padronização UWB, 266
fundamentação teórica da transmissão UWB, 250
exemplo de aplicação, 252
resolução, 252

propriedades marcantes da transmissão UWB, 255
  alta imunidade à interceptação indevida do sinal, 256
  alta resolução no tempo, 257
  alta robustez contra desvanecimento devido a múltiplos percursos, 257
  capacidade de penetração em material sólido, 257
  economia e simplicidade de implementação, 257
  exemplo de aplicação, 258
  facilidade para compartilhar o espectro de frequência com múltiplos usuários 255
  robustez contra interferência de outros usuários, 256
  robustez em relação a ruído, 256
técnicas de transmissão UWB, 258
  rádio de impulso, 259
    6.4.1.1 técnica DS-UWB em IR-UWB, 259
    técnica TH-UWB em IR-UWB, 261
  técnica Multiband OFDM (MB-OFDM), 263
    organismos de padronização, 266
    principais parâmetros, 263
tecnologia UWB na área automotiva, 273
tecnologia UWB na área biomédica, 271